Jahrbuch

über die

Fortschritte der Mathematik

im Verein mit anderen Mathematikern

herausgegeben

von

Carl Ohrtmann, Felix Müller, Albert Wangerin.

Dritter Band.

Jahrgang 1871.

Berlin.

Druck und Verlag von Georg Reimer.

1874.

Erklärung der Citate.

Eine eingeklammerte (arabische) Zahl vor der (römischen) Bandzahl bezeichnet die Reihe (Serie), zu der der Band gehört.

Ann. de l'Éc. Norm.: Annales scientifiques de l'école normale supérieure publiées sous les auspices du ministre de l'instruction publique par Mr. Le Pasteur. Paris. 4.

Ann. d. Mines: Annales des Mines. Paris. 8.

Ann. d. Sc. Norm.: Annali della Scuola Normale. Pisa.

Ann. d. Un. Tosc.: Annali delle Università Toscane. Pisa.

Ann. d. R. M. I. d. Torino: Annali delle Reale Museo Industriale di Torino. Torino.

Arch. Néerl.: Archives Néerlandaises des sciences exactes et naturelles, publiées par la Société Hollandaise des Sciences à Harlem. La Haye. 8.

Astr. Nachr. Astronomische Nachrichten begründet von H. C. Schumacher, herausgegeben von C. A. F. Peters. Altona. 4.

Astr. Viert: Vierteljahrschrift der Astronomischen Gesellschaft herausgegeben von C. Bruhns. Leipzig.

Att. d. Acc. d. N. Linc.: Atti della Accademia Pontifica dei Nuovi Lincei. Roma.

Att. d. Acc. R. d. Linc.: Atti della Accademia Reale dei Lincei. Roma.

Att. d. R. Ist. Ven.: Atti del Reale Istituto Veneto di scienze, lettere ed arti. Vinezia.

Att. d. Torino: Atti della Reale Accademia delle scienze di Torino. Torino.

Basel. Verh.: Verhandlungen der naturforschenden Gesellschaft in Basel. Basel.

Battaglini G.: Giornale di Matematiche ad uso degli studenti delle università italiane pubblicata per cura del Prof. G. Battaglini. Napoli. gr. 8.

Berl. Abh.: Mathematisch-physikalische Abhandlungen der Kgl. Preussischen Academie der Wissenschaften zu Berlin. Berlin. 4.

Berl. Monatsber.: Monatsberichte der Kgl. Preussischen Akademie der Wissenschaften zu Berlin. Berlin. 8.

Bern. Mitth.: Mittheilungen der naturforschenden Gesellschaft in Bern. Bern. 8.

Boncompagni Bull.: Bulletino di Bibliografia e di Storia delle scienze matematiche e fisiche pubblicata da B. Boncompagni. Roma.

Borchardt J.: Journal für reine und angewandte Mathematik. Als Fortsetzung des von A. L. Crelle gegründeten Journals, herausgegeben unter Mitwirkung der Herren Schellbach, Kummer, Kronecker, Weierstrass von C. W. Borchardt. Berlin. 4.

Brioschi Ann.: Annali di Matematica pura ed applicata diretti da F. Brioschi e L. Cremona in continuazione degli Annali gia pubblicati in Roma dal Prof. Tortolini. Milano. 4.
Brünn. Verh.: Verhandlungen des naturforschenden Vereins zu Brünn. Brünn.
Bull. de Belg.: Bulletin de l'Académie Royale des sciences, des lettres et des beaux arts de Belgique. Bruxelles. 8.
Bull. de Moscou.: Bulletin de la Société Impériale des Naturalistes de Moscou. Moscou. 8.
Bull. de St. Pét.: Bulletin de l'Académie Impériale de St. Pétersbourg. Pétersbourg et Leipzig. Folio.
Carl Repert.: Repertorium für Experimental-Physik herausgegeben von Dr. Ph. Carl. München. gr. 8.
Christ. Vid. Selskab.: Forhandlingar i Videnskabs Selskabet i Christiania. Christiania. 8.
Clebsch Ann.: Mathematische Annalen herausgegeben von A. Clebsch und C. Neumann. Leipzig. 8.
C. R.: Comptes Rendus hebdomadaires des séances de l'Académie des Sciences. Paris. 4.
Darboux Bull.: Bulletin des sciences mathématiques et astronomiques, rédigé par G. Darboux. Paris. 8.
Dillner Tidskr.: Tidskrift för Matematik och Fysik, utgiven af Dillner, Hultmann och Thalen.
Educ. Times: Mathematical Reprint of the Educational Times. London. 8.
Forh. af Christ.: Forhandlingar i Videnskabs Selskabet i Christiania. Christiania. 8.
Giebel Z.: Zeitschrift für die gesammten Naturwissenschaften, herausgegeben von dem naturwissenschaftlichen Vereine für Sachsen und Thüringen in Halle, redigirt von F. Giebel. Halle. 8.
Gött. Abh.: Abhandlungen der Königlichen Gesellschaft der Wissenschaften zu Göttingen. Göttingen. 4.
Gött. Anz.: Göttingische gelehrte Anzeigen. Unter der Aufsicht der Kgl. Gesellschaft der Wissenschaften. Göttingen. 12.
Gött. Nachr.: Nachrichten von der Königlichen Gesellschaft der Wissenschaften und der G. A. Universität zu Göttingen. Göttingen. 12.
Grunert Arch.: Archiv für Mathematik und Physik mit besonderer Berücksichtigung der Bedürfnisse der Lehrer an den höheren Unterrichtsanstalten herausgegeben von J. A. Grunert. Greifswald. 8.
Handl. Stockholm.: Kgl. Svenska Vetenskaps Akademiens Handlingar. Stockholm. 4.
Hoffmann Z.: Zeitschrift für mathematischen und naturwissenschaftlichen Unterricht. Unter Mitwirkung von Fachlehrern herausgegeben von J. C. V. Hoffmann. Leipzig. 8.
Jaarb. v. Amst.: Jaarbock van de koninkligke Akademie van Wetenschapen. Amsterdam.
Inst.: L'Institut. Journal universel des sciences et des sociétés savantes en France et à l'étranger. Première section. Sciences mathématiques, physiques et naturelles. Paris. 4.
J. d. Coll. f. Lebensv.: Journal des Collegiums für Lebensversicherungswissenschaft. Berlin. 4.
J. d. l'Éc. Pol.: Journal de l'école impériale polytechnique publié par le conseil d'instruction de cet établissement. Paris. 4.
J. Phil. d. Moscou.: Journal de la Société Philomatique de Moscou. Moscou.
J. des Sav.: Journal des Savants. Paris. 4.
Leipz. Abh.: Abhandlungen der Kgl. Sächsischen Gesellschaft der Wissenschaften zu Leipzig. Leipzig. gr. 8.
Leipz. Ber.: Berichte über die Verhandlungen der Kgl. Sächsischen Gesellschaft der Wissenschaften zu Leipzig. Mathematisch-physikalische Klasse. Leipzig. 8.

Liouville J.: Journal de Mathématiques pures et appliquées ou Recueil mensuel des mémoires sur les diverses parties de mathématiques, par J. Liouville. Paris. 4.
Mém. de Belg.: Mémoires couronnés et mémoires des savants étrangers publiés par l'Académie Royale des Sciences de Belgique. Bruxelles. 4.
Mem. di Bologna: Memorie dell' Accademia delle scienze dell' Istituto di Bologna. Bologna. 4.
Mém. de Bordeaux: Mémoires de la Société des Sciences Physiques et Naturelles de Bordeaux. Paris. Bordeaux. 8.
Mem. d. Ist. Lomb.: Memorie del Reale Istituto Lombardo di scienze, lettere ed arti. Milano. gr. 8.
Mém. de Kasan: Mémoires de l'Université de Kasan. Kasan.
Mem. of Manch.: Memoirs of the litterary and philosophical society of Manchester. Manchester.
Mém. de Paris: Mémoires de l'Académie des Sciences de l'Institut de France. Paris. 4.
Mém. d. l. S. techn. de Moscou: Mémoires de la Société Technique de Moscou. Moscou.
Mém. de St. Pét.: Mémoires de l'Académie Impériale des Sciences de St. Pétersbourg. St. Pétersbourg. 4.
Mem. di Torino: Memorie dell' Accademia delle scienze di Torino. Torino.
Mem. di Vinez.: Memorie del Reale Istituto Veneto di scienze, lettere ed arti. Vinezia.
Messenger: The Oxford, Cambridge and Dublin Messenger. A journal supported by junior mathematical students of three universities, edited by Whitworth, Casey, Challis, Mc. Dowell, Taylor and Turnbull. London and Cambridge. 8.
Mondes: Les Mondes, revue hebdomadaire des sciences et de leur application aux arts et à l'industrie par l'Abbé Moigno. Paris. 8.
Monthl. Not.: Monthly Notices of the Royal Astronomical Society. London. 4.
Münch. Abh.: Abhandlungen der Kgl. Baierschen Akademie der Wissenschaften zu München. Zweite Klasse. München.
Münch. Ber.: Sitzungsberichte der Kgl. Baierschen Akademie der Wissenschaften zu München. München. 8.
Nov. Act. Ups.: Nova Acta Regiae Societatis Scientiarum Upsaliensis. Upsala. 4.
Nouv. Mém. de Belg.: Nouveaux Mémoires de l'Académie Royale des sciences, des lettres et des beaux arts de Belgique. Bruxelles. 8.
Nouv. Ann.: Nouvelles Annales de Mathématiques. Journal des candidats aux écoles polytechnique et normale, rédigé par Gerono et Bourget. Paris. 8.
Nyt. Mag.: Nyt Magazin for Naturvidenskaberne, ved Sars og Kjerulf. Christiania. 8.
Öfv. af Forh. Stockh.: Öfversigt af Kongl. Vetenskaps-Akademiens Forhandlingar. Stockholm.
Overs. v. Kopenh.: Oversigt over det Kongelige Danske Videnskabernes Selskabs Forhandlingar. Af J. J. S. Steenstrup. Kopenhagen.
Phil. Mag.: The London, Edinburgh and Dublin philosophical Magazine and Journal of Science, by Brewster, Kane, Francis. London. 8.
Pogg. Ann.: Annalen der Physik und Chemie herausgegeben zu Berlin von Poggendorff. Leipzig. 8.
Prag. Abh.: Abhandlungen der Kgl. Böhmischen Gesellschaft der Wissenschaften. Prag. 4.
Prag. Ber.: Sitzungsberichte der Kgl. Böhmischen Gesellschaft der Wissenschaften. Prag. 8.
Proc. of Edinb.: Proceedings of the Royal Society of Edinburgh. Edinburgh. 8.
Proc. of London: Proceedings of the Royal Society of London. London. 8.

Proc. of L. M. S.: Proceedings of the London Mathematical Society. London. 8.
Proc. of Manch.: Proceedings of the litterary and philosophical Society of Manchester. Manchester.
Quart. J.: The Quarterly Journal of pure and applied mathematics. Edited by Sylvester and Ferrers. London. 8.
Rend. di Bologna: Rendiconti delle sessioni dell' Accademia delle scienze dell' Istituto di Bologna. Bologna. 4.
Rend. d. Ist. Lomb.: Reale Istituto Lombardo di scienze e lettere. Rendiconti. Milano. 8.
Rend. di Napoli: Rendiconti dell' Accademia delle scienze fisiche e matematiche di Napoli.
Report of the Brit. Ass.: Report of the meeting of the British Association for the advancement of scienze. London. 8.
Rev. de l'Instr. Publ.: Revue de l'instruction publique de Belge. Gand. 8.
Schlömilch Z.: Zeitschrift für Mathematik und Physik, herausgegeben unter der verantwortl. Redaction von Schlömilch, Kahl und Cantor. Leipzig. 8.
Trans. of Cambridge: Transactions of the Philosophical Society of Cambridge. Cambridge.
Trans. of Dublin: Transactions of the Royal Irish Academy. Dublin.
Trans. of Edinb.: Transactions of the Royal Society of Edinburgh. Edinburgh.
Trans. of London: Philosophical Transactions of the Royal Society of London. London. 4.
Verh. d. Ak. d. Wet. Amst.: Verhandlingen der Kongl. Akademie de Wetenschapen. Amsterdam.
Versl. en Mededeel.: Verslagen en Mededeelingen d. Kongl. Akademie van Wetenschapen to Amsterdam. Amsterdam.
Wien. Ber.: Sitzungsberichte der mathem.-naturwissenschaftlichen Klasse der Kaiserl. Akademie der Wissenschaften zu Wien. Zweite Abtheilung. Wien. 8.
Wien. Denkschr.: Denkschriften der Kaiserl. Akademie der Wissenschaften. Mathematisch-naturwissenschaftliche Klasse. Wien.
Wolf J.: Vierteljahrsschrift der naturforschenden Gesellschaft in Zürich von R. Wolf. Zürich. 8.
Z. dtsch. Ing.: Zeitschrift des Vereins deutscher Ingenieure herausgegeben von Ziebarth. Berlin. 4.
Zeuthen Tidsskr.: Tidsskrift for Mathematik. Udgivet af Zeuthen. Kopenhagen. 8.

Inhaltsverzeichniss.

(Die mit einem † bezeichneten Arbeiten sind ohne Referate.)

Erster Abschnitt. Geschichte und Philosophie.

Capitel 1. Geschichte.

	Seite
C. A. Bretschneider. Die Geometrie und die Geometer vor Euklid	1
G. Friedlein. De Heronis quae feruntur definitionibus	1
B. Boncompagni. Intorno alle definizione di Erone Alessandrino	1
G. Friedlein. Untersuchung der sogenannten Definitionen Hero's .	2
H. Martin. Ptolémée, auteur de l'optique, traduit en latin par Ammératus Eugenius Siculus	2
B. Boncompagni. Intorno ad una traduzione latina dell' ottica di Tolomeo	2
H. Martin. Sur les instruments d'optique faussement attribués aux anciens	2
J. Bertrand et Chasles. Sur la théorie de la lune d'Aboul-Wéfâ	3
L. A. Sédillot. Des savants arabes et des savants d'aujourd'hui .	3
H. Martin. Quelques mots de réponse à M. Sédillot	3
E. Narducci. Intorno ad una traduzione italiana d'ottica d'Alhazen	4
M. Steinschneider. Zum Speculum astronomicum des Albertus Magnus	4
M. Curtze. Sur l'orthographie du nom et sur la patrie de Witelo .	4
B. Boncompagni. Intorno ad un manoscritto dell' ottica di Vitellione	5
F. Jacoli. Intorno ad un commento di Benedetto Vittori al tractatus proportionum di Alberto di Sassonia	5
B. Boncompagni. Intorno al tractatus proportionum di Alberto di Sassonia	5
G. Friedlein. Der Calculus des Victorius nebst Nachtrag	5
S. Gherardi. Beiträge zur Geschichte der mathematischen Facultät von Bologna	6
M. Curtze. Sopra alcuni scritti stampati, finora non conosciuti di Domenico Maria Novara da Ferrara	7
B. Boncompagni. Intorno ad un opusculo di Domenico Maria Novara	8
M. Steinschneider. Copernicus	8
M. Cantor. Recensionen über: „Wohlwill und Gherardi. Der Process Galilei's	8

Seite

A. D. Wackerbarth. Logarithmes hyperboliques et logarithmes népériens 8
D. G. Anmärkningar beträffende benämningen, naturlig, hyperbolsk, och Neperak logaritm 9
R. Wolf. Zur Geschichte der Röhrenlibelle 9
E. Catalan. Sur un article du Journal des Savants 9
F. W. Hultmann. Svenska aritmetikens historia 9
L. Oppermann. Augustus de Morgan 9
A. Clebsch Zum Gedächtniss an Julius Plücker 10
A. Dronke. Julius Plücker 10
A. Genocchi. Notizie intorno alla vita ed agli scritti di Felice Chiò 11
B. Boncompagni. Catalogo dei lavori di Felice Chiò 11
V. Cherbuliez. Geschichtliche Mittheilungen aus dem Gebiete der mechanischen Wärmetheorie 11
V. Cherbuliez. Geschichtliche Uebersicht der Untersuchungen über die Schallfortpflanzungsgeschwindigkeit in der Luft 12
A. Wittstein. Geschichte des Malfatti'schen Problems 12
M. Chasles. Rapport sur les progrès de la géométrie 12
J. W. L. Glaisher. Review of Mr. Sang's logarithms 12

Capitel 2. Philosophie.

A. Cayley. Note on the calculus of logic 13
R. Zimmermann. Ueber Kant's mathematisches Vorurtheil und dessen Folgen 13
A. Transon. Sur l'emploi de l'infini en mathématiques 13
E. d'Ovidio. Nota sul libro XII di Euclide e sul trattato di Archimede 14
Anonymus. Un discorso del Dr. Hirst sopra Euclide come libro di testo 15
P. Mansion. Sur le premier livre de la géométrie de Legendre à propos de quelques traités récents 16
Ciala. Zu dem Aufsatze von J. Kober: „Geometrische Grundbegriffe" 16
J. C. Becker. Lehrbücher zur Einführung in die darstellende Geometrie 16
Butz. Entgegnung auf den Aufsatz von J. C. Becker 16
A. J. Pick. Mädler's Reden und Abhandlungen über Gegenstände der Himmelskunde 17

Zweiter Abschnitt. Algebra.

Capitel 1. Gleichungen.

†A. Sonnenstein and H. A. Nesbitt. Science and art of arithmetic 18
†D. Mann. Theory of arithmetic 18
A. Dronke. Einleitung in die höhere Algebra 18
E. Schröder. Die Umformungsregeln für algebraische Ausdrücke . 18
C. W. Merrifield. A verification of the solution of a system of simultaneous equations 19
W. Walton. A demonstration that every equation has a root. . . 19
O. Bonnet. Démonstration de la continuité des racines d'une équation algébrique 19
A. Raabe. Lösung algebraischer Gleichungen von beliebig hohem Grade 21
C. F. E. Björling. Theori for algebraiska eqvationers rötter . . . 22

Seite

J. Petersen. Om Ligninger, der löses ved Kvadratrod 23
S. Réalis. Sulla forma delle funzioni razionali della radice d'un equazione algebrica 26
C. Jordan. Sur la résolution des équations les unes par les autres 26
F. W. Hultmann. Om bortskaffande af rotmärken ür eqvationer . . 26
J. Versluys. Discussion complète d'un système d'équations linéaires 27
V. Valeriano. Sistema generale di n equazioni lineari fra n incognite . 27
C. W. Merrifield. Solution of a question 27
P. de St. Robert. De la résolution de certaines équations à trois variables 28
V. Eugenio. Alcune ricerche sulle frazioni continue 28
L. Bignon. Solution de deux questions 29
D. G. Solution of $x^3+px+q=0$ 29
A. de St. Germain. Sur la résolution trigonométrique de l'équation du troisième degré 29
M. Azzarelli. Risoluzione delle equazione di 3° e 4° grado . . . 30
A. S. Guldberg. Om Ligninger af 3^{die} Grad ed 5te Grad 30
F. Brioschi. Sur l'équation du cinquième degré 30
A. Clebsch. Ueber die Anwendung der quadratischen Substitution auf die Gleichungen fünften Grades 31
A. Clebsch. Ueber die geometrische Interpretation der höheren Transformationen binärer Formen 31
A. Clebsch. Bemerkungen zu der Theorie der Gleichungen 5ten und 6ten Grades 33
S. Réalis. Sulle radici reali contenute fra dati limiti 33
Abonné. Solution d'une question 33
J. Boussinesq. Méthode nouvelle pour la résolution d'une classe importante et très-nombreuse d'équations transcendantes . . . 34

Capitel 2. Theorie der Formen.

S. Gundelfinger. Ueber einige allgemeine Theoreme aus der neueren Algebra 36
S. Gundelfinger. Ueber binäre Formen 36
J. J. Walker, A. Cayley. Solution of questions 36
A. Cayley. An example of the higher transformation of a binary form 37
G. Battaglini. Sulle forme binarie di grado qualunque 38
G. Battaglini. Sulle forme ternarie di grado qualunque 38
S. Roberts. On the order of the discriminant of a ternary form . 38
S. Gundelfinger. Zur Theorie der ternären cubischen Formen . 38
A. Cayley. On the number of covariants of a binary quantic . . . 39
A. Cayley. A ninth memoir on quantics 40
J. Dienger. Studien zur Theorie der Covarianten und Invarianten binärer Formen 42

Capitel 3. Elimination und Substitution, Determinanten, Invarianten, Covarianten und symmetrische Functionen.

C. Jordan. Traité des substitutions et des équations algébriques . 42
C. Jordan. Sur la résolution des équations les unes par les autres 46
C. Jordan. Mémoire sur la résolution des équations algébriques les unes par les autres 46
C. Jordan. Sur la classification des groupes primitifs 46
C. Jordan. Théorèmes sur les groupes primitifs 46

Seite
V. Janni. Esposizione della teorica delle sostituzioni 47
J. Rosanes. Ueber diejenigen rationalen Substitutionen, welche eine rationale Umkehrung zulassen 47
L. Sylow. Om den Gruppe af Substitutioner, der tilhörer Ligninger for Division af Perioderne ved de elliptiske Funktioner 48
M. A. v. Barniecki. Ueber gegen einander permutable Substitutionen 49
W. K. Clifford. On a case of evaporation in the order of a resultant 50
A. Brill. Zur Theorie der Elimination und der algebraischen Curven 50
O. Hesse. Die Determinanten, elementar behandelt 50
F. J. Studnička. Einleitung in die Theorie der Determinanten . . 50
J. C. Becker. Ueber einen Fundamentalsatz der Determinanten-Theorie 51
W. Veltmann. Beiträge zur Theorie der Determinanten 51
G. Battaglini. Nota sui determinanti 52
E. Schultze. Ueber eine aus symmetrischen Determinanten gebildete Reihe 52
M. A. Stern. Bemerkungen über eine Determinante 54
F. Caldarera. Nota su talune proprietà dei determinanti, in specie di quelli a matrici composte con la serie dei numeri figurati . . 55
S. Roberts, J. Walker, Hopkins. Solution of a question . . . 56
Ph. Gilbert. Sur une propriété des déterminants fonctionnels . . 56
J. Versluys. Applications des déterminants à l'algèbre et à la géométrie analytique 58
P. Gordan. Ueber die Bildung der Resultante zweier Gleichungen 59
P. Gordan. Resultanten von Covarianten 60
F. Klein. Ueber eine geometrische Repräsentation der Resolventen algebraischer Gleichungen 60
S. Gundelfinger. Ueber die Ausartungen einer Curve dritter Ordnung 61
A. Cayley. Example of a special discriminant 61
J. Walker. Solution of a question 62
V. Mollame. Soluzione di una questione 62

Dritter Abschnitt. Zahlentheorie.

Capitel 1. Allgemeines.

P. C., Lejeune-Dirichlet. Vorlesungen über Zahlentheorie . . . 63
†Stouff. Note sur la détermination des facteurs premiers d'un nombre 65
G. Zolotaref. Note relative à une formule de Mr. Liouville . . . 65
P. Pepin. Solution de deux questions 65
E. Amigues. Note sur les sommes des puissances semblables des n premiers nombres entiers 66
T. P. Kirkman. Solution of a question 67
W. A. Whitworth, Solution of a question 67
Toubin. Solution d'une question 67
E. Pellet, S. Morel, Layritz. Solutions de questions 67
A. Steen. Lösning og Udvidelse af en Opgave 68
G. Barillari. Sulla divisibilità de' numeri periodici 69
D. André. Solution d'une question 69
B. Minnigerode. Ueber irrationale Zahlen 69
Fitremann. Sur les racines carrées et cubiques 69
E. Meissel. Berechnung der Menge von Primzahlen innerhalb der ersten Hundert Millionen 70
A. Moret-Blanc. Solution de questions 70
S. Morel. Solution de deux questions 70

Seite
E. Kruschwitz. Solution d'une question 70
D. André. Analyse indéterminée 71
D. André. Théorèmes d'arithmétique 71
J. J. Sylvester. On the partition of an even number into two primes 71
N. Nicolaides. Analectes 71
J. Horner. On the algebra of magic squares 71
L. Lorenz. Bidrag til Tallenes-Theori 72
J. Petersen. Om en übestimte Ligning 73
F. Gambardella. Sul numero delle soluzione intere e positive di un equazione 73
S. Bills. Problème d'algèbre 73
B. Evans. Solution of questions 73
D. S. Hart, A. Martin, Scott, Evans, Matteson. Solution of questions 73
Anonymus. Note sur la résolution en nombres entiers et positifs d'une équation 75
P. Seeling. Ueber die Auflösung einer unbestimmten Gleichung . 75
N. Bougaieff. La théorie des fonctions dérivées des fonctions numériques 75

Capitel 2. Theorie der Formen und Kettenbrüche.

P. Bachmann. Zur Theorie der quadratischen Formen 76
A. Cayley. Tables of the binary cubic forms for negative determinants 76
†M. Falk. Om Konvergensen och Divergensen af Kjedebråk . . . 77
V. Eugenio. Sulle frazioni continue 77

Vierter Abschnitt. Wahrscheinlichkeitsrechnung und Combinationslehre.

J. Bourget. Des permutations 78
R. Harley, M. Jenkins. Solution of questions 78
Soufflet. Combinaisons avec répétition 79
D. André. Sur les combinaisons simples 79
A. Moret-Blanc. Solution d'une question 80
M. Reiss. Évaluation du nombre de combinaisons desquelles les 28 dés du jeu du Domino sont susceptibles d'après la règle de ce jeu 80
A. Cayley. A „Smith's Prize“ paper. 1870. Question 12 81
M. Jenkins, W. J. Miller. Solution of questions 81
H. Mc. Coll. Probability notation 81
H. Mc. Coll, S. Watson. Solutions of questions 83
L. Lorenz. En „mathematisk Leg“ 84
J. Petersen. Videre Undersogelse af en Kortopgave 84
F. Bing. Lösning af en Opgave 84
C. Tychsen. Svar paa en Foresporgsel 84
A. Steen. Lösning og Udvidelse af en Opgave 84
K. Hattendorff. Ueber die Ermittelung des Sterblichkeitsgesetzes aus gegebenen Beobachtungen 84
M. Kanner. Analytische Theorie der Ausgleichung der Sterblichkeitstafeln 86
T. N. Thiele. En mathematisk Formel for Dödeligheden 88
Ch. Simon. Sur la formule de Gompertz 89
H. Mc. Coll, Martin, Watson, Savage, Wolstenholme, Evans, Miller, Dale, Genese. Solution of questions . . . 89

Seite
G. Zachariae. Laerebog i Theorien om de mindste Qvadratersmethode . . . 95
F. Minding. De la méthode des moindres carrés . . . 97
Ch. Wiener. Ueber die möglichst genaue mechanische Rectification eines verzeichneten Curvenbogens . . . 97

Fünfter Abschnitt. Reihen.

Capitel 1. Allgemeines.

P. du Bois-Reymond. Ueber einen Cauchy'schen Satz betreffs der Stetigkeit der Summen unendlicher Reihen . . . 99
V. Ermakof. Caractère de convergence des séries . . . 99
V. Retali. Sulle serie triple . . . 100
M. Hollweck. Das Binomialtheorem . . . 100
J. W. L. Glaisher. On a paradox in infinite series . . . 101
L. Lorenz. Bidrag til Tallenes Theori . . . 101
D. André. Sommation de certains développements . . . 102
M. Jenkins. Solution of a question . . . 102
J. Blissard. Solution of a question . . . 102

Capitel 2. Besondere Reihen.

E. Amigues. Sur un procédé nouveau pour trouver les cubes de certaines sommes . . . 103
O. Callandreau. Solution d'une question . . . 103
D. André. Sur le développement du binôme . . . 103
D. André. Développement de sin $(n\alpha + z)$, de cos $(n\alpha + z)$, de sin α^n et cos α^n . . . 104
G. Cantor. Ueber trigonometrische Reihen . . . 105
L. Schendel. Zur Theorie der Reihen . . . 105
A. Cayley. On Lagrange's demonstration of Taylor's theorem . . . 106
M. M. U. Wilkinson. Note on Taylor's theorem . . . 106
A. Cayley. Further note on Lagrange's demonstration of Taylor's theorem . . . 106
J. W. L. Glaisher. On the summation by definite integrals of the geometrical series of higher orders . . . 107
J. Thomae. Les séries Heinéennes supérieures . . . 108
F. Tano. Sopra due serie di Gauss e di Heine . . . 109
L. Pochhammer. Ueber Relationen zwischen den hypergeometrischen Integralen n^{ter} Ordnung . . . 110
L. Fuchs. Bemerkung zu der Arbeit des Herrn Pochhammer . . . 110
L. Pochhammer. Ueber einfach singuläre Punkte linearer Differentialgleichungen . . . 110
L. Pochhammer. Ueber die Herleitung der hypergeometrischen Differentialgleichungen . . . 110
J. Wolstenholme and S. Watson. Solution of a question . . . 111

Sechster Abschnitt. Differential- und Integral-Rechnung.

Capitel 1. Allgemeines. (Lehrbücher etc.)

B. Williamson. Differential calculus . . . 112
J. Hoüel. Cours de calcul infinitésimal . . . 113
C. Spitz. Erster Cursus der Differential- und Integralrechnung . . . 114

Seite

R. Hoppe. Om Principerne for og formentlige Vanskeligheder ved Infinitesimalregningen 115

Capitel 2. Differentialrechnung.

R. Hoppe. Ueber die independente Darstellung der höheren Differentialquotienten 115
R. Most. Ueber die höheren Differentialquotienten 116
W. H. L. Russell. On an functional elimination 118
S. A. Sexe. Et Par Ord om mathematiske Graendser 118
R. W. Genese. On maxima and minima 118
F. Unferdinger. Zur Theorie des Maximums und Minimums . . . 118

Capitel 3. Integralrechnung.

E. Combescure. Sur diverses conditions d'intégrabilité et d'intégration 119
F. Grelle. Note zur Integration eines Differentials 122
H. Mc. Coll. On the formulae of reduction in the integral calculus 123
O. Hanlon. Solution of a question 123
M. Azzarelli. Sul teorema di Fagnano 123
A. Steen. Bevis for Simpson's Formel 123
M. Deprez. Instrument servant à calculer mécaniquement les valeurs de quelques grandeurs 123
F. Unferdinger. Zur Theorie der simultanen Substitutionen in zwei- und dreifachen Integralen 124
C. Tychsen. Svar paa en Foresporgsel 125
A. Genocchi. Dimostrazioni di una formola di Leibniz e Lagrange 125

Capitel 4. Bestimmte Integrale.

G. F. Meyer. Theorie der bestimmten Integrale zwischen reellen Grenzen 125
D. B. de Haan. Différentiation et intégration d'une intégrale multiple par rapport à une constante 126
F. Chiò. Différentiation d'une intégrale définie 127
L. Oppermann. Om Qvadraturer 128
†D. B. de Haan. Herleidungsformulen by de theorie van bepaalde integralen 129
A. Andréiewsky. Formules relatives à la théorie des intégrales définies 129
J. W. L. Glaisher. On the history of Euler's constant 130
J. W. L Glaisher. On the calculation of Euler's constant 131
W. Shanks. Numerical value of Euler's constant and on the summation of the harmonic series 131
W. Shanks. Numerical values of e, $\log e^2$ etc. 131
J. W. L. Glaisher. On a class of definite integrals 132
R. Pendlebury. On some definite integrals 133
S. Spitzer. Darstellung von $y = x^n e^{\lambda x^2}$ in der Form $y = S[A_m e^{mx}]$ 133
S. Spitzer. Darstellung von $y = x^n e^{ax^2}$ in der Form $y = S[A_m e^{mx}]$ 133
W. Walton. On certain definite integrals 134
J. W. L. Glaisher. Summation by definite integrals of the geometrical series of higher orders 134
J. W. L. Glaisher. On a definite integral 134
W. Walton. On a pair of definite integrals 135
F. Unferdinger. Transformation eines bestimmten Integrals . . . 135

Seite
G. Dillner. Definita integraler af synektiska funktioner 135
S. Réalis. Sugl' integrali euleriani della prima specie 136
J. Blissard. Solution of a question 136
J. W. L. Glaisher. On two definite integrals 136
O. Schlömilch. Ueber eine Kettenbruchentwickelung für unvollständige Gammafunctionen 137
V. Imchenietsky. Sur les fonctions de Jacques Bernoulli 137
P. du Bois-Reymond. Theorie der Fourier'schen Integrale und Formeln 138

Capitel 5. Gewöhnliche Differentialgleichungen.

J. Rosanes. Ueber algebraische Differentialgleichungen 1ter Ordnung 140
J. Rosanes. Ueber eine gewisse Gattung von Differentialgleichungen 142
S. Spitzer. Ueber die Integration von Differentialgleichungen . . 143
J. W. L. Glaisher. On Riccati's equation 144
E. Catalan. Sur l'équation de Riccati 144
W. H. L. Russell. On linear differential equations 146
A. Winkler. Integration der Differentialgleichung erster Ordnung mit rationalen Coefficienten zweiten Grades 146
S. Spitzer. Ueber die Integration von linearen Differentialgleichungen 148
S. Spitzer. Integration einer linearen Differentialgleichung 148
S. Spitzer. Integration von Differentialgleichungen 149
Laguerre. Application du principe du dernier multiplicateur à l'intégration d'une équation différentielle du second ordre 150
J. Boussinesq. Méthode nouvelle pour la résolution d'équations transcendantes 152
L. Fuchs. Bemerkungen zu der Arbeit: Ueber hypergeometrische Functionen n^{ter} Ordnung 152
L. Pochhammer. Ueber einfach singuläre Punkte linearer Differentialgleichungen 154
L. Pochhammer. Ueber die Herleitung der hypergeometrischen Differentialgleichung 154
L. Pochhammer. Ueber Relationen zwischen den hypergeometrischen Integralen n^{ter} Ordnung 156
J. Thomae. Integration einer Differenzengleichung 157
S. Spitzer. Integration der Gleichung $y'' = x\,(xy' - ny)$ 159
C. Tychsen. En linear Differentialligning med variable Koefficienter 160
E. Hossenfelder. Ueber die Integration einer linearen Differentialgleichung n^{ter} Ordnung 161
R. Most. Anwendung der Differentialquotienten mit allgemeinem Index zum Integriren von Differentialgleichungen 163
J. Cockle. Exercices in the integral calculus 165
J. Wolstenholme, Kitchin and W. Roberts, J. Walker. Solution of questions 165
C. Jordan. Sur la résolution des équations différentielles linéaires . 166
M. Mackenzie. Simultaneous differential equations 167
J. Siacci. Trasformazioni delle equazioni del problema dei 3 corpi 167
C. Merrifield. On certain families of surfaces 167

Capitel 6. Partielle Differentialgleichungen.

†L. Garnshaw. Partial differential equations 168
Graindorge. Sur l'intégration des équations de la mécanique . . 168
E. Combescure. Sur diverses conditions d'intégrabilité et d'intègration 168
J. Cockle. On fractional criticoids 168
A. Mayer. Integration simultaner partieller Differentialgleichungen 1ter Ordnung 169

Seite

A. Andréiewsky. Propriétés de quelques quadratures 169
A. Mayer. Ueber die Jacobi-Hamilton'sche Integrationsmethode der partiellen Differentialgleichungen 1ter Ordnung 171
J. Somoff. Sur un moyen algébrique de démontrer le principe de Hamilton 171
A. Cayley. A „Smith's Prize" paper. 1870. Question 10 171
M. Lévy. Sur l'intégration des équations aux différences partielles 172
L. Matthiessen. Ueber das Integral der Gleichung $\frac{\partial^2 V}{\partial x^2} + \frac{\partial^2 V}{\partial y^2} = 0$ 172
E. Mathieu. Sur l'intégration des équations aux différences partielles 172
E. B. Christoffel. Ueber die Integration von zwei partiellen Differentialgleichungen 173
J. Cockle. Solution of questions 173

Capitel 7. Variations-Rechnung.

J. B. Serret. Sur le principe de la móindre action 174
A. Cayley. On a problem in the calculus of variations 175
S. Challis. On some unsolved problems in the calculus of variations 176
A. Cayley. On a new integration of differential equations of the second ordre 176
S. Challis. On a new method of solving some problems in the calculus of variations 176
J. Todhunter. On a problem in the calculus of variations 176
J. Todhunter. Researches in the calculus of variations 176

Siebenter Abschnitt. Functionentheorie.

Capitel 1. Allgemeines.

J. Hoüel. Théorie élémentaire des quantités complexes 178
U. Dini. Sopra le funzioni di una variabile complessa 179
C. G. J. Jacobi. Mathematische Werke 180
G. de Berardinis e T. Fuortes. Relazione de' corsi di geometria superiore e d'analisi superiore 182
F. E. Prym. Zur Integration einer Differentialgleichung 182
E. B. Christoffel. Ueber die Integration von zwei partiellen Differentialgleichungen 185
R. Lipschitz. Sopra la teoria della inversione di un sistema di funzioni 187
E. Heine. Ueber einige Voraussetzungen beim Beweis des Dirichletschen Princips 187
G Frobenius. Ueber Entwickelung analytischer Functionen in Reihen 188
G. Cantor. Notiz zu einem Aufsatz in Borchardt's Journal 192
J. Lüroth. Ueber Verzweigungsschnitte und Ausschnitte in einer Riemann'schen Fläche 192
†F. Ruffini. Sul modo di definire la continuità delle funzioni . . 193
M. Nöther. Ueber die algebraischen Functionen einer und zweier Variabeln 193
M. Hamburger. Ueber die Entwickelung algebraischer Functionen in Reihen 194
Ed. Weyr. Sur les fonctions, dont les dérivées successives forment des séries arithmétiques 196

Seite
L. Seidel. Ueber eine eigenthümliche Form von Functionen einer complexen Variabeln . . . 196
P. du Bois-Reymond. Sur la grandeur relative des infinis des fonctions . . . 197
G. Ascoli. Dimostrazione di un teorema di Cauchy . . . 197
S. Roberts and J. J. Walker. Solution of a question . . . 197
L. Painvin. Nombre des systèmes de plans que peut représenter une équation du second degré . . . 198
L. Oppermann.. Sur la formule d'interpolation de Newton . . . 198
A. Cayley. On an analytical theorem . . . 198

Capitel 2. Besondere Functionen.

J. W. L. Glaisher. On Lambert's proof of irrationality of π . . . 198
A. Cayley. A „Smith's Prize" paper. 1871 Question 8 . . . 199
O. Schlömilch. Ueber den Kettenbruch für tg z . . . 199
G. Lemoyne. Intorno ad un problema di partizione sopra alcune funzioni simmetriche . . . 200
A. de Legge. Formole relative al seno e coseno della somma degli archi 200
H. Lemonnier. Démonstration des expressions de cos $(a \pm b)$, sin $(a \pm b)$ . . . 200
Ch. Lindman. Formulae quaedam goniometricae . . . 200
L. Seidel. Darstellung des Kreisbogens, des Logarithmus etc. durch unendliche Producte . . . 201
J. W. L. Glaisher. On sin ∞ and cos ∞ . . . 202
W. Walton. On sin ∞ and cos ∞ . . . 203
M. Azzarelli. Trattato elementare delle funzioni iperboliche . . . 203
M. Roberts. On the addition of elliptic and hyperelliptic integrals 204
E. V. Bonsdorff. Den geometriska theori för complexa functioner 205
Ch. Hermite. Sur la construction géométrique de l'équation relative à l'addition des intégrales elliptiques de première espèce . . . 205
A. Clebsch. Theorie der Gleichungen 5ten und 6ten Grades . . . 205
L. Sylow. Om en Gruppe af Substitutioner . . . 206
C. Neumann. Ueber die elliptischen und hyperelliptischen Integrale 206
A. J. Gauss' approximation to the first elliptic integral . . . 206
W. Walton. On a property of elliptic functions . . . 206
C. M. Minchin. Solution of a question . . . 206
E. Dorn. Transformation zweiter Ordnung des elliptischen Integrals mit imaginärem Modul . . . 207
E. Kossak. Das Additionstheorem der ultraelliptischen Functionen 1ter Ordnung . . . 208
M. Roberts. Sur les fonctions abéliennes à quatre périodes . . . 210
H. Weber. Ueber die mehrfachen Gaussischen Summen . . . 211
C. Jordan. Sur les sommes de Gauss à plusieurs variables . . . 211
H. Weber. Ueber die unendlich vielen Formen der ϑ-Functionen . 216
L. Fuchs. Ueber die linearen Differentialgleichungen, welcher die Periodicitätsmoduln der Abel'schen Functionen genügen . . . 218
L. Fuchs. Ueber die Form der Argumente der ϑ-Function . . . 220
L. Pochhammer. Ueber einfach singuläre Punkte linearer Differentialgleichungen . . . 221
L. Pochhammer. Ueber die Herleitung der hypergeometrischen Differentialgleichung . . . 221
E. Lommel. Zur Theorie der Bessel'schen Functionen . . . 221
W. K. Clifford. On a canonical form of spherical harmonics . . . 224
W. Thompson. On the general canonical form of a spherical harmonic function of the nth order . . . 224

Seite

Achter Abschnitt. Reine, elementare und synthetische Geometrie.

Capitel 1. Principien der Geometrie.

Lagout. Le carré générateur de l'étendue 225
R. Sturm. Ueber die unendlich entfernten Gebilde mit Bemerkungen von J. Kober und Hoffmann 225
J. C. Becker. Ueber Incorrectheiten in der Sprache der Mathematik 227
Bolze. Ueber Parallellinien 227
Stammer und Zerlang. Bemerkungen zu dem Aufsatze von Becker 227
F. C. Fresenius. Die Lehre von der Congruenz der Dreiecke . . 229
Plagge. Construction mnemonischer Figuren 229
F. C. Fresenius. Die neuere Geometrie und die unendlich entfernten Gebilde 230
A. E. Beltrami. Essai d'interprétation de la géométrie non-euclidienne 230
V. Schlegel. Proben aus einer neuen auf der Grassmann'schen Ausdehnungslehre fussenden Bearbeitung der Elementarmathematik 231
F. Klein. Ueber die sogenannte Nicht-Euklidische Geometrie . . . 231
R. Baltzer. Ueber die Hypothesen der Parallelentheorie 232
O. Stolz. Die geometrische Bedeutung der complexen Elemente in der analytischen Geometrie 233
A. Transon. Sur l'emploi de l'infini en mathématiques 234
J. Rosanes. Ueber die neuesten Untersuchungen in Betreff unserer Anschauung vom Raume 234
H. G. Zeuthen. Om dualitetsprincipet 234
P. Mansion. Sur le premier livre de la géométrie de Legendre . . 235
F. St. Marie. Études analytiques sur la théorie des parallèles . . 236

Capitel 2. Continuitätsbetrachtungen (analysis situs).

A. Cayley. A „Smith's Prize" paper. 1871. Question 5 236
W. F. Clifford. On syzygetic relations among the powers of linear quantics 236

Capitel 3. Elementare Geometrie (Planimetrie. Trigonometrie. Stereometrie.)

G. Recknagel. Ebene Geometrie 237
F. Paugger. Elementar-Mathematik 238
A. Cayley. Solution of questions 238
Cavallin. Satser 238
T. Cotterill. Solution of a question 238
A. Morel. J. G. Solution d'une question 239
C. Harkema. Merkwürdiger Punkt im Dreieck 239
A. Hochheim. Der fünfte merkwürdige Punkt 239
J. A. Grunert. Entfernung des Schwerpunktes vom Mittelpunkte des einbeschriebenen Kreises im Dreieck 240
H. Schubert. Elementares über das Dreieck 240
C. Laduron. Solution d'une question 240
A. Cayley. A „Smith's Prize" paper. 1870. Question 7 240
C. A. Bretschneider. Berechnung des Trapezes aus seinen Seiten 241
M. Collins. Ueber die Mittelpunkte der Diagonalen eines vollständigen Vierecks 241
T. Fuortes. Ueber Fermat's geometrischen Satz 241

Seite
L. Oppermann. Den ptolemaiske Saetning 241
Fasbender. Le lieu du centre du cercle inscrit à un quadrilatère . 242
E. Kruschwitz. Solution d'une question 242
J. G. Théorèmes de géométrie 242
M. Sancery. Note sur le quadrilatère inscrit 242
J. Sylvester. Solution of a question 243
A. Steinhauser. Winkelsumme ebener Polygone 243
O. Callandreau. Solution d'une question 243
Nagel. Bestimmung der Vielecke durch die Halbirungspunkte ihrer Seiten 244
R. Nippert. Aufgabe über reguläre Polygone 244
O. Callandreau. Solution de deux questions 244
J. Griffiths. On the circle which cuts three given circles at given angles 245
Zerlang. Berechnung der Zahl π 245
C. A. Bretschneider. Berechnung der Winkel ebener und sphärischer Dreiecke aus den Seiten 245
F. H. Rump. Zwei trigonometrische Sätze 246
Weitere Aufgaben 246
J. C. Becker. Beiträge zur Geometrie 246
C. W. Merrifield. Solution of a question 247
J. Wolstenholme. Exercices sur le tétraèdre 247
C. W. Merrifield. Solution of a question 248
Hessel. Uebersicht der gleicheckigen Polyeder 248
J. A. Grunert. Oberfläche eines Polyeders 248
V. Mollame. Teoremi di geometria 249
A. Steinhauser. Netze der Poinsot'schen Körper 250
G. Affolter. Geometrische Aufgabe 250
G. Affolter. Lehrsätze und Aufgaben über die Kugel 250
O. Stolz. Analytische Entwickelung der Grundformeln der sphärischen Trigonometrie 250
F. Unferdinger. Ueber ein sphärisches Dreieck 251
A. Steen. Formule de Simpson 251

Capitel 4. Darstellende Geometrie.

W. Fiedler. Darstellende Geometrie 252
C. Riess. Grundzüge der darstellenden Geometrie 254
K. Rudel. Die ersten Elemente der darstellenden Geometrie . . . 254
G. Delabar. Linearzeichnen 254
J. Schlotke. Die Hauptaufgaben der descriptiven Geometrie . . . 254
L. Burmester. Die schiefe Parallelperspective 254
†J. Hoschek. Die centrale Projectionsmethode 255
†D. Tessari. Principii della projezione assonometrica 255
F. Hoza. Apparat zum Anschauungsunterricht in der descriptiven Geometrie 255
C. Taylor. The principles of geometrical conics 255
E. Koutny. Beschreibung der Parabel aus gegebenen Punkten und Tangenten 255
G. D. Sur la représentation des surfaces algébriques 256
C. Pelz. Central- und Parallel-Projection der Flächen zweiten Grades auf eine Kreisebene 256
R. Niemtschick. Construction des Durchschnitts zweier krummer Flächen 257
A. Cayley. On the plane representation of a solid figure 257
†A. Cayley. On Gauss' pentagramma mirificum 258

Seite

Capitel 5. Neuere synthetische Geometrie.

A. Ebene Gebilde.

R. Staudigl. Lehrbuch der neueren Geometrie 258
L. Saltel. Extrait d'une lettre 259
A. Cayley. On the rational transformation between two planes . . 259
Anonymus. Propriétés focales des figures homographiques 260
J. J. Walker. On conditions for, and equations of corresponding points in certain involutions 260
P. Cassani. Sulla involuzione quadratica 260
T. Fuortes. Solution of a question 260
A. Clebsch. Ueber das ebene Fünfeck 261
A. Clebsch. Ueber Anwendung der quadratischen Substitution . . 261
A. Clebsch. Ueber die geometrische Interpretation der höheren Transformation binärer Formen 261
T. Fuortes. Dimostrazione di un teorema 262
C. Montag. Ueber ein geometrisches Beziehungssystem 262
S. Morel. Théorie des sections coniques 264
J. C. Becker. Beiträge zur Geometrie 265
J. Petersen. Om Ligninger, der löses ved Kvadratrod 265
T. Fuortes. Dimostrazione di due teoremi 265
V. N. Bitonti. Dimostrazione di due teoremi 266
M. Willière. Solution d'une question 266
R. W. Genese. On the trisection of an angle 266
A. Cayley. A „Smith's Prize" paper. 1871. Question 3 266
R. Townsend. On the analogue in the theory of quadrics to a known property in the theory of conics 266
J. Griffiths. On a problem 267
T. Fuortes. Soluzione d'un problema 267
A. Moret-Blanc. Solution d'une question 267
W. Crofton and others. Solutions of questions 268
C. Taylor. The geometry of rectangular hyperbola 269
C. Taylor. The principles of geometrical conics 270
H. Durège. Die ebenen Curven dritter Ordnung 270
H. Durège. Ueber die Kegelschnitte, welche eine Curve dritter Ordnung osculiren 272
Vallier. Solution d'une question 274
Em. Weyr. Alcuni teoremi intorno alla „focale à noeud" 274
†J. Wolstenholme. On osculating curves 274
†A. Cayley. On the Cartesian with two imaginary axial foci . . . 275
M. Chasles. Propriétés générales des courbes géométriques . . . 275
M. Chasles. Théorèmes relatifs aux axes harmoniques des courbes géométriques 275
M. Chasles. Propriétés des diamètres des courbes géométriques . 275

B. Räumliche Gebilde.

Em. Weyr. Sopra la corrispondenza del secondo grado 276
J. Frischauf. Theorie der räumlichen Strahlbüschel 277
Em. Weyr. Ueber die Fusspunktcurven räumlicher Curven 277
A. Enneper. Bemerkungen über einige geometrische Theoreme . . 278
A. Mannheim. Détermination d'une équation des surfaces du second ordre 278
L. Ellis. Démonstration de deux théorèmes 279
G. Affolter. Lehrsätze und Aufgaben über die Kugel 279
C. Taylor. An angle-property of the right circular cone 280

Seite
G. Bruno. Sulla linea luogo dei punti di an iperboloide sghembo . 281
A. Cayley. A „Smith's Prize" paper. 1871. Question 9 281
R. Townsend. On a property of confocal quadrics 282
G. Darboux. Sur une classe particulière de surfaces réglées . . . 282
A. Cayley. On the torse circumscribed about two quadric surfaces 283
R. Townsend. On an analogue in the theory of quadrics to a known property in the theory of conics 283
Em Weyr. Sopra una certa curva gobba di 4⁰ ordine 283
R. Sturm. Ueber die Flächen mit einer endlichen Zahl von Geraden 284
Em. Weyr. Ueber die Krümmung windschiefer Flächen 285

C. Geometrie der Anzahl.

M. Chasles. Systèmes de coniques représentés par deux caractéristiques 286
M. Chasles. Propriétés des courbes d'ordre et de classe quelconques 287
M. Chasles. Détermination d'une série de groupes de points . . . 288
M. Chasles. Détermination de la classe de la développée d'une courbe géométrique 290
M. Chasles. Propriétés de certains systèmes de coniques 290
S. Roberts. On the order and singularities of the parallel of an algebraical curve 290
O. Tognoli. Sulla teorica dei complessi 291
A. Cayley. On the deficiency of certain surfaces 291
A. Cayley. On the theory of the curve and torse 291
H. Schubert. Auszug aus einem Schreiben 293
H. G. Zeuthen. Sur les quadriques polaires 293
H. G. Zeuthen. Recherche de certaines singularités 295
H. G. Zeuthen. Sur les propriétés de deux surfaces 295
H. G. Zeuthen. Sur la théorie de surfaces réciproques 297
A. Cayley. On the problem of the in- and circumscribed triangle . 297
A. Macé. Solution d'une question 299
O. Tognoli. Sul numero delle superficie di una certa rete 299

Neunter Abschnitt. Analytische Geometrie.

Capitel 1. Coordinaten.

E. Betti. Sopra gli spazi di un numero qualunque di dimensioni . 301
S. Lie. Ueber die Theorie eines Raumes mit beliebig vielen Dimensionen 303
S. Lie. Zur Theorie eines Raumes von n Dimensionen 305
V. Schlegel. Ueber eine Fläche dritter Ordnung mittelst der Grassmann'schen Ausdehnungslehre 306
R. Heger. Grundformeln der analytischen Geometrie des Raumes in homogenen Coordinaten 307
P. G. Tait. Discours 307
W. Walton. Des coordonnées biangulaires 307
J. A. Grunert. Das tetraedrische Coordinatensystem 308
J. Hemming. Transformation der projectivischen Coordinaten . . 308
W. Unverzagt. Ueber ein einfaches Coordinatensystem der Geraden 308
G. de Berardinis e T. Fuortes. Relazione di corsi di geometria 310

Capitel 2. Analytische Geometrie der Ebene.

A. Allgemeine Theorie der ebenen Curven.

J. Frischauf. Einleitung in die analytische Geometrie 311
H. Schumann. Lehrbuch der analytischen Geometrie der Ebene . 311
F. Joachimsthal. Elemente der analytischen Geometrie der Ebene 311

Seite

M. Pasch. Ueber eine Eigenschaft der reciproken Curven 312
†A. Grunert. Allgemeine Theorie der Berührenden etc. in Dreilinien-Coordinaten 312
†L. Painvin. Étude de la courbure en un point multiple 312
Abonné. Sur la courbure en un point de rebroussement 313
J. Somoff. Ueber die annähernde Rectification beliebiger Curven . 313

B. Theorie der algebraischen Curven.

Em. Weyr. Zur Theorie der Involutionen höherer Grade 313
Em. Weyr. Ueber algebraische Curven 313
A. Brill. Zur Theorie der Elimination und der algebraischen Curven 314
A. Brill. Ueber zwei Berührungsprobleme 316
A. Brill. Ueber die Doppelpunkte von Curven im Raum, deren Geschlecht Null ist 319
A. Brill. Ueber die Curven eines Büschels, welche eine gegebene Curve 2-punktig berühren 319
S. Gundelfinger. Bemerkungen zu einem Aufsatze des Hrn. Bischoff 320
S. Gundelfinger. Verallgemeinerung einiger Theoreme des Herrn Aronhold 321
S. Roberts. Solution of a question 321

C. Gerade Linie und Kegelschnitte.

W. Brennecke. Einleitung in das Studium der analytischen Geometrie 321
P. Doucet. Problème de géométrie 322
Abonné. Solution d'une question 322
P. Cassani. Soluzione di una quistione 322
A. Cayley. On a theorem relating to eight points on a conic . . . 323
E. Beltrami. Alcune formole per la teoria elementare delle coniche 323
R. W. Genese. Note on analytical conics 323
E. Constable. On curvature 323
P. Cassani. Studio di una quistione 323
G. Hellmann. Lehre von den Kegelschnitten 324
F. Unferdinger. Ueber die Bestimmung einer Curve aus ihrer Tangenteneigenschaft 324
C. G. J. Jacobi. Geometrische Theoreme 324
Em. Weyr. Ueber Normalen an Curven zweiter Ordnung 324
J. Versluys. Discussion de quelques théorèmes et problèmes . . . 325
J. Versluys. Application des déterminants à la géométrie analytique 325
†J. A. Grunert. Die Theoreme von Pascal, Désargues etc. 325
J. Petersen. Om Ligninger der löses ved Kvadratrod 326
G. Dostor. Propriété des coniques 326
V. Eugenio e V. N. Bitonti. Dimostrazioni di un teorema 326
A. Cayley. On the reciprocal of a certain equation of a conic . . 326
A. Cayley. A „Smith's Prize" paper. 1871. Question 6 327
J. A. Grunert. Ueber die Gleichung des um ein Dreieck beschriebenen Kreises in Dreilinien-Coordinaten 327
A. Enneper. Ueber die Bedingung, dass sich drei Kreise in einem Punkte schneiden 327
C. Valentino. Soluzione di alcune quistioni 327
P. Pein, H. Lez, O. Callandreau, S. Morel. Solutions de questions 328
H. G. Day. Théorème sur l'ellipse 329
G. Delabar. Construction der Axen einer Ellipse 329
J. A. Grunert. Der Flächeninhalt der Ellipse 330
L. Lindelöf. Problèmes relatifs à l'ellipse et à l'ellipsoide 330
F. Tano. Un teorema 330

Seite
C. Mittelacker. Theorie des elliptischen Vierseits 330
G. Dostor. Surfaces d'un certain quadrilatère et d'un certain triangle 331
V. Eugenio, C. Valentino. Dimostrazione di alcune teoremi . . 332
E. Leclert. Tracé des arcs paraboliques ou circulaires à grande portée 332
Anomymus. Tracé pratique des arcs de parabole 333
D. André. Deux théorèmes sur la parabole 333
N. M. Ferrers. On Mr. Clifford's proof of Miquel's theorem . . . 333
Ch. Brisse. Solution d'une question 334
J. J. Walker and J. Wolstenholme. Solution of a question . . . 334
R. W. Genese. Solution of a question 334
J. J. Walker. Solution of a question 334
Weitere Aufgaben 335

D. Andere specielle Curven.

H. Durège. Die ebenen Curven dritter Ordnung 335
Em. Weyr. Sulle curve piane razionali del terz' ordine 335
P. Gordan. Ueber Curven dritter Ordnung mit zwei Doppelpunkten 336
H. Durège. Ueber die Kegelschnitte, welche eine Curve dritter Ordnung osculiren 336
S. Gundelfinger. Ueber die Ausartungen einer Curve dritter Ordnung 336
†J. J. Walker. On systems of tangents to plane cubic and quartic curves 336
†Th. Erdmann. Das Descartes'sche Folium 336
S. Roberts. On the ovals of Descartes 336
A. Burtaire. Solution d'une question 337
S. Roberts. Sur les podaires centrales des coniques 337
C. Albrich. Ueber Fusspunktcurven 337
B. Tortolini. Sulla teoria di alcune curve pedali 338
S. Morel. Problème de géométrie analytique 338
F. W. Newman. On doubly diametral quartic curves 339
F. Brioschi. Les tangentes doubles à une courbe du 4e ordre avec un point double 339
L. Cremona. Observations géométriques à propos d'une note de Mr. Brioschi 339
A. Cayley. A „Smith's Prize" paper. 1870. Question 14 340
S. Roberts. On the pedals of conic sections 340
A. Cayley. On the mechanical description of a nodal bicircular quartic 341
J. F. Moulton, F. D. Thomson, J. J. Sylvester. Solution of questions 341
L. Bédorez, Meutzner. Solutions de questions 342
C. F. E. Björling. Theori for algebraiska eqvationers rötter . . 342
S. Roberts. Solution of questions 342
A. Girard. Solution d'une question 343
A. Cayley. On evolutes and parallel curves 343
Ph. Breton. Problème de géométrie 343
H. Brocard et Grassat. Solution d'une question 344
A. Cayley. On a problem of envelopes 344
W. Walton. On the spoke asymptotes of rhizic curves 344
W. Walton. On the curvature of rhizic curves at multiple points . 345
Em. Weyr. Alcuni teoremi intorno alla „focale à noeud" 345
W. Walton. On the transformation of two simultaneous equations . 345
A. Cayley. A „Smith's Prize" paper. 1871. Question 2 345
H. Mylord. Elliptiske Koordinaters 345
H. Mylord. Skaevvinklede Trajectorier til nogle Systemer af Curver 348
F. Klein und S. Lie. Ueber die Curven, die durch ein geschlossenes System von Transformationen in sich übergehen 348
Augier. Solution d'une question 350

Seite

Capitel 3. Analytische Geometrie des Raumes.

A. Allgemeine Theorie der Flächen und Raumcurven.

Ph. Gilbert. Rapport sur un mémoire de Mr. Saltel 351
N. Nicolaides. Analectes 351
L. Painvin. Sur un système variable de trois directions rectangulaires 351
U. Dini. Sopra alcune formole generali della teoria delle superficie 352
G. Darboux. Les courbes tracées sur une surface 355
A. Enneper. Ueber die Differentialgleichung einer Art von Curven auf Flächen 356
A. Enneper. Ueber asymptotische Linien 356
O. Tognoli. Dimostrazione d'un teorema di geometria 356
B. Williamson. On Gauss' theorem of the measure of curvature . 357
Em. Weyr. Ueber die Krümmung windschiefer Flächen 357
J. Boussinesq. Sur les lignes de plus grande pente d'une surface 357
D. Regis. Sulle superficie di ugual pendenza 358
L. Painvin. Détermination des rayons de courbure 359
L. Painvin. Détermination des plans osculateurs et des rayons de courbure 359
E. Kretschmer. Zur Theorie der Flächen mit ebenen Krümmungslinien 359
K. Exner. Ueber die Maxima und Minima der Winkel zwischen krummen Flächen und Radiusvectoren 362
S. Roberts. On the order of the discriminant of a ternary form . . 362
C. W. Merrifield. On certain families of surfaces 362
C. W. Merrifield. On conical and cylindrical surfaces 364
C. W. Merrifield. Sur un système particulier des surfaces . . . 364

B. Theorie der algebraischen Flächen und Raumcurven.

Em. Weyr. Die Erzeugung algebraischer Curven durch mehrdeutige Elementargebilde 364
Em. Weyr. Intorno alle curve gobbe razionali 365
Em. Weyr. Sopra alcune singularità di second' ordine di curve gobbe razionali 367
Em. Weyr. Ueber rationale Raumcurven 367
Em. Weyr. Ueber rationale Raumcurven 4ter Ordnung 367
G. Korndörfer. Ueber die Raumcurven, deren Coordinaten sich als rationale Functionen eines Parameters darstellen 368
C. Arzela. Sopra alcune applicazioni di una formola di Jacobi . . 370
O. Tognoli. Osservazioni geometriche 371
E. Padova. Della generazione delle superficie mediante reti projettive 371
L. Painvin. Théorème sur les surfaces 372
C. F. Geiser. Ueber die algebraischen Minimumsflächen 372
A. Cayley. On the deficiency of certain surfaces 373
R. Sturm. Ueber die Flächen mit einer endlichen Zahl von Geraden 373
H. Stahl. Zur Theorie der Krümmungslinien und der dreifachen Orthogonalsysteme 373
L. Cremona. Sulle linee di curvatura delle superficie di 2° grado . 374

C. Raumgebilde ersten, zweiten und dritten Grades.

R. Baltzer. Ueber den Ausdruck des Tetraeders durch die Coordinaten der Eckpunkte 374
E. d'Ovidio. Alcune relazioni fra le mutue distanze de più punti . 375

Seite
J. A. Grunert. Inhalt des Dreiecks und Tetraeders durch cartesische Coordinaten der Eckpunkte 375
J. Versluys. Discussion de l'équation du second degré 375
C. G. J. Jacobi. Geometrische Theoreme 376
F. Joachimsthal. Ueber die Normalen einer Fläche zweiten Grades 379
O. Hermes. Die Jacobi'sche Erzeugungsweise der Flächen zweiten Grades 380
A. Cayley. Solution of a question 382
W. H. L. Russel. On Mac Cullagh's theorem 382
W. Walton. On the transformation of two simultaneous equations 382
L. Painvin. Lieu des sommets de trièdres trirectangles 382
H. Picquet. Quelques problèmes relatifs aux surfaces du second degré 384
E. Vazeille. Cordes principales et plans principaux d'une surface du second ordre 384
R. Townsend. On the analogues in the theory of quadrics and in the theory of conics 385
O. Hesse. Ueber die acht Schnittpunkte dreier Oberflächen zweiter Ordnung 385
L. Saltel, A. Moret-Blanc. Solution de questions 386
Bermann. Beweis zweier Steiner'scher Lehrsätze 386
E. Benter. Ueber Tangentialkegel und Curven zweiten Grades . . 387
A. de Grossouvre, E. Bonnet. Solution d'une question 387
B. Tortolini. Sull' intersezione di un ellissoide con un cilindro ellittico 388
M. Roberts. Sur la rectification des lignes de courbure d'un ellipsoide 388
Laguerre. Sur une propriété de l'hyperboloide de révolution . . . 388
J. Versluys. Discussion de quelques théorèmes de géométrie analytique 389
L. Lindelöf. Problèmes relatifs à l'ellipse et à l'ellipsoide 389
Hermann. Sur une propriété du cône de révolution 389
A. Hochheim. Ueber eine windschiefe Fläche 389
V. Schlegel. Ueber eine Fläche dritter Ordnung 389

D. Andere specielle Raumgebilde.

A. Cayley. On quartic surfaces 390
A. Cayley. On an analytical theorem from a new point of view . 392
A. Cayley. On Plücker's models of certain quartic surfaces . . . 392
A. Cayley. Sur une surface du quatrième ordre 393
A. Cayley. On a quartic surface 393
A. Cayley. A „Smith's Prize" paper. 1870. Question 13 393
A. Cayley. Sketch of recent researches on quartic and quintic surfaces 393
A. Cayley. On the inversion of a quadric surface 394
L. Cremona. Sulla superficie di 4° ordine 394
C. Hierholzer. Ueber eine Fläche der vierten Ordnung 394
J. Casey. On cyclides and sphero-quartics 396
E. Catalan. Sur une transformation géométrique et sur la surface des ondes 398
A. Cayley. Corrections and additions to a memoir: „On the theory of reciprocal surfaces" 400
A. Cayley. Example of a special discriminant 400
A. Cayley. On a surface of the eight order 400
A. Cayley. On the envelope of a certain quadric surface 401
A. Cayley. On the centro-surface of an ellipsoid 401
F. Tissérand. Sur les surfaces orthogonales 401

Seite

R. Hoppe. Systèmes de lignes et de surfaces égales, terminées par des rayons communs 402
W. Roberts. Sur les courbes équidistantes sphériques 403
A. Steen. Om Omdrejningsfladerne 405
H. M. Jeffery. On concyclic conicoids 405
Ch. Ruchonnet. De l'hélice osculatrice 405
A. Cayley. A „Smith's Prize" paper. 1871. Question 7 406
A. de St.-Germain. Étude géométrique 406
G. Halphen. Sur les droites qui satisfont à des conditions données 407
S. Roberts. Solution of a question 407
E Pellet Solution de deux questions 408
A. Cayley. On the geodesic lines on an ellipsoid 408
G. Darboux. Sur une nouvelle méthode pour l'étude des courbes tracées sur les surfaces algébriques 408
G. Darboux. Sur une classe particulière de surfaces réglées . . . 409
D. Tessari. Sulle linee di uguale illuminazione delle superficie . . 409
H. Mylord. Elliptiske Koordinater 409
H. Mylord. Skaevvinklede Trajectorier 409
H. A. Schwarz. Bestimmung einer speciellen Minimalfläche . . . 409

Capitel 4. Liniengeometrie (Complexe, Strahlensysteme).

D. Chelini. Sulle nuova geometria dei complessi 412
D. Chelini. Sulle composizione geometrica dei sistemi di rette, di aree e di punti 412
F. Klein. Ueber den Zusammenhang der Liniengeometrie mit der Mechanik starrer Körper 413
O. Tognoli. Sulla teorica dei complessi 413
F. Klein. Ueber einen Satz aus der Theorie der Liniengeometrie . 413
L. Painvin. Étude d'un complexe du second ordre 413
F. Klein. Zur Theorie der Kummer'schen Fläche 415
J. Frischauf. Theorie der räumlichen Strahlbüschel 415

Capitel 5. Verwandtschaft, eindeutige Transformation, Abbildungen.

A. Clebsch. Zur Theorie der Cremona'schen Transformation . . . 416
J. Rosanes. Ueber die rationalen Substitutionen, die eine rationale Umkehrung zulassen 417
Th Reye. Collineare Grundgebilde und ihre Erzeugnisse 417
Ed. Weyr. Ueber einige Sätze von Steiner 418
J. C. Becker. Kleine Beiträge zur Geometrie 419
G. Darboux. Sur une méthode nouvelle pour l'étude des courbes tracées sur les surfaces algébriques 419
V. Mollame. Sulla trasformazione continua d'una figura piana . . 419
A. Mannheim. Sur une propriété de la transformation par rayons vecteurs réciproques 420
S. Lie. Over en Classe geometriske Transformationer 420
H. Amstein. Conforme Abbildung der Oberfläche eines regulären Octaeders auf einer Kugel 422
O. Hentschel. Ueber einige conforme Abbildungen 423
G. Korndörfer. Die Abbildung von Flächen 4ter Ordnung 423
J. Diekmann. Ueber die Modificationen der ebenen Abbildung einer Fläche dritter Ordnung durch Singularitäten 424
A. Cayley. On the transformation of unicursal surfaces 424
G. Darboux. Sur une surface du 5ième ordre et sa représentation sur le plan 425

Seite
M. Nöther. Ueber die eindeutigen Raumtransformationen 425
L. Cremona. Ueber die Abbildung algebraischer Flächen 426
L. Cremona. Sulle trasformazioni razionali nello spazio 429
A. Cayley. On the rational transformation between two spaces . . 430
†F. Campanella. Delle trasformazioni geometriche 430
L. Painvin. Théorème sur les surfaces 431
E. Kretschmer. Zur Theorie der Flächen mit ebenen Krümmungslinien 431
G. Holzmüller. Ueber logarithmische Abbildung 431

Zehnter Abschnitt. Mechanik.

Capitel 1. Allgemeines. (Lehrbücher etc.)

A. Wernicke. Lehrbuch der Mechanik 433
H. Buff. Lehrbuch der physikalischen Mechanik 433
J. Somof. Mécanique rationelle 434
N. Bougaieff. Mécanique analytique 436
W. Thomson und P. G. Tait. Theoretische Physik 436

Capitel 2. Kinematik.

J. Somof. Mécanique rationelle 437
L. Lipkin. Ueber eine genaue Gelenk-Geradführung 437
D. Tessari. Sulla descrizione geometrica degli ingranaggi 438
D. Turazza. Dei sistemi di due forze 438
S. Roberts. On the motion of a plane under certain conditions . . 439
H. Durrande. Théorie du déplacement d'une figure 440
A. Mannheim. Déplacements infinement petits d'un corps définis par quatre conditions 441
A. Enneper. Geometrische Theoreme 441

Capitel 3. Statik.

A. Statik fester Körper.

J. Bauschinger. Elemente der graphischen Statik 442
W. Ritter. Die elastische Linie und ihre Anwendung auf den continuirlichen Balken 443
F. Lippich. Theorie der continuirlichen Träger mit constantem Querschnitt 444
J. A. Grunert. Ueber das Gleichgewicht zwischen 3 Kräften . . . 444
J. A. Grunert. Ueber das Gleichgewicht zwischen vier Kräften in einer Ebene 444
J. Petersen. Dell' uso del principio delle velocità virtuali 445
A. Cayley. A „Smith's Prize" paper. 1871. Question 10 445
V. Mollame. Soluzione di due quistioni 445
G. Battaglini. Sugli assi principali 446
F. Klein. Zusammenhang der Liniengeometrie mit der Mechanik starrer Körper 446
D. Piani. Sul centro di gravità 446
Fasbender. Les angles que les lignes de gravité du triangle forment entre elles 446
J. A. Grunert. Entfernung des Schwerpunktes vom Mittelpunkt des dem Dreieck einbeschriebenen Kreises 447

Seite

G. Bardelli. Sul centro di gravità di una specie di linee e di superficie . . . 447
G. Bardelli. Teoremi di statica razionale . . . 448
D. André. Théorèmes de statique . . . 448
G. Stokes. Explanation of a dynamical paradox . . . 448
N. M. Ferrers. On a dynamical paradox . . . 449
G. Hagen. Ueber den Seitendruck der Erde . . . 449

B. Hydrostatik.

L. Matthiessen. Ueber Bewegung und Abplattung homogener Ellipsoide . . . 450
L. Boltzmann. Ueber die Druckkräfte, welche auf Ringe wirksam sind, die in bewegte Flüssigkeit tauchen . . . 451
A. Moll. Ueber Centrifugalpumpen . . . 452

Capitel 4. Dynamik.

A. Dynamik fester Körper.

A. Fuhrmann. Aufgaben aus der analytischen Mechanik . . . 452
S. Autenheimer. Aufgaben über mechanische Arbeit . . . 453
F. Klein. Zusammenhang der Liniengeometrie mit der Mechanik starrer Körper . . . 453
A. Korkine. Sur le théorème de Poisson et son réciproque . . . 455
J. Somof. Sur le principe de Hamilton . . . 455
Graindorge. Sur l'intégration des équations de la mécanique . . 457
J. A. Serret. Sur le principe de la moindre action . . . 457
N. Nicolaides. Analectes . . . 457
R. Clausius. Ueber Anwendung einer mechanischen Gleichung . . 457
P. van Geer. Sur le mouvement rectiligne d'un point matériel . . 458
C. Zeidler. Probleme aus der Dynamik des Punktes . . . 460
R. Hoppe. Mouvement d'un point sur une surface en mouvement . 461
A. Cayley. A „Smith's Prize" paper. 1870. Question 8. 1871. Question 11. 1. 1870. Question 11 . . . 462
Abonné. Solution d'une question . . . 463
†J. Siacci. Trasformazioni delle equazioni del problema dei 3 corpi 463
H. Résal. Du mouvement d'un corps solide . . . 463
J. Regnani. Dimostrazione dell' isocronismo del pendolo . . . 463
E. Zetzsche. Parallele Drehaxen eines Pendels mit der nämlichen Schwingungzeit . . . 463
Ph. Breton. Problème de géométrie résolu par une considération de mécanique . . . 464
E. J. Routh. Oscillation of a heavy string . . . 464
†W. H. Besant. The deduction of Euler's equations from the Lagrange equations . . . 464
W. Walton. On axes of lug and axes of kick . . . 465
†R. S. Ball. The small oscillations of a particle and of a rigid body 465
H. Résal. Du mouvement d'un système matériel . . . 465
E. Rolland. Isochrone Regulatoren mit gekoppelten Kugeln . . . 465
H. Résal. Théorie du régulateur Larivière . . . 465
Tchébycheff. Sur le régulateur centrifuge . . . 466
Y. Villarceau. Sur le mouvement des meules horizontales . . . 467
M. de Tilly. Sur le roulement des rouleaux et des roues sur un plan d'appui . . . 467
Steichen. Sur quelques questions de mécanique physique . . . 470

Seite
H. Résal. Des conditions de résistance d'un volant 470
K. Culmann. Der Minentrichter 471
P. Cavalli. Théorie du choc des projectiles 471
St. Venant, M. Lévy. Équations différentielles des mouvements intérieurs dans les corps solides ductiles 471

B. Hydrodynamik.

J. Cockle. On the motion of fluids 473
†J. C. Maxwell. On the displacement in a case of fluid motion . . 474
M. Azzarelli. Sul movimento dei fluidi 474
O. E. Meyer. Ueber pendelnde Bewegung einer Kugel 475
O. E. Meyer. Pendelbeobachtungen 475
C. A. Bjerkness. Sur le mouvement de corps sphériques variables 479
G. Cavalli. Della resistenza dei tubi all' urto dell' acqua 482
†G. O. Hanlon. The vena contracta 482
Partiot. Sur les marées fluviales 482
de St.-Venant. Sur le mouvement non permanent des eaux . . . 482
J. Boussinesq. Sur la théorie des ondes liquides périodiques . . 484
de St.-Venant. Sur la houle et le clapotis 484
J. Boussinesq. Théorie de l'intumescence liquide 486
J. Boussinesq. Théorie des mouvements dans un canal rectangulaire horizontale 486
J. Boussinesq. Sur le mouvement varié de l'eau dans les tuyaux de conduite 487
W. J. M. Rankine. On the theory of stream-lines 487
Witte, A. Colding. Zur Theorie der Meeresströmungen 488
W. R. Kutter. Formeln für Bewegung des Wassers in Kanälen . 489
H. Heinemann. Die Hydraulik als exakte Wissenschaft 489

Capitel 5. Potentialtheorie.

Th. Wand. Die Principien der math. Physik und Potentialtheorie . 490
C. Neumann. Revision von Sätzen aus der Theorie des Potentials 491
C. Neumann. Zur Theorie des Logarithmischen und Newton'schen Potentials 493
C. Neumann. Ueber die elliptischen und hyperelliptischen Integrale 495
L. Matthiessen. Ueber das Integral der Gleichung $\frac{\partial^2 V}{\partial x^2} + \frac{\partial^2 V}{\partial y^2} = 0$ 496
H. de la Goupillière. Sur la transformation du potentiel par rayons vecteurs réciproques 496
H. Bruns. De proprietate quadam functionis potentialis corporum homogeneorum 497
A. Cayley. A „Smith's Prize" paper. 1870. Question 9 499

Elfter Abschnitt. Mathematische Physik.

Capitel 1. Molecularphysik, Elasticität und Capillarität.

†J. C. Maxwell. On physical quantities 500
W. C. Wittwer. Die Moleculargesetze 500
de St.-Venant. Formules relatives aux petites déformations d'un solide 500
L. J. Ménabréa. Étude de statique physique 502

Seite

H. Résal. De l'équilibre, de l'élasticité et de la résistance du ressort à boudin . . . 502
A. Steen. Om Grundloven for Legemers Straekning og Sammentrykning . . . 503
R. Hoppe. Deformation of an elastic sphere . . . 503
E. Hill. Bourdon's metallic barometer . . . 503
J. Boussinesq. Sur l'équilibre et le mouvement des corps solides élastiques . . . 503
F. Hopkinson. Impact on an elastic rod . . . 506
R. Hoppe. Vibrationen eines Ringes in seiner Ebene . . . 507
Phillips. Sur le spiral réglant des chronomètres . . . 508
A. Mousson. Theorie der Capillar-Erscheinungen . . . 509
E. Roger. Théorie des phénomènes capillaires . . . 509
E. J. Mellberg. Om Ytspänningen has Vätskor . . . 510

Capitel 2. Akustik und Optik.

V. Cherbuliez. Schallfortpflanzungsgeschwindigkeit in der Luft . 511
A. Terquem. Sur les sons produits par les ébranlements discontinus . 511
J. Bourget. Influence de la résistance de l'air dans le mouvement vibratoire . . . 511
T. Hopkinson. On the effect of internal friction on the vibrations of a solid . . . 511
Reichel. Gesetze der Doppelbrechung in zweiaxigen Krystallen . . 512
E. Jochmann. Zurückwerfung und Brechung des Lichts durch dünne Metallschichten . . . 513
E. Lommel. Ueber Fluorescenz . . . 514
E. Ketteler. Einfluss der astronomischen Bewegungen auf die optischen Erscheinungen . . . 515
H. Zinken-Sommer. Dioptrik der Linsensysteme . . . 518
P. A. Hansen. Der Weg eines Lichtstrahls durch eine beliebige Zahl brechender sphärischer Flächen . . . 518
A. Töpler. Anzahl der Fundamentalpunkte eines Systems centrirter Kugelflächen . . . 520
V. v. Lang. Dioptrik eines Systems centrirter Kugelflächen . . . 522
F. Lippich. Fundamentalpunkte eines Systems centrirter Flächen . 522
J. B. Listing. Ueber das Reflexionsprisma . . . 522
J. B. Listing. Ueber das Huyghens'sche Ocular . . . 523
A. Cayley. A „Smith's Prize" paper. 1871. Question 4 . . . 523
A. Hochheim. Problem aus der Optik . . . 524
R. Townsend. Solution of a question . . . 524
C. Albrich. Harmonische Beziehungen bei der Reflexion und Brechung des Lichts . . . 525
J. Kudelka. Einführung der sphärischen Trigonometrie in die Optik 525
Z. Wesely. Photometrische Probleme . . . 525
G. F. W. Bähr. Sur le mouvement de l'oeil . . . 525

Capitel 3. Elektricität und Magnetismus.

W. Weber. Electrodynamische Maassbestimmungen . . . 526
J. Bertrand. Théorie mathématique de l'électricité dynamique . . 526
Em. Weyr. Fernwirkung elektrischer Solenoide . . . 527
P. Frost. Electrodynamics . . . 528
Th. Kötteritzsch. Lösung des allgemeinen elektrostatischen Problems . . . 528
P. Godt. Vertheilung der Elektricität auf einem von 2 Kugelcalotten begrenzten Körper . . . 529

Seite
W. v. Bezold. Der Elektrophor 529
G. Quincke. Elektrolyse und Elektricitätsleitung durch Flüssigkeiten 530
O. Frölich. Das Electrodynamometer 530
F. Kohlrausch. Das Weber'sche compensirte Magnetometer . . . 530
Waszmuth. Arbeit des elektrischen Stromes beim Magnetisiren eines Eisenstabes 531
A. Cazin. Méthode pour mesurer le magnétisme 531
Külp. Magnetische Untersuchungen 532
C. Menzzer. Zusammenhang der Configuration des Landes mit der Lage der magnetischen Pole 532
A. Kurz. Gauss' absolutes Maass der Intensität des Erdmagnetismus 533
Hornstein. Abhängigkeit des Erdmagnetismus von der Rotation der Sonne 533

Capitel 4. Wärme.

V. Cherbuliez. Geschichtliches aus der mechanischen Wärmetheorie 533
S. Autenheimer. Aufgaben über mechanische Arbeit 533
F. Mann. Aus der Undulationstheorie der Wärme 533
Ch. Briot. Lehrbuch der mechanischen Wärmetheorie 534
R. Röntgen. Die Grundlehren der mechanischen Wärmetheorie . . 534
R. Clausius. Zurückführung des zweiten Hauptsatzes der Wärmetheorie auf mechanische Principien 534
L. Boltzmann. Zur Priorität der Auffindung der Beziehung . . . 534
L. Boltzmann. Ueber Wärmegleichgewicht 536
L. Boltzmann. Beweis des zweiten Hauptsatzes der mechanischen Wärmetheorie 537
Pfaundler. Grundgleichungen der dynamischen Gastheorie 538
H. Mohr. Wärmeverhältniss bei constantem Druck und Volumen . 538
H. Résal. Sur le calcul des volants des machines à vapeur . . . 539
H. Résal. Sur la théorie des vapeurs 539
G. Hansemann. Ueber die innere Beschaffenheit der Gase . . . 539
G. Schmidt. Theorie der Lehmann'schen calorischen Maschinen . 539
J. Bourget. Théorie des machines à air chaud 539
A. J. v. Oettingen. Ueber das bei dem umkehrbaren Kreisprocess permanenter Gase zureichende Arbeitsquantum 540
A. Winckler. Theorie der Dampfstrahlpumpen 541
G. Recknagel. Das physikalische Verhalten der Kohlensäure . . 541
J. Moutier. Sur la chaleur dégagée par la dissolution des gaz . . 541
E. Leclert. Théorie de la machine à air 541
Perrigault. Force vive emmagasinée dans l'air comprimé 542
Weilemann. Ueber die Beziehungen zwischen Barometerstand, Temperatur und Höhe in der Atmosphäre 542
E. Mathieu. Sur l'intégration des équations aux différences partielles 542
H. Weber. Ueber ein Problem der Wärmetheorie 542
O. Frölich. Verbesserungen am Pouillet'schen Pyrheliometer . . . 543
O. Frölich. Zur Theorie der Erdtemperatur 543
H. Wild. Ueber Temperaturcompensation des Wagebarometers . . 544
F. Zöllner. Einfluss der Dichtigkeit und Temperatur auf die Spectra glühender Gase 544
F. Roth. Verschiedenheit der Erwärmung der nördlichen und südlichen Erdhälfte 545

Seite

Zwölfter Abschnitt. Geodäsie und Astronomie.

Capitel 1. Geodäsie.

†F. Bauer. Lehrbuch der niederen Geodäsie 546
J. Vorländer. Anleitung zum Feldmessen 546
J. H. Franke. Die Dreiecksnetze vierter Ordnung 546
A. Cayley. A „Smith's Prize" paper. 1871. Question 13 547
C. M. Bauernfeind. Mechanische Lösung der Pothenot'schen Aufgabe und Apparat dazu 547
L. Cornebois. Deux questions à l'arpentage 547
E. La Saubie. Formule générale, pour passer des angles magnétiques aux angles des côtés d'un polygone 547
Andres. Berechnung geodätischer Coordinaten 547
W. Jordan. Ueber das Einschalten eines trigonometrischen Punktes in ein Netz 548
W. Jordan. Ueber die Genauigkeit einfacher geodätischer Operationen 549
Y. Villarceau. Détermination de la vraie figure de la Terre . . 549
Combes. Sur le planimètre de Amsler 550

Capitel 2. Astronomie.

H. Zirndörfer. Mathematische Geographie 551
F. Brünnow. Lehrbuch der sphärischen Astronomie 551
J. Frischauf. Grundriss der theoretischen Astronomie 551
Peters. Astronomische Tafeln und Formeln 552
G. D. E. Weyer. Vorlesungen über nautische Astronomie 552
V. Fuss und M. Nyrén. Bestimmung einer Längendifferenz . . . 552
A. Hall. The coordinates of a celestial body 553
Bosanquet. On Lambert's theorem 553
A. Cayley. A „Smith's Prize" paper. 1871. Question 12 553
A. de Gasparis. Calcul des orbites des étoiles doubles 553
H. Gyldén. Studien auf dem Gebiete der Störungstheorie 554
S. Newcomb. Théorie des perturbations de la Lune 555
N. Garbich. Berechnung von Sonnenfinsternissen 558
Ch. André. Sur la parallaxe du soleil 558
Houzeau. D'un moyen de mesurer la distance des centres du Soleil et de Vénus 559
P. A. Hansen. Bestimmung der Figur des Mondes 559
Ch. Delaunay. Sur l'équation séculaire de la Lune 562
W. Ligowski. Reduction der Monddistanzen 562
F. Zöllner. Ueber das Rotationsgesetz der Sonne und der Planeten 562
F. Hoza. Graphische Bestimmung der Tages- und Nachtlänge . . 562
W. Ligowski. Bestimmung von Breite und Zeit aus zwei Sternen 563
W. Ligowski. Berechnung der Entfernungen auf See 563
Hassenstein. Bestimmung der Entfernungen von Schiffen auf See 563
H. Gyldén. Einfluss von Aenderungen der Rotationsaxe auf das Meeresniveau 564
L. v. Pfeil. Strahlenbrechung in der Atmosphäre der Planeten . . 564
†E. Reymann. Höhenbestimmung der Sternschnuppen 564
G. Schubring. Immerwährender Kalender 564

Seite

Anhang.

G. Green. Mathematical papers 565
O. Neumann. Repetitorium der Elementar-Mathematik 566
K. H. Liersemann. Arithmetik und Algebra 566
Meier Hirsch. Aufgabensammlung 566
W. Gallus. Zins- und Prämienberechnung 566
Tafeln von Sang, Bremiker, Peirce, Frischauf, Dunham, Clouth, Stürmer, Kayser, St.-Robert 567

Verzeichniss

der Herren, welche für den dritten Band Referate geliefert haben.

(Die Verantwortlichkeit für den Inhalt tragen die Herren Referenten. Die in Klammern gesetzten Chiffern bezeichnen die Uebersetzer der in fremder Sprache eingesandten Referate).

Herr	Dr. August in Berlin.	A.
-	Dr. Bruns in Dorpat.	B.
-	Prof. J. Casey in Kingstown-Dublin.	Csy.
-	Prof. Cayley in Cambridge.	Cly.
-	Prof. Clebsch in Göttingen. (†).	Cl.
-	Prof. Glaisher in Cambridge.	Glr.
-	Dr. Hamburger in Berlin.	Hr.
-	P. C. V. Hansen in Kopenhagen.	Hn.
-	Prof. Henrici in London.	Hi.
-	Prof. Hoppe in Berlin.	H.
-	Dr. Hutt in Brandenburg a. H.	Ht.
-	Prof. Jung in Mailand.	Jg.
-	Prof. Klein in Erlangen.	Kln.
-	Prof. Korkine in Petersburg.	Ke.
-	Dr. Kretschmer in Posen	K.
-	Prof. Lie in Christiania.	L.
-	Prof. Mansion in Gent.	Mn.
-	Prof. A. Mayer in Leipzig.	Mr.
-	Dr. Maynz in Ludwigslust.	Mz.
-	Dr. Felix Müller in Berlin.	M.
-	Dr. Netto in Berlin.	No.
-	Prof. C. Neumann in Leipzig.	Nn.
-	Dr. Oberbeck in Berlin.	Ok.
-	Dr. Ohrtmann in Berlin.	O.
-	Dr. Pantzerbieter in Berlin.	Pr.
-	Dr. Scholz in Berlin.	Schz.
-	Dr. Schubert in Hildesheim.	Scht.
-	Dr. Schumann in Berlin.	Schn.
-	Prof. Stolz in Innsbruck.	St.
-	Dr. Teichert in Freienwalde a. O. (†).	T.
-	Dr. Wangerin in Berlin.	Wn.
-	Dr. Wittstein in Leipzig.	Wtn.
-	Prof. Zolotareff in Petersburg.	Z.

Briefe und Zusendungen erbitten wir entweder durch Vermittelung der Verlagshandlung oder unter der Adresse:

Dr. Carl Ohrtmann, Berlin SW., Markgrafenstr. 78. III.

Berichtigungen.

S. 10, Z. 2 v. o. lies: XVI. statt: XV.

S. 89, Z. 8 v. o. lies: „Der Verfasser schätzt jedoch mehr die Anwendbarkeit seiner Arbeit, als er deren Beurtheilung vom theoretischen Gesichtspunkte wünscht. Doch..." statt: „Da jedoch... wünscht, so..."

S. 106, Z. 2 v. u. lies: 105-106 statt: 36-47.

S. 114, Z. 6 v. o. einzuschalten nach dem Worte Princip: „der Grenzen, entwickelt aber vorher das Princip..."

S. 127, Z. 6 v. u. lies: F. Chiò statt: J. Chiò.

S. 133, Z. 12 v. o. lies: A_m statt: A^m.

S. 166, Z. 1 v. o. lies: C. Jordan statt: B. Jordan.

S. 284, Z. 9 v. u. lies: Clebsch Ann. IV. statt: Clebsch Ann III.

S. 397, Z. 3 v. u. lies: Doppelter Kegelschnitt statt: conischer Knoten.

S. 401, Z. 1 v. o. lies: „der sechs gegebene Gerade berührt." statt: „der durch sechs gegebene Gerade geht."

Im 2. Bande des Jahrbuchs p. 592 ist eine Arbeit fälschlich Herrn Catalan zugeschrieben, die von Herrn Ph. Gilbert herrührt.

Red.

Erster Abschnitt.

Geschichte und Philosophie.

Capitel 1.

Geschichte.

C. A. Bretschneider. Die Geometrie und die Geometer vor Euklides, ein historischer Versuch. Leipzig 1870. Rec. v. Friedlein. Hoffmann Z. II. 341-348.

Siehe Fortschr. d. Math. II. 1—2.

G. Friedlein. De Heronis quae feruntur definitionibus. Boncompagni Bull. IV. 93-121.

B. Boncompagni. Intorno alle definizione di Erone Alessandrino. Boncompagni Bull. IV. 122—126. Giunte e correzioni: ib. 512.

Herr Friedlein hat die in der Schrift von F. Hultsch: Heronis Alexandrini geometricorum et stereometricorum reliquiae, Berlin, 1864, p. 1-40 gegebenen Definitionen (Heronis definitiones nominum geometriae) in ihrer alten Form wiederherzustellen versucht und sie mit lateinischer Uebersetzung hier im Bulletino veröffentlicht. Der Verfasser weist an einigen besonders hervorgehobenen Paragraphen nach, dass diese Definitionen nicht das Werk eines so bedeutenden Geistes sind, wie Hero von Alexandrien war, dass sie ihm also wohl mit Unrecht zugeschrieben werden. — Herr Boncompagni fügt dieser Arbeit ein Verzeichniss der Ausgaben der Definitionen des Hero hinzu, die sich in verschiedenen Bibliotheken finden. M.

G. Friedlein. Untersuchung der sogenannten Definitionen Hero's. Hoffmann Z. II. 173-191. 277-291.

Eine detaillirte Textkritik, die im Einzelnen Interesse darbietet, sich jedoch nicht in der Kürze wiedergeben lässt.

H.

H. Martin. Ptolémée, auteur de l'optique, traduit en latin par Ammératus Eugenius Siculus sur une traduction arabe incomplète, est il le même que Claude Ptolémée, auteur de l'Almageste? Boncompagni Bull. IV. 464-469.

Der Verfasser bejaht die im Titel aufgestellte Frage entschieden. Die positiven Gründe werden kurz dahin angegeben, dass es nur einen einzigen griechischen Autor dieses Namens gegeben habe, der über Mathematik geschrieben. Die von Coussin gegen diese Annahme angeführten Gründe werden dann ausführlich widerlegt.

O.

B. Boncompagni. Intorno ad una traduzione latina dell' ottica di Tolomeo. Boncompagni Bull. IV. 470-492.

Von der Optik des Ptolemäus in fünf Büchern sind das zweite, dritte, vierte und das fünfte theilweise in einer lateinischen Uebersetzung auf uns gekommen, die jener bereits oben genannte Ammiratus Eugenius Siculus aus dem Arabischen angefertigt hat. Von dieser lateinischen Uebersetzung existiren dreizehn Manuscripte. Die Notiz enthält Nachrichten über dieselben und fügt einige Bemerkungen hinzu, die sich auf das Bekanntsein derselben bei verschiedenen mathematischen Autoren beziehen.

O.

H. Martin. Sur les instruments d'optique faussement attribués aux anciens par quelques savants modernes. Boncompagni Bull. IV. 165-238.

Der Verfasser unterwirft die Frage, ob den Griechen und Römern eine Anzahl optischer Instrumente, wie Brillen, Lupen,

Mikroskope bereits bekannt gewesen seien, einer erneuten Untersuchung. Indem die für die Bejahung gebrachten Beweise kritisirt und sodann die Stellen, die einen directen Beweis gegen die Bejahung enthalten, geprüft werden, gelangt Herr Martin dazu, die Bekanntschaft der Alten mit diesen Instrumenten auf das Entschiedenste zu verneinen. Diese Untersuchung giebt zugleich Anlass, einige Punkte in der Geschichte der Optik zu erläutern. O.

J. Bertrand et M. Chasles. Sur la théorie de la lune d'Aboul-Wéfâ. C. R. LXXIII. 581-589, 637-647, 765-766, 805-808, 889-890, 932-934. J. des Sav. 1871. 457-474.

Herr Bertrand hatte in der ersten Arbeit seine Ansichten über die Entdeckung der dritten Ungleichheit des Mondes, der Variation, durch den arabischen Astronomen Aboul-Wéfâ dahin ausgesprochen, dass ihm der Ruhm derselben nicht gebühre. Er begründet diese Ansicht durch Mittheilung einer Uebersetzung des uns bekannten Bruchstückes der Astronomie desselben. Herr Chasles tritt dieser Ansicht entgegen und beharrt auf seiner bereits früher ausgesprochenen Meinung vom Gegentheil. Die folgenden Noten enthalten gegenseitige Erwiderungen der Herren Bertrand und Chasles über denselben Gegenstand. O.

L. Am. Sédillot. Des savants arabes et des savants d'aujourd'hui à propos de quelques rectifications. Boncompagni Bull. IV. 401-418.

Die Arbeit ist voll von persönlichen Bemerkungen gegen die Herren Bertrand und Martin. Sachlich wendet sich dieselbe gegen die von Herrn Bertrand über Aboul-Wéfâ vertretene Ansicht, gegen die Notiz Martin's, die im II. Bde. dieses Jahrbuches p. 17 besprochen ist, und einige sonstige von Herrn Martin aufgestellte Behauptungen. O.

Th. H. Martin. Quelques mots de réponse à M. Sédillot. Boncompagni Bull. IV. 464-466.

Kurze Erwiderung auf die persönlichen Angriffe des Herrn Sédillot. O.

E. Narducci. Intorno ad una traduzione italiana, fatta nel secolo decimo quarto del trattato d'ottica d'Alhazen, matematico del secolo undecimo e ad altri lavori di questo scienziato. Boncompagni Bull. IV. 1-48. 137-139.

Die Arbeit enthält Nachrichten über ein Manuscript der Vatikanischen Bibliothek, das eine italienische Uebersetzung der Optik des Alhazen, eines arabischen Mathematikers aus dem elften Jahrhundert, enthält. Die Uebersetzung stammt aus dem vierzehnten Jahrhundert und wird mit einer lateinischen desselben Werkes verglichen. Aus beiden werden Bruchstücke mitgetheilt. Zugleich finden sich noch Notizen über andere Arbeiten des Alhazen eingestreut.

O.

M. Steinschneider. Zum Speculum astronomicum des Albertus Magnus, über die darin aufgeführten Schriftsteller und Schriften. Schlömilch Z. XVI. 357-396.

Die vorliegende Arbeit enthält Notizen und Nachrichten über Schriften, die im „Speculum astronomicum" des Albertus Magnus († 1280) vorkommen, und deren Verfasser. Sie sollen einer neuen Ausgabe dieses Werkes durch Herrn Jesser in Eldena zur Vervollständigung dienen und beziehen sich meist auf arabische Autoren.

O.

M. Curtze. Sur l'orthographie du nom et sur la patrie de Witelo (Vitellion). Boncompagni Bull. IV. 49-77.

Herr Curtze weist durch Vergleichung der Manuscripte, welche von dem optischen Werke: „Perspectiva" des Witelo aus dem 13ten Jahrhundert existiren, nach, dass die richtige Schreibweise „Witelo" sei. Seiner Abstammung nach sei er Deutscher, wenn er sich auch Filius Thuringorum et Polonorum nenne. Am Schluss findet sich der Abdruck des Artikels über Witelo aus B. Baldi: Vite de' Matematici.

O.

B. Boncompagni. Intorno ad un manoscritto dell' ottica di Vitellione citato da Fra Luca Pacioli. Boncompagni Bull. IV. 78-81.

Herr Boncompagni bemerkt, dass der Mathematiker Fra Luca Pacioli da Borgo San Sepolcro dell' Ordine de' Minori aus dem fünfzehnten Jahrhundert in seinem Werke: „Summa de arithmetica geometria proportioni et proportionalita“ eines Manuscriptes der Optik des Witelo erwähnt, welches sich in der Bibliothek des Convents di San Marco de' Padri Domenicani di Firenze (dem Publikum durch Cosimo von Medici eröffnet) befunden habe. Dies ist wahrscheinlich identisch mit einem der von Herrn Curtze verglichenen Manuscripte. O.

F. Jacoli. Intorno ad un commento di Benedetto Vittori, medico Faentino, al tractatus proportionum di Alberto di Sassonia. Boncompagni Bull. IV. 493-497.

Dem Verfasser der obigen Notiz ist ein Exemplar des Tractatus proportionum des Alberto di Sassonia bekannt geworden, das einen Commentar des Benedictus Victorius zu demselben enthält. Die Notiz bringt Nachrichten über das Werk selbst, wie auch kurze Bemerkungen über den Commentator, der in der ersten Hälfte des sechzehnten Jahrhunderts zu Padua und Bologna gelebt hat. O.

B. Boncompagni. Intorno al tractatus proportionum di Alberto di Sassonia. Boncompagni Bull. IV. 498-511.

Die Arbeit enthält Notizen über die zehn verschiedenen Ausgaben, welche von dem im Titel erwähnten Werke existiren, und Nachrichten über die vorhandenen Exemplare desselben. O.

G. Friedlein. Der Calculus des Victorius. Schlömilch Z. XVI. 42-79.

Die Arbeit enthält Untersuchungen über den Calculus des Victorius aus Aquitanien, der in der ersten Hälfte des fünften

Jahrhunderts verfasst worden ist, nach Vergleichung dreier Handschriften aus Basel, Bern und Bamberg. Dieser Calculus besteht aus Tafeln, die zur Erleichterung des Rechnens, namentlich mit Brüchen, bestimmt sind. Die Untersuchungen beziehen sich auf den Verfasser, der zweifellos Victorius aus Aquitanien ist, und namentlich darauf, wie viele der Tafeln von Victorius selbst, und wie viele von Anderen herrühren. Nach Herrn Friedlein sind nur die Rechentabellen 1-98 dem Victorius selbst zuzuschreiben, während die folgenden nach Form und Inhalt von Andern angefügt sind. Zum Schluss giebt Herr Friedlein einen Ueberblick über die Varianten in den drei Handschriften.

O.

G. FRIEDLEIN. Victorii Calculus. Boncompagni Bull. IV. 443-469.

Der Verfasser publicirt den Calculus des Victorius nebst der Präfatio hier noch einmal nach neuen Handschriften, die ihm durch Herrn Boncompagni aus der Vatikanischen Bibliothek zugegangen waren. O.

G. FRIEDLEIN. Nachtrag zu Seite 58-61. Schlömilch Z. XVI. 253-254.

Notiz über drei Handschriften der Präfatio zum Calculus des Victorius, die Hrn. Friedlein später durch Hrn. Boncompagni zugegangen sind. O.

S. GHERARDI. Einige Beiträge zur Geschichte der mathematischen Facultät der alten Universität Bologna. Deutsch von M. Curtze. Grunert Arch. LII. 65-204, auch Berlin, Calvary.

Uebersetzung einer von Herrn Gherardi 1844 im Institut zu Bologna gehaltenen Rede, die in den Annali delle Scienze Naturali di Bologna (2) V. 241-368 1846, gedruckt erschienen ist.

Es werden hier die beiden ersten von den sechs Epochen, in die der Verfasser die Geschichte der mathematischen Facultät zu Bologna theilt, behandelt. Die erste Epoche knüpft sich an den Namen Francesco di Simone Stabili, genannt Cecco d'Ascoli, der von 1322 bis 1327 in Bologna Astrologie lehrte. Die zweite Epoche ist bezeichnet durch die Namen Domenico Maria Novara, den Lehrer des Copernicus, und Scipione Ferro, den ersten Löser der cubischen Gleichungen, welcher von 1496 bis 1526 die Professur der Mathematik inne hatte. Der letztere wird wegen seiner Prioritätsansprüche in Beziehung auf die Lösung der cubischen Gleichungen, die man sonst wohl Cardan zuzuschreiben pflegt, mit besonderer Ausführlichkeit behandelt. Der Punkt dieser Priorität, sowie der Streit, der sich hinsichtlich dieser Lösung zwischen Cardan und Ferrari einerseits, Tartaglia andererseits entspann, wird durch Beibringung von Stellen und Documenten nach allen Seiten hin beleuchtet. Herr Gherardi kommt zu dem Schlusse, dass Ferro die Lösung zuerst gefunden, sie aber nur handschriftlich in einem Werke niedergelegt habe, das durch Vermittelung seines Schwiegersohnes und Nachfolgers im Amte, Annibale del Navale, zur Kenntniss Cardan's und Ferrari's gekommen sei, bereits 3 Jahre früher als diese die Ars Magna veröffentlichten.

Vom Uebersetzer sind dieser Arbeit im Anhange angefügt: 1) Capitel in Terza Rima, welches Tartaglia dem Cardan zur Auflösung der Gleichungen dritten Grades von der Form $x^3 \pm px = \pm q$ mitgetheilt hat; 2) ein Schreiben des Hrn. Gherardi an Herrn Grasselini über das Leben und die Arbeiten des Ludovico Ferrari; 3) Notizen über Novara, die bereits im zweiten Bande dieses Jahrbuchs p. 7-8 besprochen worden sind.

O.

M. Curtze. Sopra alcuni scritti stampati, finora non conosciuti, di Domenico Maria Novara da Ferrara. Boncompagni Bull. IV. 140-148.

M. Curtze. Ulteriori notizie intorno ad alcuni scritti stampati, finora non conosciuti di Domenico Maria Novara da Ferrara. Boncompagni Bull. IV. 149.

Uebersetzungen der in diesem Jahrb. II. 7 u. 8 besprochenen Arbeiten.

Eine fernere Notiz darüber giebt:

B. BONCOMPAGNI. Intorno ad un opusculo di Domenico Maria Novara. Boncompagni Bull. IV. 340 u. 341.

M.

M. STEINSCHNEIDER. Copernicus. Schlömilch Z. XVI 252-253.

Die Notiz enthält die Uebersetzung eines Urtheils über Copernicus, welches sich in dem hebräischen Werke „Nechmad Wenaiin" des Astronomen David Gans (geb. 1541 zu Lippstadt, gest. 1623 zu Prag) findet. Dasselbe ist 1743 zu Jessnitz erschienen.

O.

M. CANTOR. Recensionen über Wohlwill: Der Inquisitionsprocess des Galileo Galilei; und S. Gherardi: Il processo Galilei. Schlömilch Z. XVI. Lit Z. 1-8.

Zusammenstellung des Gedankenganges, der in den beiden Schriften (siehe Fortschr. d. M. II. p. 11.) hinsichtlich des Processes Galilei's enthalten ist. Durch Prüfung beider Schriften, die auf verschiedenen Wegen zu demselben Resultate gelangen, kommt Herr Cantor dazu, ihrer Ansicht beizustimmen, dass nämlich das Protokoll, auf Grund dessen Galilei verurtheilt worden ist, gefälscht sei.

O.

A. D. WACKERBARTH. Logarithmes hyperboliques et logarithmes népériens. Mondes (2) XXVI. 626-627 [Monthly Notices].

Die natürlichen Logarithmen ($\log_e$) sind von den Napier'schen ($\log_N$) verschieden. Denn Napier definirte die Logarithmen so: Ein Punkt p bewege sich mit gleichförmiger Geschwindigkeit von a aus auf der unbegrenzten Geraden ab. Gleichzeitig bewege sich ein Punkt P von A aus auf der begrenzten Geraden AB mit einer Geschwindigkeit proportional PB; dann ist die Linie ab der Logarithmus von PB. Dies giebt, wenn man die Napier'schen Constanten benutzt:

$$\log_N u = 10^7 \log_e \left(\frac{10^7}{u}\right).$$

Wn.

D. G. Anmärkningar beträffende benämningen, naturlig, hyperbolsk, och Nepersk logaritm. Dillner Tidsskr. IV. 28.

Der Verfasser zeigt, dass es ungenau sei, die Ausdrücke „Napier'sche Logarithmen" und „natürliche Logarithmen" als synonym zu betrachten, indem er sich auf die von Napier selbst gegebene Definition bezieht. Hn. (O).

R. Wolf. Zur Geschichte der Röhrenlibelle. Wolf J. XVI. 49-51.

Mittheilung der Resultate aus den Nachforschungen des Herrn Govi über den Erfinder der Röhrenlibelle. Siehe Fortschr. d. M. II. 15 u. 16. O.

E. Catalan. Sur un article du Journal des Savants. Boncompagni Bull. IV. 127-134.

Eine Antikritik des von H. J. Bertrand im Journal des Savants 593-607, 1871, veröffentlichten Artikels über die drei ersten Bände des Boncompagni'schen Bülletins. Herr Catalan weist die Ausschreitungen des Herrn Bertrand in seiner Besprechung gewisser im Bulletino enthaltenen Aufsätze mit gerechtfertigter Entrüstung zurück. Herr B. hatte u. a. behauptet, das Fundamentaltheorem Brasseurs (Mém. de Belg. XXIX, 149) sei absurd. Herr Catalan zeigt, wie man dieses Theorem zu verstehen habe, um seine fundamentale Bedeutung zu erkennen.

M.

F. W. Hultmann. Svenska aritmetikens historia. Dillner Tidsskr. IV. 5. 97.

Fortsetzung einer früheren Arbeit. S. Fortschr. d. M. II. p. 15. Hn. (O.)

L. Oppermann. Augustus de Morgan. Zeuthen Tidsskr. (3) I. 94.

Nekrolog dieses Gelehrten.

Hn. (O.)

A. Clebsch. Zum Gedächtniss an Julius Plücker. Gött. Abh. XVI.

Der Verfasser hat sich eine Schilderung der mathematischen Thätigkeit Plücker's zur Aufgabe gestellt. Es ist bekannt, wie sich dieselbe auf zwei Perioden vertheilt, von denen die eine fast noch der heutigen Zeit angehört, während die andere in jene Epoche zurückgeht, in welcher die neuere Geometrie zuerst ihren mächtigen Aufschwung nahm. Die auf die letztere Periode bezüglichen Arbeiten Plücker's werden im Vergleiche mit den gleichzeitigen Arbeiten von Poncelet, Moebius, Steiner dargestellt: Die erweiterte Auffassung der Coordinaten, des Raumelementes, die Sätze über Schnittpunktsysteme, die Formeln für die Singularitäten algebraischer Curven, die Methode des Constantenzählens etc. werden nach ihrer historischen Entwickelung besprochen. Hinsichtlich der neueren Arbeiten Plücker's glaubte der Verfasser besonders zurückverfolgen zu sollen, welche Erscheinungen der mathematischen Literatur allmälig zu dem hingedrängt haben, was wir nach Plücker's letztem grossen Werke als selbständige Disciplin auffassen und als Liniengeometrie bezeichnen. — Am Schlusse ist eine kurze Note von Herrn Hittorf über Plücker's physikalische Thätigkeit und ein Verzeichniss von Plücker's Schriften zugefügt.

Cl.

A. Dronke. Julius Plücker. Bonn, Marcus.

Dem Verfasser waren von der Familie Plücker's die Papiere des Verstorbenen behufs Schilderung seines Lebens und Wirkens übergeben worden. In vorliegender Schrift entledigt sich derselbe dieser Aufgabe, indem er kurz den äusseren Lebensgang, eingehender die wissenschaftliche Entwickelung des grossen Geometers schildert. Angefügt ist ein Verzeichniss der Arbeiten Plücker's. Julius Plücker, geb. d. 16. Juli 1801 in Elberfeld, besuchte das Gymnasium in Düsseldorf, studirte in Bonn, Berlin, Heidelberg und ging 1824 nach Paris. 1825 Privatdocent in Bonn, 1829 ausserordentlicher Professor ebenda, von 1833 an in Berlin, 1834 ordentlicher Professor in Halle und seit 1836 in

Bonn, wo er am 22. Mai 1868 starb. Siehe auch das vorstehende Referat. O.

A. Genocchi. Notizie intorno alla vita ed agli scritti di Felice Chiò. Boncompagni Bull. IV. 363-380

B. Boncompagni. Catalogo dei lavori di Felice Chiò. Bomcompagni Bull. IV. 381-400.

Felice Chiò, geb. d. 29. April 1813 in Crescentino, einer kleinen Stadt in Piemont, studirte in Turin. 1838 Lehrer an der Militair-Akademie daselbst, 1839 Professor an der dortigen Universität, stirbt er den 28. Mai 1871 in Turin. — Im Text selbst sowohl wie in begleitenden Noten finden sich nähere Angaben über die Hauptarbeiten des italienischen Gelehrten. In dem zweiten Aufsatze findet sich ein ausführliches Verzeichniss der gedruckten, sowie auch Notizen über unedirte Arbeiten von Chiò. O.

V. Cherbuliez. Geschichtliche Mittheilungen aus dem Gebiete der mechanischen Wärmetheorie. Bern. Mitth. 1871. 291-325.

Die Arbeit enthält ausführliche Mittheilungen über die Werke der Gelehrten des 17. Jahrhunderts, die zuerst die Wärme durch Bewegung, ohne Annahme eines besonderen Wärmestoffes, zu erklären suchten. Es sind dies: Jakob Hermann (1678-1733, Basel), ein Schüler Daniel Bernoulli's I., der seine Ansichten in der „Phoronomia sive de Viribus et Motibus corporum solidorum et fluidorum libri duo“. Amstel. 1716, niedergelegt hat. Ferner hat Euler diese Ansicht von der Wärme vertreten in der Arbeit: „Tentamen explicationis phaenomenorum aeris“. Comm. Acad. Petropol. II., 347. 1727. Endlich folgte Daniel Bernoulli I. in dem Werke: „Hydrodynamica. Sectio decima, 200. De affectionibus atque motibus fluidorum elasticorum, precipue autem aeris“ (s. auch Pogg. Ann. CVII. p. 490-494, wo sich eine deutsche Uebersetzung der sechs ersten Paragraphen findet). Die Arbeit eines vierten Gelehrten, Lesage (1724-1803), die hierher gehört hätte, hat der Verfasser nicht besprechen können, da ihm die Literatur nicht zugänglich war. O.

V. Cherbuliez. Geschichtliche Uebersicht der Untersuchungen über die Schallfortpflanzungsgeschwindigkeit in der Luft. Bern. Mitth. 1871. 1-28.

Der vorliegende zweite Theil der Arbeit bespricht die Forschungen in der ersten Hälfte des 18ten Jahrhunderts. Speciell werden die Arbeiten von Euler, Lagrange, Lambert und Biot ausführlicher behandelt. Von anderen Autoren, die in der Arbeit erwähnt werden, finden sich Wünsch, Chladni und Fischer.

O.

A. Wittstein. Geschichte des Malfatti'schen Problems. München. Schurich.

Die Einleitung giebt das Problem, wie es von Malfatti aufgestellt worden ist, und bespricht die von ihm gegebene Lösung. Nachdem sodann im ersten Abschnitt die algebraischen und trigonometrischen Lösungen von Gergonne, Lavernède, Tédenot, Lehmus, Crelle, Grunert, Scheffler, Schellbach, Cayley und Zorer besprochen worden sind, wendet sich der Verfasser zu der Lösung Steiner's und unterzieht die für die Richtigkeit derselben gegebenen Beweise von Adams, Zornow, Plücker, Quidde und Binder einer eingehenden Kritik. Daran schliesst sich eine Besprechung der Steiner'schen Erweiterung der Aufgabe auf den Raum und der Arbeiten von Schellbach, Cayley und Clebsch über diesen Gegenstand. O.

M. Chasles. Rapport sur les progrès de la géométrie. Paris. Imprimerie nationale. 1870.

Eine Ankündigung dieses Werkes über die Fortschritte der Geometrie findet sich in Darboux Bull. II, 7 u. 8. Ein Referat über das Werk folgt später. M.

J. W. L. Glaisher. Review of Mr. Sang's logarithms. Messenger (2) I. 77-80.

Enthält eine kurze Geschichte der Logarithmen und einige Bemerkungen über Logarithmentafeln. Glr. (O.)

Capitel 2.

Philosophie.

A. Cayley. Note on the calculus of logic. Quart. J. XI. 282-283.

Versuch, der Theorie der Syllogismen eine concisere und compendiösere Form zu geben, als dies in Boole's: „The calculus of logic", Cambr. und Dubl. M. J. III. (1848) p. 183-198, geschehen ist. Cly. (O.)

R. Zimmermann. Ueber Kant's mathematisches Vorurtheil und dessen Folgen. Wien. Ber. LXVII. hist. phil. Abth. 7-49.

Der Verfasser unterwirft den Kant'schen Satz: „dass die mathematischen Urtheile durchaus synthetischer Natur seien", und die von Kant dafür gegebenen Beweise einer Kritik, die ihn dazu führt, den Satz für unrichtig zu erklären, weshalb er ihn Kant's mathematisches Vorurtheil nennt. Der sonstige Inhalt der Arbeit gehört nicht in den Bereich dieses Jahrbuches. O.

A. Transon. Sur l'emploi de l'infini en mathématiques. C. R. LXXIII. 367-369.

Der Verfasser will zunächst das mathematische Infini vom metaphysischen unterschieden wissen: es sei nur ein Indéfini, blos mit der Bestimmung, über alle Grössen hinaus zu wachsen. Mit dieser Benennung charakterisirt er das mathematische Unendliche als eine Variable; wir pflegen jedoch eine Variable als solche aus gutem Grunde nicht unbestimmt zu nennen. Was aber die Unterscheidung vom metaphysischen Unendlichen betrifft, so bleibt er uns hier, wie durchgängig, die Angabe schuldig, was das letztere sei, in der stillschweigenden Voraussetzung, dass eine positive Idee eines absolut Unendlichen existire, während doch nur die Negation der Grenze ausgesprochen ist.

Das absolute Infini scheint dem Verfasser dem mathematischen Indéfini überall als Voraussetzung zu Grunde zu liegen. Er führt zuerst am Algorithmus aus, dass, wenn auch ersteres keine Grösse sei, es doch oft als Resultat gefordert würde, und nennt es eine Forderung der Vernunft, dass es existire. Indess ist es nur die Analogie, die er aufweist, und die er gleichsam getrieben von einem horror vacui fordert. In Betreff der Geometrie betrachtet er es nach gewohnter Anschauung als selbstverständlich, dass dem Denken specieller Figuren das Denken des unendlichen Raumes vorausgehen müsse. Hauptargument ist ihm indess die Nothwendigkeit des Infini zu Beweisen, indem man bei Innehalten der successiven Stationen des Indéfini in unübersteigliche Schwierigkeiten gerathe. So hätten mittelst einer Betrachtung des Infini Arnauld in der Sorbonne und Bertrand in Genf den Parallelensatz bewiesen, aber keine Beachtung gefunden, weil der hier in Anwendung kommende Sinn des Infini nicht der gewöhnliche wäre. Bei dieser Gelegenheit erklärt er sich gegen die sogenannte imaginäre oder nicht euklidische Geometrie, welche durch jene Schwierigkeit hervorgerufen worden sei und die Geometrie zu einer experimentellen Wissenschaft machen wolle, und verspricht eine ausführliche Widerlegung derselben. Die vorgeblichen Beweise von Arnauld und Bertrand beruhen, wie aus der inzwischen erschienenen Schrift von Transon ersichtlich, auf der Definition des Winkels durch den unendlichen Flächenraum zwischen seinen Schenkeln, und sind unter den illusorischen Beweisversuchen nicht eben unbekannt. Das Nähere wird Gegenstand des Berichts für 1872 sein.

H.

E. d'Ovidio. Nota sul libro XII di Euclide e sul trattato di Archimede relativo alla misura del circolo e de' corpi rotondi. Battaglini G. IX. 122-125.

Der Verfasser bespricht zunächst die Art, in welcher Euclid die Proportionen unabhängig von der Arithmetik behandelt, rühmt ihre Einfachheit, macht aber auf das Ungenügende derselben aufmerksam, dass sich nirgends eine Definition des Verhältnisses, sondern nur eine Definition der Gleichheit zweier Verhältnisse vorfindet. Ferner lässt die Euclidische Lehre vom zusammengesetzten Verhältnisse Vieles hinsichtlich der Klarheit und Strenge zu wünschen übrig. Der Verfasser verweist nun auf das von ihm und A. Sannia herausgegebene Buch: Elementi di Geometria, 2. Ausg. Neapel 1871, in welchem die angedeuteten Mängel beseitigt sind, ohne dass jedoch, wie bei Legendre, die Grundlehren der Arithmetik bereits vorausgesetzt werden; vielmehr erklärt er, einen Mittelweg zwischen dem Euclid'schen und Legendre'schen Wege eingeschlagen zu haben. Er giebt dann einige Principien an, mit deren Hülfe die Methode der Grenzen auf die Sätze des 12ten Buches von Euclid und auf einige im Archimedischen Werke über die Ausmessung angewandt, und wobei die Beweisart durch das Absurde vermieden wird.

Mz.

Anonymus. Un discorso del Dr. Hirst sopra Euclide come libro di testo. Battaglini G. IX. 180-187.

In der ersten Sitzung der „Association for the improvement of geometrical teaching" hielt der Präsident Dr. Hirst eine Eröffnungsrede, welche ihrem Hauptinhalte nach die Verbreitung des Buches von Euclid, als obligatorischen Leitfadens, die wegen der Mängel dieses Buches dem heutigen Standpunkte der Wissenschaft gegenüber von Autoritäten erhobenen Beschwerden bespricht und dann die Unzuträglichkeiten hervorhebt, welche beim Examiniren jüngerer Candidaten dadurch entstehen, dass es an einem den jetzigen Anforderungen entsprechenden, allgemein anerkannten Buche über die Grundlehren der Geometrie fehlt, und dass in Folge dessen die Examinanden je nach der Wahl ihrer Lehrbücher in sehr verschiedener Weise zu ihrem Examen vorbereitet sind.

Es folgt eine Debatte über die Mittel zur Abhülfe der angedeuteten Uebelstände, worauf 6 Resolutionen gefasst werden, deren erste (die wichtigste) bezweckt, auf die Examinatoren einzuwirken, dass sie ihre Anforderungen an die Candidaten unabhängig von irgend einem besonderen Leitfaden stellen mögen.

Mz.

P. Mansion. Sur le premier livre de la géométrie de Legendre à propos de quelques traités récents. Revue de l'instruction publique XIII. 317-357. Gand. Hoste.

Siehe Abschn. VIII. Cap. I.

Ciala. Zu dem Aufsatze von J. Kober: „Geometrische Grundbegriffe". Hoffmann Z. II 42-44.

Der Aufsatz enthält nur einige lose verknüpfte Gedanken ohne Ausführung. Der Verfasser leitet die Geometrie aus der Naturbetrachtung ab und will die Raumbegriffe mit den Naturkräften in Verbindung bringen. Hier geräth er in eine auch sonst nicht selten vorkommende Verwechselung oder Verschmelzung jener Kräfte mit den Antrieben des Geistes zur Begriffsbildung. So erklärt sich für ihn die Einfachheit der Idee der geraden Linien durch die vermeintliche Einfachheit der Kraft, welche die geradlinige Bewegung erzeuge. Als beispielsweiser Beleg, dass solche Meinungen wohl überwunden sein könnten, möge die Hinweisung auf eine Schrift von Mauritius (vgl. Fortschr. d. Math. II. 31.) dienen. Hiernach ist nicht die Entstehung einfach, sondern nur das Resultat. H.

J. C. Becker. Lehrbücher zur Einführung in die darstellende Geometrie. Hoffmann Z. II. 228-239.

Butz. Entgegnung hierauf und Becker, Erwiderung. Hoffmann Z. II. 533-536.

Der erstere Artikel ist eine Kritik der Lehrbücher von Butz, Brennecke und Scherling. Im ersten wird der Grundsatz des Verfassers getadelt, welcher in die Eröffnung neuer Seiten der Auffassung den Hauptwerth des mathematischen Unterrichts legt, und gezeigt, wie dadurch der Zweck des exacten Lernens vereitelt wird. Das zweite bietet keinen Anlass zur Besprechung. In Betreff des dritten wird ausgeführt, dass die Lehre von der Affinität und Collinearität im Unterricht unnütz ist, wenn nicht der natürlichen und factischen Genesis gemäss die darstellende Geometrie als die Kunst von räumlichen Dingen Bilder zu geben zum Zwecke klarer Vorstellung und der Entnahme der Dimensionen aus den Bildern vorher gelehrt worden ist.

In diesem Sinne steht offenbar „Kunst“ nicht im Gegensatz zu „Wissenschaft“. Die letzte Aeusserung bietet daher eine berichtigende Erläuterung zu einem in seiner Aufstellungsform sehr anfechtbaren Satze, der vereinzelt in der Kritik von Butz vorkommt. „Nicht als Wissenschaft, sondern als Kunst muss die darstellende Geometrie vorgetragen werden.“ Hierin sieht nun Butz einen diametral entgegengesetzten Standpunkt gegen die auf deutschen Schulen geltenden Grundsätze. Becker. erklärt darauf das Missverständniss; doch dürfte es ihm wohl nicht gelungen sein, den Satz dadurch zu rechtfertigen.

H.

A. J. Pick. Mädler: Reden und Abhandlungen über Gegenstände der Himmelskunde. Hoffmann Z. II. 239-248.

Kritik einer von 25 gesammelten Abhandlungen: „Ueber Himmelskunde als Lehrobject in Unterrichtsanstalten“. Von principieller Bedeutung für die Stellung mathematischer Erkenntniss nach aussen hin ist darin, dass der Verfasser der Ansicht Mädler's, es müsse von Anfang an die Kopernikanische Weltanschauung gelehrt werden, entschieden entgegentritt, und vielmehr die Ptolemäische so lange als möglich festgehalten wissen will, damit der Schüler den Erkenntnissprocess wirklich durchmacht und nicht das Resultat als Dogma glaubt. Der terrestrische Gesichtskreis muss zuerst bekannt werden, sollte auch die Erde als Planet auf den unteren Stufen des Unterrichts gar nicht an die Reihe kommen.

H.

Zweiter Abschnitt.

Algebra.

Capitel 1.

Gleichungen. (Allgemeine Theorie. Besondere algebraische und transcendente Gleichungen.

A. SONNENSCHEIN and H. A. NESBITT. Science and art of arithmetic. London. Whittaker.

Hi.

DAVID MANN. Theory of arithmetic. Blackwood and Son.

Hi.

A. DRONKE. Einleitung in die höhere Algebra. Erster Theil. Halle. Nebert.

Behandlung der Potenzen, Wurzeln, Gleichungen niederer Grade, Reihen, Permutationen, des binomischen und polynomischen Satzes, der Kettenbrüche, Congruenzen und der ersten Eigenschaften ganzer algebraischer Functionen von reellen Variablen.
No.

E. SCHRÖDER. Die Umformungsregeln für algebraische Ausdrücke. Hoffmann Z. II. 410-415.

Der Verfasser stellt sämmtliche Combinationen der 7 algebraischen Operationen (incl. Potenzirung nebst Inversen), an

3 Zahlen a, b, n vollzogen, auf, deren Resultat unabhängig von n ist. Die Anzahl beträgt 33.

H.

C. W. Merrifield. A verification of the solution of a particular system of simultaneous equations. Messenger V. 206-207.

Es wird a posteriori bewiesen, dass

$$x_1 = \frac{(\lambda-B)\dots(\lambda-R)}{(A-B)\dots(A-R)},\quad x_2 = \frac{(\lambda-A)\dots(\lambda-R)}{(B-A)\dots(B-R)}\ \text{etc.}$$

dem Gleichungssystem:

$$x_1 + x_2 + \dots + x_r = 0$$
$$Ax_1 + Bx_2 + \dots + Rx_r = 0$$
$$\dots\dots\dots\dots\dots\dots$$
$$A^{r-1}x_1 + B^{r-1}x_2 + \dots + R^{r-1}x_r = 0$$

genügen.

Glr. (O.)

W. Walton. A demonstration that every equation has a root. Quart. J. XI. 178-182.

Schreibt man $f(u+iv) = P+iQ$ und geht von der Voraussetzung aus, dass P^2+Q^2 einen Minimalwerth hat, so wird bewiesen, dass dies nothwendig zu den Werthen $P=0$, $Q=0$ führt.

Cly. (O.)

W. Walton. Démonstration du théorème de Cauchy: „Toute équation a une racine". Nouv. Ann. (2) X. 509-514.

Uebersetzung des vorhergehenden Aufsatzes.

No.

O. Bonnet. Démonstration de la continuité des racines d'une équation algébrique. Darboux Bull. II. 215-221.

Cauchy beweist bekanntlich seinen Satz von der Continuität der Wurzeln einer algebraischen Gleichung durch geometrische Interpretation der complexen Grössen und durch Betrachtung geschlossener Curven (Exercices d'analyse et de physique math.

II, 109). Herr Bonnet giebt einen elementareren Beweis und spricht das Fundamentaltheorem in etwas anderer Form aus, wie es für die wichtigsten Anwendungen genügt. Zunächst werden die beiden Definitionen aufgestellt: I. „Ist eine bestimmte, reelle oder imaginäre Function $\varphi(u)$ einer reellen oder imaginären Variablen u gegeben, so sagt man: 1) diese Function nähert sich einer bestimmten endlichen Grenze A, sobald u sich einem besonderen Werthe u' nähert, wenn es möglich ist, nach Fixirung einer reellen positiven, beliebig klein anzunehmenden Grösse ε, eine andere reelle positive Grösse h so zu bestimmen, dass für alle u, wofür der Modul der Differenz $u'-u$ nicht null und kleiner als h ist, der Modul der Differenz zwischen A und dem entsprechenden Werthe $\varphi(u)$ zwischen 0 und ε liegt; 2) $\varphi(u)$ wird unendlich, sobald u sich u' nähert, wenn es möglich ist, nach Fixirung einer beliebig grossen reellen und positiven Zahl λ, eine andere reelle und positive Zahl h zu finden, so dass für jeden Werth u, wofür der Modul der Differenz $u'-u$ nicht 0, aber $<h$ ist, der Modul des entsprechenden Werthes $\varphi(u)$ immer $>\lambda$ ist".

II. „Unter denselben Annahmen für u und $\varphi(u)$ sagt man: $\varphi(u)$ ist stetig in Bezug auf u für $u=u'$ oder in der Umgebung von u', wenn $\varphi(u)$ für $u=u'$ einen endlichen und bestimmten Werth hat, und wenn dieser Werth die Grenze ist, gegen welche $\varphi(u)$ convergirt, sobald u sich dem u' nähert."

Hierauf beweist der Verfasser das folgende Theorem: „Man habe eine algebraische Gleichung m^{ten} Grades:

$$A_0 z^m + A_1 z^{m-1} + A_2 z^{m-2} + \cdots + A_{m-1} z + A_m = 0,$$

in der die Coefficienten A reelle oder imaginäre Functionen einer reellen oder imaginären Variabeln u und stetig in Bezug auf u für $u=u'$ seien. Setzt man in dieser Gleichung $u=u'$, so erhält man eine neue Gleichung mit bestimmten endlichen numerischen Coefficienten:

$$A'_0 z^m + A'_1 z^{m-1} + A'_2 z^{m-2} + \cdots + A'_{m-1} z + A'_m = 0.$$

Ist nun A'_0 von Null verschieden, so ist die zweite Gleichung ebenso wie die erste vom m^{ten} Grade; verschwinden aber mehrere Coefficienten A'_0, A'_1, $A'_2 \ldots$, so wird der Grad der zweiten

Gleichung niedriger, beispielsweise $m-n$. Im ersten Falle convergiren die m Wurzeln der ersten Gleichung, welche Functionen von u sind, sobald u sich dem u' nähert, gegen bestimmte endliche Grenzen, und diese Grenzen sind resp. gleich den m Wurzeln der zweiten Gleichung. Im zweiten Fall werden n Wurzeln der ersten Gleichung unendlich, und $m-n$ Wurzeln nähern sich den $m-n$ Wurzeln der zweiten Gleichung."

M.

A. Raabe. Lösung algebraischer Gleichungen von beliebig hohem Grade, auch mit complexen Coefficienten, mit Hülfe des Gauss'schen Schemas für complexe Grössen. Wien. Ber. LXIII. 733-759.

Von der Gauss'schen geometrischen Darstellung complexer Grössen wird eine Anwendung gemacht auf die näherungsweise Auflösung numerischer Gleichungen von beliebig hohem Grade mit beliebigen, reellen oder imaginären Coefficienten. Ist

$$1.\quad 0 = a + a_1 i + (b + b_1 i)x + (c + c_1 i)x^2 + (\partial + \partial_1 i)x^3 + \cdots$$

die allgemeine Form einer Gleichung, so wird eine Wurzel derselben im Allgemeinen die Form $x = \pm y \pm z \cdot i$ haben, und durch Einsetzung dieses Werthes in (1) der Ausdruck entstehen:

$$2.\quad \begin{cases} a + by - b_1 z + c(y^2 - z^2) - c_1 2yz + \partial(y^3 - 3yz^2) - \partial_1(3y^2z - z^3) \\ + e(y^4 - 6y^2z^2 + z^4) - e_1(4y^3z - 4yz^3) + \cdots \\ \pm i \begin{Bmatrix} a_1 + bz + b_1 y + c \cdot 2yz + c_1(y^2 - z^2) + \partial(3y^2z - z^3) \\ + \partial_1(y^3 - 3yz^2) + e(4y^3z - 4yz^3) + e_1(y^4 - 6y^2z^2 + z^4) + \cdots \end{Bmatrix}. \end{cases}$$

Es ist klar, dass es in der Ebene, auf welcher wir uns nach Gauss die complexen Grössen als Punkte darstellen, Gebiete geben wird, innerhalb deren der reelle Theil des Ausdrucks (2) positiv, und andere, innerhalb deren er negativ sein wird. Beide Gebiete werden von einander durch Curven getrennt sein, auf denen jener Theil gleich Null ist. Ebenso wird es Gebiete geben, auf denen der Coefficient von i positiv, andere, auf denen er negativ ist. Auch diese Gebiete werden durch Curven von einander getrennt sein, auf denen der imaginäre Theil von (2) verschwindet. Daher wird jeder Durchschnittspunkt einer Curve der einen mit einer Curve der anderen

Art eine Wurzel der Gleichung (1) repräsentiren. Behufs Aufsuchung der Wurzeln ist daher die Lage, die Anzahl und die Anzahl der Durchschnittspunkte der Curven beider Arten zu erforschen.

Indem Verfasser die Durchschnittspunkte einer beliebigen geraden Linie mit jenen Grenzcurven discutirt, gelangt er zu der Bestimmung ihrer Asymptoten und somit zu einer angenäherten Festsetzung ihrer Lage und Vertheilung in der Ebene. Er findet, dass die Asymptoten durch den Coordinatenanfangspunkt gehen, und dass es, wenn n den Grad der Gleichung ausdrückt, n Asymptoten der einen und n der anderen Art giebt. Daher giebt es auch von beiden Arten n Curven, von denen eine jede aus zwei Zweigen besteht. Jede Curve schneidet nur einmal eine Curve der anderen Art; daher giebt es im ganzen n solcher Durchschnittspunkte und also auch n Wurzeln.

Die eigentliche Aufsuchung der Wurzeln geschieht nun durch Näherung, wobei die vorher zu berechnende Lage der Asymptoten einen Anhaltepunkt für die erste Annahme darbietet.

Die Anwendbarkeit des Verfahrens wird zum Schlusse an Beispielen erläutert. Ht.

C. F. E. Björling. Theori för algebraiska eqvationers rötter. Handl. Stockholm. 1871.

Es sei

$$az^n + bz^{n-1} + cz^{n-2} + \cdots gz^2 + hz + k = 0$$

eine Gleichung mit reellen Coefficienten. Setzt man $z = x + yi$, so erhält man ein Resultat von der Form $X + Yi = 0$. Sind nun x und y die rechtwinkligen Coordinaten eines Punktes in der Ebene, so nennt man Wurzelpunkt jeden Punkt in der Ebene, dessen Coordinaten den Gleichungen $X = 0$ und $Y = 0$ genügen. Das Problem, dessen Lösung sich der Verfasser vorgenommen, ist: zu bestimmen, wie sich die Wurzelpunkte in der Ebene bewegen, wenn man eine oder einige Coefficienten, besonders das letzte Glied variiren lässt. Um das Problem zu lösen, wird die Curve $Y = 0$, deren Gleichung vom Parameter unabhängig ist, einer detaillirten Untersuchung unterworfen, um ihre allgemeine

Form und die Art zu finden, in der diese Form sich ändert, wenn man h ändert. Diese Curve setzt sich, abgesehen von den Fällen, wo es vielfache Punkte giebt, aus $n-1$ getrennten Zweigen von zwei verschiedenen Arten zusammen, die der Verfasser laterale und transversale Zweige nennt. Jeder Zweig der ersten Art enthält einen Wurzelpunkt, jeder der zweiten deren zwei oder Null. Die specielle Discussion giebt als Resultat eine vollständige Trennung der Wurzeln, der reellen sowohl, als der imaginären. Die Schwierigkeit ist also auf die Construction der Curve $Y=0$ zurückgeführt. Angefügt ist der Abhandlung noch eine Note über die näherungsweise Berechnung der imaginären Wurzeln numerischer Gleichungen, wenn die Anzahl dieser Wurzeln nicht grösser als 4 ist.

Hn. (O.)

J. Petersen. Om Ligninger, der löses ved Kvadratrod, med Anvendelse paa Problemers Lösning ved Passer og Lineal. Diss. Kopenhagen.

Die Schrift besteht aus zwei Abschnitten, deren erster von der Auffindung der in Quadratwurzeln darstellbaren Wurzeln einer Gleichung $f(x)=0$ mit rationalen, numerisch gegebenen Coefficienten handelt. Existirt eine solche Wurzel, welche p auf einander nicht reducirbare Quadratwurzeln enthält, so existiren im ganzen 2^p analoge Wurzeln, die durch Vorzeichenwechsel der einzelnen Quadratwurzeln daraus abgeleitet werden können. Bildet man die Gleichung $\varphi(x)=0$, welche ausschliesslich diese 2^p Wurzeln hat, so sind deren Coefficienten rational, und $f(x)$ theilbar durch $\varphi(x)$. Die erste Aufgabe ist dann, den Factor $\frac{f(x)}{\varphi(x)}$ auszuscheiden. Sein Gradexponent $m=n-2^p$, wo n den der gegebenen Gleichung bezeichnet, und sein constantes Glied k können beide nur eine begrenzte Anzahl von Werthen haben, welche einzeln zu versuchen, und daher bei jedem Versuch als Bekannte zu betrachten sind. Man bilde die Gleichung $\frac{n(n-1)\ldots(n-m+2)}{1.2\ldots(m-1)}$ ten Grades $\psi(x)=0$, deren Wurzeln die

Quotienten von k dividirt durch je $m-1$ der Wurzeln von $f(x)=0$ sind. Dann lässt sich der gesuchte Factor als gemeinsamer von $f(x)$ und $\psi(x)$ nach bekanntem Verfahren berechnen. Andere Methoden giebt es für specielle Fälle. Insbesondere ist der Fall mehrfacher Wurzeln zu berücksichtigen. Ist, für $m=4$, $\psi(x)$ theilbar durch $f(x)$, und hat der Quotient keinen Factor mit $f(x)$ gemein, so ist $f(x)$ von einem Grade $4q$ und die Gleichung lösbar durch q Gleichungen vierten Grades und eine vom Grade q.

Hat man nun nach Ausscheidung des überschüssigen Factors eine Gleichung 2^p ten, z. B. achten Grades erhalten, so setze man:

$$y = x_1 x_2 x_3 x_4 + x_5 x_6 x_7 x_8,$$

und bilde die Gleichung, deren Wurzeln die 35 Werthe von y sind, wie sie durch Vertauschung der Indices erhalten werden. Eine Wurzel muss dann, wofern alle x in Quadratwurzeln darstellbar sind, rational sein, und lässt sich finden. Verbindet man sie mit dem bekannten Product aller Wurzeln x, so erhält man eine Gleichung zweiten Grades für ein Product von vier Wurzeln x. Die übrigen symmetrischen Functionen derselben vier Wurzeln lassen sich rational durch deren Product ausdrücken, und man erhält so zwei Factoren vierten Grades von $f(x)$, mit dem man dann gleicherweise zu verfahren hat. Diese Methode, neben der es noch manche andere giebt, lässt sich auf jedes p anwenden, weil der Gradexponent der Gleichung für y immer ungrade ist.

Es wird hiernach der Fall betrachtet, wo zwischen einigen Wurzeln eine symmetrische Relation, linear in Bezug auf jede einzeln, besteht.

Bedingung der Existenz von Wurzeln, die in Quadratwurzeln darstellbar sind, ist, dass nach algebraischer Quadratwurzelausziehung aus $f(x)$ die Coefficienten des Restes einen gemeinsamen Factor haben. Dieser enthält dann die Factoren, welche unter den Wurzelzeichen vorkommen.

Der zweite Abschnitt betrifft allgemeine Fragen über die Möglichkeit von Constructionen nach gegebenen Bedingungen mittelst Zirkels und Lineals. Die Hauptsätze sind die folgenden.

Kegelschnitte sind die einzigen Curven, deren Durchschnitte mit einer Geraden oder deren Tangenten von einem gegebenen Punkte aus construirbar sind, Kreise und Gerade die einzigen Linien, wenn statt der Geraden ein Kreis gegeben ist.

Die Curven, deren Schnittpunkte mit einem Kegelschnitt von gegebenem Centrum und Axenrichtungen sich construiren lassen, sind vierten Grades und haben Centrum und Axenrichtungen mit ihm gemein.

Die allgemeinste Form einer Gleichung, in welcher zwei Coefficienten willkürlich sind, und die sich durch Quadratwurzeln lösen lässt, ist:

$$x^{2^r} + ax^{2^{r-1}} + b = 0.$$

Eine gemeinsame Tangente an einen Kegelschnitt von gegebenem Brennpunkt und an eine andere Curve lässt sich nur construiren, wenn diese ein Kegelschnitt mit demselben Brennpunkt ist.

Kegelschnitte sind die einzigen Curven, deren Schnitte mit einer durch gegebenen Punkt gehenden Linie sich construiren lassen, wenn dieser Punkt nicht auf der Curve oder auf einer Linie liegt, deren Schnittpunkte mit ihr zwei und zwei zusammenfallen; ferner die einzigen, an welche man von allen Punkten auf einer andern Curve Tangenten ziehen kann, wenn diese nicht wenigstens einen Punkt enthält, für welchen alle Tangenten zwei und zwei zusammenfallen.

In Betreff der Construction mittelst geometrischer Oerter wird als allgemeine Methode aufgestellt: Zunächst sucht man zwei Punkte, deren gerade Verbindungslinie den Ort im gesuchten Punkte schneidet. Führt dies nicht zum Ziele, so bestimmt man drei Punkte und legt einen Kreis durch sie. Geht auch dies nicht, so bleibt noch übrig, durch fünf Punkte einen Kegelschnitt zu legen. Lässt sich kein solcher finden, so ist die Construction unmöglich.

Es folgt dann eine Reihe von Beispielen, in denen die Methode angewandt und dahin erweitert wird, dass erst umgekehrt geometrische Oerter construirt, und diese dann auf's neue in gleicher Weise benutzt werden. H.

S. Réalis. Sulla forma delle funzioni razionali della radice d'un equazione algebrica. Battaglini G. IX. 206-210.

In Serret's Algebra (II, 1 § 182 sq.) wird der Satz bewiesen: „Jede gebrochene rationale Function einer Wurzel φ einer Gleichung m^{ten} Grades ist einer ganzen Function äquivalent, deren Grad kleiner als m ist", und diese ganze Function wird dadurch gewonnen, dass man mit dem Zähler und Nenner der gebrochenen Function so operirt, als wollte man ihren grössten gemeinsamen Factor finden. Diese Operation muss in jedem besonderen Falle wiederholt werden; eine allgemeine Formel zur directen Bestimmung des ganzen Polynoms wird nicht gegeben. Herr Réalis sucht diese Lücke dadurch auszufüllen, dass er ein System von Formeln aufstellt, aus denen sofort die verschiedenen Glieder der ganzen Function gewonnen werden können.

M.

C. Jordan. Sur la résolution des équations les unes par les autres. C. R. LXXII. 283-290.

Siehe Abschn. II. Cap. 3.

C. Jordan. Mémoire sur la résolution des équations algébriques les unes par les autres. Liouville J. (2) XVI. 1-20.

Siehe Abschn. II. Cap. 3.

F. W. Hultmann. Om bortskaffande af rotmärken ur eqvationer. Dillner Tidskr. IV. 1.

Der Verfasser veröffentlicht zwei Lösungen des folgenden Problems: Eine Gleichung von den Wurzelzeichen, die sich in ihr finden, zu befreien. Die erste Lösung von Herrn Phragmén betrifft nur Quadratwurzeln, während die zweite, von Herrn Malmstén die Frage in ihrer Allgemeinheit auffasst. Es sei die Gleichung gegeben:

$$\sqrt[m]{x_1}+\sqrt[p]{x_2}+\sqrt[q]{x_3}+\cdots+\sqrt[s]{x_n}=1.$$

Bezeichnet man die Glieder der linken Seite mit $a_1, a_2 \cdots a_n$, so hat man

$$a_1 + a_2 + a_3 \cdots + a_n = 1,\ x_1 = a_1^m,\ x_2 = a_2^p,\ x_3 = a_3^q, \cdots x_n = a_n^s.$$

Indem man zwischen diesen Gleichungen mit Hülfe der Methode des grössten gemeinschaftlichen Theilers die Grössen $a_1, a_2, \cdots a_n$ eliminirt, erhält man eine Gleichung zwischen x_1, $x_2, \cdots x_n$, die von den Wurzeln frei ist.

Hn. (O.)

J. Versluys. Discussion complète d'un système d'équations linéaires. Grunert Arch. LII. 257-277.

Allgemeine Sätze über die Auflösung, Unbestimmtheit und Unverträglichkeit linearer Gleichungen; vollständige Discussion von zwei, drei und vier linearen Gleichungen mit entsprechend ebenso vielen Unbekannten.

No.

V. Valeriano. Sistema generale di n equazioni lineari fra n incognite. Battaglini G. IX. 371-376.

Allgemeine Discussion des angegebenen Systems unter Annahme aller möglichen Specialisirungen der Coefficienten und der Determinante, im Anschluss an die Uebersetzung des Baltzer'schen Buches von Cremona.

No.

C. W. Merrifield. Solution of the question 3027 (J. J. Sylvester). Educ. Times XIV. 68.

Sind $(a_1, a_2 \cdots a_n)$, $(b_1, b_2, \cdots b_n)$ zwei Reihen von Grössen, die alle verschieden sind, so können die $2n$ Gleichungen

$$(a_i - b_1)(a_i - b_2) \cdots (a_i - b_n) = A_i (a_i - a_1)(a_i - a_2) \cdots$$
$$(b_i - a_1)(b_i - a_2) \cdots (b_i - a_n) = B_i (b_i - b_1)(b_i - b_2) \cdots$$

nur dann zusammen bestehen, wenn

$$\sum_n A_i + \sum_n B_i = 0.$$

Hi.

P. DE SAINT-ROBERT. De la résolution de certaines équations à trois variables par le moyen d'une règle glissante Caractère auquel on reconnaît qu'une telle résolution est possible. Graduation à la règle. Mem. di Torino. XXV. 53-72.

Der Verfasser hatte sich ein gleitendes Lineal (regolo scorrevolo, règle glissante) analog dem logarithmischen Lineal construirt, mittelst dessen man mechanisch die aus den barometrischen Tafeln gelieferten Resultate erhalten kann. Bei dem Nachdenken über eine solche Reduction der doppelt laufenden Tafeln in ein gleitendes Lineal wurde nun der Verfasser darauf geführt, ein passend graduirtes Lineal zu ersinnen, mittelst dessen sich gewisse Gleichungen mit drei Variabeln lösen lassen. In dieser Note untersucht der Verfasser die Kriterien, die anzeigen, ob die Reduction einer Gleichung mit drei Variabeln in ein solches Lineal möglich ist, und setzt die Art aus einander, wie diese Reduction vorzunehmen sei, wenn sie möglich, indem er sie auf ein Paar Beispiele anwendet. Die Reduction ist anwendbar bei einer Gleichung $J(xyz)=0$, wenn man sie transformiren kann in $Z=X+Y$, wo $X=\varphi(x)$, $Y=\psi(y)$, $Z=\chi(z)$, und die nothwendige Bedingung für die Reduction ist:

$$\frac{d^2 \log R}{dx\,dy}=0,\ \text{wo}\ R=\frac{\frac{dJ}{dx}}{\frac{dJ}{dy}}.$$

Jg. (O.)

V. EUGENIO. Alcune ricerche sulle frazioni continue. Battaglini G. IX. 358-365.

Der Verfasser stellt die Bedingung auf, unter welcher die zwei beliebige Grössen darstellenden Kettenbrüche mit Quotienten schliessen, die sich um eine gegebene Grösse von einander unterscheiden. Ein specieller Fall davon ist der, wo die beiden End-Quotienten gleich sind (vgl. Serret, Cours d'algèbre supérieure I, 16). Diese Untersuchungen werden auf das Problem angewendet: die Gleichung zweiten Grades mit rationalen Coefficienten zu finden, deren Wurzeln sich in solche Kettenbrüche verwandeln lassen, welche letzte Quotienten von gegebener Differenz haben. M.

L. Bignon. Solution des questions 968 et 969. Nouv. Ann. (2.) X. 515.

1. Wenn man mit n eine ganze positive Zahl und mit D_n die Differenz der n^{ten} Potenzen der Wurzeln der Gleichung

$$x^2+px+q=0$$

bezeichnet, so hat man, wenn man von $n=2$ ausgeht:

$$D_n=(-1)^{n-1}\cdot\Big[p^{n-1}-\frac{n-2}{1}p^{n-3}q+\frac{(n-3)(n-4)}{1\cdot 2}p^{n-5}q^2 - \frac{(n-4)(n-5)(n-6)}{1\cdot 2\cdot 3}p^{n-7}q^3+\cdots\Big]D_1.$$

Die Entwickelung geht bis zu dem Gliede, welches $=0$ wird.

2. Dabei ist:

$$n=2^{n-1}-\frac{n-2}{1}2^{n-3}+\frac{(n-3)(n-4)}{1\cdot 2}\cdot 2^{n-5} - \frac{(n-4)(n-5)(n-6)}{1\cdot 2\cdot 3}2^{n-7}+\cdots$$

Pr.

D. G. Solution af $x^3+px+q=0$. Dillner Tidskr. IV. 31.

Die bekannte Transformation

$$ab=-\frac{p}{3},\ a+b=\frac{3q}{p}$$

der cubischen Gleichung. Hn. (O.)

A. de Saint-Germain. Sur la résolution trigonométrique de l'équation du troisième degré. Nouv. Ann. (2) X. 63-66.

Die trigonometrische Lösung der Gleichungen dritten Grades für den Fall, dass sämmtliche Wurzeln reell sind, ist auch auf den Fall anwendbar, dass zwei der Wurzeln imaginär sind.

T.

M. Azzarelli. Risoluzione delle equazione di 3° e 4° grado per mezzo della sostituzione lineare $z = \frac{my+n}{y+1}$.
Att. d. Acc. d. N. Linc. XXIV. 83-90.

Der Verfasser will zeigen, dass es möglich ist, sowohl die cubische wie die biquadratische Gleichung durch eine und dieselbe Substitution, die im Titel angegeben ist, aufzulösen.

Jg. (O.)

A. S. Guldberg. Om Ligningen af 3die Grad. Om Ligningen af 5te Grad. Christiania Videnskabs-Selskab. 1871. 287-326.

Diese Abhandlung, die nichts Neues hinsichtlich der allgemeinen Theorie der Gleichungen giebt, enthält eine Tabelle zur Berechnung einer Wurzel der Gleichungen $x^3 - cx - c = 0$ $x^5 - cx - c = 0$. Der praktische Werth dieser Tabelle scheint zweifelhaft.

L.

F. Brioschi. Sur l'équation du cinquième degré.
C. R. LXXIII. 1470-1472.

Herr Hermite hatte in seiner Arbeit über die Gleichung fünften Grades (C. R. LXI. u. LXII) am Schlusse (S. 1167) von einer Function zweiten Grades für zwei unbestimmte Grössen p, q nachgewiesen, dass der Coefficient des Productes pq identisch verschwindet. In vorliegender Note wird die Existenz unendlich vieler Functionen von gleicher Eigenschaft gezeigt. Setzt man für die bekannte Gleichung

$$F(y) = (y-a)^6 - 4a(y-a)^5 + 10b(y-a)^3 - 4c(y-a) + 5b^2 - 4ac = 0$$

$$\sqrt{Y} = p\sqrt{y} + q\frac{\partial \sqrt{y}}{\partial b} + r\frac{\partial \sqrt{y}}{\partial c},$$

so werden, da

$$\Sigma \frac{\partial y}{\partial b} = 0, \; \Sigma \frac{\partial y}{\partial c} = 0,$$

auch in ΣY die Coefficienten von pq und pr identisch verschwinden. — Es wird hierauf nachgewiesen, wie jene Function

des Herrn Hermite aus einer von Herrn Brioschi in seiner Arbeit „über die Methode des Herrn Kronecker zur Auflösung der Gleichung fünften Grades“ aufgestellten Function abgeleitet werden kann.
No.

A. Clebsch. Ueber die Anwendung der quadratischen Substitution auf die Gleichungen fünften Grades und die geometrische Theorie des ebenen Fünfseits. Clebsch Ann. IV. 284-345.

A. Clebsch. Ueber die geometrische Interpretation der höheren Transformationen binärer Formen und der Formen fünfter Ordnung insbesondere. Gött. Nachr. 1871. 335-345.

Während die neuere Algebra zunächst die algebraischen Formen nur rücksichtlich linearer Transformationen ihrer Veränderlichen betrachtet, ist ihr doch auch die Untersuchung höherer eindeutiger Transformationen in ähnlicher Weise zugänglich. Dass solche bei binären Formen eben auch nur wieder auf die schon bei linearen Transformationen benutzten Principien führen, geht schon aus den Arbeiten von Hermite und Gordan hervor. In den vorliegenden Untersuchungen handelt es sich um eine Interpretation der höheren Transformationen binärer Formen, welche dieselben mit den linearen Transformationen eines Raumes von mehreren Dimensionen in Beziehung setzt. Insbesondere erhält man alle Gleichungen fünften Grades, welche aus einer gegebenen entstehen können, indem man die Schnittpunktsysteme betrachtet, welche auf den Geraden einer Ebene durch fünf irgendwie fest gelegte Gerade bestimmt werden. Damit die resultirende Gleichung eine bestimmte Invarianteneigenschaft besitze, muss die veränderliche Gerade, auf welcher das gedachte Schnittpunktsystem eintritt, Tangente einer entsprechenden Curve der Ebene sein. Die auf solche Weise definirten Curven, welche dem festen Fünfseit zugeordnet und durch dasselbe definirt sind, haben merkwürdige Eigenschaften und Beziehungen zu einander. Insbesondere z. B. wird eine Curve 12ter Classe behandelt, welche eine Doppelreihe ausgezeichneter Doppeltangenten besitzt, und durch sie eine genaue geometrische Interpretation für die Eigenschaften der Resolvente sechsten Grades giebt, auf welche die Theorie der Gleichungen fünften Grades führt.

Die geometrische Lösung der Gleichungen fünften Grades, welche den von Hermite und Kronecker gegebenen Lösungen äquivalent ist, beruht auf der Verbindung, in welche die Aufsuchung dieser Doppeltangenten mit der bekannten Modulargleichung und ihrer geometrischen Interpretation gesetzt wird. Hierzu führt der Umstand, dass diese 12 Doppeltangenten eindeutig den Geraden einer Doppelsechs entsprechen, welche einer gewissen merkwürdigen Fläche dritter Ordnung angehört. Diese Fläche, vom Verfasser Diagonalfläche genannt, ist dadurch definirt, dass sie durch die Diagonalen aller Vierseite geht, in denen die Seiten eines Pentaeders von den übrigen geschnitten werden. Unter den 36 Doppelsechsen, welche die Geraden dieser Fläche bilden, wird eine linear, d. h. ohne Lösung einer höheren Gleichung, gefunden; die beiden Sechsen, in welche sie zerfällt, liefern zwei ausgezeichnete Abbildungen der Fläche auf der Ebene, welche zu ihrer Auffindung nur die Lösung einer quadratischen Gleichung bedürfen. Die sechs Fundamentalpunkte einer solchen Abbildung aber bilden ein sehr merkwürdiges Punktsystem, welches die Modulargleichung geometrisch repräsentirt. Diese sechs Punkte haben nämlich die Eigenschaft, in zehn verschiedenen Arten zu einem Brianchon'schen Sechseck zusammengefasst werden zu können; und das System der sechs Punkte ist hierdurch bis auf projectivische Umformungen völlig definirt. Verbindet man aber mit solchen sechs Punkten irgend einen anderen Punkt der Ebene, so erhält man ein System von sechs Strahlen, deren Abstandsverhältnisse, von irgend zwei festen Strahlen durch denselben Punkt gerechnet, Wurzeln der Modulargleichung sind, oder vielmehr Wurzeln einer Gleichung, welche nur durch eine lineare Transformation sich noch von ihr unterscheiden kann.

Cl.

A. Clebsch. Bemerkungen zu der Theorie der Gleichungen fünften und sechsten Grades. Gött. Nachr. 1871. 103-108.

Es wird bezüglich der Gleichungen des fünften Grades gezeigt, wie man ihnen die Jerrard'sche Form $x^5 - x - a = 0$ giebt, sobald eine ihrer Invarianten (12ten Grades) verschwindet. Bezüglich der Gleichungen sechsten Grades wird gezeigt, wie man dieselben in die Modulargleichung, bez. Multiplicatorgleichung der Transformation fünften Grades der elliptischen Functionen verwandelt, sobald die nöthigen Invariantenbeziehungen erfüllt sind. Cl.

S. Réalis. Sulle radici reali contenute fra dati limiti. Battaglini G. IX. 355-357.

Mit Hülfe der von Lagrange (Traité de la résolution des équations numériques etc. Note XII) gegebenen Methode lässt sich das Problem lösen: „Sind zwei Zahlen a und b gegeben, welche eine oder mehrere Wurzeln x einer algebraischen Gleichung einschliessen, so dass

$$a < x < b$$

ist, zwei andere Zahlen a' und b' zu finden, so dass

$$a < a' < x < b' < b$$

ist". M.

Abonné. Solution de la question 234. Nouv. Ann. (2.) X. 38

Wenn in der Gleichung $(x-a_1)(x-a_3)(x-a_5)\cdots(x-a_{2n-1}) + b^m(x-a_2)(x-a_4)\cdots(x-a_{2n}) = 0$ b eine positive und m eine ganze positive Zahl ist und die $2n-1$ Differenzen a_1-a_2, a_2-a_3, $a_3-a_4 \cdots a_{2n-1}-a_{2n}$ positiv sind, so sind die n Wurzeln der Gleichung reell und liegen zwischen a_1 und a_2, a_3 und a_4, a_5 und a_6 u. s. w.

Pr.

J. Boussinesq. Méthode nouvelle pour la résolution d'une classe importante et très-nombreuse d'équations transcendantes. C. R. LXXII. 480-483.

Es handelt sich um die angenäherte Lösung der Gleichungen von folgender Form:

$$1)\quad U=0,\ U'=0,\ U'+hU=0.$$

Darin ist h constant, U' ist der Differentialquotient von U, U selbst eine Function von r, die der Differentialgleichung genügen soll

$$2)\quad U''+\frac{m}{r}U'+U=0;$$

m ist eine beliebige Constante. [In den meisten Anwendungen ist $m=0,\ \pm1, 2.$]

Für sehr grosse Werthe von r ist das zweite Glied der Differentialgleichung nahezu $=0$; in diesem Falle wird die Gleichung erfüllt durch

$$3)\quad U=A\cos(r+B),\ U'=-A\sin(r+B).$$

Sollen nun U und U' für beliebige Werthe von r dieselbe Form haben, so hat man für A und B Functionen von r statt constanter Werthe zu nehmen. Diese Functionen von r werden durch folgende Differentialgleichungen bestimmt:

$$4)\quad \frac{dB}{dr}=-\frac{m\sin 2(r+B)}{2r},\quad \frac{1}{A}\frac{dA}{dr}=-\frac{m\sin^2(r+B)}{r}.$$

[Im Text steht in dem Ausdruck für $\frac{1}{A}\frac{dA}{dr}$ fälschlich ebenfalls $\sin 2(r+B)$, ein Fehler, der sich an einer anderen Stelle wiederholt. Ferner ist statt der Grösse l des Textes e, die Basis des natürlichen Logarithmensystems, zu setzen.]

Die Lösungen der Gleichungen 1) sind nun $r+B=\frac{2k+1}{2}\pi$, resp. $=k\pi$, resp. $=\operatorname{arctg} h+k\pi$. Die Gleichung 4) ist aber zu complicirt, um $r+B$ als Function von r zu bestimmen. Da man aber $\frac{d(r+B)}{dr}$ kennt, kann man die Differenz der Werthe, welche $r+B$ für $r=r_n$ und $r=r_{n'}$ annimmt, nach der Taylor'schen Reihe berechnen. Sollen r_n und $r_{n'}$ so beschaffen sein, dass die Differenz der betreffenden Werthe von $r+B=\pi$ wird, so ergiebt sich, wenn man nur das erste Glied der Entwickelung berücksichtigt:

$$5)\quad (r_{n'}-r_n)\left(1-\frac{m\sin 2(r_n+B_n)}{2r_n}\right)=\pi.$$

Nimmt man für $\sin 2(r_n+B_n)$ die Grenzwerthe -1 und $+1$, so hat man zwei Grenzen, zwischen denen $r_{n'}$ bei gegebenem r_n liegen muss; und zwischen r_n und $r_{n'}$ liegt nothwendig eine und nur eine Wurzel jeder der drei transcendenten Gleichungen. Nähere Grenzen erhält man, indem man aus 4) durch theilweise Integration einen angenäherten Werth für B berechnet und in 5) einsetzt. Dies Alles findet erst statt, wenn $r_n^2>\frac{m^2}{4}$, weil dann $r+B$ mit r fortwährend wächst.

Auch für die Wurzeln der folgenden transcendenten Gleichungen kann man durch dieselbe Betrachtung Näherungswerthe finden:

$$hU'+rU=0,\quad rU'+hU=0;$$

denn diese lassen sich nach 3) auf die Form bringen

$$\cos\left(r+B+\operatorname{arctg}\frac{h}{r}\right)=0,\quad \text{resp.}\quad \sin\left(r+B+\operatorname{arctg}\frac{h}{r}\right)=0.$$

Endlich kann man auch die Differentialgleichung 2) in eine andere umformen, die $U\cdot r^{\frac{1}{2}m}$ als abhängige Variable enthält. Für $U\cdot r^{\frac{1}{2}m}$ und $\frac{d(Ur^{\frac{1}{2}m})}{dr}$ lassen sich ebenfalls Ausdrücke von der Form 3) aufstellen, an die sich eine analoge Betrachtung knüpft.

Wn.

Capitel 2.

Theorie der Formen.

S. GUNDELFINGER. Ueber einige allgemeine Theoreme aus der neueren Algebra. Clebsch Ann. IV. 164-168.

Für die biquadratischen binären und die cubischen ternären Formen hat man den Satz, dass die Hesse'sche Form der Hesse'schen Form eine lineare Function der letzteren und der Grundform ist. Derselbe Satz gilt für die Hesse'sche Form jeder linearen Combination der Grundform und ihrer Hesse'schen Form. Diese von Hesse gewonnenen Resultate sind der Ausgangspunkt für weitere Formenbildungen von Cayley und Aronhold geworden. Gundelfinger zeigt im vorliegenden Aufsatze, dass man dieselben Folgerungen überhaupt anknüpfen kann, sobald man im Besitze einer Covariante ist, die sich ihrer Grundform gegenüber ähnlich verhält, wie in den vorgenannten beiden Fällen die Hesse'sche Form zu ihrer Grundform.

Kln.

S. GUNDELFINGER. Ueber binäre Formen. Borchardt J. LXXIV. 87-91.

Clebsch hat in den Göttinger Nachrichten 1871 dasjenige System associirter Formen einer binären Grundform aufgestellt, welches am einfachsten in den Coefficienten ist (vgl. Fortschr. d. Math. III. p. 31). Der Verfasser giebt im vorliegenden Aufsatze einen einfachen Weg zum Beweise.

Kln.

J. J. WALKER. Solution of question 3239. Educ. Times. XV. 32.

Sind u, v zwei binäre quadratische Formen, A, A', B die Invarianten des Systems, und w die Jacobi'sche Determinante, dann ist $\{B \pm 2\sqrt{AA'}\}\, uv - w^2$ ein vollständiges Quadrat.

In Folge dessen können

$$u,\ v \text{ in } (a, b, c)\ (xy)^2 \text{ und } (\lambda a - \lambda b,\ \lambda c)\ (xy)^2$$

transformirt werden. Hi.

A. Cayley. Solution of question 3356. Educ. Times XV. 80.

Sind die Wurzeln $(\alpha, \beta, \gamma, \delta)$ der Gleichung

$$(a, b, c, d, e)\ (u, 1)^4 = 0$$

alle verschieden, und hat man zwei Grössen θ, φ der Art, dass

$$(\theta+\alpha)^4 : (\theta+\beta)^4 : (\theta+\gamma)^4 : (\theta+\delta)^4$$
$$= (\varphi+\alpha)^4 : (\varphi+\beta)^4 : (\varphi+\gamma)^4 : (\varphi+\delta)^4,$$

so ist die cubische Invariante $ace - ad^2 - b^2 e - c^3 + 2bcd = 0$. θ und φ sind bestimmt durch $\theta\varphi = \frac{bd - c^2}{ac - b^2}$, $\theta + \varphi = \frac{ad - bc}{ac - b^2}$.

Hi.

J. J. Walker. Solution of question 3401. (J. J. Sylvester.) Educ. Times. XV. 99.

Bedeutet Q die quadratische Invariante von

$$(a, b, c, \cdots h, k)\ (x, y)^{2m},$$

und Q' die von $(b, c, \cdots h, k, l)\ (x, y)^{2m}$, während

$$E = a\delta_b + 2b\delta_c + \cdots + (2m+1)\ k\delta_l,$$

so ist

$$2Q = E + E + Q'.$$

Hi.

A. Cayley. An example of the higher transformation of a binary form. Clebsch Ann. III. 359-361.

Die Aufgabe, eine biquadratische Form durch eine quadratische Substitution zu transformiren, ist bei Gelegenheit allgemeiner Untersuchungen von Hermite und Gordan behandelt worden (C. R. XLVI. und Borchardt J. LXXI. s. F. d. M. II. p. 69). Cayley giebt in der vorliegenden Note eine directe Behandlung des Problems. Kln.

G. Battaglini. Sulle forme binarie di grado qualunque. Battaglini G. IX. 1-18, und 76-86.

Dieser Aufsatz bringt eine Darstellung einiger elementarer Theile der Theorie der binären Formen im Anschlusse an die Behandlungsweise, welche dieselben durch Sylvester und Cayley erfahren haben, und scheint sich für solche Leser, die eine gewisse Abstraction allgemeiner Darstellung nicht scheuen, zu einer ersten Einleitung in das Studium der Invariantentheorie zu eignen. Nachdem der Verfasser die bez. Grundbegriffe aufgestellt und namentlich den Begriff der Polare (Emanante) entwickelt hat, wendet er sich zur besonderen Betrachtung von „Formeninvolutionen“, d. h. solchen Formengruppen, welche aus einer Anzahl gegebener Formen linear zusammengesetzt sind.

Kln.

G. Battaglini. Sulle forme ternarie di grado qualunque. Battaglini G. IX. 152-169. 193-205.

Ueber diese Arbeit, von der erst die beiden ersten Abtheilungen vorliegen, wird Referent berichten, sobald die ganze Abhandlung erschienen sein wird. Kln.

S. Roberts. On the order of the discriminant of a ternary form. Proc. of L. M. S III. 14-16.

Analytischer Beweis zweier von Herrn Cremona geometrisch abgeleiteten Sätze über den Einfluss vielfacher gemeinsamer Punkte auf die Curven einer Involution.

Cly. (O.)

S. Gundeleinger. Zur Theorie der ternären cubischen Formen. Clebsch Ann. IV. 144-168.

Die Theorie der ebenen Curven dritter Ordnung hat ein wesentliches Moment für die Fortentwickelung der neueren Algebra gegeben. Es gehen diese algebraischen Untersuchungen auf die grossen Arbeiten Hesse's über die Wendepunkte zurück, Arbeiten, in welchen eine Covariante der Form (die sog. Hesse'-

sche Form) und eine Invariante (die Discriminante) sich bereits vorfinden. Während Cayley in seinen Memoirs upon Quantics weitere Formen unter Benutzung der von Hesse aufgestellten canonischen Gleichungsform ableitete, war es Aronhold (Crelle J. XXXIX. 55), welcher zuerst die Theorie der cubischen ternären Formen aus allgemeinen Principien zu entwickeln unternahm. Seine Methode der symbolischen Bezeichnung führte ihn zur Aufstellung der beiden Invarianten *S* und *T*, als deren ganze Functionen sich alle anderen darstellen lassen. Der von ihm betrachtete Formenkreis wurde zunächst erweitert durch Brioschi (C. R. 1863), welcher eine Covariante neunten Grades hinzufügte, sodann von Clebsch und Gordan im ersten Bande der Math. Annalen. (s. F. d. M. II. p. 62 u. f.). Erst durch die Arbeiten, welche Gordan inzwischen über binäre Formen gemacht, in denen er die Existenz eines vollständigen Formensystems für binäre Formen nachgewiesen hatte, war der Gedanke möglich, dass auch bei den ternären cubischen Formen ein vollständiges System der aus der Form entspringenden Bildungen bestehen möchte. Gordan hat dann die Existenz eines solchen Systems im ersten Bande der Math. Annalen p. 90 (s. F. d. M. II. p. 61) bewiesen, indem er ein System dieser Art wirklich aufstellte.

Die vorliegende Arbeit von Gundelfinger beschäftigt sich nun zunächst damit, das System der nothwendigen Formen in übersichtlicher Weise zu gruppiren. Sodann aber bildet er die früheren Methoden so weit aus, dass er dahin gelangt, sowohl für das Curvenbüschel mit gemeinsamen Wendepunkten, wie für das entsprechende Büschel mit gemeinsamen Rückkehrtangenten alle Formen dieses Systems aufzustellen.

Kln.

A. Cayley. On the number of covariants of a binary quantic. Report of the brit. Assoc. for 1871.

Die Frage nach der Anzahl der Covarianten einer binären Form, in ihrer einfachsten Gestalt, wird folgendermaassen behandelt. Statt der Covarianten substituiren wir ihre ersten Coefficienten, die von Prof. Roberts ihre „Quellen“ (sources) genannt werden; jede dieser Quellen ist eine Semi-Invariante oder eine Function der Wurzeldifferenzen und genügt einer bestimmten partiellen Differentialgleichung. Ist z. B. die Form

$$(a, b, c, \cdots k)\ (x, y)^n,$$

so ist die Differentialgleichung

$$(a\delta_b + 2b\delta_c + \cdots nj\delta_k)\, u = 0.$$

Diese Gleichung mit $n+1$ Variabeln lässt n independente Lösungen zu. Der Verfasser zeigt, dass in dem allgemeinsten Fall das Problem darin besteht, die Reihe der n Lösungen

$$a,\ ac - b^2,\ a^2d - 3abc + 2b^3,\ a^3e - 4a^2bd + 6ab^2c - 3b^4, \text{ etc.}$$

zu vervollständigen, indem man hierzu die Lösungen addirt, welche rationale und nicht ganze Functionen dieser, aber rationale und ganze Functionen der Coefficienten sind; so gelangt man zu einer Reihe von Lösungen, so dass jede andere Lösung eine rationale und ganze Function dieser ist.

Csy. (M.)

A. Cayley. A ninth memoir on quantics. Trans. of London. CLXI. 17-50.

Der Verfasser bezieht sich auf Gordan's Beweis (Borchardt J. LXIX. p. 323, s. Fortschr. d. M. I. p. 60), dass die Zahl der irreductibeln Covarianten einer binären Form irgend eines Grades endlich ist und speciell, dass diese Zahl für eine Form fünften Grades gleich 23, sechsten Grades gleich 26 ist. Aus seiner Theorie in der zweiten Abhandlung über Formen (Trans. of London 1856) hatte der Verfasser den irrthümlichen Schluss gezogen, dass diese Zahl für eine binäre Form unendlich sei. Die Theorie erfordert in der That eine Modifikation in dem Punkte, dass gewisse lineare Relationen nicht, wie er angenommen, unabhängig, sondern linear mit einander verbunden sind. Diese Verbindung tritt für die Formen zweiten, dritten oder vierten Grades nicht auf; die Theorie ist daher für diese Fälle richtig. Für den fünften Grad stellt sich die Verbindung dar in Betreff des Grades 8 in den Coefficienten und des Grades 14 in den Variabeln, d. h. für den Grad 14 giebt die Theorie eine nicht existirende irreductibele Covariante $(a, \ldots)^8\ (x, y)^{14}$, und es giebt auch eine solche $(a, \ldots)^8 (x, y)^{20}$. Da die Theorie jedoch in Folge der Nichtberücksichtigung jenes Zusammenhanges irrthümlich ist, so ist leicht zu begreifen, dass die Wirkung davon die Einführung einer unendlichen Reihe von nicht existirenden irreductibelen Covarianten ist, welche nach Verbesserung des Fehlers verschwinden und nur eine endliche Reihe von irreductibelen Covarianten übrig lassen wird. Der Verfasser ist nicht im Stande, den Beweis, dass die Zahl endlich ist, allgemein zu führen, aber er reproducirt seine Theorie, sowohl um zu zeigen, dass sie mit den Thatsachen in Einklang gebracht werden kann, als auch um gewisse neue Formeln zu geben, welche geeignet sind, die Theorie in ihrem wahren Licht zu zeigen. Diese unterscheiden sich von den Formeln in seiner zweiten Abhandlung insofern, als sie anstatt eines einzigen Buchstabens a deren zwei (a, x) enthalten, welche sich auf die Coefficienten und die Variabeln der Form beziehen, so hat er jetzt für den dritten Grad

$$\frac{1 - a^6 x^6}{(1 - a x^3)(1 - a^2 x^2)(1 - a^3 x^3)(1 - a^4)}$$

an Stelle von

$$\frac{1 - a^6}{(1 - a)(1 - a^2)(1 - a^3)(1 - a^4)}$$

als Darstellung für die irreductibelen Covarianten

$(a, \ldots)(x, y)^3$, $(a, \ldots)^2$, $(x, y)^2$, $(a, \ldots)^3$, $(x, y)^3$ und $(a, \ldots)^4$,

welche durch eine Verbindung von der Form $(a, \ldots)^6 (x, y)^6$ zusammenhängen; und ähnlich für höhere Grade.

In der vorliegenden neunten Abhandlung giebt der Verfasser die letzt erwähnten Formeln; er dehnt sie auf die Theorie des fünften Grades aus, indem er die Tafel 82 seiner achten Abhandlung auf den Grad 8 erweitert, indem er die Verbindungen berechnet und aus den Verknüpfungen zeigt, dass es nicht reell irreductibele Covarianten der oben erwähnten zwei Formen sind. Er reproducirt Gordan's Theorie, so weit sie sich auf den fünften Grad bezieht, und giebt die Ausdrücke für diejenigen unter den 23 Covarianten, die er früher nicht gegeben hatte. Diese sind für ihn von H. W. Barret Davis berechnet.

Cly. (O.)

J. Dienger. Studien zur Theorie der Covarianten und Invarianten binärer Formen. Prag. Abh. IV.

Der Aufsatz behandelt in elementarer Weise einige Theile aus der Theorie der binären Formen, wie sich dieselben bei Cayley, Brioschi, Hermite finden.

Kln.

Capitel 3.

Elimination und Substitution, Determinanten, Invarianten, Covarianten, symmetrische Functionen.

C. Jordan. Traité des substitutions et des équations algébriques. Paris. Gauthier-Villars. 1870.

In dem Werke des Herrn C. Jordan über Substitutionen und algebraische Gleichungen liegen die Untersuchungen im Zusammenhange vor, welche über diese Gegenstände bisher von ihm angestellt worden sind. Dass manche Arbeiten deutscher Forscher auf diesem Gebiete nicht nach Gebühr benutzt seien, entschuldigt der Herr Verfasser theils durch die aphoristische Form derselben, theils durch die Verschiedenheit der angewendeten Methoden, theils durch die Hoffnung, dass eines Tages auch jene Theorien geschlossen und vollständig an's Licht treten würden. Manche Abschnitte, Auszüge, Bruchstücke und Resultate des Werkes sind bereits früher in verschiedenen Zeitschriften erschienen; dass auch heute noch so manche veröffentlicht werden, zeigt freilich, die gesammte Theorie sei noch nicht so abgeschlossen und vollständig, wie sie in einer Selbstanzeige der Herr Verfasser angesehen wissen will: es bleiben noch manche Lücken auszufüllen, manche Weitschweifigkeiten zu entfernen, manche Beweise zu berichtigen übrig.

Der bedeutende Umfang des Buches macht es unmöglich,

hier in das Einzelste einzugehen. Wir müssen uns begnügen, den Gang im Grossen und Ganzen zu verfolgen und die wichtigsten Resultate hervorzuheben.

Im ersten Buche werden die Grundzüge der Theorie der Congruenzen auseinandergesetzt, und am Schlusse wird die von Galois gemachte Einführung imaginärer Grössen, welche die Lösung der Congruenzen von höheren Graden liefern sollen, kurz angegeben.

Das erste Capitel des zweiten Buches behandelt die Elemente der Lehre von den Substitutionen, speciell von den Substitutionsgruppen. In Beziehung auf diese werden die Begriffe: „transitiv,“ „nicht-primitiv,“ „zusammengesetzt“ einer näheren Betrachtung unterzogen. $n$fach transitiv heisst eine Gruppe, wenn es in ihr Substitutionen giebt, die n Elemente durch n beliebige andere ersetzen; nicht-primitiv, wenn man ihre Elemente so in Theile von gleich vielen Gliedern vertheilen kann, dass die Substitutionen Elemente aus einer Abtheilung stets wieder in eine einzige überführen; zusammengesetzt, wenn die Gruppe eine andere von der Beschaffenheit enthält, dass die Substitutionen beider mit einander bis auf Substitutionen der zweiten vertauschbar sind. (Siehe F. d. M. I, 41.) — Im zweiten Capitel werden die Substitutionen analytisch behandelt, indem man die Operation, mittels deren $a_{x, y, z, \cdot\cdot}$ durch das Element $a_{f(x), \varphi(y), \psi(z)\cdot\cdot}$ ersetzt wird, durch $|x, y, z, \cdot\cdot f(x), \varphi(y), \psi(z)\cdot\cdot|$ bezeichnet. Die Gruppe, bei der die $f, \varphi, \cdot\cdot$ linear und homogen sind, heisst die lineare.

Die Orthogonal-Gruppe enthält die Substitutionen

$$|x, y, z, \cdot\cdot\, ax + by + cz, \cdot\cdot\, a'x + \cdot\cdot|,$$

wobei zugleich

$$x^2 + y^2 + \cdot\cdot = (ax + by + \cdot\cdot)^2 + (a'x + b'y + \cdot\cdot)^2 + \cdot\cdot$$

sein muss. Wenn die Substitutionen

$$|x_\lambda, y_\lambda \;\; a_1^{(\lambda)} x_1 + c_1^{(\lambda)} y_1 + a_2^{(\lambda)} x_2 + c_2^{(\lambda)} y_2 + \cdot\cdot,\; b_1^{(\lambda)} x + d_1^{(\lambda)} y + \cdot\cdot|,$$

$$(\lambda = 1, 2, \cdot\cdot n) \text{ die Function } \sum_1^n (x_\lambda \eta_\lambda - \xi_\lambda y_\lambda)$$

bis auf einen constanten Factor in sich selbst umwandeln, so bilden sie eine Abel'sche Gruppe; Specialfälle derselben sind die Hypo-Abelschen Gruppen. Alle diese werden näher untersucht, ihre Ordnung, ihre Factoren der Zusammensetzung u. s. w. bestimmt. Ferner wird in diesem Capitel eine canonische Form für lineare Substitutionen aufgestellt; Methoden gegegeben, um specielle lineare Gruppen zu construiren; die Gruppen behandelt, deren Substitutionen unter einander vertauschbar sind, und eine Theorie der linearen gebrochenen Substitutionen gegeben.

Durch Aufstellung des Begriffes der Gruppe einer Gleichung wird im ersten Capitel des dritten Buches die Theorie der Gleichungen mit derjenigen der Substitutionen in Verbindung gebracht, und so beispielsweise die Auflösbarkeit der algebraischen Gleichungen auf die Zusammensetzung ihrer Gruppe reducirt. Durch Adjunction gewisser Irrationalitäten kann man eine Reduction der Gleichungen herbeiführen und die genauere Untersuchung dieser Verhältnisse führt zu den Theoremen über Auflösbarkeit der Gleichungen u. s. w. Das zweite Capitel giebt die Theorie der Abel'schen und der Galois'schen Gleichungen. Die ersteren sind solche, bei denen alle Wurzeln rational durch eine unter ihnen, die letzteren solche, bei denen alle durch zwei ausgedrückt werden können. Die Gruppe der Abel'schen Gleichungen enthält nur gegen einander vertauschbare Substitutionen; einen besonderen Fall derselben bilden die binomischen Gleichungen. Die geometrischen Anwendungen des dritten Capitels beziehen sich auf die Inflexionspunkte der Curven dritten Grades; auf die Curven dritter Ordnung, deren Schnittpunkte mit einer gegebenen Curve vierter Ordnung zu je vier zusammenfallen; auf die Kummer'sche Fläche, auf die Geraden der Flächen dritter Ordnung und auf Berührungsprobleme. Die Anwendung auf die Theorie der Transcendenten bildet den Inhalt des vierten Capitels. Es werden circulare, elliptische und hyperelliptische Functionen besprochen, die Theilung der Perioden, die Modulargleichungen u. s. f. behandelt. Aus der sich anschliessenden „Auflösung der Gleichungen durch Transcendenten" heben wir folgendes Theorem hervor, welches nach Durchführung der Auflösungsmethoden der Gleichungen dritten, vierten und fünften Grades bewiesen wird. Die Auflösung der allgemeinen Gleichung $X = x^q + ax^{q-1} + \cdots = 0$ wird, nach Adjunction numerischer Irrationalitäten, welche nur von q abhängen, auf die Gleichung zurückgeführt, welche die Zweitheilung der Perioden derjenigen hyperelliptischen Functionen giebt, welche mit $\sqrt{X}$ gebildet sind.

Galois hat gezeigt, dass eine irreductible Gleichung von einem Primzahlgrade dann und nur dann lösbar sei, wenn ihre Gruppe die lineare ist. Es kam hierbei auf die Construction der Gruppe an, die sich ohne grosse Schwierigkeiten bewirken lässt. Anders wird dies bei Gleichungen eines beliebigen Grades. Galois stellte zwar eine Haupteigenschaft der Gruppen auflösbarer Gleichungen fest (Traité IV. 1 Théor. 4), gelangte aber nicht zur Construction derselben und sprach, indem er sich auf die primitiven Gleichungen beschränkte, deren Grad also nur eine Primzahlpotenz sein kann, die schon früher von Herrn Jordan widerlegte Ansicht aus, alle auflösbaren primitiven Gleichungen eines Grades gehörten zu nur einem Typus (F. d. M. I. p. 40). — Der Herr Verfasser stellt nun im ersten Capitel des vierten Buches ausser dem eben erwähnten Galois'schen noch andere Kriterien für auflösbare Gruppen auf und gründet auf eine derselben seine Construction. Diese wird im zweiten Capitel durchgeführt, und zwar wird das Problem für den allgemeinsten Fall auf ein gleiches für specielle Fälle der Gruppen reducirt. Eine allgemein gültige Formel wird nicht gegeben, sondern eine Methode, mittelst deren das Problem für Gleichungen höherer auf solche von bei weitem niederem Grade zurückgeführt wird. Die Ausdrücke der Substitutionen der gesuchten Gruppen enthalten imaginäre Grössen, nämlich die Wurzeln irreductibler Congruenzen höherer Grade; allein dies findet nur scheinbar statt. Die Umformung in reelle Form jedoch erfordert Versuche. — Die angegebene Methode liefert sämmtliche gesuchte Gruppen; der im letzten Capitel gegebene Beweis, dass alle gefundenen im allgemeinen von einander unabhängig seien, erfordert bedeutenden Raum und macht ziemlich grosse Schwierigkeiten.

No.

C. Jordan. Sur la résolution des équations les unes par les autres. C. R. LXXII. 283-290.

An Neuem bringt dieser Bericht drei Tafeln. Die erste enthält die Anzahl der Typen auflösbarer primitiver Gleichungen für alle Grade bis 10^6; die zweite die Anzahl der Gruppen aller auflösbaren Gleichungen der Grade bis 10^4; die dritte Congruenzen, welche sich auf die Umformung der Substitutionen aus imaginärer in reelle Form beziehen, für Gleichungen bis zum Grade 12000. No.

C. Jordan. Mémoire sur la résolution des équations algébriques les unes par les autres. Liouville J. (2.) XVI. 1—20.

Die Arbeit könnte statt Livre IV. Chap. 2 u. Chap. 3 § 1 in den Traité etc. eingefügt werden, da sie die dort behandelten Probleme allgemeiner und kürzer durchführt. Der Beweis stützt sich auf einen neuen Satz über die Zusammensetzung der Gruppen. No.

C. Jordan. Sur la classification des groupes primitifs. C. R. LXXIII. 853.

Eine primitive Gruppe soll von der $n$ten Klasse heissen, wenn die Substitution, welche die geringste Zahl von Elementen versetzt, (die Substitution 1 ausgenommen) gerade n umstellt. Für die Klassen 4, 5,‥11 werden die vorhandenen primitiven Gruppen aufgestellt; schliesslich wird ein Satz über die Gruppen gegeben, deren Klassen von einem Primzahlgrade sind. No.

C. Jordan. Théorèmes sur les groupes primitifs. Liouville J. (2) XVI. 383. C. R. LXXII. 854.

Die Bedeutung des Aufsatzes liegt im zweiten Theorem: Eine primitive Gruppe ist symmetrisch oder alternirend, sobald ihr Grad eine von der Klassenzahl abhängige Grösse überschritten hat. — (Das erste Problem ist in Liouville's J. unrichtig angegeben.) No.

V. Janni. Esposizione della teorica delle sostituzioni. Battaglini G. IX. 280-340.

Mit Auslassung einiger und Umstellung anderer Paragraphen eine ziemlich wortgetreue Uebersetzung von Jordan: „Traité des substitutions et des équations algébriques“, livre II. chap. 1.

No.

J. Rosanes. Ueber diejenigen rationalen Substitutionen, welche eine rationale Umkehrung zulassen. Borchardt J. LXXIII. 97-111.

Der Verfasser behandelt die in neuerer Zeit wiederholt betrachteten eindeutig umkehrbaren rationalen Substitutionen bei drei homogenen Veränderlichen, oder, was dasselbe ist, die eindeutigen algebraischen Verwandtschaften in der Ebene, letztere als Punktgebilde betrachtet. Leider ist demselben die einschlägige Literatur bis auf den gleich zu nennenden zweiten Aufsatz von Cremona unbekannt geblieben, so dass der grösste Theil der von ihm gewonnenen Resultate nicht mehr neu erscheint. Die Wichtigkeit des Gegenstandes mag es begründen, wenn Ref. hier eine kurze historische Zusammenstellung der bez. Arbeiten folgen lässt. Die erste eindeutige Verwandtschaft, welche nächst der linearen untersucht wurde, war die sogenannte quadratische, durch welche jeder Geraden ein Kegelschnitt zugeordnet wird, der durch drei feste Punkte geht. Dieselbe findet sich bereits, ob auch nicht principiell aufgefasst, bei Poncelet im Traité des propriétés projectives. (Erste Ausgabe. 1822. p. 198.) Auf dieselbe bezieht sich ferner eine kurze Stelle in einem Aufsatze von Plücker (Crelle V. 1829). Andererseits war Magnus selbstständig auf denselben Gegenstand geführt worden und behandelte ihn, unter Bezugnahme auf Plücker, ausführlich im achten Bande von Crelle's Journal (1831). Auch Steiner beschäftigte sich um dieselbe Zeit mit ähnlichen Fragen, worüber man die „systematischen Entwickelungen“ (1832) und namentlich deren Vorrede vergleichen mag. Sodann sind die allgemeinen eindeutigen Transformationen der Ebene, von denen Magnus bereits andeutungsweise spricht, in neuerer Zeit zuerst von Cremona aufgestellt und nach ihren wesentlichen Eigenschaften entwickelt worden (Mem. di Bologna (2.) II., 1863; V. 1865), so dass, neben Magnus, Cremona als der eigentliche Schöpfer dieser Theorie gelten muss. Eine wichtige Ergänzung fanden seine Untersuchungen durch einen Satz, welchen Nöther in den Gött. Nachrichten 1870 (s. Fortschr. d. M. II. p. 624) mittheilte, und der dahin geht, dass jede Cremona'sche Transformation durch Wiederholung einer Anzahl quadratischer Transformationen hergestellt werden kann (vergl. indess die Schlussbemerkung dieses Referates). Einen Beweis dieses Satzes gab Nöther in den math. Annalen, III. 165 (s. Fortschr. d. M. II. p. 616). Zugleich mit der letzteren Abhandlung erschien eine Uebersicht der Cremona'schen Transformationen, welche von Cayley herrührte (Proc. of L. M. S. v. III. 127). Dieselbe enthält, ohne Beweis, auch den von Clifford, wie es scheint, unabhängig gefundenen Nöther'schen Satz. — In der Abhandlung von Rosanes, die später erschien, ist nun eben auch dieser Satz aufgestellt und bewiesen worden, und es mag hervorgehoben werden, dass sich sein Beweis durch einfachere Darstellung auszeichnet. Sodann ist zum ersten Male gezeigt, dass alle eindeutigen Punkttransformationen der Ebene nothwendig Cremona'sche sein müssen, d. h. dass die Curven, welche vermöge der Transformation den Geraden der Ebene entsprechen, nur einen beweglichen Schnittpunkt haben, und dass die Erniedrigung ihres Geschlechtes auf Null, welche nothwendig ist, auf Rechnung der gemeinsamen festen Punkte zu setzen ist. Kln.

L. Sylow. Om den Gruppe af Substitutioner, der tilhörer Ligninger for Division af Perioderne ved de elliptiske Funktioner. Christiania. Videnskabs-Selskab. 1871.

Die Gruppe der Gleichung, welche die Grössen

$$\sin am \frac{4pK + 4qK'i}{2n+1}$$

bestimmt, enthält bekanntlich nur lineare Substitutionen und von diesen gewiss diejenigen, deren Determinante nach dem Modul

$2n+1$ der Einheit congruent ist, welche die sogenannte Monodromiegruppe bilden. Ausserdem wusste man nur, dass wenigstens, wenn $2n+1$ eine Primzahl ist, die Gruppe noch Substitutionen enthalten muss, deren Determinante nicht $\equiv 1$ ist. Die noch offen stehende Frage wird in der Abhandlung dahin beantwortet, dass die Gruppe wirklich alle linearen Substitutionen enthält; zugleich wird bewiesen, dass die Gruppe sich bis auf die Monodromiegruppe vereinfacht, wenn man die $(2n+1)^{\text{ten}}$ Wurzeln der Einheit als bekannte Grössen einführt. Der letzte Punkt wird zuerst dargethan durch die von Abel angedeutete und vom Verfasser bewiesene Relation:

$$\sum_{0}^{2n}{}_p\, e^{\frac{8pq(m\mu'-m'\mu)\pi i}{2n+1}} \sin am \frac{4p(mK+\mu K'i)+4q(m'K+\mu'K'i)}{2n+1} = 0$$

(Christ. Videnskabs-Selskab, 1864. 68-92). Weil nun die Wurzeln der Einheit sich durch die Grössen

$$\sin am \frac{4pK+4qK'i}{2n+1}$$

rational ausdrücken lassen, folgt aus einem Reciprocitätsgesetz der Theorie der algebraischen Irrationalitäten (siehe Traité des subst. par M. C. Jordan, p. 269), dass die Ordnung der Gruppe, wenn man die Wurzeln der Einheit als bekannt ansieht, durch den Grad der Gleichung $x^{2n+1}-1=0$, das heisst durch $\varphi(2n+1)$, dividirt wird. Die Gruppe muss also von vorn herein $\varphi(2n+1)$ mal so viele Substitutionen als die Monodromiegruppe und somit alle linearen Substitutionen enthalten haben.

L.

M. A. v. Barniecki. Ueber gegen einander permutable Substitutionen. Leipzig. Metzger u. Wittig.

Es wird gezeigt, dass die von Cauchy und Serret für die Bildung von gegen einander permutablen Substitutionen aufgestellten Formeln und Regeln nicht allgemein sind. Dann werden andere aufgestellt, welche jene als Specialfälle umfassen.

No.

W. K. CLIFFORD. On a case of evaporation in the order of a resultant. Proc. of L. M. S. III. 80-82.

Beweis des folgenden Satzes: „Man soll x zwischen zwei in x und anderen Variabeln $y, z, \ldots$ homogenen Gleichungen eliminiren, in denen x nur in der Grösse $w = x^{\alpha} y^{\beta} z^{\gamma} \ldots$, wo $\alpha + \beta + \gamma + \cdots = \mu$, vorkommt. Sind dann m und n die Grade der Gleichungen und h und k resp. die Reste der Division von m und n durch μ, so ist der Grad der Resultante

$$= \frac{mn - hk}{\mu}\text{“}.$$

Cly. (O.)

A. BRILL. Zur Theorie der Elimination und der algebraischen Curven. Clebsch Ann. IV. 510-526.

Siehe Abschnitt IX. Cap. 2, B.

O. HESSE. Die Determinanten elementar behandelt. Leipzig. Teubner.

Es wird an dieser Stelle genügen, hinzuweisen auf die treffliche Anlage dieser Schrift, die, ausgehend von dem Probleme der Auflösung eines allgemeinen Systemes linearer Gleichungen, in organischer Entwickelung zum Begriffe und zu den hauptsächlichen Eigenschaften der Determinanten führt.

St.

F. J. STUDNIČKA. Einleitung in die Theorie der Determinanten. Prag. Calve.

Eine Zusammenstellung der Hauptsätze dieser Theorie, nebst einem Anhange über Functional- und Hesse'sche Determinanten, die jedoch nicht durchweg mit der für den Unterricht wünschenswerthen Schärfe ausgearbeitet ist. Von einigen geringfügigen Ungenauigkeiten abgesehen, sei erwähnt die Stelle p. 29 über ein System linearer nicht homogener Gleichungen: Ist bei einem solchen die Determinante Null, „so sind die Werthe der Unbekannten im Allgemeinen (?) unbestimmt, wobei zwei Fälle eintreten können“. Der zweite Fall, in welchem den Unbekannten unendlich grosse Werthe beizulegen sind, tritt nach dem Verfasser nur dann ein, wenn zwei Colonnen der Determinante identisch sind. Auch der Beweis (p. 50) des bekannten Satzes über die Determinanten grader Ordnung, deren correspondirende Elemente entgegengesetzt gleich sind, ist unvollständig, da die $\sqrt{\alpha p_1 p}$ zweideutige Functionen der Elemente sind. Die Ergänzung des Beweises, welche hier weggeblieben ist, liegt in Nr. 1 des § 7 von Baltzer's Det. Theorie.

St.

J. C. Becker. Ueber einen Fundamentalsatz der Determinanten-Theorie. Schlömilch Z. XVI. 526-530.

Der von Herrn Baltzer in seinem vortrefflichen Lehrbuche dieser Theorie gegebene Beweis des Satzes, dass die Glieder einer Determinante aus dem Anfangsgliede sowohl durch Permutation der ersten, als der zweiten Nummern erhalten werden, ist unstreitig nicht ganz vollständig. Herrn Becker's Beweis ist richtig. Unerfindlich aber bleibt es, warum Herr Becker sich ausser Stande erklärt, zu zeigen, dass die Identität:

$$a_{1i_1} \cdot a_{2i_2} \cdots a_{n\,i_n} \equiv a_{k_1 1}\, a_{k_2 1} \cdots a_{k_n n}$$

die gleiche Zahl von Inversionen in den Complexionen $i_1, i_2, \cdots i_n$ und $k_1, k_2 \cdots k_n$ bedinge. Die Sache ist zu naheliegend, als dass an dieser Stelle darauf eingegangen werden könnte.

St.

W. Veltmann. Beiträge zur Theorie der Determinanten. Schlömilch Z. XVI. 516-525.

I. Directer Beweis des Cayley'schen Satzes, dass eine Determinante grader Ordnung, deren Elemente die Relation

$$a_{i,k} + a_{k,i} = 0$$

erfüllen, das Quadrat des von Jacobi (Crelle J. XXIX. p. 236) mit $(1, 2 \cdots n)$ bezeichneten Ausdruckes sei.

II. Die bekannte Euler-Cayley'sche Darstellung der Coefficienten einer orthogonalen Substitution durch $\frac{1}{2}n(n-1)$ unabhängige Grössen.

III. Weniger bekannt dürfte folgende Identität sein:

$$f(x) \equiv a_0 x^n + a_1 x^{n-1} + \cdots + a_n = a_0 \begin{vmatrix} x & \alpha_1 & \alpha_2 & \cdots & \alpha_{n-1} & 1 \\ \alpha_1 & x & \alpha_2 & \cdots & \alpha_{n-1} & 1 \\ \alpha_1 & \alpha_2 & x & \cdots & \alpha_{n-1} & 1 \\ \cdot & \cdot & \cdot & \cdot & \cdot & \cdot \\ \alpha_1 & \alpha_2 & \alpha_3 & \cdots & x & 1 \\ \alpha_1 & \alpha_2 & \alpha_3 & \cdots & \alpha_n & 1 \end{vmatrix},$$

wo die α die Wurzeln der Gleichungen $f(x) = 0$ bezeichnen.

St.

G. Battaglini. Nota sui determinanti. Battaglini G. IX. 136-144.

In den Einleitungsworten verspricht der Herr Verfasser, von einer gegebenen Determinante die Summe der Unterdeterminanten einer bestimmten Ordnung als Determinante derselben Ordnung auszudrücken. Dies leistet er jedoch nicht im vollen Umfange. Ist nämlich

$$A = \Sigma \pm a_{1,1} \cdots a_{k,k}$$

die gegebene Determinante,

$$S_{p,q} = a_{p,q} + a_{p+h,\, q+h} - a_{p+h,\, q} - a_{p,\, q+h},$$

so ist nach dem bewiesenen Satze

$$A_{k-h,\, h} = \Sigma \pm S_{1,1} \cdots S_{k-h,\, k-h}$$

die Summe der Unterdeterminanten $(k-h)$ter Ordnung, mit Ausschluss derjenigen, deren complementäre Determinante zwei solche Zeilen enthält, dass ihre Ordnungen mod. h einander congruent sind. Eine colonnenweise Umstellung von A ändert also das Resultat. Es folgt ein ähnlicher Satz über die Summe von Determinanten-Producten.

No.

E. Schultze. Ueber die aus einer symmetrischen Determinante $\Delta_n = \Sigma \pm a_{11} a_{22} \cdots a_{nn}$ gebildete Reihe $\Delta_n, \Delta_{n-1} \cdots \Delta_0$. Pr. Berlin.

Wenn aus der Reihe der Haupt-Unterdeterminanten:

1) $\Delta_n, \quad \dfrac{\partial \Delta_n}{\partial a_{nn}} = \Delta_{n-1}, \quad \dfrac{\partial^2 \Delta_n}{\partial a_{nn} \partial a_{n-1,\, n-1}} = \Delta_{n-2}, \cdots a_{11} = \Delta_1, \quad 1 = \Delta_0$

keine verschwindet, so giebt es bekanntlich eine und nur eine Substitution

$$2)\quad x_i = y_i + c_{i,\,i+1}\, y_{i+1} + \cdots + c_{i,\,n} y_n \quad (i = 1, 2 \cdots n),$$

durch welche die quadratische Form $\Sigma a_{\mu,\nu}\, x_\mu x_\nu = v$ in das Aggregat von Quadraten:

$$v = \sum_1^n {}_k \frac{\varDelta_k y_k^2}{\varDelta_{k-1}}$$

transformirt wird (Baltzer. Det. p. 188, s. Forts. d. M. II. p. 80). Demnach wird die Zahl der negativen Quadrate, die nach dem Satze von Sylvester bei jeder Transformation von v in ein Aggregat von Quadraten dieselbe ist, durch die Anzahl der Zeichenwechsel in der Reihe (1) oder allgemeiner jeder aus $\varDelta_n$ auf ähnliche Weise abgeleiteten angegeben. Dies bleibt auch noch richtig, wenn die Reihe (1) isolirte Nullen enthält. Man zählt dann die Zeichenwechsel unter Ueberspringen der Nullen. (Dieser Satz ist indess in vorliegender Abhandlung nicht streng bewiesen). Die Reihe (1) wird aber im Allgemeinen unbrauchbar, wenn zwei oder mehrere aufeinanderfolgende Glieder derselben verschwinden; in der That können auf eine solche Lücke mehr als ein negatives Quadrat entfallen. Doch lässt sich, wenn nicht $\varDelta_n$ und alle Haupt-Unterdeterminanten $(n-1)$ten Grades verschwinden, stets mindestens eine Reihe (1) aufstellen, in welcher aufeinander folgende Nullen nicht vorkommen. Denn wenn bei von Null verschiedenem $\varDelta_{k-1}$ alle noch möglichen $\varDelta_k$ und $\varDelta_{k+1}$ verschwinden, so verschwinden alle Unterdeterminanten $k$ten und aller höheren Grade von $\varDelta_n$, und die Form v lässt sich in eine solche von k und nicht weniger als k Veränderlichen transformiren. (Kronecker in Baltzer. Det. p. 42 u. p. 131). — Nach den Beweisen dieser Sätze bestimmt der Herr Verfasser die Coefficienten $c_{i,\,i+r}$ der Substitution (2) (p. 13) und zeigt die bekannte Transformation der zu v adjungirten Form durch die zu (2) reciprok-polare Substitution, die von demselben Typus ist.

Sind die Elemente der Determinante $\varDelta_n$ analytische Functionen einer Veränderlichen x, so bietet die Reihe (1) für zwei reelle Substitutionen $x = a$ und $x = b$, zwischen denen keine Wurzel von $\Delta_n = 0$ liegt, dieselbe Anzahl von Zeichenwechseln dar. Sonst kann man im Allgemeinen aber nichts aussagen. In speciellen Fällen, z. B. wenn

$$\Delta_n = | a_{ik} + \delta_{ik} x | \quad (i, k = 1, 2 \ldots n),$$

— δ_{ik} sei Null für $i \gtrless k$, $= 1$ für $i = k$ — ist die Anzahl der zwischen a und b liegenden Wurzeln von $\Delta_n = 0$ gleich dem Unterschiede der Zeichenwechsel bei diesen Substitutionen. Der Beweis dieses Satzes, der weder von Salmon-Fiedler (Algebra d. linearen Transf. p. 257), noch vom Referenten (Wiener-Berichte LVIII. 2. Abth. p. 1075) vollständig gegeben ist, lässt sich nach den Ausführungen des Herrn Verfassers leicht herstellen.

Am Schlusse der Abhandlung ist für eine beliebige algebraische Gleichung $\Delta \equiv c \cdot f(x) = 0$ die allgemeine Form der Reihe (1) gegeben, wenn dieselbe die Eigenschaft der Sturm'schen besitzen soll. Es gehen daraus unmittelbar hervor die Reihen von Sylvester, Joachimsthal (Crelle J. XLVIII. p. 102) und Brioschi (Nouv. Ann. XV). St.

M. A. Stern. Einige Bemerkungen über eine Determinante. Borchardt J. LXXIII. 374-380.

Auf sehr einfache Weise wird der Werth von

$$D = \begin{vmatrix} a_1 & a_2 & \cdot\cdot & a_n \\ a_n & a_1 & \cdot\cdot & a_{n-1} \\ \cdot & \cdot & \cdot & \cdot \\ a_2 & a_3 & \cdot\cdot & a_1 \end{vmatrix} = \Pi \, (a_1 + a_2 \beta + \cdots + a_n \beta^{n-1})$$

abgeleitet, wo das Π sich über alle Werthe von β erstreckt, für die $\beta^n = 1$ ist. Setzt man $\Sigma a_\lambda = s$; $D = \Sigma A_\lambda a_\lambda$; $\Sigma A_\lambda = N$, so ist $D = sN$. Ist n Primzahl, $\beta \gtrless 1$ und

$$D = s \, (a_1 + a_2 \beta^{n-1} + \cdots) \, (b_1 + b_2 \beta + b_3 \beta^2 + \cdots),$$

so folgt für die hierdurch bestimmten b_λ, wenn $\Sigma a_\lambda b_\lambda = S$ gesetzt wird,

$$D = s\left(S + \frac{S - s^{n-1}}{n-1}\right) \text{ und } N = \frac{nS - s^{n-1}}{n-1}.$$

Für ganzzahlige a_λ folgt weiter $\Sigma A_\lambda \equiv s^{n-1}$ (mod. n) und $S \equiv s^{n-1}$ (mod. $n-1$); ausserdem $A_t = \frac{S - s^{n-1}}{n-1} + s b_t$, also $A_t - A_u = s(b_t - b_u)$. Hieran schliesst sich eine Untersuchung der Determinante

$$\begin{vmatrix} \alpha & \alpha^r & \alpha^{r^2} & \cdots & \alpha^{r^{n-2}} \\ \alpha^r & \alpha^{r^2} & \cdots & \cdots & \alpha \\ \cdots & \cdots & \cdots & \cdots & \cdots \\ \alpha^{r^{n-2}} & \alpha & \cdots & \cdots & \alpha^{r^{n-3}} \end{vmatrix} = A,$$

wobei n Primzahl, α eine $n$te Wurzel der Einheit, die Einheit selbst ausgenommen, und r eine primitive Wurzel von n ist.

No.

F. Caldarera. Nota su talune proprietà dei determinanti, in ispecie di quelli a matrici composte con la serie dei numeri figurati. Battaglini. G. IX. 223. 232.

Die Determinante $P = \Sigma \pm a_{1,1} \cdot a_{2,2} \cdots a_{k,k}$ kann auf die Form $P = P_1 \cdot (a_{m,m})^{2-k}$ gebracht werden, wobei

$$P_1 = \Sigma \pm a'_{1,1} \cdots a'_{k,k} \text{ und } a'_{rs} = a_{m,m}\, a_{r,s} - a_{r,m}\, a_{m,s}$$

ist. Fährt man so fort, dann ergiebt sich

$$P = (a_{m,m})^{2-k} \cdot (a'_{n,n})^{3-k} \cdots (a^{(k-3)}_{s,s})^{-1}\, (a^{(k-1)}_{t,t}).$$

Mit Hülfe dieses Satzes wird bewiesen, dass

$$\begin{vmatrix} \alpha, & \alpha+\delta, & \alpha+2\delta, & \alpha+3\delta, & \cdots \\ \alpha, & 2\alpha+\delta, & 3\alpha+3\delta, & 4\alpha+6\delta, & \cdots \\ \alpha, & 3\alpha+\delta, & 6\alpha+4\delta, & 10\alpha+10\delta, & \cdots \\ \vdots & & & & \end{vmatrix} = \alpha^k \cdot \begin{vmatrix} 1, & 1, & 1, & \cdots \\ 1, & 2, & 3, & \cdots \\ 1, & 3, & 6, & \cdots \\ \vdots & & & \end{vmatrix} = \alpha^k$$

ist.

No.

S. ROBERTS, J. WALKER, HOPKINS. Solutions of question 3285 (J. Wolstenholme). Educ. Times XV. 40.

Wenn $S = u + x + y + z$, so ist die Determinante

$$\begin{vmatrix} (S-u)^2 & x^2 & y^2 & z^2 \\ u^2 & (S-x)^2 & y^2 & z^2 \\ u^2 & x^2 & (S-y)^2 & z^2 \\ u^2 & x^2 & y^2 & (S-z)^2 \end{vmatrix}$$

$$= 2(u+x+y+z)^5 uxyz \left\{\frac{1}{u} + \frac{1}{x} + \frac{1}{y} + \frac{1}{z} - \frac{4}{u+x+x+z}\right\}$$

Hi.

Ph. GILBERT. Sur une propriété des déterminants fonctionnels et son application au développement des fonctions implicites. Nouv. Mém. de Belg. XXXVIII. 1-12.

1. Es seien $x_1, x_2, \cdots x_n, \alpha_1, \alpha_2 \cdots \alpha_n$ $2n$ unabhängige Variable, $u_1, u_2, \cdots u_n$ n implicite Functionen dieser $2n$ Variabeln, $\varphi_1, \varphi_2, \cdots \varphi_n$ n explicite Functionen von $u_1, u_2 \cdots u_n$. Nimmt man an, dass die Variabeln alle den Relationen genügen, die in der allgemeinen Form

$$\frac{du}{dx_i} = \varphi_i \frac{du}{d\alpha_i}$$

enthalten sind, so kann man daraus unmittelbar für eine Function $f_1 (u_1, u_2 \cdots u_n)$ ableiten:

$$(1) \quad \frac{df}{dx_i} = \varphi_i \frac{df}{d\alpha_i}$$

oder im Allgemeinen

$$(1) \quad D\left(\frac{f_1, f_2, \cdots f_\mu}{x_1, x_2, \cdots x_\mu}\right) = \varphi_1 \varphi_2 \cdots \varphi_\mu \, D\left(\frac{f_1 f_2, \cdots f_\mu}{\alpha_1 \, \alpha_2 \cdots \alpha_\mu}\right),$$

wo das Zeichen D eine Functionaldeterminante bezeichnet.

2. Man findet ferner successive für Functionen $f_1, f_2, \cdots f_n$ von $u_1, u_2 \cdots u_n$

$$\frac{d}{dx_i}\frac{df_1}{d\alpha_i} = \frac{d}{d\alpha_i}\left(\varphi_i \frac{df_1}{d\alpha_1}\right) - D\left(\frac{f_1, \varphi_i}{\alpha_1, \alpha_i}\right),$$

$$\frac{d}{dx_i} D\left(\frac{f_1, f_2}{\alpha_1, \alpha_2}\right) = \frac{d}{d\alpha_i}\left[\varphi_i D\left(\frac{f_1 f_2}{\alpha_1, \alpha_2}\right)\right] - D\left(\frac{f_1, f_2, \varphi_i}{\alpha_1, \alpha_2, \alpha_i}\right),$$

$$\frac{d}{dx_i} D\left(\frac{f_1, f_2, f_3}{\alpha_1, \alpha_2, \alpha_3}\right) = \frac{d}{d\alpha_i}\left[\varphi_i D\left(\frac{f_1, f_2, f_3}{\alpha_1, \alpha_2, \alpha_3}\right)\right] - D\left(\frac{f_1, f_2, f_3, \varphi_i}{\alpha_1, \alpha_2, \alpha_3, \alpha_i}\right),$$

und ebenso allgemein. Ferner, wenn U eine Function von $u_1, u_2 \cdots u_n$ bezeichnet, sieht man leicht, dass

$$\frac{d}{dx_i}\left[U D\left(\frac{f_1, f_2, \cdots f_\mu}{\alpha_1, \alpha_2 \cdot \cdot \alpha_\mu}\right)\right]$$

$$= \frac{d}{d\alpha_i}\left[\varphi_i U D\left(\frac{f_1 f_2 \cdots f_\mu}{\alpha_1 \alpha_2 \cdots \alpha_\mu}\right)\right] - U D\left(\frac{f_1 f_2 \cdots f_\mu \varphi_i}{\alpha_1 \alpha_2 \cdots \alpha_\mu \alpha_i}\right).$$

Ist i aus der Reihe $1, 2, \cdots \mu$ genommen, so verschwindet das zweite Glied der rechten Seite.

3. Wiederholt man die Operation p Mal, so findet man

$$\frac{d^p}{dx_i^p}\left[U D\left(\frac{f_1 f_2 \cdots f_\mu}{\alpha_1 \alpha_2 \cdots \alpha_\mu}\right)\right]$$

$$= \frac{d^{p-1}}{d\alpha_i^{p-1}}\left\{\frac{d}{d\alpha_i}\left[\varphi_i^p U D\left(\frac{f_1 f_2 \cdots f_\mu}{\alpha_1 \alpha_2 \cdots \alpha_\mu}\right)\right] - U D\left(\frac{f_1 f_2 \cdots f_\mu \varphi_i^p}{\alpha_1 \alpha_2 \cdots \alpha_\mu \alpha_i}\right)\right\},$$

wo das letzte Glied wieder verschwindet, wenn i aus der Reihe $1, 2 \cdots \mu$ genommen ist.

Man würde in derselben Weise die Derivirten in Beziehung auf mehrere verschiedene Variable finden. So hat man z. B. in dem Fall, wo i, k, l in der Reihe $1, 2 \cdots \mu$ genommen sind:

$$\frac{d^{p+q+r}}{dx_i^p\, dx_k^q\, dx_l^r}\left\{U D\left(\frac{f_1 f_2 \cdots f_\mu}{\alpha_1 \alpha_2 \cdots \alpha_\mu}\right)\right\}$$

$$= \frac{d^{p+q+r}}{d\alpha_i^p\, d\alpha_k^q\, d\alpha_l^r}\left[\varphi_i^p \varphi_k^q \varphi_l^r U D\left(\frac{f_1 f_2 \cdots f_\mu}{\alpha_1 \alpha_2 \cdots \alpha_\mu}\right)\right].$$

4. Nach der zweiten Relation (1) wird es leicht sein, aus den bisher gewonnenen Formeln die Derivirten der Functional-Determinanten

$$D\left(\frac{f_1 f_2 \cdots f_\mu}{x_1 x_2 \cdots x_\mu}\right)$$

herzuleiten, da sie sich von denselben nur durch den Factor

$$U = \varphi_1 \varphi_2 \cdots \varphi_\mu$$

unterscheiden.

5. Aus dem Vorhergehenden kann man leicht die Lösung des Laplace'schen Problems herleiten: Die successiven Derivirten einer Function $F(u_1 u_2 \cdots u_n)$ in Beziehung auf die Variabeln $x_i, x_k, x_l \cdots$ als Function anderer partiellen Derivirten auszudrücken, die sich ausschliesslich auf die Variabeln $\alpha_i, \alpha_k, \alpha_l$ beziehen, damit man in diesen Derivirten x_i, x_k, x_l vor den Differentiationen 0 machen kann, was, wie man weiss, den grossen Vortheil des Satzes von Lagrange bildet. Man lässt übrigens zu, dass

$$u_i = \alpha_i + x_i \varphi_i (u_1, u_2 \cdots u_n)$$

und folglich die Gleichung (1) statt hat. Es genügt, um die Frage zu lösen, dass man $\mu = 1$ und $f_1 = F$ in den oben gegebenen Formeln macht.

Die Formeln des Herrn Gilbert enthalten die von Laplace (Mém. de Paris 1777 p. 99), Jacobi (Crelle J. VI. 257) und Darboux (C. R. LXVIII. 134) über dieselbe Frage.

Mn. (O.)

J. Versluys. Applications des déterminants à l'algèbre et à la géométrie analytique. Grunert Arch. LIII. 137-187.

Diese Abhandlung enthält vielfach Sätze, die bei einiger Bekanntschaft mit der Theorie der Determinanten sich sofort aufdrängen. Zudem sind dieselben nicht einmal vollständig mitgetheilt, indem die hinreichenden Bedingungen überall fehlen. Beachtung verdient die explicite Darstellung der Kriterien für einen Kegelschnitt, der durch 5 gegebene Punkte (p. 143) oder allgemeiner durch 5 Paare conjugirter Punkte (p. 149) bestimmt ist. Die Determinante 10ten Grades (p. 184), deren Verschwinden die nothwendige Bedingung ausdrückt dafür, dass 4 windschiefe Gerade demselben Hyperboloide angehören, lässt sich leicht in eine solche 4ten Grades umformen, die die Momente der 4 windschiefen Geraden in Beziehung auf einander enthält, welche Form zuerst von Cayley mitgetheilt worden ist. Das Kriterium, ob die Directricen einer Liniencongruenz reell, zusammenfallend oder complex seien, lässt sich weit einfacher herstellen als es a. a. O. p. 186 gegeben ist.

St.

P. GORDAN. Ueber die Bildung der Resultante zweier Gleichungen. Clebsch Ann. III. 355-414.

Das Problem, die Resultante zweier Gleichungen mit einer Unbekannten, oder, was dasselbe ist, zweier Formen mit zwei homogenen Variabeln zu bilden, ist seit Euler, Bezout bis auf Sylvester, Cayley wiederholt behandelt worden, worüber man Baltzer's Determinantentheorie vergleichen mag. Aber im Sinne der Invariantentheorie sind die bez. aufgestellten Bildungen, welche im Wesentlichen in sehr grossen Determinanten bestehen, deswegen von geringerem Werthe, weil die Eigenschaften, welche der Resultante als Invariante zukommen, aus ihnen nur schwer zu ersehen sind. Ein erstes Beispiel für eine andere Auffassung der Resultantenbildung gab eine Arbeit von Herrn Clebsch im 58ten Bande des Borchardt'schen Journals, in welcher die Resultante einer binären Form n^{ten} und einer binären Form zweiten Grades auf die Bildung einer Reihe intermediärer Invarianten und Covarianten zurückgeführt ist. In gleichem Sinne hat nun Herr Gordan das allgemeine Problem der Resultantenbildung für zwei binäre Formen behandelt, und zwar bildet er nicht nur die Resultante, d. h. diejenige Invariante, deren Verschwinden die Existenz einer gemeinsamen Wurzel anzeigt, sondern auch eine Covariante, deren Coefficienten den Potenzen dieser gemeinsamen Wurzeln alsdann proportional werden. Die Behandlung des Problems, welche immer an die Cayley'sche Form der Resultantenbildung anknüpft, wird verhältnissmässig schwieriger, wenn der Grad der beiden Formen ein ungleicher ist. Für beide Fälle wird eine Anzahl von Beispielen vollständig durchgeführt, so dass die Endausdrücke der Resultanten für alle Fälle gegeben sind, in denen keine der Formen den 5ten Grad übersteigt. Diese Endausdrücke erhält man durch Wiederholung der als Ueberschiebung bezeichneten in der Invariantentheorie üblichen Operation. Bemerkt mag noch werden, dass das hauptsächliche Hülfsmittel zur Begründung der verhältnissmässig einfachen Resultate in einer Formel besteht, vermöge deren eine binäre Form mit zwei Reihen homogener Variabeln auf die Bildung der Polaren eines Systems binärer Formen mit nur einer Reihe homogener Variabeln zurückgeführt wird. Dieselbe Formel mit vielfachen Anwendungen findet sich in der etwas später erschienenen „Theorie der binären Formen" von Clebsch.

Kln.

P. Gordan. Resultanten von Covarianten. Clebsch Ann. III. 169-171.

Es werden die Resultanten aus einer gegebenen binären Form, ihrer Functionaldeterminante mit einer zweiten, sowie ihrer Hesse'schen Determinante aufgestellt. Kln.

F. Klein. Ueber eine geometrische Repräsentation der Resolventen algebraischer Gleichungen. Clebsch Ann. IV. 346-358.

Diese Arbeit schliesst sich in gewissem Sinne an eine vorauf gehende von Klein und Lie: „Ueber diejenigen ebenen Curven, welche durch ein geschlossenes System von unendlich vielen vertauschbaren linearen Transformationen in sich übergehen". (Clebsch Ann. IV.) an, als sie, gleich dieser, Systeme geometrischer Transformationen in's Auge fasst, die indess nicht, wie dort, aus unendlich vielen sich continuirlich an einander anschliessenden, sondern aus discreten Individuen bestehen. Es wird gezeigt, „dass die Galois'sche Theorie der allgemeinen Gleichungen n^{ten} Grades sich deckt mit der Theorie der Covarianten und Invarianten von n Elementen eines Raumes von $(n-2)$ Dimensionen", insofern den Vertauschungen der n Wurzeln einer algebraischen Gleichung unter sich die linearen Transformationen des Raumes von $(n-2)$ Dimensionen entsprechen, welche n Elemente desselben unter einander vertauschen. So ist die projectivisch-geometrische Theorie des Vierseits in der

Ebene, des Pentaeders im Raume zugleich die Theorie der allgemeinen Gleichung des vierten, bez. des fünften Grades. . . . Aber auch particuläre Gleichungen können in ähnlicher Weise eine Interpretation finden. Der Verfasser erinnert besonders an die Gleichung der Wendepunkte einer Curve dritter Ordnung, wobei es auf den Satz ankommt: „Jede ebene Curve dritter Ordnung geht durch 18 lineare Transformationen in sich über". Sodann erörtert er, wie man eine Interpretation der Gleichungen sechsten Grades an sechs paarweise in Involution liegende lineare Complexe anknüpfen kann, deren gegenseitige Beziehungen der Verfasser bei einer früheren Gelegenheit untersucht hatte. (Zur Theorie der Complexe ersten und zweiten Grades. Clebsch Ann. II. s. F. d. M. II. 605). Kln.

S. Gundelfinger. Ueber die Ausartungen einer Curve dritter Ordnung. Clebsch Ann. IV. 561-572.

Eine ebene Curve dritter Ordnung kann einen Doppelpunkt oder einen Rückkehrpunkt bekommen, sie kann in niedere Curven zerfallen, die zu einander wieder in besonderen Beziehungen stehen können. Der Verfasser giebt die zu diesen Ausartungen nothwendigen Bedingungen zwischen den Coefficienten der Curvengleichung im Sinne der neueren Algebra vollständig und in abgeschlossener Form an. Vgl. eine Note von Gordan, ib. III. 631.

Kln.

A. Cayley. Example of a special discriminant. Quart. J. XI. 211-213.

Wenn eine Function $(a,..)(x, y, z)^n$ so beschaffen ist, dass die Curve $(a,...)(x, y, z)^n = 0$ einen Knoten hat, und *a* fortiori, wenn die Curve eine Zahl von Knoten und Spitzen hat, dann verschwindet die Discriminante identisch; die Function hat nichtsdestoweniger eine specielle Discriminante; diese ist nämlich eine Function der Coefficienten, welche gleich 0 gemacht, die Bedingung für die Existenz eines weiteren Knotens an der Curve giebt. Der betrachtete Fall ist der einer Curve vierten Grades

$$6nx^2y^2 + 12rz^2xy + (4gx + 42y + cz)z^3 = 0,$$

die zwei Spitzen hat. Die specielle Discriminante ist dann

$$\Box = -1c^3n^2 + 12c^2nr^2 - 72cginr - 36cr^4 + 72g^2i^2n + 48gir^3,$$

deren Grad = 5, was a priori bekannt.

Cly. (O.)

J. J. Walker. Solution of question 2652. Educ. Times XIV. 93.

Wenn $l+m+n=0$, so ist auch

$$(l^2+m^2+n^2)^3 - 2(l-m)^2(m-n)^2(n-l)^2 - 54l^2m^2n^2 = 0.$$

Setzt man hierin $l = (\alpha-\beta)(\gamma-\delta)$, $m = (\alpha-\gamma)(\delta-\beta)$, $n = (\alpha-\delta)(\beta-\gamma)$, wo $\alpha, \beta, \gamma, \delta$ die Wurzeln einer biquadratischen Gleichung $u = 0$ sind, so erhält man

$$\Delta = I^3 - 27J^2,$$

wenn Δ die Discriminante, I, J die fundamentalen Invarianten von u sind.

Hi.

V. Mollame. Soluzione di una questione. Battaglini G. IX. 58-59.

Beweis, dass

$$\begin{vmatrix} (s-u)^2, & x^2 & y^2, & z^2 \\ u^2, & (s-x)^2, & y^2, & z^2 \\ u^2, & x^2, & (s-y)^2, & z^2 \\ u^2, & x^2, & y^2, & (z-u)^2 \end{vmatrix} = 2s^5uxyz\left[\frac{1}{u}+\frac{1}{x}+\frac{1}{y}+\frac{1}{z}-\frac{4}{s}\right],$$

wo $s = x+y+z+u$ ist.

Mz.

Dritter Abschnitt.

Zahlentheorie.

Capitel 1.

Allgemeines.

P. C. Lejeune-Dirichlet. Vorlesungen über Zahlentheorie, herausgegeben von R. Dedekind. Zweite Auflage. Braunschweig. Vieweg.

Die erste Auflage des vorliegenden Werkes ist allgemein bekannt. Wir haben daher nur die Veränderungen der zweiten Auflage gegen die frühere in's Auge zu fassen. Die Haupt-Umgestaltung besteht in der Hinzufügung eines zehnten Supplements „über die Composition der binären quadratischen Formen.“ Es sind hierdurch mancherlei kleinere Aenderungen auch im Texte nothwendig geworden; im ganzen ist derselbe aber ungeändert geblieben. Der Titel des Supplementes bezieht sich vor allem auf die erste Hälfte desselben, in welcher den zusammenzusetzenden Formen von vorn herein gleiche Determinanten gegeben werden. Es werden die Untersuchungen über die Composition der Klassen und der Geschlechter, über die Anzahl der ambigen ursprünglichen Klassen erster Art, über die der wirklich existirenden Geschlechter u. s. w. durchgeführt. Der zweite Theil des Supplements betrachtet die Frage von allgemeinerem Standpunkte aus. Jedes System unendlich vieler reeller oder complexer Zahlen, welches sich durch Addition, Subtraction, Multiplication und Division reproducirt, heisst ein Zahl-Körper.

Der Körper A ist Divisor von B, wenn alle in A befindlichen Zahlen auch in B enthalten sind. Ein Körper heisst „endlich“, wenn er nur eine endliche Zahl von Divisoren enthält. Aus solchem Körper kann man n von einander unabhängige Zahlen $\omega_1, \omega_2, .. \omega_n$ so auswählen, dass jede Zahl des Körpers in der Form $\omega = \sum_1^n h_\nu \omega_\nu$ erscheint, wobei die h_ν rationale Zahlen bedeuten. Die ω sind dabei Wurzeln von Gleichungen n^{ten} Grades. Ist der erste Coefficient dieser Gleichung 1, und sind die übrigen ganze Zahlen, so heisst ω eine algebraische ganze Zahl; die ω_ν können stets so gewählt werden, dass bei allen Zahlen ω auch die h_ν ganze rationale Zahlen sind. Um nun in solchen Körpern die Analoga von Primzahlen zu finden, stellt man folgende Betrachtungen an. Ein System $\mathfrak{a}$ von Zahlen eines Körpers, welche sich durch Addition und Subtraction reproduciren, heisse ein Modul, und $\omega \equiv \omega'$ (mod. $\mathfrak{a}$) bedeute, dass $\omega - \omega'$ diesem Systeme $\mathfrak{a}$ angehört. Eine ganze Zahl μ, welche keine Einheit ist, (d. h. nicht in allen Zahlen des Körpers aufgeht) soll eine Primzahl heissen, wenn jedes durch μ theilbare Product $\eta\varrho$ wenigstens einen durch μ theilbaren Factor η oder ϱ besitzt. Ist aber $\eta\varrho$ durch μ theilbar, ohne dass η oder ϱ es ist, so ist möglicherweise $\eta = \nu\eta'$ und $\mu = \nu\mu'$, so dass η' und μ' relative Primzahlen sind, (d. h. dass jede durch η' und μ' theilbare Zahl auch durch $\eta'\mu'$ theilbar ist) und dann ist μ' wesentlich dadurch bestimmt, dass alle Wurzeln α der Congruenz $\eta\alpha \equiv 0$ (mod. μ) durch μ' theilbar sind; giebt es aber keine solche Zahl μ', so kann man eine solche durch die obige Congruenz definirte als ideale Zahl einführen. Es soll nun ein System $\mathfrak{a}$ von unendlich vielen im Körper $\mathfrak{o}$ enthaltenen Zahlen ein Ideal heissen, wenn es sich durch Addition und Subtraction reproducirt, und wenn das Product einer Zahl aus $\mathfrak{a}$ mit einer Zahl des Körpers $\mathfrak{o}$ wieder zu $\mathfrak{a}$ gehört. Es bilden dann alle durch eine Zahl η theilbaren Zahlen ein Ideal $\mathfrak{i}(\eta)$, welches Hauptideal heissen soll. Ein von $\mathfrak{o}$ verschiedenes Ideal $\mathfrak{p}$, welches ausser $\mathfrak{o}$ und $\mathfrak{p}$ keinen Theiler besitzt, ist ein Primideal; ein solches kann stets als Inbegriff aller Wurzeln π einer Congruenz $\nu\pi \equiv 0$ (mod. μ) aufgefasst werden. Jedes Ideal ist das kleinste gemeinsame Vielfache aller in ihm aufgehenden Potenzen von Primidealen; relative Primideale sind solche, deren gemeinsamer Theiler $\mathfrak{o}$ ist; jedes Ideal, welches kein Hauptideal ist, kann als gemeinsamer Theiler zweier Hauptideale angesehen werden; jedes Ideal kann durch Potenzirung in ein Hauptideal verwandelt werden. Der Inbegriff aller Hauptideale bildet die Hauptklasse von Idealen. Kann man zwei Ideale $\mathfrak{a}$ und $\mathfrak{a}'$ durch Multiplication mit einem Ideal $\mathfrak{m}$ in zwei Hauptideale $\mathfrak{a}\mathfrak{m}$, $\mathfrak{a}'\mathfrak{m}$ verwandeln, so gehören $\mathfrak{a}$ und $\mathfrak{a}'$ in eine Idealklasse. Die Anzahl dieser Idealklassen ist endlich bei endlichem Körper $\mathfrak{o}$; die Methode zur Bestimmung derselben wird auf Dirichlet'schen Principien aufgebaut. Zur allgemeinen Theorie kommen noch zwei Paragraphen, welche über die mit einem Körper verbundenen zerlegbaren Formen und über die von Dirichlet gegründete Theorie der Einheiten einiges sagen; dann wird die Untersuchung auf quadratische Körper beschränkt; von diesen werden die Primzahlmoduln und die Primideale besprochen, und die Composition quadratischer Formen, welche den Ausgangspunkt bildet, kann schliesslich vom Standpunkte der allgemeiner geführten Untersuchungen noch einmal behandelt werden. No.

Stouff. Note sur la détermination des facteurs premiers d'un nombre. Nouv. Ann. (2.) X. 104-107.

Mz.

G. Zolotaref. Note relative à une formule de Mr. Liouville. Bull. de St. Pét. XVI. 85-87.

Es wird für den im 2. Bande p. 288 der F. d. M. besprochenen Satz ein auf der Theorie der elliptischen Functionen beruhender Beweis gegeben. No.

P. Pepin. Solution des questions 758 et 759. Nouv. Ann. (2.) X. 223-234.

1) Ist die Zahl a durch die ungrade Primzahl p nicht theilbar,

so ist bekanntlich $a^{\frac{p-1}{2}} = Ap \pm 1$. Den Rest ± 1 bezeichnet man nach Legendre mit $\left(\frac{a}{p}\right)$. Dann ist:

$$\Sigma\ (ax^2+b)^{p-1} = Bp - \left[1 + \left(\frac{-ab}{p}\right)\right],$$

$$\Sigma\ (ax^2+by^2+c)^{p-1} = Cp + \left(\frac{-ab}{p}\right).$$

Darin sind a, b, c ganze Zahlen, die nicht durch p theilbar sind; A, B, C sind ganze Zahlen; die Summen sind zu bilden, indem man den Grössen x, y die Werthe $0, 1, 2 \ldots p-1$ giebt.

2) Die Zahlen $a_1, a_2, a_3, \ldots a_m, a_{m+1}$ sind ganze Zahlen $< p$ und nicht durch p theilbar. S^0m, Sm mögen die Anzahl der Lösungen der folgenden unbestimmten Gleichungen bezeichnen:

$$a_1 x_1^2 + a_2 x_2^2 + \cdots + a_m x_m^2 = py$$

$$a_1 x_1^2 + a_2 x_2^2 + \cdots + a_m x_m^2 + a_{m+1} = py,$$

wobei für $x_1, x_2 \ldots x_m$ nur die Zahlen $1, 2, \ldots p-1$ zu nehmen sind. Dann finden folgende Gleichungen statt:

$$(p-1)\ S_m = S^0_{m+1} - S^0_m,$$
$$S^0_1 - 1 = 0,$$
$$S_1 - 1 = \left(\frac{-a_1 a_2}{p}\right),$$

und ähnliche für

$$S^0_2 - p,\ S_2 - p,\ S^0_m - p^{m-1},$$
$$S^0_{2n+1} - p^{2n},\ S^0_{2n} - p^{2n-1},$$
$$S_{2n} - p^{2n-1},\ S_{2n+1} - p^{2n}.$$

Wn.

E. Amigues. Note sur les sommes des puissances semblables des n premiers nombres entiers. Nouv. Ann. (2.) X. 79-82.

Bezeichnet man $\sum_{t=1}^{n} t^\lambda = S_\lambda$, so kann der Inhalt der Note so bezeichnet werden, dass $S^p_\lambda = \Sigma\, a_\mu S_\mu$ für gegebene λ und p gelöst werden soll.

No.

T. P. KIRKMAN. Solution of question 3184. Educ. Times XV. 60-63.

R sei eine ganze Zahl und $R = m_1 e_1 + m_2 e_2 + m_3 e_3 + \cdots$ jede mögliche Zerlegung von R in positive Producte, z. B.:

$$5 = 5 \cdot 1 = 1 \cdot 5 = 1 \cdot 4 + 1 \cdot 1 = 1 \cdot 3 + 1 \cdot 2 = 1 \cdot 3 + 2 \cdot 1 = \text{etc.}$$

Dann ist

$$\frac{(2R-1)(2R-3)\cdots 3 \cdot 1}{2R(2R-2)\cdots 4 \cdot 2} = \Sigma \frac{1}{(2e_1)^{m_1}(2e_2)^{m_2} + \cdots + \Pi m_1 + \Pi m_2 \cdots},$$

wo jede Zerlegung ein Glied in der Summe Σ hervorbringt.

Hi.

W. A. WHITWORTH. Solution of question 2023. Educ. Times XIV. 112.

Wenn n eine Primzahl bedeutet, so ist

$$n! \left\{ \frac{1}{n} - \frac{1}{n-1} + \frac{1}{1 \cdot 2(n-2)} - \frac{1}{1 \cdot 2 \cdot 3(n-3)} + \cdots + \frac{1}{n-1!} - \frac{1}{n!} \right\}$$

eine positive ganze Zahl von der Form $M(n) - 2$.

Hi.

TOUBIN. Solution de la question 881. Nouv. Ann. (2) X 181-182.

„Wenn eine Primzahl von der Form $1 + 2^n$ ist, so ist der Exponent n entweder Null oder von der Form 2^α.“ Diesen Satz erweitert der Verfasser dahin: „Wenn eine Primzahl von der Form $A^n + 1$ ist, so ist der Exponent n entweder Null oder von der Form: 2^α.“ Der Verfasser giebt den Beweis dieses Satzes.

Mz.

E. PELLET, S. MOREL, LAYRITZ. Solutions des questions 876. 877. 878. 879. Nouv. Ann. (2.) X. 39-42; 92-95.

1) Wenn die Verwandlung eines Bruches $\frac{a}{b}$ in einen Decimalbruch eine Periode von n Stellen ergiebt, so giebt jeder nicht reducirbare Bruch, dessen Nenner einem Vielfachen von b

gleich ist, eine Periode, deren Stellenzahl einem Vielfachen von n gleich ist.

2) Wenn die Verwandlung mehrerer nicht reducirbarer Brüche $\frac{a}{b}, \frac{a'}{b'}, \frac{a''}{b''}, \ldots$ in Decimalbrüche auf Perioden führt, deren Stellenzahlen $n, n', n'' \ldots$ sind, so giebt jeder nicht reducirbare Bruch, dessen Nenner dem kleinsten gemeinschaftlichen Vielfachen der Nenner $b, b', b'' \ldots$ gleich ist, eine Periode, deren Stellenzahl dem kleinsten gemeinschaftlichen Vielfachen der Zahlen $n, n', n'' \ldots$ gleich ist.

3) Wenn die Verwandlung eines nicht reducirbaren Bruches, dessen Nenner eine Primzahl p ist, in einen Decimalbruch auf eine Periode von n Stellen führt, und wenn p^α die grösste Potenz von p ist, welche in $10^n - 1$ enthalten ist, so führt jeder nicht reducirbare Bruch, dessen Nenner $p^{\alpha+\beta}$ ist, auf eine Periode von np^β Stellen.

4) Bestimmung der Stellenzahlen der Perioden, welche durch die Verwandlung eines nicht reducirbaren Buches mit dem Nenner 1020 entstehen. Pr.

A. Steen. Lösning og Udvidelse af Opgave 307. Zeuthen Tidsskr. (3.) I. 178.

Beweis des folgenden Satzes: „Die Anzahlen der verschiedenen „Zahlencirkel", die man aus ganzen positiven Zahlen erhalten kann, deren Summe eine Primzahl ist, ist $\frac{2^p - 2}{p}$." Unter „Zahlencirkel" versteht der Verfasser wenigstens zwei im Cirkel geschriebene Zahlen. Um den Satz zu beweisen, wird zunächst der folgende bewiesen: „Man kann auf 2^{p-1} Arten eine ganze positive Zahl als Summe von positiven ganzen Zahlen schreiben." Dieser Satz lässt sich beweisen, indem man durch Induction zeigt, dass man, wenn

$$C_{p-1,\,r-1} = \frac{(p-1)(p-2)\cdots(p-r+1)}{1\cdot 2\cdots(r-1)},$$

p auf $C_{p-1,\,r-1}$ Arten als Summe von r ganzen positiven Zahlen schreiben kann. Die Untersuchungen werden so ausgedehnt, dass sie auch einige Fälle des ersten Satzes enthalten, wenn p eine zusammengesetzte Zahl ist.

Hn. (O.)

G. Barillari. Sulla divisibilità de' numeri periodici e sulla determinazione de' periodi decimali. Battaglini G. IX. 125-135.

Ist a eine n-zifferige Zahl, so ist

$$a + a \cdot 10^n + \cdots + a\,10^{n(h-1)} = a\,\frac{10^{nh}-1}{10^n-1}$$

die aus $h$maliger Wiederholung derselben entstehende Zahl. Die Theiler von $10^{nh}-1$, welche nicht zugleich 10^n-1 theilen, sind also Factoren der periodischen Zahl, u. s. w.

No.

D. André. Solution de la question 941. Nouv. Ann. (2.) X. 185-187.

Beweis der folgenden beiden Lehrsätze: 1) Jede grade Zahl ist einem Cubus gleich, der nicht Null ist, plus drei Quadraten.

2) Jede grade Zahl, welche grösser als $7^{2\alpha+1}$, ist einer $(2\alpha+1)^{\text{ten}}$ Potenz, die von Null verschieden, gleich, plus drei Quadraten, die alle von Null verschieden sind.

Mz.

B. Minnigerode. Bemerkung über irrationale Zahlen. Clebsch Ann. IV. 497-498.

Nachweis, dass es unmöglich sei, durch eine rationale Function von endlichem gegebenen Grade gegebener Irrationalitäten mit rationalen Coefficienten alle Zahlen darzustellen.

No.

Fitremann. Remarques sur les racines carrées et cubiques. Nouv. Ann. (2.) X. 87-90.

Hat man Quadratwurzeln oder Cubikwurzeln auf mehrere

Stellen ausgezogen, so können die folgenden durch Division gefunden werden. Serret (Arithmétique. 209. 225) hatte als untere Grenze der Anzahl der Stellen, die schon gefunden sein müssen, damit man die Division anwenden könne, 5 bez. 10 gegeben. Der Verfasser setzt dieselben auf 4 bez. 7 herab.

No.

E. Meissel. Berechnung der Menge von Primzahlen, welche innerhalb der ersten Hundert Millionen natürlicher Zahlen vorkommen. Clebsch Ann. III. 523-525.

Fortsetzung der Berechnung aus Clebsch Ann. II. S. 636. (Siehe Fortschr. d. M. II. 87).

No.

A. Moret-Blanc. Solution de la question 1010. Nouv. Ann. (2.) X. 431.

Auffindung derjenigen Zahlen, deren Quadrate in jedem Zahlensystem, dessen Basis grösser als 4 ist, in eben derselben Weise geschrieben werden.

Pr.

S. Morel. Solution des questions 971 et 942. Nouv. Ann. (2.) X. 44. u. 95.

1) Die Zahlen, deren Quadrate mit zwei gleichen Ziffern schliessen sollen, müssen auf 12, 38, 62 oder 88 endigen.

2) Der Kubus einer Zahl, um 7 Einheiten irgend einer Ordnung vermehrt, kann keine vollständige Quadratzahl sein.

Pr.

E. Kruschwitz. Solution de la question 971. Nouv. Ann. (2.) X. 187-188.

Lösung folgender Aufgabe von Brocard: „Das Bildungsgesetz derjenigen Zahlen zu finden, deren Quadrate mit zwei gleichen Ziffern endigen.“

Mz.

D. André. Analyse indéterminée; Problèmes. Nouv. Ann. (2) X. 295-303.

1) Drei ganze Zahlen zu finden, deren Quadrate in arithmetischer Proportion stehen; 2) in harmonischer Proportion. 3) Lösung in ganzen Zahlen von $\frac{1}{x}+\frac{1}{y}=\frac{1}{a}$.

No.

D. André. Théorèmes d'arithmétique. Nouv. Ann. (2.) X. 207-208.

Ist n ganz und >1, so ist die Lösung von

$$x(x+1)\cdot\cdot(x+n-1)=y^n+\varepsilon,\ (\varepsilon=0,+1,-1)$$

in ganzen Zahlen >0 unmöglich.

No.

J. J. Sylvester. On the partition of an even number into two primes. Messenger (2.) I. 127-128. Rep. Brit. Ass. 1871.

Unter dem Titel „Transactions of Societies“ ist ein Auszug aus der obigen Abhandlung gegeben worden, die vorher in der Londoner Mathematischen Gesellschaft gelesen, aber von der Gesellschaft noch nicht publicirt war, weil sie unvollständig war. Es sollte in derselben ein Maass für die wahrscheinliche Zahl von Wegen gefunden werden, auf denen die Zerlegung einer gegebenen graden Zahl in zwei Primzahlen bewirkt werden kann.

Glr. (O.)

N. Nicolaides. Analectes ou Série de mémoires sur les diverses parties des mathématiques. 1re et 2e livraison. Athènes, Paris, Gauthier-Villars.

3) Note sur la théorie des nombres.

J. Horner. On the algebra of magic squares. Quart. J. XI. 213-224.

Fortsetzung der Arbeit, über welche Fortschritte der Math. II. p. 99 referirt ist. Cly. (O.)

L. Lorenz. Bidrag til Tallenes-Theori. Zeuthen Tidsskr. (3.) I. 97.

Der Verfasser beginnt folgendermassen: „Wenn man die Zahl der Lösungen der unbestimmten Gleichung

$$m^2 + en^2 = N$$

sucht, wo m und n ganze Zahlen, positiv, negativ oder null sind, die der Gleichung genügen, e eine gegebene Zahl, N eine positive ganze Zahl, so kann man zuweilen für bestimmte Werthe von e ein einfaches Gesetz finden, welches diese Zahl mit der Zahl der Divisoren von N verbindet.“ Um das Problem zu lösen, transformirt man die Reihe

$$\sum_{-\infty}^{+\infty} \sum_{-\infty}^{+\infty} q^{m^2+en^2} \quad (q<1)$$

in eine Reihe von anderer Form. Dann vergleicht man die Glieder beider Reihen, die denselben Exponenten N haben und bestimmt durch diese Vergleichung, wie viel Mal sich dieser Exponent zeigt. Man hat also die Zahl der Lösungen der Gleichung $m^2+en^2=N$. Ebenso beweist der Verfasser, dass

$$\sum_{-\infty}^{+\infty} \sum_{-\infty}^{+\infty} q^{m^2+n^2} = 1 + 4 \sum_{0}^{\infty} \sum_{1}^{\infty} [q^{(4m+1)n} - q^{(4m+3)n}].$$

Im zweiten Gliede durchläuft m sämmtliche Werthe von 0 bis ∞, n von 1 bis ∞. Daraus wird dann folgendes Resultat abgeleitet: Bezeichnen ϱ_N, a_N, b_N die Anzahl der Lösungen der Gleichungen $m^2+n^2=N$, $(4m+1)n=N$, $(4m+3)n=N$, wenn man in den letzten Gleichungen m und n nur ganze positive Werthe giebt und n ausserdem den Werth 0, so hat man

$$\varrho_N = 4\ (a_N - b_N).$$

a_N und b_N sind die Anzahl der Theiler von N der Formen $4m+1$ und $4m+3$. Der Verfasser hat auf diese Weise die Fälle $e=2$, $e=3$, $e=4$, $e=-1$ behandelt und wendet seine Resultate auf die Summation einiger Reihen an.

Hn. (O.)

J. Petersen. Om den ŭbestimte Ligning $x^2+ey^2=A$. Anvendelse paa Opgave 298. Zeuthen Tidsskr. (3.) I. 76.

Der Verfasser hat dieselbe Frage, wie Herr Lorenz behandelt, nur in mehr synthetischer Form. Hn. (O.)

F. Gambardella. Sul numero delle soluzioni intere e positive dell' equazione $ax+by+cz=m$, dove a, b, c, m sono numeri interi e positivi. Battaglini G. IX. 262-263.

Es ist leicht, die Gleichung $ax+by+cz=m$ so umzugestalten, dass nicht zwei der Grössen a, b, c einen gemeinsamen Theiler haben. Setzt man dann $m=c\cdot\gamma+\lambda$; $\gamma+1=q\cdot ab+r$; dividirt λ, $\lambda+c$, $\lambda+2c, \ldots \lambda+(r-1)c$ durch ab und nennt die Summe der Quotienten s, die Reste $\varrho_1, \varrho_2, \ldots \varrho_r$; endlich k die Anzahl der möglichen Gleichungen $ax+by=\varrho_\alpha$, so ist die Anzahl der Lösungen von $ax+by+cz=m$ gleich

$$\frac{q}{2}(2m+a+b+c-abcq)+s+k.$$

No.

S. Bills. Problème d'algèbre. Nouv. Ann. (2.) X. 323.

Bestimmung der ganzen allgemeinen Werthe von x, y und z, wenn die Grössen $xy-1$, $yz-1$ und $xz-1$ gleichzeitig Quadrate sein sollen. Pr.

S. Bills and B. Evans. Solutions of question 3159. (A. Martin.) Educ. Times XV. 75.

Gesucht ganze Zahlen x, y, z, für welche $xy-1$, $xz-1$, $yz-1$ Quadratzahlen werden. Siehe die vorige Aufgabe.

Hi.

D. S. Hart. Solution of question 3115. Educ. Times XIV. 86.

Gesucht werden 5 Biquadrate, deren Summe wieder ein Biquadrat ist.

Hi.

A. MARTIN. Solution of question 2981. Educ. Times. XIV. 89.

Gesucht werden auf einander folgende Zahlen, so dass die Summe ihrer Quadrate wieder ein Quadrat giebt.

Hi.

SCOTT and HART. Solution of question 3183 (A. Martin). Educ. Times XIV. 95.

Drei ganze Zahlen in geometrischer Progression, jede um eine Einheit vermehrt und quadrirt, sollen als Summe wieder eine Quadratzahl geben.

Hi.

HART, EVANS and MARTIN. Solution of question 3158. (G. Matteson). Educ. Times XV. 24.

Gesucht eine Reihe auf einander folgender Zahlen, deren Anzahl eine Cubikzahl ist, so dass die Summe ihrer Cuben wieder eine Cubikzahl ist.

Evans giebt $x = \frac{1}{6}(n^4 - 3n^3 - 2n^2 - 2)$, wenn die erste der Zahlen $x + 1$, die Anzahl $= n^3$ ist, wenn $n > 3$.

Hi.

EVANS. Solution of question 3175. (Matteson.) Educ. Times XV. 91.

Gesucht 4 positive ganze Zahlen, so dass die Summe von je zweien eine Cubikzahl ist.

Hi.

G. MATTESON. Solution of question 3158. Educ. Times XIV. 32.

Gesucht n^3 aufeinander folgende ganze Zahlen, so dass die Summe ihrer Cuben wieder eine Cubikzahl ist. Nur möglich für $n = 1$.

Hi.

ANONYME. Note sur la résolution en nombres entiers et positifs de l'équation $x^m = y^n + 1$. Nouv. Ann. (2.) X. 204-206.

Ist y eine Primzahl, so ist $x = 3$, $m = 2$, $y = 2$, $n = 3$ die einzige Lösung.
No.

P. SEELING. Ueber die Auflösung der Gleichung
$$x^2 - Ay^2 = \pm 1$$
in ganzen Zahlen, wo A positiv und kein vollständiges Quadrat ist. Grunert Arch. LII. 40-49.

Lösung mittelst Kettenbruchs; Discussion; Tabellen.
No.

N. BOUGAIEFF. La théorie des fonctions dérivées des fonctions numériques. J. phil. de Moscou V.

Der Verfasser bezeichnet mit dem Namen numerisches Integral eine Summe von Functionen, die für irgend welche bestimmte Werthe eines bestimmten Argumentes genommen sind. Es sei
$$\Sigma\, \theta(d) = \psi(n),$$
wo die Summe sich auf alle Theile von n erstreckt. Die Function $\theta(n)$ wird vom Verfasser die derivirte Function von $\psi(n)$ genannt. Der Ausdruck der numerischen derivirten Function ist bereits von Liouville und Dirichlet bestimmt worden. Nachdem der Verfasser ihre Untersuchungen dargestellt, betrachtet er die Entwickelung der Functionen in eine Reihe von der Form
$$F(n) = a_1\, E\frac{n}{1} + a_2\, E\frac{n}{2} + a_3\, E\frac{n}{3} + \cdots$$
(Ex ist die grösste ganze Zahl, die in x enthalten ist). Die Möglichkeit einer solchen Entwickelung für alle Werthe von n vorausgesetzt, beweist der Verfasser, dass jede andere Entwickelung dieser Form unmöglich ist. Hierbei ist der Coefficient
$$a_k = Q_{(k)},\ \text{wo}\ Q_{(n)}$$
die derivirte Function der numerischen Function
$$F(n) - F(n-1)\ \text{ist.}$$

Herr Bougaieff wendet diese Formel auf die Entwickelung der Functionen $E\sqrt{n}$, $E\sqrt[3]{n}$ und einiger anderer an. Die Entwickelung von $E\sqrt{n}$ ist

$$E\sqrt{n} = E\frac{n}{1} - E\frac{n}{2} - E\frac{n}{3} \pm E\frac{n}{4} \pm \cdots (-1)^{\alpha+\beta+\gamma} E\frac{n}{a^\alpha b^\beta c^\gamma} \pm \cdots;$$

$a, b, c \ldots$ sind Primzahlen. Aus derselben Formel (1) leitet der Verfasser eine Gleichung her, die zur Verbindung für zwei irgend welche Functionen dient. Es seien

$$F(n) = \overline{F}(1)\,E\frac{n}{1} + \overline{F}(2)\,E\frac{n}{2} + \overline{F}(3)\,E\frac{n}{3} + \cdots$$

$$\Phi(n) = \overline{\Phi}(1)\,E\frac{n}{1}\,\overline{\Phi}(2)\,E\frac{n}{2} + \overline{\Phi}(3)\,E\frac{n}{3} + \cdots,$$

so hat man

$$S_1^n\,\overline{\Phi(u)}\,F\left(E\frac{n}{u}\right) = S_1^n\,\overline{F(u)}\,\Phi\left(E\left(\frac{n}{u}\right)\right).$$

Z. (O.)

Capitel 2.

Theorie der Formen und Kettenbrüche.

P. Bachmann. Zur Theorie der quadratischen Formen. Schlömilch Z. XVI. 181-190.

Die elementaren arithmetischen Eigenschaften der quadratischen Formen werden, ausgehend von der Darstellung einer Zahl durch eine quadratische Form, durch rein arithmetische Hülfsmittel entwickelt. No.

A. Cayley. Tables of the binary cubic forms for the negative determinants $\equiv 0 \pmod 4$ from -4 to -100; and $\equiv 1 \pmod 4$ from -3 to -99 and furtive irregular negative determinants. Quart. J. XI. 246-261.

Die Tafeln sind aus denen in Arndt's Abhandlung: „Tabellarische Berechnung der reducirten cubischen Formen und Klassifikation derselben für alle negativen Determinanten (—*D*) von *D* = 3 bis *D* = 2000", abgeleitet (S. Grunert's Archiv XXXI. 1858. 335-445), aber sie sind in der Art geordnet, dass sie für die quadratischen Formen in Cayley's Abhandlung: „Tables des formes quadratiques binaires pour les déterminants négatifs *D* = —1 jusqu'à *D* = —100, pour les déterminants positifs *D* = 2 jusqu'à *D* = 99 et pour les treize déterminants irréguliers du premier millier" Crelle J. LX 1862 p. 357-372 brauchbar sind.

Cly. (O.)

M. Falk. Om Konvergensen och Divergensen af Kjedebråk med hvarannan led positiv, och hvarannan negativ. Upsala, Akademiska Bokhandeln.

V. Eugenio. Alcune ricerche sulle frazioni continue. Battaglini G. IX. 358-365.

Siehe Abschn. II. Cap. 1. p. 28.

Vierter Abschnitt.

Wahrscheinlichkeitsrechnung und Combinationslehre.

J. Bourget. Des permutations. Nouv. Ann. (2.) X. 254-268.

Grundzüge der Lehre von den Permutationen, ihrem Range und ihren Derangements. No.

R. Harley. Solution of question 3329 (Cayley). Educ. Times XV. 66.

Man soll zeigen, dass jede Permutation von 1 2 3 4 5 durch eine cyclische Substitution (1 2 3 4 5) und eine Vertauschung (1 2) hervorgebracht werden kann.

Hi.

Morgan Jenkins. Solution of question 3119. Educ. Times XIV. 22.

Ein Rechteck enthält mn Quadrate, von denen p schwarz, die übrigen weiss sind und die in m Reihen und n Columnen vertheilt sind.

Man soll die schwarzen Quadrate so vertheilen, dass a_0, a_1, $a_2 \ldots a_m$ Reihen respective je 0, 1, 2, ... m schwarze Quadrate und gleichzeitig $b_0, b_1, b_2, . b_n$ Columnen je 0, 1, 2, ... n schwarze Quadrate enthalten.

Es wird eine Methode für die Vertheilung der Felder gegeben, welche gleichzeitig die Bedingungen für die Lösbarkeit der Aufgabe giebt. Hi.

SOUFFLET. Combinaisons avec répétition. Mondes (2) XXIV. 337-338.

Die Anzahl der Combinationen von m Elementen zu je n mit Wiederholung wird aus der Anzahl der Glieder des binomischen, resp. polynomischen Satzes abgeleitet. Diese Ableitung ist wohl nicht der kürzeste Weg. Wn.

D. ANDRÉ. Sur les combinaisons simples. Nouv. Ann. (2.) X. 221-223.

1) Wenn man alle verschiedenen Producte von $n+p$ Elementen zu n zusammenstellt und die Brüche bildet, welche diese Producte zu ihren Zählern und eins dieser Producte zum gemeinschaftlichen Nenner haben, darauf jeden dieser Brüche auf seine einfachste Form reducirt, so giebt es nach dieser Reduction einen Bruch, welcher sich auf 1 reducirt; die Anzahl der Brüche, welche ein Element im Zähler und Nenner behalten, ist $C_n^1 \cdot C_p^1$; die Anzahl der Brüche, welche zwei Elemente im Zähler und Nenner behalten, ist $C_n^2 \cdot C_p^2$; im Allgemeinen ist die Anzahl der Brüche, welche k Elemente im Zähler und Nenner behalten,

$$C_n^k \cdot C_p^k.$$

2) Wenn alle einfachen Combinationen von $n+p$ Elementen zu n zusammengestellt sind, so giebt es eine Combination, welche n Elemente mit einer dieser Combinationen gemeinschaftlich hat; die Anzahl der Combinationen, welche $n-1$ Elemente mit dieser Combination gemeinschaftlich haben, ist $C_n^1 \cdot C_p^1$; die Anzahl der Combinationen, welche $n-2$ Elemente gemeinschaftlich haben, ist $C_n^2 \cdot C_p^2$; im Allgemeinen ist die Anzahl der Combinationen, welche k Elemente mit der ausgewählten Combination gemeinschaftlich haben, $= C_n^{n-k} \cdot C_p^{n-k}$.

3) Wenn n und p ganze positive Zahlen sind, so ist immer:

$$C_{n+p}^n = 1 + C_n^1 \cdot C_p^1 + C_n^2 \cdot C_p^2 + C_n^3 \cdot C_p^3 + \cdots$$

4) Die Summe der Quadrate der Binomialcoefficienten in der Entwickelung von $(a+b)^n$ ist gleich dem mittleren Binomialcoefficienten in der Entwickelung von

$(a+b)^{2n}$; d. h. $C_{2n}^n = 1^2 + (C_n^1)^2 + (C_n^2)^2 + (C_n^3)^2 + \cdots (C_n^n)^2$.

Pr.

A. Moret-Blanc. Solution de la question 966. Nouv. Ann. (2.) X. 514.

Es ist:

$$C_k^0 \cdot C_{n+1}^{2k+1} + C_{k+1}^1 \cdot C_{n+1}^{2k+3} + C_{k+2}^2 \cdot C_{n+1}^{2k+5} + \cdots = 2^{n-2k} \cdot C_{n-k}^k.$$

Pr.

M. Reiss. Évaluation du nombre de combinaisons desquelles les 28 dés d'un jeu du Domino sont susceptibles d'après la règle de ce jeu. Brioschi Ann. (2.) V. 63-89.

Denkt man sich die Reihe der 28, nach den Regeln des Spiels aneinandergelegten Steine dadurch kreisförmig geschlossen, dass man das erste und das letzte Element, welche gleich sein müssen, aneinanderlegt, und combinirt nun die Steine auf alle möglichen Arten, so nennt der Verfasser diese Combinationen „circulare", im Gegensatz zu den „geradlinigen" Combinationen, welche erlaubt sind, wenn die Reihe nicht geschlossen ist. Die Regel des Spiels wird bewahrt, wenn man die Doppelsteine (11, 22, etc.) entfernt. Nennt man nun die Zahl der circularen Combinationen, welche nach Entfernung der Doppelsteine möglich sind, S, so sind überhaupt $3^7 \cdot S$ circulare und $28 \cdot 3^7 \cdot S$ geradlinige Combinationen möglich. Es handelt sich darum, die Zahl S zu finden. Zu dem Ende denkt man zunächst von den 7 überhaupt vorkommenden Elementen (die wir mit 1, 2, 3, 4, 5, 6, 7 bezeichnen können) die Elemente 4, 5, 6, 7 aus der circularen Folge entfernt, so bleibt eine circulare Folge der Elemente 1, 2, 3 übrig, die sich dreimal wiederholen, und welche wenigstens ein Mal jede der Amben 12, 13, 23 unter der Form zweier aufeinanderfolgenden Elemente einschliesst. Diese aus den 3 Elementen bestehende circulare Folge wird „Hülsfolge" genannt. Ihre Anzahl ist zunächst festzustellen. Alsdann sind in jede dieser Hülfsfolgen die übrigen vier Elemente 4, 5, 6, 7, dreimal wiederholt, auf alle möglichen Arten einzuschalten. Dadurch ergiebt sich die gesuchte Formel für S.

M.

A. Cayley. A „Smith's Prize" paper. 1870. Question 12. Messenger V. 199-200.

Die Wahrscheinlichkeit dafür, dass die Anzahl des Kopfwerfens bei $2m$ Würfen zwischen $m+\alpha$ und $m-\alpha$ (α eine gegebene Grösse) liegt, wird kleiner, wenn m wächst, dagegen wird die Wahrscheinlichkeit dafür, dass diese Zahl zwischen $m-\alpha m$ und $m+\alpha m$ liegt, grösser.

Glr. (O.)

M. Jenkins. Solution of question 3131. Educ. Times XIV. 78. (siehe Question 3119. p. 78)

Es wird 1. die Wahrscheinlichkeit gesucht, dass ein Stein, der beliebig auf ein Quadrat gesetzt wird, sich bewegen kann, ohne Farbe zu wechseln; 2. der grösste und kleinste Werth dieser Wahrscheinlichkeit für verschiedene Vertheilung der p schwarzen Felder.

Hi.

W. J. Miller. Solution of question 3314. Educ. Times XV. 50.

Ein König ist beliebig auf's Schachbrett gestellt; dann (1) ein Läufer, oder (2) ein Springer, oder (3) ein Thurm, oder (4) eine Königin. Die Wahrscheinlichkeit, dass in jedem Falle der König im Schach stehe, ist

Königin: Thurm: Läufer: Springer $= 9\frac{1}{2}:4\frac{1}{2}:3\frac{1}{2}:3$.

Hi.

Hugh M'Coll. Probability notation. Educ. Times XV. 20-22.

Es wird folgende Definition aufgestellt:

Das Symbol $\int \varphi(x)\, px$ drückt den Grenzwerth aus von

$\Sigma \varphi(x) \Delta x$, wenn Δx unbegrenzt abnimmt, während die Anzahl der Glieder unbegrenzt wächst, wobei jedoch für jeden positiven Werth von $\varphi(x)$, der grösser als die Einheit ist, die Einheit, und für jeden negativen Werth von $\varphi(x)$ die Null gesetzt wird.

Dann hat man also:

1) Wenn $\varphi(x)$ negativ für alle Werthe von x zwischen a und b ist,

$$\int_a^b \varphi(x)\, px = 0;$$

2) Wenn $\varphi(x)$ positiv und kleiner als Eins ist für alle Werthe von x zwischen a und b

$$\int_a^b \varphi(x)\, px = \int_a^b \varphi(x)\, dx;$$

3) Wenn $\varphi(x) > 1$ zwischen a und b,

$$\int_a^b \varphi(x)\, px = \int_a^b dx = b - a,$$

z. B.

$$\int_1^9 (5-x)\, px = \int_5^9 0\, dx + \int_4^5 (5-x)\, dx + \int_1^4 1\, dx =$$

$$0 + \int_4^5 (5-x)\, dx + (4-1) = 3\tfrac{1}{2}.$$

4) Bedeutet $\varphi(x)$ für alle gegebenen Werthe von x zwischen a und b die Wahrscheinlichkeit, dass ein Ereigniss, welches von x abhängt, eintritt [wobei für $\varphi(x)$ die Einheit genommen wird, wenn $\varphi(x) > 1$ und Null, wenn $\varphi(x) < 0$], dann ist die Wahrscheinlichkeit, dass das Ereigniss eintritt, wenn x beliebig zwischen a und b angenommen wird:

$$\frac{1}{b-a}\int_a^b \varphi(x)\, px,$$

indem dies den mittleren Werth der Wahrscheinlichkeit $\varphi(x)$ angiebt, wenn x die Werthe von a bis b durchläuft.

Es wird ferner folgende Regel gegeben: Um die Wahrscheinlichkeit zu finden, dass irgend eine Function

$\varphi(x, y, z, \ldots u, v)$ irgend einer Bedingung M genügen wird, wenn $x, y, z \ldots$ beliebig zwischen ihren betreffenden Grenzen genommen werden, suche man erst die Wahrscheinlichkeit, dass M genügt wird, wenn nur eine der Veränderlichen, v. z. B. beliebig genommen wird, während die anderen feste Werthe erhalten. Dann suche man die mittleren Werthe dieser Wahrscheinlichkeit, welche v nicht mehr enthält, wenn eine andere Veränderliche, u z. B., beliebig genommen wird u. s. w., bis alle Veränderlichen erschöpft sind. Das Resultat giebt die verlangte Wahrscheinlichkeit.

Als Beispiel wird die Wahrscheinlichkeit reeller Wurzeln der Gleichung

$$ax^2 - by + c = 0$$

bestimmt, wenn a, b, c beliebige Werthe zwischen 1 und 10 haben. Sie ist

$$\frac{1500 \log 2 + 160 \sqrt{10} - 468}{6561} = 0,1642\ldots$$

Hi.

Hugh M'Coll and S. Watson. Solutions of question 3279 (J. J. Sylvester). Educ. Times XV. 22.

Wenn eine quadratische Gleichung beliebig niedergeschrieben wird, finde die Wahrscheinlichkeit imaginärer Wurzeln.

Sie ist

$$\frac{31}{72} - \frac{1}{12} \text{ lognat. } 2 = 0,3727933\ldots$$

Hi.

H. M'Coll. Solution of question 3411. (Disco). Educ. Times XV. 102.

Die Wahrscheinlichkeit, dass das Product von n beliebigen positiven Grössen grösser ist als die n^{te} Potenz einer beliebig angenommenen positiven Grösse, ist $\left(\frac{n+1}{n}\right)^n$.

Hi.

H. M'Coll. Solution of question 3322. Educ. Times XV. 55.

Die Wahrscheinlichkeit, dass die Wurzeln der Gleichung $ax^3+bx+c=0$, wenn die absoluten Werthe von a, b, c beliebig angenommen werden zwischen 0 und einer positiven Zahl n, alle mit beliebigen Vorzeichen reell sind, ist $\frac{4}{45}\sqrt{3}-\frac{1}{54}$, wie auch der Werth von n sei.

Hi.

L. Lorenz. En „mathematisk Leg." Zeuthen Tidsskr. (3) I. 53.

Auflösung eines Problems, das im vorigen Bande des Journals (1870. p. 181. s. Fortschr. d. M. II. p. 110) behandelt worden ist. Hn. (O.)

J. Petersen. Videre Undersogelse af en Kortopgave. Zeuthen Tidsskr. (3.) I. 74.

Behandelt denselben Gegenstand, wie die vorhergehende Arbeit. Hn. (O.)

F. Bing. Lösning af en Opgave. Zeuthen Tidsskr. (3) I. 58.

Anwendung der Combinationslehre auf ein Problem des bürgerlichen Lebens. Hn. (O.)

C. Tychsen. Svar paa en Foresporgsel. Zeuthen Tidsskr. (3.) I. 70.

Siehe Abschn. VI. Cap. 3.

A. Steen. Lösning og Udvidelse af Opgave 307. Zeuthen Tidsskr. (3.) I. 178.

Siehe Abschnitt III. Cap. 1. pag. 68.

K. Hattendorff. Ueber die Ermittelung des Sterblichkeitsgesetzes aus gegebenen Beobachtungen. Gött. Nachr. 1871. 382-398.

Der Aufsatz behandelt zwei Fragen. Erstens, wenn unter

$\mathfrak{L}_{x+k}$ lebenden Menschen vom Alter $x+k$ in der nächsten Zeiteinheit T_{x+k} sterben, welches ist der wahrscheinlichste Werth der Wahrscheinlichkeit w_{x+k}, dass ein Mensch vom Alter $x+k$ in der nächsten Zeiteinheit stirbt? Es wird dies derjenige sein, für welchen die Wahrscheinlichkeit des combinirten Eintritts der sämmtlichen beobachteten T_{x+k}, d. i. das Product der Wahrscheinlichkeiten aller einzelnen T, deren jede

$$= Cw^T (1-w)^{\mathfrak{L}-T},$$

ein Maximum wird. Sind alle w von einander unabhängig, so ergiebt sich:

$$(4) \quad w_{x+k} = \frac{T_{x+k}}{\mathfrak{L}_{x+k}}.$$

Anderenfalls müssen aus der Differentialgleichung des Maximums erst die abhängigen ∂w eliminirt werden.

Zur leichteren Einführung der Bedingungen transformirt der Verfasser die Gleichung durch die Substitution:

$$w_{x+k} = \frac{W}{W+W_k},$$

und bestimmt W dadurch, dass die Summe der T die Bedingung (4) erfüllt.

Betrachtet man jetzt die Anzahl der Lebenden vom Alter x, dividirt durch die ursprüngliche Anzahl der gleichen Altersklasse, als stetige Function $\lambda(x)$, dargestellt durch eine Curve, so kann man erst eine Punktreihe derselben recurrirend ermitteln durch die Beziehung:

$$\lambda(x+1) = \lambda(x)\left(1 - \frac{Tx}{\mathfrak{L}x}\right).$$

Diese lässt sich desto eher als genügend zur Beschreibung der Curve ansehen, je näher die succedirenden Punkte der geraden Linie kommen. Doch wird das Resultat $\lambda(x+n)$ unbrauchbar, wenn ein einziges Glied durch Zufälligkeiten unrichtig ist. Es handelt sich nun in solchen Fällen um die weitere Frage: Was ist der wahrscheinlichste Werth von $\lambda(x+n)$? Zur Untersuchung nimmt der Verfasser an, dass

$$W_k = 1 - k(W)$$

sei, und bestimmt (W) durch die Gleichung:

$$0 = -\Sigma T_{x+k} + (W)\Sigma \frac{\mathfrak{L}_{x+k}}{1-k(W)}.$$

Nachdem (W) als kleinste Wurzel hieraus gefunden, hat man:

$$\frac{\lambda(x+n)}{\lambda(x)} = 1 - n(W).$$

Die approximative Lösungsmethode für die vorstehende Gleichung beruht auf der Bemerkung, dass der Zähler der auf gemeinsamen Nenner gebrachten Rechten für die Werthreihe

$$(W) = 0, \frac{1}{n-1}, \frac{1}{n-2}, \ldots \frac{1}{2}, 1, \infty$$

abwechselnde Vorzeichen hat. Bezeichnen $Z_0 = 0, Z_1, Z_2, \ldots$ Näherungswerthe von (W), und setzt man:

$$\Sigma T = Z_{h+1}\Sigma \frac{\mathfrak{L}}{1-kZ_h} \quad (h = 0, 1, 2, \ldots),$$

so zeigt sich, dass für $Z_1 < \frac{1}{n-1}$

$$Z_1 > Z_3 > \cdots > (W) > \cdots Z_4 > Z_2$$

ist. Für $Z_1 \gtreqless \frac{1}{n-1}$ setze man erst $Z_0 = \frac{1}{n}$, nehme dann Z_2 beliebig zwischen Z_0 und Z_1, und beginne damit die Näherungsreihe. Entsprechend der kleinsten Wurzel ist dann $n(W)$ der wahrscheinlichste Werth der Wahrscheinlichkeit, dass ein Mensch vom Alter x das Alter $x+n$ nicht mehr erlebe. Den wahrscheinlichsten Fehler berechnet der Verfasser nach dem Verfahren von Wittstein's mathematischer Statistik auf

$$0{,}6745\sqrt{\frac{T(\mathfrak{L}-T)}{\mathfrak{L}^3}}.$$

H.

M. Kanner. Analytische Theorie der Ausgleichung von Sterblichkeitstafeln. Berlin, Bernstein. Journal des Collegiums für Lebensversicherungswissenschaft zu Berlin.

Die hier behandelte Aufgabe der Ausgleichung wird folgendermassen definirt: Gegeben sind die Zahlen der beobachteten

Personen aus verschiedenen Altern und der innerhalb Jahresfrist gestorbenen Personen; man verlangt das wahrscheinlichste Sterblichkeitsverhältniss.

Das Sterblichkeitsverhältniss x ist die Wahrscheinlichkeit, dass ein Mensch von bestimmtem Alter in der nächsten Zeiteinheit stirbt. Aus ihr ergiebt sich als Wahrscheinlichkeit, dass m Personen sterben und n Personen leben bleiben,

$$x^m (1-x)^n,$$

und als Wahrscheinlichkeit, dass die gesammten beobachteten Sterbefälle eintreten, das Product der den einzelnen Altern entsprechenden Werthe dieses Ausdrucks. Ist dieses also ein Maximum, so hat x seinen wahrscheinlichsten Werth. Für unabhängige x folgt daraus:

$$x = \frac{m}{m+n}.$$

Sollen hingegen die statistischen Resultate aus den verschiedenen Altersklassen zu gegenseitiger Correction vereinigt werden, so geschieht dies durch Aufstellung von Bedingungsgleichungen, und man hat diesen gemäss das Maximum zu bestimmen. Eine Bedingungsgleichung in der Form $x = f(t, a, b, c \ldots)$, wo t das Alter bezeichnet, heisst ein mathematisches Sterblichkeitsgesetz. Der Verfasser bespricht dieselben als eine Sache reiner Willkür, indem er an sie blos die Forderung stellt, dass die Differentialgleichungen leicht aufgelöst werden können, erwartet jedoch grossen Nutzen von ihrer Cultivirung in der Weise, wie es von Gompertz, Makeham und Lazarus geschehen.

Setzt man:

$$u = f - \frac{m}{m+n},$$

so ist:

$$\frac{m+n}{2f(1-f)} \quad \frac{\partial (u^2)}{\partial a}$$

gleich dem der Bedingung (f) entsprechenden Term in der Differentialgleichung des Maximums. Man kann daher den vorstehenden Factor nach Analogie der Methode der kleinsten Quadrate das Gewicht nennen. Es wird hierbei der Fehler Wittstein's gerügt, welcher auf diese Analogie baue, und seine Resultate als „mathematische Statistik" 1867 aufstelle. Der Verfasser erwähnt, dass er in der Deutschen Versicherungszeitung Nr. 76 das Unzulässige der Anwendung der Methode der kleinsten Quadrate gezeigt habe, und stellt weiter unten die Abweichung der Wahrscheinlichkeitsfunction für das Stattfinden einer gegebenen Differenz von derjenigen, welche bei der Methode der kleinsten Quadrate erscheint:

$$e^{-h^2 u^2} \partial u$$

vor Augen.

Setzt man der obigen Einführung von u gemäss:

$$e^{-\varphi(u)} = f^m (1 - f)^n,$$

so geht die Aufgabe des Maximums in die über, $\Sigma\varphi(u)$ als Minimum zu bestimmen.

Zum Schluss wird die Relation aufgestellt

$$\psi(t) - \psi(t+1) = \log(1 - ft),$$

wo $\psi'(t)\,\partial t$ die Wahrscheinlichkeit ausdrücken soll, im nächsten Zeitelement ∂t zu sterben. Gompertz hatte $\psi(t)$ einer Exponentialfunction gleichgesetzt. Bleibt schon anfangs der Gesichtspunkt der Aufstellung der Functionen f ganz im Dunkeln, so ist das Letzte noch weniger verständlich, wo der Verfasser f eine von ihm definirte Function nennt, während sie nach allem, was vorhergeht, nur eine unter vielen nicht definirten ist.

H.

T. N. Thiele. En mathematisk Formel for Dödeligheden. Kopenhagen. Reitzel.

Die Formel für die Sterblichkeit als Function des Alters setzt der Verfasser folgendermaassen aus drei Theilen zusammen:

$$\mu(x) = a_1 e^{-b_1 x} + a_2 e^{-\frac{1}{2} b_2^2 (x-c)^2} + a_3 e^{b_3 x},$$

indem er die Todesursachen in drei Classen theilt, wie sie den Lebensabschnitten der ersten 20, der folgenden 30 und der übrigen Jahre eigen sind, zu denen noch eine vierte für die in jedem Alter gleich wahrscheinlichen Todesfälle kommen könnte. Bezeichnet dann lx die Wahrscheinlichkeit des Sterbens im Alter x, also $\frac{l(x+1)}{lx}$, die Wahrscheinlichkeit des Ueberlebens des Jahres x, so ist:

$$\log lx = \int_x^{\infty} \mu(x)\, \partial x.$$

Das Verfahren der Constantenbestimmung ist aus allen zu Gebote stehenden Methoden zusammengesetzt, und es werden alle sieben Constanten des Gesammtausdrucks zugleich berechnet. Die dadurch erreichte Uebereinstimmung mit dem Beobachtungsmaterial ist ganz befriedigend. Da jedoch der Verfasser weniger die Anwendbarkeit seiner Arbeit schätzt, vielmehr deren Beurtheilung vom theoretischen Gesichtspunkt wünscht, so hätte es offenbar nahe gelegen, durch gesonderte Prüfung der drei Theile des Ausdrucks seinen plausibeln Theilungsgrund zum Erfahrungssatz zu erheben und dadurch ein Motiv zu seiner Beibehaltung zu geben.

H.

Ch. Simon. Note sur la formule de Gompertz et sur son application au calcul des probabilités de la vie humaine. Darboux Bull. II. 282-288.

Der Verfasser leitet kurz die Formel von Gompertz ab, die in England bei der Berechnung der Tabellen für Lebensversicherungen benutzt wird, und zeigt an einigen Problemen die Vortheile, die ihre Anwendung anderen Formeln gegenüber bietet. Der wesentliche Zweck der Arbeit ist, die Aufmerksamkeit der Franzosen auf diese unter ihnen wenig gekannte Formel hinzulenken.

O.

H. M'Coll. Solution of question 1100. (Miller.) Educ. Times XV. 35.

Eine gerade Strecke wird beliebig in drei Segmente getheilt. Dann ist die Wahrscheinlichkeit, dass diese ein spitzwinkliges Dreieck bilden können $= 3 \log 2 - 2$.

Hi.

A. Martin u. S. Watson. Solutions of question 3316. (A. Martin.) Educ. Times XV. 74.

Eine Gerade von beliebiger Länge wird von einem Punkte innerhalb eines Kreises beliebig gezogen; dann ist die Wahrscheinlichkeit, dass dieselbe den Kreisumfang schneidet,

$$= \frac{2}{\pi} \arcsin\left(\frac{a}{2r}\right) + \frac{a}{2\pi r^2}(4r^2 - a^2)^{\frac{1}{2}},$$

wenn a die Länge der gegebenen Geraden, r der Radius des Kreises ist. Hi.

H. M'Coll u. S. Watson. Solutions of question 3385. (A. Martin.) Educ. Times XV. 83.

Ein Punkt wird beliebig im Innern eines Rechtecks angenommen, und eine beliebige Gerade durch ihn gezogen. Gesucht die Wahrscheinlichkeit, dass diese Gerade gegenüberliegende Seiten des Rechtecks schneide. Stehen die Seiten im Verhältniss $a:1$, so ist die Wahrscheinlichkeit

$$= 1 + \frac{2a}{\pi} \log a - \frac{1}{\pi a}(1 + a^2)\log(1 + a^2).$$

Hi.

S. Watson. Solution of question 3310. (J. Wolstenholme.) Educ. Times XV. 56.

Wenn in einer Strecke AB die Punkte P und Q und ein Punkt R zwischen ihnen beliebig angenommen werden, so ist die Wahrscheinlichkeit, dass

$$PR^2 + RQ^2 > AP^2 + QB^2 \text{ ist, } = 3\log 2 - 2.$$

Hi.

S. Watson and other. Solutions of question 3264. (M'Coll.) Educ. Times XV. 40.

Vom Mittelpunkt eines Quadrates werden drei Gerade gezogen, die erste in beliebiger Richtung, die zweite nach einem beliebigen Punkte im Umfange, die dritte durch einen beliebigen

Punkt in der Fläche. Dann ist die Wahrscheinlichkeit $= \frac{4}{\pi} - 1$, dafür, dass die erste, $= 1 - \frac{\pi}{2}$ dafür, dass die zweite und $= 1 - \frac{2}{\pi}$ dafür, dass die dritte die grösste ist.

Hi.

S. Watson. Solution of question 3342. (M'Coll.) Educ. Times XV. 58.

Wenn von einem beliebigen Punkte innerhalb eines gleichseitigen Dreiecks Senkrechte auf die Seiten gefällt werden, so ist $3 \log 2 - 2$ die Wahrscheinlichkeit, dass diese Senkrechten ein spitzwinkliges Dreieck bilden können.

Hi.

S. Watson. Solution of question 3375. (A. Martin.) Educ. Times XV. 94.

In einem dunklen Zimmer zeichnen zwei Personen jeder einen Kreis auf eine kreisrunde Tafel. Die Wahrscheinlichkeit, dass beide Kreise sich schneiden, ist $\frac{9}{35}$.

Hi.

S. Watson. Solution of question 3388. (M'Coll.) Educ. Times XV. 106.

Die Wahrscheinlichkeiten, dass die Resultirende zweier beliebiger Kräfte in einer Ebene die grösste, kleinste oder mittlere der drei Kräfte sei, sind

$$\frac{2}{3} - \frac{2 - \sqrt{3}}{\pi}, \quad \frac{\sqrt{3}}{\pi} - \frac{1}{3}, \quad \frac{2}{3} - \frac{2(\sqrt{3} - 1)}{\pi}.$$

Hi.

S. Watson. Solution of question 3256. (J. Wolstenholme.) Educ. Times XV. 108.

Wenn eine gegebene Strecke beliebig in vier Theile getheilt wird, so ist die Wahrscheinlichkeit, dass die Summe der Quadrate von irgend dreien kleiner als das Quadrat des vierten Theiles sei, $= 6 + \pi - 12 \log 2$.

Hi.

S. Watson. Solution of question 2991. Educ. Times XIV. 33.

Durch die Endpunkte der grossen Axe einer Ellipse werden zwei Gerade von beliebigen Richtungen gezogen. Die Wahrscheinlichkeit p, dass diese innerhalb der Ellipse sich schneiden, ist:

$$p = \frac{2}{\pi^2}\left\{(\operatorname{arctang} m)^2 + 2\int_{\operatorname{arctang} m}^{\frac{\pi}{2}} \operatorname{arctang}(m^2 \cot.\varphi)\, d\varphi\right\}$$

$$= \frac{2}{\pi^2}\left\{(\operatorname{arctang} m)^2 + \tfrac{1}{2}\log\frac{1+m^2}{1-m^2}\log\frac{1+m^3}{m^2} - \tfrac{1}{3}m^4 + \tfrac{1}{5}m^6(\tfrac{1}{2}-m^2)\right.$$

$$\left. - \tfrac{1}{7}m^8(\tfrac{1}{3} - \tfrac{1}{2}m^2 + m^4) + \tfrac{1}{9}m^{10}(\tfrac{1}{4} - \tfrac{1}{3}m^2 + \tfrac{1}{2}m^4 - m^6) - \cdots\right\}.$$

Hi.

S. Watson. Solution of question 3258. (A. Martin.) Educ. Times XIV. 97.

Zwei Punkte werden beliebig in demselben Radius eines Kreises genommen und mit einem beliebigen dritten Punkte innerhalb des Kreises verbunden. Die Wahrscheinlichkeit, dass das entstehende Dreieck spitzwinklig ist, ist $\frac{4}{3\pi} - \frac{5}{12}$.

Durch zwei beliebig im Umfange eines Kreises angenommene Punkte werden beliebige Sehnen gezogen. Die Wahrscheinlichkeit, dass diese innerhalb des Kreises sich schneiden, ist $= \frac{1}{3}$.

Hi.

A. Martin. Solution of question 3187. Educ. Times XIV. 71.

Eine Sehne ist beliebig durch einen Kreis gezogen, die Wahrscheinlichkeit, dass zwei beliebig in der Fläche des Kreises angenommene Punkte an derselben Seite der Sehne liegen, ist $= \frac{2}{3} + \frac{5}{4\pi^2}$, wenn die Endpunkte der Sehne im Kreisumfange beliebig angenommen werden; und $= 1 - \frac{128}{45\pi^2}$ im Falle, dass die Sehne in beliebiger Richtung gezogen ist.

Hi.

S. Watson. Solution of question 2791. Educ. Times XIV. 19–20.

1) In den Seiten *BC*, *CA*, *AB* eines Dreiecks *ABC* werden die Punkte *D*, *E*, *F* beliebig angenommen und das dem ersten eingeschriebene Dreieck *DEF* gebildet. In jedem der Dreiecke *AEF*, *BFD*, *CDE* wird ein Punkt als Vertex eines Dreiecks *PQR* beliebig angenommen. Dann ist der mittlere Werth der Fläche von *PQR* gleich dem vierten Theile der Fläche von *ABC*.

2) Sind G_1, G_2, G_3 die Schwerpunkte der Dreiecke *AEF*, *BFD*, *CDE*, so ist allgemein $9\varDelta G_1 G_2 G_3 = 2\varDelta ABC + \varDelta DEF$.

Hi.

Savage, Wolstenholme, Watson and other. Solutions of question 2360. (W. J. Miller.) Educ. Times XIV. 103.

Gesucht der mittlere Flächeninhalt aller Dreiecke, für welche gegeben ist:

1) Ein Winkel θ und die Summen l der anliegenden Seiten: alle möglichen Werthe der Seiten gleich wahrscheinlich angenommen $\frac{l^2 \sin\theta}{12}$.

2) Die Summen zweier Seiten allein: alle möglichen Winkel gleich wahrscheinlich angenommen $\frac{l^2}{6\pi}$.

3) Eine Seite a und die Summe l der beiden anderen:
$$= \frac{\pi a}{16} (l^2 - a^2)^{\frac{1}{2}}.$$

4) Die Summe s der drei Seiten: $\frac{4}{105} \pi s^2$.

Alle möglichen Werthe der Seiten immer als gleich wahrscheinlich. Ferner das Mittel der mittleren Werthe in (3) ist $\frac{7}{8}$ des mittleren Werthes in (4).

Hi.

A. Martin. Solution of question 3015. Educ. Times XV. 65.

Wird eine Sehne beliebig durch einen Punkt in der Fläche eines Kreises gezogen, so ist die mittlere Länge der Sehne $= \frac{16r}{\pi}$, und die mittlere Fläche des abgeschnittenen Segments

$$= \frac{r^2}{4}\left(\pi - \frac{2}{\pi}\right).$$

Hi.

W. J. C. Miller. Solution of question 3259. Educ. Times XV. 34.

In einem gegebenen Kreise, Radius $= a$, werden zwei Radien beliebig gezogen, und dem so erhaltenen Sector wird ein Rechteck von gegebener Form symmetrisch eingeschrieben. Dann ist die mittlere Fläche des Rechtecks für alle Formen des Sectors

$$= \left(1 - \frac{1}{\pi} \operatorname{arc\,tang} 2 - \frac{1}{2\pi} \log 5\right) a^2 = 0{,}391\, a^2.$$

Die mittlere Fläche des grössten eingeschriebenen Rechtecks aber ist $= \frac{2a^2}{\pi} \log 2 = 0{,}441\, a^2$.

Hi.

Stephen Watson. Solution of question 2547. Educ. Times XIV. 29.

Der mittlere Werth der Fläche eines Vierecks, dessen einer Eckpunkt im Mittelpunkt eines gegebenen Kreises liegt, während die anderen drei im Umfange desselben Kreises beliebig angenommen werden, ist $= \frac{2}{\pi^2}$ mal dem Inhalte des gegebenen Kreises.

Hi.

S. Watson. Solution of question 3005. Educ. Times XIV. 94.

Mittlere Entfernung aller Punkte innerhalb eines Parallelogramms von einem Eckpunkt.

Hi.

A. B. Evans and J. Dale. Solutions of question 3141. (S. Watson.) Educ. Times XIV. 61.

Durch den Brennpunkt einer Ellipse werden zwei Sehnen, rechtwinklig zu einander, gezogen. Die Fläche des durch die Endpunkte der Sehnen gebildeten Vierecks hat dann den mittleren Werth $\frac{4ab^3}{a^2+b^2}$ wenn a, b die Halbaxen bezeichnen. Der grösste Werth, den die Fläche annehmen kann, ist $2b^2$, der kleinste $\frac{8a^2b^4}{(a^2+b^2)^2}$.

Hi.

Weitere Aufgaben über mittlere Entfernungen und mittlere Werthe von Flächen, namentlich von R. W. Genese, A. Martin, M'Coll, W. J. C. Miller, S. Watson finden sich Educ. Times XIV., XV.

G. Zachariae. Laerebog i Theorien om de mindste Qvadraters-Methode. Nyborg.

„In der vorliegenden Schrift", sagt der Verfasser in seiner Vorrede, „hat die Auffassung von Andrae als Basis für die Behandlung des Problemes gedient. Die abgekürzten Wege, mittelst derer man früher leicht eine Entwickelung der Methode geben konnte, die sich auf die Wahrscheinlichkeitsrechnung gründete, wurden deshalb eingestreut. Die unbestimmte Lösung der normalen Gleichungen ist ein wesentlicher Theil des Beweises und ist deswegen ebenfalls entwickelt." Ferner citiren wir hier noch einen Auszug des Prospectes von Herrn Dr. Tychsen in der Tidsskrift for Math. (3.) I. 157: Das Buch ist in eine Einleitung und zwei Capitel eingetheilt, deren erstes die Theorie der Fehler unabhängiger beobachteter Grössen behandelt, während das zweite sich mit der Theorie beobachteter, abhängiger Grössen beschäftigt. In der Einleitung sucht der Verfasser den Leser über den allgemeinen Charakter des Problemes zu unterrichten. Nachdem am Ende des ersten Abschnittes eine Classifikation der verschiedenen Arten von Fehlern gegeben ist, geht der Verfasser zur Entwickelung der Elemente der Wahrscheinlichkeitsrechnung über. Der Leser findet hier eine correcte Entwickelung der Sätze, die die Basis der Wahrscheinlichkeitsrechnung bilden, begleitet von zahlreichen Beispielen mit Lösungen. Unter den Beispielen über Bestimmung der Wahrscheinlichkeit eines Ereignisses mit Hülfe der Bestimmung eines Ausdruckes der Zahlen der günstigen und der möglichen Fälle, wenn die Zahlen unbegrenzt sind, findet man zwei elegante geometrische Lösungen, deren eine folgendem Problem entspricht: Man addire zwei Zahlen, die beide Fehler haben, denen man mit derselben Wahrscheinlichkeit alle möglichen Werthe zwischen $-a$ und $+a$ beilegen kann. Welches sind die möglichen Werthe der erhaltenen Summe? Von welcher Grösse ist die Wahrscheinlichkeit irgend eines willkürlich gewählten solchen Fehlers? Von welcher Grösse ist die Wahrscheinlichkeit, dass der Fehler dieser Summe zwischen gegebene Grenzen fällt, und dass sein numerischer Werth eine gegebene Grösse nicht überschreitet?

Die zweite Lösung entspricht einem völlig analogen Problem von drei Zahlen.

Die Elemente der Wahrscheinlichkeitsrechnung enden mit verschiedenen Anwendungen der binomischen Formel, des Gesetzes der grossen Zahlen und der Regel von Baye. In Beziehung auf die Theorie der Methode der kleinsten Quadrate selbst beschränken wir uns, die Aufmerksamkeit auf die Entwickelung des Gesetzes der Fehler einer beobachteten Grösse zu lenken. Dies Capitel beginnt mit einer Auseinandersetzung der Eigenschaften des Gesetzes der Fehler, und der Verfasser giebt drei verschiedene Fehlergesetze an, die die erwähnten Eigenschaften besitzen. Durch eine Definition des mittleren Fehlers wird man allgemein zu der bekannten und allgemeinen Regel des Quadrates des mittleren Fehlers geführt, und nachdem der Verfasser eine vorläufige Explication des wahrscheinlichen Fehlers und der Genauigkeit gegeben, gelangt er zu einer genauen und gründlichen Untersuchung des Exponentialgesetzes der Fehler und seiner Eigenschaften. Der Leser findet eine grosse Zahl verschiedener Anwendungen und belehrender Resultate, z. B. dass es nicht nur Beobachtungsfehler sind, die sich dem Exponentialgesetz der Fehler gemäss vertheilen, sondern dass dies Gesetz existiren muss für alle Abweichungen von einer gewissen Norm, wenn die Abweichungen in Zahlen ausgedrückt werden können, und wenn diese die Wirkung zahlreicher und unter einander unabhängiger Ursachen sind, unter denen sich keine finden, die einen vorwiegenden Einfluss üben. Was den übrigen Inhalt des Buches betrifft, so ist es zu umfangreich und zu voll an Gehalt, um hier Details erwähnen zu können.

Hn. (O.)

F. Minding. De la méthode des moindres carrés. Bull. de St. Pet. XVI. 305-308.

Sind x, y, z die nach der Methode der kleinsten Quadrate aus gegebenen Gleichungen berechneten Unbekannten, so kann man das Gewicht, d. h. den Grad der Genauigkeit von

$$\zeta = qx + q_1 y + q_2 z$$

dadurch bestimmen, dass man die Gleichungen mittelst der Substitutionen $\xi = x$; $\eta = y$; $\zeta = qx + q_1 y + q_2 z$ transformirt und auf das neue System die bekannten Regeln anwendet.

No.

Ch. Wiener. Ueber die möglichst genaue mechanische Rectification eines verzeichneten Curvenbogens, bestimmt auf der Grundlage der Wahrscheinlichkeitsrechnung. Schlömilch Z. XVI. 112-124.

Bei dem bisherigen Verfahren, einen verzeichneten Curvenbogen durch Uebertragung immer kleinerer und kleinerer Sehnen auf eine Gerade zu rectificiren, wird der Fehler nicht berücksichtigt, der beim Weitertragen der Längen mittelst des Zirkels entsteht, und der um so grösser wird, je grösser die Anzahl der Sehnen ist. Es ist also nöthig, beide Fehler zu ermitteln, welche sich hier entgegenwirken, deren einer durch die Vergrösserung, der andere durch die Verkleinerung der Sehnen entsteht. Der Herr Verfasser betrachtet zunächst einen zu rectificirenden Kreisbogen und bestimmt durch Ermittelung beider Fehler, nach der Methode der Wahrscheinlichkeitsrechnung die Grösse der Sehnen so, dass der entstehende mittlere Fehler ein Minimum wird. Eine Tabelle enthält die Werthe der Bogentheilchen, welche man bei der mechanischen Rectification eines vollen Kreises mit dem Durchmesser 5, 10, 20 ···, 100, 150, ··· 1000^{mm} am vortheilhaftesten wählt. Ist der zu rectificirende Kreisbogen der k^{te} Theil des ganzen Kreises, so muss man die in der Tabelle angegebenen Werthe mit $\sqrt[5]{k}$ multipliciren. Die gewonnenen Resultate lassen sich leicht auf beliebige Curven übertragen.

M.

Fünfter Abschnitt.

Reihen.

Capitel 1.

Allgemeines.

P. DU BOIS-REYMOND. Notiz über einen Cauchy'schen Satz, die Stetigkeit von Summen unendlicher Reihen betreffend. Clebsch Ann. IV. 135-137.

Der von Cauchy aufgestellte, in seiner Allgemeinheit unrichtige Satz, dass die Summe einer convergenten Reihe, deren einzelne Glieder stetige Functionen von einer Variabeln x sind, ebenfalls eine stetige Function dieser Variabeln sein müsse, wird durch folgenden ersetzt: „Die Summe der Reihe

$$w_1\mu_1 + w_2\mu_2 + \cdots,$$

in welcher die Reihe der Constanten $\mu_1 + \mu_2 + \cdots$ absolut convergirt, die Grössen $w_1, w_2, \cdots$ im Intervalle $x = a$ bis $x = b$ für jeden endlichen Index stetige Functionen von x sind, endlich keine dieser Functionen, incl. n_x, in diesem Intervalle unendlich wird, ist eine in demselben Intervalle stetige Function von x."

Hr.

V. ERMAKOF. Caractère de convergence des séries. Darboux Bull. II. 250-256.

Der Verfasser giebt in dieser Note ein Kriterium für die Convergenz unendlicher Reihen mit positiven Gliedern, das er im August 1871 dem Congress russischer Naturforscher in Kiev vorgelegt hat. Er geht von folgendem Satze Cauchy's aus: „Bezeichnet $f(x)$ eine positive abnehmende Function von x, so wird die Reihe $f(0)+f(1)+f(2)+\cdots$ convergent oder divergent sein, je nachdem das Integral $\int_0^x f(x)\,dx$ einen endlichen Werth hat oder nicht.“ Er leitet daraus folgenden Satz ab: „Ist $\varphi(x)$ eine positive Function, die der Ungleichheit $\varphi(x) > x$ für jeden Werth von x genügt, welcher eine gewisse Grenze überschreitet, so wird die Reihe $f(0)+f(1)+f(2)+\cdots$ convergent oder divergent sein, je nachdem das Verhältniss

$$\frac{\varphi'(x)\,f(\varphi(x))}{f(x)}$$

für x, die bis in's Unendliche wachsen, gegen eine Grenze geht, die kleiner oder grösser ist, als die Einheit.“ Der Beweis des Verfassers ist nicht streng, aber es ist leicht, ihm durch einige Modificationen die erforderliche Strenge zu geben. Die Wichtigkeit des Theorems von Herrn Ermakof geht schon aus dem einen Umstand hervor, dass die Convergenzregeln von Herrn Morgan und die von Herrn Bertrand, die so viele Reihen umfassen, weniger umfassend sind, als die Kriterien, die sich aus diesem Satze ergeben. Eins unter ihnen entsteht, wenn man $\varphi(x)=a^x$ (a eine positive Constante, grösser als 1) macht. Der Verfasser giebt noch einige Sätze, die den Grad der Genauigkeit der Kriterien betreffen, die den verschiedenen Functionen $\varphi(x)$ entsprechen.

Kc. Z. (O.)

V. Retali. Sulle serie triple. Battaglini G. IX. 266-268.

Nachweis, dass bei einer unbedingt convergenten Reihe dreier Veränderlicher die Glieder willkürlich gruppirt werden können.

No.

M. Hollweck. Das Binomialtheorem als Grundlage der Logarithmotechnie und Goniometrie. Passau, Bucher.

Der Verfasser macht auf die Wichtigkeit des Binomialtheorems für die Elementarmathematik aufmerksam, indem er zeigt, wie sich aus der Binomialreihe die Reihen für die Exponentialgrösse und den Logarithmus, sowie mit Benutzung der imaginären Zahlen die Reihen für den Sinus und Cosinus und den Kreisbogen leicht darstellen lassen. Er befürwortet deshalb die Einführung der imaginären Zahlen in den Schulen, um den Schülern „die Ermüdung auf den herkömmlichen langen und schwierigen Wegen zu ersparen."

Hr.

J. W. L. Glaisher. On a paradox in infinite series. Messenger (2.) I. 97-101.

Das Paradoxon ist: Wenn

$$S = 1 + \frac{1}{\sqrt{2}} + \frac{1}{\sqrt{3}} + \cdots \text{ und } \alpha = 1 - \frac{1}{\sqrt{2}} + \frac{1}{\sqrt{3}} - \cdots,$$

so ist

$$S - \alpha = 2\left(\frac{1}{\sqrt{2}} + \frac{1}{\sqrt{4}} + \cdots\right) = \sqrt{2}\cdot S, \text{ woraus } S = -\frac{\alpha}{\sqrt{2}-1},$$

folgt; α ist eine endliche positive Grösse. Es findet sich also, dass eine unendliche positive Grösse gleich einer negativen endlichen ist. Dieser Widerspruch wird erklärt und bemerkt, dass dieselbe Art der Täuschung auch in anderen Beweisen auftritt, wo die Sache weniger klar ist. Auch die Methode, durch welche John Bernoulli in seiner Ars conjectandi zuerst dazu geführt wurde, dass die Summe der harmonischen Reihe

$$P = \tfrac{1}{2} + \tfrac{1}{3} + \tfrac{1}{4} + \cdots$$

unendlich sei, ist, wie der Verfasser bemerkt, unrichtig. Sie führt zu dem Resultate $P = P$, aber nicht zu $P = \infty$, wie Bernoulli fand. Glr. (O.)

L. Lorenz. Bidrag til Tallenes Theori. Zeuthen Tidsskr. (3.) I. 97.

Siehe Abschnitt III., Cap. 1. pag. 72.

D. André. Sommation de certains développements. Nouv. Ann. (2.) X. 368-371.

Sind zwei Reihen von Zahlen

$$A_0,\ A_1, \cdots A_n \text{ und } B_0,\ B_1, \cdots B_n$$

gegeben, in denen

$$A_{n-k} = A_k,\ B_{n-k} = 2G - B_k \text{ und } \sum_{k=0}^{k=n} A_k = S,$$

so ist

$$\Sigma A_k B_k = G \cdot S.$$

M.

M. Jenkins. Solution of question 2401. Educ. Times XV. 68-70.

Es ist

$$\Delta^n 0^{n+r} = [(\Sigma_1^n n)^r (1)] \angle n,$$

d. h. die r^{te} Operation von $\Sigma_1^n n$ auf (1), nicht aber die Operation Σ_1^n auf n angewandt, ferner

$$(\Sigma_1^n n)^r (1) = n^{[r+1]} \varphi_r(n),$$

wenn $n^{[r+1]}$ das Product $n(n+1)\cdots(n+r)$ und $\varphi_r(n)$ eine algebraische Function von n vom Grade $(r-1)$ mit ganzen oder gebrochenen Coefficienten bezeichnet.

Hi.

J. Blissard. Solution of question 3169. Educ. Times XIV. 15-16.

1) Wenn U eine symbolische Grösse bedeutet, die der Gleichung

$$U(U-1)(U-2)\cdots(U-n+1) = 1$$

genügt, so ist

$$U^n (= U_n) = \left(\frac{\Delta}{1} + \frac{\Delta^2}{1\cdot 2} + \frac{\Delta^3}{1\cdot 2\cdot 3} + \cdots + \frac{\Delta^n}{1\cdot 2\cdots n}\right)0^n.$$

2) Wenn $U(U+1)\cdots(U+n-1) = 1$, so ist

$$U^n (= U_n) = (-1)^{n+1}\left(\frac{\Delta}{1} - \frac{\Delta^2}{1\cdot 2} + \frac{\Delta^3}{1\cdot 2\cdot 3} - + \cdots \pm \frac{\Delta^n}{1\cdot 2\cdot 3\cdots n}\right)0^n.$$

Hi.

Capitel 2.

Besondere Reihen.

E. Amigues. Note sur un procédé nouveau pour trouver les cubes de certaines sommes. Nouv. Ann. (2.) X. 117-122.

Bezeichnet S_p die Summe der p^{ten} Potenzen der n ersten ganzen Zahlen, so ist:

$$S_2^3 = \tfrac{1}{12}(16\,S_6 - 5\,S_4 + S_2);$$

und bezeichnet S_p die Summe der p^{ten} Potenzen der Zahlen

$$\frac{1}{1\cdot 2},\ \frac{1}{2\cdot 3},\ \frac{1}{3\cdot 4},\dots \frac{1}{(n+1)\,(n+2)},$$

so ist:

$$S_1^3 = \left(\frac{n+1}{n+2}\right)^3 = -3\,S_1 + 6\left[\frac{1}{(n+2)^4} + \dots + \frac{1}{2^4}\right] + S_3,$$

und für $n = \infty$ findet man $S_3 = 10 - \pi^2$.

M.

O. Callandreau. Solution de la question 950. Nouv. Ann. (2.) X. 330.

Das Product der beiden Reihen:

$$\frac{1}{a} + \frac{1}{a+2}\cdot\frac{1}{2}x + \frac{1}{a+4}\cdot\frac{1\cdot 3}{2\cdot 4}x^2 + \frac{1}{a+6}\cdot\frac{1\cdot 3\cdot 5}{2\cdot 4\cdot 6}x^3 + \cdots$$

und

$$1 + \frac{1}{2}x + \frac{1\cdot 3}{2\cdot 4}x^2 + \frac{1\cdot 3\cdot 5}{2\cdot 4\cdot 6}x^3 + \cdots$$

ist

$$\frac{1}{a}\left[1 + \frac{a+1}{a+2}x + \frac{(a+1)\,(a+3)}{(a+2)\,(a+4)}x^2 + \frac{(a+1)(a+3)(a+5)}{(a+2)(a+4)(a+6)}x^3 + \cdots\right].$$

Pr.

D. André. Sur le développement du binôme. Nouv. Ann. (2.) X. 74-76.

Es wird bewiesen, dass die Summe der p ersten Binomialcoefficienten von $(a-b)^m$ gleich dem p^{ten} Binomialcoefficienten von $(a-b)^{m-1}$ ist. Mit Hülfe dieses Satzes wird bewiesen, dass, wenn m eine Primzahl ist, $(-1)^p C^p_{m-1} - 1$ für einen beliebigen Werth des p durch m theilbar ist. Es bezeichnet dann

$$(-1)^p C^p_{m-1}$$

den $(p+1)^{ten}$ Binomialcoefficienten für das Binom $(a-b)^{m-1}$. Ferner folgt aus diesem Satze für den Fall, dass m eine Primzahl ist: Vermehrt man diejenigen der Coefficienten von $(a+b)^{m-1}$, welche in einer graden Stelle stehen um 1, und vermindert man diejenigen, welche in einer ungraden Stelle stehen, um dieselbe Grösse, dann erhält man eine Reihe von Zahlen, welche sämmtlich durch m theilbar sind.

T.

D. André. Développements de sin $(n\alpha+z)$, de cos $(n\alpha+z)$, de sin α^n et de cos α^n. Nouv. Ann. (2.) X. 359-368.

Ausgehend von dem Ausdruck $y = e^{x\cos\alpha}\sin(x\sin\alpha)$, wird durch fortgesetztes Differentiiren ein Ausdruck für $\frac{d^n y}{dx^n}$ abgeleitet; bezeichnet man den ersten Factor in y durch u; den zweiten durch v, dann findet man durch fortgesetztes Differentiiren einen zweiten Ausdruck für $\frac{d^n y}{dx^n}$ und durch Gleichsetzen beider Resultate erhält man die Entwickelung für sin $(n\alpha+z)$. Durch Substitutionen kann man daraus eine Entwickelung für sin $p\alpha$ herleiten. Für cos $(n\alpha+z)$ enthält man eine Entwickelung entweder durch Differentiiren der für sin $(n\alpha+z)$ gefundenen nach z, oder auf ganz analogem Wege wie die erste für sin $(n\alpha+z)$, ausgehend von $y = e^{x\cos\alpha}\cos(x\sin\alpha)$. Durch Substitutionen gewinnt man dann auch eine Entwickelung für cos $p\alpha$.

Wählt man den Ausdruck:

$$y = e^{2x\cos\alpha}\cos^2(x\sin\alpha) = \tfrac{1}{2}e^{2x\cos\alpha} + \tfrac{1}{2}e^{2x\cos\alpha}\cos(2x\sin\alpha)$$

zum Ausgangspunkt, dann gewinnt man aus den beiden Seiten der Gleichung durch fortgesetztes Differentiiren eine Entwickelung für cos α^n, welche durch passende Substitutionen noch weiter vereinfacht werden kann. Ersetzt man in diesen Entwickelungen α durch $\frac{\pi}{2} - \alpha$, dann erhält man die analogen Entwickelungen für $\sin \alpha^n$. T.

G. Cantor. Ueber trigonometrische Reihen. Clebsch Ann. IV. 139-143.

Einfacher Beweis des vom Verfasser in Borchardt's J. LXXII. 130 hergeleiteten Satzes: „Wenn für jeden reellen Werth von x zwischen gegebenen Grenzen $\alpha \cdot\cdot \beta$ die Bedingung erfüllt ist:

$$\lim (a_n \sin nx + b_n \cos nx) = 0,$$

so ist sowohl $\lim a_n = 0$, wie $\lim b_n = 0$.“ Siehe Fortschr. d. M. II., 218. M.

L. Schendel. Zur Theorie der Reihen. Schlömilch Z. XVI. 211-227.

Der Verfasser beweist folgendes dem Taylor'schen Satze analoge Theorem: „Wenn die Function $f(x)$ und ihre m ersten Ableitungen von $x=x$ bis $x=x+h$ endlich und stetig sind, so ist:

$$\frac{A_0^\alpha h_0}{0!} f(x+h) + \frac{A_1^\alpha h'}{1!} f'(x+h) + \cdots + \frac{A_{m-1}^\alpha h^{m-1}}{(m-1)!} f^{m-1}(x+h)$$
$$= \frac{1^{\alpha-1} h^0}{0!} f(x) + \frac{2^{\alpha-1} h'}{1!} f'(x) + \cdots + \frac{m^{\alpha-1} h^{m-1}}{(m-1)!} f^{m-1}(x)$$
$$+ \frac{(\overline{m+1}^{\alpha-1} - A_m^\alpha) h^m}{m!} f^m(x+h\vartheta),\ 0 < \vartheta < 1,$$

wo α irgend eine positive ganze Zahl bedeutet und die Coefficienten A_0^α, $A_1^\alpha \cdots$ durch die Gleichung

$$\sum_1^m \binom{m-1}{k-1} A_{k-1}^\alpha = m^{\alpha-1}$$

definirt sind.“ $\alpha = 1$ ergiebt den Taylor'schen Satz. Gilt ferner die Gleichung

$$f(x+h) = f(x) + \frac{h}{1!} f'(x) + \frac{h^2}{2!} f''(x) + \cdots$$

für Werthe von h, die zwischen $-\lambda$ und $+\lambda$ liegen, so gilt für dieselben Werthe von h auch die Gleichung

$$\frac{A_0^\alpha h^0}{0!} f(x+h) + \frac{A_1^\alpha h}{1!} f'(x+h) + \cdots + \frac{A_{\alpha-1}^\alpha h^{\alpha-1}}{(\alpha-1)!} f^{\alpha-1}(x+h)$$
$$= \frac{1^{\alpha-1} h^0}{0!} f(x) + \frac{2^{\alpha-1} h'}{1!} f'(x) + \cdots$$

Diese Gleichung besteht auch an den Grenzen der Convergenz für $h = \pm\lambda$, wenn für diese Grenzwerthe die Taylor'sche Reihe und ihre $\alpha - 1$ ersten Ableitungen mit h convergiren. Der Verfasser discutirt ferner die Zahlen A_{m-1}^α, für welche er eine Tafel giebt, und fügt einige Reihenentwickelungen an mit Angabe der Convergenzbedingungen.

M.

A. Cayley. Note on Lagrange's demonstration of Taylor's theorem. Messenger (2.) I. 22-25.

Der Verfasser behauptet die Gültigkeit von Lagrange's Beweis, der auf dem Princip beruht, dass die Reihe denselben Werth hat, wie sich auch x verändert zwischen $x+k$ und h zwischen $h+k$. Die Convergenz der Reihe betrachtet er von seinem Gesichtspunkte aus für unwesentlich. Zum Schluss kritisirt er Homersham Coxe's Beweis desselben Satzes.

Glr. (O.)

M. M. U. Wilkinson. Note on Taylor's theorem. Messenger (2.) I. 36-37.

Bemerkungen und Einwürfe gegen die obige Note von Herrn Cayley.

Glr. (O.)

A. Cayley. Further note on Lagrange's demonstration of Taylor's theorem. Messenger (2.) I. 36-47. 105-106.

Antwort auf die Kritik des Herrn Wilkinson.

Glr. (O.)

J. W. L. Glaisher. On the summation by definite integrals of the geometrical series of the second and higher orders. Quart. J. XI. 328-343.

Der Verfasser resumirt die Methoden, die von Cauchy, Jacobi, Kummer und Schlömilch angewandt sind, um die Reihe

$$q + q^4 + q^9 + q^{16} + \cdots$$

(die man gewöhnlich als geometrische Reihe zweiter Ordnung bezeichnet) als bestimmtes Integral darzustellen. Er bemerkt, dass der natürlichste Weg zur Summirung der mit Hülfe des Integrals:

$$\int_0^\infty e^{-x^2} \cos 2nax\, dx$$

ist, welches

$$q^{n^2} = e^{-n^2a^2} = \frac{2}{\sqrt{\pi}} \int_0^\infty e^{-x^2} \cos 2nax\, dx$$

giebt; dass aber die Integrale

$$\int_0^\infty \frac{b \cos ax\, dx}{b^2 + x^2}, \quad \int_0^\infty \frac{x \sin ax\, dx}{b^2 + x^2}$$

auch zu derselben Summation angewendet werden können. Das erste von ihnen wird nämlich gebraucht in der Form

$$q^{n^2} = e^{-n^2a} = \frac{2}{\pi} \int_0^\infty \frac{n^2 \cos ax\, dx}{n^4 + x^2},$$

und das zweite

$$q^{n^2} = \int_0^\infty \frac{x \sin ax\, dx}{n^4 + x^2}.$$

Die ähnliche Form

$$q^{n^3} = e^{-n^3a} = \frac{2}{\pi} \int_0^\infty \frac{x \sin ax\, dx}{n^6 + x^2}$$

ist anwendbar auf die Summation der Reihen dritter Ordnung. Auch für die höheren Ordnungen giebt es, wenn sie grade sind, zwei brauchbare Integrale, dagegen nur eins, wenn sie ungrade sind. Die Arbeit enthält eine grosse Menge von Resultaten in

Beziehung auf die Summen von Reihen. Zum Schluss betrachtet der Verfasser eine andere Form von Reihen:

$$1 + q^{1^1} + q^{1^2} + q^{1^3} + \cdots$$

Einige Zeichenfehler in einem Resultate von Schlömilch und in den Tafeln der Sammlung von Haan werden noch erwähnt.

Cly. (O.)

J. Thomae. Les séries Heinéennes supérieures, ou les séries $F(a, a', .. a^{(h)}, b', .. b^{(h)}, q, x)$. Brioschi Ann. (2) IV. 105-138.

Herr Heine hat (Crelle J. XXXIV, 285) die Reihe

$$F(a, b, c, q, x) = 1 + \sum_{1}^{\infty}{}_{(n)} x^n \frac{1-q^a}{1-q} \cdot \frac{1-q^{a+1}}{1-q^2} \cdots$$

$$\frac{1-q^{a+n-1}}{1-q^n} \cdot \frac{1-q^b}{1-q^c} \cdot \frac{1-q^{b+1}}{1-q^{c+1}} \cdots \frac{1-q^{b+n-1}}{1-q^{c+n-1}}$$

in die Analysis eingeführt und ihre Eigenschaften untersucht. Später hat Herr Thomae diese Reihe (Borchardt J. LXX, 258, s. F. d. M. II. 122) unter einem ähnlichen Gesichtspunkte betrachtet, wie es Riemann (Gött. Abh. VII) mit der Gauss'schen Reihe $F(a, b, c, x)$ gethan hat. Dadurch gelang es, die von Herrn Heine (p. 325) gefundene Transformation als eine unmittelbare Folge der Definition zu gewinnen, und zwischen je drei beliebigen Integralen der Differenzengleichung zweiter Ordnung, welcher die Reihe $F(a, b, c, q, x)$ genügt, eine lineare Relation zu finden. Vermittelst dieser sowohl wie auch durch eine directe Darstellung kann man die Reihe als Function von x über ihr Convergenzgebiet fortsetzen. Auch hat Hr. Thomae dort die Darstellungen der Heine'schen Reihe vermehrt und schliesslich die Kettenbruch-Entwickelung nach einer Methode bewerkstelligt, welche der von Riemann für den speciellen Fall $q = 1$ angewandten analog ist. Eine grosse Zahl der Eigenschaften der Reihe $F(a, b, c, q, x)$ gehört einer viel allgemeineren Classe von Functionen an, welche der Verfasser „höhere Heine'sche Reihen" nennt, und welche die Form haben:

$$F(a, a', \cdots a^{(h)}, b', \cdots b^{(h)}, q, x) =$$

$$1 + \sum_{1}^{\infty}{}_{(n)} x^n \frac{1-q^a}{1-q} \cdot \frac{1-q^{a+1}}{1-q^2} \cdots \frac{1-q^{a+n-1}}{1-q^n} \cdot \frac{1-q^{a'}}{1-q^{b'}} \cdot \frac{1-q^{a'+1}}{1-q^{b'+1}} \cdots$$

$$\cdots \frac{1-q^{a'+n-1}}{1-q^{b'+n-1}} \cdots \frac{1-q^{a^{(h)}}}{1-q^{b^{(h)}}} \cdot \frac{1-q^{a^{(h)}+1}}{1-q^{b^{(h)}+1}} \cdots \frac{1-q^{a^{(h)}+n-1}}{1-q^{b^{(h)}+n-1}}.$$

Diese verallgemeinerte Reihe wird nun in der vorliegenden Arbeit nach denselben Principien behandelt, welche der Herr Verfasser in der oben genannten Arbeit über die Reihe $F(a, b, c, q, x)$ verfolgt hat. Diese Heine'schen Reihen $h+1^{\text{ter}}$ Ordnung sind vollständige Integrale einer Differenzengleichung $h+1^{\text{ter}}$ Ordnung mit ganzen linearen Coefficienten; und umgekehrt führt die Integration einer solchen Gleichung auf Heine'sche Reihen. Specielle Fälle sind ausser in den oben citirten Abhandlungen auch schon von Jacobi (Crelle J. XXXII) betrachtet worden. Ganz allgemein gilt das Theorem: „Zwischen $h+2$ Heine'schen Reihen $h+1^{\text{ter}}$ Ordnung, deren entsprechende Exponenten nur um ganze Zahlen differiren, besteht immer eine homogene lineare Relation, deren Coefficienten ganze Functionen von x sind." Unter Exponenten sind hier die Exponenten $\alpha, \alpha' \cdots \alpha^{(h)}, \beta, \beta' \cdots \beta^{(h)}$ verstanden, welche den Potenzen von x resp. y in dem Integral der Differenzengleichung angehören. Die Lösungen der Differenzengleichung

$$\Delta \varphi(x) = \varphi(qx) - \varphi(x)$$

bezeichnet der Verfasser durch k, $k(x)$, $k_a(x)$ etc. und nennt diese Grössen k-Functionen. Sie spielen in der Theorie der behandelten Functionen dieselbe Rolle, wie anderwärts die Constanten. Die wichtigsten dieser k-Functionen sind diejenigen, welche als Quotienten von Θ-Functionen sich ergeben, deren Variable $\frac{1}{2} \log x$ und deren Modul $\pm \frac{1}{2} \log q$ ist.

M.

F. Tano. Sopra due serie di Gauss e di Heine.

Battaglini G. IX. 60-63.

Auch hier wird, wie in der oben besprochenen Arbeit, die höhere Heine'sche Reihe:

$$\psi(a_1, a_2 \cdots a_m, b_2 \cdots b_m, q, x) =$$

$$1 + \Sigma x^n \frac{(1-q^{a_1}) \cdot\cdot (1-q^{a_1+n-1})\,(1-q^{a_2}) \cdot\cdot (1-q^{a_2+n-1}) \cdots}{(1-q^{b_1}) \cdot\cdot (1-q^{b_1+n-1})\,(1-q^{b_2}) \cdot\cdot (1-q^{b_2+n-1}) \cdots}$$

betrachtet. Der Verfasser vergleicht zunächst $\psi(q)$ mit $\psi\left(\frac{1}{q}\right)$. Dann gewinnt er durch successive Substitution von qx für x das Resultat, dass die Function

$$\psi(a_1+n, a_2+n, \cdots a_m+n, b_1+n, b_2+n, \cdots b_m+n, q, x)$$

sich ausdrücken lasse durch

$$\psi(x), \psi(qx), \psi(q^2x), \cdots \psi(q^n x);$$

und dass zwischen ψ und je zweien der Functionen

$$\psi(a_1+1), \psi(a_2+1), \cdots \psi(a_m+1), \psi(b_1+1), \psi(b_2+1), \cdots \psi(b_m+1),$$
$$\psi(a_1-1), \psi(a_2-1), \cdots \psi(a_m-1), \psi(b_1-1), \psi(b_2-1), \cdots \psi(b_m-1)$$

eine lineare Gleichung besteht.

M.

L. Pochhammer. Ueber Relationen zwischen den hypergeometrischen Integralen n^{ter} Ordnung. Borchardt J. LXXIII. 135-159.

Siehe Abschnitt VI., Cap. 5.

L. Fuchs. Bemerkungen zu der Abhandlung: „Ueber hypergeometrische Functionen n^{ter} Ordnung“, in diesem Journal LXI. 316. Borchardt J. LXXII. 255-262. 1870.

L. Pochhammer. Ueber einfach singuläre Punkte linearer Differentialgleichungen. Borchardt J. LXXIII. 69-85.

L. Pochhammer. Notiz über die Herleitung der hypergeometrischen Differentialgleichung. Borchardt J. LXXIII. 85-87.

Siehe Abschnitt VI., Capitel 5.

J. Wolstenholme and S. Watson. Solutions of question 3218. (G. Blissard.) Educ. Times XV, 72.

Es ist

$$1^6 - 2^6 + 3^6 - \cdots \pm x^6 = \frac{1}{2}(-1)^{x+1}(x^6 + 3x^5 - 5x^3 + 3x)$$

und

$$(1 \cdot 2 \cdot 3)^2 - (2 \cdot 3 \cdot 4)^2 + \cdots \pm \{x(x+1)(x+2)\}^2$$
$$= \frac{1}{2}(-1)^{x+1}(x^6 + 9x^5 + 28x^4 + 33x^3 + 7x^2 - 6x).$$

Hi.

Sechster Abschnitt.

Differential- und Integralrechnung.

Capitel 1.

Allgemeines. (Lehrbücher etc.)

B. Williamson. An elementary treatise on the differential calculus. Dublin.

Das Lehrbuch füllt eine Lücke aus, welche die Lehrer der Mathematik in England lange empfunden haben. Sein Nutzen für die Anfänger wird dadurch bedeutender, dass der Verfasser alle unnützen und metaphysischen Auseinandersetzungen vermeidet, durch welche sonst die Differentialrechnung, dieser so einfache Zweig der reinen Mathematik, überbürdet wird. Das Werk zeichnet sich sowohl durch Vereinfachung einzelner Theile der Theorie wie durch instructive Beispiele aus. Ein wesentlicher Vorzug vor anderen Lehrbüchern der Differential-Rechnung zeigt sich u. A. in der Behandlung des Taylor'schen Satzes. Hier beginnt der Verfasser mit dem Beweise von Lacroix, giebt dann die Erweiterung und schliesst daran den Lagrange'schen Satz über die Grenzen der Taylor'schen Reihe. Das Capitel von den partiellen Differentialen enthält elementare Beweise wichtiger Formeln der ebenen und sphärischen Trigonometrie, von denen einige in die Theorie der elliptischen Functionen überführen.

Das Capitel über Maxima und Minima giebt die Werthe algebraischer Ausdrücke von der Form

$$\frac{ax^2+2bxy+cy^2}{a'x^2+2b'xy+c'y^2},\quad \frac{ax^2+2hxy+by^2+2gx+2fy+c}{a'x^2+2h'xy+b'y^2+2g'x+2f'y+c'},$$
$$\frac{ax^3+3bx^2y+3cxy^2+dy^3}{a'x^3+3b'x^2y+2c'xy^2+d'y^3},\ \text{etc.,}$$

und der Zusammenhang zwischen dem Resultat und den Invarianten der Zähler und Nenner wird erläutert. Hierdurch wird der Schüler sofort auf wichtige geometrische Probleme geführt, wie die Untersuchung der Hauptkrümmungsradien einer Fläche und andere. Eine Note am Schluss des Buches enthält in einfacher Form die allgemeinen Bedingungen der Maxima und Minima für n Variable, aus der Discriminante der quadratischen Form hergeleitet. (Vrgl. eine Note des Verfassers in Quart. Journ. No. 45). Bei der Behandlung der singulären Punkte der Curven ist Salmon's einfache Methode befolgt. Die Krümmung ist vermittelst der geometrischen Methode der Grenzen auseinandergesetzt (wie bei Newton), und ist diese Methode auch auf die Untersuchung der Krümmung in Doppelpunkten (nodes und cusps) angewendet. Neu ist der Satz, dass die beiden Zweige einer Curve in einem Knotenpunkt (cusp) zweiter Art dieselbe Krümmung haben. Zur Erläuterung sind zahlreiche geometrische Theoreme angeführt. Die Principien der Elimination, der Vertauschung der unabhängigen Variabeln und Lagrange's Theorem hat der Verfasser an das Ende des Buches gesetzt, da diese Capitel für den Anfänger etwas schwieriger sind. An Umfang kommt das vorliegende Buch dem bekannten Werke von Bertrand freilich nicht gleich, aber es ist vielleicht das brauchbarste Buch für den Anfänger, das bis jetzt veröffentlicht ist.

Csy. (M.)

J. Hoüel. Cours de calcul infinitésimal, professé à la Faculté des Sciences de Bordeaux. Première Partie. Paris, Gauthier-Villars. Bordeaux, P. Chaumas.

Der vorliegende erste Theil der Infinitesimalrechnung enthält 45 lithographirte Vorlesungen über Differential- und Integralrechnung, denen als Einleitung sechs Vorlesungen über die Elemente der Theorie der Determinanten und ihre Anwendung auf Algebra voraufgeschickt sind. Der Herr Verfasser basirt die Infinitesimal-Rechnung auf dem Princip, nach welchem man, bei der Vergleichung zweier incommensurabeln Grössen, eine incommensurable Grösse als Grenze einer willkürlich anzunähernden, also variabeln commensurabeln Grösse ansehen kann. Der Definition der constanten und variabeln Grössen folgt die der Functionen einer oder mehrerer Veränderlichen und die Fundamentaltheoreme über das Unendlich-Kleine und Unendlich-Grosse. Durch das Problem der Tangente und durch die mittlere Geschwindigkeit der Fluxion wird der Begriff der Ableitung vorbereitet. Hierauf folgt der Begriff der Differentiale, der bestimmten und unbestimmten Integrale, und die allgemeinen Methoden der Differentiation und Integration, sowie die Einführung in die bestimmten Integrale (Vorl. 1—8). An den Begriff des Unendlich-Kleinen und -Grossen von verschiedener Ordnung schliessen sich die Ableitungen und Differentiale höherer Ordnungen; dann die partiellen und totalen Ableitungen, die Relation zwischen den endlichen Zunahmen der Functionen einer Variabeln und den mittleren Werthen ihrer Ableitungen; die Taylor'sche und Maclaurin'sche Reihe mit ihren Anwendungen auf Entwickelung von Functionen (Vorl. 9—16). Die nächsten drei Vorlesungen (17—19) enthalten die Theorie der Maxima und Minima. Hierauf folgt die Integration der rationalen, irrationalen (bis zum zweiten Grade unter der Wurzel) und trigonometrischen Functionen und die Theorie der bestimmten Integrale, besonders der Euler'schen (Vorl. 20—26). Die übrigen 19 Vorlesungen enthalten zahlreiche Anwendungen der Differential- und Integralrechnung auf Geometrie.

M.

C. Spitz. Erster Cursus der Differential- und Integralrechnung. Leipzig und Heidelberg. Winter.

Das vorliegende Lehrbuch entspricht allen wesentlichen, an

ein derartiges Werk zu stellenden Anforderungen. Für Anfänger, denen es darauf ankommt, die Elemente der Differential- und Integralrechnung einzuüben, ist es besonders empfehlenswerth wegen der grossen Menge von Beispielen und Uebungsaufgaben, die theils den einzelnen Capiteln zugefügt, theils in einem Anhange zusammengestellt sind. Bei einem Theile der Beispiele ist stets die Rechnung durchgeführt, bei andern ist nur das Resultat mit kurzer Andeutung des Ganges der Rechnung gegeben.

Die Integralrechnung geht nur bis zu den bestimmten Integralen, behandelt also nicht mehr die Integration der Differentialgleichungen.

Wn.

R. Hoppe. Om Principerne for og formentlige Vanskeligheder ved Infinitesimalregningen. Christiania. Nyt Magazin 1871. 321-326.

Eine Abhandlung von A. Guldberg wird kritisirt, und die Auffassung des Verfassers von den Principien der Infinitesimalrechnung in kurzen Zügen auseinandergesetzt.

L.

---

2. Capitel.

Differentialrechnung. (Differentiale, Functionen von Differentialen, Maxima und Minima).

R. Hoppe. Ueber independente Darstellung der höheren Differentialquotienten. Clebsch Ann. IV. 85-87.

In einer einen Specialfall des Problems behandelnden Arbeit im dritten Bande von Clebsch Ann. p. 276, (s. Fortschr. d. M. II. p. 131) ist eine Formel zum zweiten Mal gefunden, welche der Verfasser bereits in seiner Schrift: Theorie der independenten Darstellung der höheren Differentialquotienten, Leipzig 1845, auf anderem Wege abgeleitet hatte. Dieser Umstand giebt dem

Verfasser Veranlassung, auf den Umfang dessen, was in der Sache bereits bekannt war, hinzuweisen.

Hr.

R. Most. Ueber die höheren Differentialquotienten.

Clebsch Ann. IV. 499-504.

Die Aufgabe ist, den Differentialquotienten

$$\frac{d^n f(x)}{dt^n},$$

in welchem x eine Function von t ist, durch die Reihe

$$\sum_{k=1}^{k=n} f^{(k)}(x) \cdot A_k$$

darzustellen. Herr Hoppe, der diese Aufgabe zuerst in der Schrift: „Theorie der independenten Darstellung der höheren Differentialquotienten, Leipzig 1845" löste, bestimmt die A_k als lineare Functionen der n^{ten} Differentialquotienten nach t von n einfachen Functionen der Grösse x; Götting, der einen Specialfall im dritten Bande von Clebsch Ann. (siehe F. d. M. II. 131) behandelt hat, als eine Function k^{ten} Grades aus einem oder mehreren der $n-k+1^{\text{ten}}$ Differentialquotienten von x nach t. Der Verfasser giebt eine allgemeine Methode, aus der beide Entwickelungen abgeleitet werden, und welche für die erstere die Einführung beliebiger Functionen gestattet. Die Methode beruht auf dem Ausdruck des Differentialquotienten durch ein geschlossenes Integral.

Ist $x = \varphi(t)$ und $\xi = \varphi(\tau)$, so ist

$$(1)\quad \frac{d^n f(x)}{dt^n} = \frac{\Pi(n)}{2\pi i}\int \frac{f(\xi)\,d\tau}{(\tau-t)^{n+1}}$$
$$= \sum_{k=1}^{k=n} \frac{f^{(k)}(x)}{\Pi(k)}\,\frac{\Pi(n)}{2\pi i}\int \frac{(\xi-x)^k}{(\tau-t)^{n+1}}\,d\tau,$$

indem die in der Entwickelung von $f(\xi)$ folgenden Glieder bei der Integration verschwinden. Hieraus folgt durch Entwickelung von $(\xi-x)^k$ nach Potenzen von $\tau-t$, wenn

$$\frac{d^m x}{\Pi(m)\,dt^m} = D^m x$$

gesetzt wird:

$$\frac{d^n f(x)}{dt^n} = \sum_{k=1}^{k=n} \Pi(n) f^{(k)}(x) \sum_{\lambda} \frac{(D^1 x)^{\lambda_1} \cdots (D^r x)^{\lambda_r}}{\Pi(\lambda_1) \cdots \Pi(\lambda_r)},$$

wo $\sum\limits_{\lambda}$ auf alle positive ganze Zahlen λ geht, für welche

$$\lambda_1 + \lambda_2 \cdots + \lambda_r = k, \quad \lambda_1 + 2\lambda_2 + \cdots r\lambda_r = n \text{ ist.}$$

Löst man n Gleichungen:

$$\int \frac{\varphi_i(\xi)\, d\tau}{(\tau - t)^{n+1}} = D' \varphi_i(x) \int \frac{(\xi - x)\, d\tau}{(\tau - t)^{n+1}} + \cdots + D^{(n)} \varphi_i(x) \int \frac{(\xi - x)^n d\tau}{(\tau - t)^{n+1}},$$
$$i = 1, 2, \cdots n,$$

nach $\int \frac{(\xi - x)^k}{(\tau - t)^{n+1}} d\tau$ auf und bezeichnet mit Δ die Determinante der Grössen $D^h \varphi_i(x)$, mit Δ_i^h die zu $D^h \varphi_i(x)$ gehörige Unterdeterminante, so erhält man durch Einsetzen in (1), wenn man bemerkt, dass

$$\int \frac{\varphi_h(\xi)\, d\tau}{(\tau - t)^{n+1}} = \frac{d^n \varphi_h(x)}{dt^n}:$$

$$\frac{d^n f(x)}{dt^n} = \sum_{k=1}^{k=n} \frac{f^k(x)}{\Pi(k)} \sum_{h=1}^{h=n} \frac{\Delta_h^k}{\Delta} \frac{d^n \varphi_h(x)}{dt^n}.$$

Die übrigens beliebig gewählten Functionen φ sind an die Bedingung gebunden, dass Δ nicht verschwinde. Aus dieser Gleichung lässt sich die von Herrn Hoppe gegebene Entwickelung von $\frac{d^n f(x)}{dt^n}$ ableiten. Alle erhaltenen Resultate werden ohne Schwierigkeit auf Functionen mehrerer Variabeln ausgedehnt.

Zum Schlusse wird noch gezeigt, dass der von Herrn Hoppe gewonnene erweiterte Ausdruck für den Differentialquotienten einer ganzen negativen Potenz (Höhere Diff. S. 162, Math. Ann. IV. S. 86) ein specieller Fall folgenden Ausdrucks ist:

$$\frac{d^n f(x)}{dt^n} = \sum_{k=1}^{k=n+m} \frac{1}{\Pi(k)} \frac{d^k (f(x) \cdot \varphi(x))}{dx^k}.$$
$$\cdot \sum_{h=0}^{h=k} (-1)^{k-h} k_h\, x^{k-h} \frac{d^n \cdot (x^h \varphi(x)^{-1})}{dt^n},$$

wo m eine beliebige ganze Zahl ist.

Hr.

W. H. L. Russell. Note on an functional eliminaion. Messenger (2) I. 102.

Wenn

$$z = \left(\frac{d\varphi}{dx}\right)^2 + \left(\frac{d\varphi}{dy}\right)^2, \quad 0 = \frac{d^2\varphi}{dx^2} + \frac{d^2\varphi}{dy^2},$$

so ist

$$\frac{d^2(\log z)}{dx^2} + \frac{d^2(\log z)}{dy^2} = 0.$$

Glr. (O.)

S. A. Sexe. Et Par Ord om mathematiske Graendser. Christiania. Nyt Magazin, 1871 81-97.

Formale Bemerkungen hinsichtlich $\frac{0}{0}$, $\frac{a}{0}$ u. s. w.

L.

R. W. Genese. On maxima and minima. Messenger (2) I. 23-34.

Die Arbeit giebt eine Methode, die Maxima und Minima eines rationalen algebraischen Ausdrucks ohne Differentialrechnung zu finden.

Glr. (O.)

F. Unferdinger. Zur Theorie des Maximums und Minimums. Grunert Arch. LIII. 15-26.

Der Verfasser bringt eine von Herrn Petzval vor mehr als 22 Jahren an der Wiener Universität vorgetragene und in Haidinger's naturwissenschaftlichen Abhandlungen (II. Bd. 1848) veröffentlichte Methode für die Bestimmung der Kriterien des Maximums und Minimums einer Function von beliebig vielen Variablen in Erinnerung und führt sie für drei Variable durch. Sie kommt im Grunde darauf zurück, die homogene Function zweiten Grades

$$\Sigma \left(\frac{\partial^2 U}{\partial x_\iota \, \partial x_\varkappa}\right)_0 h_\iota \, h_\varkappa,$$

worin $U = f(x_1 \cdots x_n)$ ist und $\left(\frac{\partial^2 U}{\partial x_i \partial x_\varkappa}\right)_0$ den Werth von $\frac{\partial^2 U}{\partial x_i \partial x_\varkappa}$ für das Werthsystem $x_1^0 \ldots x_n^0$ bedeutet, für welches

$$\frac{\partial U}{\partial x_1} = 0 \cdots \frac{\partial U}{\partial x_n} = 0$$

ist, vermittelst einer orthogonalen Substitution in ein Aggregat von n Quadraten zu verwandeln. Die Coefficienten der Quadrate finden sich bekanntlich als Wurzeln einer Gleichung n^{ten} Grades, die alle reell sind. Je nachdem diese nun sämmtlich positiv oder negativ sind, oder auch, je nachdem die Gleichung lauter Zeichenwechsel oder lauter Zeichenfolgen in ihren Coefficienten anzeigt, ist U für das betrachtete Werthsystem ein Minimum oder Maximum. Kommen theils Zeichenwechsel, theils Zeichenfolgen vor, so ist U für jenes Werthsystem weder ein Maximum noch ein Minimum. Wenn der Verfasser jedoch der Meinung ist, hierdurch den Gegenstand erledigt zu haben, so ist zu bemerken, dass der Fall, wo die zweiten Derivirten $\frac{\partial^2 U}{\partial x_i \partial x_\varkappa}$ für das betrachtete Werthsystem sämmtlich verschwinden, nicht berücksichtigt ist.

Hr.

Capitel 3.

Integralrechnung.

E. Combescure. Sur diverses conditions d'intégrabilité et d'intégration. Brioschi Ann. (2) V. 20-62.

Die Abhandlung erstreckt sich über sehr verschiedenartige Gegenstände und behandelt Aufgaben, die an und für sich in gar keinem Zusammenhange stehen und nur in den zu ihrer Lösung benutzten Rechnungsoperationen eine entfernte Aehnlichkeit erkennen lassen.

§ 1 beschäftigt sich mit der Frage, unter welchen Bedingungen ein gegebener Ausdruck F, der die unabhängige Variable x, eine unbestimmte Function y von x und deren Differentialquotienten bis zum n^{ten} enthält, ein vollständiger Differentialquotient ist. Anstatt, wie man sonst zu thun pflegt, die Euler'sche Integrabilitätsbedingung zu Grunde zu legen und zu untersuchen, welche Bedingungsgleichungen sich aus dieser ergeben, geht der Verfasser direkt davon aus, dass, wenn f derjenige Ausdruck $(n-1)^{\text{ter}}$ Ordnung ist, dessen Differentialquotient F, die Gleichung:

$$F = \frac{\partial f}{\partial x} + y' \frac{\partial f}{\partial y} + y'' \frac{\partial f}{\partial y'} + \cdots y^{(n)} \frac{\partial f}{\partial y^{(n-1)}}$$

für alle Werthe von $x\ y\ y' \cdots y^{(n)}$ identisch erfüllt sein muss, ganz so als ob diese Grössen unabhängige Veränderliche wären, berechnet daraus die Werthe der partiellen Differentialquotienten des unbekannten Integrals f und zeigt, dass unter den bekannten n Bedingungen von Joachimsthal diese Werthe den Relationen:

$$\frac{\partial \frac{\partial f}{\partial y^{(\varkappa)}}}{\partial y^{(i)}} = \frac{\partial \frac{\partial f}{\partial y^{(i)}}}{\partial y^{(\varkappa)}}, \quad \frac{\partial \frac{\partial f}{\partial x}}{\partial y^{(i)}} = \frac{\partial \frac{\partial f}{\partial y^{(i)}}}{\partial x}$$

Genüge leisten. Sind daher diese n Bedingungen erfüllt, so ist der Ausdruck $F dx$ stets integrabel, und man kann sein Integral f nach denselben Formeln berechnen, die man bei unabhängigen Variabeln zur Integration exacter Differentiale anwendet. Hierdurch aber würde man, wenn man in der gewöhnlichen Weise verfahren wollte, f erst nach $n+1$ Quadraturen erhalten, während unter der Voraussetzung, dass F der Euler'schen Integrabilitätsbedingung identisch genügt, Poisson das Integral von $F dx$ durch eine einzige Quadratur darstellt. Der Verfasser zeigt daher allgemein, wie man das Integral eines exacten Differentiales durch eine einzige Quadratur ausdrücken kann, und stellt hierfür eine Formel auf, die im Wesentlichen mit derjenigen übereinstimmt, die P. du Bois-Reymond (Borchardt J. LXX., 313, s. F. d. M. II. p. 162) gegeben hat. Die schwierigere Frage dagegen, ob die gefundenen n Bedingungsgleichungen von einander unabhängig oder einige derselben eine Folge der anderen sind, wird ganz mit Stillschweigen übergangen und des Resultates von Joachimsthal (Crelle J. XXXIII.), wonach von diesen n Bedingungen, je nachdem n grade oder ungrade, gewisse $\frac{1}{2}n+1$ oder $\frac{1}{2}(n+1)$ die übrigen nach sich ziehen, geschieht mit keiner Silbe Erwähnung, obgleich die betreffende Abhandlung im Eingange citirt wird, und überdies die genannte Frage bei dem Gesichtspunkte, von dem der Verfasser ausgeht, sich noch weit natürlicher darbietet als bei der Joachimsthal'schen Behandlung desselben Gegenstandes.

Während der zweite § sich noch ganz ungezwungen dem ersten anreiht, und die Frage nach den Integrabilitätsbedingungen auf den Fall ausdehnt, wo in dem gegebenen Ausdrucke F mehrere unbestimmte Functionen von x nebst ihren Differentialquotienten auftreten, bringen nun die folgenden § Untersuchungen ganz anderer Art. In § 3 wird die Frage erörtert, unter welchen Bedingungen es möglich sei, der partiellen Differentialgleichung zweiter Ordnung

$$\frac{\partial^2 z}{\partial x\,\partial y} = f(z)$$

zu genügen durch einen Ausdruck, der ausserhalb jedes irreductibelen Integrationszeichens eine willkürliche Function von x und deren Differentialquotienten bis zu einer bestimmten Ordnung enthält. Der folgende §, anknüpfend an eine Abhandlung von Laplace, behandelt dieselbe Frage in Bezug auf die erste der beiden Gleichungen:

$$\frac{\partial^2 z}{\partial x\,\partial y} = m\frac{\partial z}{\partial x} + n\frac{\partial z}{\partial y} + lz$$

$$\frac{\partial^2 z}{\partial x^2} = m\frac{\partial z}{\partial x} + n\frac{\partial z}{\partial y} + lz,$$

die man, unter l, m, n beliebige Functionen von x und y verstanden, nach Laplace als die allgemeinen Repräsentanten der linearen partiellen Differentialgleichungen zweiter Ordnung mit zwei unabhängigen Variabeln betrachten, und, wie hier gezeigt wird, auf noch einfachere Formen zurückführen kann. § 4 giebt dann hierzu Beispiele und Erläuterungen. Dagegen führt der letzte § wiederum einen neuen Gegenstand ein und bringt Bemerkungen über die von Poisson gegebene Formel zur Lösung der Gleichung:

$$\frac{\partial^2 u}{\partial y^2} = \frac{\partial^2 u}{\partial x^2} + \frac{\lambda}{x} \frac{\partial u}{\partial x} + \frac{\mu}{x^2} u,$$

in der λ und μ als beliebige reelle Constanten betrachtet werden.

Mr.

F. Grelle. Note zur Integration des Differentials:

$$\frac{a + bx + cx^2 + \cdots + px^n}{A + Bx + Cx^2 + \cdots + Px^n} \frac{dx}{\sqrt{\alpha + \beta x + \gamma x^2}}.$$

Schlömilch Z. XVI., 254-257.

Der Verfasser giebt für das Integral

$$\int \frac{Px + Q}{[(x-p)^2 + q^2]^n} \frac{dx}{\sqrt{\alpha + \beta x + \gamma x^2}},$$

welches bei der Zerlegung des Faktors von

$$\frac{dx}{\sqrt{\alpha + \beta x + \gamma x^2}}$$

in Partialbrüche vorkommt, dessen Behandlung aber in den Lehrbüchern der höheren Mathematik kaum erwähnt wird, eine reelle Reductionsformel, durch welche dieses Integral auf die Form

$$\int \frac{Px + Q}{(x-p)^2 + q^2} \frac{dx}{\sqrt{\alpha + \beta x + \gamma x^2}}$$

zurückgeführt wird. Daran schliesst der Verfasser einen in den Lehrbüchern ebenfalls vermissten Beweis dafür, dass in der Zerlegung von $\frac{f(x)}{F(x)}$ für den Fall, wo $F(x) = 0$ vielfache imaginäre Wurzeln hat, die auf diese Wurzeln bezüglichen Glieder in der Form

$$\frac{Bx + C}{[(x-p)^2 + q^2]^n} + \cdots$$

sich vereinigen lassen, wo B und C reelle Constanten sind.

Hr.

H. M'Coll. An easy way of remembering the formulae of reduction in the integral calculus, both as regards their investigation and their application. Educ. Times XIV. 43-45.

A. O. Hanlon. Solution of question 3114. Educ. Times XIV. 77.

Reductionsformeln für $\int x^m (a+b x^n)^p dx$.

Hi.

M. Azzarelli. Sul teorema di Fagnano per ognuna delle curve coniche. Att. d. Acc. d. N. Linc. XXIV. 336-358.

In dieser Note werden die Hauptsätze über die Rectification der Differenz zweier Bogen der Ellipse, Hyperbel oder Parabel von Neuem bewiesen und speciell die Eigenschaften associirter Punkte der Ellipse und Hyperbel abgeleitet. (Associirt heissen zwei Punkte, welche die Endpunkte zweier Bogen sind, die den anderen Endpunkt gemeinsam haben, und welche so liegen, dass die Differenz der Bogen rectificabel ist). Ferner wird kurz die Methode für die Lösung der dahin gehörigen Probleme auseinandergesetzt, die sich im zweiten Theile der „Istituzioni analitici" von Riccati und Saladini findet.

Jg. (O.)

A. Steen. Elementaert Bevis for Simpsons Formel. Zeuthen Tidsskr. (3) I. 90.

Elementarer Beweis der Simpson'schen Formel durch eine Methode, die mit der ersten Exhaustionsmethode des Alterthums zusammenfällt, die aber hier auf eine beliebige Curve angewandt wird. Siehe Duhamel, calcul infinitésimal, t. I.

Hn. (O.)

M. Deprez. Instrument servant à calculer mécaniquement la valeur des aires, des centres de gravité et des moments d'inertie des figures planes. C. R. LXXIII. 785-787.

Beschreibung eines dem Amsler'schen Polarplanimeter ähnlichen Instruments, das dazu dient, für irgend eine geschlossene Curve $y=f(x)$ den Werth des Integrals

$$\int y^m\, dx$$

mechanisch zu berechnen; dabei kann m eine beliebige Zahl sein, während das Instrument von Amsler nur den Flächeninhalt, also den Werth des Integrals für $m=1$ giebt. Wir kommen auf die Arbeit zurück, wenn der Verfasser eine genauere Theorie des Instruments giebt.

Wn.

F. Unferdinger. Zur Theorie der simultanen Substitutionen in zwei- und dreifachen Integralen. Wien. Ber. LXIII. 773-808.

Es werden zwei- und dreifache Integrale unter folgenden Intervallsbedingungen berechnet. Es seien L, M, N drei Functionen von x, y, z, und in

$$u=\iiint F(L, M, N)\, dx\, dy\, dz$$

soll die Integration nach x, y, z auf alle reellen Werthe dieser Veränderlichen ausgedehnt werden, welche die Bedingungen

$$\lambda_0 < L < \lambda_1,\ \mu_0 < M < \mu_1,\ \nu_0 < N < \nu_1$$

erfüllen, wo λ_0, λ_1 etc. Constante sind. Führt man nun neue Variable λ, μ, ν ein durch die Substitutionen: $L=\lambda$, $M=\mu$, $N=\nu$, und bezeichnet ω die Substitutionsdeterminante:

$$\Sigma \frac{\partial x}{\partial \lambda} \frac{\partial y}{\partial \mu} \frac{\partial z}{\partial \nu},$$

so folgt:

$$u=\int_{\lambda_0}^{\lambda_1}\int_{\mu_0}^{\mu_1}\int_{\nu_0}^{\nu_1} F(\lambda, \mu, \nu)\, \omega\, d\lambda\, d\mu\, d\nu,$$

wo nunmehr die Grenzen constant sind. Die zweifachen Integrale, die nach diesem Verfahren bestimmt werden, haben zu ihrer Begrenzung theils Gerade, theils Parabeln, die dreifachen theils Ebenen, theils elliptische Paraboloide. Indem $F=1$ gesetzt wird, erhält man unmittelbar Flächeninhalts- oder Volumenbestimmungen des durch die Grenzcurven, resp. Grenzflächen umschlossenen Integrationsgebiets. Hr.

C. TYCHSEN. Svar paa en Foresporgsel. Zeuthen Tidsskr. (3) I. 70.

In der Methode der kleinsten Quadrate bedient man sich des vielfachen Integrals

$$\left(\sqrt{\frac{1}{2\pi}}\right)^n \iiint \cdots e^{-\frac{x_1^2+x_2^2+\cdots x_n^2}{2}} dx_1\, dx_2\, dx_3 \cdots dx_n,$$

ausgedehnt über alle Werthe der Grössen $x_1, x_2 \cdots x_n$, für welche die Grösse

$$\frac{(x_1^2+x_2^2+\cdots+x_n^2)-(x_1+x_2+\cdots+x_n)^2}{n\,(n-1)}$$

zwischen die Grenzen 0 und y fällt. Wenn man das Integral

$$=\int_0^y \psi(v)\, dv$$

setzt, kann man mit Hülfe elementarer Betrachtungen $\psi(v)$ finden, muss sich aber dabei mit einer Induction begnügen. Der Verfasser zeigt nun, wie man $\psi(v)$ mit Hülfe der Integralrechnung finden kann. Hn. (O.)

A. GENOCCHI. Dimostrazione di una formola di Leibniz ed Lagrange. Mem. di Torino XXVI. 61-77.

Siehe Fortschr. d. M. II. p. 135.

Capitel 4.

Bestimmte Integrale.

G. F. MEYER. Vorlesungen über die Theorie der bestimmten Integrale zwischen reellen Grenzen. Leipzig. Teubner.

Die Grundlage dieses Buches bilden die von Dirichlet im Sommersemester 1858 gehaltenen Vorlesungen über die Theorie der bestimmten Integrale. Ausserdem sind die Vorlesungen Dirichlet's über Integration partieller Differentialgleichungen, mit Anwendung auf physikalische Probleme, Sommersemester 1857, und „Ueber die Kräfte, welche im umgekehrten Verhältnisse des Quadrats der Entfernung wirken", Wintersem. 1857/58, und die Dirichlet'schen Abhandlungen benutzt worden. Der beschränkte Raum gestattet nicht, auch nur andeutungsweise von der Reichhaltigkeit des Materials, das in dem Werke geboten wird, eine Vorstellung zu geben, und wir bemerken nur, dass ausser den Laplace'schen, Cauchy'schen, Liouville'schen Formeln auch die unseres Wissens in die bekannteren Lehrbücher nicht übergegangenen Kummer'schen Theoreme (Crelle J. XVII.) und die Winckler'schen Formeln (Wien. Ber. LX, siehe F. d. M. II. p. 146) mit aufgenommen sind. Den Gang der Darstellung anlangend, werden zunächst die allgemeinen Principien, welche der Theorie der bestimmten Integrale zu Grunde liegen, in einer gesonderten Abtheilung dargelegt, worauf die Bestimmung der besonderen einfachen und vielfachen Integrale folgt.

Von den Anwendungen, welche von der Theorie der bestimmten Integrale gegeben werden, merken wir an: die Theoreme über die Gauss'schen Summen und das Reciprocitätsgesetz auf dem Gebiete der Zahlentheorie, ferner die Entwickelung einer Function nach Kugelfunctionen, die Berechnung der Oberfläche des dreiaxigen Ellipsoids nach der Catalan-Lobatto-Dirichlet'schen Methode und die Attraction des homogenen Ellipsoids auf einen Punkt. Hr.

D. Bierens de Haan. Note sur la différentiation et l'intégration d'une intégrale multiple par rapport à une constante. Versl. en Mededeel. (2) V. 53-64 und 65-77. Arch. Néerl. VI. 329-347.

Schlömilch hat die Euler'sche Methode der Differentiation und Integration eines bestimmten Integrals nach einer bestimmten Constanten auf den Fall ausgedehnt, wo die Grenzen des bestimmten Integrals von dieser Constanten abhängen. Die betreffenden Integrations-Formeln sind für diesen Fall von H. Bierens de Haan gegeben, Versl. en Medcdeel. (1.) IV., 322-346. 1856. Cauchy hat für vielfache Integrale, deren Grenzen unabhängig von der Constanten sind, die Differentiation und Integration nach dieser Constante ausgeführt. Im Vorliegenden betrachtet nun der Herr Verfasser den Fall, wo die Grenzen Functionen der betreffenden Constante sind. Er geht für die Differentiation aus von der Formel:

$$\frac{d}{d\varrho}\int_r^R f(\varrho, x)\,dx = \int_r^R \frac{df(\varrho, x)}{d\varrho}\,dx + \frac{dR}{d\varrho} f(\varrho, R) - \frac{dr}{d\varrho} f(\varrho, r),$$

und von diesem einfachen Integral zu einem Doppelintegral, von diesem zu einem dreifachen über. Die allgemeine Form des *n*fachen Integrals ist leicht aus der des dreifachen zu ersehen. Dasselbe wird dann für die Integration eines vielfachen Integrals ausgeführt mit Hülfe der Formel:

$$\int d\varrho \int_r^R f(\varrho, r)\,dx = \int_r^R dx \int f(\varrho, r)\,d\varrho - \int \frac{dR}{d\varrho}\,d\varrho \int f(\varrho, R)\,d\varrho$$

$$+ \int \frac{dr}{d\varrho}\,d\varrho \int f(\varrho, r)\,d\varrho - \int \frac{dR}{d\varrho}\,d\varrho \int \chi(\varrho, R)\,\frac{dR}{d\varrho}\,d\varrho$$

$$+ \int \frac{dr}{d\varrho}\,d\varrho \int \chi(\varrho, r)\,\frac{dr}{d\varrho}\,d\varrho,$$

wo

$$\chi(\varrho, y) = \frac{\partial}{\partial y}\int f(\varrho, y)\,d\varrho$$

ist. Die Endformel wird allerdings sehr complicirt. Schliesslich wird der specielle Fall durchgeführt, wo die unter dem vielfachen Integral stehende Function von der betreffenden Constante unabhängig ist. M.

J. Chiò. Théorème relatif à la différentiation d'une intégrale définie par rapport à une variable comprise dans la fonction sous le signe $\int$ et dans les limites de l'intégrale étendue au calcul aux différences et suivi de quelques applications. Att. d. Torino VI. 194-230.

Die wenigen Worte, welche zur Einleitung dieser Arbeit

dienen, erläutern ihren Zweck gut. Referent glaubt daher nicht fehlzugreifen, wenn er sie statt eines Referates hier reproducirt. „Die Geometer, und vor allem Cauchy, haben, indem sie sich auf die Formel stützten, welche das Differential eines bestimmten Integrals in Beziehung auf eine Variable der Function unter dem Zeichen $\int$ und zwischen den Integrationsgrenzen darstellt, mit vieler Eleganz, sowohl den Ausdruck eines vielfachen Integrals mit einer einzigen Variabeln

$$\int_{x_0}^{x}\int_{x_0}^{x}\cdots f(x)\,dx^n$$

unter der Form eines einfachen Integrals abgeleitet, als auch die Reihe von Taylor mit dem Restgliede. Ich habe in dieser Schrift die Absicht zu zeigen, dass man eine der oben citirten analoge Formel für die Differenzenrechnung aufstellen kann. Ich erhalte mittelst derselben leicht nicht allein den Werth des vielfachen Integrals von der Ordnung n

$$\sum_{x_0}^{x}{}^n f(x)$$

unter der Form eines einfachen Integrals mit Differenzen, sondern auch das Restglied der bekannten Formel, welche den Werth einer Function $f(x)$ mit Hülfe ihrer Differenzen, bezogen auf einen und denselben Werth der Variabeln, giebt.“

Jg. (O.)

L. Oppermann. Om Qvadraturer. Zeuthen Tidsskr. (3) I. 11.

Der Verfasser drückt sein Problem folgendermassen aus: „Schon Newton und seine jüngeren Zeitgenossen haben annähernd das Integral einer Function dargestellt, indem sie nach Multiplication bestimmter Werthe der Function mit gewissen Factoren die Summe aus diesen Producten nahmen.“ Diese Methode ist in ihrer Allgemeinheit von Gauss entwickelt. Hier giebt der Verfasser eine (zum Theil originelle) Entwickelung der Gauss'schen Resultate. Die Methode setzt voraus, dass die Function in eine convergente Reihe nach steigenden Potenzen entwickelt werden kann.

Es sei $\int_g^{g+h} X\,dx$ das gesuchte Integral. Setzt man nun

$$x = g + \frac{1}{2}h + \frac{1}{2}hu$$

und

$$(1)\quad X = \lambda_0 + \lambda_1 u + \lambda_2 u^2 + \cdots,$$

so hat man:

$$\int_g^{g+h} X\,dx = \frac{h}{2}\int_{-1}^{+1} U\,du = h\,(\lambda_0 + \tfrac{1}{3}\lambda_2 + \tfrac{1}{5}\lambda_4 + \cdots) = h\,F_0.$$

Es seien jetzt $a_1\ a_2\ a_3 \cdots a_n$ verschiedene Werthe von u, $A_1\ A_2\ A_3 \cdots A_n$ die entsprechenden Werthe von U. $\alpha_1\ \alpha_2\ \alpha_3 \cdots \alpha_n$ die entsprechenden Factoren. Setzt man

$$\alpha_1 A_1 + \alpha_2 A_2 + \cdots \alpha_n A_n = F_1,$$

so muss man F_1 dergestalt bestimmen, dass es möglichst nahe mit F_0 zusammenfällt. Setzt man

$$(2)\quad F_2 = h_0\,(1 - [\alpha]) - h_1\,(1 - [\alpha a]) + h_2\,(\tfrac{1}{3} - [\alpha a^2]) \cdots,$$

(wo [] das Zeichen der Summation ist), so ist hF_2 die Correction, die man zu hF_1 hinzufügen muss, um den genauen Werth hF_0 zu erhalten. Wird die Reihe (1) als convergent vorausgesetzt, so wird die Annäherung um so grösser sein, je höher der Index von h im ersten Gliede von (2) ist, das nicht verschwindet. Der Verfasser zeigt, wie man die $2n$ ersten Glieder der Reihe (2) verschwinden lassen kann, wenn man über die $2n$ Grössen $a_1\ a_2 \cdots a_n\ \alpha_1\ \alpha_2 \cdots \alpha_n$ disponiren kann und giebt alsdann einige Mittel zur Erleichterung der Rechnungen an.

Hn. (O.)

D. Bierens de Haan. Oversenige nieuwe herleidungsformulen by de theorie van bepaalde integralen. Verh. d. Ak. d. Wet. Amst. 1871. 1-64.

A. Andréiewsky. Formules relatives à la théorie des intégrales définies. Clebsch Ann. IV. 550-557.

Der Verfasser giebt zunächst einen analytischen Beweis des Satzes, dass:

$$\int_a^b [\varphi(x, x) + \psi(x, x)]\, dx = \int_a^b [\varphi(x, a) + \psi(b, x)]\, dx$$

ist, sobald $\varphi(x, y)$ und $\psi(x, y)$ zwei zwischen den Grenzen $x = x = a$ und $x = y = b$ stetige Functionen von x und y sind, welche der Bedingung $\frac{\partial \varphi}{\partial y} = \frac{\partial \psi}{\partial x}$ genügen, ein Satz, der für $a = 0$ nur eine andere Form der bekannten Dirichlet'schen Formel ist:

$$\int_0^b dx \int_0^x f(x, y)\, dy = \int_0^b dy \int_y^b f(x, y)\, dx.$$

Der Verfasser wendet dann diesen Satz auf zwei solche reelle Functionen φ und ψ an, wie man sie bei der Zerlegung einer beliebigen Function F der imaginären Variabeln $x + iy$ in die Theile:

$$F(x + iy) = \varphi(x, y) + i\psi(x, y)$$

erhält, wobei von der Bemerkung Gebrauch gemacht wird, dass man in der obigen Formel rechter Hand unter dem Integralzeichen a und b mit einander vertauschen kann, und schliesst, nachdem er zuvor noch den Satz auf mehr als zwei Variable ausgedehnt hat, mit einigen allgemeinen Betrachtungen über Integralformeln von der Beschaffenheit:

$$\int_a^b f(x, a, b)\, dx = \int_a^b \varphi(x)\, dx$$

wo φ die constanten Parameter a und b nicht enthält.

Mr.

J. W. L. Glaisher. On the history of Euler's constant.

Messenger (2) I. 25-30.

Der Verfasser führt die Stelle an, in der Euler die Constante $\cdot 577\,215 \cdots$ in die Mathematik eingeführt hat, und giebt einen Bericht über seine Bemühungen, dieselbe mit anderen bekannten Constanten zu verbinden und über die Reihe, die er für dieselbe erhalten hat. Es folgen Notizen über die Berechnungen von Mascheroni, Soldner, Nicolai, Lindman, Oettinger und Shanks. Zum Schluss zeigt er, dass Mascheroni's Fehler in der 20ten Stelle zu acht weiteren Berechnungen Anlass gegeben hat. (Die von Euler p. 28 angeführten Formeln sind richtig, ausgenommen die erste, wo s_2, s_4 gedruckt ist für s_3, s_5, ...).

Glr. (O.)

J. W. L. Glaisher. On the calculation of Euler's constant. Proc. of London XIX. 514-524.

Verbesserung einiger Ungenauigkeiten in der Herleitung und Berechnung, die sich in zwei Arbeiten von Shanks: „On the extension of the value of the base of Napiers logarithms; the Napierian logarithms of 2, 3, 5 and 10 and of the modulus of Briggs in the common system of logarithms: all to 205 places of decimals", Proc. of London VI. 397, und „On the calculation of the numerical value of Euler's constant," Proc. of London XV. 1867. p. 429, finden. Die Resultate von Shanks, so ergiebt sich, sind von der 59ten Decimale an ungenau.

Cly. (O.)

W. Shanks. Second paper on the numerical value of Euler's constant and on the summation of the harmonic series employed in obtaining such value. Proc. of London XIX. 29-34.

Der Werth der Euler'schen Constante ist auf 110 Decimalen berechnet. Ausserdem noch verschiedene andere numerische Resultate.

Cly. (O.)

W. Shanks. Second paper on the numerical values of e, log e^2, log e^3 and log e^{10}, also on the numerical value of M the modulus of the common system of logarithms, all to 205 decimals. Proc. of London XIX. 27-29.

Enthält die vom Verfasser berechneten Werthe.

Cly. (O.)

J. W. L. Glaisher. On a class of definite integrals. Phil. Mag. (4.) XLII. 294-302. 421-436.

Der Verfasser schlägt vor, das Integral

$$\int_x^\infty e^{-x^2}\,dx$$

als neue fundamentale Function einzuführen, welche er die Error-function nennt und durch $Erf\,x$ bezeichnet, so dass

$$\int_x^\infty e^{-x^2}\,dx = Erf\,x.$$

Im zweiten Theile wird noch die Function

$$\int_0^x e^{-x^2}\,dx = Erf\,c\,x,$$

als Error-function-complement beigefügt. Man hat dann

$$Erf\,x + Erf\,c\,x = \frac{\sqrt{\pi}}{2}, \text{ wenn } x \text{ positiv,}$$

$$Erf\,x + Erf\,c\,x = -\frac{\sqrt{\pi}}{2}, \text{ wenn } x \text{ negativ.}$$

Es werden Eigenschaften der Function entwickelt und eine Menge bestimmter Integrale durch dieselbe ausgedrückt. Hiervon nur einige Beispiele:

$$\int_0^\infty \frac{e^{-cx^2}}{x^2+a^2}\,dx = \frac{\sqrt{\pi}}{a}\,e^{a^2c}\,Erf\,a\sqrt{c}.$$

$$\int_0^\infty \frac{x^2 e^{-c\left(x^2+\frac{a^2}{x^2}\right)}}{x^4+(a^2-2\alpha)x^2+\alpha^2}\,dx = \frac{\sqrt{\pi}}{a}\,e^{a^2c-2\alpha c}\,Erf\,a\sqrt{c}$$

$$\int_0^\infty e^{-a^2x^2}\sin 2rx\,\frac{dx}{x} = \sqrt{\pi}\,Erf\,c\left(\frac{r}{a}\right).$$

Zur Berechnung von $Erf\,x$ werden Reihenentwickelungen gegeben. Zum Schluss wird ein Verzeichniss der vorhandenen Tabellen zusammengestellt, welche jedoch den Werth von $Erf\,x$ nur für Werthe von x zwischen 0 und 3·00 enthalten, weshalb eine weitere Tafel für Werthe von $x = 3\cdot00$ bis $x = 4\cdot50$ vom Verfasser berechnet ist.

Hi.

R. Pendlebury. Note on some definite integrals. Phil. Mag. (4.) XLII. 437-440.

Der Verfasser drückt einige weitere Integrale durch die von Herrn Glaisher eingeführte Error-function aus, indem er Producte und Potenzen von $Erf\, x$ bildet. Er erhält z. B.

$$\{Erf(\alpha)\}^2 = e^{-\alpha^2}\int_1^\infty \frac{e^{-\alpha^2 x^2}\,dx}{1+x^2}.$$

Auch die dritte und vierte Potenz wird durch bestimmte Integrale ausgedrückt. Hi.

S. Spitzer. Darstellung der Function $y = x^n e^{\lambda x^2}$, in welcher λ eine constante, aber von Null verschiedene, und n Null oder eine ganze positive Zahl bezeichnet, in der Form $y = S\,[A_m^n\, e^{mx}]$. Grunert Arch. LII., 364-368.

S. Spitzer. Darstellung der Function $y = x^n e^{ax^3}$, in welcher a eine constante aber von Null verschiedene, und n Null oder eine ganze positive Zahl bezeichnet, in der Form $y = S\,[A_m\, e^{mx}]$. Grunert Arch. LII. 368-370.

In der ersten Arbeit wird von der Identität

$$e^{\lambda x^2} = \frac{1}{\sqrt{2\pi}}\int_{-\infty}^{+\infty} e^{-\frac{u^2}{2} + ux\sqrt{2\lambda}}\,du$$

ausgegangen und durch fortgesetzte Differentiation die Relation erhalten:

$$x^n e^{\lambda x^2} = \int_{-\infty}^{+\infty} e^{-\frac{u^2}{2} + ux\sqrt{2\lambda}}\,V\,du,$$

wo V eine ganze Function von u ist, welche der Differentialgleichung:

$$\frac{d^2W}{du^2} + \frac{d(uW)}{du} + nW = 0, \text{ wo } W = e^{-\frac{u^2}{2}}\,V$$

ist, genügt. Die Lösung derselben und die Bestimmung der Constanten durch die beiden Bedingungen, dass V eine ganze Function ist, und dass für $n=0$ die obige Formel für $e^{\lambda x^2}$ sich ergeben muss, führt auf folgenden Ausdruck für $x^n e^{\lambda x^2}$:

$$x^n e^{\lambda x^2} = \frac{1}{\sqrt{2\pi}} \int_{-\infty}^{+\infty} e^{ux\sqrt{2\lambda}} \frac{d^n e^{-\frac{u^2}{2}}}{du^n} du,$$

welcher die verlangte Form hat.

In der zweiten Note geht der Verfasser von dem folgenden, bereits im 42ten Bande des Archivs p. 105 aufgestellten Werth für e^{ax^3} aus:

$$(1)\ e^{ax^3} = \int_0^\infty \int_0^\infty e^{-\frac{u^3+v^3}{3}} v \left(C_1 e^{\lambda_1 uvx} + C_2 e^{\lambda_2 uvx} + C_3 e^{\lambda_3 uvx}\right) \cdot du\, dv,$$

wo λ_1, λ_2, λ_3 die drei Wurzeln der Gleichung $\lambda^3 = 3a$ bezeichnen, und C_1 C_2 C_3 drei Bedingungsgleichungen erfüllen.

Aus (1) wird durch Anwendung der theilweisen Integration der Werth von $x e^{ax^3}$ in der gesuchten Form erhalten, und vermittelst blosser Ausführung von Differentiationen lassen sich dann aus diesen beiden Ausdrücken die Functionen $x^2 e^{ax^3}$, $x^3 e^{ax^3}$ u. ff. in der verlangten Weise entwickeln.

Hr.

W. Walton. On certain definite integrals. Quart. J. XI. 289-293.

Die Arbeit bezweckt, einige Ableitungen von bestimmten Integralen zu geben, die den Hauptgegenstand der Poisson'schen Arbeit: „Suite du mémoire sur les intégrales définies“ (J. dè l'éc. polyt. Cah. X) bilden.

Cly. (O.)

J. W. L. Glaisher. On the summation by definite integrals of the geometrical series of the second and higher orders. Quart. J. XI. 328-343.

Siehe Abschn. V., Cap. 2. p. 107.

J. W. L. Glaisher. Note on the integral $\int_0^\infty \frac{\cos bx}{a^2+x^2} dx$. Messenger (2.) I. 33.

Man erhält den Werth des Integrals sehr schnell durch eine doppelte Differentiation nach b und theilweise Integration.

Glr. (O.)

W. WALTON. On a pair of definite integrals. Quart. J. XI. 373-375.

Untersuchung der Werthe der bestimmten Integrale:

$$\int_0^x e^{-ax} x^{n-1} \cos bx\, dx, \int_0^x e^{-ax} x^{n-1} \sin bx\, dx.$$

Die Methode ist der von Poisson ähnlich, aber etwas einfacher.

Cly. (O.)

F. UNFERDINGER. Ueber eine Transformation des bestimmten Integrals $\int_0^a \log \frac{a+b\cos x}{a-b\cos x} dx$. Grunert Arch. LIII. 27-29.

Multiplicirt man beide Seiten der Gleichung:

$$\int_0^\alpha \frac{\cos x}{1-y^2\cos^2 x} dx = \frac{1}{y\sqrt{1-y^2}} \text{arctg.} \frac{y \sin\alpha}{\sqrt{1-y^2}}, \quad \alpha \leqq \tfrac{1}{2}\pi,$$

mit $2dy$ und integrirt nach y von 0 bis $\beta \gtrless {0 \atop 1}$, und setzt $y = \sin x$ so folgt:

$$\int_0^\alpha \log \frac{1+\beta\cos x}{1-\beta\cos x} dx = 2\int_0^{\text{arc}\sin\beta} \frac{\text{arctg}\,(\sin\alpha\, \text{tg}\, x)}{\sin x} dx,$$

oder für $\beta = \frac{b}{a}$:

$$\int_0^\alpha \log \frac{a+b\cos x}{a-b\cos x} dx = 2\int_0^{\text{arc}\sin\frac{b}{a}} \frac{\text{arctg}\,(\sin\alpha\, \text{tg}\, x)}{\sin x} dx, \quad b<a.$$

Die für $\alpha = \frac{1}{2}\pi$ erfolgende Gleichung:

$$\int_0^{\frac{1}{2}\pi} \log \frac{1+\beta\cos x}{1-\beta\cos x} dx = 2\int_0^{\text{arc}\sin\beta} \frac{x}{\sin x} dx, \quad \beta \gtrless {0 \atop 1},$$

wird mit Hülfe von unendlichen Reihen verificirt.

Hr.

G. DILLNER. Definita integraler af synektiska funktioner. Dillner Tidsskr. IV. 33. 121.

Fortsetzung einer früheren Abhandlung. S. Fortschr. d. M. II. p. 154.

Hn. (O.)

S. Réalis. Esercizio elementare sugl' integrali euleriani della prima specie. Battaglini G. IX., 345-354.

Der Verfasser untersucht das Euler'sche Integral erster Gattung:

$$B(p,q)=\int_0^1 x^{p-1}\,(1-x)^{q-1}\,dx$$

für positive Werthe von p und q, die kleiner als 1 sind, und zeigt, dass solchen Werthen endliche Werthe der Function B entsprechen. Der Beweis kann unabhängig von den weiteren Transformationen und Reductionen geführt werden, die in der Theorie der Euler'schen Integrale auftreten.

M.

J. Blissard. Solution of questions 3074, 3103. Educ. Times. XIV. 64.

Man hat

$$\Gamma(n+1)=n+a_1 n(n-1)+a_2 n(n-1)(n-2)+\cdots$$
$$+a_r n(n-1)\cdots(n-r)+\cdots,$$

wo

$$a_r=1-\frac{1}{1}+\frac{1}{1\cdot 2}-\frac{1}{1\cdot 2\cdot 3}+\cdots\pm\frac{1}{1\cdot 2\cdots r};$$

ferner

$$\frac{1}{\Gamma(n+1)}=1-\frac{1}{2}\,\frac{n(n-1)}{1\cdot 2}+\frac{2}{3}\,\frac{n(n-1)(n-2)}{1\cdot 2\cdot 3}-\cdots$$
$$+(-1)^r a_r\,\frac{n(n-1)\cdots(n-r+1)}{1\cdot 2\cdot 3\cdots r};$$

wenn

$$a_r=1-\frac{r}{2}+\frac{r(r-1)}{(1\cdot 2)^2}-\frac{r(r-1)(r-2)}{(1\cdot 2\cdot 3)^2}+\cdots$$

Hi.

J. W. L. Glaisher. On the integrals

$$\int_0^\infty \sin(x^n)\,dx \text{ and } \int_0^\infty \cos(x^n)\,dx.$$

Messenger (2.) I. 106-111. Rep. Brit. Ass. 1871.

Enthält eine Tafel der Werthe des ersten Integrals für

20 Argumente (± 1, $\pm 2, \cdots \pm 10$) und des zweiten für 10 Argumente (1, 2, $\cdots$ 10) auf 7 Decimalstellen. Ferner finden sich Zeichnungen der Curven

$$y = \int_0^x \cos u^x \, du, \quad y = \int_0^x \sin u^x \, du$$

und ihrer äquivalenten

$$y = \Gamma\left(1 + \frac{1}{x}\right) \cos \frac{\pi}{2x}, \quad y = \Gamma\left(1 + \frac{1}{x}\right) \sin \frac{\pi}{2x},$$

wie auch von

$$y = \int_0^x e^{-u^x} du = \Gamma\left(1 + \frac{1}{x}\right).$$

Namentlich die drei letzten zeigen eine merkwürdige Gestalt.

Glr. (O.)

O. Schlömilch. Ueber eine Kettenbruchentwickelung für unvollständige Gammafunctionen. Schlömilch Z. XVI., 261-262.

Durch Differentiation des Integrals

$$f(x) = x^{-\mu} e^x \int_0^x t^{\mu-1} e^{-t} dt, \quad x > 0, \ \mu > 0,$$

ergeben sich die Relationen:

$$f(x) = \frac{1}{\mu - x + x \frac{f'x}{fx}}, \quad \frac{f^n(x)}{f^{n-1}(x)} = \frac{n}{n + \mu - x + x \frac{f^{n+1}x}{f^n x}},$$

woraus die Kettenbruchentwickelung sofort ersichtlich ist.

M.

V. Imchenetsky. Sur les fonctions de Jacques Bernoulli, et sur l'expression de la différence entre une somme et une intégrale de mêmes limites. Battaglini G. IX. 87-103.

Eine Uebersetzung der in den Mémoires de Kasan 1870 veröffentlichten Arbeit. Siehe Fortschr. d. M. II. 124.

M.

P. du Bois-Reymond. Die Theorie der Fourier'schen Integrale und Formeln. Clebsch Ann. IV., 362-390.

Der Verfasser hat in einer früher besprochenen Arbeit (F. d. M. I., 101) eine Gattung von Doppel-Integralen behandelt, in welche das bekannte Fourier'sche gehört. Er findet jetzt, dass die Klasse dieser Integrale erheblich umfangreicher ist, als die erste Untersuchung darstellte, insofern nämlich die Gleichung:

$$\lim_{h=\infty}\int_0^h dy\int_0^a dx\, f(x)\,\varphi(x,y) = f(0).\ \lim_{h=\infty}\int_0^h dy\int_0^a \varphi(x,y)dx$$

unter denselben Voraussetzungen über $\varphi(x,y)$ resp. $F(x,y)$, die in der ersten Abhandlung gemacht wurden, auch noch dann gültig bleibt, wenn die Grenzen x_0, y_0, h nach einander in irgend einer Reihenfolge, oder gemäss irgend welcher Beziehung gleichzeitig in die Werthe 0, 0, ∞ übergehen. Auch die Beschränkung der Function $f(x)$ wird insoweit gehoben, als dieselbe in dem Intervall $0\dots a$ unendlich werden darf, wenn nur

$$\int_0^a f(x)\,dx$$

dabei absolut convergirt.

Eine Reihe neuer Untersuchungen knüpft der Verfasser an die Fourier'sche Formel:

$$\pi^2 f(\xi,\eta) = \int_0^\infty dz\int_0^\infty dz_1\int_{-\infty}^{+\infty} dx\int_{-\infty}^{+\infty} dy\cdot f(x,y)\cdot\cos z(x-\xi)\cos z_1(y-\eta)$$

und an die von C. Neumann 1862 gefundene:

$$2\pi f(o,\varphi) =$$

$$=\int_0^\infty n\,dn\int_0^\infty o\,do\int_0^{2\pi} d\varphi\, f(o,\varphi)\, J\left(n\sqrt{o^2+o_1^2-2oo_1\cos(\varphi-\varphi_1)}\right)$$

(J die Bessel'sche Function 0ter Ordnung), welche willkürliche Functionen zweier Variablen in Form vierfacher, resp. dreifacher Integrale darstellen. Ist ein Integral

$$\int_0^\infty dz\int_0^a dx\int_0^b dy\,\varphi(x,y,z)$$

von a und b unabhängig, so ergiebt sich allgemein:

$$\int_0^{\infty} dz \int_0^a dx \int_0^b dy\, f(x,y)\, \varphi(x,y,z)$$

$$= f(0,0) \int_0^{\infty} dz \int_0^a dx \int_0^b dy\, \varphi(x,y,z);$$

$f(x,y)$ kann eine völlig willkürliche Function sein, darf aber nur in einzelnen Punkten oder Linien Singularitäten haben, bei denen sie endlich bleibt; die weitere Einschränkung, dass $f(x,y)$ in allen Punkten des Integrationsgebietes endlich bleibe, kann unter entsprechenden Bedingungen, wie bei den Doppel-Integralen aufgehoben werden. In dem besonderen Falle, in welchem $\varphi(x,y,z)$ die Form $\varphi(z^2(x^2+y^2))$ annimmt, folgt aus dieser Gleichung:

$$\int_0^{\infty} d(z^2) \int_0^a dx \int_0^b dx\, f(x,y)\, \varphi\,[z^2(x^2+y^2)] = f(0,0)\frac{\pi}{4} \int_0^{\infty} \frac{\Phi(r)}{r} \cdot dr.$$

Hier ist $\Phi(x) = \int_0^x \varphi(x) \cdot dx$, und es wird vorausgesetzt, dass

$\int_0^{\infty} \frac{\Phi(r)}{r}\, dr$ convergirt.

Aus dieser Gleichung aber folgt:

$$F(\xi,\eta)\,\pi \int_0^{\infty} \frac{\Phi(r)}{r}\, dr =$$

$$\int_0^{\infty} d(z^2) \int_{-\infty}^{+\infty} dx \int_{-\infty}^{+\infty} dy\, F(x,y)\, \varphi\,[z^2((x-\xi)^2+(y-\eta)^2)].$$

Geht man zu Polarcoordinaten über, so findet sich:

$$f(r_1, \varphi_1)\,\pi \int_0^{\infty} \frac{\Phi(r)}{r} \cdot dr =$$

$$\int_0^{\infty} d(z^2) \int_0^{\infty} r\, dr \int_0^{2\pi} d\varphi\, f(r,\varphi)\, \varphi\,[z^2(r^2+r_1^2-2rr_1\cos(\varphi-\varphi_1))].$$

Das aber ist die Neumann'sche Formel, wenn $\varphi(x)$ durch die Bessel'sche Function 0ter Ordnung $J(\sqrt{x})$ ersetzt wird, und wenn man $r = r_1 = o$, $z = n$ annimmt.

K.

Capitel 5.

Gewöhnliche Differentialgleichungen.

J. Rosanes. Ueber algebraische Differentialgleichungen erster Ordnung. Clebsch Ann III. 535-546.

Es werden die Bedingungen erforscht, unter welchen das vollständige Integral der Differentialgleichung:

$$(1)\quad A\,dx + B\,dy = 0,$$

wo A und B ganze Functionen von x und y sind, ein algebraisches ist. Nachdem zunächst gezeigt worden, dass alsdann das vollständige Integral die Form rat. $f(x, y) =$ Const. haben müsse und somit die linke Seite der Gleichung (1) durch einen Factor $\frac{Z}{N}$, wo Z und N ganze Functionen von x und y sind, integrabel gemacht werden könne, ergiebt eine fernere Analyse, dass jeder irreductible Factor von Z oder N (Z und N ohne gemeinsamen Factor vorausgesetzt) gleich Null gesetzt, ein partikuläres Integral der Gleichung (1) liefert. Seien nun in der weiteren Annahme, dass N keine mehrfachen Factoren besitze und von höherem Grade als P und Q ist, E, F, G die irreductiblen Factoren von N, so dass $N = EE' = FF' = GG'$ etc., so wird gezeigt, dass

$$(1)\quad \frac{AZ}{\frac{\partial N}{\partial x}} = \frac{BZ}{\frac{\partial N}{\partial y}} = \text{Const.}$$

für alle Werthpaare x, y, für welche N$=0$ ist. Die Werthe der Constante sind verschieden $= e, f \cdots$ je nach den Factoren E, $F \cdots$, deren Verschwinden in den bezüglichen Werthsystemen $N = 0$ zur Folge hat. Hieraus folgt unter der gemachten Voraussetzung:

$$(2)\quad AZ = e\,\frac{\partial E}{\partial x}\cdot E' + f\,\frac{\partial F}{\partial x}\,F' + \cdots$$

$$BZ = e\,\frac{\partial E}{\partial y}\cdot E' + f\,\frac{\partial F}{\partial y}\,F' + \cdots$$

$$\frac{AZ}{N} = \frac{\partial P}{\partial x},\quad \frac{BZ}{N} = \frac{\partial P}{\partial y},$$

wo $P = e \log E + f \log F + \cdots$, demnach ist $P =$ Const. das Integral der Gleichung (1). Damit dieses rational sei, wird noch erfordert, dass die Grössen $e, f, g \cdots$ sich wie ganze Zahlen verhalten.

Es wird nunmehr für den rationalen Multiplicator die Forderung gestellt, dass sein reciproker Werth eine ganze Function sei, (also $Z = 1$), deren Dimension die $n+1^{\text{te}}$ sei, wenn A und B von n^{ter} Ordnung sind. Der Verfasser giebt einen Weg an, mit Hülfe der früheren Formeln die Grössen e, f, g, sowie die Glieder höchster Dimension in N im Voraus zu bestimmen. Bezeichnen nämlich $\overline{A}$, $\overline{B}$ etc. die Glieder höchster Dimension in A, B etc., so findet sich, dass die Gleichung $x\overline{A} + y\overline{B} = 0$ durch dieselben Werthe der Verhältnisse $\frac{y}{x}$ befriedigt wird, für welche $\overline{N} = 0$, so dass hierdurch (specielle Fälle ausgenommen) $\overline{N}$ bestimmt ist. Indem man ferner nach dem Verfahren der Zerlegung in Partialbrüche setzt:

$$\frac{\overline{A}}{x\overline{A} + y\overline{B}} = \sum_k \frac{a_k \alpha_k}{a_k x + b_k y}, \quad (\sum_1 \alpha_k = 1),$$

fallen die α_k mit den Grössen $e, f \ldots$ zusammen. Zerfallen dieselben in Gruppen gleicher α_k, so ist $\overline{E} = \Pi (a_k x + b_k y)$ über alle diejenigen Factoren von $x\overline{A} + y\overline{B}$, denen gleiche $\alpha_k = e$ entsprechen u. s. f. Für den Fall, dass die α sämmtlich von einander verschieden sind, werden die $\overline{E}$, $\overline{F} \cdots$ mithin auch $E, F \cdots$ linear und N wird ein Product von $n+1$ linearen Factoren:

$$N = (a_1 n + b_1 y + c_1) \cdots (a_{n+1} x + b_{n+1} y + c_{n+1}),$$

worin nur die c unbekannt sind. Die Elimination derselben aus den Gleichungen (2) für A und B ($Z=1$) ergiebt für die Coefficienten in A und B $n^2 - 1$ nothwendige und hinreichende Bedingungen. Dieses Verfahren lässt sich in übersichtlicher Weise nicht verallgemeinern für den Fall, dass N nicht grade aus linearen Functionen bestehen soll. In § 4 wird hierfür folgendes System von nothwendigen Bedingungen hergeleitet:

Es gelte die Bezeichnung:

$$\frac{\partial A}{\partial y} - \frac{\partial B}{\partial x} = \Delta, \quad \frac{\partial A}{\partial x}\,\frac{\partial B}{\partial y} - \frac{\partial A}{\partial y}\,\frac{\partial B}{\partial x} = R,$$

so müssen unter den n^2 Schnittpunkten $x_\mu\, y_\mu$ von $A=0$, $B=0$, $\frac{1}{2}n(n-1)$ existiren, in welchen Δ verschwindet; in den übrigen $\frac{1}{2}n(n+1)$ hat $\frac{\Delta^2}{R}$ die Werthe der Grössen

$$-\frac{(\alpha_k-\alpha_\lambda)^2}{\alpha_k\;\alpha_\lambda}\;(k=1,2,\dots n+1;\; \lambda=1,2\dots n+1;\; k \gtrless \lambda)$$

in irgend einer Reihenfolge. Diese n^2 Bedingungen reduciren sich jedoch auf höchstens n^2-1 durch die Relation:

$$\sum_\mu \frac{\Delta^2}{R} = -\sum \frac{(\alpha_k-\alpha_\lambda)^2}{\alpha_k\;\alpha_\lambda},$$

wo die Summe links sich über die Schnittpunkte $x_\mu\, y_\mu$ ausdehnt. Die Entwickelung dieser Relation, jedoch nur unter der Voraussetzung, dass die Schnittpunkte $x_\mu\, y_\mu$ sämmtlich getrennt und im Endlichen liegen, bildet den Inhalt des letzten Paragraphen. In wie weit die aufgestellten Bedingungen auch hinreichend seien, hat der Verfasser noch nicht ermitteln können.

Hr.

J. Rosanes. Bemerkung über eine gewisse Gattung von Differentialgleichungen. Schlömilch Z. XVI. 263-268.

Der Verfasser stellt sich die Frage, unter welchen Bedingungen es möglich ist, die Differentialgleichung $Adx+Bdy=0$, wo A und B ganze Functionen n^{ten} Grades sind, durch eine lineare Substitution von der Form:

$$\xi = \frac{\alpha x+\alpha_1 y+\alpha_2}{\gamma x+\gamma_1 y+\gamma_2},\; \eta = \frac{\beta x+\beta_1 y+\beta_2}{\gamma x+\gamma_1 y+\gamma_2}$$

derart in die Gleichung $\mathfrak{A}d\xi+\mathfrak{B}d\eta=0$ zu transformiren, dass $\mathfrak{A}$ und $\mathfrak{B}$ ganze Functionen von nur $n-1^{\text{ten}}$ Grade werden.

Die Untersuchung ergiebt, dass hierzu zwei Bedingungen nothwendig und hinreichend sind. Die eine ist unabhängig von den Coefficienten der angewandten Substitution und besagt, dass die Glieder $n+1^{\text{ter}}$ Dimension im Ausdruck $xA+yB$ sich zerstören müssen, die andere, dass eine lineare Function

$$\gamma x+\gamma_1 y+\gamma_2$$

sich so bestimmen lasse, dass $\gamma_1 A-\gamma B$ durch sie theilbar sei. Dadurch ist ein Mittel gegeben, die Integrabilität der Jacobi'schen Gleichung (Crelle J. XXIX.)

$$L\,(y\,dx-x\,dy)+M\,dx+N\,dy=0,$$

wo L, M, N lineare Functionen von x und y sind, von vorn herein zu erkennen. Denn die erwähnten Bedingungen finden sich erfüllt, und da hier $n=2$, so lässt sich die Gleichung auf die Form $Pd\xi+Qd\eta=0$ bringen, wo P und Q linear in ξ, η sind, deren vollständige Integration daher nach bekannten Methoden darstellbar ist. Hr.

S. SPITZER. Note über die Integration von Differentialgleichungen. Grunert Arch. LII. 1-15.

Das Integral der Differentialgleichung:

$$(1)\quad \frac{d^2y}{dx^2}=x^2y$$

wird in den beiden Formen angegeben:

$$y=\int_0^\infty\int_0^\infty e^{-\frac{u^4+v^4}{4}}\,v\sum_{s=1}^{s=4}C_s e^{\lambda_s uvx}\,du\,dv,$$

wo $\lambda_s^4=1$ und zwischen den C_s die Bedingungsgleichungen stattfinden: $\Sigma C_s\lambda_s^2=0$, $\Sigma C_s\lambda_s^3=0$, und

$$y=A\int_{-1}^{+1}\frac{e^{\frac{\lambda}{2}x^2}d\lambda}{\sqrt[4]{(1-\lambda^2)^3}}+Bx\int_{-1}^{+1}\frac{e^{\frac{\lambda}{2}x^2}d\lambda}{\sqrt[4]{1-\lambda^2}}.$$

Beide Lösungen werden verificirt, und aus ihnen die vollständigen Lösungen derjenigen Gleichungen in je zwei Darstellungen hergeleitet, welche aus (1) durch successive Differentiation hervorgehen. Hierbei ergiebt sich das Resultat, dass das Doppelintegral, welches als Lösung der Differentialgleichung vierter Ordnung:

$$z''''=x^2z''+2(n+2)xz'+(n+1)(n+2)z$$

ursprünglich unter der Voraussetzung, dass n eine ganze positive Zahl ist, erhalten worden war, noch gültig bleibt, wenn n eine beliebige positive Zahl ist; die andere Lösung hat die Form eines n^{ten} Differentialquotienten einer Summe von vier einfachen Integralen, weshalb der Verfasser glaubt, ihre Gültigkeit nicht auf gebrochene n ausdehnen zu dürfen; allein seit den neueren, die Einführung allgemeiner Differentialquotienten betreffenden Arbeiten scheint uns für eine solche Ausdehnung kein Hinderniss vorzuliegen. Hr.

J. W. L. Glaisher. On Riccati's equation. Quart. J. XI. 267-273.

Poisson hat (Journ. Polyt. Cah. XVI) bewiesen, dass das bestimmte Integral:

$$y = \int_0^\infty e^{-x^n - \frac{ba^n}{x^2}} dx$$

der Differentialgleichung

$$\frac{d^2y}{da^2} = n^2 ba^{n-2} y$$

genügt, welche als eine Form der Riccati'schen Gleichung:

$$\frac{dt}{da} + t^2 = n^2 ba^{n-2}$$

bekannt ist. Der Verfasser benutzt das Resultat, um die allgemeine Lösung der Riccati'schen Gleichung in den integrabeln Fällen zu erhalten. Cly. (O.)

E. Catalan. Sur l'équation de Riccati. Bull. de Belg. (2.) XXXI. 68-73.

Die Riccati'sche Differentialgleichung

$$dy = a(x^m + y^2)dx$$

kann integrirt werden, wenn $m = m_k$ oder $m = m_{k+1}$ gesetzt wird, wo

$$m_k = -\frac{4k}{2k+1}, \quad m_{k+1} = -\frac{k(k+1)}{2k+1} \text{ ist.}$$

Der Verfasser giebt folgende Darlegung der bekannten Integrationsmethode:

I. $m = m_k$. Ist $m = 0$, so hat man

$$y = tg\,(ax + c).$$

Setzt man dann

$$x = x_1^{-\frac{1}{1+m}},\quad y = \frac{a}{ax_1^2 y_1 + (1+m)x_1},\quad a = (1+m)a_1,$$

so wird die gegebene Gleichung zu

$$dy_1 = a_1\,(x_1^{m_{k-1}} + y_1^2)\,dx_1.$$

Diese Gleichung lässt sich transformiren in

$$dy_2 = a_2\,(x_2^{m_{k-2}} + y_2^2)\,dx_1,$$

wo

$$x_1 = x_2^{-\frac{1}{1+m_{k-1}}};\quad y_1 = \frac{a_1}{a_1 x_2^2 y_2 + (1+m_{k-1})x_2};\quad a_1 = (1+m_{k-1})\,a_2$$

u. s. f.

Durch ähnliche Substitutionen und einige leichte Rechnungen findet dann der Herr Verfasser:

$$tg\,[c + (-1)^k \alpha]$$

$$= \frac{(-1)^{k-1}}{\alpha} + \cfrac{1}{\cfrac{3(-1)^{k-2}}{\alpha} + \cfrac{1}{\cfrac{5(-1)^{k-2}}{\alpha} + \cdots + \cfrac{1}{\cfrac{2k-1}{\alpha} + \cfrac{1}{x^{\frac{2k}{2k+1}}\,y}}}},$$

wo

$$\alpha = (2k+1)\,a x^{\frac{1}{2k+1}}.$$

II. $m = m_{k+1}$. Man kann

$$x = \frac{1}{u},\quad y = -\frac{u}{a} - u^2 v$$

setzen und erhält so eine Gleichung, wo m die Form m_k hat.

Mn. (O.)

W. H. L. Russell. On linear differential equations. Nr. IV. Proc. of London XIX. 281-285.

Fortsetzung früherer Untersuchungen. Die Arbeit enthält in den Resultaten bestimmte Integrale, die aus der Lösung linearer Differentialgleichungen erhalten sind. Cly. (O.)

W. H. L. Russell. On linear differential equations. Proc. of London XIX. 526-528. Rep. Brit Ass. 1871.

Fortsetzung der früheren Untersuchungen. Sie beziehen sich auf Lösungen von der Form $P \log Q$, wo P und Q rational sind. Cly. (O.)

A. Winckler. Ueber die Integration der Differentialgleichung erster Ordnung mit rationalen Coefficienten zweiten Grades. Wien. Ber. LXIV. 247-283.

Jacobi hat (Crelle J. XXIV.) das Integral der Gleichung:

$$(a+a'x+a''y)(xdy-ydx)-(b+b'x+b''y)dy+(c+c'x+c''y)dx=0$$

durch eine Gleichung zwischen einem Produkt von Potenzen dreier linearer Ausdrücke und einer willkürlichen Constanten dargestellt. Die betrachtete Differentialgleichung geht aus der allgemeinen von der Form:

$$(1)\quad (Ax^2+2Bxy+Cy^2+2Hx+2Ky+L)\,dx$$
$$+(A'x^2+2B'xy+C'y^2+2H'x+2K'y+L')\,dy=0$$

hervor, wenn man die vier Relationen:

$$A=A'+2B=C+2B'=C'=0$$

voraussetzt. Der Verfasser sucht nun allgemein die Bedingungen aufzufinden, unter denen die Gleichung (1) in der Form:

$$u^p\ v^q\ w^r = \text{Const.}$$

integrirt werden kann, worin u, v, w die linearen Ausdrücke:

$$u=x+ay+a',\quad v=x+by+b',\quad w=x+cy+c'$$

sind, indem er die Gleichung:

$$pvw\,du+quw\,dv+ruv\,dw=0$$

mit der Gleichung (1) vergleicht. Da zwischen den 9 Unbekannten p, q, r, a, a', b, b', c, c' 12 Bedingungsgleichungen erhalten werden, so ergeben sich noch 3 Relationen zwischen den Constanten der Gleichung (1). Die Coefficienten a, b, c werden unmittelbar als Wurzeln der cubischen Gleichung:

$$(2) \quad Az^3 - (A' + 2B)z^2 + (C + 2B')z - C' = 0$$

erhalten unter der Voraussetzung, dass A von Null verschieden ist. Die übrigen Coefficienten a', b', c', p, q, r lassen sich eindeutig durch die Wurzeln der cubischen Gleichung ausdrücken. Die erwähnten drei Relationen werden im zweiten Abschnitte gegeben, ihre Herstellung in rationaler Form erfordert umständliche Rechnungen, die zum Theil nur angedeutet sind. Der dritte Abschnitt behandelt den bisher ausgeschlossenen Fall $A = 0$. Es zeigt sich, dass gleichzeitig $A' + 2B = C + 2B' = C' = 0$ sein muss, dass also dieser Fall mit dem von Jacobi betrachteten identisch ist. Für diesen wird offenbar die cubische Gleichung (2) unbrauchbar, der Verfasser weist aber nach, dass im allgemeineren Falle ausser (2) noch eine zweite cubische Gleichung für a, b, c besteht, welche vermöge der drei Relationen durch dieselben Werthe dieser drei Grössen erfüllt wird, im Jacobi'schen Falle aber tritt diese andere Gleichung für die wegfallende (2) ein; auch hier ergeben sich die übrigen Coefficienten eindeutig aus den Wurzeln a, b, c. Der Verfasser fügt noch eine Herleitung des von Jacobi erhaltenen Resultats hinzu, worin sämmtliche neun Grössen a, b,...c als Functionen der Wurzeln einer andern Gleichung dritten Grades ausgedrückt werden.

Die folgenden Abschnitte behandeln noch eine Anzahl besonderer bemerkenswerther Fälle, aus denen wir den im 7. Abschnitt betrachteten Fall:

$$\frac{A'}{A} = \frac{B'}{B} = \frac{C'}{C}$$

hervorheben, in welchem sich $p = 0$, $q = 0$, $c' = \infty$ findet, so dass das allgemeine Integral in der angenommenen Form seine Bedeutung verliert; da aber $c'p$ und $c'q$ endliche Werthe P, Q erhalten, so wird dem Integral die Form gegeben:

$$(x + ay + a')^{c'p} (x + by + b')^{c'q} \left(1 + \frac{x + cy}{c'}\right)^{c'r} = \text{Const.},$$

welche für $c' = \infty$ in das transcendente Integral:

$$(x + ay + a')^P \; (x + by + b')^Q \; e^{(x+cy)r} = \text{Const.}$$

übergeht. a und b sind hier Wurzeln einer quadratischen Gleichung. Im achten Abschnitt werden die Bedingungen untersucht, unter welchen der Gleichung (1) ein aus dem Producte der Potenzen von vier linearen Ausdrücken gebildetes Integral genügen könne. Zu dem Ende wird die Gleichung:

$$(qv^2 + 2q'v + q'')\,du + (pu^2 + 2p'u + p'')\,dv = 0$$

mittelst der Werthe:

$$u = x + ay, \quad v = x + by$$

transformirt und mit Gleichung (1) verglichen. Man erhält zwölf Gleichungen zwischen den acht Unbekannten $p, \cdots q, \cdots a,\, b$, es bleiben daher noch vier Bedingungen für die Constanten der gegebenen Gleichung, sie lauten:

$$\frac{A' + B}{A} = \frac{B' + C}{B} = \frac{H' + K}{H} = m,$$

$$\frac{B'}{A} = \frac{C'}{B} = \frac{K'}{H} = n.$$

a und b sind als Wurzeln der Gleichung $z^2 - mz + n = 0$ bestimmt.

Bezeichnen α, α' und β, β' die Wurzeln resp. der Gleichungen:

$$pu^2 + 2p'u + p'' = 0, \quad qv^2 + 2q'v + q'' = 0,$$

so lautet das Integral:

$$\left(\frac{x + ay - \alpha}{x + ay - \alpha'}\right)^{(\beta - \beta')\,(bA - A')} \left(\frac{x + by - \beta'}{x + by - \beta}\right)^{(\alpha - \alpha')\,(aA - A')} = \text{Const.}$$

Auch hier treten in gewissen Ausnahmefällen

$$(m^2 = 4n, \;\; \alpha = \alpha', \;\; \text{resp.} \;\; \beta = \beta')$$

transcendente Lösungen ein.

Hr.

S. Spitzer. Note über die Integration von linearen Differentialgleichungen. Grunert Arch. LIII. 1-9.

S. Spitzer. Integration der linearen Differentialgleichung:

$$y^{(n)} = Ax^2y'' + Bxy' + Cy.$$

Clebsch Ann. III. 453-455.

Nachdem einige besondere Differentialgleichungen vorstehender Form behandelt worden sind, geben die gefundenen Lösungen derselben Anlass, zu versuchen, ob man der betrachteten Gleichung allgemein genügen könne durch nachstehendes Integral:

$$y = \int_0^\infty \int_0^\infty e^{-\frac{u^n + v^n}{n}} u^\alpha v^\beta \left(C_1 e^{\lambda_1 uvx} + C_2 e^{\lambda_2 uvx} + \cdots + C_n e^{\lambda_n uvx}\right) du\, dv,$$

worin $\lambda_1, \lambda_2 \cdots \lambda_n$ die Wurzeln der Gleichung $\lambda^n = A$ und C_1, $C_2 \cdots C_n$ willkürliche Constanten bezeichnen. Die Verificirung ergiebt, dass dies der Fall ist, wenn α und β durch die Gleichungen bestimmt werden:

$$A(\alpha + \beta + 3) = B, \quad A(\alpha + 1)(\beta + 1) = C.$$

Es wird bemerkt, dass sich auf ähnliche Weise die Gleichung:

$$y^{(n)} = A_m x^m y^{(m)} + A_{m-1} x^{m-1} y^{(m-1)} + \cdots + A_1 xy' + A_0 y$$

behandeln lasse.

Hr.

S. Spitzer. Integration der linearen Differentialgleichung:

$$y^{(n)} = Ax^2 y'' + Bxy' + Cy.$$

Grunert Arch. LIII. 385-389.

Es wird nachgewiesen, dass die Gleichung:

$$y^{(n)} = x^2 y'' + (\alpha + \beta + 1) xy' + \alpha\beta y,$$

deren vollständiges Integral in der vorhergehenden Note angegeben ist, in dem Falle, dass $\alpha = 0$ oder eine ganze negative Zahl $-a$ ist, ein particuläres Integral in Gestalt einer ganzen rationalen Function a^{ten} Grades von x habe, welche durch die Methode der unbestimmten Coefficienten ermittelt werden kann. In einer Schlussbemerkung wird gezeigt, wie man die Gleichung (1) integriren könne, wenn die reellen Bestandtheile von α und β negativ sind, für welchen Fall das Doppelintegral seine Gültigkeit verliert. Differentiirt man nämlich die Gleichung (1) μ mal nach x, so erhält man eine Gleichung von derselben Gestalt, wie (1), nur dass statt n, α, β, der Reihe nach die Grössen $n+\mu$, $\alpha+\mu$, $\beta+\mu$ auftreten. Sind nun der reelle Theil von $(\alpha+\mu)$ und von $(\beta+\mu)$ positiv, so erhält man $y^{(\mu)}$ in Gestalt eines Doppelintegrals, und durch successive Substitution in der Reihe der vorhergehenden Gleichungen den Werth von y.

Hr.

S. Spitzer. Integration von Differentialgleichungen.

Grunert Arch. LII. 16-24.

Differentiirt man $y = e^{mx^3}$ $(\mu + 3)$ mal nach x und setzt $y^{(\mu)} = z$, so erhält man die Gleichung

$$z''' = 3mx^2z'' + 6m(\mu+2)xz' + 3m(\mu+2)(\mu+1)z,$$

welcher genügt:

$$z = \frac{d^\mu}{dx^\mu}\left[e^{mx^3}\int (C_1 + C_2x)\, e^{-mx^3}\,dx\right],$$

und

$$z = \frac{d^\mu}{dx^\mu}\left[\int_0^x\int_0^x e^{-\frac{u^3+v^3}{3}} \sum_{s=1}^{s=3} C_s e^{\lambda_s uvx}\,du\,dv\right]$$

$$= \int_0^x\int_0^x e^{-\frac{u^3+v^3}{3}} u^\mu v^{\mu+1} \sum_{s=1}^{s=3} C_s e^{\lambda_s uvx}\,du\,dv;$$

wo $\lambda_1, \lambda_2, \lambda_3$ die Wurzeln der Gleichung $\lambda^3 = 3m$ bezeichnen. Von letzterer Lösung wird nachgewiesen, dass sie richtig bleibt, wenn μ eine beliebige positive Zahl ist.

Hr.

Laguerre. Application du principe du dernier multiplicateur à l'intégration d'une équation différentielle du second ordre. Darboux, Bull. II. 246-250.

I. $f(x,y)$ und $\varphi(x,y)$ bezeichnen zwei Polynome zweiten Grades in x und y, die in den Gliedern zweiter Dimension übereinstimmen, so dass man setzen kann:

$$f(x,y) = F(x,y,a,b),\quad \varphi(x,y) = F(x,y,\alpha,\beta),$$

wo $F(x, y, z, u)$ eine homogene Function zweiten Grades in x, y, z, u ist; alsdann hat das unvollständige System von Differentialgleichungen:

$$(1)\quad \frac{dx}{d\xi} = \frac{dy}{d\eta} = \frac{\sqrt{f(x,y)}}{\sqrt{\varphi(\xi,\eta)}}$$

das Integral:

$$(2)\qquad \lambda = 2\sqrt{f(x,y)\cdot\varphi(\xi,\eta)} - \xi\frac{\partial f}{\partial x} - \eta\frac{\partial f}{\partial y} - \alpha\frac{\partial f}{\partial a} - \beta\frac{\partial f}{\partial b}.$$

II. Es sei nun die Gleichung zweiter Ordnung:

$$(3)\qquad \frac{d^2y}{dx^2} = \frac{\psi\left(\frac{dy}{dx}\right)}{\sqrt{f(x,y)}}$$

gegeben, wo ψ eine beliebige Function von $\frac{dy}{dx}$ bedeutet. Ferner sei $\eta = \vartheta(\xi)$ als partikuläres Integral der Gleichung:

$$(4)\qquad \frac{d^2\eta}{d\xi^2} = \frac{\psi\left(\frac{d\eta}{d\xi}\right)}{\sqrt{\varphi(\xi,\eta)}}$$

bekannt. Führt man die Relation $\eta = \vartheta(\xi)$ in die Gleichung (1) ein, so erhält man das vollständige System von Gleichungen erster Ordnung zwischen x, y, ξ:

$$(5)\qquad \frac{dx}{\frac{1}{\sqrt{\varphi(\xi,\eta)}}} = \frac{dy}{\frac{\vartheta'(\xi)}{\sqrt{\varphi(\xi,\eta)}}} = \frac{d\xi}{\frac{1}{\sqrt{\varphi(x,y)}}},$$

(η ist der Kürze wegen für $\vartheta(\xi)$ beibehalten).

Eliminirt man aus diesen ξ, so erhält man mit Hülfe von (4) eine Gleichung zweiter Ordnung zwischen x und y, die mit der gegebenen Gleichung (3) übereinstimmt. Da nun ein Integral von (5) bekannt ist — nämlich die Gleichung (2), wenn darin $\eta = \vartheta(\xi)$ gesetzt wird — und ausserdem die identische Relation besteht:

$$\frac{d}{dx}\left(\frac{1}{\sqrt{\varphi(\xi,\eta)}}\right) + \frac{d}{dy}\left(\frac{\vartheta'(\xi)}{\sqrt{\varphi(\xi,\eta)}}\right) + \frac{d}{d\xi}\left(\frac{1}{\sqrt{f(x,y)}}\right) = 0,$$

so lässt sich das Jacobi'sche Princip des letzten Multiplicators anwenden, und man erhält als zweites Integral:

$$\int\left(\frac{d\xi}{d\lambda}\right)\frac{\vartheta'(\xi)\,dx - dy}{\sqrt{\varphi(\xi,\vartheta(\xi))}} = \text{const.},$$

welches, wenn man ξ durch die Gleichung (2) als Function von

λ, x, y ausdrückt, zugleich das vollständige Integral der Gleichung (3) mit zwei willkürlichen Constanten darstellt.

Hr.

J. Boussinesq. Méthode nouvelle pour la résolution d'une classe importante et très-nombreuse d'équations transcendantes. C. R. LXXII. 480-483.

Siehe Abschn. II. Cap. 1. pag. 34.

L. Fuchs. Bemerkungen zur Abhandlung: „Ueber hypergeometrische Functionen n^{ter} Ordnung", in diesem Journal Bd. 71, S. 316. Borchardt J. LXXII. 255-262. 1870.

Wir geben in Verbindung mit diesen „Bemerkungen" zugleich die Entgegnung wieder, welche in der weiter unten zu besprechenden Arbeit des Herrn Pochhammer über Relationen zwischen hypergeometrischen Integralen n^{ter} Ordnung (Borchardt J. LXXIII.) enthalten ist.

1. Herr Fuchs behauptet die Unrichtigkeit des Satzes, dass stets die Integrale der von Herrn Pochhammer untersuchten Differentialgleichung für jeden singulären Punkt a_ν oder für den Unendlichkeitspunkt mit Potenzen resp. von $x-a_\nu$ oder x multiplicirt in der Umgebung von a_ν oder des Unendlichkeitspunktes eindeutig, continuirlich und endlich sind. Wenn nämlich $b_\nu+\lambda-1$ eine positive oder negative ganze Zahl ist, so können die Integrale in der Umgebung von a_ι, und wenn dasselbe mit der Grösse $b_1+b_2+\cdots+b_n$ der Fall ist, so können sie in der Umgebung des Unendlichkeitspunktes Logarithmen enthalten. —

Herr Pochhammer giebt darauf eine umständliche Erwiderung, die in der Erklärung gipfelt, dass es ihm fern gelegen habe, seinen Satz auf die angeführten Ausnahmsfälle auszudehnen. Hierdurch bleibt jedoch die gerügte Unterlassung eines ausdrücklichen Ausschlusses dieser Ausnahmsfälle unwiderlegt.

2. Herr Fuchs behauptet die Unzulässigkeit des von Herrn Pochhammer mehrfach angewandten Princips, dass ein bestimmtes Integral, als Function eines Parameters aufgefasst, eindeutig

sei, wenn die einzelnen Elemente desselben eindeutig sind, und liefert den Nachweis, dass das Integral:

$$y_\nu = \int_{a_\nu}^{x} (u-a_1)^{h_1-1}(u-a_2)^{h_2-1}\cdots(u-a_n)^{h_n-1}(u-x)^{\lambda-1}\,du,$$

welches Herr Pochhammer, dem erwähnten Princip nachgehend, als eindeutig in der Umgebung von a_k bezeichnet, falls k von ν verschieden ist, in der Entwickelung nach Pot. von $x-a_k$ im Allgemeinen Logarithmen enthält, also mehrdeutig ist. — Herr Pochhammer erkennt den hinsichtlich des Integrals begangenen Irrthum an, glaubt aber das in seiner Beweisführung befolgte Princip in jeder Beziehung aufrecht erhalten zu können. Das von Herrn Fuchs dagegen angeführte Beispiel:

$$\int_0^1 \frac{du}{u-x} = \log \frac{x-1}{x}\,.$$

treffe nicht zu, weil die Elemente des Integrals, welche den Werthen $u=0$ und $u=1$ auf dem die Punkte $x=0$ und $x=1$ enthaltenden Gebiete der x-Ebene entsprechen, der Bedingung, überall endlich zu sein, nicht genügen. — Abgesehen davon, dass die Bedingung der Endlichkeit der Elemente in der von Herrn Pochhammer citirten Stelle (Abh. Bd. 71 p. 341) sich gar nicht ausgesprochen findet, so lässt sich unseres Erachtens das selbst so corrigirte Princip nicht ferner halten Angesichts des folgenden Beispiels:

$$\int_0^1 \frac{x(1-x)\,du}{u-x} = x(1-x)\log\frac{x-1}{x},$$

da alle Elemente des Integrals einschliesslich derer, welche den Werthen $u=0$ und $u=1$ entsprechen, um $x=0$ und $x=1$ eindeutig und endlich sind, während doch das Integral um diese Werthe von x zwar endlich aber mehrdeutig ist.

Endlich führt Herr Fuchs noch an, dass Herr Tissot von einem ganz verschiedenen Gesichtspunkte ausgehend im 17. Bande des Liouville'schen Journals in der Abhandlung „Sur un déterminant etc.“ zu einer Differentialgleichung geführt wurde, welche im Wesentlichen von der Differentialgleichung des Herrn Pochhammer nicht verschieden ist, und dass auch die bestimmten

Integrale, durch welche Herr Tissot dieselbe integrirt, mit denen von Herrn Pochhammer übereinstimmen.

Herr Pochhammer bemerkt, dass er von der Abhandlung des Herrn Tissot erst durch die Erwähnung des Herrn Fuchs Kenntniss erhalten, stellt indess die Identität der Tissot'schen Differentialgleichung mit der seinigen in Abrede, da erst vermöge der Substitution $e^{-u}\varphi(u)$ für $\varphi(u)=(u-a)^m(u-a_1)^{m_1}\cdots(u-a_n)^{m_n}$ in der Tissot'schen Differentialgleichung und Bildung ihrer Ableitung die Differentialgleichung des Herrn Pochhammer erhalten werde.

Hr.

L. Pochhammer. Ueber einfach singuläre Punkte linearer Differentialgleichungen. Borchardt J. LXXIII. 69-85.

L. Pochhammer. Notiz über die Herleitung der hypergeometrischen Differentialgleichung. Borchardt J. LXXIII. 85-87.

Den Inhalt der ersten Arbeit bildet die Untersuchung des Verhaltens der Integrale einer linearen Differentialgleichung in der Nähe eines singulären Punktes a für den Fall, dass in der Umgebung des letzteren die Gleichung auf die Form gebracht werden kann:

$$(x-a)\frac{d^ny}{dx^n}=E_1(x)\frac{d^{n-1}y}{dx^{n-1}}+E_2(x)\frac{d^{n-2}y}{dx^{n-2}}+\cdots+E_n(x)\,y,$$

wo $E_1(x)\cdots E_{(n)}(x)$ Functionen bedeuten, die in der Umgebung von a eindeutig und stetig sind. a wird in diesem Falle ein einfach singulärer Punkt und $E_1(a)=b$ die zugehörige Zahl von a genannt.

Es wird gezeigt:

1) $n-1$ Integrale lassen sich darstellen in einer convergenten, $n-1$ willkürliche Constanten enthaltenden Reihe:

$$y=c_0+c_1(x-a)+c_2(x-a)^2+\cdots,$$

in welcher, falls b von Null oder einer positiven ganzen Zahl verschieden ist, die $n-1$ ersten Coefficienten beliebige Werthe annehmen können. Im entgegengesetzten Falle bleibt der Coefficient c_{b+n-1} willkürlich und die $b+n-1$ ersten Coefficienten sind durch $b+1$ lineare Gleichungen mit einander verbunden, so dass $n-2$ derselben, deren Wahl jedoch in gewissen Fällen Beschränkungen unterliegt, willkürlich bleiben.

2. Das n^{te} partikuläre Integral hat, ausser wenn b ganzzahlig ist, die Gestalt

$$(x-a)^{b+n-1}\{C_0+C_1(x-a)+C_2(x-a)^2+\cdots\},$$

wo C_0 von Null verschieden ist. Ist b eine ganze Zahl oder Null, so enthält das n^{te} Integral im Allgemeinen logarithmische Glieder.

Der Beweis des ersten Satzes wird durch ein Verfahren geliefert, welches im Wesentlichen mit dem von Herrn Fuchs (Borchardt J. LXVI.) für eine allgemeine Klasse von Gleichungen, wozu die betrachtete als besonders einfacher Specialfall gehört, übereinstimmt. Um so weniger lässt sich die in der Einleitung enthaltene Aeusserung des Herrn Verfassers begreifen, dass es „bisher nur in sehr wenigen Fällen möglich gewesen sei, aus einer gegebenen Differentialgleichung das Verhalten der Function bei den singulären Punkten festzustellen." Der zweite Satz wird durch Reduction der vorliegenden Differentialgleichung mit Hilfe der $n-1$ ersteren partikulären Integrale auf eine Differentialgleichung erster Ordnung hergeleitet. Schliesslich wird noch die Bedingung dafür, dass der Werth $x=\infty$ ein einfach singulärer Werth für das Product $x^c y$ sei, entwickelt. Es zeigt sich, dass mit Berücksichtigung des Werthes $x=\infty$ die Betrachtung der einfach singulären Punkte mit Nothwendigkeit zu der hypergeometrischen Function n^{ter} Ordnung führt, die der Herr Verfasser im Borchardt J. LXXI. behandelt hat. Die sich daran schliessende Notiz ersetzt die vom Verfasser früher gegebene Definition der hypergeometrischen Function n^{ter} Ordnung durch eine einfachere, welche sich mit Hilfe des entwickelten Begriffes der einfach singulären Punkte ergiebt.

Hr.

L. Pochhammer. Ueber Relationen zwischen den hypergeometrischen Integralen n^{ter} Ordnung. Borchardt. J. LXXIII. 135-159.

Zwischen je $n+1$ hypergeometrischen Functionen n^{ter} Ordnung, als ebenso vielen partikulären Integralen einer und derselben linearen Differentialgleichung n^{ter} Ordnung, findet nothwendig eine Relation statt. Es giebt jedoch auch Relationen zwischen je zwei Integralen, deren Herleitung dadurch gewonnen wird, dass zu den singulären Werthen $a_1\, a_2 \cdots a_n$ und x, welche bisher vom Verfasser als Grenzen für die verschiedenen partikulären Integrale genommen waren, noch als $n+2^{\text{te}}$ Grenze der Werth ∞ hinzugefügt wird. Nachdem zunächst in den ersten beiden Abschnitten die Einführung dieser Grenze bewerkstelligt und die Reihenentwickelungen der verschiedenen Integrale gegeben sind, führt der Umstand, dass das bestimmte Integral mit den Grenzen x und ∞ nach fallenden Potenzen der Argumente: $x-a_1$, $x-a_2 \cdots x-a_n$ entwickelt werden kann, zu Relationen zwischen zwei hypergeometrischen Reihen n^{ter} Ordnung, indem je zwei dieser Entwickelungen einander gleich gesetzt werden. Für $n=2$ ergiebt sich dabei als specieller Fall die aus der Theorie der Gauss'schen Reihe bekannte Gleichung:

$$F(\alpha, \beta, \gamma, x) = (1-x)^{-\alpha}\; F\left(\alpha, \gamma-\beta, \gamma, \frac{x}{x-1}\right).$$

Der Verfasser schliesst hieran eine andere Reihe von Gleichungen, welche auf beiden Seiten unendliche Summen von hypergeometrischen Reihen enthalten. In den Reihenentwickelungen der Integrale zwischen den Grenzen a_μ und a_ν, ebenso wie zwischen a_μ und ∞ sind nämlich die Coefficienten gleich Integralen der $n-1^{\text{ten}}$ Ordnung mit constantem Argument. Durch Gleichsetzung nun der verschiedenen Entwickelungen desselben Integrals werden jene Relationen erhalten.

Im vierten Abschnitt wird die Veränderung betrachtet, welche ein beliebiges hypergeometrisches Integral durch einen Umlauf von x um einen singulären Punkt erfährt. Auf das zur Ermittelung derselben angegebene sehr umständliche Verfahren können wir nicht eingehen und bemerken nur, dass uns diese Frage inzwischen durch die von uns ebenfalls besprochene Arbeit des Herrn Hossenfelder (Clebsch Ann. IV. 195) in befriedigender Einfachheit und Vollständigkeit erledigt scheint. Zum Schluss werden die im dritten Abschnitt entwickelten Relationen, soweit sie hypergeometrische Reihen $n-1^{\text{ter}}$ Ordnung enthalten, für $n=3$ in der Gauss'schen Bezeichnung dargestellt.

Hr.

J. Thomae. Integration der Differenzengleichung: $(n+k+1)\,(n+\lambda+1)\,\Delta^2\varphi(n)+(a+bn)\,\Delta\varphi(n)+c\varphi(n)=0.$

Schlömilch Z. XVI., 146-158, 428-439.

Eine Lösung derselben ist bereits von Herrn G. Boole (Grundlehren der Differenzen- und Summenrechnung, deutsch bearb. v. Schnuse, p. 190) gegeben worden, der drei Integrale derselben aufstellt, ohne anzugeben, welche Beziehung zwischen ihnen stattfindet, und ob zwei derselben wirklich unabhängig sind, ferner ohne die Gültigkeit dieser Integrale für complexe Werthe derselben zu untersuchen. Der Verfasser gelangt zur vollständigen Lösung der Aufgabe vermittelst einer Formel, welche er in seiner Abhandlung über die höheren hypergeometrischen Reihen in den Math. Ann. II. S. 427 entwickelt hat, und welche lautet:

$$(x-1)\,F_\alpha\begin{pmatrix}\alpha, & \alpha', & \alpha'' & \\ \beta+3, & \beta', & \beta'' & x\end{pmatrix}\cdot(\alpha+\beta+1)(\alpha+\beta+2)$$

$$+F_\alpha\begin{pmatrix}\alpha, & \alpha', & \alpha'' & \\ \beta+2, & \beta', & \beta'' & x\end{pmatrix}\cdot\left\{\begin{matrix}(\beta'+\beta''-2\beta-3)x+3\\ +\alpha+\alpha'+\alpha''+3\beta\end{matrix}\right\}\cdot(\alpha+\beta+1)$$

$$-F_\alpha\begin{pmatrix}\alpha, & \alpha', & \alpha'' & \\ \beta+1, & \beta', & \beta'' & x\end{pmatrix}\cdot\left\{\begin{matrix}(\alpha+\beta)(\alpha'+\beta)+(\alpha'+\beta)(\alpha''+\beta)+(\alpha''+\beta)(\alpha+\beta)\\ +\alpha+\alpha'+\alpha''+3\beta+1-(\beta-\beta'+1)(\beta-\beta''+1)\,x\end{matrix}\right\}$$

$$+F_\alpha\begin{pmatrix}\alpha, & \alpha', & \alpha'' & \\ \beta, & \beta', & \beta'' & x\end{pmatrix}\cdot(\beta+\alpha')(\beta+\alpha'')=0,$$

wo $F_\varepsilon\begin{pmatrix}\alpha, & \alpha', & \alpha'', & \\ \beta, & \beta', & \beta'', & x\end{pmatrix}$ die Reihe bedeutet:

$$x^\varepsilon\left\{1+\frac{\varepsilon+\beta}{\varepsilon-\alpha+1}\cdot\frac{\varepsilon+\beta'}{\varepsilon-\alpha'+1}\cdot\frac{\varepsilon+\beta''}{\varepsilon-\alpha''+1}\,x\right.$$

$$\left.+\frac{\varepsilon+\beta}{\varepsilon-\alpha+1}\cdot\frac{\varepsilon+\beta+1}{\varepsilon-\alpha+2}\cdot\frac{\varepsilon+\beta'}{\varepsilon-\alpha'+1}\cdot\frac{\varepsilon+\beta'+1}{\varepsilon-\alpha'+2}\cdot\frac{\varepsilon+\beta''}{\varepsilon-\alpha''+1}\cdot\frac{\varepsilon+\beta''+1}{\varepsilon-\alpha''+2}\,x^2+\cdots\right\}.$$

Setzt man in der obigen Gleichung $x=1$, was nur angeht, so lange $2-\alpha-\alpha'-\alpha''-\beta-\beta'-\beta''$ einen positiven reellen Theil hat, der grösser ist als 2, so ergiebt sich

$$F_u\left(\begin{matrix}\alpha, & \alpha', & \alpha'' \\ \beta, & \beta', & \beta''\end{matrix} 1\right)$$

als Lösung einer Recursionsformel in Beziehung auf $\beta=n$ als Veränderliche, welche leicht auf die in der Ueberschrift enthaltene Differenzengleichung gebracht werden kann; das Integral derselben ist

$$F_u\left(\begin{matrix}\alpha, & \alpha', & \alpha'' \\ \beta, & \beta', & \beta''\end{matrix} 1\right)$$

unter der Voraussetzung, dass $n+\lambda-1$ negativ ist, $\alpha, \alpha', \alpha''$ β', β'' sind als Functionen von k, λ, a, b, c gegeben, welche aus rationalen Ausdrücken und Quadratwurzeln zusammengesetzt sind. Die Arbeit besteht aus sechs Abschnitten.

Im ersten Abschnitt werden 12 Integrale gegeben, von denen 6 gültig sind, so lange der reelle Theil von $n+\lambda-1$, die 6 anderen, so lange der reelle Theil von $n+\alpha''-1$ negativ ist. Die ersteren werden vermittelst derjenigen Reihen erhalten, welche der Herr Verfasser in der citirten Abhandlung als Fortsetzung der oben angegebenen bezeichnet hat, die letzteren mit Hilfe der Substitution:

$$\psi(n) = \frac{\pi(n+\lambda-1)}{\pi(n+\alpha''-1)} \cdot \varphi(n)$$

in der erwähnten Recursionsformel.

Im zweiten Abschnitt werden 12 neue Lösungen gegeben durch eine Transformation der Recursionsformel, die darin besteht, dass $-n$ für n, $\chi(n+2)$ für $\varphi(-n)$ gesetzt wird; sechs derselben sind gültig, so lange $n+\lambda$, die sechs übrigen, so lange $n+\alpha''$ einen positiv reellen Theil hat. Die hier gegebenen Integrale haben also da gerade einen Sinn, wo die im ersten Abschnitt gefundenen keinen Sinn haben; in je zwei der imaginären Achse parallelen Streifen von der Breite 1, haben je 6 von der ersten Schaar mit ebenso vielen von der zweiten Schaar gemeinschaftliche Geltung. Es wird ferner bewiesen, dass in jedem der beiden Gültigkeitsgebiete zwei von einander unabhängige

Integrale vorhanden sind, d. h. solche, zwischen denen keine lineare homogene Gleichung mit periodischen Coefficienten (Periodicitätsmodul 1) besteht.

Durch Umformung der gefundenen Integrale gelingt es endlich im dritten Abschnitte, solche Reihen zur Lösung zu erhalten, in welchen die Convergenzbedingungen n gar nicht enthalten, und es werden so in jedem Falle mindestens 12 Integrale nachgewiesen, die für alle n gültig sind; diese Lösungen sollen jedoch gegenüber den in den ersten beiden Abschnitten aufgestellten von beschränkter Gültigkeit den Nachtheil schwächerer Convergenz für grössere Werthe von n haben.

Die drei letzten Abschnitte beschäftigen sich mit der Auffindung des Zusammenhanges, welcher zwischen je drei Integralen des ersten Abschnittes unter sich, zwischen je drei des zweiten unter sich und endlich zwischen einem der Integrale des ersten und einem der Integrale des zweiten Abschnittes stattfindet. Hierzu dient die Ermittelung des Grenzwerthes von

$$W_\alpha\begin{pmatrix}\alpha & \alpha' & \alpha'' \\ & \beta' & \beta'' \end{pmatrix}, x) = \lim_{w=\infty} w^\alpha F_\alpha\begin{pmatrix}\alpha & \alpha' & \alpha'' & \\ w & \beta' & \beta'' \end{pmatrix}, \frac{x}{w})$$

für $x=\infty$, welcher mit Hülfe der Darstellung der Reihe durch Doppelintegrale gewonnen wird. Als bemerkenswerth führen wir noch an, dass die betrachtete Differenzengleichung durch die Substitutionen:

$$xh=n,\ y(x)=\varphi(x,h),\ y\left(x+\frac{1}{h}\right)-y(x)=\Delta y(x)$$

und den Uebergang zur Grenze ∞ für h in die Differentialgleichung für die Gauss'sche Reihe übergeführt wird, und dass in den fortlaufenden Anmerkungen aus den erhaltenen Resultaten durch Anwendung dieses Grenzüberganges bekannte Sätze aus der Theorie der Gauss'schen Reihe abgeleitet werden.

Hr.

S. Spitzer. Integration der Gleichung $y''=x(xy'-ny)$ für den Fall, wo n eine ganze positive Zahl ist.

Grunert Arch. LIII. 117-123.

Mit Hülfe der Petzval'schen Methode lässt sich die betrachtete Gleichung für positive ganze Zahlen integriren, die in der Form $3m$ oder $3m+1$ enthalten sind. Der Verfasser zeigt noch die Integration für den Fall $n=3m+2$, beschränkt sich indess bei der Ausführung auf den Fall $n=2$. Die Gleichung $y''=x(xy'-2y)$ steht nämlich mit der Gleichung $z'''=xz'-2z$ in der Beziehung, dass, wenn $z=\psi(x)$ ein Integral der letzteren bedeutet, y den Werth hat:

$$y=\int_0^\infty e^{-\frac{v^3}{3}}\psi(vx)\,dv.$$

Die Integration der Gleichung für z aber hat der Verfasser im 7. Bande von Schlömilch's Zeitschrift p. 113 durch ein bestimmtes Integral gegeben. Die Lösung der vorliegenden Gleichung ergiebt sich demnach in Form eines bestimmten Doppelintegrals. Hr.

C. Tychsen. En linear Differentialligning med variable Koefficienter. Zeuthen Tidsskr. (3) I. 28.

Der Verfasser theilt ohne Beweis mit, dass das Integral der Differentialgleichung

$$\frac{d^2y}{dx^2}+\frac{h}{x}\cdot\frac{dy}{dx}+\left(a+\frac{k(k-2)-4n(n+1)}{4x^2}\right)y=0,$$

wo n eine ganze positive Zahl ist, in folgender Weise dargestellt werden kann:

$$y=\sum_{p=n-1}^{p=-1}\left((-1)^{p+1}\frac{[n+p+1]}{2^{p+1}[p+1][n-p-1]}\cdot\frac{1}{x^{p+\frac{h}{2}+1}}\cdot\frac{d^{n-p-1}v}{dx^{n-p-1}}\right),$$

wo v durch die Gleichung

$$\frac{d^2v}{dx^2}+av=0$$

bestimmt wird, und

$$[m]=1\cdot2\cdot3\cdots m$$

ist. Hn. (O.)

E. Hossenfelder. Ueber die Integration einer linearen Differentialgleichung n^{ter} Ordnung. Clebsch Ann. IV. 195-212.

Ausgehend von dem bestimmten Integral:

$$(1)\quad y=\int (u-a_1)^{b_1-1}(u-a_2)^{b_2-1}\cdots(u-a_n)^{b_n-1}(u-x)^{\lambda-1}\,du,$$

welches zwischen zwei Verzweigungspunkten der Function unter dem Integralzeichen genommen wird, gelangt der Verfasser zu einer Differentialgleichung n^{ter} Ordnung, welche für $n=2$ in die der hypergeometrischen Reihe übergeht. Sie ist die nämliche, welche Herr Pochhammer bereits auf einem anderen Wege gefunden hat (Borchardt J. LXXI. s. F. d. M. II. 265.) und lautet:

$$\varphi(x)\frac{d^n y}{dx^n}+\sum_{k=0}^{k=n-1}(-1)^{n-k}\left\{\frac{(\lambda-n+1)\cdots(\lambda-k-1)}{1\cdot 2\cdots(n-k-1)}\,\frac{d^{n-k-1}\psi(x)}{dx^{n-k-1}}\right.$$
$$\left.+\frac{(\lambda-n)\cdots(\lambda-k-1)}{1\cdot 2\cdots(n-k)}\,\frac{d^{n-k}\varphi(x)}{dx^{n-k}}\right\}\frac{d^k y}{dx^k}=0,$$

wo

$$\psi(x)=\varphi(x)\frac{d\log(x-a_1)^{b_1}\cdots(x-a_n)^{b_n}}{dx}$$

ist. [Bei dieser Gelegenheit berichtigen wir einen Druckfehler, der sich im Verlauf der Entwickelung findet. S. 198 Z. 7 v. o. heisst es: $(u-a_1)^{b_1-1}(u-a_2)^{b_2-1}\cdots(u-a_n)^{b_n-1}(u-x)^{\lambda-n}=f(u)$ statt: $(u-a_1)^{b_1}(u-a_2)^{b_2}\cdots(u-a_n)^{b_n}(u-x)^{\lambda-n}=f(u)$].

Die erhaltene Differentialgleichung gehört zur Klasse derjenigen, deren Form Herr Fuchs im 66ten und 68ten Bande des Borchardt'schen Journals angegeben hat, und die dadurch charakterisirt sind, dass zu jedem ihrer singulären Werthe a ein Fundamentalsystem von n von einander linear unabhängigen Integralen gehört, welche die Eigenschaft haben, mit einer bestimmten endlichen Potenz von $x-a$ multiplicirt, in der Umgebung von a endlich zu bleiben.

Die singulären Werthe sind hier: $a_1\ a_2\cdots a_n\cdots\infty$. Die Lösungen sind im Voraus bekannt; sie sind das Integral (1), zwischen zwei beliebigen der Werthe $a_1\ a_2\cdots a_n$, x, ∞ erstreckt, wobei die zur Zulässigkeit der bezüglichen Integrationen erforderlichen Bedingungen:

reeller Theil von $\begin{cases} b_1 > 0, \ b_2 > 0, \cdots b_n > 0, \ \lambda > 0 \\ b_1 + b_2 \cdots + b_n + \lambda - n < 0 \end{cases}$

als bestehend angenommen werden.

Es handelt sich nun darum, für jeden singulären Punkt das zugehörige Fundamentalsystem von Integralen aufzustellen. Zu dem Ende werden im zweiten Abschnitt die veränderten Werthe, welche die Integrale durch einen Umlauf von x um a annehmen, aus der Integralform selbst abgeleitet, und diejenigen n bestimmten von einander linear unabhängigen Integrale aufgesucht, bei denen die Aenderung ihres Werthes nach jenem Umlaufe durch

$$[f(x)]' = e^{2\pi i\nu} f(x)$$

sich darstellt.

Die Ableitung der Werthänderungen aus der Form der Integrale geschieht unter Anwendung der Methode und der Bezeichnungen, wie sie Herr Fuchs in der hier ebenfalls besprochenen Arbeit: „Die Periodicitätsmoduln der hyperelliptischen Integrale als Functionen eines Parameters aufgefasst" (Borchardt J. LXXI. s. F. d. M. II. p. 252.) angegeben hat. Bedient man sich der Bezeichnung:

$$(\mu, \nu) = \int_\mu^\nu (u-a_1)^{b_1-1} \cdots (u-a_n)^{b_n-1} (u-x)\, du,$$

so findet sich das Ergebniss, dass die n Integrale:

$$(a_k, x), \ (\infty, a_1) \cdots (a_{k-2}, a_{k-1}), \ (a_{k+1}, a_{k+2}) \cdots (a_n, \infty)$$

mit endlichen Potenzen von $x-a_k$ multiplicirt, in der Umgebung von a_k endlich und eindeutig bleiben. Es wird ferner bewiesen, dass zwischen diesen n Integralen eine lineare Gleichung mit constanten Coefficienten nicht stattfindet, vorausgesetzt, dass weder λ, noch $b_k + \lambda$ Null oder ganze Zahlen sind. Sie bilden also das zu a_k gehörige Fundamentalsystem und repräsentiren, sofern $k = 1, 2 \cdots n$ genommen wird, n Fundamentalsysteme. Das zu $x = \infty$ gehörige Fundamentalsystem lautet:

$$(\infty, x), \ (a_1, a_2) \cdots (a_{n-1}, a_n),$$

unter der Voraussetzung, dass die Summe $b_1 + b_2 \cdots + b_n$ von Null oder einer ganzen Zahl verschieden ist.

Der Fall, wo die erwähnten Voraussetzungen nicht zutreffen,

wird nicht discutirt. Im letzten Abschnitt werden sämmtliche Integrale des zu a_1 gehörigen Fundamentalsystems als lineare homogene Functionen der zu a_k gehörigen Integrale und in gleicher Weise durch die zu $x=\infty$ gehörenden Integrale ausgedrückt. Diese Relationen werden mit Hülfe des Satzes erhalten, dass das Integral über eine geschlossene Curve, die keinen singulären Punkt einschliesst, gleich Null ist.

Hr.

R. Most. Ueber die Anwendung der Differentialquotienten mit allgemeinem Index zum Integriren von Differentialgleichungen. Schlömilch. Z. XVI. 190-210.

Der Verfasser geht zur Gewinnung der verschiedenen Differentialquotienten von folgender Definition derselben aus, wie sie Herr Grünwald (Schlömilch Z. XII. 443) gegeben hat:

$$\frac{d_g^\mu f(x)}{dx^\mu} = u^{-\mu}(x-g)^{-\mu}\{f(x)-\mu f[x-u(x-g)]+\cdots$$
$$\cdots+(-1)^n \mu_n f[x-nu(x-g)]\}_{u=\frac{1}{n}=0},$$

und erhält durch Entwickelung der einzelnen Glieder nach Potenzen von $pu(x-g)$ und nachherige Summirung für $\frac{d_g^{-\mu} f(x)}{dx^{-\mu}}$ den Ausdruck:

$$\frac{d_g^{-\mu} f(x)}{dx^{-\mu}} = \frac{(x-g)^\mu}{\Gamma(\mu)} \int_1^0 \frac{u^{\mu-1}}{e^{2i\pi\mu}-1} f[x-u(x-g)]\,du,$$

in welchem das Integral als geschlossenes zu betrachten ist, das um die obere Grenze herumgeführt ist. Durch Aenderung der Variablen unter dem Integral werden noch drei andere Formen hergeleitet, welche theils mit der von H. Grünwald (a. a. O. p. 455—458), theils mit der von H. Liouville (Journ. de l'éc. pol. XIII. 8) gegebenen Form, im letzteren Fall, wenn man $g=\infty$ setzt, übereinstimmen. Für den Fall $f(g)=\infty$ wird der Ausdruck für den Differentialquotienten so modificirt, dass er auch da endlich bleibt. Im zweiten Abschnitt werden die allgemeinen Ausdrücke auf die Functionen $e^{\alpha x}$ und $(x-g)^\nu(1-x+g)^\lambda$ angewandt. Bei den ersteren zeigt sich, dass die Liouville'sche Definition $\frac{d^\mu e^\nu}{dx^\mu} = \nu^\mu e^{\nu x}$ nicht allgemein gültig ist. Der Differentialquotient für die letzteren wird durch vier hypergeometrische Reihen dargestellt, welche bez. nach Potenzen von

$$x-g,\ x-g-1,\ \frac{1}{x},\ \frac{1}{1-x}$$

fortschreiten, multiplicirt mit gewissen Potenzen der entsprechenden Argumente. Es werden darauf einige Gesetze der allgemeinen Differentialquotienten abgeleitet, die den für die gewöhnlichen geltenden analog sind, und es zeigt sich hierbei, dass die Bezeichnungen:

$$\frac{d_g^\nu}{dx^\nu}\left[\frac{d_g^\mu f(x)}{dx^\mu}\right] = \frac{d_g^{\mu+\nu} f(x)}{dx^{\mu+\nu}} = \frac{d_g^\mu}{dx^\mu}\left[\frac{d_g^\nu f(x)}{dx^\nu}\right]$$

nur unter Bedingungen gelten, die g auf bestimmte Werthe einschränken.

Im dritten Abschnitt wird die Differentialgleichung der hypergeometrischen Reihe:

$$D(a,b,c,y,x) = x(1-x)\frac{d^2y}{dx^2} + (c-(a+b+1)x)\frac{dy}{dx} - aby = 0$$

durch Differentialquotienten mit allgemeinem Index integrirt. Von der particulären Lösung:

$$y = \frac{d_g^{a-1}}{dx^{a-1}}\left[x^{a-c}(1-x)^{c-b-1}\right],\ g = 0, 1, \infty$$

ausgehend, gewinnt der Verfasser drei allgemeine Ausdrücke, von denen jeder 48 partikuläre Lösungen darstellt, und aus denen sowohl die Jacobi'schen (Borchardt J. LVI, 151), als auch die Kummer'schen Integrale (Crelle J. XV., 52) sich ableiten lassen. Diese führen dann zu einer gleichen Anzahl von Formen für das vollständige Integral der Gleichung.

Der letzte Abschnitt enthält die Integration einer Gleichung, welche der Verfasser bereits durch andere Formen integrirt hat (Schlömilch Z. XV. 427, s. F. d. M. II. 172). Sie kann auf die Form gebracht werden:

$$(d_0+e_0 x)\varphi^m \frac{d^m y}{d\log x^m} + (d_1+e_1 x)\varphi^{m-1}\frac{d^{m-1} y}{d\log x^{m-1}} + \cdots$$
$$\cdots + (d_m+e_m x)y = \psi(x).$$

Die Methode, auf die wir nicht näher eingehen, besteht darin, die vorliegende Gleichung durch Einführung allgemeiner Differentialquotienten auf eine ähnliche zu reduciren, die nur von $m-1^{\text{ter}}$ Ordnung ist. Zum Schluss werden noch die Ausnahmefälle $d_0 = d_1 = \cdots = 0$, $e_0 = e_1 \cdots = 0$ besonders betrachtet.

Hr.

J. Cockle. Exercises in the integral calculus. Messenger (2.) I. 5-12. 64-67.

Die Arbeit besteht aus zwei Theilen. Der erste von ihnen ist einleitend, während der zweite von gewissen Differentialgleichungen und ihren Transformationen handelt. Im ersten Theil wird auf den gemeinsamen Ursprung gewisser algebraischer und differentialer Resultate aufmerksam gemacht, und es werden einige Differentialgleichungen wie

$$\frac{d^2y}{dx^2} - (2x+1)\frac{dy}{dx} + (x^2+x-1)y = 0$$

im Einzelnen besprochen. Im zweiten Theile werden die Lösungen allgemeinerer Differentialgleichungen aus der von

$$2x\frac{d^2z}{dx^2} + (2a+1)\frac{dz}{dx} + bz = 0$$

und anderen hergeleitet. Glr. (O.)

J. Wolstenholme, Kitchin and W. Roberts, J. Walker. Solutions of question 3284. (Miller.) Educ. Times. XV. 75-77.

Integration der Differentialgleichung:

$$(x^2+y^2)\frac{d^2y}{dx^2} = n\left(x\frac{dy}{dx} - y\right)\left(1 + \frac{dy^2}{dx^2}\right).$$

Die Lösung in Polar-Coordinaten r, θ ist

$$r^{n-1} = a^{n-1}\sin\{(n-1)\theta + \alpha\}$$

Hi.

C. JORDAN. Sur la résolution des équations différentielles linéaires. C. R. LXXIII. 787-791.

Die Lösung eines Systems linearer Differentialgleichungen mit constanten Coefficienten:

$$(1)\quad \frac{dx_1}{dt} = a_1 x_1 + \cdots + l_1 x_n, \cdots, \frac{dx_n}{dt} = a_n x_1 + \cdots + l_n x_n$$

hängt bekanntlich ab von der Gleichung:

$$\varDelta = \begin{vmatrix} a_1 - s & \cdots & l_1 \\ \vdots & \vdots & \vdots \\ a_n & \cdots & l_n - s \end{vmatrix} = 0.$$

Es handelt sich darum, eine alle möglichen Fälle umfassende Analyse des Problems zu geben. Zu dem Ende bringt der Verfasser das System (1) auf eine canonische Form, die sich unmittelbar integriren lässt.

Es habe $\varDelta$, in irreductible Factoren zerlegt, die Form:

$$\varDelta = [F(s)]^{\mu} \cdot [F_1(s)]^{\mu_1} \cdots,$$

und σ sei eine Wurzel der Gleichung: $F(s) = 0$, so entsprechen den μ Wurzeln σ der Gleichung $\varDelta = 0$, μ lineare Functionen von $x_1 \cdots x_n$, welche sich in verschiedene Gruppen von $r, r' \ldots$ Gliedern sondern, so dass $r + r' \cdots = \mu$; zwischen den Variablen $y_1, z_1 \cdots w_1$ einer zusammengehörigen Gruppe bestehen die Relationen:

$$(2)\quad \frac{dy_1}{dt} = \sigma y_1, \frac{dz_1}{dt} = \sigma z_1 + y_1, \frac{du_1}{dt} = \sigma u_1 + z_1 \cdots \frac{dw_1}{dt} = \sigma w_1 + v_1.$$

Die Integrale dieses Systems sind, falls r die Anzahl der Variablen darin ist, folgende:

$$w_1 = e^{\sigma t} \psi(t),\ v_1 = e^{\sigma t} \psi'(t), \cdots y_1 = e^{\sigma t} \psi^{(r-1)}(t),$$

wo $\psi(t)$ eine willkürliche ganze Function vom Grade $r-1$ ist. Soll daher t ausserhalb der Exponentialgrösse nicht vorkommen, so ist dazu nothwendig und hinreichend, dass $r = r' \cdots = 1$ ist, was wiederum erfordert, dass nicht nur die Determinante $\varDelta$, sondern auch alle Unterdeterminanten $(\mu-1)^{\text{ten}}$ Grades für $s = \sigma$ verschwinden. Der Verfasser fügt daran noch folgende Bemerkung. Die Variablen $y_1 \cdots w_1$ können, wenn m der Grad der irreductibelen Gleichung $F(s) = 0$ ist, offenbar auf die Form gebracht werden:

$$y_1 = Y_0 + Y_1\sigma + \cdots + Y_{m-1}\sigma^{m-1}, \ldots, w_1 = W_0 + W_1\sigma + \cdots W_{m-1}\sigma^{m-1},$$

wo $Y_0 \cdots W_{m-1}$ lineare Functionen von $x_1 \cdots x_n$ mit rationalen Coefficienten bezeichnen. Es wird nun nachgewiesen, dass für die mr Gleichungen, welche aus (2) erhalten werden, wenn man für σ alle verschiedenen Wurzeln von $F(s) = 0$ nimmt, ein System von mr linearen Differentialgleichungen substituirt werden kann, worin die neuen Functionen $Y_0 \cdots W_{m-1}$ als Variable vorkommen. Solcher Systeme giebt es $mr + mr' + \cdots = m\mu$, welche zusammen das zum Factor $[F(s)]^{\mu}$ gehörige Partialsystem bilden. Im Ganzen existiren ebensoviele Partialsysteme dieser Art, als Δ verschiedene irreductible Factoren enthält.

Hr.

M. M. Mackenzie. Simultaneous differential equations. Messenger V. 247-249.

Integration von

$$\frac{dx}{dt} + ay - bz = a_1, \frac{dy}{dt} + az - cx = b_1, \frac{dz}{dt} + bx - ay = c_1$$

durch Quaternionen.

Glr. (O.)

J. Siacci. Intorno ad alcune trasformazioni delle equazioni differenziali del problema dei 3. corpi. Atti di Torino VI. 450-454.

Siehe Abschn. X. Cap. 4 A.

C. W. Merrifield. On certain families of surfaces. Messenger (2.) I. 81-88.

Siehe Abschn. IX. Cap. 3 A.

Capitel 6.

Partielle Differentialgleichungen.

L. Garnshaw. Partial differential equations. London. Macmillan and Co.

Hi.

Graindorge. Mémoire sur l'intégration des équations de la mécanique. Bruxelles.

Der Verfasser giebt eine Uebersicht der Arbeiten von Lagrange, Hamilton, Jacobi, Bertrand, Bour etc. über die Integration der partiellen Differentialgleichungen erster Ordnung. Siehe auch Darboux Bull. II. 199-200.

O.

E. Combescure. Sur diverses conditions d'intégrabilité et d'intégration. Brioschi Ann (2.) V. 20-62.

Siehe Abschn. VI. Cap. 3. p. 119.

J. Cockle. On fractional criticoids. Phil. Mag. (4) XLI. 360-368.

Wie eine quadratische Function zweier Veränderlichen x, y durch Substitution von $x+\xi$, $y+\eta$ für x, y im Allgemeinen in eine andere verwandelt verden kann, in der die Glieder erster Ordnung fehlen, so kann auch im Allgemeinen eine partielle lineare Differentialfunction zweiter Ordnung, in der z als Function zweier Veränderlichen x, y auftritt, durch die Substitution von $e^{\zeta} z$ für z in einen ähnlichen Ausdruck übergeführt werden, der die Differentialquotienten erster Ordnung nicht enthält. Das absolute Glied heisst dann im ersten Problem eine „critical" Function, im zweiten aber Criticoid.

Die Arbeit, welche sich einer früheren (s. F. d. M. II. p. 175) anschliesst, beschäftigt sich mit dem zweiten Problem, dessen Lösung auf die Analogie mit dem ersten gegründet wird.

Hi.

A. Mayer. Ueber die Integration simultaner partieller Differentialgleichungen der 1. Ordnung mit derselben unbekannten Function. Clebsch Ann. IV. 88-94.

Die Arbeit beschäftigt sich mit der Frage, unter welchen Bedingungen mehrere partielle Differentialgleichungen 1. Ordnung mit derselben unbekannten Function eine gemeinsame Lösung besitzen. Es wird gezeigt, dass die von Bour aufgestellten Bedingungen zwar nothwendig, aber noch nicht ausreichend sind, indem es durchaus nicht gleichgültig ist, ob diese Bedingungsgleichungen identisch stattfinden oder erst durch Hinzuziehung der gegebenen Gleichungen identisch werden. Der letztere Fall zieht vielmehr seinerseits wieder neue Bedingungen nach sich, die im Allgemeinen nicht blosse Folgen der früheren sind. Das gegebene System ist einer gemeinsamen Integration nur dann fähig, wenn sich dasselbe zurückführen lässt auf ein System, in welchem die Bour'schen Bedingungen an und für sich identisch erfüllt sind. Die Integration selbst kann durch die neue Jacobi'sche Methode bewirkt werden. In dem speciellen Falle linearer partieller Differentialgleichungen jedoch ist die Bour'sche Regel stets ausreichend und führt hier zu denselben Kriterien der simultanen Integrabilität, die auf anderem Wege schon früher von Clebsch aufgestellt worden sind.

Mr.

A. Andréiewsky. Propriétés de quelques quadratures déduites de l'intégration des expressions différentielles à deux variables. Clebsch Ann. IV. 391-402.

Unter welchen Bedingungen lässt sich ein gegebener homogener Differentialausdruck n^{ten} Grades:

$$\sum_0^n {}^h A_h \, dy^h \, dx^{n-h} \,,$$

in welchem die A_h Functionen der unabhängigen Variabeln x und y sind, auf die Form bringen:

$$(1) \quad \sum_0^n {}^h A_h \, dy^h \, dx^{n-h} = \sum_0^{n-1} {}^h dT_h \cdot dy^h \, dx^{n-h-1} \,,$$

und wie findet man, wenn diese Bedingungen erfüllt sind, die Functionen T_h?

Wie Raabe in seinem Lehrbuch der Differential- und Integral-Rechnung gezeigt hat, erfordert das identische Bestehen der Gleichung (1) nur die eine Bedingung:

$$(2) \quad \sum_0^n{}_h (-1)^h \frac{\partial^n A_h}{\partial y^h \partial x^{n-h}} = 0,$$

und die Bestimmung der Unbekannten T_h kommt alsdann auf blosse Quadraturen zurück.

Setzt man in der Identität (1) $y = ax + b$, wo a und b beliebige Constanten sind, so ergiebt sich hieraus der Satz: Wenn die Functionen A_h identisch der Gleichung (2) genügen, so ist unter der Voraussetzung $y = ax + b$:

$$\int dx \sum_0^n{}_h A_h a^h = \sum_0^{n-1}{}_h a^h T_h,$$

wo die Ausdrücke T_h zunächst als Functionen von x und y durch einfache Quadraturen gefunden werden können. Aus diesem Satze folgt weiter durch die Annahme:

$$A_0 = A_1 = \cdots = A_n = A,$$

dass, wenn A eine Lösung der partiellen Differentialgleichung ist:

$$(3) \quad \sum_0^n{}_h (-1)^h \frac{\partial^n A}{\partial y^h \partial x^{n-h}} = 0,$$

für $y = ax + b$:

$$\int A\, dx = \frac{T_0 + aT_1 + a^2 T_2 + \cdots a^{n-1} T_{n-1}}{1 + a + a^2 + \cdots a^n}$$

wird. Man kann überdies nachweisen, dass die Ausdrücke T_h, dargestellt als Functionen von x und y, ebenfalls sämmtlich der Gleichung (3) Genüge leisten, daher sich auf die Integrale $\int T_h\, dx$ wiederum dieselbe Formel anwenden lässt u. s. w.

Diese Sätze bilden den Hauptgegenstand der vorliegenden Abhandlung. Sie werden jedoch nur bewiesen für die speciellen Fälle $n = 2$ und $n = 3$, für welche auch die in der vorangestellten Frage enthaltene Aufgabe auf eine von der Raabe'schen verschiedene, ziemlich umständliche Art gelöst und auf gewisse, von

Raabe übersehene Bedingungsgleichungen zwischen den willkürlichen Constanten, die in die allgemeinen Ausdrücke der Functionen T_h eingehen, aufmerksam gemacht wird.

Mr.

A. Mayer. Ueber die Jacobi-Hamilton'sche Integrationsmethode der partiellen Differentialgleichungen 1. Ordnung. Clebsch Ann. III. 435-452.

Wenn man die Regel näher in's Auge fasst, welche in den Jacobi'schen Vorlesungen über Dynamik p. 364 zur Integration der partiellen Differentialgleichungen erster Ordnung gegeben wird, so bemerkt man bald, dass dieselbe kein allgemein gültiger Satz, sondern mannigfachen Ausnahmen unterworfen ist. Die vorliegende Arbeit ersetzt daher, nachdem sie den wahren Grund dieser Ausnahmen aufgedeckt hat, die genannte Regel zunächst durch eine möglichst einfache andere von allgemeiner Geltung, die (§ 2) durch dieselben Principien bewiesen wird, welche Jacobi a. a. O. anwendet. Sie zeigt dann weiter, wie diese Jacobi'schen Betrachtungen gleichzeitig auch zum Beweis der allgemeineren Cauchy'schen Integrationsmethode führen, von der die Methode des § 2 nur ein specieller Fall ist, und schliesst mit einigen Sätzen über die Bestimmung der Lösung einer partiellen Differentialgleichung erster Ordnung durch eine Grenzbedingung, welche den directen Uebergang von der letzteren Methode zu der von Cauchy vermitteln.

Mr.

J. Somoff. Sur un moyen algébrique de démontrer le principe de Hamilton relatif à l'intégration des équations de la dynamique. Bull. de St. Pét. 1871.

Siehe Abschnitt X., Cap. 4 A.

A. Cayley. A „Smith's Prize" paper. 1870. Question 10. Messenger V. 196-198.

Beweis, dass sich die Gleichungen:

$$A\frac{dp}{dt} + (C-B)\,qr = 0 \text{ etc.}$$

aus den Lagrange'schen:

$$\frac{d}{dt}\frac{dT}{d\xi'} - \frac{dT'}{d\xi} = \frac{dV}{d\xi'} \text{ etc.}$$

herleiten lassen. Glr. (O.)

M. Lévy. Sur l'intégration des équations aux différences partielles, relatives aux mouvements intérieurs des corps solides ductiles, lorsque ces mouvements ont lieu par plans parallèles. C. R. LXII. 1098-1004.

Siehe Abschn. X., Cap. 4 A.

L. Matthiessen. Ueber das Integral der Gleichung

$$\frac{\partial^2 V}{\partial x^2} + \frac{\partial^2 V}{\partial y^2} = 0.$$

Schlömilch Z. XVI. 228-239.

Siehe Abschnitt X. Cap. 5.

E. Mathieu. Sur l'intégration des équations aux différences partielles de la physique mathématique. C. R. LXXIII. 986-989.

Genügt u im Innern der Fläche σ der Differentialgleichung

$$\frac{d^2u}{dx^2} + \frac{d^2u}{dy^2} + \frac{d^2u}{dz^2} = -a^2u,$$

so ist sie, die Continuität vorausgesetzt, immer durch folgenden Ausdruck darzustellen:

$$u = \int \frac{\cos(ar)}{r}\,\varrho\,d\sigma.$$

Hierin ist r die Entfernung eines beliebigen Punktes $(x\,y\,z)$ im Innern von σ von einem Punkte (α, β, γ) der Oberfläche, ϱ eine willkürliche Function von (α, β, γ). Die Integration ist über die ganze Fläche σ auszudehnen. Für $a=0$ erhält man das Potential einer mit Masse belegten Fläche.

Aehnlich lassen sich die Integrale der Differentialgleichungen darstellen, die man erhält, wenn rechts $-\frac{d^2u}{dt^2}$ oder $-\frac{du}{dt}$ für u steht. Besondere Formen nehmen die Integrale an, wenn u nur von zwei Coordinaten abhängig ist.

Die Resultate sind hier ohne Beweis mitgetheilt, ein ausführlicherer Bericht soll nach dem Erscheinen der vollständigen Arbeit folgen. Wn.

E. B. Christoffel. Ueber die Integration von zwei partiellen Differentialgleichungen. Gött. Nachr. 435-453.

Siehe Abschnitt VII., Cap. 1.

J. Cockle. Solution of question 3205. Educ. Times XIV. 66.

Die lineare partielle Differentialgleichung zweiter Ordnung

$$2(xr-t)+mp=0$$

wird integrirt für den Fall $m=1$ und $m=3$.

Hi.

J. Cockle. Solution of question 3379. Educ. Times XV. 77-80.

Wenn α und β Functionen von x allein sind, und wenn

$$f(\alpha)=\frac{\alpha}{2}\left(\frac{d^2\alpha}{dx^2}+\frac{d\beta}{dx}\right)-\frac{1}{4}\left(\frac{d\alpha}{dx}+\beta\right)\left(\frac{d\alpha}{dx}-\beta\right),$$

so hat die lineare partielle Differentialgleichung

$$\alpha^2\frac{\partial^2 z}{\partial x^2}-\frac{\partial^2 z}{\partial y^2}=\beta\frac{\partial z}{\partial y}+\gamma z,$$

für $\gamma=f(\alpha)$, als vollständiges Integral

$$z=v\chi\left(y+\int\frac{dx}{\alpha}\right)+v\int\varphi\left(k-2\int\frac{dx}{\alpha}\right)\frac{dx}{v^2},$$

worin $v=\sqrt{\alpha}\,e^{\int\frac{\beta}{2\alpha}dx}$, während χ und φ willkürliche Functionen bedeuten. Ferner ist für k nach der Integration der Werth

$$k=y+\int\frac{dx}{\alpha}$$

zu setzen. Hi.

Capitel 7.

Variations-Rechnung.

J. B. Serret. Memoire sur le principe de la moindre action. C. R. LXXII 697-709. LXXIII. 145-146. 293-298. Darboux Bull. II. 97-124.

Das Princip der kleinsten Wirkung, schon von Euler im Allgemeinen aufgestellt, hat die nothwendige Erläuterung hinsichtlich seiner Bedeutung und Geltung bereits von Jacobi erfahren (siehe Crelle J. XVII. p. 68 und Jacobi, Vorlesungen über Dynamik, herausg. v. Clebsch. Berlin, G. Reimer. 1866. p. 43-57). Die vorliegende Arbeit von Herrn Serret nimmt weder auf diese bahnbrechenden Entwickelungen, noch auf die sonstigen späteren Arbeiten, die, von Jacobi ausgehend, das dahin gehörige Problem der Variationsrechnung förderten (wie die Arbeiten von Hesse, Clebsch, Lipschitz, A. Mayer) irgend welche Rücksicht. Abgesehen aber auch von der Nichtberücksichtigung dieser Arbeiten erscheint der gegebene Beweis nicht stichhaltig. Der Satz, wie ihn Herr Serret ausspricht, lautet im Wesentlichen: „Für die wirklich erfolgende Bewegung eines Systems materieller Punkte, das dem Gesetz der Erhaltung der lebendigen Kraft gehorcht, und dessen Positionen zu den Zeiten t_0 und t_1 gegeben sind, wird das Integral

$$(1) \qquad V = \int_{t_0}^{t_1} 2T\,dt$$

im Vergleich zu allen anderen zwischen diesen beiden Positionen möglichen Bewegungen, welche der Bedingung

$$(2) \qquad T = U + h$$

genügen, ein Minimum.“ Hierin bedeutet T die lebendige Kraft, U die Kräftefunction und h eine gegebene, nicht zu variirende Constante.

Der Gang des Beweises ist wesentlich folgender: Nach 1) ist

$$\delta V = \int_{t_0}^{t_1} (\delta T + \delta T)\,dt.$$

Da nun nach 2) $\delta T = \delta U$ sein muss, so ist

$$\delta V = \int_{t_0}^{t_1} (\delta T + \delta U)\, dt.$$

Hieraus ergiebt sich, da die Grenzwerthe der Coordinaten bekannt sind:

$$\delta V = \int_{t_0}^{t_1} [\delta U - \Sigma m\,(x''\,\delta x + y''\,\delta y + z''\,\delta z)]\, dt.$$

Herr Serret schliesst nun weiter: Um V zu Null zu machen, muss

$$\delta U - \Sigma m\,(x''\,\delta x + y''\,\delta y + z''\,\delta z) = 0$$

werden für alle mit den Bedingungen des Systems vereinbaren Variationen δx, δy, δz, womit der Satz bewiesen ist. Bei diesem Schluss ist jedoch (nach einer Mittheilung von Herrn A. Mayer in Leipzig) übersehen, dass die Variationen nicht nur den Bedingungen des Systems, sondern auch noch der Bedingung $\delta T = \delta V$ zu unterwerfen sind, ohne welche δV gar nicht der Variation des Hamilton'schen Integrals

$$W = \int_{t_0}^{t} (T + U)\, dt$$

gleich wird. Dass durch Hinzufügung dieser Bedingung die Differentialgleichung des Hamilton'schen Princips $\delta W = 0$ anders wird, als ohne dieselbe, ist seit Lagrange bekannt, lässt sich aber auch folgendermaassen klar machen: Mit demselben Recht, mit dem man durch die Bedingung $\delta T = \delta U$ das eine δT eliminirt, kann man auch das andere eliminiren und erhält dadurch

$$\delta V = 2 \int_{t_0}^{t_1} \delta U\, dt.$$

Daraus aber würde, bei Weglassung der Bedingung 2), folgen, dass für alle mit den Bedingungen des Systems verträglichen Variationen $\delta U = 0$ sein müsste.

Redaction.

A. Cayley. On a problem in the calculus of variations. Proc. of L. M. S. III. 221-222.

Ein Fall von Discontinuität wird durch Betrachtung analoger

Probleme erläutert, in denen eine Curve durch ein System von Punkten ersetzt wird.

Cly. (O.)

S. CHALLIS. On the application of a new integration of differential equations of the second order to some unsolved problems in the calculus of variations. Phil. Mag. (4) XLII. 28-40.

A. CAYLEY. On a supposed new integration of differential equations of the second order. Phil. Mag. (4.) XLII. 197-199.

S. CHALLIS. On a new method of solving some problems in the calculus of variations, in reply to Prof. Cayley. Phil. Mag. (4.) XLII 302-304.

J. TODHUNTER. On a problem in the calculus of variations. Phil. Mag. (4.) XLII. 440-441.

Die in der ersten der obigen Arbeiten auseinandergesetzte neue Methode der Integration von Differentialgleichungen zweiter Ordnung besteht in folgendem: Zunächst wird die Evolute der Curve gefunden, welche durch die Differentialgleichung bestimmt ist, und dann nimmt der Verfasser „irgend eine" Evolvente derselben als die gesuchte Curve, ohne zu bedenken, dass hierdurch eine willkürliche Constante eingeführt wird, welche der Aufgabe fremd ist. Die übrigen der oben zusammengestellten Arbeiten sind durch die erste hervorgerufen.

Hi.

J. TODHUNTER. Researches in the calculus of variations, principally on the theory of discontinuous solutions; an essay to which the Adams Prize was awarded in the University of Cambridge in 1871. London and Cambridge: Macmillan and Co.

Die Preisaufgabe, welche durch diese Arbeit beantwortet ward, lautet:

„Eine Bestimmung der Umstände, unter denen in den Lö-„sungen der Maxima- und Minima-Aufgaben der Variationsrech-„nung Unstetigkeiten irgend welcher Art eintreten, und Anwen-„dungen auf specielle Fälle".

„Es wird erwartet, dass die Discussion der Beispiele so weit „wie möglich geometrisch erläutert, und dass die Aufmerksam-„keit besonders auf solche Fälle gerichtet wird, in denen „die Variationsrechnung wirklich oder scheinbar unzureichend „wird".

Die behandelten Probleme sind sehr zahlreich und beschäftigen sich besonders mit Fällen, in denen die Unstetigkeiten durch die aufgelegten Bedingungen herbeigeführt werden.

Hi.

Siebenter Abschnitt.

Functionentheorie.

Capitel 1.

Allgemeines.

J. Hoüel. Théorie élémentaire des quantités complexes. IIIième Partie: Théorie des fonctions elliptiques.
Mém. de Bordeaux VIII. und Paris, Gauthier-Villars.

In dem ersten Theile: „Algebra der complexen Grössen" hatte der Herr Verfasser zugleich mit einer historischen Uebersicht über die Entwickelung der Theorie der complexen Grössen die geometrische Darstellung der Elementar-Operationen gegeben. Der zweite Theil behandelt die „Theorie der eindeutigen Functionen". Nach Einführung in die Definitionen der Functionen von Cauchy und Riemann werden die Cauchy'schen Sätze über Integrale längs geschlossener Linien mit Riemann's Beweisen gegeben, ferner die Sätze über das Verhalten der Function in der Umgebung eines Null- oder Unendlichkeitspunktes, die Cauchy'schen Sätze in der Behandlung, wie sie sich in den Werken von Durége und C. Neumann finden, und das Dirichlet'sche Princip. Das Schluss-Capitel des zweiten Theiles enthält algebraische und analytische Anwendungen der vorhergehenden Theorien, so die Erweiterung des Sturm'schen Satzes, die Entwickelung der Functionen in periodische Reihen mit Hülfe des Laurent'schen Satzes, die Reihen von Bürmann und Lagrange, die Zerlegung einer Function in einfache Brüche, die Entwickelung in unendliche Producte und die Berechnung bestimmter Integrale. Der vorliegende dritte Theil des Werkes enthält die „Theorie der elliptischen Functionen“, nach Riemann'schen Principien. Das erste Capitel behandelt die Transformation einer mehrdeutigen Function in eine eindeutige Function vermittelst der Riemann'schen Flächen. Ihr folgt im zweiten Capitel die Untersuchung einer mehrdeutigen Function in der Umgebung eines gegebenen Punktes. Das dritte giebt die Theorie der Integrale mehrdeutiger Functionen, und den Schluss (4. Cap.) bilden die Anwendungen der vorhergehenden Principien auf die Theorie der elliptischen Functionen.

Diesem dritten Bande wird noch ein vierter unter dem Titel: „Theorie der Quaternionen“ folgen.

M.

U. Dini. Sopra le funzioni di una variabile complessa.
Brioschi Ann. (2.) IV. 159-174.

Cauchy hat die Entwickelung der Function einer complexen Variabeln für Punkte auf der Peripherie des Kreises gegeben, in welchem die Function mit ihren ersten Derivirten monodrom, endlich und stetig ist. Diese Entwickelung wurde durch Laurent und Neumann für den von zwei concentrischen Kreisen oder von zwei homofocalen Ellipsen begrenzten Raum verallgemeinert. Diese Entwickelungen enthalten mehr als was gerade für die Bestimmung der Function in dem betreffenden Bereiche nothwendig ist, da eine Function einer complexen Variabeln in einem gewissen Bereiche vollständig bestimmt ist, sobald die Werthe ihres reellen Theiles auf dem Rande und die des imaginären Theiles in einem Punkte gegeben sind. Sind nur die Grössen gegeben, welche in der That genügen, sie zu bestimmen, so geben jene Entwickelungen nicht das Mittel, die Function zu bestimmen. Desshalb giebt der Verfasser die Entwickelungen einer Function einer complexen Variabeln in dem von zwei concentrischen Kreisen oder zwei homofocalen Ellipsen begrenzten Raume und innerhalb oder ausserhalb eines Kreises, als Function der Werthe ihres reellen Theils auf dem Rande und des imaginären Theils in einem

Punkte. Dabei beschränkt sich der Verfasser auf den Fall, wo die Function mit ihren ersten Ableitungen auch auf dem Rande endlich ist. Für zwei concentrische Kreise ergiebt sich das Resultat:

$$w' = \frac{1}{2\pi \log \frac{R}{R'}} \left(\log R \int_0^{2\pi} u_{s'}\, d\vartheta - \log R' \int_0^{2\pi} u_s\, d\vartheta \right)$$

$$+ \frac{1}{2\pi \log \frac{R}{R'}} \log z' \int_0^{2\pi} (u_s - u_{s'})\, d\vartheta$$

$$+ \frac{1}{\pi} \sum_1^\infty \frac{z'^n}{R^{2n} - R'^{2n}} \int_0^{2\pi} (R^n u_s - R'^n u_s)\, e^{-in\vartheta}\, d\vartheta$$

$$+ \frac{1}{\pi} \sum_1^\infty \frac{R^n R'^n}{z'^n (R^{2n} - R'^{2n})} \int_0^{2\pi} (R^n u_{s'} - R'^n u_s)\, e^{in\vartheta}\, d\vartheta + ic,$$

wo u_s und $u_{s'}$ die gegebenen Werthe von u auf den Kreisen s und s' sind. Die nothwendige und hinreichende Bedingung, dass die Function w, welche den Werthen u_s, $u_{s'}$ des reellen Theiles auf dem Rande entspricht, monodrom sei, ist

$$\int_0^{2\pi} (u_s - u_{s'})\, d\vartheta = 0.$$

Unter dieser Bedingung erhalten wir leicht aus der obigen Entwickelung die Reihe von Laurent. Ein ähnlicher Ausdruck ergiebt sich für den von zwei homofocalen Ellipsen eingeschlossenen Bereich. M.

C. G. J. Jacobi. Mathematische Werke. Band III.

Berlin. G. Reimer.

Dieser dritte Band von Jacobi's Mathematischen Werken enthält 14 Arbeiten, welche früher in Borchardt's J. LIII.-LXXIII. erschienen sind, und zwar:

1. Ueber Reihenentwickelungen, welche nach den Potenzen eines gegebenen Polynoms fortschreiten, und zu Coefficienten Polynome eines niederen Grades haben. LIII. 103-120.

2. Ueber eine elementare Transformation eines in Bezug auf jedes von zwei Variabeln-Systemen linearen und homogenen Ausdrucks. LIII., 266-270.

3. Ueber einen algebraischen Fundamentalsatz und seine Anwendungen. LIII., 275-280.

4. Solution nouvelle d'un problème fondamental de Géodésie. LIII., 335-341.

5. Ableitung der darin enthaltenen Formeln, von Luther. LIII., 342-365.

6. Darstellung der elliptischen Functionen durch Potenzreihen. LIV., 82-97.

7. Ueber die Substitution

$$(ax^2+2bx+c)y^2+2(a'x^2+2b'x+c')y+a''x^2+2b''x+c''=0$$

und über die Reduction der Abel'schen Integrale erster Ordnung in die Normalform. LV., 1-14.

8. Untersuchungen über die Differentialgleichung der hypergeometrischen Reihe. LVI., 149-165.

9. Ueber die Abbildung eines ungleichaxigen Ellipsoids auf einer Ebene, bei welcher die kleinsten Theile ähnlich bleiben. LIX., 74-88.

10. Nova methodus, aequationes differentiales partiales primi ordinis inter numerum variabilium quemcunque propositas integrandi. LX., 1-181.

11. De investigando ordine systematis aequationum differentialium vulgarium cujuscumque. LXIV., 297-320.

12. Regel zur Bestimmung des Inhalts der Sternpolygone. LXV. 173-174.

13. Ueber die Auflösung der Gleichung

$$\alpha_1 x_1 + \alpha_2 x_2 + \cdots + \alpha_n x_n = f \cdot u.$$

LXIX., 1-28.

14. Allgemeine Theorie der kettenbruchähnlichen Algorithmen, in welchen jede Zahl aus drei vorhergehenden gebildet wird. LXIX. 29-64.

15. Geometrische Theoreme. LXXIII, 179-206.

M.

G. DE BERNARDINIS e T. FUORTES. Relazione de' corsi di geometria superiore e d'analisi superiore nella università di Napoli, negli anni 1870 e 1871. Battaglini G. IX. 233-258.

Dieser Bericht über die an der Universität Neapel in den Jahren 1870 und 1871 gehaltenen Vorlesungen enthält in seinem zweiten Theile eine Uebersicht über den Cursus der höheren Analysis; und zwar zunächst über die Vorlesungen des Prof. Fergola „über elliptische Functionen", meist nach Durége; sodann über dessen „Theorie der algebraischen Formen" und seine „Theorie der Functionen einer complexen Variabeln" nach den Werken von Casorati und Briot und Bouquet. Vgl. auch Abschnitt VIII., Cap. 5, A.

M.

F. E. PRYM. Zur Integration der Differentialgleichung

$$\frac{\partial^2 u}{\partial x^2} + \frac{\partial^2 u}{\partial y^2} = 0.$$

Borchardt J. LXXIII. 340-364.

Es handelt sich hier um den allgemeinen Beweis des folgenden Fundamentalsatzes der Functionentheorie: „Bezieht man die Punkte einer Kreisfläche durch Coordinaten x, y auf ein rechtwinkliges Coordinatensystem, so existirt zu dieser Kreisfläche immer eine und nur eine reelle Function u der Coordinaten x, y mit folgenden Eigenschaften: 1) Die Function u ist für die ganze Kreisfläche, den Rand einbegriffen, eine einwerthige und stetige Function des Ortes oder Punktes x, y und stimmt am Rande vollständig mit einer für den Rand willkürlich angenommenen, längs des Randes allenthalben stetigen Function überein. 2) Die sämmtlichen Derivirten der Function u von angebbarer Ordnung sind im Innern der Kreisfläche, d. h. bis in jede endliche Nähe zum Rande, einwerthig und stetig, und die zweiten Derivirten genügen der Gleichung

$$\frac{\partial^2 u}{\partial x^2} + \frac{\partial^2 u}{\partial y^2} = 0."$$

Um eine Function u mit den erwähnten Eigenschaften zu erhalten, stellte man für u die bekannte Reihenentwickelung auf, die aut dem Rande der Kreisfläche in eine Fourier'sche Reihe übergeht (vergl. C. Neumann, das Dirichlet'sche Princip etc., p. 5). Dieses Verfahren beruht aber auf der unbewiesenen Voraussetzung von der Darstellbarkeit einer jeden einwerthigen, stetigen, reellen, nnd mit der Periode 2π periodischen Function $f(\varphi)$ des reellen Argumentes φ, für jeden Werth des Argumentes, durch eine Fourier'sche Reihe. Herr Prym abstrahirt desshalb von dem Verlangen, der Ausdruck u solle auf dem Rande selbst, seinem Werthe nach, mit einer für den Rand willkürlich angenommenen Function übereinstimmen, und beschränkt sich darauf, von einem Ausdrucke in x, y, der die übrigen für u aufgestellten Eigenschaften besitzt, zu zeigen, dass sein Werth, wenn der Punkt x, y sich einem Randpunkte unbegrenzt nähert, ohne Unterbrechung der Stetigkeit gegen den Werth convergirt, den die für den Rand willkürlich fixirte Function in dem betreffenden Randpunkte besitzt. Zu dem Ende benutzt er die von Herrn C. Neumann (Borchardt J. LIX., 364) aufgestellte Form

$$u = \frac{1}{2\pi}\int_{\varphi=C-\pi}^{\varphi=C+\pi} f(\varphi)\,\frac{(R^2-r^2)\,d\varphi}{R^2-2Rr\cos(t-\varphi)+r^2}$$

und beweist damit den obigen Satz ganz allgemein. Es ist dieses dieselbe Function u, welche gleichzeitig zu gleichem Zwecke Herr Schwarz benutzt hat (Wolf J. XV., 113-128, vergl. Fortschr. d. M. II., 214 sq.), doch sind der Gang des Beweises und die angewandten Methoden verschieden.

Nach Einführung der Function u und der für $f(\varphi)$ nöthigen Bestimmungen, wobei zugleich der Fall betrachtet wird, dass die für den Rand gegebene Function eine endliche Anzahl von Stetigkeitsunterbrechungen besitzt, die durch sprungweise Aenderungen um endliche Grössen hervorgerufen werden, wird zunächst bewiesen, dass u für jeden Punkt P in der Kreisfläche mit dem Radius R eine reelle Function der Coordinaten x, y darstellt, die mit ihren sämmtlichen Derivirten von angebbarer Ordnung im Innern der Fläche allenthalben einwerthig und stetig ist, und deren zweite Derivirte der Gleichung

$$\frac{\partial^2 u}{\partial x^2} + \frac{\partial^2 u}{\partial y^2} = 0$$

genügen. Alsdann wird das Verhalten des Ausdrucks u untersucht, wenn P dem Rande der Kreisfläche sich nähert. Um die Richtung zu fixiren, in der P gegen den Randpunkt O' anrückt, werden Polarcoordinaten ϱ und τ von dem Punkt O' als Pol aus eingeführt. Für diejenigen Werthe α von φ, für welche $f(\varphi)$ springt, ergiebt sich dann das Resultat:

$$(15) \qquad \lim_{\varrho=0} u_{\frac{\varrho}{R}, \tau} = f(\alpha-0) + \frac{\tau}{\pi}\left[f(\alpha+0) - f(\alpha-0)\right].$$

Nachdem nun noch die Frage erledigt ist, ob es ausser der dargestellten Function u noch eine zweite Function u_1 mit denselben Eigenschaften giebt, ist der oben genannte Satz in allen seinen Theilen bewiesen.

Die Function u lässt sich ausser durch das obige bestimmte Integral noch durch eine unendliche Reihe ausdrücken, die sich in Bezug auf ihr Verhalten auf dem Rande der Kreisfläche wesentlich von ersterem unterscheidet. Zum Schluss betrachtet der Herr Verfasser das Integral

$$U_{F'} = \iint\limits_{F'} \left\{\left(\frac{\partial u}{\partial x}\right)^2 + \left(\frac{\partial u}{\partial y}\right)^2\right\} dx\, dy,$$

ausgedehnt über die Fläche F' eines dem obigen Kreise concentrischen Kreises mit kleinerem Radius R', und untersucht den Grenzwerth dieses Doppelintegrals, wenn F' durch Vergrösserung von R' sich F nähert. Diese Untersuchung ist gleichsam eine Ergänzung zu dem Art. 17 der Riemann'schen Dissertation, indem sie zeigt, dass eine sammt ihren ersten Derivirten einwerthige und stetige Function λ von x und y sich nicht einer Function μ, die in einem Punkte derartig unstetig ist, dass ihr Werth von der Annäherungsrichtung abhängt, annähern kann, ohne dass das Integral $\Omega(\lambda)$ aufhört endlich zu sein. Aus der Untersuchung des Falles, dass die Function $f(\varphi)$, mit der eine Function u am Rande übereinstimmt, allenthalben stetig ist, ergiebt sich endlich, dass auch in diesem Fall noch nicht das

Endlichsein des über die Kreisfläche auszudehnenden Integrales U_F geschlossen werden darf. M.

E. B. Christoffel. Ueber die Integration von zwei partiellen Differentialgleichungen. Gött. Nachr. 1871. 435-453.

In den Arbeiten der Herren Schwarz und Prym über die Differentialgleichung

$$\frac{\partial^2 u}{\partial x^2}+\frac{\partial^2 u}{\partial y^2}=0$$

(siehe das vorige Referat) handelte es sich darum, den Ausdruck u für den Fall zu verificiren, wo F eine einblättrige Kreisfläche ist und $f(\varphi)$ am Rande K entlang einwerthig, allenthalben endlich und nur in einzelnen Punkten unstetig, im Uebrigen aber willkürlich ist. Herr Christoffel denkt sich eine beliebige einfach zusammenhängende, über die x, y-Ebene ausgebreitete Fläche F mit der Randcurve K auf denjenigen Theil E einer zweiten X, Y-Ebene, für welchen $Y>0$ ist, in den kleinsten Theilen ähnlich und so abgebildet, dass jedem Punkte der einen ein und auch nur ein einziger, mit jenem sich allenthalben stetig ändernder Punkt der andern entspricht. Dann sind $Z=X+iY$ und $z=x+iy$ für das Innere beider Flächen völlig bestimmte Functionen von einander. Für zwei Punkte m und o in F ist die Function

$$w(m|0)=\frac{z_m-z_0}{z_m-z_0'},$$

worin z_0' die Conjugirte von z_0 ist, eine solche Function von z_m, die innerhalb F nur in 0, und dort zur ersten Ordnung $=0$, aber in keinem Punkte m von F unstetig wird. Nähert sich m einem Randpunkte μ, so wird $\operatorname{mod} w(\mu|0)=1$. Setzt man daher

$$\log w(m|0)=\xi(m|0)+i\cdot\eta(m|0),$$

so ist $\xi(m|0)$ die einzige Function, welche die in des Verfassers Abhandlung über die stationären Temperaturen (Brioschi Ann I., 91 und art. IV.) geforderten Eigenschaften hat. In jener Arbeit ist nachgewiesen, dass: wenn eine Function v angenommen wird, welche nebst ihren ersten Derivirten in F bis an K hinan einwerthig und stetig ist, und man die Grösse:

$$\frac{\partial^2 v}{\partial x^2} + \frac{d^2 v}{d y^2} = \varphi$$

berechnet,

$$v_0 = \frac{1}{2\pi}\left(\int \psi_\mu \frac{d\xi(\mu|0)}{dp_\mu} ds_\mu + \int \varphi_m \xi(m|0)\, dF_m\right),$$

wo ψ_μ der Werth des v in μ, ds_μ das den Punkt μ enthaltende Element von K, und dp_μ zu ds_μ senkrecht und aus F hinausgerichtet ist. Die Function $\xi(m|0)$ und die von C. Neumann so genannte Green'sche Function G_m^0 stehen in einer sehr einfachen Beziehung zu einander.

Der Herr Verfasser bemerkt, dass die Verification des v für die Kreisfläche schon von Dirichlet in seinen Vorlesungen über partielle Differentialgleichungen 1851—52 gegeben, und von ihm selbst mit Angabe der Quelle, ebenso wie andere Verificationen ähnlicher Art, in seinen Vorlesungen zu Berlin 1860—62 und Zürich 1866—67 wiederholt vorgetragen seien Im Folgenden wird nun diese Verification für $\varphi = 0$ durchgeführt. Indem der Verfasser zuletzt, ebenso wie Herr Prym die Annäherungsrichtung von 0 willkürlich lässt, gelangt er zu demselben Resultat, welches Herr Prym für eine Kreisfläche gefunden (s. oben No. 15).

Mit der Mittheilung dieser Untersuchung beabsichtigte der Herr Verfasser lediglich, an der Frage nach dem Umfange der Bedingungen, welche man der Function v auferlegen kann, den heutigen Standpunkt der Lehre von den partiellen Differentialgleichungen nachzuweisen und die nothwendige Uebersicht durch die Gegenüberstellung mit einer Aufgabe aus älterer Zeit zu erleichtern. Zu dem Ende theilt der Verfasser zwei Lehrsätze ohne Beweis mit, in denen gewisse Beschränkungen, welche bei der obigen Verification noch geboten waren, aber dennoch nicht wesentlich sind, aufgehoben werden, und wodurch die Willkür der Function φ an K entlang, ihrem vollen Umfange nach festgestellt wird. Durch den Satz I. wird für alle Fälle, wo ψ der Integration über K fähig ist, die Darstellung von v wirklich zurückgeführt auf die Lösung der oben erwähnten Abbildungsaufgabe. Der zweite Lehrsatz leistet dasselbe in Bezug auf die Gleichung

$$\frac{\partial^2 v}{\partial x^2} + \frac{\partial^2 v}{\partial y^2} + \frac{\partial^2 v}{\partial z^2} = 0.$$

Durch ihn wird die von Herrn Heine in seiner Arbeit: „Ueber einige Voraussetzungen beim Beweise des Dirichlet'schen Principes" (s. unten) offen gelassene Frage, welche Dirichlet durch Zurückführung auf eine Minimumsaufgabe behandelte, mittelst der Green'schen Function auf eine wesentlich einfachere Aufgabe zurückgeführt, nämlich auf die Frage nach einer Function, welche nur an der Begrenzung entlang existirt und auszuwählen ist aus der Gesammtheit aller derjenigen Functionen, welche die Integration über jeden Theil der Begrenzung gestatten ohne irgend einer andern Einschränkung zu unterliegen.

M.

R. Lipschitz. Sopra la teoria della inversione di un sistema di funzioni. Brioschi Ann. (2.) IV. 239-259.

Uebersetzung einer Arbeit aus den Göttinger Nachrichten 1870, über welche im zweiten Bande des Jahrbuchs pag. 206 berichtet ist.

Wn.

E. Heine. Ueber einige Voraussetzungen beim Beweise des Dirichlet'schen Principes. Clebsch Ann. IV. 626-632. Gött. Nachr. 1871. 375-382.

Der Herr Verfasser prüft von den Voraussetzungen, auf denen der Beweis des Dirichlet'schen Principes in der Lehre vom Potential beruht, zunächst die folgende: „Die auf der Begrenzung des Raumes t, welche eine geschlossene Fläche bildet, gegebene continuirliche und einwerthige Function kann in das Innere und ebenso in den äusseren Raum, wenigstens auf eine Art, derartig fortgesetzt werden, dass die Fortsetzung dieselben Bedingungen der Stetigkeit und Endlichkeit erfüllt, wie das Potential der Vertheilung einer Masse auf der Oberfläche." Die von Dirichlet benutzte Function lässt sich durch $V=1$ in den inneren Raum fortsetzen, aber nicht durch denselben Werth in den äusseren. Nach den Clebsch Ann. I., 191 gegebenen Principien zeigt nun Herr Heine, wie diese Fortsetzung zu machen ist. Auch für die Green'sche Function ist die in Rede stehende Vorbedingung erfüllt. In den Anwendungen auf Elektrostatik hat Dirichlet nur solche Functionen von der Oberfläche ins Innere fortzusetzen, für welche die erste Annahme richtig ist.

Der Verfasser beweist zweitens, dass in denselben Fällen, wie die erste Voraussetzung, auch die zweite berechtigt sei, nämlich: „dass es mehr als eine, und daher unendlich viele, den gleichen Bedingungen wie oben genügende Fortsetzungen giebt.“

Drittens prüft der Verfasser folgenden Schluss: „Unter der Annahme, dass es eine oder einige Fortsetzungen in den inneren Raum giebt, welche

$$\int\left(\left(\frac{\partial V}{\partial x}\right)^2+\left(\frac{\partial V}{\partial y}\right)^2+\left(\frac{\partial V}{\partial z}\right)^2\right)dt$$

zu einem Minimum machen, — woraus folgt, dass wenigstens eine von diesen Fortsetzungen (V_1) so beschaffen ist, dass für jede Function Z das Integral

$$\int Z\,\Delta V_1\,dt$$

verschwindet, — muss ΔV_1 im Raume t im allgemeinen Null sein, d. h. mit Ausnahme höchstens von Punkten, Linien und Flächen?“ Das Resultat ist, dass dieser Schluss, wenn V_1 nicht das Minimum unter allen Fortsetzungen, sondern nur unter denen ist, welche die erwähnte Eigenschaft in Bezug auf die Zeichen besitzen, für dieses V_1 berechtigt ist.

In einem Anhang untersucht der Herr Verfasser die Fälle, in denen mehrere geschlossene Flächen auftreten.

M.

G. Frobenius. Ueber die Entwickelung analytischer Functionen in Reihen, die nach gegebenen Functionen fortschreiten. Borchardt J. LXXIII 1-31.

Zwei Systeme von Reihen von der Form $\sum c_n F_n(x)$ werden hinsichtlich der Darstellbarkeit analytischer Functionen durch dieselben untersucht.

I. Für $F_n(x)$ wird das Product gewählt:

$$P_n(x)=(x-a_0)(x-a_1)\cdots(x-a_n),\quad P_0(x)=1.$$

Ueber die Grössen $a_0, a_1 \cdots$ wird zunächst die Annahme gemacht, dass die Reihe Σa_ν unbedingt convergent ist, und gezeigt, dass alsdann $\frac{P_n(x)}{x^n}$ für jedes n zwischen zwei bestimmten, sowohl von Null als Unendlich verschiedenen Grenzen liegt, welche Beziehung vom Verfasser mit $P_n(x) \infty x^n$ bezeichnet wird. Es folgt daraus, dass die Reihe $\Sigma c_\nu P_\nu(x)$ mit $\Sigma c_\nu x^\nu$ und ebenso die Reihe $\Sigma \frac{c_\nu}{P_{\nu+1}(y)}$ mit $\Sigma \frac{c_\nu}{y^{\nu+1}}$ gleichzeitig convergent und divergent ist.

Mit Hülfe der bekannten Cauchy'schen Gleichung:

$$f(x) = \frac{1}{2\pi i}\int \frac{f(y)\,dy}{y-x}$$

und der Formel:

$$\frac{1}{y-x} = \sum_0^{n-1}{}_\nu \frac{P_\nu(x)}{P_{\nu+1}(y)} + \frac{P_n(x)}{P_n(y)}\,\frac{1}{y-x}$$

werden für die Function $f(x)$ zwei Entwickelungen gegeben:

1) $f(x)$ hat ausserhalb eines Kreises C_ϱ den Charakter einer rationalen Function, bleibt beständig endlich und verschwindet im Unendlichen, dann ist:

$$f(x) = \sum_0^\infty \frac{c_\nu}{P_{\nu+1}(x)}, \text{ wo } c_\nu = \frac{1}{2\pi i}\int f(y)\,P_\nu(y)\,dy;$$

die geschlossene Integration geht um $C_{\varrho'}$ $(\varrho < \varrho' < x)$.

2) $f(x)$ hat innerhalb C_ϱ den Charakter einer ganzen Function, dann ist:

$$f(x) = \sum_0^\infty c_\nu P_\nu(x), \text{ wo } c_\nu = \frac{1}{2\pi i}\int_{\varrho'} \frac{f(y)}{P_{\nu+1}(y)}\,dy,$$

$$(\varrho > \varrho' > x).$$

Im ersteren Falle giebt es nur eine einzige Entwickelung. Im zweiten Falle hingegen giebt es unendlich viele Entwickelungen, indem zu der gegebenen noch alle möglichen Entwickelungen der Null hinzutreten können. Diese sind daher noch anzugeben; da aber aus bekannten Nullentwickelungen durch Multiplication derselben mit willkürlichen Constanten und nachherige Addition sich beliebig viel neue ergeben, so handelt es sich darum, ein vollständiges System von einander unabhängiger Nullentwickelungen aufzustellen. Dies gelingt vermittelst eines Fundamentalsystems derselben, auf dessen Bildungsweise wir hier nicht eingehen können. Wir bemerken nur, dass die Zahl derjenigen unter ihnen, die innerhalb eines Kreises C_ϱ und darüber hinaus convergiren, endlich ist, und dass ferner nur solche Kreise Convergenzgrenzen für Nullentwickelungen werden können, welche durch einen der Punkte $a_0, a_1 \cdots$ hindurchgehen.

In den §§ 7 und 8 wird die Voraussetzung, dass Σa_ν convergire, fallen gelassen, und dafür zuerst $\Sigma \frac{1}{a_\nu}$, dann $\Sigma \frac{1}{a_\nu^2}$ convergent angenommen, von dem letzteren Falle aber nur das Beispiel:

$$P_n(x) = \left(1 - \frac{x}{1}\right)\left(1 - \frac{x}{2}\right) \cdots \left(1 - \frac{x}{n}\right)$$

betrachtet. Wir heben aus diesem Theile, in welchem übrigens der Gegenstand nicht erschöpfend behandelt ist, folgenden Satz hervor, den der Verfasser einer Vorlesung des Herrn Weierstrass über elliptische Functionen entnimmt:

„Wenn positive Zahlen m existiren, für welche $\Sigma \frac{1}{a_\nu^m}$ convergirt, und unter ihnen n die kleinste ist, und wenn

$$g(x, a) = \frac{x}{a} + \frac{x^2}{2a^2} + \cdots + \frac{x^{n-1}}{(n-1)\, a^{n-1}}$$

gesetzt wird, so convergirt das Product:

$$\Pi\left(1 - \frac{x}{a_\nu}\right) e^{g(x, a_\nu)}$$

für alle endlichen Werthe von x.

II. Das zweite System von Functionen, welches betrachtet wird, hatte seinen Ursprung in der Kettenbruchentwickelung:

$$R(x) = \frac{F(\alpha, \beta+1, \gamma+1, x^{-2})}{x F(\alpha, \beta, \gamma, x^{-2})} = \cfrac{1}{a_0 x - \cfrac{1}{a_1 x - \cfrac{1}{a_2 x - \cdots}}},$$

wo F die hypergeometrische Reihe bezeichnet und $R(x)$ in der ganzen Ebene mit Ausnahme der die $+1$ und -1 verbindenden

Linie (Strecke C_1) den Charakter einer rationalen Function hat und im Unendlichen verschwindet. Der n^{te} Näherungswerth wird mit $\frac{P_n(x)}{Q_n(x)}$, und der Rest mit $\frac{R_n(x)}{Q_n(x)}$ bezeichnet.

Setzt man $\varphi(x) = x + \sqrt{x^2 - 1}$, und $N = n^{\alpha - \beta - \frac{1}{2}}$ oder $= n^{-\alpha + \beta + \frac{1}{2}}$, je nachdem n grade oder ungrade ist, so wird gezeigt, dass:

$$P_n(x) \propto N\varphi(x)^n,\ Q_n(x) \propto N\varphi(x)^n,$$
$$R_n(x) \propto N\varphi(x)^{-n},\ S_n(x) \propto N\varphi(x)^{-n},$$
$$\text{wo } S_n(x) = \frac{R_n(x)}{R(x)}.$$

Es folgt hieraus, dass, wenn ϱ der Radius des Convergenzkreises der Reihe $\Sigma c_\nu x^\nu$ ist und die Ellipse mit den Brennpunkten $+1$ und -1 und den Halbaxen $\frac{1}{2}(\varrho + \varrho^{-1})$ und $\frac{1}{2}(\varrho - \varrho^{-1})$ mit C_ϱ bezeichnet wird, die Reihen $\Sigma c_\nu P_\nu(x)$ und $\Sigma c_\nu Q_\nu(x)$, falls $\varrho > 1$, innerhalb der Ellipse C_ϱ, und die Reihen $\Sigma c_\nu R_\nu(x)$ und $\Sigma c_\nu S_\nu(x)$, falls $\varrho < 1$, ausserhalb der Ellipse $C\varrho^{-1}$ convergiren. Der Verfasser betrachtet nun insbesondere die Reihen $\Sigma c_\nu Q_\nu(x)$ und $\Sigma c_\nu R_\nu(x)$ und giebt mit Hülfe der Formel

$$\frac{1}{y - x} = \sum_0^n a_\nu Q_\nu(x) R_\nu(y) + \frac{Q_{n+1}(x) \cdot R_n(y) - Q_n(x) R_{n+1}(y)}{y - x}$$

für $f(x)$, je nachdem sie ausserhalb C_ϱ den Charakter einer rationalen, oder innerhalb C_ϱ den einer ganzen Function hat, die beiden Entwickelungen:

$$f(x) = \sum_0^\infty c_\nu R_\nu(x), \quad \text{wo } c_\nu = \frac{a_\nu}{2\pi i} \int Q_\nu(y) f(y)\, dy,$$

$$\text{und } f(x) = \sum_0^\infty c_\nu Q_\nu(x), \quad \text{wo } c_\nu = \frac{a_\nu}{2\pi i} \int R_\nu(y) f(y)\, dy$$

die geschlossenen Integrationswege in beiden Fällen werden wie in I. bestimmt.

Die erstere Entwickelung ist nur auf eine einzige Weise möglich. Zu der letzteren können wieder beliebig viele Nullentwickelungen hinzutreten. Es gilt hier das Gesetz, dass nur solche Ellipsen Convergenzbereiche für Nullentwickelungen begrenzen können, welche durch einen der ausserhalb der Strecke

C_1 liegenden Wurzelwerthe v der Gleichung $R(x) = \infty$ hindurchgehen. Die Zahl der Punkte v ausserhalb einer bestimmten Ellipse C_ϱ ($\varrho > 1$) ist eine endliche, und zu jeder Wurzel v gehört eine Nullentwickelung:

$$\Sigma\, a_\nu\, Q_\nu(y)\, Q_\nu(x) = 0,$$

welche innerhalb der Ellipse, auf welcher v liegt, convergirt, und nicht weiter. Die Gesammtheit derselben bildet ein Fundamentalsystem von einander unabhängiger Nullentwickelungen.

Im letzten Paragraphen wird die Theorie der Nullentwickelungen, die in den in I. und II. behandelten Beispielen auf besonderen Wegen abgeleitet ist, unter einem allgemeineren Gesichtspunkte betrachtet und eine Methode angegeben, die in beiden Fällen zum Ziele führt. Hr.

G. Cantor. Notiz zu dem Aufsatze: Beweis, dass eine für jeden reellen Werth von x durch eine trigonometrische Reihe gegebene Function $f(x)$ sich nur auf eine einzige Weise in dieser Form darstellen lässt. Bd. LXXII., 139 dieses Journals. Borchardt J. LXXIII. 294-296.

Die erste Bemerkung enthält einen einfacheren Beweis für die Eindeutigkeit trigonometrischer Reihendarstellungen, welche LXXII., 139 nachgewiesen wurde. Die zweite erweitert den die Eindeutigkeit betreffenden Satz dahin: „Hat man eine für jeden Werth von x gültige, d. h. convergente Darstellung des Werthes Null durch eine trigonometrische Reihe

$$\tfrac{1}{2} b_0 + a_1 \sin x + b_1 \cos x + \cdots + a_n \sin nx + b_n \cos nx + \cdots,$$

so sind die Coefficienten dieser Darstellung gleich Null". Vgl. Fortschr. II., 218). M.

J. Lüroth. Note über Verzweigungsschnitte und Querschnitte in einer Riemann'schen Fläche. Clebsch Ann. III. 181-184.

Es handelt sich um die Darstellung einer algebraischen n-werthigen Function s der complexen Variabeln z, welche w

einfache Verzweigungspunkte besitzt. Man ordne je zwei der n Wurzeln s_n durch eine nur einen Verzweigungspunkt einschliessende Schleife einander zu. Zur Wurzel s_i gehörig heisst dann ein Punkt C der z-Ebene, wenn die von ihm ausgehende Schleife die Wurzel s_i mit einer andern verbindet. Man kann nun stets ein Polygon angeben, dessen Ecken in $n-1$ Gruppen von aufeinander folgenden Ecken zerfallen, so dass jede Gruppe eine grade Zahl von Ecken enthält, deren Schleifen die nämlichen beiden Wurzeln verbinden. Nennt man ferner $n-1$ Schleifen, die so ausgewählt sind, dass man mit ihrer Hülfe von jeder Wurzel zu jeder anderen gelangen kann, und die Gruppen, denen sie angehören, „fundamentale", so kann man jede nicht fundamentale Gruppe so einschalten, dass ihre Schleifen fundamental werden. Also bei der eindeutigen Darstellung einer Function s in einer n-blättrigen Riemann'schen Fläche kann man die Verzweigungsschnitte so legen, dass sie in $n-1$ Gruppen zerfallen, so dass die Schnitte einer Gruppe dieselben beiden Blätter verbinden. M.

F. Ruffini. Sul modo di definire la continuità delle funzioni. Modena, Erede Soliani.

M. Nöther. Ueber die algebraischen Functionen einer und zweier Variabeln. Gött. Nachr. 1871. 267-278.

Die Arbeit ist eine Fortsetzung der in den Nachrichten vom Jahre 1869 enthaltenen: „Zur Theorie der algebraischen Functionen mehrerer complexen Variabeln", s. Fortschr. d. M. II., 202. Herr Nöther giebt eine allgemeine Methode an, um eine gegebene Curve mit beliebigen singulären Punkten rational in eine andere mit nur gewöhnlichen vielfachen Punkten zu transformiren. Diese Methode liefert die Bestimmung der einem singulären Punkte einer Curve in Bezug auf die Irrationalität der Curve äquivalenten Anzahl von Doppel- und Rückkehrpunkten ohne die Puiseux'schen Reihenentwickelungen, welche Cayley dazu benutzt hat (Quart. J. VII., 212). Diese Transformationsmethode lässt sich auf algebraische Functionen zweier Variabeln ausdehnen und führt hier insbesondere zur Untersuchung singulärer Knotenpunkte einer Fläche und zur Bestimmung der Wirkung derselben auf das Flächengeschlecht, das bis jetzt erst bei vielfachen Curven und allgemein konischen Knotenpunkten der Fläche festgestellt worden ist. Der Verfasser erläutert dieses an einigen Beispielen, und untersucht schliesslich die Bedingung, unter welcher eine geometrische Doppelebene auf einer Kugelfläche abbildbar wird. M.

M. Hamburger. Ueber die Entwickelung algebraischer Functionen in Reihen. Schlömilch Z. XVI. 461-491.

Puiseux hat in seiner Arbeit: Recherches sur les fonctions algébriques (Liouville J. XV.) eine Methode zur Entwickelung algebraischer Functionen in Potenzreihen gegeben, indem er zeigte, dass die der Gleichung $f(u, z) = 0$ genügenden Functionen u von z in eine gewisse Anzahl cyklischer Systeme zerfallen, und diese Systeme darstellte. Es werden nämlich aus den Gliedern der Gleichung $f(u, z) = 0$ auf alle mögliche Arten Gruppen gebildet, deren jede nur solche Glieder enthält, welche von gleicher und niedrigerer Ordnung als alle übrigen sind, und diese Gruppen liefern die verschiedenen Ordnungen von $u-b$, wo b einen der Werthe bezeichnet, in den u für $z=a$ übergeht. Herr Hamburger giebt nun eine Methode, mit deren Hülfe man ohne vorherige Dimensionsbestimmungen auf rein analytischem Wege zu den Reihenentwickelungen gelangt. Zunächst wird für den Fall, dass $\frac{\partial f}{\partial y}$ nicht gleichzeitig mit $f(x, y) = 0$ für $x = x_0$, $y = y_0$ verschwindet, der Cauchy'sche Satz bewiesen, dass es eine der Gleichung $f = 0$ genügende Function von x giebt, die sich durch eine in der Umgebung von x_0 unbedingt convergente Reihe nach ganzen positiven Potenzen von $x - x_0$ darstellen lässt und für $x = x_0$ den Werth y_0 annimmt. Der § 2 behandelt den Fall, wo $\frac{\partial f}{\partial y}$ für $x = x_0$, $y = y_0$ verschwindet, aber $\frac{\partial f}{\partial x}$ nicht. Hier hat Herr Weierstrass in seinen Vorlesungen über elliptische Functionen ein Verfahren gegeben, das zur Reihenentwickelung führt. Was den dritten Fall endlich betrifft, wo $\frac{\partial f}{\partial x}$ und $\frac{\partial f}{\partial y}$ zugleich verschwinden, so kann man durch ein ähnliches Verfahren nur bei einer besonderen Classe von Gleichungen zum Ziele gelangen, bei denen sich nämlich die Glieder der Entwickelung der Function $f(x, y)$ nach dem erweiterten Maclaurin'schen Satze in folgender Form vereinigen lassen:

$$0 = (x-x_0)^m \varphi(x, y) - (y-y_0)^n \psi(x, y) = f(x, y),$$

wo $\varphi(x, y)$ und $\psi(x, y)$ für $x = x_0$, $y = y_0$ nicht verschwinden. Nach Vorwegnahme dieser speciellen Classe entwickelt Herr Hamburger seine Methode für den allgemeinen Fall, dass $\frac{\partial f}{\partial x}$ und $\frac{\partial f}{\partial y}$ für $x = x_0$, $y = y_0$ zugleich verschwinden. Er untersucht nämlich die Endgleichung, welche die verschiedenen Werthe der ersten Ableitung $\frac{dy}{dx}$ der gesuchten Function im betrachteten singulären Punkte zu Wurzeln hat. Ist $\left(\frac{dy}{dx}\right)_0$ endlich, so wird durch eine einfache Substitution eine neue Variable eingeführt, deren Werthe im singulären Punkte mit den endlichen Wurzeln jener Endgleichung zusammenfallen; ist $\left(\frac{dy}{dx}\right)_0 = \infty$, so wird die inverse Substitution benutzt. Hat die Endgleichung nur einfache Wurzeln, so genügt die erste Substitution zu den gesuchten Reihenentwickelungen. Für die vielfachen Wurzeln aber lässt sich nachweisen, dass man durch eine endliche Zahl von Transformationen, wobei die Substitution nach dem nämlichen Princip zu wiederholen ist, schliesslich zu verschiedenen Wurzeln der Endgleichung für die erste Ableitung der substituirten Function, also zu getrennten Entwickelungen gelangt. Zur Erläuterung führt der Verfasser die erforderlichen Operationen an einem Beispiele durch, welches auch Puiseux behandelt hat, und gelangt zu denselben Resultaten wie dieser.

M.

Ed. Weyr. Note sur les fonctions dont les dérivées successives forment des séries arithmétiques. Brioschi Ann. (2.) IV. 212-214.

Es wird zunächst der Satz bewiesen, dass, wenn für einen partikulären Werth $x=a$ die successiven Derivirten von $f(x)$ eine arithmetische Reihe m^{ter} Ordnung bilden, deren m^{te} Differenz δ ist, die Derivirten $f'(x)$, $f''(x)\cdots$ für jeden Werth von x eine solche Reihe bilden, deren m^{te} Differenz δe^{x-a} ist. Mit Hülfe dieses Satzes wird dann gezeigt, dass:

$$y = c + c_0 e^x + c_1 x e^x + c_2 x^2 e^x + \cdots + c_m x^m e^x$$

die allgemeine Form einer Function obiger Beschaffenheit darstellt. Hr.

L. Seidel. Ueber eine eigenthümliche Form von Functionen einer complexen Variabeln und über transcendente Gleichungen, die keine Wurzeln haben. Borchardt J. LXXIII. 297-304.

Setzt man $\lim G = \lim\limits_{n=\infty} \frac{n}{n+x^n}$ gleich irgend einer von 0 und 1 verschiedenen Grösse, so hat diese Gleichung keine Wurzel der complexen Form $x=u+vi$, obgleich der Ausdruck $\lim G$ für alle x endlich bestimmt ist. Ueberhaupt lassen sich Ausdrücke für durchaus continuirliche Functionen bilden, die für keinen complexen Werth von x versagen, und doch gewisse, z. B. negative Werthe niemals annehmen können. Durch die Substitution $\frac{x}{\vartheta}$ für x, wo ϑ eine reelle positive Grösse ist, erhält man eine Function

$$H_n = \frac{x^n}{x^n + n\vartheta^n},$$

und $\lim H$ entweder 0 oder 1. Diese Grösse $\lim H$ wird nach Art des Dirichlet'schen Discontinuitätsfactors benutzt und mit $\frac{\partial f(\vartheta)}{\partial \vartheta}$, das eine continuirliche Function von ϑ sein soll, multiplicirt. Dann erhält man

$$\int_0^x \lim \frac{x^n}{x^n + n\vartheta^n} \cdot \frac{\partial f(\vartheta)}{\partial \vartheta} d\vartheta = f(r) - f(0),$$

wo r der Modul von x ist. Nimmt man $f(\vartheta) = \vartheta$, so ergiebt sich

$$r = \text{mod}\, x = \int_0^x \lim \frac{x^n}{x^n + n\vartheta^n} d\vartheta.$$

Man kann durch Formen, die dem lim G und lim H analog sind, noch mancherlei Functionen besonderer Art darstellen.

M.

P. du Bois-Reymond. Sur la grandeur relative des infinis des fonctions. Brioschi Ann. (2.) IV. 338-353.

Die Functionen werden in Reihen geordnet der Art, dass der Quotient eines Gliedes derselben durch das folgende für $x = \infty$ unendlich wird. Im zweiten Abschnitt werden über die Grenze von $\frac{d \log f(x)}{dx}$ für $x = \infty$ Betrachtungen angestellt, welche uns nichts wesentlich Neues zu bieten scheinen.

Hr.

G. Ascoli. Dimostrazione di un teorema di Cauchy. Brioschi Ann. (2.) V. 14-16.

Der Satz: „Die Gleichung $\frac{du}{dz} = f(u, z)$, in welcher $f(u, z)$ eine synectische Function von u und z in der Umgebung von $u = 0$ und $z = 0$ ist, hat ein und nur ein synectisches Integral u in der Umgebung von $z = 0$, das mit z verschwindet", wird hier mit Hülfe der Infinitesimalmethode bewiesen, während es Cauchy und Briot und Bouquet durch die Methode der Grenzen bewiesen.

M.

S. Roberts and J. J. Walker. Solutions of question 3128. (M. W. Crofton). Educ. Times XIV. 41-42.

Wenn X irgend eine Function von x bedeutet, so bestehen die symbolischen Gleichungen

$$f'(D)\,X = \{f(D)\,x - x\,f(D)\}\,X,$$

$$\varphi\left(\frac{d}{d\,D}\right)f(D)\,X = \varphi\,(x_2 - x_1)\,f(D)\,X,$$

wo x_1 für ein x steht, welches dem $f(D)$ vorhergeht, während x_2 ein dem $f(D)$ folgendes x bedeutet. Hi.

L. Painvin. Nombre des systèmes de plans que peut représenter une équation du second degré. Nouv. Ann. (2.) X. 433-439

Eine Function zweiten Grades in Bezug auf x, y, z, deren Coefficienten ganze Functionen m^{ten} Grades der Unabhängigen α, β, γ sind, lässt sich durch 10^{m^4} Systeme der α, β, γ in zwei lineare Factoren zerlegen. H.

L. Oppermann. Sur la formule d'interpolation de Newton. Nouv. Ann. (2.) X. 82-87.

Der Verfasser giebt eine vom Original nur wenig abweichende Bearbeitung der Newton'schen Interpolationsformel, die sich in Princ. Nat. Phil. lib. III. lem. V. findet.

O.

A. Cayley. On an analytical theorem from a new point of view. Proc. of L. M. S. III. 220-221.

Siehe Abschn. IX. Cap. 3 D.

Capitel 2.

Besondere Functionen.

J. W. L. Glaisher. On Lambert's proof of the irrationality of π and on the irrationality of certain other quantities. Rep. of Brit. Assoc. 1871.

Der Verfasser giebt den Lambert'schen Beweis für die Irrationalität von π in einer Form, welche möglichst frei von unnöthigen Details ist, und wendet dieselbe Methode an, um weitere Resultate in Bezug auf die Irrationalität gewisser Kreis- und anderer Functionen herzuleiten. Die Untersuchung von Lambert, welche ursprünglich mehr als 30 Seiten umfasste, ist hier auf eine Seite zusammengedrängt, ohne dass der Vollgültigkeit des Beweises Eintrag gethan wird. Csy. (M.)

A. Cayley. A „Smith's Prize" paper 1871. Question 8. Messenger (2.) I. 72-75.

Wenn U und V binäre Functionen von der Form $(a, b, c\cdots)(x, y)^m$ mit willkürlichen Coefficienten sind, und die Gleichungen $U=0$, $V=0$ eine gemeinschaftliche Wurzel haben, so lässt sich dieselbe in Ausdrücken der derivirten Function der Resultante in Beziehung auf die Coefficienten einer Function ausdrücken. Die Methode zur Bestimmung wird gegeben und einige Folgerungen für specielle Fälle gezogen.

Glr. (O.)

O. Schlömilch. Ueber den Kettenbruch für $tg\, z$. Schlömilch Z. XVI. 259-260.

Die Function $f(x)=\cos(\sqrt{x})$ genügt der linearen Differentialgleichung:

$$4xf''(x)+2f'(x)=-f(x).$$

Differentiirt man diese $n$mal und setzt:

$$\frac{f^{m+1}(x)}{f^{(m)}(x)}=Q_{m+1},$$

so folgt:

$$Q_{n+1}=-\frac{\frac{1}{2}}{2n+1+2x\cdot Q_{n+2}},$$

also

$$Q_1=-\cfrac{\frac{1}{2}}{1-\cfrac{x}{3-\cfrac{x}{5-\cfrac{\vdots}{\vdots-\cfrac{x}{2m-1+2xQ_{m+1}}}}}}$$

Mit Hülfe der unendlichen Reihe für $\cos\sqrt{x}$ nach Potenzen von

x wird bewiesen, dass lim. $Q_{m+1} = 0$ für $m = \infty$. Indem nun $x = z^2$ gesetzt wird, ergiebt sich für tg z der gesuchte Kettenbruch. Hr.

G. Lemoyne. Intorno a un problema di partizione sopra alcune funzioni simmetriche. Battaglini G. X. 93-96.

Der Verfasser behandelt die Frage: Auf wie viel verschiedene Arten lässt sich eine gegebene symmetrische Function in eine bestimmte Anzahl von eben solchen Functionen zerlegen? und giebt einige Anwendungen. M.

A. di Legge. Formole relative al seno e coseno della somma degli archi. Battaglini G. IX. 377-379.

Die bekannten Additions- und Multiplicationsformeln der Sinus- und Cosinus-Functionen, ausgedrückt durch das Symbol $S_{(r)}^{(n-r)}\, a\, b\, c \cdots s' t' u'$ für die Summe aller Producte aus n Buchstaben, von denen r mit einem Accent versehen sind.

M.

H. Lemonnier. Démonstration des expressions de $\cos(a \pm b)$, $\sin(a \pm b)$. Nouv. Ann. (2) X. 26-28.

Die Formeln für $\cos(a+b)$ werden dadurch hergeleitet, dass zunächst $\cos(a+b) + \cos(a-b)$ durch geometrische und trigonometrische Sätze gefunden wird, daraus wird dann durch Substitution ein Ausdruck für $-\cos(a+b) + \cos(a-b)$ abgeleitet. Dann ergeben sich die oben genannten Formeln sehr leicht.

T.

Ch. Lindman. Formulae quaedam goniometricae. Grunert Arch. LIII. 112-117.

Auflösung der Gleichungen:

$$16 \sin\varphi \sin 2\varphi \sin 3\varphi \sin 4\varphi = 3, \quad 16 \cos\varphi \cos 2\varphi \cos 3\varphi \cos 4\varphi = 1$$

und

$$16 \sin\psi \sin(\psi+\delta) \sin(\psi+2\delta) \sin(\psi+3\delta) = 3,$$

$$16 \cos\psi \cos(\psi+\delta) \cos(\psi+2\delta) \cos(\psi+3\delta) = 1.$$

B.

L. Seidel. Ueber eine Darstellung des Kreisbogens, des Logarithmus und des elliptischen Integrales erster Art durch unendliche Producte. Borchardt J. LXXIII. 273-291.

Durch wiederholte Anwendung der Formel

$$\frac{\sin\alpha}{\alpha} = \cos\frac{\alpha}{2} \cdot \frac{\sin\frac{\alpha}{2}}{\frac{\alpha}{2}}$$

ergiebt sich

$$\alpha = \frac{\sin\alpha}{\cos\frac{\alpha}{2}\cdot\cos\frac{\alpha}{4}\cdot\cos\frac{\alpha}{8}\cdots},$$

oder

$$\text{arc}\cos x = \frac{\sqrt{1-x^2}}{x_1\, x_2\, x_3 \cdots}, \text{ wo } \cos\alpha = x \text{ und } \cos\frac{\alpha}{2^r} = x_r$$

gesetzt ist. Diese Formel stellt den zu gegebenem Cosinus gehörigen Bogen in seiner ganzen Vieldeutigkeit dar.

Die analoge Formel für den log erhält man entweder durch die Substitution

$$\alpha = i\log y,\ x = \frac{1}{2}\left(y + \frac{1}{y}\right),$$

oder durch wiederholte Anwendung der Formel

$$y - y^{-1} = (y^{\frac{1}{2}} + y^{-\frac{1}{2}})(y^{\frac{1}{2}} - y^{-\frac{1}{2}})$$

mit Hülfe der Gleichung

$$\log y = 2^m \log y^{\frac{1}{2^m}}.$$

Man erhält

$$\log y = \frac{\frac{1}{2}(y - y^{-1})\, M}{\frac{1}{2}(y^{\frac{1}{2}} + y^{-\frac{1}{2}})\,\frac{1}{2}(y^{\frac{1}{4}} + y^{-\frac{1}{4}})\,\frac{1}{2}(y^{\frac{1}{8}} + y^{-\frac{1}{8}})\cdots},$$

wo M der Modulus des Logarithmensystems ist. Hier kann man noch nach Belieben die positiven oder die negativen Potenzen fortschaffen.

Für das elliptische Integral erster Gattung

$$u = F(\lambda) = \int_0^\lambda \frac{d\varphi}{\sqrt{1-k^2\sin^2\varphi}}$$

erhält man

$$u = F(\lambda) = \lim_{m=\infty} (2^m \sin\lambda_m), \text{ wo } \lambda_m = am\,\frac{u}{2^m} \text{ ist.}$$

Diese Formel lässt sich mit Hülfe der Identität

$$2^m \sin\lambda_m = \sin\lambda\,\frac{2\sin\lambda_1}{\sin\lambda}\cdot\frac{2\sin\lambda_2}{\sin\lambda_1}\cdots\frac{2\sin\lambda_m}{\sin\lambda_{m-1}}$$

umwandeln in

$$F(\lambda) = \frac{\sin\lambda}{\cos\frac{1}{2}\lambda\cdot\cos\frac{1}{2}\varDelta\cdot\cos\frac{1}{2}\lambda_1\,\cos\frac{1}{2}\varDelta_1\cdot\cos\frac{1}{2}\lambda_2\cdot\cos\frac{1}{2}\varDelta_2\cdots},$$

wo die Hülfsgrössen $\varDelta$ den Gleichungen

$$\sin\varDelta_m = k\sin\lambda_m$$

genügen. Nachdem auf die unendliche Vieldeutigkeit dieser Formel nach zweierlei Richtungen hingewiesen ist, giebt der Verfasser im Folgenden den Convergenzbeweis. Die Arbeit schliesst mit einigen Bemerkungen über die Benutzung des Productes für $F(\lambda)$ bei der wirklichen Berechnung der elliptischen Integrale. M.

J. W. L. Glaisher. On sin ∞ and cos ∞. Messenger V. 232-244.

Der Verfasser bemerkt, dass $\sin\infty$ und $\cos\infty$, bei der gewöhnlichen Bedeutung der Symbole, offenbar unbestimmt sind, so dass man a priori versichert sein kann, eine Untersuchung, die zu bestimmten Werthen führt, welche nicht übereinstimmen, müsse irrig sein. Um daher bestimmte Werthe dieser Formen zu erhalten, muss man Voraussetzungen einführen, welche ihnen einen begrenzteren Sinn geben, als die Interpretation der zusammensetzenden Elemente nach den gewöhnlichen Auffassungen zulässt. Er untersucht die beiden gewöhnlich gegebenen Beweise, nämlich dass

$$\int_0^\infty \sin x\,dx = \left(\int_0^\pi + \int_0^{2\pi} + \cdots\right)\sin x = 2 - 2 + 2 - \cdots = 1,$$

so dass $\cos\infty = 0$, und den anderen, der von dem Integrale $\int e^{-ax}\sin x\,dx$ abhängt, speciell und weist ihre Unhaltbarkeit nach. Sodann untersucht der Verfasser, welche Voraussetzungen für die Richtigkeit von $\sin\infty = 0$, $\cos\infty = 0$ nöthig sind, und ob dieselben so beschaffen sind, wie es eine einige und zusammenhängende Interpretation fordert. Er gelangt zu dem Schluss, dass die Definitionen

$$\sin\infty = \int_0^{a^2} e^{-\frac{x}{a}} \cos x\,dx,\quad \cos\infty = 1 - \int_0^{a^2} e^{-\frac{x}{a}} \sin x\,dx,$$

wo a unendlich ist, zu adoptiren sind. Diese führen zu übereinstimmenden Resultaten und erklären Widersprüche, die in solchen Formen wie $\sin^2\infty = \frac{1}{2}$ liegen. Der Rest der Arbeit beschäftigt sich mit der Discussion einiger Beweise des Fourier'schen Satzes. Es wird der Grund untersucht, weshalb, während man das durch den Satz gegebene Resultat als unbestimmt erwartet, an Stelle davon immer das Mittel der möglicherweise unbestimmten Werthe erscheint. Dann folgen einige Bemerkungen über die gewöhnliche Art der Auswerthung des Integrals $\int_0^\infty \frac{\cos bx}{a^2+x^2}\,dx$ durch Differentiation nach b und seine Beziehung zu $\sin\infty$. Endlich wird eine numerische Verification von $\int_0^\infty \frac{\sin x}{x}\,dx$ hinzugefügt. Glr. (O.)

W. Walton. Note on sin ∞ and cos ∞. Quart. J. XI. 326–327.

Das Resultat ist, dass die Formeln $\sin\infty = 0$ und $\cos\infty = 0$ auf nicht logischer Basis gegründet sind, um so mehr, als die Beweise nur durch fortgesetzte algebraische Processe, die nicht identisch sind, bewirkt werden. Cly. (O.)

M. Azzarelli. Trattato elementare delle funzioni iperboliche. Att. d. Acc. d. N. Linc. XXIV. 112-137.

Nach der Angabe des Verfassers im Anfang der Monographie enthält dieselbe nichts Neues. Sie hat nur den Zweck, die Bekanntschaft mit der Theorie der hyperbolischen Functionen zu erweitern. Jg. (O.)

M. Roberts. A tract on the addition of elliptic and hyperelliptic integrals. Dublin. Hodges, Foster and Co.

Der Herr Verfasser beabsichtigt, in diesem kleinen Werke eine möglichst einfache und elementare Darstellung der Principien der Addition elliptischer und hyperelliptischer Integrale zu geben. Obwohl er jeden Anspruch auf Originalität von sich weist, so kann sein Werk vielleicht mit mehr Recht originell genannt werden, als manches andere, welches denselben Gegenstand behandelt. Inhalt und Methode sind in Kurzem folgende: Das Buch beginnt mit dem Jacobi'schen Beweise des Abel'schen Theorems, welches den Ausgangspunkt der ganzen Darstellung bildet. Es wird als Fundamental-Theorem in gleicher Weise den elliptischen wie den Abel'schen Functionen zu Grunde gelegt. Nun folgen in gedrängterer Form die aus dem Additionstheorem sich ergebenden Eigenschaften der elliptischen Functionen, welche von Legendre gefunden sind. Diese Methode führt zu einer Erweiterung des Fagnano'schen Theorems über die Addition zweier Ellipsenbogen, nämlich zu der Rectification der Krümmungslinien eines Ellipsoids, welche im letzten Capitel behandelt ist. Legendre's Anwendung der elliptischen Integrale auf Trigonometrie ist vereinfacht und die Methode auf hyperelliptische Integrale ausgedehnt. So ist dem Studirenden der Uebergang von den elliptischen zu den hyperelliptischen Transcendenten in ähnlicher Weise anschaulich gemacht, wie der von den Kreisfunctionen zu den elliptischen. Ein besonderes Capitel ist der Prüfung derjenigen Fälle gewidmet, in denen die erste Gattung der hyperelliptischen Functionen von elliptischen Integralen abhängt. Die Eleganz, mit welcher in dem kleinen Werke der umfangreiche Gegenstand behandelt ist, muss den Leser bedauern lassen, dass es zu kurz ist. Referent erlaubt sich hier die Hoffnung anzuknüpfen, dass Herr Roberts in ähnlicher Weise auch seine Untersuchungen über andere Theile der Mathematik, besonders über moderne Algebra und Differentialgleichungen, veröffentlichen möge.

Csy. (M

E. V. Bonsdorff. Den geometriska theorie för complexa functioner. Diss. Helsingfors. 1870.

Der Verfasser wendet die geometrische Darstellung der complexen Functionen, die von Riemann auf Abel'sche, von Prym auf hyperelliptische Functionen angewendet ist, hier auf die elliptischen Integrale der ersten Ordnung an. Ein Referat von L. Lindelöf findet sich in Darboux Bull. II., 136 und 137, 1871.

M.

Ch. Hermite. Sur la construction géométrique de l'équation relative à l'addition des intégrales elliptiques de première espèce. Darboux Bull. II. 21-23.

Lagrange ist bekanntlich auf seine geometrische Construction der Gleichung für die Addition der elliptischen Integrale erster Gattung durch Vergleichung derselben mit der Grundformel der sphärischen Trigonometrie geführt. Herr Hermite giebt hier eine geometrische Construction in der Ebene. Betrachtet man nämlich die Gleichung

$$cn a = cn(x+a) \cdot cn x + sn(x+a) \cdot sn x \cdot dn a$$

als Gleichung einer Geraden mit den Coordinaten $X = cn(x+a)$, $Y = sn(x+a)$, so ist diese Gerade eine Tangente an die Ellipse

$$\left(\frac{X}{cn a}\right)^2 + \left(\frac{Y\, dn a}{cn a}\right)^2 = 1.$$

Zieht man nun von den Durchschnittspunkten der Geraden mit dem Kreise $X^2 + Y^2 = 1$ Tangenten an die Ellipse und vom Durchschnittspunkte dieser Tangenten mit dem Kreise abermals Tangenten an die Ellipse, so giebt die n^{te} Seite des dem Kreise eingeschriebenen und der Ellipse umschriebenen Polygons die Grössen $cn[x \pm (2n+1)a]$, $sn[x \pm (2n+1)a]$.

M.

A. Clebsch. Bemerkungen zu der Theorie der Gleichungen fünften und sechsten Grades. Gött. Nachr. 1871. 103.

Siehe Abschnitt II. Capitel 1. p. 33.

L. Sylow. Om den Gruppe af Substitutioner, der tilhorer Ligningen for Division af Perioderne ved de elliptiske Funktioner. Videnskabs-Selskab. Christiania 1871.

Siehe Abschnitt II. Cap. 3. p. 48.

C. Neumann. Notiz über die elliptischen und hyperelliptischen Integrale. Clebsch Ann. III. 611-630.

Siehe Abschn. X. Cap. 5.

A. J. Gauss' approximation to the first elliptic integral. Messenger V. 245-247.

Enthält die Methode der Transformation von

$$\int_0^{2\pi} \frac{d\theta}{\sqrt{m^2\cos^2\theta + n^2\sin^2\theta}} \text{ in } \int_0^{2\pi} \frac{d\varphi}{\sqrt{m_1^2\cos^2\varphi + n_1^2\sin^2\varphi}},$$

wo m_1 und n_1 die arithmetischen und geometrischen Mittel zwischen m und n sind, und ein numerisches Beispiel zur Berechnung des Integrals für $m = 100$, $n = 1$.

Glr. (O.)

W. Walton. A demonstration of a property of elliptic functions. Quart. J. XI. 177-178.

Es wird gezeigt, dass die Differentialgleichung:

$$\frac{d\theta}{\sqrt{1-c^2\sin^2\theta}} + \frac{d\varphi}{\sqrt{1-c^2\sin^2\varphi}} = 0$$

durch die Substitution $x = \cos\theta\cos\varphi$, $y = \sin\theta\sin\varphi$ in die Gleichung von Clairaut:

$$dx^2 - dy^2 = c^2(x\,dy - y\,dx)^2 - dy^2,$$

transformirbar und dann integiabel ist.

Cly. (O.)

C. M. Minchin. Solution of question 3031. Educ. Times. XIV. 28.

Der Modulus μ, welcher aus K durch eine Transformation

$2n^{ter}$ Ordnung, wo x eine ungrade Zahl bedeutet, abgeleitet ist, wird durch die Gleichung

$$\mu = \left\{ \frac{(1-\Delta\, am\,\omega)(1-\Delta\, am\, 3\omega)\cdots(1-\Delta\, am\,(n-2)\,\omega)}{(1+\Delta\, am\,\omega)(1+\Delta\, am\, 3\omega)\cdots(1+\Delta\, am\,(n-2)\,\omega)} \right\}^2$$

bestimmt, worin $\omega = \frac{K}{n}$, während K wie gewöhnlich das vollständige elliptische Integral erster Art bezeichnet.

Hi.

E. Dorn. Ueber eine Transformation zweiter Ordnung, welche das elliptische Integral mit imaginärem Modul auf ein ultraelliptisches mit reellen Moduln reducirt. Diss. Königsberg.

Der Verfasser untersucht zunächst die Bedingungen, unter welchen das elliptische Integral erster Gattung mit imaginärem Modul:

$$w = \tfrac{1}{2}\int_0^{\xi} \frac{d\xi}{\sqrt{\xi(1-\xi)(1-(\alpha+i\beta)\xi)}}$$

durch eine quadratische Substitution

$$\xi = \frac{U}{V} = \frac{a_0 + a_1 z + a_2 z^2}{b_0 + b_1 z + b_2 z^2}$$

sich auf die Form $M + Ni$ bringen lässt, wo M und N ultraelliptische Integrale erster Ordnung erster Gattung mit reellen Modulquadraten sind. Es lassen sich vier Gruppen solcher Transformationen unterscheiden, welche durch die Relation zwischen den Moduln des ultraelliptischen Integrales characterisirt sind. Sämmtliche hier erhaltenen Integrale sind solche, von denen Richelot (Crelle XII. 189) nachgewiesen, dass sie sich durch eine lineare Transformation auf andere zurückführen lassen, deren Moduln zwischen 0 und 1 liegen. Im Folgenden führt der Verfasser die specielle Transformation

$$\zeta = \frac{\mu^2}{\lambda^2}\,\frac{z(1-\lambda^2 z)}{1-\varkappa^2 z}$$

vollständig durch, welche besonders einfache Beziehungen zwischen den elliptischen und ultraelliptischen Integralen und Functionen liefert. Herr Königsberger hat früher (Borchardt J. LXVII) mit Hülfe der von ihm durchgeführten Transformation zweiten Grades gefolgert, dass, wenn das zu Grunde liegende ultraelliptische Integral auf ein elliptisches reducirbar sein soll, dasselbe stets mit dem von Jacobi zuerst behandelten durch lineare Transformationen zusammenhängt. Herr Dorn gelangt zu demselben Resultat grade auf dem umgekehrten Wege, indem er von der algebraischen Transformation zweiter Ordnung der oberen Grenze ζ des elliptischen Integrals ausgeht und die Transformation der ϑ-Functionen, sowie die analytische Transformation der ultraelliptischen Functionen dieser besonderen Art daraus ableitet.

M.

E. Kossak. Das Additionstheorem der ultraelliptischen Functionen erster Ordnung. Berlin. Nicolai.

In der bekannten Arbeit von Rosenhain [Mémoire sur les fonctions de deux variables et à quatre périodes etc., Mém. prés. de Paris T. XI.] ist zuerst das Additionstheorem der ultraelliptischen Transcendente φ der ersten Ordnung in seiner allgemeinen Gestalt aufgestellt, und es sind dort die verschiedenen Formen, welche dasselbe annimmt, wenn man die Argumente um die Hälfte der Periodenindices vermehrt, in Tafeln zusammengestellt. An diese Abhandlung knüpft der Verfasser der vorliegenden Arbeit an, um daraus das Additionstheorem der ultraelliptischen Functionen, die den elliptischen Functionen sin *am* etc. entsprechen, abzuleiten, indem er die Rosenhain'sche Bezeichnungsweise beibehält. Danach werden die sechszehn Transcendenten, welche den vier Jacobi'schen θ-Functionen entsprechen, mit $\varphi_{rs}(v, w)$ bezeichnet ($r, s = 0, 1, 2, 3$), und die funfzehn ultraelliptischen Functionen sind die Quotienten von je zwei Functionen φ. Für die Transcendente φ hat Rosenhain eine Fundamentalgleichung abgeleitet, die der Verfasser in folgende Form bringt:

$$\sum_{2,2}^{3,3}{}^{r,s}\, \varphi_{rs}(\alpha,\beta)\,\varphi_{rs}(\alpha',\beta')\,\varphi_{rs}(y+y'+\alpha, z+z'+\beta)\,\varphi_{rs}(y-y'+\alpha', z-z'+\beta')$$
$$=\sum_{2\;2}^{3,3}{}^{r,s}\, \varphi_{rs}(y,z)\,\varphi_{rs}(y+\alpha+\alpha', z+\beta+\beta')\,\varphi_{rs}(y',z')\,\varphi_{rs}(y'+\alpha-\alpha', z'+\beta-\beta'),$$

Das Zeichen Σ bedeutet, dass für rs successive zu setzen ist 33, 32, 23, 22, und dass die vier so erhaltenen Producte zu addiren sind. Wenn man nun für α', β' ein solches Werthepaar nimmt, dass $\varphi_{32}(\alpha', \beta')$ und $\varphi_{23}(\alpha', \beta')$ gleichzeitig verschwinden, so ergiebt sich eine Gleichung, deren linke Seite die Summe von nur zwei Gliedern ist. Aus dieser ergiebt sich durch Vermehrung von z und z' um $\frac{1}{2}i\pi$ eine zweite Gleichung, deren linke Seite aus der Differenz derselben Glieder besteht. Durch die Addition beider Gleichungen folgt eine dritte, deren linke Seite dasjenige Product ist, welchem die Indices 33 angehören, während die rechte Seite die Summe aus acht Producten ist. Eine analoge Gleichung ergiebt sich, wenn in der Fundamentalgleichung ein solches Werthepaar für α', β' substituirt wird, dass die Functionen $\varphi_{32}(\alpha', \beta')$, $\varphi_{22}(\alpha', \beta')$ gleichzeitig verschwinden. Beide Gleichungen lassen sich wesentlich vereinfachen, indem bei jeder auf der rechten Seite die Summe aus vier Gliedern gleich der Summe der vier andern Glieder gesetzt werden kann. Hierdurch sind zwei Gleichungen erlangt, von denen die eine durch sofort zu erkennende Substitutionen für α, β Formeln giebt, aus denen das Additionstheorem der graden unter den ultraelliptischen Functionen abgeleitet wird. Die andere der beiden Gleichungen liefert das Additionstheorem für die ungraden dieser Functionen.

Die erstere der erwähnten Gleichungen ergiebt gleichzeitig diejenigen Additionsformeln, welche zur Aufstellung des Additionstheorems der zweiten und dritten Gattung der ultraelliptischen Integrale erster Ordnung erforderlich sind.

Der Verfasser weist auf die grosse Anzahl von Formeln hin, welche theils neben den angeführten Entwickelungen einhergehen, theils als Specialformeln aus denselben abgeleitet werden können, und hebt einige derselben besonders hervor. Sodann geht derselbe näher auf die Vergleichung der von ihm gewählten Form der Additionsformeln mit den von Königsberger (Borchardt J. LXIV. 28) gegebenen Formeln ein und zeigt, dass dieselben zum Theil genau übereinstimmen, und dass die nicht übereinstimmenden in einander umgeformt werden können.

Weiter sind dann aus dem Additionstheorem der behandelten Functionen die Differentialquotienten derselben nach den Argumenten entwickelt, und zwar sind die Ausdrücke derselben zweigliedrig, so dass jedes Glied das Product aus zwei ultraelliptischen Functionen mit einem constanten Factor enthält. Die Differentialquotienten nach jeder der beiden Variabeln unterscheiden sich nur durch diesen constanten Factor, so dass man auch umgekehrt die beiden Producte durch die partiellen Differentialquotienten in einer einfachen Form darstellen kann. Mit Hülfe dieser Darstellung wird endlich das Additionstheorem der ultraelliptischen Functionen in eine andere Form gebracht.

In der Einleitung erwähnt der Verfasser, dass er die hier entwickelten Resultate schon im Jahre 1864 auf einem anderen Wege abgeleitet hat, ohne dieselben zu veröffentlichen. Er hat damals aus den oben erwähnten Rosenhain'schen Tafeln diejenigen Additionsformeln der Transcendenten φ herausgesucht, welche durch besondere Substitution für die Argumente zu den Additionstheoremen für die Functionen führen.

Wn.

M. Roberts. Sur les fonctions abéliennes à quatre périodes. Brioschi Ann. (2.) IV. 95-103.

Die Arbeit ist eine Fortsetzung der im III. Bande der Annali p. 70 veröffentlichten, über welche Fortschr. II., 242 referirt ist. Es handelt sich um Relationen zwischen den Integralen

$$L(k,k',k'',\vartheta)=\int_0^\vartheta\frac{d\vartheta}{\Delta\vartheta},\quad M(k,k',k'',\vartheta)=\int_0^\vartheta\frac{\sin^2\vartheta\,d\vartheta}{\Delta\vartheta},$$

wo

$$\Delta\vartheta=\sqrt{(1-k^2\sin^2\vartheta)(1-k'^2\sin^2\vartheta)(1-k''^2\sin^2\vartheta)},$$

und den durch die succ. Substitutionen

$$\sqrt{1-k''^2}\cdot\operatorname{tg}\vartheta\cdot\operatorname{tg}\varphi=1,\ \sin\varphi=i\operatorname{tg}\omega,\ k\operatorname{tg}\omega'=1,\ \sin\omega'=i\operatorname{tg}\omega''$$

entspringenden, zwischen den Grenzen 0 und $\frac{\pi}{2}$. Durch diese werden schliesslich die sechs Perioden u_1, $u_2\cdots u_6$ ausgedrückt, welche — wie Jacobi (Crelle XIII, 55) nachgewiesen hat, — das Integral

$$\int_0^x \frac{(\alpha+\beta x)\,dx}{\sqrt{x(1-x)(1-k^2x)(1-k'^2x)(1-k''^2x)}}$$

besitzt, und zwischen welchen die Relationen

$$u_1+u_5=u_3,\quad u_2+u_4=u_6$$

bestehen. M.

H. Weber. Ueber die mehrfachen Gaussischen Summen.
Borchardt J. LXXIV. 14-56.

C. Jordan. Sur les sommes de Gauss à plusieurs variables. C. R. LXXIII. 1316-1319.

Es handelt sich in beiden Arbeiten um die Verallgemeinerung der bekannten Gaussischen Summe

$$\sum_s e^{\frac{2\pi i}{n}cs^2}.$$

Herr Weber giebt sie in der Form:

$$\sum_{s_1, s_2 \dots s_p} e^{\frac{2\pi i}{n}\sum\limits_\varkappa \sum\limits_\lambda c_{\varkappa,\lambda} s_\varkappa s_\lambda} = \sum_{s_1, s_2 \dots s_p} e^{\frac{2\pi i}{n}(c_{11}s_1^2+2c_{12}s_1s_2+\dots+c_{p,p}s_p^2)},$$

worin die c und n ganze Zahlen sind und die $s_1 \cdots s_p$ je ein vollständiges Restsystem mod. n zu durchlaufen haben. Dass die Coefficienten der Producte $s_1 s_2 \cdots$ grade angenommen werden, ist, wie sich leicht ergiebt, keine Beschränkung der Allgemeinheit.

Bezeichnet μ_i den grössten gemeinschaftlichen Theiler, den n mit $c_{1,i}, c_{2,i} \cdots c_{p,i}$ gemein hat und ist $n=\mu_1 n_1 = \cdots = \mu_p n_p$, so dass

$$\frac{c_{\varkappa,\lambda}}{n} = \frac{\gamma_\lambda^{(\varkappa)}}{n_\lambda} = \frac{\gamma_\varkappa^{(\lambda)}}{n_\varkappa},$$

so geht obige Summe über in:

$$\mu_1 \cdot \mu_2 \cdots \mu_p \sum_{s_1, s_2 \dots s_p} e^{2\pi i f(s_1 s_2 \dots s_p)},$$

wo $s_1 \cdots s_p$ je ein vollständiges Restsystem nach den Moduln $n_1, \cdots n_p$ durchläuft und

$$f(s_1 \cdots s_p) = \frac{s_1(s_1\gamma_1^{(1)} + \cdots + s_p\gamma_1^{(p)})}{n_1} + \cdots + \frac{s_p(s_1\gamma_p^{(1)} + \cdots + s_p\gamma_p^{(p)})}{n_p} \text{ ist.}$$

Für die Function $\sum_{s_1 \cdots s_p} e^{2\pi i f(s_1 \cdots s_p)}$, welche durch $\varphi\{\gamma\}(n_1 \cdots n_p)$ bezeichnet wird, werden zunächst (§ 1) drei Sätze abgeleitet, welche ganz analog den für die Gaussische Reihe in den Dirichlet'schen Vorlesungen über Zahlentheorie, (herausgeg. v. Dedekind) Supplement I. § 113 entwickelten gebildet sind. Aus diesen ergiebt sich (§ 2) die Zerlegung von $\varphi\{\gamma\}(n_1 \cdots n_p)$ in Producte, deren einzelne Factoren die Form $\varphi\{\gamma'\}(\nu_1 \cdots \nu_p)$ haben, wo $\nu_1 \cdots \nu_p$ Potenzen einer und derselben Primzahl sind.

In § 3 wird der Fall betrachtet, wo diese Potenz überall die erste und die Primzahl ungrade $= q$ ist, also

$$\varphi\{\gamma\}(q, \cdots q) = \sum_{s_1 \cdots s_p} e^{\frac{2\pi i}{q} \sum \gamma_{\varkappa\lambda} s_\varkappa s_\lambda},$$

$$(\gamma_{\varkappa\lambda} = \gamma_\lambda^{(\varkappa)} = \gamma_\varkappa^{(\lambda)})$$

unter der Voraussetzung, dass die Determinante D der $\gamma_{\varkappa\lambda}$ nicht durch q theilbar ist. Für den Fall $p = 2$ ergiebt sich mit Hilfe der Gaussischen Summe durch directe Berechnung das Resultat:

$$\left(\frac{D}{q}\right) i^{2\left(\frac{q-1}{2}\right)^2} \cdot q$$

und hieraus durch den Schluss von $p-2$ und $p-1$ auf p:

$$\varphi\{\gamma\}(q, \cdots q) = \left(\frac{D}{q}\right) i^{p\left(\frac{q-1}{2}\right)^2} q^{\frac{p}{2}}.$$

Es ist zu erwähnen, dass hier, wie auch im Folgenden im Beweise die beiden Fälle: $\gamma_{11}, \gamma_{22} \cdots \gamma_{pp}$ nicht sämmtlich durch q theilbar oder sämmtlich theilbar, eine gesonderte Behandlung nöthig machen. Wenn D durch q theilbar ist (§ 4), wird, ebenfalls durch Inductionsschluss, folgendes Resultat gefunden: Es seien ausser D selbst sämmtliche Hauptunterdeterminanten $p-1^{\text{ten}}$, $p-2^{\text{ten}}$, $\cdots \varkappa+1^{\text{ten}}$ Grades, der $\gamma_{\varkappa\lambda}$ durch q theilbar und unter den Hauptunterdeterminanten $\varkappa^{\text{ten}}$ Grades wenigstens eine $D_\varkappa$ durch q nicht theilbar, so ist

$$\varphi\{\gamma\}(q,\cdots q) = \left(\frac{D_\varkappa}{q}\right) i^{\varkappa\left(\frac{q-1}{2}\right)^2} q^{\frac{2p-k}{2}}$$

(Wir bemerken, dass, da es mehrere $D_\varkappa$ der verlangten Beschaffenheit geben kann, das Vorzeichen auf der rechten Seite nicht bestimmt erscheint, so lange nicht bewiesen ist, dass alle $D_\varkappa$ gleichzeitig quadratische Reste oder Nichtreste mod. q sind. Für $p=2$ ist dies der Fall). In § 5 wird durch ein Verfahren, welches dem von Gauss in art. 21 der „Summatio quarundam etc.“ eingeschlagenen nachgebildet ist, die Bestimmung von

$$\varphi\{\gamma\}(n_1\, n_2 \cdots n_p),$$

wenn $n_1 \cdots n_p$ verschiedene Potenzen derselben ungraden Primzahl q sind, unter der Voraussetzung, dass D durch q nicht theilbar sei, auf den in § 3 behandelten Fall zurückgeführt. In § 6 wird für Bestimmung von $\varphi\{\gamma\}(n, n \cdots n)$, wo n eine ungrade Zahl und D relativ prim zu n ist, unter Anwendung der bisherigen Ergebnisse folgendes Resultat gewonnen:

$$\varphi\{\gamma\}(n, n, \cdots n) = \left(\frac{D}{n}\right) i^{p\left(\frac{n-1}{2}\right)^2} n^{\frac{p}{2}}, \text{ wo } \left(\frac{D}{n}\right)$$

die Jacobi'sche Erweiterung des Legendre'schen Symbols bedeutet. Um $\varphi\{\gamma\}(n_1, n_2 \cdots n_p)$ für alle Fälle bestimmen zu können, in denen $n_1 \cdots n_p$ ungrade Zahlen sind, erübrigt noch die Kenntniss von $\varphi\{\gamma\}(q^{l_1}, q^{l_2} \cdots q^{l_p})$, auch unter der Voraussetzung, dass D durch q theilbar sei. Hier gelangt man schon in dem Falle $p=2$ nicht zu einer alle Fälle umfassenden Endformel. Es wird daher für den allgemeinen Fall eine Reductionsformel angegeben, durch welche die $p$fache Summe gefunden werden kann, wenn die $p-1$fache und $p-2$fache bekannt ist. (§ 7.) Es folgt dann die Bestimmung von $\varphi\{\gamma\}(2^{l_1} \cdots 2^{l_p})$, wobei die Fälle, dass D eine ungrade oder grade Zahl ist, zu unterscheiden sind. Der erstere Fall führt zu einer Endformel, die sich jedoch nicht kurz wiedergeben lässt. Für den anderen Fall werden Reductionsformeln gegeben, die denen des § 7 analog sind (§§. 8, 9). Den Beschluss macht die Untersuchung der Summen:

$$\sum_{s_1 \cdots s_p} e^{\frac{\pi i}{n} f(s_1 \cdots s_p) + (\nu_1 s_1 + \cdots + \nu_p s_p) \pi i}$$

und

$$\sum_{s_1 \cdots s_p} e^{\frac{\pi i}{n} f(s_1 + \frac{1}{2} \nu_1, \cdots s_p + \frac{1}{2} \nu_p)},$$

worin $\nu_1 \cdots \nu_p$ ganze Zahlen sind, $s_1 \cdots s_p$ vollständige Restsysteme mod. n durchlaufen, und

$$f(s_1 \cdots s_p) = \sum_{\varkappa} \sum_{\lambda} c_{\varkappa,\lambda} \cdot s_\varkappa s_\lambda$$

ist. Schwierigkeiten macht hier nur der Fall, wo n grade ist. Die Summen werden in eine endliche Anzahl anderer Summen zerlegt, die sich nach dem Vorigen bestimmen lassen.

Das Verfahren des Herrn Jordan zur Bestimmung der mehrfachen Gaussischen Summen zeichnet sich vor dem des Herrn Weber allerdings durch überraschende Einfachheit aus, es nimmt den Raum von nur drei Quartseiten ein, enthält übrigens nicht die Angabe von Endformeln, sondern beschränkt sich auf den Nachweis, dass in allen Fällen die $p$fache Summe in ein Product aus einer einfachen Gaussischen Summe und einer $p-1$-fachen zerlegt werden kann. Die $p$fache Summe sei

$$\Phi = \sum_{s_1 \cdots s_p} e^{\frac{2\pi i}{n} f(s_1 \cdots s_p)},$$

wo f eine homogene Function zweiten Grades von $s_1 \cdots s_p$ ist, welche je ein vollständiges Restsystem mod. n durchlaufen, und es sei μ der grösste gemeinschaftliche Theiler der Coefficienten in f und der Zahl n, so dass $f = \mu f'$, $n = \mu n'$, dann wird

$$\Phi = \mu^p \sum_{s_1 \cdots s_p} e^{\frac{2\pi i}{n'} f'} = \mu^p \Phi',$$

wo $s_1 \cdots s_p$ je ein vollständiges Restsystem mod. n' durchlaufen. Es wird nun gezeigt, dass ein geeignetes System von linearen homogenen Substitutionen, deren Determinante prim zu n' ist, gefunden werden kann, durch welches $f'(s_1 \cdots s_p)$ in eine ähnliche Function der neuen Variable

$$t_1 \cdots t_p + f'(s_1 \cdots s_p) = C_1 t_1^2 + \cdots + C_p t_p^2 + D_{12} t_1 t_2 + \cdots$$

übergeführt wird, von der Beschaffenheit, dass C_1 prim zu n' ist. (Dass jedem Werthsystem der $t_1 \cdots t_p$ mod. n' ein einziges der $s_1 \cdots s_p$ und umgekehrt entspricht, ist eine Folge davon, dass die Substitutionsdeterminante prim zu n' ist.) Zwei Fälle sind nun zu unterscheiden:

1) n' ist ungrade oder n' grade und jede der Zahlen $D_{1,2} \cdots D_{1,p}$ gleichzeitig grade; dann bestimmt man $k_2 \cdots k_p$ durch die Congruenzen:

$$D_{1,2} \equiv 2\,C_1\,k_2, \cdots D_{1,p} \equiv 2\,C_1\,k_p \text{ (mod. } n')$$

und führt ein:

$$u = t_1 + k_2\,t_2 + \cdots + k_p\,t_p,$$

dann wird

$$f' = C_1\,u^2 + f_1\,(t_1 \cdots t_p),$$

$$\Phi' = \sum e^{\frac{2\pi i}{n'} C_1 u^2} \cdot \sum_{t_2 \ldots t_p} e^{\frac{2\pi i}{n'} f_1 (t_2 \ldots t_p)},$$

wodurch die gesuchte Zerlegung bewerkstelligt ist.

2) $n' = 2^\lambda r$, wo r ungrade ist, und $D_{1,2}, \cdots D_{1,\varrho}$ grade, $D_{1,\varrho+1} \cdots D_{1,p}$ ungrade; hier bildet man die Congruenzen:

$$D_{1,2} \equiv 2\,C_1\,k_2, \cdots D_{1,\varrho} \equiv 2\,C_1\,k_\varrho,\ D_{1,\varrho+1} \equiv C_1 + 2\,C_1\,k_{\varrho+1}, \cdots$$
$$D_{1,p} \equiv C_1 + 2\,C_1\,k_p \text{ (mod } n')$$

und setzt:

$$u = t_1 + k_2 t_2 + \cdots + k_p\,t_p,\quad v = t_{\varrho+1} + \cdots + t_p$$

dann wird $f' = C_1\,(u^2 + v u) + f''\,(v,\ t_2 \cdots t_{p-1})$.

Giebt man nun v einen besonderen Werth und bezeichnet das Resultat, das man erhält, wenn man in Beziehung auf die übrigen Variablen $u,\ t_2 \cdots t_{p-1}$ summirt mit Φ'_v, so dass

$$\Phi' = \sum_{v_0}^{n'-1} \Phi'_v = \tfrac{1}{2} \sum_{v_0}^{2n'-1} \Phi'_v,$$

so zeigt sich, dass für ein ungrades v Φ'_v verschwindet. Für $v = 2K$ wird

$$\Phi'_{2K} = \sum_{u, t_2 \ldots t_{p-1}} e^{\frac{2\pi i}{n'} [C_1 (u+K)^2 - C_1 K^2 + f''(2K, t_2 \ldots t_{p-1})]}$$

$$= \sum e^{\frac{2\pi i}{n'} C_1 u'^2} \cdot \sum_{t_2 \ldots t_{p-1}} e^{\frac{2\pi i}{n'} f_1 (K, t_2 \ldots t_{p-1})},$$

wo $u' = u + K$ und $-C_1 K^2 + f''(2K, t_2 \cdots t_{p-1}) = f_1$ gesetzt ist; also

$$\Phi' = \tfrac{1}{2} \sum_{K'}^{n'-1} \Phi'_{2K} = \tfrac{1}{2} \sum e^{\frac{2\pi i}{n_1} C_1 u'^2} \cdot \sum_{K, t_2 \cdots t_{p-1}} e^{\frac{2\pi i}{n'} f_1 (K, t_2 \cdots t_{p-1})},$$

der erste Factor wiederum eine Gaussische Summe, der zweite eine $p-1$fache.

Aus dem Vergleich dieses Verfahrens mit dem des Herrn Weber scheint hervorzugehen, dass die besondere Berücksichtigung derjenigen grössten Theiler, die n mit der Grössenreihe $c_{1i} \cdots c_{pi}$ gemein hat, durch die Natur des Problems nicht gefordert wird. Hr.

H. Weber. Ueber die unendlich vielen Formen der ϑ-Functionen. Borchardt J. LXXIV. 57-86.

Jacobi hat zuerst kurz angedeutet, dass die Constante, welche bei der linearen Transformation der elliptischen ϑ-Function auftritt und in der Theorie der unendlich vielen verschiedenen Formen der ϑ-Function eine wichtige Rolle spielt, mit Hülfe des in der Theorie der quadratischen Reste vorkommenden Legendre'schen Zeichens $\left(\frac{a}{b}\right)$ bestimmt werden könne, und zwar entweder durch Kettenbruch-Entwickelung oder durch die Gaussischen Summen (S. Crelle XXXVI., 97: Ueber die Differential-Gleichung, welcher die Reihen $1 \pm 2q + 2q^4 \pm 2q^9 \cdots$ und $2\sqrt[4]{q} + 2\sqrt[4]{q^9} + 2\sqrt[4]{q^{25}} \cdots$ Genüge leisten). In seinen Vorlesungen soll er diesen Gedanken durchgeführt haben. Eine vollständige Constantenbestimmung auf dem letzteren der angedeuteten Wege, durch die Gaussischen Summen nämlich, hat später Hr. Hermite gegeben (S. Liouville J. 1858). Die unendlich vielen Formen der ϑ-Functionen von mehreren Veränderlichen finden sich in der Inaug.-Dissertation des Herrn Thomae: „Die allgemeine Transformation der ϑ-Functionen etc. Göttingen 1864“. Hier ist die Bestimmung der Constante durch endliche Summen bewerkstelligt. Das Werk von Clebsch und Gordan: „Theorie der Abel'schen Functionen, Leipzig 1866“ enthält im XII. Abschnitt ebenfalls die unendlich vielen Formen der Function ϑ. Dort wird gezeigt, dass alle bezüglichen Transformationen aus einer endlichen Anzahl von einfachen Transformationen zusammengesetzt werden können; für diese einfachen Transformationen wird die numerische Constante wirklich bestimmt, und somit ist eine Methode gegeben, für jede vorliegende Transformation indirect durch eine mehr oder weniger grosse Anzahl von Operationen die Constantenbestimmung zu gewinnen. Herr Weber giebt nun in der vorliegenden Arbeit eine directe Methode für diese Bestimmung durch die Summation der mehrfachen Gaussischen Reihen, deren Theorie er in einer vorhergehenden Arbeit (s. das obige Referat) entwickelt hat. Zwar ist es nicht möglich, den Werth der Constante in einer für alle Fälle geltenden Formel hinzuschreiben, doch gelangt man immer durch eine endliche Anzahl von Operationen zum Ziele. Der Weg, den Herr Weber verfolgt, ist ähnlich dem, welchen Herr Hermite für die elliptische ϑ-Function eingeschlagen hat.

Den Ausgangspunkt bildet die Function

$$\Pi(w_1, w_2, \cdots w_p) = e^{f(w_1, w_2, \ldots w_p)}\, \vartheta(w_1, w_2, \cdots w_p;\ b),$$

wo durch b die Moduln $b_{\varkappa\lambda}$ angedeutet werden und wo f eine Function zweiten Grades von der Form

$$f(w_1, w_2, \cdots w_p) = \sum_{\varkappa} \sum_{\lambda} c_{\varkappa\lambda}\, w_\varkappa\, w_\lambda$$

ist. Die Variabeln w werden nun durch neue Variabele u ersetzt, welche mit jenen durch ein System linearer Gleichungen

$$u_h = \alpha_1^{(h)} w_1 + \alpha_2^{(h)} w_2 + \cdots + \alpha_p^{(h)} w_p,$$

$$w_h = \beta_h^{(1)} u_1 + \beta_h^{(2)} u_2 + \cdots + \beta_h^{(p)} u_p$$

verbunden sind. Die Grössen $c_{\varkappa\lambda}$, $\alpha_h^{(k)}$, $\beta_h^{(i)}$ müssen so bestimmt werden, dass Π wieder in eine ϑ-Function der Grössen u übergeht. Hierzu werden die Perioden-Eigenschaften der Function Π benutzt. Es ergiebt sich:

$$\Pi(w_1, w_2, \cdots w_p) = T\, \vartheta \begin{Bmatrix} \varepsilon_1, & \varepsilon_2, \cdots & \varepsilon_p \\ \varepsilon'_1, & \varepsilon'_2, \cdots & \varepsilon'_p \end{Bmatrix} (u_1, u_2, \cdots u_p;\ a),$$

wo die Zahlen ε, ε' 0 oder 1 sind. T ist die Constante, um deren Bestimmung es sich handelt. Zwischen den β und b bestehen lineare Gleichungen:

$$\beta_h^{(\mu)} \pi i = \varrho_h^{(\mu)} \pi i + \sigma_1^{(\mu)} b_{h1} + \sigma_2^{(\mu)} b_{h2} + \cdots + \sigma_p^{(\mu)} b_{hp},$$

worin die ϱ und σ ganze Zahlen sind. Nun wird zunächst der Fall behandelt, wo die Determinante

$$\delta = \Sigma \pm \sigma_1^{(1)} \sigma_2^{(2)} \cdots \sigma_p^{(p)}$$

nicht verschwindet. Durch Integration erhält man für T den Ausdruck:

$$T\pi^p e^{\frac{1}{4}\Sigma\Sigma a_{\varkappa\lambda}\varepsilon_\varkappa\varepsilon_\lambda} = \frac{1}{(\delta)^{p-1}} \sum_{\lambda_1 \ldots \lambda_p} \int_{-\infty}^{+\infty}\int_{-\infty}^{+\infty}\cdots\int_{-\infty}^{+\infty} e^{\psi(u_1, u_2, \ldots u_p, \lambda_1, \lambda_2, \ldots \lambda_p)} du_1\, du_2 \cdots du_p$$

und durch Ausführung der bestimmten Integrale

$$T = \frac{(-1)^{\frac{1}{2}\Sigma\varepsilon_i\varepsilon_i'}}{\pi^{\frac{1}{2}p}\sqrt{\Delta(\delta)^{p-1}}} \cdot e^{-\frac{\pi i}{4\delta}\sum\limits_{\varkappa}\sum\limits_{\lambda}\sum\limits_{i} \vartheta_i^{(\varkappa)} s_i^{(\lambda)} \varepsilon_\varkappa \varepsilon_\lambda} \cdot \sum_{\lambda_1 \ldots \lambda_p} e^{-\frac{\pi i}{\delta}\sum\limits_{\mu}\sum\limits_{\nu}\sum\limits_{h} \vartheta_\mu^{(h)} \varrho_\nu^{(h)} \lambda_\mu \lambda_\nu + \frac{\pi i}{\delta}\sum\limits_{k}\sum\limits_{i} \lambda_k \vartheta_k^{(i)} \varepsilon_i}.$$

Hier erscheinen die Summen, die mit Hülfe der mehrfachen Gaussischen Reihen bestimmt werden können. Der Herr Verfasser erläutert seine Methode durch ein Zahlenbeispiel für eine ϑ-Function mit zwei Veränderlichen. Im Folgenden wird der einfachere Fall erledigt, wo die obige Determinante δ verschwindet. Am Schlusse beweist Herr Weber zwei Sätze über Systeme linearer Gleichungen mit ganzzahligen Coefficienten, von denen im Vorhergehenden Gebrauch gemacht ist.

M.

L. Fuchs. Ueber die linearen Differentialgleichungen, welchen die Periodicitätsmoduln der Abel'schen Integrale genügen, und über verschiedene Arten von Differentialgleichungen für ϑ (0, 0 … 0). Borchardt J. LXXIII 324-340.

Wie in einer früheren Abhandlung des Verfassers (Borchardt J. LXXI., s. F. d. M. II. p. 252.) für die Periodicitätsmoduln der hyperelliptischen Integrale als Functionen eines Parameters, ebenso werden hier für die Periodicitätsmoduln der allgemeinen Abel'schen Integrale als Functionen eines der sich nicht aufhebenden Verzweigungspunkte der zu Grunde liegenden Gleichung $F(s^n, z^m) = 0$ lineare Differentialgleichungen entwickelt unter der, wie bewiesen wird, statthaften Voraussetzung, dass die sich nicht aufhebenden Verzweigungspunkte k von einander unabhängig sind. Mit Hülfe einer zuvor gegebenen Darstellung einer rationalen Function von s, z, die in gegebenen Punkten unendlich gross und in anderen gegebenen Punkten unendlich klein werden soll, wird auf sehr einfachem Wege eine rationale Function $\chi_\lambda(s, z)$ bestimmt, von der Eigenschaft, dass

$$\frac{\partial^\lambda U}{\partial k^\lambda} - \chi_\lambda(s, z)$$

in p willkürlichen Punkten $\varepsilon_1 \cdots \varepsilon_p$ unendlich gross von der ersten Ordnung wird, sonst überall endlich ist, indem U ein Integral erster Gattung bezeichnet.

Hieraus folgt:

$$(1)\quad \frac{\partial^\lambda U}{\partial k^\lambda} - \chi_\lambda = \delta_{\lambda 1} t_1 + \cdots + \delta_{\lambda p} t_p + \gamma_{\lambda 1} U_1 + \cdots + \gamma_{\lambda p} U_p + \text{Const.},$$

worin $U_1 \cdots U_p$ Integrale erster Gattung, $t_1 \cdots t_p$ Integrale zweiter Gattung bedeuten, welche resp. in $\varepsilon_1 \cdots \varepsilon_p$ unendlich gross erster Ordnung werden. Die Grössen γ, δ lassen sich, indem man auf beiden Seiten nach z differentiirt, algebraisch bestimmen. Bezeichnen K, K_ν, T_ν die Periodicitätsmoduln resp. von U, U_ν, t_ν an demselben Querschnitte, so folgt aus (1):

$$\frac{\partial^\lambda K}{\partial k^\lambda} = \delta_{\lambda 1} T_1 + \cdots + \delta_{\lambda p} T_p + \gamma_{\lambda 1} K_1 + \cdots + \gamma_{\lambda p} K_p,$$

und indem für λ successive $0, 1, 2 \cdots 2p$ genommen und $T_1 \cdots T_p$, $K_1 \cdots K_p$ eliminirt werden, erhält man:

$$\beta_{2p} \frac{\partial^{2p} K}{\partial k^{2p}} + \beta_{2p-1} \frac{\partial^{2p-1} K}{\partial k^{2p-1}} + \cdots + \beta_0 K = 0$$

als die gesuchte lineare Differentialgleichung $2p^{\text{ter}}$ Ordnung, welcher die $2p$ Periodicitätsmoduln genügen. Dies sind rationale Functionen der Coefficienten von $\varphi(s, z)$ und $F(s, z)$ und deren Ableitungen nach k, falls

$$U = \int \frac{\varphi(s, z)}{\dfrac{\partial F}{\partial s}}$$

angenommen wird. In besonderen Fällen erniedrigt sich der Grad der Differentialgleichung. Dies der Inhalt der Artikel 1–6.

Die folgenden Artikel enthalten die Herleitung verschiedener Differentialgleichungen für $\vartheta(0, 0 \cdots 0)$. In der einen wird $\vartheta(0, 0 \cdots 0)$ als Function der Moduln $a_{i,k}$ betrachtet, und zwischen der Function und ihren partiellen Ableitungen nach $a_{i,k}$ algebraische Gleichungen hergestellt, welche mit numerischen Coefficienten behaftet sind. Diese Gleichungen sind eine Verallgemeinerung der von Jacobi (Crelle J. XXXVI.) aufgestellten Differentialgleichung dritter Ordnung für das elliptische $\vartheta(0)$ als Function von $\log q$, für welches letztere die Rechnung durchgeführt wird (Art. 6—9). Da jedoch die Periodicitätsmoduln $a_{i,k}$ nicht von einander unabhängig sind, so leitet der Verfasser eine andere Differentialgleichung her, welcher $\vartheta(0, 0 \cdots 0)$ als Function einer der sich nicht aufhebenden Verzweigungspunkte genügt. (Art. 10.) Schliesslich wird ein zweites Verfahren angegeben, nach welchem man mit Hülfe der letzteren Differentialgleichung und der im Anfang entwickelten Beziehungen zwischen den Periodicitätsmoduln die erstere Differentialgleichung wiederum herleiten kann. Hr.

L. Fuchs. Ueber die Form der Argumente der Thetafunction und über die Bestimmung von $\vartheta(0, 0 \ldots 0)$ als Function der Klassenmoduln. Borchardt J. LXXIII. 305-324.

Bedeutet

$$w_a = \int_{\mu}^{\xi} \frac{\varphi_a(s^{n-2}, z^{n-2})\, dz}{\dfrac{\partial F}{\partial s}}, \quad (a = 1, 2 \cdots p),$$

ein System linear unabhängiger Integrale erster Gattung, und setzt man $u_a = c_a + w_a$, so hat Riemann gezeigt, dass bei passender Bestimmung von c_a, wozu die Berechnung gewisser Integralausdrücke erforderlich ist, die Function

$$\vartheta\left[\overset{p}{\underset{1}{a}}\left(u_a(\xi) - \sum_{1}^{p}{}_b\, u_a(\xi_b)\right)\right]$$

verschwindet, wenn ξ mit einem der Punkte ξ_b zusammenfällt. Die Herren Clebsch und Gordan haben in ihrem Werke über Abel'sche Functionen (§ 56) die Herstellung der verlangten Form der Thetaargumente auf die Auflösung gewisser algebraischer Gleichungen und die Absonderung eines gewissen Systems bevorzugter Wurzeln zurückgeführt. Der Verfasser zeigt nun (Art. 1—3), wie man diese Resultate als eine Weiterentwickelung der Riemann'schen Theorie der Abel'schen Functionen, insbesondere des Satzes § 23 erhalten kann. Die Art. 4—6 enthalten Bemerkungen über die Absonderung der erwähnten bevorzugten Wurzeln unter der Voraussetzung, dass die Querschnitte von vorn herein festgelegt sind.

Als ein Beispiel für die Vortheile der Clebsch-Gordan'schen Form der Thetaargumente wird unter Zugrundelegung derselben das von Herrn Thomae (Borchardt J. LXVI. 95) für die Bestimmung von $\vartheta\,(0, 0\cdots 0)$ erhaltene Resultat weiter behandelt und dafür ein einfacher Ausdruck hergestellt. (Art. 7 u. 8.) Die Anwendung auf den besonderen Fall der hyperelliptischen Integrale, welche Gegenstand der letzten beiden Artikel ist, ergiebt unter Anderem unmittelbar das Resultat, welches Herr Thomae für das betreffende $\vartheta\,(0, 0\cdots 0)$ (Borchardt J. LXXI. 216, s. F. d. M. II. 244) gefunden hat. Hr.

L. Fuchs. Bemerkungen zu der Abhandlung: „Ueber hypergeometrische Functionen n^{ter} Ordnung", in diesem Journal LXXI., 316. Borchardt J. LXXII., 255-262. 1870.

L. Pochhammer. Ueber einfach singuläre Punkte linearer Differentialgleichungen. Borchardt J. LXXIII. 69-85.

L. Pochhammer. Notiz über die Herleitung der hypergeometrischen Differentialgleichung. Borchardt J. LXXIII. 85—87.

Siehe Abschnitt VI., Capitel 5. p. 154.

E. Lommel. Zur Theorie der Bessel'schen Functionen. Clebsch Ann. III., 475-487 und IV., 103-116

Der Verfasser stellt sich in der ersten Arbeit die Aufgabe,

die allgemeinere Differentialgleichung zu finden, von der die drei linearen Differentialgleichungen zweiter Ordnung

$$\frac{\partial^2 y}{\partial z^2} + \frac{1}{z} \cdot \frac{\partial y}{\partial z} + \left(1 - \frac{\nu^2}{z^2}\right) y = 0,$$

$$z \frac{\partial^2 y}{\partial z^2} + a \frac{\partial y}{\partial z} \pm \tfrac{1}{4} y = 0,$$

$$\frac{\partial^2 y}{\partial z^2} + z^k y = 0,$$

welche er in seinen „Studien über die Bessel'schen Functionen, Leipzig 1868" (s. F. d. M. I. 139) durch Ausdrücke von der Form

$$y = z^a J^\nu (\gamma z^\beta)$$

integrirt hat, specielle Fälle sind. Der linearen Differentialgleichung

$$\text{I.} \quad \frac{\partial^2 y}{\partial z^2} - \frac{2\nu - 1}{z} \cdot \frac{\partial y}{\partial z} + y = 0$$

genügt als vollständiges Integral:

$$y = z^\nu (A J^\nu_{(z)} + B J^{-\nu}_{(z)}),$$

so lange ν nicht positiv oder negativ ganz ist. Ist dagegen ν positiv oder negativ ganz, $= \pm n$, so genügt ihr:

$$y = z^{\pm n} (A J^n_{(z)} + B Y^n_{(z)})$$

als vollständiges Integral. Die Differentialgleichung I. wird nun durch zwei Transformationen in die gesuchte allgemeinere Gleichung

$$\text{II.} \quad x^2 \frac{\partial^2 y}{\partial x^2} + (2\alpha - 2\beta\nu + 1) x \frac{\partial y}{\partial x} + (\alpha(\alpha - 2\beta\nu) + \beta^2\gamma^2 x^{2\beta}) y = 0$$

verwandelt Diese führt durch geeignete Bestimmung der Coefficienten auf die Riccati'sche Gleichung in der Gestalt:

$$\frac{\partial^2 y}{\partial x^2} \pm x^{2\beta - 2} y = 0.$$

Die aus II. sich ergebende Differentialgleichung

$$\text{III.} \quad x^2 \frac{\partial^2 y}{\partial x^2} + ax \frac{\partial y}{\partial x} + (b + cx^{2\beta}) y = 0$$

nöthigt dazu, die Theorie der Bessel'schen Functionen auch auf complexe Indices auszudehnen. Der Verfasser zeigt nun, dass die beiden Grundgesetze der Bessel'schen Functionen, mithin die ganze bisherige Theorie, auch für complexe Indices gültig ist.

In der zweiten Abhandlung zeigt der Verfasser zunächst, wie man aus einem der beiden particulären Integrale der Bessel'schen Differentialgleichung

$$\frac{\partial^2 y}{\partial z^2} + \frac{1}{z} \cdot \frac{\partial y}{\partial z} + \left(1 - \frac{\nu^2}{z^2}\right) y = 0$$

eine zweite particuläre Lösung gewinnen kann. Für jeden beliebigen Werth von ν gilt die wichtige Gleichung

$$\text{A)} \qquad J^{\nu}_{(z)} J^{-\nu+1}_{(z)} + J^{-\nu}_{(z)} J^{\nu-1}_{(z)} = \frac{2}{\pi z} \sin \nu\pi.$$

Durch die etwas modificirte Definition der Bessel'schen Function zweiter Art:

$$Y^{n}_{(z)} = J^{n}_{(z)} + L^{n}_{(z)},$$

wo

$$J^{n}_{(z)} = \frac{2}{\pi \cdot 1^{n|2}} \int_0^{\pi} \cos(z \cos\omega) \sin^{2n}\omega \cdot \log \sin^2\omega \cdot d\omega - (\psi(n-\tfrac{1}{2}) + \log 2) J^{n}_{(z)}$$

$$L^{n}_{(z)} = \log z \cdot J^{n}_{(z)} - \tfrac{1}{2} \Sigma\, 2^{p+1} \frac{n^{p+1|-1}}{p+1} \frac{J^{n-p-1}_{(z)}}{z^{p+1}},$$

und

$$\psi(n-\tfrac{1}{2}) = \psi(0) - 2\log 2 + 2\left(\tfrac{1}{3} + \tfrac{1}{5} + \cdots + \frac{1}{2n+1}\right),$$

gelangt er zu folgender merkwürdigen Beziehung zwischen den Bessel'schen Functionen erster und zweiter Art:

$$\text{B)} \qquad Y^{n}_{(z)} J^{n+1}_{(z)} - J^{n}_{(z)} Y^{n+1}_{(z)} = \frac{1}{z}.$$

Mit Hülfe der für die Functionen beider Arten geltenden Reductionsformeln ergeben sich nun Erweiterungen der Formeln A) und B). Die darin auftretende Reihe

$$R^{m,\nu}_{(z)} = \Sigma\, (-1)^p \frac{(m-p)^{p|-1}}{p!} (p+\nu)^{m-2p|1} \left(\frac{2}{z}\right)^{m-2p}$$

hat bemerkenswerthe Eigenschaften und spielt in der Theorie der Bessel'schen Functionen eine grosse Rolle. Sie hat, wie der Verfasser am Schlusse zeigt, eine auffallende Analogie mit den Bessel'schen Functionen selbst. M.

W. K. CLIFFORD. On a canonical form of spherical harmonics. Rep. of Brith. Assoc. 1871.

Der Verfasser nennt wie Thomson und Tait (S. Natural Philosophy, deutsche Bearbeitung, p. 156) die mathematische Methode, welche gewöhnlich die Methode der „Laplace'schen Coefficienten" genannt wird, „Entwickelung nach harmonischen Kugelfunctionen". Ist Π eine homogene Function n^{ten} Grades von x, y, z, welche die Laplace'sche Form

$$\frac{d^2}{dx^2}+\frac{d^2}{dy^2}+\frac{d^2}{dz^2}$$

zu null macht, so heisst sie eine „harmonische Kugelfunction". Herr Clifford will zeigen, dass Π dargestellt werden kann als Summe einer gewissen Anzahl von unvollkommenen harmonischen Kugelfunctionen. Diese Anzahl ist $\frac{5n-10}{2}$, wenn n grade ist, und $\frac{5n-9}{2}$, wenn n ungrade. Die Methode der Untersuchung beruht auf dem Theorem von Sylvester, dass in jeder contravarianten Gleichung (z. B. $\xi^2+\eta^2+\zeta^2=0$, der Tangentialgleichung des imaginären Kreises im Unendlichen), durch Substitution der Symbole $\frac{d}{dx}$, $\frac{d}{dy}$, $\frac{d}{dz}$ an Stelle der Variabeln eine symbolische Operation entsteht, welche auf die Function Π angewendet Covarianten liefert. Die Laplace'sche Form $\frac{d^2}{dx^2}+\frac{d^2}{dy^2}+\frac{d^2}{dz^2}$ ist grade das negative Quadrat von Hamilton's Operationszeichen ∇, eines Symbols, welches sofort Resultate liefert, die physikalisch gedeutet werden können, und welches das wichtigste Instrument für physikalische Untersuchungen ist, das bis jetzt entdeckt worden ist. Csy. (M.)

W. THOMPSON. On the general canonical form of a spherical harmonic function of the nth order. Rep. of Brit. Assoc. 1871.

Siehe das vorstehende Referat. Csy. (M.)

Achter Abschnitt.

Reine, elementare und synthetische Geometrie.

Capitel 1.

Principien der Geometrie.

Lagout. Le carré générateur de l'étendue. Mondes (2.) XXIV. 163-165.

Der Verfasser meint, es müssten die Grundlagen der Geometrie ganz umgestaltet werden. Er giebt die Definition der geraden Linie als Richtung, die ohne Abweichung von einem Punkte zum andern führt. Aus der geraden Linie wird durch kinematische Betrachtung das Quadrat abgeleitet, aus dem der Verfasser alle Flächen zusammensetzen will. Weiteres ist aus dem vorliegenden Artikel nicht zu ersehen.

Wn.

R. Sturm. Ueber die unendlich entfernten Gebilde. Hoffmann Z. II. 391—407. Nebst Bemerkungen von J. Kober und Hoffmann.

Der Aufsatz ist eine Vertheidigung gegen mehrfache Angriffe, die der Verfasser einestheils wegen seiner Aeusserungen über den unerreichbaren Schnittpunkt der Parallelen, anderentheils wegen seines Vorschlags der Einführung der neueren synthetischen Geometrie in den Schulcursus (Bd. I. p. 477) erfahren hat (s. F. d. M. II. p. 33.), und kann als Mittelpunkt einer noch dauernden Controverse nicht wohl unbesprochen bleiben. Folgende vier Lehren, die wohl am meisten Widerspruch hervorrufen werden, mögen als Beispiele für die Anschauungen des Verfassers genügen. Das Zeichen ∞ hält der Verfasser für eine Werthbezeichnung; die unendlich grossen Grössen sind unter sich verschieden, mit den endlichen verglichen einander gleich. Der unendlich entfernte Punkt hat Ausdehnung. Das Endliche muss neben dem Unendlich-grossen vernachlässigt werden, wenn nicht ein Irrthum resultiren soll. Linien, die auf einen Punkt gerichtet sind, haben gleiche Richtung. Diese Sätze sind nicht als deutbare Paradoxa aufgestellt, sondern sollen selbst das Verständniss für solche eröffnen. Die zweite Aufstellung beschränkt sich nicht auf blosse Verwechselung des variabeln Punktes mit seinem Orte; sie geht über denselben hinaus und lässt im weitern alle exacte Bestimmung bei Seite. Wenn wir ferner von Vernachlässigen sprechen, so heisst dies bekanntlich, eine Grösse, von deren Werthe das Resultat erweislich nicht abhängt, zur Vereinfachung null setzen. Oft aber hängt es von dem endlichen Increment der Unendlich-grossen oder von den höheren Ordnungen Unendlich-kleiner ab, und die Vernachlässigung kann nicht stattfinden. Der Verfasser scheint die Redeweise missverstanden zu haben und kommt in der dritten Aufstellung zu dem Schluss: Wenn ich mir keine Fälschung erlaube, finde ich kein richtiges Resultat. Mit solchen Lehren will der Verfasser die Einführung der neueren Geometrie in den Schulcursus empfehlen. Hier macht er das Zugeständniss, dass Tertia und Secunda vielleicht noch nicht reif dafür sein möchten; doch in Prima solle der Anfang gemacht werden. Nach Ansicht des Referenten muss es in Anbetracht ihrer Schwierigkeit vielmehr rathsam erscheinen, den Anfang mit jener Doctrin nicht bloss bis nach vollendetem Schulcursus, sondern bis nach einem Cursus der Elemente der Analysis zu verschieben, da die neuere synthetische Geometrie gewisse Vorkenntnisse zum Verständniss erfordert, die sie nicht selbst zu pflegen geeignet scheint. Hierüber jedoch mögen diejenigen entscheiden, welche das Studium der neueren Geometrie vor dem der Analysis betrieben haben. Durch ihre Erklärung könnten wir erfahren, ob die genannten Missverständnisse eine gewöhnliche Erscheinung sind.

Die Bemerkung Kober's äussert sich in der Kürze ähnlich und stellt Näheres in Aussicht, die von Hoffmann tritt ihr im allgemeinen bei und geht dann auf ein der Mathematik fremdes Gebiet über.

H.

J. C. Becker. Zu dem Kapitel von den Incorrectheiten, die sich in die Sprache der Mathematik eingeschlichen haben. Hoffmann Z. II. 89-97.

Bolze. Ueber Parallellinien. Hoffmann Z. II. 334-335

Stammer. Zu dem Aufsatze von Becker. Hoffmann Z. II. 333.

Zerlang. Bemerkungen über mathematische Terminologie. Hoffmann Z. II. 335-337.

J. C. Becker. Einige Bemerkungen zu den „Randbemerkungen" im 4. Hefte des Jahrgangs. Hoffmann Z. II. 516-518.

F. Reidt. Bemerkungen zu einigen Aufsätzen der Zeitschrift. Hoffmann Z. II. 209-211.

J. Kober. Entgegnung auf Reidt's Bemerkung. Hoffmann Z. II. 518-519.

Die vorliegenden Aufsätze haben zum Theil noch Bezug auf die Sturm'sche Controverse. Becker räumt der Geometrie die Berechtigung ein, von einem gemeinsamen Punkt der Parallelen zu sprechen; nur soll sie denselben als Fiction anerkennen mit dem Sinne, dass kein solcher Punkt existirt. Während Sturm meint, die höhere Mathematik müsse die beschränkten elementaren Begriffe erst wieder los werden, und darum die verallgemeinerte Form in die elementare Disciplin übertragen will, ist im Gegentheil darauf zu achten, „dass durch die in die höhere

Mathematik eingeführten Fictionen die Grundbegriffe der Elemente nicht getrübt werden", da auch sie der Confusion sehr ausgesetzt ist. Bolze deducirt, dass die Aufstellung gradezu falsch ist. Becker zeigt darauf, wie das Bewiesene schon stillschweigend vorausgesetzt, der Beweis also überflüssig sei.

Den übrigen Inhalt bilden Fragen der Terminologie. Die immer wiederkehrende Frage ist die, ob der Name einer geschlossenen Figur der Umgrenzung oder dem begrenzten Raume zukommt. Bei krummer Begrenzung kann es nicht zweifelhaft sein, dass die Curve oder Fläche als nothwendig zur Bestimmung des Inhalts auch vor demselben benannt werden muss. Dies hat jedoch keine Anwendung auf Combinationen der begrenzenden Stücke, welche in der Regel erst mit Auffassung des Inhalts Bedeutung und Benennung gewinnen, unter den Systemen von Linien oder Flächen hingegen blosse Specialitäten sind, wie die Umfänge von Vielecken und Polyedern. Die hiervon abweichende Steiner'sche Terminologie erkennt Becker als ausschliesslich in ihrem Gebiete berechtigt an, und empfiehlt darum den Namen „Steiner'sches Vieleck".

Ueber den Unterschied von Richtung, Stellung und Lage belehrt Becker im letzten Aufsatz, dass nach Vorgang von Staudt und Schlömilch die zwei letzteren Wörter so gebraucht werden, dass die Lage bei jeder Bewegung, die Stellung nur bei Drehung sich ändert. Das Wort Richtung bleibt dann für die gerade Linie.

Die Bezeichnungen „senkrecht" und „lothrecht" waren bereits von mehreren Seiten als irreleitend angefochten und dafür „normal" empfohlen worden. Becker eifert im Gegentheil gegen letztere als Missbrauch, indem er die altlateinische Bedeutung = rechtwinklig nicht zu kennen scheint.

„Gleich" statt „gleich gross" ist eine Abkürzung, für deren Deutlichkeit sich wohl Jeder selbst verantwortlich machen kann.

Negative Merkmale sollen bei Eintheilung keine Art begründen. Disjunction von Rechteck und Quadrat, von Ellipse und Kreis ist unrichtig.

H.

F. C. Fresenius. Die Lehre von der Congruenz der Dreiecke und Zugehöriges in eine neue Fassung gebracht. Hoffmann Z. II. 1-14.

Der Verfasser schickt den Congruenzsätzen die Lehre von der zweiseitigen Symmetrie voraus und erzielt dadurch eine bessere systematische Gestaltung und einheitliche Behandlungsweise. Unzuträglichkeiten, welche die Aenderung mit sich bringt, werden von Reidt (a. a. O. Seite 210) genannt.

H.

Plagge. Konstruction mnemonischer Figuren vermittelst der Darstellung einer Geraden als eines Kreises von unendlich grossem Radius. Hoffmann Z. II. 488-493.

Die genannte Darstellung eignet sich dazu, auf die leichteste Weise zu derjenigen Auffassung eines unendlich entfernten Punktes einer Geraden zu führen, wie die neuere synthetische Geometrie sie braucht, wo nämlich nur ein einziger solcher Punkt auftritt. Uebersieht man dabei nur nicht — (worauf der Verfasser nicht aufmerksam macht, vergl. unten Fresenius) — dass die Anordnung eine willkürliche Specialität ist, dass also die Einzahl nicht als allgemein gültiges Ergebniss aufgestellt werden darf, so gewährt sie noch den weiteren Gewinn, dass sie den unendlich entfernten Punkt als einen variabeln zur deutlichen Vorstellung bringt und dadurch das sinnlose Absolut-unendliche aus den Köpfen der Schüler verdrängt.

Misslungen ist dagegen wohl die Veranschaulichung des Laufes der trigonometrischen Functionen. Die Bedeutung des Kreises springt plötzlich in eine neue über; die Functionen variiren längs dem Durchmesser und gelangen nach dem diametralen Punkt, der freilich nach erster Auffassungsform der unendlich entfernte war, hier aber, wenigstens soweit die gegebene Erklärung reicht, in keiner verständlichen Gedankenverbindung damit steht. Auch über die harmonische Theilung ist zu wenig gesagt, um das Verfahren hinreichend zu bestimmen.

H.

F. C. FRESENIUS. Die neuere Geometrie und die unendlich entfernten Gebilde. Hoffmann Z. II. 494-504.

Nur durch eigenes Auffinden soll die allgemeinere Anschauung gewonnen werden, direct überliefert kann sie nichts nützen; für ersteres ist auch die alte Methode ausreichend. Die neuere Geometrie erstrebt die Ausnahmslosigkeit, setzt aber ihre Forderung oft leichtfertig als Resultat und lässt es am Beweis fehlen. Der Verfasser unterscheidet bei paradoxen Sätzen, jenachdem ein Compromiss mit der gewohnten Anschauung möglich sei oder nicht. Zu den ersteren rechnet er den unendlich entfernten Schnittpunkt der Parallelen, fordert aber Einkleidung des Satzes in die Form „je—desto“. In Betreff der Aufstellung, dass der Punkt nur einer sei, verwirft er die Erklärung der Geraden als Kreis von unendlich grossem Radius, zunächst wegen ihrer Willkür, weil daraus ein Schluss auf allgemein gültige Eigenschaften unrichtig wäre, dann weil die neuere Geometrie eine solche Anschauung nicht kennt und daher abweisen muss. Warum aber nicht umgekehrt? Die Willkür an sich ist berechtigt, nur muss man die vermeintliche Allgemeinheit fallen lassen, die doch einmal ein Irrthum ist, der Einsicht dauernd im Wege steht, und ohne wahre Einbusse wegbleiben kann. Im weiteren geht der Verfasser auf die verschiedenen Begründungsversuche des einmaligen Durchschnitts der Parallelen, sowie der Asymptoten mit der Hyperbel ein. Ueberall enthüllt er denselben fehlerhaften Uebergriff von der willkürlichen Annahme auf die Allgemeingültigkeit, wünscht jedoch seinem Resultat keine Folge geben zu müssen, vielmehr die Möglichkeit einer Versöhnung offen zu lassen.

H.

A. E. BELTRAMI. Essai d'interprétation de la géométrie non-euclidienne traduit de l'italien par M. J. Hoüel, extrait du Giornale di Matematiche. VI. 1868. Rec. Schwarz. Hoffmann Z. II. 130-132.

Siehe F. d. M. I. p. 275.

V. Schlegel. Proben aus einer neuen auf der Grassmann'schen Ausdehnungslehre fussenden Bearbeitung der Elementarmathematik. Hoffmann Z. II. 308-313.

Die Methode, nach welcher hier die Sätze des Pappus und Pythagoras, einige Sätze von den Transversalen im Dreieck und die Lösung der biquadratischen Gleichung hergeleitet werden, ist entnommen aus: „Grassmann, Lineale Ausdehnungslehre“ 1847. 1862. mit Hinweis auf: „Hankel, Vorlesungen über die complexen Zahlen“, und beruht auf dem Satze, dass der von einer parallel bewegten Linie beschriebene Flächenraum nach Eintreffen in der anfänglichen Lage = 0 ist.

H.

F. Klein. Ueber die sogenannte Nicht-Euklidische Geometrie. Clebsch Ann. IV. 573-625. Gött. Nachr. 1871. 419-433. Darboux Bull. II. 341-351.

Der Aufsatz enthält eine neue Darstellung und Entwickelung der von Gauss, Lobatschefsky, Bolyai, Riemann, Helmholtz und Cayley gefundenen Resultate in Betreff der Parallelentheorie. Er geht weniger auf Ermittelung und Feststellung der Voraussetzungen der Geometrie als vielmehr auf Abstraction von denselben und auf Allgemeinheit aus, in welcher er die Grenzen der Cayley'schen Theorie noch überschreitet. Die Maassbestimmung im Raume reducirt sich auf Messung der Entfernung zweier Punkte und der Neigung zweier Geraden. In beiden ist gemeinsam die Addirbarkeit und die Uebertragbarkeit. Die Verschiebung einer Punktreihe oder Drehung eines Strahlenbüschels fallen vom Standpunkte der projectivischen Geometrie aus unter den allgemeineren Begriff einer linearen Transformation. Eine solche wird dargestellt durch die Substitution $z' = \lambda z$, aus der die äquidistante Punktreihe $z, \lambda z, \lambda^2 z, \cdots$ hervorgeht. Die Differenz der Exponenten wird dann die Entfernung der Punkte genannt. Setzt man $\frac{1}{\log \lambda} = c$, so ist $c \log \frac{z}{z'}$ die Entfernung der Elemente z und z'. $z = 0$ und $z = \infty$ heissen die Fundamentalelemente. Der Quotient $\frac{z}{z'}$ wird als Doppelverhältniss von z, z' zu jenen beiden aufgefasst. Bei Einführung complexer Werthe werden die Fundamentalelemente durch die Gleichung

$$\Omega_{xx} = ax_1^2 + 2bx_1 x_2 + cx_2^2 = 0$$

bestimmt. Der Maassunterschied zweier Elemente mit den homogenen Coordinaten $x_1 x_2$ und $y_1 y_2$ ist dann

$$= 2ic \arccos \frac{\Omega_{xy}}{\sqrt{\Omega_{xx}\,\Omega_{yy}}},$$

wo

$$\Omega_{xy} = ax_1 y_1 + b(x_1 y_2 + x_2 y_1) + cx_2 y_2$$

zu setzen ist, ein Ausdruck der sich vom Cayley'schen nur dadurch unterscheidet, dass bei Cayley $2ic = 1$ ist.

Es werden nun betrachtet: die reellen Elemente des Grundgebildes, die specielle Maassbestimmung bei zusammenfallenden Grundelementen, die specielle Maassbestimmung, welche eine allgemeine in einem Elemente berührt, nebst Krümmung der letztern, die allgemeine projectivische Maassbestimmung in der Ebene, die linearen Transformationen der Ebene, welche an Stelle der Bewegung treten, die allgemeine projectivische Maassbestimmung im Strahlen- und Ebenenbüschel, die Maassbestimmung in der Ebene bei imaginärem, dann bei reellem Fundamentalkegelschnitt (elliptische, hyperbolische Geometrie); die specielle Maassbestimmung in der Ebene (parabolische Geometrie), woran sich weitere Aufgaben anschliessen; endlich die Unabhängigkeit der projectivischen Geometrie von der Parallelentheorie gezeigt, und die dreierlei Geometrieen aus der projectivischen abgeleitet. H.

R. Baltzer. Ueber die Hypothesen der Parallelentheorie. Borchardt J. LXXIII. 372-373.

Der Verfasser stellt unter der Bezeichnung Hypothesen diejenigen Axiome zusammen, welche die specifische Eigenschaft der Ebene zu vertreten vermögen, dass auf ihr die Dreieckswinkelsumme $= 180^\circ$ ist. Er nennt deren drei: die Euklidische, die Legendre'sche und die folgende: Wenn der Winkel *BAC* ein Theil des Winkels *BAD*, und der Punkt *D* weiter als die Spitze *C* von der Basis *AB* des Dreiecks *ABC* entfernt ist: so wird angenommen, dass der Winkel *ADC* (bei festem Schenkel *AD*) im Wachsen bleibt, während das Dreieck längs der Basis in der Richtung von *A* nach *B* hingleitet. Diese Hypothese hatten Minarelli und Carton in ihren Beweisen stillschweigend zugelassen.

Im Nachweis des Fehlers ist daher wohl die einzige Bedeutung der erwähnten dritten Hypothese zu sehen.

H.

O. STOLZ. Die geometrische Bedeutung der complexen Elemente in der analytischen Geometrie. Clebsch Ann. IV. 416-442.

Das Imaginäre in der Geometrie, das sich bei der analytischen Behandlung derselben unabweisbar aufdrängte, hat bekanntlich lange Zeit eine der Hauptschwierigkeiten gebildet, die sich einer principiellen Ausbildung rein geometrischer (sog. synthetischer) Betrachtung entgegenstellten. Bei Poncelet, Chasles etc. finden sich die complexen Elemente in mehr oder minder unbestimmter Weise definirt; namentlich werden bei ihnen die complex-conjugirten Elemente nicht von einander gesondert. Erst Staudt ist es gelungen, diese fundamentale Aufgabe zu lösen, indem er die complexen Elemente als die Doppelelemente involutorischer Verwandtschaften definirte und das einzelne Doppelelement nachher durch den Sinn characterisirte, in welchem man sich von einem Elemente vermöge der Verwandtschaft zu dem entsprechenden hinbewegt. Staudt's Forschungen, die er in den „Beiträgen zur Geometrie der Lage" (1856—1860) niedergelegt hat, sind in Folge der Schwierigkeit des Gegenstandes wie der knappen Darstellung wohl nur wenig ihrem vollen Inhalte nach bekannt geworden. Um so dankenswerther ist es, wenn der Verfasser des vorliegenden Aufsatzes es unternommen hat, an der Hand analytischer Betrachtungen die Staudt'sche Auffassung zu entwickeln, wobei, gegenüber der von Staudt selbst gegebenen Darstellung, der Vortheil eintritt: dass das leitende Princip von Vorneherein gegeben ist. Zugleich wird dadurch eine Lücke ausgefüllt, die seither in dem Systeme der neueren geometrischen Auffassung bestand, indem nämlich nirgends explicite der Nachweis geführt war, dass das Imaginäre der analytischen Geometrie mit dem Staudt'schen Imaginären identisch ist. Kln.

A. Transon. Sur l'emploi de l'infini en mathématiques. C. R. LXXIII. 367-369.

Siehe Abschn. I. Cap. 2. p. 13.

J. Rosanes. Ueber die neusten Untersuchungen in Betreff unserer Anschauung vom Raume. Breslau. Maruschke.

Der vorliegende Vortrag hat den Zweck, die Untersuchungen von Riemann und Helmholtz über die Grundlagen der Geometrie (cf. Fortschr. d. Math. I. p. 22—24) in weiteren Kreisen zu verbreiten. Die Darstellung des Herrn Verfassers ermöglicht auch solchen, welche jene Arbeiten nicht kennen, einen klaren Einblick in die dort gewonnenen Resultate, und ist daher geeignet, zum Studium der Originalarbeiten anzuregen.

Wn.

H. G. Zeuthen. Om dualitetsprincipet. Zeuthen Tidsskr. (3) I. 1. 129. 161.

Im ersten Artikel zeigt der Verfasser die Dualität der descriptiven Eigenschaften von Figuren, wobei er sich auf folgende Axiome stützt: Bei Figuren in der Ebene bestimmen zwei Punkte eine Gerade, zwei Gerade einen Punkt. Im Raume bestimmen zwei Punkte eine Gerade, eine Gerade und ein Punkt ausserhalb eine Ebene, zwei Ebenen eine Gerade, eine Ebene und eine Gerade ausserhalb derselben einen Punkt.

Im zweiten Artikel entwickelt der Verfasser die Art, wie sich die Dualität in der analytischen Geometrie darstellt. Er beschäftigt sich hier nur mit Figuren in derselben Ebene und gelangt zu folgendem Resultate: Wenn man von einer ebenen

Figur einen Satz bewiesen hat, der nur descriptive und solche metrischen Eigenschaften enthält, welche man mit Hülfe von Gleichungen zwischen den anharmonischen Verhältnissen ausdrücken kann, so hat man gleichzeitig einen anderen Satz bewiesen, der aus dem vorhergehenden gebildet werden kann, indem man überall die Worte „Punkt" in „Gerade", „Punkt auf" in „Tangente an", „Ordnung" in „Classe" verändert. Im dritten Artikel zeigt der Verfasser, dass jeder geometrische Satz in einem anderen enthalten sei, auf den man das Princip der Dualität anwenden kann. Der Verfasser bedient sich hier eines Coordinatensystems, welches als ein specieller Fall der gewöhnlichen Plücker'schen Coordinaten aufgefasst werden kann. Die Fortsetzung wird in den nächsten Heften folgen.

Hn. (O.)

P. Mansion. Sur le premier livre de la géométrie de Legendre à propos de quelques traités récents.

Revue de l'instruction publique. XIII. 317-357. Gand. Hoste.

Die Arbeit ist in zwei Capitel getheilt. I. 1) Der Punkt ist das erzeugende Element der geometrischen Gebilde bei streng wissenschaftlicher Betrachtung. 2) Legendre's Erklärung von Gerade und Ebene, sowie Lamarle's Erklärung der Curve stützen sich auf Annahmen, die zu beweisen sind. 3) Der Winkel kann erklärt werden als ein Kreissector mit unendlich grossem Radius. 4) Der wahre Grundbegriff der Gleichheit lautet: „Zwei geometrische Gebilde sind gleich, wenn sie eine identische Erzeugungsart haben". Man kann sich immer ein einem anderen Gebilde gleiches mit Lineal und Cirkel gezeichnet denken.

II. Die passendste Anordnung des ersten Buches von Legendre ist folgende: 1) Anschauungssätze über die Correspondenz der Centriwinkel und Bogen im Kreis und Gleichheit der Dreiecke. 2) Sätze über Winkel mit gemeinsamem Scheitelpunkt; Theorie der Parallelen. 3) Congruenz der Dreiecke und Gleichheit der Seiten-Sätze über Ungleichheit der Seiten bei Dreiecken und Vierecken. 4) Specielle Eigenschaften der Vierecke.

Der Verfasser gelangt schliesslich zu dem Endergebniss,

dass von einer Benutzung des Legendre'schen Buches in den belgischen Lehranstalten abzustehen sei.

Mn. (O.)

Flye Sainte Marie. Études analytiques sur la théorie des parallèles. Mondes (2.) XXVI. 219-220.

Nur ganz kurze Inhaltsangabe der Hauptresultate einer grösseren Arbeit (s. F. d. M. II. p. 355). Wn.

Capitel 2.

Continuitätsbetrachtungen.

A. Cayley. A „Smith's Prize" paper. 1871. Question 5. Messenger (2.) I. 45-46.

Wenn für jeden Punkt des Raumes die Richtungscosinus einer Linie durch den Punkt gegeben sind, so werden die Bedingungen aufgestellt, dass die Linien nicht ein dreifaches, sondern ein doppeltes System sind. Glr. (O.)

W. K. Clifford. On syzygetic relations among the powers of linear quantics. Proc. of L. M. S. III. 9-12.

Enthält Erweiterungen der Sätze, die Herr Paul Serret in seiner: „Géométrie de direction" Paris 1869, gegeben hat. Zwei allgemeine Sätze über Curven und Flächen finden sich darunter. Der letztere von diesen ist Satz 11: „Damit ein System von N Punkten im Raum auf einer Oberfläche von der Ordnung n liegt, genügt es, dass die p^{ten} Potenzen ihrer Entfernungen von einer willkürlichen Ebene einer linearen homogenen Relation genügen, wenn die Zahl N gegeben ist durch die Formel:

$$N=\frac{\alpha}{6}(n^2+6n+11)+\frac{1}{6}(\beta+1)(\beta+2)(\beta+3),$$

wo α der Quotient, β der Rest aus der Division von p durch n, d. h. $p=\alpha n+\beta$, $\beta<n$. Cly. (O.)

Capitel 3.

Elementare Geometrie (Planimetrie. Trigonometrie. Stereometrie.)

G. Recknagel. Ebene Geometrie für Schulen. München, Ackermann.

Das Werk unterscheidet sich vielfach von anderen Lehrbüchern der elementaren Geometrie. Der Verfasser ist bestrebt, gewissermaassen für diese eine neue und vielleicht auch zeitgemässere Richtung anzubahnen. In Bezug auf die Anordnung des Stoffes stimmt Referent mit dem Herrn Verfasser überein. Da die Behandlung des Lehrstoffes im Einzelnen auf die Selbstthätigkeit des Schülers berechnet ist, so sind Figuren nicht grade zu häufig vorhanden, und die Beweise nur da vollständig durchgeführt, wo sie entweder als Muster dienen sollen, oder wo ihre Schwierigkeit es nöthig macht. Ausserdem finden sich nur Andeutungen des den Beweisen zu Grunde liegenden Gedankenganges. Das Nachschlagen wird sehr erleichtert durch ein am Schlusse angehängtes Verzeichniss der citirten Sätze mit abgekürzter Angabe ihres Inhaltes.

Was die Parallelen-Theorie anbelangt, so ist hier die Bertrand'sche adoptirt, die freilich, wie so viele andere Versuche in dieser Hinsicht, bei allen Vorzügen, die man ihr beizulegen pflegt, immerhin auf etwas mangelhaftem Fundamente aufgebaut ist.

Sowohl das in zweckmässiger Auswahl den einzelnen Capiteln hinzugefügte Uebungsmaterial, als auch die beiden ersten, Construktions-Aufgaben enthaltenden, Anhänge sind als schätzenswerthe Beigaben zu erachten.

Dem pythagoräischen Lehrsatze und damit verwandten Sätzen im IV. Abschnitte, sowie den Aufgaben des zweiten Anhanges (Verwandelung und Theilung) eine vorwiegend algebraische Behandlung angedeihen zu lassen, ist zwar nicht ganz in unserem Sinne, doch mögen den Herrn Verfasser hierzu vielleicht auch besondere Gründe pädagogischen Characters bewogen haben. Der dritte Anhang, und zugleich letzte Abschnitt des Werkes, ist isoperimetrischen Sätzen gewidmet.

Wtn.

F. PAUGGER. Systematisches Lehrgebäude der mathematischen Synthesis oder der Elementar-Mathematik. Triest, Emsmann.

Ein Lehrbuch für Schulen. O.

A. CAYLEY. Solution of question 3206. Educ. Times XV. 1.

Wieviel mal lassen sich 9 Punkte auf geometrisch verschiedene Weise auf 9 Gerade so vertheilen, dass jede Gerade drei enthält? Hi.

A. CAYLEY. Solution of question 3002. Educ. Times XIV. 17—19.

Wenn von fünf Kreisen A, B, C, D, E je zwei sich berühren, ausgenommen D und E, so ist die gemeinschaftliche Tangente von D und E grade zweimal so lang, als es der Fall sein würde, wenn D und E sich berührten. Hi.

CAVALLIN. Satser. Dillner Tidskr. IV. 111.

Die Arbeit enthält eine Reihe elementarer Probleme, die sich auf Dreiecke, Vierecke, Pyramiden etc. beziehen. Unter den behandelten Fragen finden sich einige, welche die Bestimmung eines Maximums oder Minimums fordern, was ohne Anwendung der Differentialrechnung geschieht.

Hn. (O.)

T. COTTERILL, R. TOWNSEND and others. Solution of question 3144. (Cayley.) Educ. Times XIV. 19.

Wenn die Endpunkte A, A' einer gegebenen Linie sich längs gegebenen Geraden bewegen, so giebt es einen fest mit $A A'$ verbundenen Punkt, welcher einen Kreis beschreibt.

Hi.

A. MOREL. Solution de la question 910. Nouv. Ann. (2.) X. 184-185.

Lösung folgender Aufgabe von E. Lemoine: Zwei Dreiecke OAB, $OA'B'$ haben eine gemeinschaftliche Spitze; OAB ist nach Grösse und Lage, $OA'B'$ nur nach Grösse gegeben. Man soll $OA'B'$ so legen, dass die Geraden AA', BB' einen gegebenen Winkel einschliessen.

Mz.

J. G. Solution de la question 910. Nouv. Ann. (2.) X. 235-239.

Zwei weitere Lösungen der obigen Aufgabe.

Pr.

C. HARKEMA. Ueber einen merkwürdigen Punkt im Dreieck. Schlömilch Z. XVI. 168.

Enthält eine ohne Beweis mitgetheilte Eigenschaft desjenigen Punktes im Dreieck, für den die Summe der Quadrate seiner Abstände von den Seiten des Dreiecks ein Minimum ist.

B.

A. HOCHHEIM. Ueber den fünften merkwürdigen Punkt. Grunert Arch. LII. 26-40.

Als fünfter merkwürdiger Punkt wird von dem Herrn Verfasser bezeichnet der Schnittpunkt der Ecktransversalen eines Dreiecks nach den Berührungspunkten der den Seiten anbeschriebenen Kreise. Es werden die Coordinaten desselben bestimmt, seine Entfernung von einigen anderen merkwürdigen Punkten ausgedrückt und die Gleichungen der geometrischen Orte angegeben, welche dieser Punkt beschreibt, wenn von den drei in den Congruenzsätzen angegebenen Bestimmungsstücken des Dreiecks je eines als variabel, eine Ecke und eine daran stossende Seite des Dreiecks als fest, nämlich resp. mit dem Coordinatenanfangspunkt und einer Axe zusammenfallend angenommen werden. Form und Lage dieser Curven werden bestimmt, jedoch meist nur unter speciellen Voraussetzungen.

Schz.

J. A. Grunert. Ueber die Entfernung des Schwerpunktes eines Dreieckes und des Mittelpunktes des in das Dreieck beschriebenen Kreises von einander. Grunert Arch. LII. 247-250.

Siehe Abschn. X., Cap. 3 A.

H. Schubert. Elementares über das Dreieck. Schlömilch Z. XVI. 83-88.

Der Verfasser erweitert einen von Hrn. Professor C. W. Baur in Schlömilch Z. XII. 354 aufgestellten Satz zur Auffindung der Berührungstangente zwischen dem einem Dreieck einbeschriebenen Kreise und dem zu demselben Dreiecke gehörigen Kreise der neun Punkte, ohne von diesen beiden Kreisen auszugehen, dadurch, dass er eine Construction angiebt, durch welche man nicht nur zur genannten Berührungstangente, sondern auch zu den drei anderen Berührungstangenten zwischen je einem der drei dem Dreiecke anbeschriebenen Kreise und dem Kreise der neun Punkte gelangen kann, und giebt zum Schlusse einige geometrische Beziehungen zwischen den entstandenen zahlreichen Punkten und Geraden an. Pr.

C. Laduron. Solution de la question 998. Nouv. Ann. (2.) X. 334.

Die Höhendurchschnitte der gleichschenkligen Dreiecke, welche durch vier beliebige Tangenten an einen Kreis und durch die Sehnen zwischen den Berührungspunkten derselben gebildet werden, sind die Eckpunkte eines Vierecks, welches demjenigen ähnlich ist, das zu seinen Eckpunkten die Mitte der bezeichneten Sehnen hat. Der Aehnlichkeitspunkt ist der Mittelpunkt des Kreises; seine Abstände von zwei homologen Ecken verhalten sich wie 1 : 2. Pr.

A. Cayley. A „Smith's Prize" paper. 1870. Question 7. Messenger V. 192-193.

Die Arbeit beschäftigt sich mit einem speciellen Fall des Problems: „Den kleinsten Kreis zu bestimmen, der drei gegebene

Punkte einschliesst". Sind *A*, *B*, *C* diese Punkte, so ist der dem Dreieck umschriebene Kreis der gesuchte, wenn das Dreieck spitzwinklig ist, dagegen ist es der über dem Durchmesser *A B*, wenn das Dreieck bei *C* stumpfwinklig ist.

Glr. (O.)

C. A. Bretschneider. Zur Berechnung des Trapezes aus seinen Seiten. Grunert Arch. LII. 24-25.

Zieht man in einem Trapez durch die Endpunkte einer der parallelen Grundlinien Parallelen zu den Diagonalen, so entstehen zwei mit dem Trapez gleichflächige Dreiecke, welche die Diagonalen zu Seiten haben. Durch Anwendung des Stewart'schen und des Flächensatzes auf dieselben werden Formeln für die Diagonalen und den Inhalt des Trapezes erhalten.

Schz.

M. Collins. Sehr einfacher Beweis des Satzes, dass die Mittelpunkte der drei Diagonalen jedes vollständigen Vierecks in einer geraden Linie liegen. Grunert Arch. LII 243-246.

Der Beweis ist vom Herausgeber des Archivs mitgetheilt aus der Schrift: Geometrical Miscellaneous, by Matthew Collins etc. Bordeaux 1870. § II. Der Beweis stützt sich wesentlich auf den elementaren Satz von den Ergänzungsparallelogrammen.

T.

T. Fuortes. Beweis des nach Fermat benannten geometrischen Satzes. Grunert Arch. LII 240-242.

Der Beweis ist mitgetheilt vom Herausgeber des Archivs aus Battagl. G. VII. 1869. 378. Er wird durch wiederholte Anwendung des Pythagoräischen Satzes und der Aehnlichkeitssätze geführt (s. F. d. M. II. p. 357.) T.

L. Oppermann. Den ptolemaiske Saetning. Zeuthen Tidsskr. (3.) I. 55.

Beweis folgenden Satzes: In einem Viereck ist die Summe

der beiden Rechtecke aus den gegenüberliegenden Seiten niemals kleiner, als das Rechteck aus den Diagonalen, und Folgerungen für die dem Kreise ein- resp. umschriebenen Vierecke.

Hn. (O.)

Fasbender. Le lieu du centre du cercle inscrit à un quadrilatère circonscriptible donné. Grunert Arch. LII. 250—252.

Der gesuchte Ort ist ein Kreis, dessen Radius gleich dem Product der vier Seiten, getheilt durch das Quadrat des halben Umfanges, ist. O.

E. Kruschwitz. Solution de la question 1027. Nouv. Ann. (2.) X. 456.

Gegeben ein Kreis und drei Eckpunkte eines eingeschriebenen Vierecks; den 4ten Eckpunkt desselben so zu bestimmen, dass in das Viereck zu gleicher Zeit ein Kreis eingeschrieben werden kann. Pr.

J. G. Théorèmes de géométrie. Nouv. Ann. (2) X. 206.

Bekannte Sätze, z. B.: Wenn man von einem Punkte M der Peripherie des einem Viereck umschriebenen Kreises Lothe auf die Seiten und die Diagonalen desselben fällt, und durch ihre Fusspunkte die vier geraden Linien legt, so liegen die Fusspunkte der von M auf diese vier Geraden gefällten Lothe in einer geraden Linie. No.

M. Sancery. Note sur le quadrilatère inscrit, dont les diagonales sont rectangulaires. Nouv. Ann. (2) X. 487-497.

Der Aufsatz behandelt den wesentlichen Theil der Preisaufgabe aus der Elementar-Mathematik für 1870. Ist ein variables einem Kreise O einbeschriebenes Viereck gegeben, welches so verändert wird, dass seine Diagonalen sich stets rechtwinklig in einem festen Punkte P schneiden, so beschreiben die Ecken des zugehörigen umschriebenen Vierseits, dessen Seiten stets in den Ecken des ersteren berühren, einen und denselben zweiten Kreis. Projicirt man diesen festen Punkt P auf die Seiten des gegebenen Vierecks, so sind diese Projectionen die Ecken eines variablen, einem und demselben dritten Kreise eingeschriebenen, und einem und demselben vierten Kreise umschriebenen Vierecks, dessen Diagonalen sich in einem festen Punkte schneiden; dieser Punkt ist der Halbirungspunkt der Strecke OP und zugleich der Mittelpunkt des umschriebenen Kreises, welcher auch durch die Halbirungspunkte der Seiten des gegebenen Vierecks geht. Der Mittelpunkt des vierten Kreises ist der Punkt P. Schliesslich ist noch eine Zusammenstellung zahlreicher an dem Kreisviereck mit senkrechten Diagonalen auftretenden metrischen Beziehungen hinzugefügt.

Schz.

J. J. Sylvester. Solution of question 1950. Educ. Times XV. 36.

Wenn $ABCD$ ein einem Kreise eingeschriebenes Viereck ist, dessen Seiten verlängert in F und G sich schneiden, so sind die Halbirungsgeraden der Winkel F und G rechtwinklig zu einander.

Hi.

A. Steinhauser. Ueber die Ermittelung der Winkelsumme ebener Polygone. Grunert Arch. LII. 294-309.

Es wird eine Methode angegeben, durch welche man, ohne irgend welche Construction, im Stande ist, die Winkelsumme eines jeden allgemeinen Polygons, d. h. eines Polygones mit Kreuzungs- oder Doppelpunkten, faktisch zu ermitteln.

T.

O. Callandreau. Solution de la question 948. Nouv. Ann. (2) X. 424-425.

Der Inhalt eines Polygons von m Seiten ist gleich der Summe der $\frac{(m-1)(m-2)}{2}$ Dreiecke, die man aus den Combinationen zu je zweien von $m-1$ seiner Seiten bilden kann; zwei Seiten jedes der Dreiecke sind dabei parallel und gleichgerichtet mit den entsprechenden Polygonseiten.

Die hier gegebene Lösung beruht auf dem Aequipollenzencalcul.

Wn.

Nagel. Ueber die Bestimmung der Vielecke durch die Halbirungspunkte ihrer Seiten. Grunert Arch. LIII. 378-381.

Jedes Vieleck von ungrader Seitenzahl ist construirbar, (und zwar ist die Aufgabe bestimmt), wenn die Halbirungspunkte seiner Seiten gegeben sind. Jedes Vieleck von grader Seitenzahl aber ist entweder unmöglich oder unbestimmt, wenn die Halbirungspunkte seiner Seiten gegeben sind.

Pr.

R. Nippert. Aufgabe. Grunert Arch. LII. 50-55.

Legt man um ein reguläres Polygon einen Kreis von beliebigem Radius, concentrisch mit dem umschriebenen Kreise des Polygons, und verbindet man einen beliebigen Punkt auf der Peripherie des ersteren mit den Ecken des Polygons, so ist zu beweisen, dass die Summe der Quadrate dieser Verbindungslinien constant ist für jede Lage jenes Punktes. Der Verfasser beweist den Satz zunächst für das reguläre Dreieck, sodann für das reguläre Polygon. Der letztere Beweis stützt sich darauf, dass die Reihe

$$\cos\alpha+\cos\left(\frac{2\pi}{n}-\alpha\right)+\cos\left(\frac{4\pi}{n}-\alpha\right)+\cdots\cos\left(\frac{2(n-1)\pi}{n}-\alpha\right),$$

mag n eine grade oder ungrade Zahl sein, gleich Null ist.

Pr.

O. Callandreau. Solution de la question 1026. Nouv. Ann. (2) X. 453.

Die einem regulären n-Eck umschriebene Kreislinie liegt zwischen den Grössen na und $(n+1)a$, wenn a die Seite des regulären n-Ecks bedeutet.

Pr.

O. Callandreau. Solution de la question 958. Nouv. Ann. (2) X. 425.

Durch einen gegebenen Punkt einen Kreis zu beschreiben, welcher zwei gegebene Kreise unter gegebenen Winkeln schneidet.

Pr.

J. Griffiths. Notes on the circle which cuts three given circles at given angles. Quart. J. XI. 366-372.

Ergänzung zu des Verfassers Arbeit über denselben Gegenstand in den Lond. Mat. Proc. III. Nr. 37.

Cly. (O.)

Zerlang. Ueber die Berechnung der Zahl π. Hoffmann Z. II. 339-340.

Wenn es auch nicht unbekannt ist, wie man durch abwechselnde Berechnung des arithmetischen und geometrischen Mittels zweier Zahlen sich dem Grenzwerth $\frac{1}{\pi}$ nähern kann, so ist doch die Verwendung, welche der Verfasser für die Methode der elementaren Geometrie davon macht, gewiss zu notiren. Sind ϱ_n und r_n der kleine und grosse Radius eines regelmässigen n-Ecks für den constanten Umfang $=2$, so ist:

$$\varrho_{2n} = \tfrac{1}{2}(\varrho_n + r_n); \quad r_{2n} = \sqrt{\varrho_{2n} r_n},$$

und für $n = \infty$

$$\varrho_n = r_n = \frac{1}{\pi},$$

was aus der Figur ohne Schwierigkeit erhellt, weit leichter jedenfalls als die geometrische Vorbereitung zur Approximation bei constantem Radius.

H.

C. A. Bretschneider. Einfache Berechnung der Winkel eines ebenen oder sphärischen Dreiecks aus den Seiten der Figur. Grunert Arch. LII. 371-374.

Für das ebene Dreieck erhält man die Formel:

$\operatorname{cotg} \frac{1}{2} \alpha = \frac{s-a}{\varrho}$, wo a, b, c Seiten des Dreiecks sind, $s = \frac{a+b+c}{2}$, ϱ Radius des eingeschriebenen Kreises. Analoges gilt für das sphärische Dreieck.

T.

F. H. Rump. Ueber zwei trigonometrische Sätze.
Grunert Arch. LII. 358-360.

Es wird ein geometrischer Beweis des bekannten trigonometrischen Satzes:

$$\frac{a+b}{a-b} = \frac{\operatorname{tg} \frac{1}{2}(\alpha+\beta)}{\operatorname{tg} \frac{1}{2}(\alpha-\beta)}$$

mitgetheilt. Ferner wird der von G. Dostor gegebene Lehrsatz:

$$\operatorname{tg} \delta = \frac{b+c}{b-c} \operatorname{tg} \tfrac{1}{2} \alpha$$

(δ bezeichnet den Neigungswinkel der Halbirungslinie des Winkels α mit der Gegenseite) auf anderem Wege bewiesen. (cf. Grunert Arch. LI. 97; s. F. d. M. II. 492. LII. 375 u. 376).

T.

Aufgaben aus der sphärischen Trigonometrie sind gestellt oder gelöst von R. Tucker; R. Townsend; S. Roberts; H. Mc. Coll; J. J. Walker. Educ. Times XIV. u. XV.

J. C. Becker. Kleine Beiträge zur Geometrie.
Schlömilch Z. XVI. 530-535.

3. Eine polygonometrische Formel. Entwickelung der Formel für den Flächeninhalt eines ebenen Polygons:

$$f_n = \tfrac{1}{4} \sum_{i=1}^{i=n} a_i^2 \sin 2\alpha_i + \sum_{i=2}^{i=n} (a_i \cos \alpha_i \sum_{k=1}^{k=i-1} a_k \sin \alpha_k)$$

in die Formel:

$$f_n = \tfrac{1}{2} \sum_{i=1}^{i=n} a_i^2 \sin \alpha_i \cos \alpha_i + a_1 a_2 \sin \alpha_1 \cos \alpha_2 + (a_1 \sin \alpha_1$$
$$+ a_2 \sin \alpha_2) a_3 \cos \alpha_3 + (a_1 \sin \alpha_1 + a_2 \sin \alpha_2 + a_3 \sin \alpha_3) a_4 \cos \alpha_4 + \cdots$$
$$\cdots + (a_1 \sin \alpha_1 + a_2 \sin \alpha_2 + \cdots + a_{n-1} \sin \alpha_{n-1}) a_n \cos \alpha_n .$$

Pr.

C. W. Merrifield. Solution of question 3262. Educ. Times XV. 26.

Ein Büschel von fünf Geraden im Raume wird durch eine Ebene geschnitten; gesucht werden Verhältnisse, die von der Lage der Ebene unabhängig sind.

Wenn A, B, C, D, E die fünf Schnittpunkte und ABC u. s. w. die Inhalte der Dreiecke bezeichnen, so genügen

$$\frac{ABC \cdot ADE}{ABD \cdot ACE}, \quad \frac{ABE \cdot BCD \cdot CDE}{ACD \cdot BCE \cdot BDE}$$

der gestellten Bedingung. Hi.

J. Wolstenholme. Exercices sur le tétraèdre. Nouv. Ann. (2.) X. 451-452.

Wenn in einem Tetraeder $ABCD$, AB zu CD senkrecht ist und ebenso AC zu BD, so muss AD zu BC senkrecht sein, und man hat:

$$BC^2 + AD^2 = CA^2 + BD^2 = AB^2 + CD^2.$$

Ein solches Tetraeder nennt der Verfasser ein rechtwinkliges und giebt von ihm mehrere Sätze. Die vier Höhen schneiden sich in einem Punkt, durch den auch die kürzesten Entfernungen der Gegenkanten gehen. Dieser Punkt ist Centrum einer Kugel, für welche jede Tetraederecke Pol ihrer Gegenfläche ist; der Radius dieser Kugel ist aber nur reell, wenn die ebenen Winkel an einer der vier Ecken sämmtlich stumpf sind. Durch die Mitten der Kanten und die Fusspunkte der vorhin genannten kürzesten Entfernungen geht eine Kugel, deren Centrum der Schwerpunkt des Tetraeders ist und auf der Verbindungslinie des Centrums der umgeschriebenen Kugel und des Höhenschnittes — und zwar in der Mitte zwischen diesen beiden Punkten — liegt. Ferner durch die Schwerpunkte der vier Flächen und durch deren Höhenschnitte geht auch eine Kugel, welche ausserdem auf jeder Tetraederhöhe, gerechnet vom gemeinsamen Schnitt bis zu einer Ecke, ein Drittel abschneidet. Es folgen dann noch Beziehungen über Chordalebenen, Radien, und Entfernungen der Centra der genannten Kugeln. Mz.

C. W. Merrifield. Solution of question 3088. Educ. Times XIV. 25.

Die Bedingung, dass die kürzesten Entfernungen gegenüberliegender Kanten eines Tetraedrons sich in einem Punkte schneiden, ist entweder dass die Geraden, welche die Mittelpunkte gegenüberliegender Kanten verbinden, rechtwinklig zu einander sind, oder dass

$$p^2(-\sin^2\alpha+\sin^2\beta+\sin^2\gamma)=q^2(\sin^2\alpha-\sin^2\beta+\sin^2\gamma)$$
$$=r^2(\sin^2\alpha+\sin^2\beta-\sin^2\gamma),$$

wo $p\ q\ r$ die Längen der obigen Halbirungsgeraden sind und α, β, γ die Winkel, welche sie einschliessen.

Hi.

Hessel. Uebersicht der gleicheckigen Polyeder und Hinweisung auf die Beziehungen dieser Körper zu den gleichflächigen Polyedern. Marburg, Ehrhardt.

Die gleicheckigen Polyeder werden in Klassen und Gruppen eingetheilt und ihrer äusseren Form nach beschrieben. Da dieselben keine convexen Kanten oder Grenzwinkel haben können, so haben sie stets einen bestimmten Mittelpunkt; von demselben sind Strahlen nach allen Ecken denkbar, welche der Länge und Lage nach gleichartig sind. Legt man nun durch das äussere Ende eines jeden dieser Strahlen eine Ebene senkrecht zu demselben, so erhält man ein gleichflächiges Polyeder, welches zu dem gegebenen gleicheckigen Polyeder reciproke Beziehungen hat. Diese werden auseinandergesetzt und schliesslich die verschiedenen Polyeder der einen und der anderen Art zusammen und einander gegenübergestellt.

Schz.

A. Grunert. Ueber einen Ausdruck für die Oberfläche eines Polyeders von beliebiger Seitenflächenzahl. Grunert Arch. LII. 482-487.

Der in Rede stehende Ausdruck ist

$$2U=p\Sigma a\cot\frac{\alpha}{2}+q\Sigma b\cot\frac{\beta}{2}+r\Sigma c\cot\frac{\gamma}{2}+\cdots,$$

wo U die Oberfläche ist; das erste Glied rechts lautet ausgeschrieben:

$$p\left\{a_1 \cot\frac{\alpha_1}{2} + a_2 \cot\frac{\alpha_2}{2} + a_3 \cot\frac{\alpha_3}{2} + \cdots\right\}.$$

Hier sind $a_1, a_2, a_3, \cdots$ die Seiten der Seitenfläche A; $\alpha_1, \alpha_2, \alpha_3, \cdots$ die an diesen resp. Seiten liegenden Flächenwinkel des Polyeders; p das Loth aus irgend einem Punkte 0 im Innern des Polyeders auf die Fläche A. Die folgenden Glieder rechts entsprechen ganz ebenso den andern Seitenflächen B, $C \cdots$; der Punkt 0 ist für alle Flächen derselbe.

Mz.

V. Mollame. Alcuni teoremi di geometria. Battaglini G. IX. 64-67.

Es werden folgende Lehrsätze bewiesen:

I. Hat man ein Polyeder, das einer Kugel mit dem Centrum O umschrieben ist, und verbindet man irgend einen Punkt M des Raumes mit den Berührungspunkten des Polyeders, so wird die Summe der Quadrate dieser Strecken, nachdem jedes Quadrat mit der zugehörigen Polyederfläche multiplicirt ist, constant sein für alle Punkte M einer mit dem Radius OM beschriebenen concentrischen Kugel.

II. Hat man ein Polygon, das einem Kreise mit dem Centrum O umschrieben ist, und verbindet man irgend einen Punkt M der Ebene des Kreises mit den Berührungspunkten der Seiten des Polygons, so wird die Summe der Quadrate dieser Strecken, nachdem jedes Quadrat mit der zugehörigen Polygon-Seite multiplicirt ist, constant sein für alle Punkte eines mit dem Radius OM beschriebenen concentrischen Kreises.

III. In jedem (ebenen oder windschiefen) Polygon von n Ecken ist die Quadratsumme der Strecken, welche die Mittelpunkte der Seiten und Diagonalen zu zweien verbinden, gleich $\frac{(n-1)\,(n-2)}{8}$ multiplicirt mit der Quadratsumme der Seiten und Diagonalen des Polygons.

Mz.

A. Steinhauser. Die Netze der Poinsot'schen Körper zum Behufe der Darstellung ihrer Modelle. Graz. Leykam.

Die kleine Schrift enthält nur eine Anweisung zur mechanischen Anfertigung der Modelle der Poinsot'schen Körper, nämlich für: das zwanzigeckige Sternzwölfflach, das zwölfeckige Sternzwölfflach, das sterneckige Zwanzigflach, nach, vom Verfasser gezeichneten Netzen. Näheres über die Körper selbst findet sich in der Schrift nicht, sondern dieselbe verweist auf: Wiener, Ueber Vielecke und Vielflache. Leipzig, Teubner. 1864.

O.

G. Affolter. Eine geometrische Aufgabe. Schlömilch Z. XVI. 162-164.

Behandelt ist die Aufgabe: Zu vier gegebenen Kugeln eine fünfte so zu construiren, dass sie jede der gegebenen vier je unter einem gegebenen Winkel schneidet.

T.

G. Affolter. Lehrsätze und Aufgaben über die Kugel. Clebsch Ann. IV. 185-194.

Siehe Abschn. VIII. Cap. 5. B.

O. Stolz. Ueber eine analytische Entwickelung der Grundformeln der sphärischen Trigonometrie in voller Allgemeinheit. Schlömilch Z. XVI. 168-178.

Wenn man die Grundformeln der sphärischen Trigonometrie aus den Elementen der analytischen Geometrie des Raumes, zu denen sie ihrer Natur nach gehören, unter Zugrundelegung der bekannten Sätze über Richtungscoordinaten im Raume, herleiten will, so besteht die einzige Schwierigkeit hierbei bekanntlich in der Bestimmung des Vorzeichens der verschiedenen bei dieser Herleitung auftretenden Wurzelgrössen, wenigstens so lange man den Formeln ihre unbeschränkte Allgemeinheit wahren und sich nicht bloss auf Dreiecke beschränken will, deren Seiten und Winkel kleiner sind als $2R$. Diese Schwierigkeit ist in der vorliegenden Abhandlung dadurch beseitigt, dass bei den Seiten und Winkeln die beiden Richtungen, in welchen sie durchlaufen werden können, streng von einander geschieden, und dass für jede dieser Grössen der positive und negative Sinn eindeutig definirt werden. Durch diese Unterscheidung gelingt es dann dem Verfasser, Regeln aufzustellen, durch welche das Vorzeichen der erwähnten Wurzeln in jedem Falle unzweideutig bestimmt wird, sowohl wenn man bei den Seiten des Dreiecks ihre Richtung unterscheidet, als auch wenn man dieselben absolut nimmt.

B.

F. Unferdinger. Ueber das sphärische Dreieck, in welchem ein Winkel gleich ist der Summe der beiden andern. Grunert Arch. LII. 344-349.

Das sphärische Dreieck, in dem ein Winkel der Summe der beiden andern gleich ist, enthält eine Reihe von geometrischen Analogien mit dem ebenen rechtwinkligen Dreieck; aus diesem Grunde wird die Theorie dieses sphärischen Dreiecks mitgetheilt.

T.

A. Steen. Démonstration élémentaire de la formule de Simpson. Nouv. Ann. (2.) X. 301-304.

Ist A der Inhalt des Segments einer Curve, deren Concavität sich nicht ändert, P der Inhalt des Parallelogramms aus Sehne, der parallelen Tangente und zwei beliebigen Parallelen durch die Endpunkte der Sehne, so ist $P > A > \frac{1}{2}P$. Zieht man von den Endpunkten der Sehne Gerade nach dem Berührungspunkte, so werden Dreiecke abgeschnitten, mit denen man ähnlich verfährt, u. s. f.

No.

Capitel 4.

Darstellende Geometrie.

W. Fiedler. Die darstellende Geometrie. Leipzig. Teubner.

In vorliegendem Werk scheint dem Referenten der Plan durchgeführt, neben der Angabe der bekannten Darstellungsmethoden besonders den Zusammenhang und die Beziehungen zwischen Original und Bild zu erläutern, um nicht blos aus dem Bild das Original seiner Form und Lage nach erkennen zu lassen, sondern seine Eigenschaften an denen des Bildes studiren zu können. Der Herr Verfasser hat dabei, wie in der Vorrede angegeben wird, den doppelten Zweck im Auge, einmal die wissenschaftliche Entwickelung und Durchbildung der Raumanschauung zu fördern und zweitens die darstellende Geometrie als natürliche Einführung in die Geometrie der Lage zu gestalten. In dem ersten Theile des Buches finden wir daher die Hauptsätze der neueren synthetischen Geometrie und die aus ihnen sich ergebenden Darstellungsmethoden entwickelt; zunächst ist die Centralprojection nach ihren allgemeinen Gesetzen und die constructive Theorie der Kegelschnitte als Kreisprojectionen, dann die centrische Collineation räumlicher Systeme als Theorie der Modellirungs-Methoden und, unter Voraussetzung eines elementaren Cursus der darstellenden Geometrie, die orthogonale Parallelprojection, ihre Transformation und die Axonometrie als speciellen Fall nur in ihren Grundzügen behandelt. Der zweite Theil, welcher die constructive Theorie der Raumcurven und krummen Flächen enthält, unterscheidet sich in seiner Anordnung ebenfalls wesentlich von der bisher allgemein angewandten, von Monge eingeführten. Die Raumcurven und developpablen Flächen unter besonderer Berücksichtigung der Kegelflächen, welche bei Monge zuletzt kommen, werden hier zuerst behandelt, und die hier auftretenden Gesetze und Constructionen werden an zwei für die Praxis wichtigen Beispielen, der Schraubenlinie und der Durchdringungscurve zweier Kegel zweiten Grades erörtert und durchgeführt. Nun folgen die krummen Flächen im Allgemeinen und die Flächen zweiten Grades im Besonderen mit ihren Durchdringungscurven und gemeinsam umschriebenen Developpablen, die geometrische Grundlage der Schattenconstructionen für diese Flächen, ferner die windschiefen Regelflächen und die Rotationsflächen.

Der letzte Abschnitt handelt von den projectivischen Coordinaten und giebt im Wesentlichen das wieder, was der Herr Verfasser bereits im 15. Bande der Vierteljahrschrift der naturforschenden Gesellschaft zu Zürich (1870) veröffentlicht hat, mit einigen Erweiterungen.

Die von v. Staudt („Beiträge", S. 261) und von Hamilton („Elements of Quaternions" Seite 24 und 62) angedeutete Verwendung der Doppelverhältnisse als Coordinaten wird in so fern weiter geführt, als mittelst derselben Gleichungen für die gerade Linie, den Punkt, die Ebene entwickelt werden und gezeigt wird, dass diese Coordinatenbestimmung zu denselben Coordinatensystemen führt, welche als trimetrische oder Drei-Punkt- und Drei-Linien-Coordinaten in der Ebene, als tetrametrische oder Tetraeder-Coordinaten, oder als homogene Coordinaten bekannt sind; auch ergiebt sich der Zusammenhang dieser allgemeinen Coordinaten mit den Cartesischen Punkt- und den Plücker'schen Linien- und Ebenen-Coordinaten. Die homogenen Coordinaten einer geraden Linie im Raume und ihre geometrische Bedeutung werden abgeleitet und der analytische Ausdruck für die projectivischen Beziehungen der verschiedenen Gebilde aufgestellt, woraus die allgemeine Transformation der Coordinaten und die geometrische Bedeutung der Substitutions-Coefficienten als der Coordinaten der Fundamentalpunkte des alten Systems in Bezug auf das neue und der Coordinaten der Fundamental-Linien (resp. Ebenen) des neuen Systems in Bezug auf das alte leicht hervorgeht (vergl. das Referat zu Hemming, Transformation der projectivischen Coordinaten, s. Abschn. IX. Cap. 1).

Schz.

C. Riess. Grundzüge der darstellenden Geometrie. Stuttgart. Metzler.

Das Buch ist zum Selbststudium, sowie als Leitfaden beim Unterricht in Baugewerkschulen, Fortbildungsschulen, Oberrealschulen, höheren Bürgerschulen etc. bestimmt und beschränkt sich deshalb auf die ersten Elemente dieser Wissenschaft und die allgemeinsten Lösungen der einschlagenden Aufgaben.

Schz.

K. Rudel. Die ersten Elemente der darstellenden Geometrie. Erlangen Deichert.

Wissenschaftlich Neues enthält der vorliegende Separatabdruck aus dem Jahresbericht der Gewerbschule Erlangens nicht; er dient pädagogischen Zwecken.

Schn.

G. Delabar. Anleitung zum Linearzeichnen. Th. III. Freiburg i. Br. Herdlin.

Nachdem in den beiden ersten Theilen die darstellende Geometrie gegeben war, findet sich in dem vorliegenden dritten Theile die Anwendung auf Gewerbe und Technik, nebst den nöthigen Bemerkungen zur Erläuterung.

O.

J. Schlotke. Die Hauptaufgaben der descriptiven Geometrie. Hamburg. Friedrichsen & C.

Es sind dreissig sauber gezeichnete stereoscopische Figuren, zur Veranschaulichung der einfachsten Aufgaben der darstellenden Geometrie, die gerade Linie, die Ebene, die Flächen zweiten Grades und einige Durchdringungslinien betreffend. Recension von L. Burmester siehe Schlömilch Z. XVI. Litz. 54-55.

Schz.

L. Burmester. Grundzüge der schiefen Parallelperspective. Schlömilch Z. XVI. 449-460.

Der Verfasser zeigt in diesen Grundzügen, dass die schiefe

Parallelperspective durch eine geeignete geometrische Begründung in einer von der Polarperspective unabhängigen, ihr analogen Weise behandelt werden kann, und dass ihre Constructionen einfacher sind, als die der rechtwinkligen Parallelperspective. Eine ausführliche Behandlung dieses Gegenstandes wird er in einem besonderen Werke: „Die freie Parallelperspective" veröffentlichen.

Pr.

J. Hoschek. Die centrale Projectionsmethode und ihre Anwendung auf die Perspective. Pr. St. Pölten.

D. Tessari. Sopra i principii della projezione assonometrica. Torino, Favale.

Mz.

F. Hoza. Beschreibung eines Apparates zum Anschauungsunterricht in der descriptiven Geometrie. Grunert Arch. LIII. 188-190.

Der Herr Verfasser beschreibt einen etwa sechs Fuss hohen Apparat, dessen wesentliche Bestandtheile zwei aufeinander senkrecht stehende Rahmen sind, versehen mit Klammern, Hülsen, Schrauben etc., um Drähte in beliebiger Lage zu befestigen, welcher demnach gestattet, die beim ersten Unterricht in der darstellenden Geometrie auftretenden Figuren im Grossen räumlich auszuführen und zur Anschauung zu bringen.

Schz.

C. Taylor. The principles of geometrical conics. Messenger V. 214-232.

Siehe Abschn. VIII. Cap. 5. A.

E. Koutny. Beschreibung der Parabel aus gegebenen Punkten und Tangenten. Wien. Ber. LXIII. 760-772.

Die vorliegende Abhandlung schliesst sich an eine frühere Schrift desselben Verfassers über die Construction von Kegelschnitten aus gegebenen Punkten und Tangenten an (s. F. d. M.

I. p. 285.) Zur Construction eines Kegelschnitts sind im allgemeinen fünf Bestimmungsstücke nöthig; bei der Parabel reduciren sich dieselben auf vier, da man sich das fünfte Bestimmungsstück stets durch eine in unendlicher Entfernung liegende Tangente repräsentirt denken kann.

In Bezug auf die Auflösungsmethode sei bemerkt, dass die zu zeichnende Parabel stets als centrale Projection eines Kreises gedacht und als solche construirt wird. Die Rücksicht auf praktische Verwendbarkeit der gegebenen Methoden ist dabei eine in erster Linie maassgebende. In Bezug auf die einzelnen Aufgaben, deren im ganzen neun behandelt werden, verweist Ref. auf die Abhandlung.

Ht.

G. D. Sur la représentation des surfaces algébriques. Darboux Bull. II. 155-158.

Durch Bestimmung eines Punktes in der Ebene als Durchschnitt von fünf Curven dritten Grades und eines Kegelschnitts im Raume als Durchschnitt von fünf Flächen vierten Grades, durch welche sich die allgemeine Fläche dritten Grades auf der Ebene darstellen lässt, hat der Verfasser in C. R. LXXIII. 732 eine Reihe von Darstellungsaufgaben gelöst und giebt jetzt Andeutungen, die gleiche Methode auf drei Aufgaben über die Darstellung von Flächen vierten Grades anzuwenden.

H.

C. Pelz. Die Central- und Parallel-Projection der Flächen zweiten Grades auf eine Kreisebene. Grunert Arch. LII. 313-330.

Die von dem Verfasser gegebenen Constructionen stützen sich wesentlich auf zwei Sätze: 1) Bei der Central- und Parallel-Projection der Flächen zweiten Grades auf eine Kreisschnittebene geben die Perspectiven der zu diesem Kreisschnitt gehörigen Nabelpunkte die Brennpunkte der Contour. 2) Beschreibt man über den zur reellen Axe einer Hyperbel H' parallelen Sehnen als Durchmesser Kreise, so ist deren Einhüllende ein Kegelschnitt K, der die reelle Axe von H' zu seiner Hauptaxe hat, und dessen Brennpunkte man erhält, wenn man die imaginäre Halbaxe der Hyperbel *H'* auf deren reelle überträgt. Auf Grund dieser Sätze werden die Lösungen einiger Kegelschnittsconstructionen gegeben und mit ihrer Hülfe die Contour und Schlagschattengrenze von Rotationsflächen zweiten Grades aus der Bedingung gezeichnet, dass sie entweder zwei bestimmte Punkte zu Brennpunkten oder eine begrenzte Gerade zur Axe habe und einen gegebenen Kreis, welcher die Projection eines beliebigen Parallelkreises der Fläche ist, doppelt berühre.

Schn.

R. Niemtschik. Ueber die Construction des Durchschnitts zweier krummer Flächen unter Anwendung von Kugeln und Rotationsflächen. Wien. Ber. LXIV. 117-124.

Der Verfasser benutzt zur Darstellung des Durchschnittes einer Rotationsfläche mit einem Kreise, dessen Ebene senkrecht steht zu der Ebene, welche durch die Rotationsaxe und den Mittelpunkt des Kreises bestimmt ist, diejenige Kugel, welche durch jenen Kreis gelegt werden kann, und deren Mittelpunkt auf der Rotationsaxe liegt. Hierdurch lassen sich dann beliebig viele Punkte der Durchschnittscurven gewisser einfach characterisirter Flächen, zu welchen u. a. auch die dreiaxigen Ellipsoide gehören, mit Rotationsflächen darstellen, wie dies an mehreren Beispielen gezeigt wird. A.

A. Cayley. On the plane representation of a solid figure. Phil. Mag. (4.) XLI. 286-290.

Ein Punkt *P* im Raume wird in einer Ebene repräsentirt durch seine Projectionen *P'*, *P''* von zwei festen Punkten Ω', Ω'' aus, indem ein einzelner Punkt nicht die Projection eines einzigen Punktes, sondern aller Punkte einer Geraden giebt. Die Gerade, welche die beiden Projectionen *P' P''* verbindet, geht dann immer durch einen festen Punkt Ω, in dem die Gerade Ω' Ω'' die Projectionsebene trifft.

Man gelangt so zu einem Systeme der darstellenden Geometrie, welches grade wegen der grossen Allgemeinheit der

Basis sehr einfach ist, und welches die gebräuchlichen Methoden umfasst. In ihm wird also dargestellt:

Ein Punkt durch zwei Punkte, deren Verbindungsgerade durch einen festen Punkt geht.

Eine Gerade durch zwei Gerade, ihre Projectionen.

Eine Ebene am Einfachsten durch ihre Spur und einen Punkt in der Ebene.

Nachdem einige einfache Constructionen behandelt sind, nimmt der Verfasser das Problem durch, die beiden Geraden zu construiren, welche vier gegebene Gerade schneiden.

Hi.

A. Cayley. On Gauss' pentagramma mirificum.
Phil. Mag. (4.) XLII. 311-312.

Hi.

Capitel 5.

Neuere synthetische Geometrie.

A. Ebene Gebilde.

R. Staudigl. Lehrbuch der neueren Geometrie.
Wien. Seidel & Sohn.

Es ist dies ein Lehrbuch, welches für die erste Einführung in die neuere Geometrie bestimmt scheint. Es werden die Beziehungen und Eigenschaften der geraden Linie und der Kegelschnitte ausführlich erörtert, während von den Kegelschnittbüscheln und der Raumgeometrie nur das Wichtigste behandelt ist, die Kegelschnittnetze, die ebenen Curven und Flächen dritter Ordnung, Strahlencomplexe etc. nicht mehr aufgenommen sind. Die metrischen Beziehungen werden nicht blos nebenher anhangsweise erwähnt, sondern bilden einen integrirenden Bestandtheil des Buches. Es werden z. B. zwei Gebilde projectivisch genannt, wenn das eine aus dem anderen durch eine beliebige

Reihe von Projectionen erhalten werden kann; darauf wird die Gleichheit der Doppelverhältnisse aus der perspectivischen Lage zweier Gebilde abgeleitet und als die charakteristische Eigenschaft aller mit einander projectivischen Gebilde erkannt, und im weiteren Verlauf bald die geometrische, bald die metrische Beziehung zu Beweisen benutzt.

Schz.

R. Staudigl. Lehrbuch der neueren Geometrie. Schlömilch. Z. XVI. Litz. 53-54.

Recension des Lehrbuchs von L. Burmester.

Schn.

L. Saltel. Extrait d'une lettre à Mr. Catalan. Bull. de Belg. (2.) XXXII. 352.

Der Brief enthält eine neue allgemeine Methode zur Transformation geometrischer Gebilde in der Ebene. Es sei Σ irgend ein Gebilde, s_1, s_2, s_3 drei Kegelschnitte, P ein willkürlicher Punkt, m ein Punkt von Σ; ferner $\alpha_1\ \beta_1$, $\alpha_2\ \beta_2$, $\alpha_3\ \beta_3$ die Punkte, in welchen die Gerade Pm s_1, s_2, s_3 schneidet. Dann ist der Ort der Punkte m', welche in den zwei Punktreihen $\alpha_1\ \alpha_2\ \alpha_3$, $\beta_1\ \beta_2\ \beta_3$ zu m homolog sind, die hyper-desargue'sche Transformirte von Σ.

Mn. (O.)

A. Cayley. Note on the rational transformation between two planes and on special systems of points. Proc. of L. M. S. III. 196-197.

Damit eine Curve durch ein System von Punkten $(\alpha_1, \alpha_2, \alpha_3 \cdots)$ geht, wo die α_1 Einzelpunkte, die α_2 Doppelpunkte u. s. w. auf der Curve sind, giebt es im Allgemeinen $\alpha_1 + 3\alpha_2 + 6\alpha_3 + \cdots$ Bedingungen. Sind die Punkte so beschaffen, dass die wirkliche Zahl von Bedingungen kleiner ist, so hat man ein specielles System von Punkten.

Cly. (O.)

Anonymus. Propriétés focales des figures homographiques. Nouv. Ann. (2.) X. 66-74.

Auszug aus dem Bericht, den der Verfasser der Royal Society über diese Arbeit erstattet hat. Siehe F. d. M. II. p. 394.

T.

J. J. Walker. On conditions for, and equations of corresponding points in certain involutions. Proc. of L. M. S. III. 69-80.

Die Hauptpunkte sind: 1) Die Bedingung, die nöthig ist, damit eine gegebene binäre Gleichung zweiten Grades zwei correspondirende Punkte in einer von drei Involutionen bestimmt, die durch eine Gleichung vierten Grades gegeben werden. 2) Die entsprechenden Fragen, wenn an Stelle der Gleichung vierten Grades zwei zweiten Grades treten. 3) Die Bedingung, die erfüllt werden muss, damit zwei lineäre Gleichungen dritten Grades eine Involution so bestimmen, dass jede Wurzel der einen einer Wurzel der anderen entspricht.

Cly. (O.)

P. Cassani. Ricerche sulla involuzione quadratica. Att. d. R. Ist. Ven. (3) XVI. 535-554.

Der Verfasser behandelt in dieser Arbeit auf analytischem Wege die beiden folgenden Fragen: 1) Man soll den Ort der Doppelpunkte der quadratischen Involution finden, die durch ein Büschel von Kegelschnitten auf einer Geraden bestimmt wird, welche sich um einen festen Punkt dreht, oder einen gegebenen Kegelschnitt immer berührt, und die Eigenschaften desselben untersuchen. 2) Man soll den Ort der Centren der Involution auf einer sich um einen festen Punkt drehenden Geraden finden.

Jg. (O.)

T. Fuortes. Solution of question 3282. (Clifford.) Educ. Times. XV. 46.

Es ist bekannt, dass die Kreise welche den durch vier Gerade gebildeten Dreiecken umschrieben sind, sich in einem

Punkte treffen, und dass die Punkte, welche auf diese Weise den durch fünf Gerade gebildeten Tetragrammen zugeordnet sind, auf einem Kreise liegen.

Zu beweisen, dass die Kreise, welche so den sechs durch sechs Gerade gebildeten Pentagrammen zugeordnet sind, durch einen Punkt gehen u. s. w. Die Reihe der Theoreme ist unbegrenzt.

Jedem System von $2n+1$ Geraden ist in dieser Weise ein Kreis zugeordnet. Wenn von irgend einem Punkte P dieses Kreises Senkrechte auf die Geraden gefällt werden, so liegen deren Fusspunkte auf einer Curve der Ordnung n, welche einen $(n-1)$fachen Punkt in P hat. Hi.

A. Clebsch. Ueber das ebene Fünfeck. Clebsch Ann. IV. 476-489.

Wenn man in einem Fünfeck ohne einspringende Winkel die Diagonalen zieht, so bilden diese wieder ein solches. Zieht man darin wieder die Diagonalen u. s. w., so nähert man sich convergent einem bestimmten Punkte der Ebene. Es wird gezeigt, dass je zwei der auf einander folgenden Fünfecke einander in einer gewissen Collineation entsprechen; der Grenzpunkt ist eine Ecke des Fundamentaldreiecks der Collineation, und zwar entspricht sie, wenn man die cubische Gleichung aufstellt, von welcher diese Punkte abhängen, einer bestimmt anzugebenden Wurzel derselben, so dass der convergente, geometrische Process zugleich eine Construction dieser Wurzel liefert. Cl.

A. Clebsch. Ueber die Anwendung der quadratischen Substitution auf die Gleichungen fünften Grades und die geometrische Theorie des ebenen Fünfecks. Clebsch Ann. IV. 284-345.

A. Clebsch. Ueber die geometrische Interpretation der höheren Transformationen binärer Formen und der Formen fünfter Ordnung insbesondere. Gött. Nachr. 1871. 335.

Siehe Abschnitt II., Cap. 1. p. 31.

T. Fuortes. Dimostrazione d'un teorema di geometria. Battaglini G. IX. 55-57.

Beweis des Satzes von W. K. Clifford: Beschreibt man um die vier Dreiecke, die man mit vier Geraden bilden kann, Kreise, so gehen diese bekanntlich durch einen Punkt; und combinirt man aus fünf Geraden fünf Vierecke, und bestimmt für jedes diesen gemeinschaftlichen Punkt von Kreisen, so liegen diese fünf Punkte auf einem Kreise. Man soll nun beweisen, dass die sechs Kreise, die in dieser Art den sechs Fünfecken zugehören, die man aus sechs Geraden bilden kann, wieder durch einen Punkt gehen, und so weiter fort. Jedem System von $(2n+1)$ Geraden entspricht in dieser Weise ein Kreis. Fällt man von einem Punkte p dieses Kreises Lothe auf die Geraden, so liegen deren Fusspunkte auf einer Curve n^{ter} Ordnung, die in p einen $(n-1)$-fachen Punkt hat. (siehe auch p. 260.)

Mz.

C. Montag. Ueber ein durch die Sätze von Brianchon und Pascal vermitteltes geometrisches Beziehungssystem. Breslau. Maruschke.

Wenn man von den Seiten eines einem Kegelschnitte umschriebenen Sechsecks die erste, dritte und fünfte resp. mit der zweiten, vierten und sechsten zusammenfallen lässt, so geht das Sechseck in ein dem Kegelschnitte umbeschriebenes Dreieck über, in Bezug auf welches als unmittelbare Folge des Brianchon'schen Satzes folgender Satz gilt:

Die drei Geraden, welche die Ecken eines beliebigen einem Kegelschnitte umbeschriebenen Dreiecks mit den Berührungspunkten auf den Gegenseiten verbinden, schneiden sich in einem Punkte.

Lässt man ferner von den Ecken eines einem Kegelschnitte einbeschriebenen Sechsecks die erste, dritte und fünfte resp. mit der zweiten, vierten und sechsten zusammenfallen, so geht das Sechseck in ein dem Kegelschnitte einbeschriebenes Dreieck über, in Bezug auf welches als Folgerung des Pascal'schen Satzes folgendes Theorem gilt: Die drei Punkte, in welchen die Seiten eines beliebigen, einem Kegelschnitte einbeschriebenen Dreiecks von den Tangenten in den Gegenecken geschnitten werden, liegen auf einer Geraden.

Ist daher umgekehrt ein Dreieck *ABC* und in seiner Ebene ein Punkt *P* gegeben, so kann mit Hülfe des letzteren ein Kegelschnitt *K* construirt werden, der die Seiten des Dreiecks in denjenigen Punkten berührt, in welchen sie von den Geraden *PA*, *PB*, *PC* geschnitten werden.

Der reciproke Satz zeigt, dass es, wenn ein Dreieck 𝔄𝔅ℭ und in seiner Ebene eine Gerade 𝔊 gegeben ist, welche die Seiten desselben in den Punkten 𝔞, 𝔟, 𝔠 schneidet, einen bestimmten Kegelschnitt 𝔎 giebt, der dem Dreiecke umbeschrieben ist und in den Ecken die Verbindungslinien der letzteren mit den Schnittpunkten der Geraden 𝔊 auf den Gegenseiten berührt.

So kann man also in der Ebene eines Dreiecks in Beziehung auf das letztere ein doppeltes Beziehungssystem herstellen; nämlich einmal einem beliebigen Punkte *P* der Ebene einen bestimmten Kegelschnitt *K* zuordnen, der dem Dreiecke einbeschrieben ist und die Seiten desselben in denjenigen Punkten berührt, in welchen sie von den Verbindungslinien des Punktes *P* mit den Ecken geschnitten werden, andererseits einer beliebigen Geraden 𝔊 in der Ebene des Dreiecks einen bestimmten Kegelschnitt zuordnen, der dem Dreiecke umbeschrieben ist und die Verbindungslinien der Schnittpunkte der Geraden G auf den Seiten mit den gegenüberliegenden Ecken in den letzteren berührt.

Die Discussion dieses doppelten Beziehungssystems bildet den Inhalt der vorliegenden Abhandlung. Sie geht ein auf die Fragen, wie in dem ersten Falle der Punkt *P*, in dem zweiten die Gerade 𝔊 zu dem Dreiecke liegen müsse, damit der zugeordnete Kegelschnitt eine Hyperbel, Ellipse oder Parabel oder ein specieller Fall dieser drei Gattungen von Kegelschnitten werden könne, endlich ob der Uebergang von Hyperbel zu Ellipse durch eine gewisse Grenzcurve charakterisirt, und wie dieselbe gelegen sei.

Die Methode der Untersuchung ist die von Steiner in die Geometrie eingeführte, doch ist in einzelnen Punkten von dem gewöhnlichen Principe der Projectivität abgegangen und auf eine geometrische Verwandtschaft höheren Grades, auf die sogenannte zwei-zweideutige Verwandtschaft geometrischer Elementargebilde Bezug genommen. Verfasser schickt daher der eigentlichen Diskussion einen kurzen Abriss der von Chasles begründeten, von Prouhet und Emil und Eduard Weyr fortgebildeten Theorie der sogenannten mehrdeutigen geometrischen Elementargebilde voraus.

In Bezug auf das erste Beziehungssystem ist zu bemerken, dass die einschlagenden Fragen schon früher von Schröter im Wesentlichen erledigt worden sind.

Die nächste Erweiterung der behandelten Fragen wäre darin zu suchen, dass man den Punkt P einen geometrischen Ort durchlaufen und ebenso die Gerade $\mathfrak{G}$ sich um einen Punkt drehen oder als Tangente an einer Curve, etwa einem Kegelschnitte sich fortbewegen liesse. Auf diese Fragen ist ausführlicher nicht eingegangen.

Den Schluss der Abhandlung bildet ein Anhang über ein Büschel specieller Curven vierter Ordnung, welche drei gemeinsame Doppelpunkte haben und ausserdem noch durch vier einfache Punkte gehen, und welche mit Hülfe eines Kegelschnittbüschels und zweier fester Punkte vermittelst der zwei-zwei-deutigen Verwandtschaft auf ganz ähnliche Weise hervorgerufen werden können, wie ein Kegelschnittbüschel von vier reellen Punkten aus einem einfachen Strahlenbüschel entstanden gedacht werden kann. Ht.

S. Morel. Exposé d'une théorie (géométrique élémentaire) des sections coniques. Nouv. Ann. (2) X. 269-278. 305-317.

Die obengenannte Arbeit ist ein Programm für eine geometrische Behandlnng der Kegelschnitte; den Sätzen sind einige Andeutungen der Beweise hinzugefügt. Behandelt sind an den angeführten Stellen Ellipse und Hyperbel. Als Ausgangspunkt für die Untersuchungen dient die Definition, dass die Ellipse, resp. Hyperbel, der geometrische Ort derjenigen Punkte ist, für welche die Summe, resp. Differenz, der Entfernungen von zwei festen Punkten constant ist.

T.

S. Morel. Exposé d'une théorie géométrique élémentaire des sections coniques. Nouv. Ann. (2) X 537-552.

Fortsetzung und Schluss der obigen Arbeit. Die Herleitungen sind durchweg elementar und für den Anfänger empfehlenswerth.

Mz.

J. C. Becker. Kleine Beiträge zur Geometrie. Schlömilch Z. XVI. 530-535.

Einfache Construction der Kegelschnitte durch fünf gegebene Punkte, gestützt auf die Eigenschaft projectivischer Strahlen.

Pr.

J. Petersen. Om Ligninger, der löses ved Kvadratrod, med Anvendelse paa Problemers Lösning ved Passer og Lineal. Diss. Kopenhagen.

Siehe Abschn. II., Cap. 1. p. 23.

T. Fuortes. Dimostrazione di due teoremi di geometria. Battaglini G. IX. 49-50.

Beweis folgender Lehrsätze:

1) Sind zwei Vierecke $PQRS$ und $pqrs$ demselben Kegelschnitt eingeschrieben, und ist das Dreieck, dessen Ecken die Durchschnitte gegenüberliegender Seiten sind, bei beiden Vierecken dasselbe, so geht durch die Punkte $pqrs$ ein Kegelschnitt, der in diesen Punkten resp. von pP, qQ, rR, sS berührt wird. Im Beweise macht der Verfasser darauf aufmerksam, dass die erste Bedingung des Satzes ganz fehlen kann, weil das Vorhandensein eines gemeinschaftlichen Dreiecks, wie angegeben, schon von selbst diese mit sich führt.

2) Sind A, B, C drei Punkte in gerader Linie, und bestimmt man A' als vierten harmonischen Punkt, der zu A conjugirt, analog B' und C', so soll bewiesen werden, dass A vierter

harmonischer Punkt zu $A'B'C'$ und zwar zu A' conjugirt, etc. für B und C, — ferner dass die sechs Punkte drei Involutionen bilden, und zwar in der einen entsprechende Paare: AA', BC', $B'C$, in der anderen BB', AC', $A'C$ und in der dritten CC', AB', $A'B$ sind. Mz.

V. N. Bitonti. Dimostrazione dei teoremi 1, 2. Battaglini G. IX. 52-54.

Beweis derselben beiden Sätze. Mz.

M. Willière. Solution de la question 872. Nouv. Ann. (2) X. 282-284.

Zwei Gerade, welche die drei Diagonalen eines Vierseits harmonisch theilen, treffen jeden in das Vierseit eingeschriebenen Kegelschnitt in vier harmonischen Punkten. (Vergl. Fortschr. d. M. I. 277). Pr.

R. W. Genese. On the trisection of an angle. Messenger (2) I. 103.

Die Construction ist aus Chasles' Traité des sections coniques genommen, nebst einem Zusatz.

Glr. (O.)

A. Cayley. A „Smith's Prize" paper. 1871. Question 3. Messenger (2) I. 42-43.

Ein gewisses System von drei Kreisen und drei Kegelschnitten wird gezeichnet. Es wird bewiesen, dass die Enveloppe von Kreisen, die ihre Mittelpunkte auf einem Kegelschnitte haben und den correspondirenden Kreis unter rechten Winkeln schneiden, in allen drei Fällen dieselbe bicirculare Curve vierten Grades ist. Glr. (O.)

R. Townsend. On the analogue and its reciprocal in the theory of quadrics to a known property and its reciprocal in the theory of conics. Messenger (2) I. 113-119.

Die Arbeit beschäftigt sich mit folgendem Satze: „Wenn

A, *B*, *C* die drei Ecken eines Dreiecks und *A' B' C'* irgend drei collineare Punkte auf den drei entgegengesetzten Seiten sind, so theilt jeder Kegelschnitt, welcher irgend zwei der drei folgenden Linien *AA'*, *BB'*, *CC'* harmonisch theilt, auch die dritten harmonisch", nebst dem Analogon für drei Seiten *A*, *B*, *C* und den entsprechenden Sätzen für drei Dimensionen, und fünfzehn Folgerungen.

Glr. (O.)

J. Griffiths. On the problem of finding the circle which cuts three given circles at three given angles. Proc. of L. M. S. III. 269-278.

Der Kreis, welcher drei gegebene Kreise S_1, S_2, S_3 unter drei gegebenen Winkeln θ_1, θ_2, θ_3 schneidet, wird immer von einem variabeln Kreise $\lambda S_1 + \mu S_2 + \nu S_3 = 0$ berührt, wo λ, μ, ν durch eine gewisse quadratische Relation verbunden sind. Der variable Kreis berührt auch den Kreis, welcher die drei gegebenen unter den Supplementwinkeln $\pi - \theta_1$, $\pi - \theta_2$, $\pi - \theta_3$ schneidet. Man kann die beiden schneidenden Kreise also als Enveloppe des variabeln Kreises erhalten.

Cly. (O.)

T. Fuortes. Soluzione d'un problema di geometria. Battaglini G. IX. 115-116.

Lösung der Aufgabe:

Von einer Ellipse sei ein Brennpunkt, die entferntere Directrix und die grössere Axe gegeben; man soll zwei conjugirte Durchmesser auf einfache Weise construiren, ohne die Ellipse zu zeichnen.

Mz.

A. Moret-Blanc. Solution de la question 982. Nouv. Ann. (2) X. 518.

A und *B* sind zwei Punkte einer Ellipse, deren Brennpunkte *F* und *G* heissen, die Geraden *FA* und *GB* schneiden sich im Punkte *D* und die Geraden *FB* und *GA* in *E*. Bezeichnet man resp. durch φ, γ, η und δ die Winkel *AFB*, *AGB*, *AEB* und *ADB*, so ist:

$$1)\quad FA\cdot FB\sin^2\frac{\varphi}{2}=GA\cdot GB\sin^2\frac{\gamma}{2}\quad\text{und}$$

$$2)\quad FA\cdot GB\cos^2\frac{\delta}{2}=GA\cdot FB\cos^2\frac{\eta}{2}.$$

Pr.

M. W. Crofton. Solution of question 3032. Educ. Times XIV. 54.

Alle Kreise, welche zwei gegebene Kreise berühren, werden orthogonal geschnitten durch die beiden Kreise, welche durch die Schnittpunkte der gegebenen Kreise gehen und deren Winkel halbiren. Hi.

J. J. Walker. Solution of question 3099. Educ. Times XIV. 74.

Wenn von einem Punkte aus Tangenten an einen Kegelschnitt mit Mittelpunkt gezogen werden, verhält sich ihr Product zu dem Product der nach den Brennpunkten gezogenen Geraden, wie die zum Mittelpunkt der Berührungssehne gezogene Gerade zu derjenigen, welche zum Mittelpunkt des Kegelschnittes gezogen ist. Hi.

T. A. Hirst. Solution of question 3224. Educ. Times XIV. 83.

Von einem Punkte T auf einer Geraden OH wird TQ so gezogen, dass sie einen constanten Winkel mit der Polare von T in Bezug auf einen festen Kegelschnitt bildet. Dann ist die Einhüllende der Geraden TQ im Allgemeinen eine Parabel, welche sich auf einen Punkt reducirt, sobald der constante Winkel dem gleich ist, welcher die Richtung OH mit der conjugirten einschliesst.

Hi.

F. D. Thomson. Solution of question 3357. Educ. Times XV. 86.

Der Ort der Mittelpunkte aller Kegelschnitte durch vier gegebene Punkte einer Ebene hat als Mittelpunkt den Schwerpunkt der vier gegebenen Punkte, und als Asymptoten die drei Parabeln des Systems.

Hi.

T. A. Hirst. Solution of question 3249. Educ. Times XV. 104.

Gegeben sind auf einem Kegelschnitt zwei vollständige Vierecke *PQRS* und *pqrs*, welche dieselben Centren haben, so dass *P*, *p*; *Q*, *q*; *R*, *r*; *S*, *s* correspondirende Vertices sind (d. h. die vier Geraden *PQ*, *RS*, *pq*, *rs* gehen durch denselben Punkt, ebenso *PR*, *QS*, *pr*, *qs* und *PS*, *QR*, *ps*, *qr*), dann lässt sich ein Kegelschnitt ziehen durch die Punkte *p*, *q*, *r*, *s*, welcher die Geraden *pP*, *qQ*, *rR*, *sS* zu Tangenten hat.

Hi.

B. Williamson. Solution of question 3330. (Sylvester.) Educ. Times XV. 54.

Wenn zwei Punkte in gleichen Abständen vom Brennpunkt einer Parabel gegeben sind, so ist (1) der Unterschied der Senkrechten von denselben auf irgend eine Tangente constant. (2) Es giebt ein analoges Theorem für irgend einen Kegelschnitt.

Hi.

R. Tucker. Solution of question 3011. Educ. Times XV. 98.

Zwei Punkte sind auf einer Parabel so gewählt, dass die Normalen sich auf der Evolute schneiden. Dann gilt: (1) die Verbindungsgerade der beiden Punkte umhüllt eine Parabel, welche durch den Scheitel geht; (2) die Einhüllende des Kreises durch die gegebenen Punkte und den Scheitel ist eine Curve vierter Ordnung, welche durch den Scheitel geht.

Hi.

C. Taylor. The geometry of the rectangular hyperbola. Messenger (2) I. 121-127.

Die Eigenschaften der rechtwinkligen Hyperbel werden ohne Benutzung der Asymptoten bewiesen.

Glr. (O.)

C. Taylor. The principles of geometrical conics.
Messenger V. 214-232.

Die Arbeit ist eine Fortsetzung der Abhandlung p. 160 desselben Bandes (siehe F. d. M. II. p. 483). Sie enthält Noten über die Parabel, über die rechtwinklige Hyperbel und über ebene Projection. Der Verfasser untersucht, ob man practisch auf den Fall der Parabel diejenige Reihe von Schlüssen ausdehnen kann, welche aus dem Princip hergeleitet werden: „dass die Eigenschaften der Sehnen den Beweisen für die Eigenschaften der Tangenten vorausgenommen werden, dass also die letzteren aus den ersteren und nicht umgekehrt gefolgert werden müssen". Der Verfasser giebt fünf der wichtigsten Eigenschaften in dieser Anordnung. Ferner werden etwa 20 Sätze über die rechtwinklige Hyperbel in neuer Reihenfolge bewiesen. Die Arbeit schliesst mit einigen Bemerkungen über ebene orthogonale Projection (oder die Methode der correspondirenden Punkte) für geometrische Kegelschnitte. Glr. (O.)

H. Durège. Die ebenen Curven dritter Ordnung. Eine Zusammenstellung ihrer bekannteren Eigenschaften.
Leipzig. Teubner.

Das umfangreiche Werk giebt ausser dem, was der Titel besagt, in einer einleitenden Abtheilung eine Zusammenstellung der analytischen und geometrischen Hülfsmittel, welche zum Studium der ebenen Curven dritter Ordnung nöthig sind, und kann demgemäss recht gut als Einführung in das Studium der Geometrie algebraischer Gebilde überhaupt dienen. Diese einleitende erste Abtheilung (S. 1—130) behandelt zunächst rein algebraische Hülfssätze über homogene Functionen, alsdann die lineare Geometrie der Ebene, die Projectivität und die einfachen und höheren Involutionen; ferner die projectivischen Eigenschaften der Kegelschnitte und die Kegelschnittbüschel, sowie die polaren Eigenschaften. Darauf folgen gewisse allgemeine Sätze über algebraische Curven, namentlich über ihre Durchschnittspunkte, über Doppel- und Rückkehrpunkte, sowie über Wendepunkte im Anschluss an die Betrachtung der Hesse'schen

Curve etc. Endlich wird noch die sogenannte Steiner'sche Verwandtschaft besprochen (Steiner system. Entw. p. 254 ff. oder Schröter, Steiner's Vorlesungen p. 316).

Die zweite Abtheilung behandelt in dreizehn Abschnitten die Eigenschaften der Curven dritter Ordnung. Es wird zunächst der Durchschnitt einer Geraden mit einer solchen Curve betrachtet, insbesondere auch der Tangentialpunkt oder der Punkt, in welchem eine Tangente der Curve dieselbe ausserdem schneidet; hieran schliessen sich die Untersuchungen über den neunten nothwendigen Punkt eines durch acht beliebige Punkte gelegten Büschels von Curven dritter Ordnung mit zahlreichen Folgerungen. Der zweite Abschnitt ist der projectivischen Erzeugung der Curven dritter Ordnung und besonders auch der Construction einer solchen Curve durch neun gegebene Punkte gewidmet. Die folgenden drei Abschnitte behandeln die polaren Eigenschaften, woran sich im sechsten Abschnitt die Untersuchung der Wendepunkte, sowie des durch sie gelegten (syzygetischen) Büschels schliesst. Im folgenden Abschnitte werden noch die vier von einem Curvenpunkte ausgehenden Tangenten und gewisse dabei auftretende Doppelverhältnisse besprochen, die zu weiteren Eigenschaften und Erzeugungsweisen der Curven führen. Im achten Abschnitte folgt die Betrachtung der conjugirten Pole bei Kegelschnittnetzen und als ihr Ort die Hesse'sche Curve; so wie der Satz, dass jede Curve dritter Ordnung auf dreifache Weise als Hesse'sche Curve auftritt. Der neunte Abschnitt behandelt die Cayley'sche Curve, die beiden folgenden noch weitere polare Eigenschaften, zunächst mit Beziehung auf den begleitenden Kegelschnitt d. h. denjenigen, welcher durch die Tangentialpunkte der sechs Durchschnittspunkte irgend eines Kegelschnitts mit der Curve hindurchgeht. Diese Betrachtungen führen dann zu den Kegelschnitten, welche die Curve dritter Ordnung in drei getrennten Punkten berühren. Daran reihen sich im zwölften Abschnitt die Sätze über die Kegelschnitte, welche Curven dritter Ordnung osculiren (vergl. die Abhandlung des Verfassers, Prag. Ber. 1870, s. F. d. M. II. 507) und endlich im dreizehnten Sätze über Curvenbüschel und cubische Involutionen.

Trotz dieser Mannigfaltigkeit des Inhalts sind indessen einige wichtige Seiten, nach denen hin sich die Untersuchungen über Curven dritter Ordnung bewegt haben, unberücksichtigt geblieben. Es fehlt z. B. eine Behandlung der Steiner'schen Polygone, die sich naturgemäss an die des nothwendigen Punktes anschliesst, und der Zusammenhang derselben mit den Additionstheoremen der elliptischen Functionen, der durch Clebsch nachgewiesen ist. Auch die Untersuchungen der neueren Algebra nach den Arbeiten von Cayley, Clebsch und Gordan haben keine Berücksichtigung gefunden, und endlich ist ein grosser Theil der Grassmann'schen Arbeiten nicht herangezogen, wie dies im Interesse der Vollständigkeit eines solchen zusammenfassenden Werkes erwünscht gewesen wäre. Ein Eingehen auf die Eigenschaften specieller Curven z. B. solcher mit Doppel- oder Rückkehrpunkten lag wohl nicht im Plane des Verfassers. Die Darstellung ist durchweg klar und übersichtlich; es wechseln wie in den Fiedler-Salmon'schen Werken Rechnung und geometrische Betrachtung ab, wie es grade dem Zwecke der Untersuchung am besten entspricht. Durch eine sorgfältige Angabe der Quellen, welche jedem Satze zugefügt ist, wird das Buch auch dem mit der Sache selbst Vertrauten Nutzen gewähren.

A.

H. Durège. Ueber die Kegelschnitte, welche eine Curve dritter Ordnung osculiren. Prag. Ber. 1871. 47-63.

Es handelt sich um eine Reihe von Sätzen, welche Steiner im Jahre 1845 (Crelle's J. XXXII.) ohne Beweis mittheilte, und von denen zwei vom Referenten im Jahre 1867 in demselben Journal LXVIII. bewiesen sind. Der Verfasser bringt dieselben in Verbindung mit einer Betrachtung des Herrn Prof. Küpper, welche sich ursprünglich auf gewisse Punktgruppen einer Curve dritter Ordnung beziehen, die mit den reellen Wendepunkten derselben zusammenhängen. Diese Betrachtungen werden vom Verfasser dahin erweitert, dass statt der drei reellen Wendepunkte allein, die sämmtlichen neun Wendepunkte berücksichtigt werden, wodurch dann die Steiner'schen Sätze mit Rücksicht auf die oben citirten Beweise erledigt und zum Theil vervollständigt sind.

Der Verfasser nennt eine Inflexionsgruppe eine Gruppe von neun Punkten auf einer Curve dritter Ordnung, welche entsteht, wenn man die neun Wendepunkte von einem beliebigen Punkte p aus auf die Curve selbst projicirt; d. h. die dritten Durchschnittspunkte der von p nach den Wendepunkten gezogenen Strahlen mit der Curve. Von den neun Wendepunkten liegen zwölfmal je drei in einer Geraden (Inflexionsgeraden); die Gruppe der Projectionen dreier solcher Punkte heisst ein Inflexionstripel. Es wird nun gezeigt, dass es drei Punkte p_1 p_2 p_3 giebt, aus welchen drei Wendepunkte einer Inflexionsgeraden in dasselbe Inflexionstripel $a\,b\,c$, natürlich mit veränderter Anordnung, projicirt werden, und dass dann p_1 p_2 p_3 selbst ein Inflexionstripel bilden, welches durch Projection derselben drei Wendepunkte von a, b, oder c aus entsteht. Die Tripel p_1 p_2 p_3 und $a\,b\,c$ heissen connexe Tripel. Eine zweite Eigenschaft des Inflexionstripels ist die, dass die Verbindungslinie zweier Punkte eines Tripels durch den Tangentialpunkt des dritten Punktes hindurchgeht, d. h. durch den Punkt, in welchem die im dritten Punkte berührende Tangente die Curve ausserdem schneidet. Später wird die Umkehrung dieses Satzes bewiesen, nachdem vorher gezeigt ist, dass, wenn ein Kegelschnitt, der die Curve in einem Punkte a des Inflexionstripels $a\,b\,c$ osculirt, dieselbe noch in drei Punkten $q\,r\,s$ schneidet, dann durch $q\,r\,s$ auch ein Kegelschnitt geht, welcher in b, und einer, welcher in c osculirt. Die sechs Punkte a, b, c, q, r, s, liegen wiederum in einem Kegelschnitte. Endlich ist noch der Satz hervorzuheben: Legt man durch die drei Punkte a, b, c eines Tripels einen Kegelschnitt, welcher die Curve in p osculirt, so gehen die Strahlen pa, pb, pc durch drei (in gerader Linie liegende) Wendepunkte hindurch. Diese und andere Sätze werden nun weiter angewandt, um die Eigenschaft der Inflexionsgruppen zu untersuchen, und es ergiebt sich, dass jede Inflexionsgruppe von neun Punkten aus als Projection der Gruppe der Wendepunkte erscheint, und dass jene neun Punkte selbst wieder eine Inflexionsgruppe bilden, welche mit der ersten connex genannt wird, sowie endlich, dass ein Kegelschnitt, welcher die Curve in einem Punkte *a* einer Inflexionsgruppe osculirt, sie noch in drei anderen Punkten *q r s* schneidet, durch welche noch acht osculirende Kegelschnitte gehen, deren Osculationspunkte die übrigen acht Punkte der Inflexionsgruppe sind, und jedes Tripel dieser Gruppe liegt mit *qrs* in einem Kegelschnitte. Nun lässt sich zeigen, dass *q*, *r* und *s* drei willkürliche Punkte der Curve sind, und damit ist der Steiner'sche Satz erwiesen, der im 68. Bande des Borchardt'schen Journals durch projectivische Drehung (Steiner'sche Verwandtschaft) bewiesen wurde. Dies sind die Hauptresultate der an Specialsätzen reichen Abhandlung. Der Gang der Entwickelung ist durchweg klar und beruht ausschliesslich auf der Anwendung des Satzes von den nothwendigen Durchschnittspunkten.

A.

Vallier. Solution d'une question 896. Nouv. Ann. (2) X. 182.

Beweis des Satzes von Sylvester: Es sei *J* ein Inflexionspunkt einer Curve dritter Ordnung. Durch *J* ziehe man die drei Tangenten in *P*, *Q*, *R* an die Curve und durch *P* die vier Tangenten in *A*, *B*, *C*, *D*. Dann sind *J*, *Q*, *R* die Durchschnitte gegenüberliegender Seiten des Vierecks *A B C D*.

Mz.

Em. Weyr. Alcuni teoremi intorno alla „focale à noeud". Battaglini G. IX. 259-261.

Es ist dies eine Curve dritter Ordnung mit Doppelpunkt, welche durch die Kreispunkte geht und dieselben zu conjugirten Punkten hat. Für die Curve werden eine Anzahl Sätze ohne Beweis aufgestellt. Eine Zusammenstellung solcher Sätze, deren Beweis mit bekannten Methoden leicht zu führen ist, bietet jedoch lediglich Lernenden Material zur eigenen Uebung.

Kln.

J. Wolstenholme. Note on osculating curves. Quart. J. XI. 210-211.

Cly.

A. Cayley. Note on the Cartesian with two imaginary axial foci. Proc. of L. M. S. III. 181-182.

Cly.

M. Chasles. Propriétés générales des courbes géométriques relatives à leurs axes harmoniques. C. R. LXXIII. 231-237.

M. Chasles. Théorèmes relatifs aux axes harmoniques des courbes géométriques. C. R. LXXIII. 1242-1247. 1289-1296. 1405-1413.

M. Chasles. Propriétés des diamètres des courbes géométriques. C. R. LXXII. 794-800. Nouv. Ann. (2) X. 529-537.

Newton hat bei seiner Aufzählung der Curven dritter Ordnung „Diameter einer Curve" eine gewisse Gerade genannt, die der Ort der Centra mittlerer Entfernungen von Punkten ist, in denen eine Schaar paralleler Geraden die Curve treffen. Diese Eigenschaft geometrischer Curven scheint die erste zu sein, die man gekannt hat. Newton leitete sie als eine Verallgemeinerung aus den Kegelschnitten her. Sie kann selbst verallgemeinert werden, indem man der Schaar paralleler Geraden ein Strahlbüschel substituirt. Dies führt auf den Satz von Côtes, den Maclaurin bewiesen hat, dass, wenn man auf Transversalen, die von einem festen Punkt auslaufen, die harmonischen Centra der Schnittpunkte jeder einzelnen Transversale mit der Curve bestimmt, diese harmonischen Centra auf einer Geraden liegen. Diese Gerade heisst dann harmonische Axe. Ist die gegebene Curve vom Grade m, so ist die Polare irgend eines Punktes in Bezug auf diese Curve vom Grade $m-1$; für diese letztere Curve hat jener Punkt wieder eine Polare vom Grade $m-2$, u. s. w., endlich gelangt man zu einer Polaren, die eine Gerade ist, und zwar die vorhin genannte harmonische Axe. Von diesen Polaren hat man nun einen wichtigen Satz, von dem ein besonderer Fall so lautet: Die erste Polare eines Punktes P ist der Ort der Punkte, deren harmonische Axen durch P gehen. Und umgekehrt: Die harmonische Axe eines Punktes ist der Ort derjenigen

Punkte, deren erste Polaren durch jenen Punkt gehen. Diese doppelte Eigenschaft der harmonischen Axen ist der Schlüssel der nachfolgenden Theorie. Man hat nämlich sofort: Eine Gerade, als harmonische Axe angesehen, hat $(m-1)^2$ Pole, die die Durchschnittspunkte der ersten Polaren irgend zweier Punkte der Geraden sind. Diese $(m-1)^2$ Pole gehören daher auch den ersten Polaren aller übrigen Punkte der Geraden an, und folglich bilden diese ersten Polaren ein Büschel $(m-1)^{\text{ter}}$ Ordnung, ferner: $2(m-2)$ dieser Polaren berühren irgend eine Gerade; und die Umhüllungscurve der harmonischen Axen der Punkte einer Geraden ist von der Classe $m-1$, und von der Ordnung $2(m-2)$.

Der Verfasser geht nun dazu über, an die von Steiner im 47. Bande des Crelle'schen Journals angegebenen Eigenschaften der Diameter anzuknüpfen, und einige dieser, sowie viele andere durch das Princip der Correspondenz zu beweisen. Im gegenwärtigen Auszuge sind aber nicht die Beweise, sondern nur eine grosse Menge der Resultate enthalten.

Mz.

B. Räumliche Gebilde.

Em. Weyr. Sopra la corrispondenza del secondo grado fra due sistemi semplicemente infiniti. Brioschi Ann. (2) IV. 272-280.

Der Verfasser betrachtet zwei Systeme X und Y, jedes bestehend aus einer einfachen Unendlichkeit von Elementen (Punkten, Strahlen etc.), die durch die Werthe eines einzigen Parameters eindeutig bestimmt werden, und so, dass auch umgekehrt einem bestimmten Elemente nur ein Werth des Parameters zukommt. Zwischen diesen beiden Systemen X und Y wird eine Beziehung des zweiten Grades stattfinden, wenn jedem Elemente des einen Systemes ein Elementenpaar des anderen Systems algebraisch entspricht, d. h. wenn die Parameter entsprechender Elemente in beiden Systemen durch eine Gleichung verbunden sind, die für jeden der beiden Parameter vom zweiten

Grade ist. Es sind dann in jedem der beiden Systeme vier Verzweigungselemente, d. i. solche, dass die beiden im anderen System ihnen entsprechenden coincidiren. Im Systeme X seien die Verzweigungselemente $x_1\, x_2\, x_3\, x_4$ und deren entsprechende in Y $y_1^{12}\, y_2^{12}\, y_3^{12}\, y_4^{12}$. Ferner seien in Y die Verzweigungselemente $y_1\, y_2\, y_3\, y_4$, und deren entsprechende in X; $x_1^{12}\, x_2^{12}\, x_3^{12}\, x_4^{12}$. Es wird nun der Satz von Salmon citirt: Die beiden Gruppen $(x_1\, x_2\, x_3\, x_4)$ $(y_1\, y_2\, y_3\, y_4)$ bilden auf vier verschiedene Arten zwei projectivische Systeme. Hieran knüpft der Verfasser folgende Sätze:

1) Auch die beiden Gruppen

$$(x_1^{12}\, x_2^{12}\, x_3^{12}\, x_4^{12})\ (y_1^{12}\, y_2^{12}\, y_3^{12}\, y_4^{12})$$

der Doppelelemente bilden auf vier verschiedene Arten zwei projectivische Systeme.

2) Jeder Gruppe von Elementen, die unter denen

$$x_1\, x_2\, x_3\, x_4\, x_1^{12}\, x_2^{12}\, x_3^{12}\, x_4^{12}$$

von X gewählt sind, entspricht projectivisch auf vier verschiedene Arten eine Gruppe von Elementen, die unter denen $y_1\, y_2\, y_3\, y_4\, y_1^{12}\, y_2^{12}\, y_3^{12}\, y_4^{12}$ von Y gewählt sind.

Hierzu kommen noch einige Folgerungen. Der Beweis wird erst durch Rechnung und nachher durch geometrische Betrachtungen geführt. Mz.

J. Frischauf. Theorie der räumlichen Strahlbüschel.

Schlömilch Z. XVI. 159-162.

Siehe Abschn. IX. Cap. 4.

Em. Weyr. Ueber die Fusspunktcurven räumlicher Curven.

Prag. Ber. 1871. 1. Abth. 3-13.

Bei den räumlichen Curven lassen sich zwei Arten von Fusspunktcurven unterscheiden: 1) Fällt man von einem beliebig im Raume angenommenen Punkte P auf alle Schmiegungsebenen der Curve C Perpendikel, so erfüllen deren Fusspunkte eine neue Raumcurve, die „Schmiegungs-Fusspunktcurve" F_1. 2) Fällt man von P auf die Tangenten von C Senkrechte, so bilden deren

Fusspunkte eine neue Curve, die „Tangentenfusspunktcurve“ F_2. Die Arbeit beschäftigt sich hauptsächlich mit der ersteren Art. Zunächst wird aus den charakteristischen Zahlen der Curve C, ihrer Ordnung o, der Zahl der Punkte, die C mit einer beliebigen Ebene gemein hat, ihrer Klasse k, der Zahl der durch einen beliebigen Punkt gehenden Schmiegungsebenen von C, und ihrem Rang r, der Zahl der Tangenten von C, die eine beliebige Gerade schneiden, auf diejenigen der Curve F_1 geschlossen. Es ergiebt sich dabei, dass F_1 von der $2k^{\text{ten}}$ Ordnung, der $(3k+o)^{\text{ten}}$ Klasse ist. Nachdem sodann weitere Eigenschaften der Curve besprochen sind, wendet sich der Verfasser zu Specialfällen, namentlich dem, dass die Grundcurve C eben sei. Der Schluss giebt noch Bemerkungen über die zweite Art der Fusspunktcurven. Sie ist von der Ordnung $2r^2$; ist jedoch die Curve C eben, so reducirt sich die Zahl auf $2r$.

O.

A. Enneper. Bemerkungen über einige geometrische Theoreme. Schlömilch Z. XVI. 342-353.

Siehe Abschn. X. Cap. 2.

A. Mannheim. Détermination simple et rapide d'une équation des surfaces du second ordre contenant six points donnés. Darboux Bull. II. 105-107.

Verbindet man zwei Punkte eines Kegelschnittes mit vier beliebigen Punkten der Curve, so erhält man zwei Büschel, die dasselbe anharmonische Verhältniss haben. Diesen Satz hat bereits H. Chasles in seinem „Traité des coniques“ abgeleitet. H. Mannheim giebt einen Beweis dieses Satzes, indem er von der Eigenschaft ausgeht, dass die Kegelschnitte eine Gerade nur in zwei Punkten schneiden. Betrachtet man die anharmonischen Verhältnisse dieser Büschel r und r' als Variable, so ergiebt sich als Gleichung der Linien zweiten Grades, die durch fünf Punkte bestimmt sind: $r=r'$. Diese Untersuchung wird auf Flächen zweiten Grades ausgedehnt. Als Definition derselben gilt auch hier die Eigenschaft, dass sie eine Gerade nur in zwei

Punkten schneiden. Legt man durch die Verbindungslinie dreier Punkte derselben und jeden von vier anderen Punkten Ebenen, so entstehen vier Ebenenbüschel. Bezeichnen r, r', r'' die anharmonischen Verhältnisse derselben, so erhält man für die Flächen zweiten Grades, bestimmt durch sechs Punkte, in diesen Coordinaten die Gleichung

$$Brr' + Crr'' + Dr'r'' + Er + Fr' + Gr'' = 0,$$

deren Coefficienten ausserdem durch zwei Relationen unter einander verbunden sind. O.

L. Ellis. Démonstration de deux théorèmes relatifs à une surface du second degré. Nouv. Ann. (2) X. 76-79.

Uebersetzung der Arbeit aus dem Quart. J. IX. 345–346, über die bereits Fortschr. d. M. I., 294 berichtet worden ist.

O.

G. Affolter. Lehrsätze und Aufgaben über die Kugel. Clebsch Ann. IV. 185-194.

Der Aufsatz hat zum Zweck die Lösung der Aufgabe: Fünf Kugeln durch eine sechste unter gleichen Winkeln zu schneiden. Es seien k_1 und k_2 irgend zwei der Grösse und Lage nach gegebene Kugeln, a_{12} der äussere, i_{12} der innere Aehnlichkeitspunkt, p_a die äussere und p_i die innere gemeinsame Potenz derselben. Denkt man sich mit den Radien $\sqrt{p_a}$ und $\sqrt{p_i}$ resp. um die Mittelpunkte a_{12} und i_{12} die sogenannten „Potenzkugeln" beschrieben, so können die Kugeln k_1 und k_2 nach dem Princip der reciproken Radien als reciproke Kugeln angesehen werden in Bezug auf die Kugeln a_{12} und i_{12} als transformative. Durch einen leichten Schluss folgt sodann: Jede Kugel M, welche die Kugeln k_1 und k_2 gleichwinklig schneidet, wird von der äusseren oder inneren Potenzkugel derselben rechtwinklig geschnitten. Ferner: Die Mittelpunkte aller Kugeln M von demselben Radius R, welche k_1 und k_2 gleichwinklig und gleich- oder ungleichartig schneiden, liegen auf Kugeln, deren Mittelpunkte die Aehnlichkeitspunkte a_{12} und i_{12} jener zwei Kugeln sind, und äussere und innere, dem Radius R zugeordnete Mittelpunkt-Kugeln genannt werden. Jeder Punkt des Raumes ist daher Mittelpunkt von zwei Kugeln (einer äusseren und einer inneren), welche zwei der Lage und Grösse nach gegebene Kugeln gleichwinklig schneiden.

Hierauf beruht die folgende Untersuchung, welche nach und nach auf drei, vier und fünf gegebene Kugeln ausgedehnt wird und den Herrn Verfasser zu folgendem Resultat führt:

Die Mittelpunkte aller Kugeln, die drei gegebene Kugeln unter gleichen Winkeln schneiden, liegen auf vier durch die Potenzlinie der drei Kugeln hindurchgehenden, auf den Aehnlichkeitsaxen beziehlich normal stehenden Ebenen, den Potenzebenen von je drei sich in einem Kreise schneidenden Potenzkugeln. Die Mittelpunkte aller Kugeln, welche vier gegebene Kugeln gleichwinklig schneiden, liegen auf acht durch den Potenzpunkt der vier Kugeln hindurchgehenden und je auf den Aehnlichkeitsebenen senkrecht stehenden Geraden, (deren Bedeutung festgestellt wird).

Es giebt sechzehn Kugeln, welche fünf gegebene Kugeln gleichwinklig schneiden und zwar giebt es 1) eine Kugel, welche alle fünf gleichartig, 2) fünf Kugeln, welche je eine in Bezug auf die anderen vier ungleichartig und 3) zehn Kugeln, welche je zwei in Bezug auf die anderen drei ungleichartig schneiden.

Durch Betrachtung der Mittelpunktkugeln werden zugleich Sätze erhalten über den Ort der Mittelpunkte, resp. die Zahl der Kugeln von gegebenem Radius, welche eine gegebene Anzahl von Kugeln gleichwinklig schneiden.

Schz.

C. Taylor. An angle-property of the right circular cone.

Messenger (2) I. 67-69.

Betrachtet man die Curven zweiten Grades als Schnitte des geraden kreisförmigen Kegels, so gelangt man leicht zu einigen der interessantesten Linieneigenschaften. Die Winkeleigenschaften werden aber gewöhnlich nicht direct aus dem Kegel hergeleitet. Der Verfasser leitet diese her aus der Eigenschaft: In einem Punkte *m* eines ebenen Schnitts eines geraden kreisförmigen Kegels hat die Tangente gleiche Neigung zur Brennpunktsentfernung und zur erzeugenden Linie.

Glr. (O.)

G. Bruno. Ricerche sulla linea luogo dei punti di un iperboloide sghembo, nei quali i due raggi principali di curvatura della superficie sono uguali in lunghezza tre loro. Att. d. Torino VI. 133-155.

Die Curve, deren Eigenschaften der Verfasser weitläufig und ohne gehörige Benutzung der modernen Methoden untersucht, ist der Ort der orthogonalen Schnitte der Generatricen eines Hyperboloides und war schon Gegenstand einer in den Nouv. Ann. vor einigen Jahren aufgestellten und behandelten Frage. Der Verfasser beweist, dass sie eine sphärische Linie, bemerkt aber nicht, dass sie genau ein sphärischer Kegelschnitt ist. Indem er die Hyperboloide sucht, die durch diese Linie gehen, findet der Verfasser, dass ausser dem gegebenen noch zwei existiren, für welche dieselbe Linie der Ort der orthogonalen Schnitte der Generatricen ist. Nachdem einige specielle Fälle betrachtet sind, schliesst er mit dem Beweise, dass durch jeden sphärischen Kegelschnitt (d. V. nennt ihn nicht so, obwohl er es ist) wenigstens ein Hyperboloid geht und höchstens drei gehen können, welche in Bezug auf denselben die Eigenschaften haben, welche den Gegenstand dieser Abhandlung bilden.

Jg. (O.)

A. Cayley. A „Smith's Prize" paper. 1871. Question 9. Messenger (2) I. 75-77.

Wenn die Normale in jedem Punkte des Hauptschnittes eines Ellipsoids von der Normale in dem benachbarten, nicht im Hauptschnitt liegenden Punkte geschnitten wird, so ist der Ort der Schnittpunkte eine Ellipse, die vier reelle oder imaginäre Berührungen mit der Evolute des Hauptschnitts hat.

Glr. (O.)

R. Townsend. On a property in the theory of confocal quadrics. Messenger (2) I. 49-50.

Behandelt geometrisch die Rückkehrkante der imaginären abwickelbaren Fläche, die einem System von confocalen Flächen zweiten Grades umschrieben ist.

Glr. (O.)

G. Darboux. Sur une classe particulière de surfaces réglées. Darboux Bull. II. 301-314.

Unter allen Flächen zweiter Ordnung, welchen ein bestimmter Axencomplex zukommt, bilden bekanntlich diejenigen, für welche alle Axen dieselben Fusspunkte erhalten, ein System von confocalen Flächen. Jede Axe R steht normal auf einer dieser Flächen und die durch ihren Fusspunkt r senkrecht zu ihr gelegte Ebene P ist ihre conjugirte Ebene. Der Herr Verfasser bestimmt nun die Ordnung resp. Klasse der Oberflächen oder Raumcurven, welche den Fusspunkt r oder die Ebenen P beschreiben, welche resp. zu den P oder r gehören, die eine gegebene Oberfläche oder Raumcurve umhüllen resp. erfüllen. Darauf wird die Regelfläche K behandelt, welche von den Axen R der Tangentialebenen einer gegebenen developpablen Fläche von der n^{ten} Klasse Δ_n gebildet und von der Ordnung $2n-\alpha$ gefunden wird, wenn Δ_n αmal im Ganzen von den Seiten des dem Flächensystem conjugirten Tetraeders berührt wird. K ist demnach der Ort der Pole der Tangentialebenen von Δ_n in Bezug auf alle confocalen Flächen des gegebenen Systems. Da die Pole der Ebenen von Δ_n in Bezug auf eine der confocalen Flächen eine Curve C_n bilden, so kann die Regelfläche K auch angesehen werden als der Ort dieser Curven C_n in Bezug auf alle confocalen Flächen. Im Folgenden beschränkt sich die Untersuchung, hauptsächlich die analytische Methode anwendend, auf den Fall, dass Δ_n eine abwickelbare Fläche vierter Klasse D_4, umschrieben irgend zwei Flächen zweiter Ordnung, und die entsprechende K von der achten Ordnung ist, und hier wiederum vorwiegend auf den Fall, dass K_8 sowohl als D_4 in den Tetraederflächen vier Doppel-

Kegelschnitte enthalten. Von dieser Curve K_8, der sogenannten quadrispinale, werden noch einige Eigenschaften entwickelt.

Schz.

A. Cayley. On a property of the torse circumscribed about two quadric surfaces. Messenger (2) I. 111-112.

Ein Beweis von Prof. Townsend's Satz „On a property in the theory of confocal quadrics“ (Messenger (2) I. 49-50), welcher die Begründung und Bedeutung des Satzes klarer in's Licht setzt.

Glr. (O.)

R. Townsend. On an analogue in the theory of quadrics to a known property in the theory of conics. Messenger (2) I. 70.

Eine variable Sehne einer festen Oberfläche zweiten Grades, die durch zwei feste Tangenten zur Oberfläche in einem festen anharmonischen Verhältniss geschnitten wird, erzeugt eine von zwei anderen Oberflächen zweiten Grades, die mit der ursprünglichen in ihren Berührungspunkten doppelte Berührung haben, und die im Falle des harmonischen Schnitts mit jeder anderen zusammenfällt.

Glr. (O.)

Em. Weyr. Sopra una certa curva gobba di 4° ordine. Rend. d. Ist. Lomb. (3) VI. 144-146.

Die in Rede stehende Curve ist die specielle Raumcurve vierter Ordnung und zweiter Species, für welche die vier stationären Ebenen zu zwei und zwei zusammenfallen und welche in einer Note von Cremona behandelt worden ist. (Siehe Rend. d. Ist. Lomb. 1868. Fortschr. d. M. I. 253). In der letzten wird die Bedingung aufgestellt, dass vier Punkte der Curve sich auf einer Ebene befinden. Der Verfasser findet in dieser Note eine anharmonische Eigenschaft, hinsichtlich der Tripel von Punkten, die gelegen auf den Generatricen des einzigen Hyperboloids sind, welches durch die betrachtete Curve geht. Es wird nämlich bewiesen: Die die Curve dreimal schneidenden Generatricen des Hyperboloides bestimmen auf ihr Gruppen von drei Punkten, die eine cubische Involution von zwei dreifachen Punkten bilden, die auf die Berührungspunkte der zwei stationären Ebenen fallen. Daraus folgt, dass die Gruppen der Involution drei projectivische Reihen bilden und dass die vereinten Elemente von irgend zweien von ihnen die dreifachen Elemente der Involution oder die Berührungspunkte der beiden stationären Ebenen sind.

Jg. (O.)

R. Sturm. Ueber die Flächen mit einer endlichen Zahl von (einfachen) Geraden, vorzugsweise die der vierten und fünften Ordnung. (Clebsch Ann. III. 249-283.

Die Flächen vierter und fünfter Ordnung, die eine endliche Zahl von einfachen Geraden besitzen, sind von Herrn Clebsch auf Grund ihrer Abbildbarkeit untersucht worden. Herr Sturm theilt im Auszuge eine grosse Reihe von Resultaten mit, zu denen er durch rein synthetische Untersuchung jener Flächen gelangt ist.

Wenn eine Fläche von höherer als der dritten Ordnung einfache Gerade enthält, so muss sie vielfache Punkte oder Curven besitzen. Werden einzelne vielfache Punkte ausgeschlossen, so ergiebt sich, dass eine Fläche vierter Ordnung eine endliche Zahl von Geraden enthält, wenn sie mit einer doppelten Geraden (F_1^4) oder mit einem doppelten Kegelschnitt (F_2^4) behaftet ist. Eine Fläche fünfter Ordnung enthält einfache Gerade, 1) wenn sie eine dreifache Gerade enthält (F_3^5), 2) wenn zwei windschiefe doppelte Gerade in der Fläche liegen (F_2^5), 3) wenn sie eine doppelte cubische Raumcurve besitzt, 4) wenn sie eine doppelte Raumcurve vierter Ordnung und erster Species hat, 5) wenn sie mit einer doppelten Raumcurve fünfter Ordnung behaftet ist, die einen dreifachen Punkt hat (F_5^5). Alle jene Flächen hat der Verfasser eingehend untersucht und giebt über Zahl und Lage der Geraden, über die Kegelschnitte und sonstigen Singularitäten, die diese Flächen auszeichnen, eine Fülle von Sätzen. Auch Flächen von allgemeinerer Form hat er in den Kreis seiner Betrachtungen gezogen, so die Flächen n^{ter} Ordnung mit $n-2$-fachen Geraden (F_{n-2}^n), welche stets eine endliche Anzahl von einfachen Geraden enthalten, und Flächen n^{ter} Ordnung, welche eine gewisse, natürlich durch die Ordnung der Fäche beschränkte Anzahl vielfacher Geraden besitzen.

.Schn.

EM. WEYR. Ueber die Krümmung windschiefer Flächen.

Prag. Ber. 1870. 2. Abth. 29-33.

Der Verfasser bestimmt den Ort der Hauptkrümmungstangenten einer windschiefen Fläche, deren Berührungspunkte auf einer Erzeugenden G der Fläche liegen. Ist x irgend ein Punkt der Erzeugenden, so sind G und eine andere Gerade X die beiden stationären Tangenten der Fläche in ξ, und die beiden Geraden R_1 und R_2, welche die Winkel XG halbiren, sind die beiden Hauptkrümmungsrichtungen in ξ. Die Gerade X muss, weil sie die Fläche dreipunktig in ξ berührt, auch durch die beiden benachbarten Erzeugenden der gegebenen Fläche gehen; ihr Ort ist demnach ein einfaches Hyperboloid, und die allgemeine Untersuchung ist so auf die entsprechende Untersuchung bei einem Hyperboloide zurückgeführt. Es zeigt sich nun durch Betrachtung der in der unendlich entfernten Ebene liegenden Gebilde, dass die gesuchte Fläche die unendlich entfernte Ebene in einer Curve dritten Grades schneidet, nämlich in dem geometrischen Ort der Berührungspunkte der Tangenten, welche vom unendlich entfernten Punkte g der Generatrix G an die Glieder desjenigen Kegelschnittbüschels gelegt werden können, der durch die vier Schnittpunkte des Hyperboloids mit dem imaginären Kugelkreise bestimmt ist. Diese Curve dritten Grades geht durch den Punkt g, durch jene vier Basispunkte des Büschels, sowie durch die unendlich entfernten Punkte der Hauptaxen des Hyperboloids hindurch. Es kann demnach der Grad der gesuchten Fläche im Anschluss an die folgende allgemeine Frage gefunden werden: Es ist eine Gerade als Axe eines Ebenenbüschels und zugleich als Träger einer mit jenem projectivischen Punktreihe, und ferner eine Curve n^{ter} Ordnung gegeben. Jeden Punkt der Punktreihe verbindet man mit den n Punkten, in welchen die ihm entsprechende Ebene des Büschels die gegebene Curve schneidet. Was für eine Fläche erfüllen alle so construirten Geraden? Einfache Methoden zeigen, dass der Grad der gesuchten Fläche $(2n-r)$ ist, wenn die Curve n^{ter} Ordnung mit der Geraden r Schnittpunkte gemein hat, welche die Gerade G als ein Paar zusammenfallender $n$facher Linien enthält. In dem speciellen vorliegenden Problem ist $n=3$; $r=1$. Der gesuchte Ort wird demnach eine Fläche fünfter Ordnung, in welcher die Gerade G zwei zusammenfallende dreifache Gerade darstellt. Diese Fläche schneidet die unendlich entfernte Ebene, ausser in der oben erwähnten Curve dritten Grades, in zwei zusammenfallenden Geraden, durch welche die Tangentialebene des Hyperboloids im unendlich entfernten Punkte g hindurchgeht.

A.

C. Geometrie der Anzahl.

M. Chasles. Théorèmes divers concernant les systèmes de coniques représentés par deux caractéristiques. C. R. LXXII. 511-520. Nouv. Ann. (2) X. 241-254.

Jeder der hundert von Herrn Chasles ohne Beweis angeführten Sätze giebt entweder die Ordnung oder die Klasse einer mit einem Systeme von Kegelschnitten im Zusammenhang stehenden Curve als Function der Chasles'schen Charakteristiken μ und ν des Systems an. In den Definitionen dieser 100 Curven erscheinen entweder die Tangenten, welche in den Schnittpunkten einer Geraden mit den Kegelschnitten des Systems oder von einem Punkte aus an dieselben gezogen sind, oder die Tangenten und Durchmesser, oder die Durchmesser allein, oder die Paare conjugirter Durchmesser, oder die Paare von Asymptoten, oder die Paare der von einem festen Punkte an jeden Kegelschnitt gelegten Tangenten, oder die Paare der auf derselben Geraden liegenden Schnittpunkte jedes Kegelschnitts, oder endlich ein die Kegelschnitte schneidendes Geradenpaar.

Alle diese Sätze lassen sich unter Anwendung des Princips

der Correspondenz erhärten. Jedoch hat Referent die Richtigkeit nur einiger der gemachten Angaben geprüft.

Scht.

M. Chasles. Propriétés des courbes d'ordre et de classe quelconques démontrées par le principe de correspondance. C. R. LXXII. 577-588. Nouv. Ann. (2) X. 385-401.

Nach einleitenden Bemerkungen über die erfolgreiche Anwendung der Methode der Charakteristiken und des Princips der Correspondenz auf geometrische Anzahlsbestimmungen, die in den herkömmlichen Methoden der analytischen Geometrie fast unausführbar erscheinen, wird eine Uebersicht über den Charakter der achtzig ohne Beweis aufgestellten Lehrsätze gegeben, welche dieses Mal nicht der Theorie der Curvensysteme, sondern der Curven selber angehören. Die Sätze des ersten Capitels geben Ordnung oder Klasse von Curven an, die mit einem gegebenen Kegelschnitt derartig in Zusammenhang stehen, dass in ihren Definitionen keine dem Kegelschnitte fremde Punkte oder Curven erscheinen. Von diesen Sätzen möge als Beispiel hier der Satz angeführt werden, dass die Curve, in der sich die Normalen in den Endpunkten zweier conjugirter Durchmesser schneiden, von der sechsten Ordnung ist. Eine diesem Abschnitte hinzugefügte Bemerkung spricht von einer Verallgemeinerung, welche die angeführten Sätze dadurch erleiden, dass an Stelle des Kegelschnitts eine Curve vom Geschlechte Null betrachtet wird. Die Sätze des zweiten Capitels geben Ordnung oder Klasse von Curven an, in deren Definitionen ausser dem zu Grunde liegenden Kegelschnitte auch die sämmtlichen Punkte einer Curve m^{ter} Ordnung, resp. die sämmtlichen Tangenten einer Curve n^{ter} Klasse auftreten. Die Sätze des dritten Capitels bestimmen Singularitäten von Curven, welche mit einer Curve m^{ter} Ordnung und n^{ter} Klasse und zwei in Bezug auf einen Kegelschnitt conjugirt liegenden Punkten, resp. Geraden in Zusammenhang stehen. Specialisirt man diesen Kegelschnitt dahin, dass seine sämmtlichen Punkte in einer Geraden liegen, welche zwei Punkte enthält, in denen sich seine sämmtlichen Tangenten treffen, nimmt man dann weiter diese Gerade als die unendlich ferne, und die beiden ausgezeichneten Punkte auf ihr als die unendlich fernen Kreispunkte, so erhält man speciellere Sätze, in denen Normale und Tangente jedes Punktes der Curve erscheinen, weil in Bezug auf diesen speciellen Kegelschnitt die zu jedem Curvenpunkte zugehörige Tangente und Normale einander conjugirt sind. Die Sätze der folgenden Abschnitte geben endlich Singularitäten von Curven an, in deren Definitionen beliebige Curven mit den mannigfachsten Bedingungen erscheinen.

Scht.

M. Chasles. Théorèmes concernant la détermination sur une courbe géométrique, d'une série de groupes de points en nombre déterminé. C. R. LXXIII. 927-932.

Bekanntlich kann man die einzelnen Punkte einer Curve vom Geschlechte Null vermittelst eines Curvenbüschels $\overline{m-1}^{\text{ter}}$ oder $\overline{m-2}^{\text{ter}}$ Ordnung bestimmen, dessen Grundpunkte auf dieser Curve liegen. Herr Chasles beweist hier durch Rechnung die folgende Verallgemeinerung dieses Satzes:

„Wenn eine Curve C_m von der m^{ten} Ordnung Doppelpunkte und vielfache Punkte von den Ordnungen $r, r', \cdots$ hat, und diese mit den Doppelpunkten zusammen $\frac{(m-1)\,(m-2)}{2} - \nu$ Doppelpunkten äquivalent sind, so werden auf C_m Gruppen von je $\overline{\nu+1}$ Punkten vermittelst eines Curvenbüschels $\overline{m-\mu}^{\text{ter}}$ Ordnung bestimmt, wenn die Grundpunkte dieses Curvenbüschels folgenden drei Bedingungen genügen:

1) Dass zu ihnen vielfache Punkte von den Ordnungen $\overline{\nu-\varrho}$, $\overline{\nu'-\varrho'}, \cdots$ gehören die bezüglich mit den in C_m liegenden vielfachen Punkten von den Ordnungen ν, $\nu' \cdots$ zusammenfallen.

2) Dass zu ihnen einfache mit den Doppelpunkten auf C_m zusammenfallende Punkte gehören.

3) Dass die übrigen

$$2(m-1) - m \cdot \mu + \nu(\varrho-1) + \nu'(\varrho'-1) + \cdots + \nu$$

Grundpunkte mit einfachen Punkten auf C_m zusammenfallen,

wobei die unbestimmten ganzen Zahlen μ, ϱ, $\varrho' \cdots$ der Bedingungsgleichung:

$$\mu^2 - 3\mu - \varrho(\varrho-1) - \varrho'(\varrho'-1) - \cdots + 2 = 0$$

genügen müssen."

An diesen Hauptsatz schliessen sich speciellere Sätze, bei denen μ, ϱ, ϱ', ... bestimmte Werthe erhalten haben, und ein allgemeinerer Satz, in welchem auf C_m liegende Doppelpunkte und einfache Punkte auch als vielfache Punkte von der zweiten, resp. ersten Ordnung gerechnet sind. Sind vielfache Punkte von höherer als der zweiten Ordnung ganz ausgeschlossen, so gilt zum Beispiel der Satz:

„Wenn eine Curve C_m $\frac{(m-1)(m-2)}{2} - \nu$ Doppelpunkte enthält, so kann man auf C_m Gruppen von $\nu + 1$ Punkten vermittelst eines Curvenbüschels entweder $\overline{m-1}^{ter}$ oder $\overline{m-2}^{ter}$ Ordnung bestimmen, wenn dieses auf C_m

1) d mit Doppelpunkten von C_m zusammenfallende Doppelpunkte hat,

2) einfache mit den übrigen Doppelpunkten von C_m zusammenfallende Punkte hat, und

3) entweder $2m-3-2d+\nu$ oder $m-3-2d+\nu$ einfache Punkte hat, je nachdem das Curvenbüschel von der $\overline{m-1}^{ten}$ oder $\overline{m-2}^{ten}$ Ordnung war." Scht.

M. Chasles. Sur la détermination d'une série de groupes d'un certain nombre de points sur une courbe géométrique (suite). C. R. LXXIII. 970-971.

Der Hauptsatz der auf pag. 927 desselben Bandes der C. R. beginnenden Abhandlung wird dahin verallgemeinert, dass nicht, wie dort geschah, alle Grundpunkte des zu construirenden Curvenbüschels auf der ursprünglichen Curve C_m angenommen werden, sondern dass ein Theil derselben als mit keinem Punkte dieser Curve zusammenfallend betrachtet wird. Scht.

M. Chasles. Détermination, par le principe de correspondance, de la classe de la développée et de la caustique par réflexion d'une courbe géometrique d'ordre m et de la classe n. C. R. LXXII. 394-399. Nouv. Ann. (2) X. 97-104.

Beweis folgender beiden Lehrsätze:

1) Die Anzahl der Normalen, die man von einem Punkte P an eine Curve U_m^n, m^{ter} Ordnung und n^{ter} Classe, ziehen kann, ist $(m+n)$.

2) Gehen Strahlen von einem Punkte Q aus, welche von einer Curve U_m^n reflectirt werden, so umhüllen die reflectirten Strahlen eine Curve von der Classe $(m+2n)$.

Mz.

M. Chasles. Propriétés des systèmes de coniques relatives, toutes, à certaines séries de normales en rapport avec d'autres lignes ou divers points. C. R. LXXII. 419-430. Nouv. Ann. (2) X. 145-162.

Eine grosse Anzahl von Lehrsätzen über Systeme von Kegelschnitten (μ, ν), d. h. solche Schaaren von Kegelschnitten, von denen μ durch irgend einen Punkt gehen, und ν irgend eine Gerade berühren. Die Resultate enthalten meistens die Angabe von Ordnung und Classe (durch μ und ν ausgedrückt) irgend einer Ortscurve. Mz.

M. Chasles. Propriétés des systèmes de coniques dans lesquels se trouvent des conditions de perpendicularité entre diverses séries de droites. C. R. LXXII. 487-493. Nouv. Ann. (2) X 193-204.

Eine Fortsetzung der vorigen Arbeit. Mz.

S. Roberts. On the order and singularities of the parallel of an algebraical curve. Proc. of L. M. S. III. 209-220.

Bei einer Curve von der Ordnung m, der Classe n mit δ Knoten und k Spitzen, ist, wenn dieselbe keine Relation zur Linie im Unendlichen hat, die parallele Curve von der Ordnung $2m + 2n$, von der Classe $2n$ und hat Inflexionen: $6n - 6m + 2k$, Doppeltangenten: $(n - m)(n + m - 9) + 2\delta + n(n - 1)$. Die Formeln erleiden aber Modifikationen, und die Schwierigkeit der Untersuchung wächst, wenn die ursprüngliche Curve irgend welche speciellen Relationen zur Linie im Unendlichen hat. Die Arbeit erschien fast gleichzeitig mit einer von Prof. Cayley (Quart. J. XI. 183—200, siehe F. d. M. II. pag. 524) und verbessert eine Gleichung $J = 2i$, welche dort irrthümlich als für alle Fälle gültig gegeben war. Cly. (O.)

O. Tognoli. Intorno ad alcune questioni generali sulla teorica dei complessi, risolute col metodo geometrico puro. Battaglini G. IX. 19-32.

Mit Hülfe der in neuerer Zeit besonders von Chasles, Jonquières u. A. ausgebildeten Abzählungsmethoden wird der Grad von Linien-Complexen bestimmt, die dadurch definirt sind, dass ihre Geraden zwei gegebene Flächen in Schnittpunktsystemen von gegebener Eigenschaft treffen. Kln.

A. Cayley. On the deficiency of certain surfaces. Clebsch Ann. III. 526-529.

Es wird gezeigt, dass nach den von den Herren Clebsch u. Noether für das Flächengeschlecht (deficiency) aufgestellten Formeln das Geschlecht eines Kegels n^{ter} Ordnung mit δ Doppel- und $\varkappa$ Rückkehr-Kanten gleich sei $-\frac{1}{2}(n-1)(n-2) + \delta + \varkappa$, d. i. dem Geschlechte seines ebenen Schnittes, negativ genommen. Dasselbe gilt von allen Kegelflächen, gleichviel ob abwickelbar oder windschief. St.

A. Cayley. On the theory of the curve and torse. Quart. J. XI. 294-317.

Das Wort „torse“ wird gebraucht, um eine developpabele Oberfläche zu bezeichnen. Die fundamentalen Relationen in der Theorie der Curven und Torse sind vom Verfasser in seiner Abhandlung aufgestellt: „Mémoire sur les courbes à double courbure et sur les surfaces développables" Liouville J. X. 1845 und Cambr. and Dubl. M. J. IV. 1850. Es wurde nämlich bewiesen, dass die charakteristischen Zahlen (m, r, β, h, n, y) und (r, n, m, x, α, g) immer den Plücker'schen Relationen für eine ebene Curve genügen. Eine ergänzende Reihe von Sätzen, welche die Werthe von (γ, t, k, q, γ', t', k', q') giebt, wurde in Salmon's „theory of reciprocal surfaces" Trans. of Dublin XXIII. (1857) gegeben. Siehe auch seine „solid geometry". Die so aufgestellte Theorie ist in sich vollständig, aber sie giebt kein Mittel zur Berechnung gewisser Singularitäten v, ω, H, G. Die Singularität v wurde zuerst in des Verfassers Arbeit: „On a special sextic developpable" Quart. J. VII, 1865 betrachtet, und er bemühte sich nachher auch, die anderen Singularitäten ω, H, G zu berechnen; er war darüber in Correspondenz mit Prof. Cremona getreten, dem man die Entdeckung der vollständigen Formen einiger der Formeln schuldet. Der Verfasser bezieht sich auch auf Zeuthen's Arbeit: „Sur les singularités ordinaires d'une courbe gauche et d'une surface développable," Brioschi Ann. (2) III. pag. 175—218. 1869 (s. Fortschr. d. M. II. 444—446), wo jedoch die Singularität ω von der Betrachtung ausgeschlossen ist, und auf H, G keine Rücksicht genommen wurde.

Die vorliegende Abhandlung bezweckt die ganze Theorie zu reproduciren und zu entwickeln.

Die neuen oben genannten Singularitäten sind: G die Zahl der Doppelebenen (tropes) des Torsus; H die Zahl der Doppelpunkte (wirkliche Doppelpunkte) oder Knoten der Curve, v die Zahl der stationären Linien des Systems, d. h. der Linien, die alle drei aufeinander folgende Punkte des Systemes enthalten; ω die Zahl der Doppellinien des Systemes, d. h. der Linien, die alle zwei Paar von aufeinander folgenden Punkten des Systemes enthalten.

Die Formeln enthalten im Ganzen die 21 Grössen

$$m,\ r,\ n,\ \alpha,\ \beta,\ g,\ G,\ H,\ x,\ y,\ v,\ \omega;\ \ t,\ \gamma,\ k,\ q;\ \ t',\ \gamma',\ k',\ q'.$$

Die ursprünglichen Plücker'schen oder Plücker-Cayley'schen Gleichungen stellen im Ganzen sechs Relationen zwischen den ersten dreizehn dieser Grössen auf, und machen sie so darstellbar in Ausdrücken von irgend welchen 7, z. B. von m, r, n, G, H, v, ω; und die Salmon-Cremona'schen führen dann zu Ausdrücken für sie in den acht übrig bleibenden Grössen x, y, k, q, x', y', k', q'. Es werden auch Formeln für die Grössen D_m und D_x der Curve und der Knotenlinie gegeben.

In der Arbeit wird eine Correlation zur Knotencurve betrachtet, nämlich der „nexal torse", oder der Torsus, der durch die Ebene umhüllt wird, die zwei schneidende nicht auf einander folgende Linien enthält. Cly. (O.)

H. Schubert. Auszug aus einem Schreiben an den Herausgeber. Borchardt J. LXXIII.. 96.

In der Arbeit: „Zur Theorie der Charakteristiken" hatte der Verf., bei der Bestimmung der Elementarcharakteristiken der Flächen zweiter Ordnung, die Zahlen σ, ε, $\varkappa$ behandelt, welche angeben, wieviel degenerirte Flächen in einem Elementarsysteme vorkommen (s. F. d. M. II, 441). Er bemerkt dazu, dass er später eine Werthangabe dieser Zahlen in einer früheren Arbeit von Zeuthen: „Bestemmelse af Charakteristikerne i de elementaere Systemer af Flader af anden Orden" gefunden. M.

H. G. Zeuthen. Note sur les quadriques polaires. Brioschi Ann. (2.) IV. 331-337.

Diese Note leitet mit Hülfe der Theorie der Charakteristiken eine Reihe von Zahlen ab, von denen jede angiebt, wieviel von den dreifach unendlich vielen quadratischen Polarflächen einer Fläche n^{ter} Ordnung irgend welchen drei weiteren Bedingungen genügen; für den Fall, dass jede dieser letztern nichts anderes verlangte, als dass die Flächen entweder einen gegebenen Punkt enthalten, oder eine gegebene Gerade oder eine gegebene Ebene berühren, oder auch ihren Pol in einem gegebenen Punkte (dreifache Bedingung), oder in einer gegebenen Geraden (zweifache Bedingung), oder in einer gegebenen Ebene (einfache Bedingung) haben sollen. Im Zusammenhange damit ergeben sich auch die Zahlen, welche angeben, wieviel irgendwie degenerirte quadratische Polarflächen irgend zwei von den eben angegebenen Bedingungen genügen, wenn das Degeneriren entweder so geschieht, dass die sämmtlichen Tangentialebenen durch einen gemeinsamen Punkt gehen, d. h., die Fläche zu einem Kegel wird, oder so, dass die sämmtlichen Punkte in einer gemeinsamen Ebene liegen, d. h., die Fläche zu einem Kegelschnitt wird, oder endlich so, dass die sämmtlichen Tangenten ein und dieselbe Gerade schneiden, d. h. die Fläche aus zwei Ebenen besteht, auf deren Schnitt zwei ausgezeichnete Punkte liegen. Da die Bedingung, dass eine quadratische Fläche Polarfläche in Bezug auf eine Fläche F_n sei, 6 einfachen Bedingungen äquivalent ist, so mussten immer noch 2 weitere Bedingungen hinzugefügt werden, um eine einfach unendliche Anzahl, ein System ihnen Genüge leistender quadratischer Polarflächen zu bestimmen. Bezeichnen nun nach der von Herrn Chasles eingeführten Terminologie μ, ν, ϱ die drei Charakteristiken eines quadratischen Flächensystems, φ die Anzahl der in Kegel, χ die Anzahl der in Kegelschnitte, ψ die Anzahl der in Ebenenpaare degenerirten quadratischen Flächen dieses Systems, so gelten zwischen diesen sechs Zahlen bekanntlich die folgenden Beziehungen, von denen zur Bestimmung der Anzahl der irgendwelche neue Bedingungen befriedigenden quadratischen Flächen wiederholt Anwendung gemacht ist:

$$\varphi = 2\varrho - \nu,\ \chi = 2\mu - \nu,\ \psi = 2\nu - \mu - \varrho.$$

(Conf. Zeuthen, Nouv. Ann. (2.) VII, s. F. d. M I. pag. 236.).

Der Umstand, dass bei der behandelten Aufgabe das μ eines Systems zugleich das ν oder ϱ eines andern Systems ist, und, dass bei gewissen Systemen die Zahlen φ, χ oder ψ durch einfache geometrische Betrachtungen aufgefunden werden können, ermöglicht es dem Verfasser, mit Hülfe obiger drei Gleichungen die sämmtlichen, hierher gehörigen Zahlen zu berechnen, und damit die schon von Herrn Cremona in dessen Preisschrift „Sur les surfaces du troisième ordre“ angegebenen auf die Hesse'sche und Steiner'sche Fläche einer Fläche n^{ter} Ordnung bezüglichen Zahlen auf anderem Wege abzuleiten. Beispielsweise ist die von

Herrn Zeuthen berechnete Anzahl $4(n-2)$ der in Kegel degenerirten quadratischen Polarflächen, welche ihren Pol auf einer gegebenen Geraden haben, nichts anderes als die Zahl für die Ordnung der Hesse'schen Kernfläche, und die Zahl $4(n-2)^3$ der in Kegel degenerirten von zwei gegebenen Ebenen berührten quadratischen Polarflächen nichts anderes, als die Zahl für die Ordnung der Steiner'schen Flächen. Der Gedanke, die Methode der Charakteristiken zu einer geometrischen Ableitung der Ordnungszahl der Hesse'schen Fläche zu benutzen, ist insofern nicht ganz neu, als Referent schon Schloemilch Z. XV. (siehe F. d. M. II. p. 426) diese Zahl vermittelst jener Methode ableitete. Während Referent sich jedoch dort auf die Berechnung dieser einen Zahl beschränkt, behandelt Herr Zeuthen hier auch alle damit verwandten Fragen erschöpfend. Scht.

H. G. Zeuthen. Recherche des singularités qui ont rapport à une droite multiple d'une surface. Clebsch Ann. IV. 1-20.

H. G. Zeuthen. Études géométriques de quelques-unes des propriétés de deux surfaces. Clebsch Ann. IV. 21-49.

Die erste dieser beiden Abhandlungen entwickelt auf der Grundlage der Salmon'schen und Cayley'schen Singularitätenzahlen, zu denen einige neue hinzugefügt werden, eine Reihe von Formeln, welche in der zweiten Abhandlung angewendet werden. Es handelt sich dabei vorzugsweise um die Bestimmung einer „section résidue" genannten ebenen Curve, welche eine mit einer vielfachen Geraden versehene Fläche mit einer durch diese Gerade gelegten Ebene, ausser dieser Geraden, noch gemein hat, und um die Bestimmung eines analog construirten „cône circonscrit résidu". Um die Anwendung seiner Resultate zu zeigen, wendet der Verfasser sie auf das Beispiel einer Fläche von der 4ten Ordnung und 12ten Klasse an, welche zwei in derselben Ebene liegende Doppelgerade enthält. Zum Beispiel ergiebt sich dabei, dass auf solcher Fläche auch noch 16 einfache Gerade liegen müssen.

Die zweite Abhandlung beginnt mit einleitenden Bemerkungen, von denen hier nur hervorgehoben werden mag, dass, wenn die Punkte einer Fläche den Punkten einer anderen Fläche ein-eindeutig entsprechen, auf jeder derselben gewisse Punkte, Fundamentalpunkte benannt, existiren, denen nicht je ein Punkt, sondern die sämmtlichen Punkte je einer Curve entsprechen, ferner, dass nach einem bekannten Satze einer auf einer Fläche liegenden Curve, welche weder Fundamentalpunkte noch solchen entsprechende Punkte enthält, auf der anderen Fläche eine Curve entspricht, die dasselbe Geschlecht hat, wie jene Curve, und endlich, dass den nicht mit Fundamentalpunkten zusammenfallenden Berührungspunkten, Doppelpunkten und Spitzen der Curven der einen Fläche Berührungspunkte, Doppelpunkte und Spitzen der entsprechenden Curve der anderen Fläche entsprechen.

Der zweite Abschnitt entwickelt zwei zusammengehörige Formeln Ia und Ib, in welchen die Singularitätenzahlen derjenigen Curven einer der beiden Flächen erscheinen, welche ebenen Curven der anderen Fläche entsprechen. Im dritten Abschnitt werden behufs späterer Benutzung zwei Hülfsflächen F_3 und F_4 untersucht, von denen jede der Ort der Punkte ist, in welchen die die Punkte der einen Fläche F_1 mit einem festen Punkt verbindenden Geraden die Ebenen treffen, welche durch die entsprechenden Punkte der andern Fläche F_2 und eine feste Gerade gelegt sind. Im vierten Abschnitt werden zwei weitere Formeln II. und III. zwischen gewissen Singularitätenzahlen der ursprünglichen Fläche entwickelt, indem sowohl die Klasse von F_3, wie auch die Zahl der stationären Tangentialebenen eines um F_1 beschriebenen Kegels durch je zwei verschiedene Formeln dargestellt werden. Es folgen dann Anwendungen dieser Formeln, z. B. auch auf den speciellen Fall, wo die beiden Flächen F_1 und F_2 einander reciprok sind. Der letzte Abschnitt behandelt endlich den in der einen Hinsicht allgemeineren, in der anderen specielleren Fall der ein-vieldeutigen Beziehung der Punkte einer Ebene und einer Fläche, wobei zu bemerken ist, dass, wenn im allgemeinen einem Punkte der Ebene N Punkte der Fläche, und

einem Punkte der Fläche nur ein Punkt der Ebene entspricht, auf der Ebene eine Curve, die Uebergangscurve, existirt, in deren Punkten zwei solcher N Punkte zusammenfallen. Dabei wird auch die von Herrn Clebsch im 15. Bande der Gött. Abh. (s. F. d. M. II. pag. 679) behandelte Darstellung einer Fläche fünfter Ordnung auf einer Doppelebene besprochen, wenn diese Fläche eine Doppelcurve vierter Ordnung und erster Species enthält.
Scht.

H. G. Zeuthen. Note sur la théorie des surfaces réciproques. Clebsch Ann. IV. 633-637.

Der Herr Verfasser theilt die auf Flächen bezüglichen Singularitäten in solche de définition ponctuelle und in solche de définition tangentielle, erläutert den Unterschied zwischen Punkt- und Tangential-Eigenschaften der Singularitäten, und zeigt, dass, während die Punkt-Eigenschaften der Singularitäten de définition ponctuelle und die Tangential-Eigenschaften der Singularitäten de définition tangentielle in diesen Definitionen selbst liegen, die Auffindung der Tangential-Eigenschaften der Singularitäten de définition ponctuelle, und der Punkt-Eigenschaften der Singularitäten de définition tangentielle im allgemeinen schwierig und complicirt sei. Die Unkenntniss dieser Eigenschaften bei gewissen Flächen-Singularitäten nöthigt nun den Herrn Verfasser, einigen Behauptungen in seinen Abhandlungen „Sur deux surfaces dont les points se correspondent un à un" und „Sur les droites multiples des surfaces" (siehe die vorherstehenden Referate pag. 295) die Einschränkung aufzuerlegen, dass die in Rede stehenden Flächen gewisse Singularitäten nicht haben dürfen, deren Erklärung hier zu viel Raum kosten würde.
Scht.

A. Cayley. On the problem of the in- and circumscribed triangle. Trans. of London CLXI. 369-412. Proc. of London XIX. 292.

Das Problem ist ein specieller Fall von dem des ein- und umgeschriebenen Polygons. Das letztere Problem kann so aufgestellt werden: Man soll ein Polygon finden, dessen Winkel in einer oder mehreren gegebenen Curven gelegen sind, und dessen Seiten eine oder mehrere Curven berühren. Die erste Frage ist, wie gross ist die Zahl solcher Polygone. Sind die Curven, welche die Seiten berühren und die Winkel enthalten, alle verschieden, so erhält man die Zahl der Polygone leicht und zwar in einem einfachen Ausdruck. Sie ist gleich dem doppelten Produkt der Ordnungen der Curven, die die Winkel enthalten, in das Produkt der Classen der Curven, welche von den Seiten berührt werden. Sind aber einige der Curven eine und dieselbe oder speciell, sind die Winkelcurven und Seitencurven alle eine und dieselbe Curve, so ist die Lösung des Problems, die Zahl der Polygone zu finden, weit schwerer. Die Lösung des Problems für den Fall des Dreiecks und für alle die verschiedenen Möglichkeiten der Identität der Curven ist der Gegenstand dieser Arbeit. Die Methode und die Principien, die auch auf den Fall eines Polygons von beliebiger Seitenzahl anwendbar sind, beruhen hauptsächlich auf der Theorie der Correspondenz, die auseinandergesetzt wird. Die Resultate für das Dreieck sind in eine Tafel zusammengestellt, die 8 Seiten fasst und 52 Fälle enthält. Im letzten von diesen ist $a = c = e = B = D = F$, d. h. die Curven, welche die Winkel enthalten, und die Seiten berühren, sind ein und dieselbe Curve von der Ordnung x und der Classe X, für welche ξ bezeichnet die Zahl der Spitzen + 3 Mal die Classe oder die Ordnung.

Für diesen, den schwierigsten Fall, ist die Anzahl der Dreiecke

$$\begin{aligned}
&= X^4 (&& + 1) \\
&+ X^3 (+ 2x^3 - 18x^2 + 52x - 46) \\
&+ X^2 (- 18x^3 + 162x^2 - 420x + 221) \\
&+ X (+ 52x^3 - 420x^2 + 704x + 172) \\
&+ (+ 1x^4 - 46x^3 + 221x^2 + 172x) \\
&+ \xi \left\{ \begin{array}{l} X^2 (- 9) \\ + X (- 12x + 135) \\ + (- 9x^2 + 135x - 600) \end{array} \right\},
\end{aligned}$$

was als Beispiel für die in der Arbeit enthaltenen Resultate dienen mag. Cly. (O.)

A. Macé. Solution de la question proposée au concours pour les deux académies de Montpellier et d'Aix (Année 1870). Nouv. Ann. (2) X. 17-26.

Durch zwei der Nabelpunkte eines gegebenen Ellipsoides, welche gegen die grösste Axe desselben symmetrisch liegen, sind zwei Kugeln gelegt, welche das Ellipsoid in den Nabelpunkten berühren; es wird die Gleichung der Umdrehungsflächen zweiten Grades gesucht, welche diesen beiden Kugeln umschrieben sind. Diese Flächen werden classificirt und discutirt. Weiter wird dann eine besondere Eigenschaft der Schnittcurven dieser Flächen mit dem gegebenen Ellipsoide angegeben und auf dieselbe eine Tangentenconstruction für die Schnittcurven gegründet. Endlich wird bewiesen, dass die Schnittcurven auf der Oberfläche des Ellipsoides ein Netz von Curven bilden, welche sich unter rechten Winkeln durchschneiden. T.

O. Tognoli. Nota sul numero delle superficie di una rete, che hanno un contatto tripunto colla curva d'intersezione di due superficie algebriche. Battaglini G. IX. 188-192.

Eine Curve und eine Fläche haben eine dreifache Berührung, wenn sie 3 unendlich nahe Punkte gemein haben, oder wenn die Schmiegungsebene der Curve in einem gewissen Punkte in demselben die Fläche berührt. Hieraus sieht man, dass eine Fläche, die eine solche Berührung mit einer Curve hat, einer doppelten Bedingung genügen muss, und folglich bestimmt werden kann, wenn sie einem Netze von gegebener Ordnung angehört. Das Resultat ist folgendes: Ist das Netz p^{ter} Ordnung, so giebt es im Allgemeinen $3nm(p+n+m-4)$ Flächen, die eine dreifache Berührung mit einer Curve (S^n, S^m) haben, d. h. mit einer Curve, die der Schnitt einer abgebraischen Fläche n^{ten} Grades mit einer solchen m^{ten} Grades ist. Die Punkte, in denen eine solche Berührung stattfindet, liegen auf einer und derselben Fläche vom Grade $3(p + n + m - 4)$. Dies Resultat wird dann erweitert, auf den Fall, in welchem die Schnittcurve von S^n und S^m in zwei zerfällt, von denen die eine auf jeder der Flächen mehrfach zu zählen ist. Mz.

Neunter Abschnitt.

Analytische Geometrie.

Capitel 1.

Coordinaten.

E. Betti. Sopra gli spazi di un numero qualunque di dimensioni. Brioschi Ann. (2) IV. 140-158

Das Hauptaugenmerk ist die analytische Bestimmung der Beziehungen der in einander enthaltenen Räume gleicher und verschiedener Dimensionszahl; es folgen alsdann noch zwei Theoreme.

Der Raum von n Dimensionen S_n ist die $n$fache Mannichfaltigkeit des Systems variabler Coordinaten z_1, z_2, $\cdots z_n$, welche als rechtwinklig aufzufassen sind. Diese Bestimmung ist offenbar nicht ausreichend, da eine $n$fache Mannichfaltigkeit eines Systems von mehr als n Variabeln auch ein Raum von n Dimensionen heisst, der definirte also nur den ebenen Raum bezeichnet. Im folgenden wird n als feststehende Anzahl der Variabeln überall vorausgesetzt. Ein specielles Werthsystem bestimmt einen Punkt in S_n, m Gleichungen einen in S_n enthaltenen Raum von $n-m$ Dimensionen. Der Raum S_{n-1}, bestimmt durch

$$F(z_1, z_2, \cdots z_n) = 0,$$

theilt S_n in zwei Regionen $F < 0$ und $F > 0$. Eine solche Region heisst zusammenhangend, wenn man von jedem Punkte derselben zum andern stetig übergehen kann, ohne dass $F = 0$ wird. Macht man die z zu Functionen von $n-1$ Parametern $u_1, u_2, \cdots u_{n-1}$, setzt

$$\varDelta = \begin{vmatrix} A_1 & \frac{dz_1}{du_1} & \frac{dz_1}{du_2} & \cdots & \frac{dz_1}{du_{n-1}} \\ A_2 & \frac{dz_2}{du_1} & \frac{dz_2}{du_2} & \cdots & \frac{dz_2}{du_{n-1}} \\ \vdots & & & & \vdots \\ A_n & \frac{dz_n}{du_1} & \frac{dz_n}{du_2} & \cdots & \frac{dz_n}{du_{n-1}} \end{vmatrix},$$

$$\mu^2 = \sum_{m=1}^{m=n} \left(\frac{dF}{dz_m}\right)^2; \quad M^2 = \sum_{m=1}^{m=n} \left(\frac{d\varDelta}{dA_m}\right)^2.$$

so erhält man:

$$\frac{dF}{dz_m} = \frac{\mu}{M} \frac{d\varDelta}{dA_m}.$$

Variirt nun ein Punkt mit einem Parameter t längs einer Linie, die S_{n-1} schneidet, und giebt man von einem Schnitpunkt an gerechnet dem t das Increment δt, so ergiebt sich aus dieser Formel die Relation:

$$dF = \frac{\mu D}{M} \delta t,$$

wo D aus $\varDelta$ durch die Substitution $A_m = \frac{dz_m}{dt}$ hervorgeht Am Vorzeichen von D lässt sich dann erkennen, ob der bewegte Punkt aus der Region $F < 0$ in die Region $F > 0$ übergeht oder umgekehrt.

Das Linienelement in S_n ist ausgedrückt durch

$$ds_n^2 = dz_1^2 + dz_2^2 + \cdots dz_n^2,$$

in S_{n-1} durch

$$ds_{n-1}^2 = \Sigma\Sigma E_{rs}\, du_r\, du_s; \quad E_{rs} = \Sigma \frac{dz_m}{du_r} \frac{dz_m}{du_s},$$

das Raumelement beziehungsweise durch

$$dS_n = dz_1\, dz_2 \cdots dz_n,$$
$$dS_{n-1} = M\, du_1\, du_2 \cdots du_{n-1}.$$

Ein Raum S_{n-m} ist linear zusammenhängend, wenn man innerhalb seiner von jedem Punkte längs einer Linie zu jedem andern gelangen kann, geschlossen, wenn er einen Raum S_{n-m+1} in zwei linear zusammenhängende Theile trennt, und zwar heisst er dann der Umfang jedes Theils.

Der Raum R_n, begrenzt von einem oder mehreren Räumen von $n-1$ Dimensionen, hat einfach den Zusammenhang m^{ter} Gattung, wenn in ihm jeder geschlossene Raum von m Dimensionen der Umfang eines ganz in R_m enthaltenen Raumes von $m+1$ Dimensionen ist, von $(p_m + 1)^{ter}$ Ordnung m^{ter} Gattung, wenn sich gleichzeitig p_m geschlossene Räume in ihm denken lassen, die keinen solchen Umfang bilden, und zwar so, dass jeder andere geschlossene Raum von m Dimensionen allein oder mit ihnen den Umfang eines linear zusammenhängenden in R_n ganz enthaltenen Raumes bildet.

Transversalschnitt von R_m ist ein Raum von $n-1$ Dimensionen, der R_m theilt, und dessen Umfang im Umfang von R_m enthalten ist. Es folgen die nöthigen Festsetzungen für die Betrachtung des stetigen Uebergangs eines begrenzten Raumes in einen andern mit Rücksicht auf die genannte Unterscheidung der Ordnung und Gattung des Zusammenhangs.

Schliesslich werden 2 Sätze hergeleitet, deren erster lautet: Ist S_{n-1} die Grenze des geschlossenen Raumes R_n, und V eine beliebige Function der Coordinaten, so ist

$$\int\left(\frac{d^2V}{dz_1^2} + \frac{d^2V}{dz_2^2} + \cdots \frac{d^2V}{dz_n^2}\right) dR_n + \int\frac{dV}{dp}\, dS_{n-1} = 0,$$

wo dp ein zu S_{n-1} normales Linienelement bezeichnet. Zur Anwendung auf nicht einfach zusammenhangende R_n hat man durch Transversalschnitte den einfachen Zusammenhang herzustellen. Der zweite Satz ist eine Anwendung hiervon auf 2 Dimensionen.

H.

S. Lie. Ueber diejenige Theorie eines Raumes mit beliebig vielen Dimensionen, die der Krümmungstheorie des gewöhnlichen Raumes entspricht. Gött. Nachr. 1871. 191—209.

Der Aufsatz enthält eine Reihe von Sätzen der Geometrie, die sich auf einen Raum von beliebig vielen Dimensionen ausdehnen lassen. Zur Uebertragung der Begriffe bedurfte es der folgenden Anordnungen. Eine Gleichung

$$F\ (x_1,\ x_2,\ \cdots x_n) = 0$$

bestimmt eine $(n-1)$fache Mannichfaltigkeit M_{n-1} (entsprechend der Fläche). Ist die Gleichung linear, so heisst die Mannichfaltigkeit eben; insbesondere heisst

$$\sum_{i=1}^{i=n} \frac{dF}{dx_i}(x_{i'} - x_i) = 0,$$

die ebene Tangential-Mannichfaltigkeit von $F = 0$ (Berührungsebene). Configuration (Linie) heisst eine einfach unendliche Mannichfaltigkeit, welche im Raume M_n durch $n-1$ Gleichungen dargestellt wird. Ist die ebene Mannichfaltigkeit

$$\Sigma\, a_i\, x_i = \text{const.},$$

so heisst

$$\frac{x_1' - x_1}{a_1} = \frac{x_2' - x_2}{a_2} = \cdots \frac{x_n' - x_n}{a_n}$$

ihre Normalconfiguration (Normale der Ebene), und zwar für

$$a_i = \frac{dF}{dx_i},$$

die der Mannichfaltigkeit $F = 0$ im Elemente x_i zugehörige Normalconfiguration (Normale der Fläche). Richtung heisst der Uebergang von einem Element zu einem unendlich nahen. Zwei Richtungen $(dx_i^{(a)})$, $(dx_i^{(b)})$ heissen orthogonal, wenn

$$\Sigma\, dx_i^{(a)}\, dx_i^{(b)} = 0.$$

Zwei M_{n-1}, $F = 0$ und $\Phi = 0$, schneiden einander orthogonal, wenn

$$\Sigma \frac{dF}{dx_i} \frac{d\Phi}{dx_i} = \lambda F + \mu \Phi.$$

Schneiden sich die beiden Normalconfigurationen, welche zwei unendlich nahen Elementen einer M_{n-1} entsprechen, in einem Elemente, genannt Hauptelement (Krümmungsmittelpunkt), so heisst die Richtung von einem Elemente zum andern eine Hauptrichtung (Hauptkrümmungsrichtung), und eine Configuration, die lauter Hauptrichtungen verfolgt, Hauptconfiguration (Krümmungslinie).

Folgende Sätze gelten nun für beliebig viele Dimensionen.

Die Orthogonalitäts-Beziehungen bleiben bei jeder Transformation

$$\xi_j = \Sigma\, a_{ji}\, x_i; \quad \Sigma\, a_{ji}^2 = 1; \quad \Sigma\, a_{ji}\, a_{ki} = 0$$

ungeändert.

Von jedem Elemente einer M_{n-1} gehen im allgemeinen $n-1$ Hauptrichtungen aus, und diese sind stets orthogonal.

Das Dupin'sche Theorem, nach welchem 3 orthogonale Flächenschaaren sich in Krümmungslinien schneiden, sowie die Eigenschaft der Kugelfläche, auf welcher alle Richtungen Hauptkrümmungsrichtungen sind, lassen sich leicht übertragen.

Hieran schliessen sich fernere Betrachtungen, indem die Kugel eines Raumes von n Dimensionen, in welcher $n+1$ Elemente unabhängig variiren, als Ausdruck eines Raumes von $n+1$ Dimensionen aufgefasst wird.

Bei orthogonaler Transformation gehen Kugeln, die sich in einem Elemente berühren, in ebensolche über.

Unmittelbar für beliebig viele Dimensionen aufgestellt und bewiesen ist von Jacobi der Satz, dass die einfach unendlich vielen Mannichfaltigkeiten, die durch die Gleichung

$$\Sigma \frac{x_i^2}{a_i + \lambda} = 1$$

dargestellt werden, ein Orthogonalsystem bilden, woraus sich unbegrenzt viele algebraische Flächen mit algebraischen Krümmungslinien ergeben.

Den Schluss bilden einige Anwendungen homogener Coordinaten. H.

S. Lie. Zur Theorie eines Raumes von n Dimensionen.

Gött. Nachr. 1871. 535-551.

Der Aufsatz beschäftigt sich mit der Ausdehnung des Dupin'schen Theorems auf mehr als 3 Dimensionen, wobei die Kugel von n Dimensionen als Element eines Raumes von $n+1$ Dimensionen angewandt wird. Er enthält darüber Andeutungen in grosser Anzahl, die jedoch nicht der Art auf namhafte Resultate concentrirt sind, um sich zur Mittheilung zu eignen. H.

V. Schlegel. Untersuchungen über eine Fläche dritter Ordnung mittelst der Grassmann'schen Ausdehnungslehre. Pr. Waren.

Die Einleitung bildet eine Besprechung der verschiedenen in der Geometrie üblichen Methoden, von der synthetischen Methode der Alten anfangend bis zu den neuesten Hülfsmitteln, die der Verfasser sämmtlich für ungenügend hält, die synthetische wegen der Schwierigkeiten, welche das Imaginäre seiner Ansicht nach bietet, und weil sie sich „nicht über das Gebiet des Raumes emporzuschwingen" vermag, die analytische, weil sie an die „mehr durch die Praxis als durch die Wissenschaft aufgestellten Zahlenoperationen gebunden" sei, „deren Gesetze die geometrischen Untersuchungen in unbequeme Formen zwängen". Dagegen sei die Grassmann'sche Ausdehnungslehre „eine Analysis, welche den Anforderungen der Geometrie und der Zahlenlehre gleichmässig Rechnung trüge." Diese Ausdehnungslehre, welche Cauchy im Jahre 1853 in den C. R. unter seinem Namen veröffentlicht habe, obwohl er sie dem Grassmann'schen, ihm zugesandten Werke einfach entlehnt hätte, sei auch dem Hamilton-schen Quaternionencalcül bedeutend vorzuziehn. Der Verfasser sucht nun die Anwendbarkeit der Grassmann'schen Ausdehnungslehre darzuthun, indem er sie auf das bekannte Problem anwendet, den geometrischen Ort des Punktes x zu suchen, für welchen die Fusspunkte der vier Projectionscoordinaten in derselben Ebene liegen. Es werden die Eigenschaften dieser Fläche, (unter anderen ihre Mittelpunkte), so wie die Eigenschaften der Umhüllungsfläche der Fusspunktenebene untersucht, und es wird die Reciprocität beider Gebilde nachgewiesen. Da sich indessen die Rechnung durchaus nicht einfacher, als bei Benutzung anderer Methoden gestaltet, so möchte Referent bezweifeln, dass die Arbeit dazu beitragen wird, der vorliegenden Behandlungsweise viele Freunde zu erwerben, zumal in einer Zeit, die eher an einem Ueberfluss, als an einem Mangel neuer Algorithmen leidet.

A.

R. Heger. Grundformeln der analytischen Geometrie des Raumes in homogenen Coordinaten. Schlömilch Z. XVI. 1-41.

Diese Arbeit ist als Fortsetzung der Arbeit: „Grundformeln der ebenen analytischen Geometrie in homogenen Coordinaten“ anzusehen (cfr. Schlömilch Z. XV. 389-426; s. F. d. M. II. 449.). Als homogene Coordinaten eines Punktes im Raume werden die Abstände des Punktes von den 4 Flächen eines als fest angenommenen Tetraeders definirt, und als homogene Coordinaten einer Ebene werden genommen die Abstände der Ebene von den vier Ecken des Tetraeders dividirt durch den Abstand der Ebene von einem willkürlich angenommenen Fixpunkte. Auf Grund dieser Definitionen wird dann die Verwandlung homogener Coordinaten in orthogonale und umgekehrt behandelt; es wird dann weiter die Gleichung der Ebene und des Punktes discutirt, und im Anschluss daran werden einige Aufgaben über Ebene und Punkt gelöst. Die Anwendung des Vorangehenden auf Flächen zweiter Ordnung bildet den Schluss der Arbeit. Unter diesen Anwendungen hervorzuheben sind die Sätze über Pol und Polare. Für eine gegebene Fläche kann man nun stets ein Tetraeder so construirt denken, dass eine jede dieser Flächen die Gegenecke zum Pole hat. Ein solches Tetraeder wird ein sich selbst conjugirtes genannt. Denkt man sich die homogenen Gleichungen auf sich selbst conjugirte Tetraeder bezogen, dann liefert diese Beziehung ein Mittel, die Flächen zweiter Ordnung zu classificiren. Diese Classification wird vom Verfasser gegeben. T.

P. G. Tait. Discours à la section de mathématique et de physique de l'association britannique. Mondes (2) XXV. 445-457.

Enthält vorzugsweise eine Empfehlung des Quaternionencalcüls. Wn.

W. Walton. Des coordonnées biangulaires. Nouv. Ann. (2.) X. 122-135.

Uebersetzung der Arbeit Quart. J. IX. 47-57. (S. F. d. M. I, 153). M.

J. A. Grunert. Das tetraedrische oder quadriplanare Coordinatensystem in allgemeiner analytischer Entwickelung. Grunert Arch. LIII. 193-316.

Das tetraedrische Coordinatensystem spielt in der Geometrie des Raumes dieselbe Rolle, wie das trilineare in der Geometrie der Ebene. Unter tetraedrischen Coordinaten eines Punktes werden seine senkrechten Abstände von den 4 begrenzenden Ebenen eines Fundamentaltetraeders verstanden. Behandelt sind in der oben genannten Arbeit Punkt, Gerade, Ebene, Verwandlung der Coordinaten, und dann ist noch die allgemeine Gleichung der Flächen zweiten Grades und speciell die der Kugelfläche entwickelt. T.

J. Hemming. Transformation der projectivischen Coordinaten. Wolf J. XIV. 41-49.

Während Herr Fiedler (Die darstellende Geometrie S. 562 u. 566) unmittelbar von den Projectivitäts-Gleichungen collinearer Systeme und ihrer geometrischen Interpretation zu den Transformationsformeln der projectivischen Coordinaten und ihrer geometrischen Deutung gelangt, giebt Herr Hemming in obigem Aufsatz eine Transformation derselben an, welche in der Ebene für Punkt-Coordinaten durch eine beliebige Gerade, für Strahlen-Coordinaten durch einen beliebigen Punkt, im Raume für Punkt-Coordinaten durch eine beliebige Ebene, für Ebenen-Coordinaten durch einen beliebigen Punkt vermittelt wird, und welche der Herr Verfasser für den ersten Unterricht in der analytischen Geometrie für geeignet hält. Schz.

W. Unverzagt. Ueber ein einfaches Coordinatensystem der Geraden. Pr. Wiesbaden.

Der Verf. führt zunächst eine Reihe neuer Bezeichnungen ein. Sind auf einer Geraden drei Punkte a, b, c gegeben, so dass mit Berücksichtigung des Zeichensinnes $ac + cb = ab$ ist, so werden die sechs Quotienten:

$$\frac{ac}{ab},\ \frac{cb}{ab},\ \frac{ac}{cb},$$
$$\frac{ab}{ac},\ \frac{ab}{cb},\ \frac{cb}{ac},$$

von ihm die longimetrischen Funktionen der Strecke ac in Bezug auf ab genannt, und wie die goniometrischen durch sin acb, cos acb, tg acb, cosec acb, sec acb und cot acb bezeichnet, oder kürzer durch sin c etc., sobald ab als Längeneinheit und a als Anfangspunkt stillschweigend vorausgesetzt werden können. Hieraus ergeben sich die Relationen:

$$\sin c + \cos c = 1,\quad 1 + \operatorname{tg} c = \sec c,\quad 1 + \cot c = \operatorname{cosec} c,$$
$$\sin c \cdot \operatorname{cosec} c = 1,\quad \cos c \cdot \sec c = 1,\quad \operatorname{tg} c \cdot \cot c = 1,$$

von denen natürlich eine aus den fünf andern resultirt. Der Verfasser entwickelt hierauf die Formeln für $\sin(c \pm d)$ u. s. w., welche gewisse Analogien mit den Additionstheoremen der goniometrischen Funktionen zeigen. Führt man einen Hülfswinkel γ durch die Gleichung $(\sin\gamma)^2 = \sin c$ ein, so ist jede longimetrische Funktion von c gleich dem Quadrate der entsprechenden goniometrischen Funktion von γ, und es entspricht jedem Winkel γ ein Punkt c zwischen a und b; dagegen jedem Punkte c entspricht ein Winkel γ, der aber imaginär wird, wenn c ausserhalb ab liegt.

Diese Relation benutzt der Verfasser, um bei gewissen Aufgaben rein imaginäre Winkel in Betracht zu ziehn (z. B. bei der stetigen Theilung des rechten Winkels). Der Verfasser versucht schliesslich eine Anwendung der longimetrischen Funktionen zur Darstellung complexer Ausdrücke und ihrer Addition, welche mit der Zusammensetzung paralleler Kräfte zusammenhängt, doch gelingt es ihm nicht, für die Multiplikation die arithmetische Betrachtung mit der geometrischen auf eine einfache Weise zu vereinigen. Nach dieser Einleitung bestimmt der Verfasser die Lage einer beliebigen Geraden in der Ebene durch folgende Coordinaten. Es seien durch die Endpunkte einer festen Strecke $\mathfrak{x}_0\,\mathfrak{y}_0 = e$ zwei feste Parallele mit gleichem Richtungssinn gelegt, welche die Axen heissen. Eine beliebige Gerade m schneidet die Axen bezüglich in $\mathfrak{x}$ und $\mathfrak{y}$, dann heissen die Strecken $\mathfrak{x}_0\,\mathfrak{x} = x$ und $\mathfrak{y}_0\,\mathfrak{y} = y$ die Coordinaten der Geraden m. Die Gerade m

schneide die Gerade $\mathfrak{x}_0 \mathfrak{y}_0$ (die Mittellinie) in $\mathfrak{m}$ unter dem Winkel μ; dann ergiebt sich die longimetrische Relation:

$$\operatorname{tg} \mathfrak{m} = -\frac{x}{y}.$$

Ist m den Axen parallel, so ist ihre Lage bestimmt durch den Grenzwerth von $\operatorname{tg} \mathfrak{m}$ oder $-\frac{y}{x}$, während y und x unendlich werden.

Legt man ferner durch den Durchschnittspunkt $\mathfrak{m}$, der Geraden $\mathfrak{x}_0 \mathfrak{y}$ und $\mathfrak{y}_0 \mathfrak{x}$ eine Parallele zu den Axen, so kann die Länge u dieser Parallelen, so wie irgend eine longimetrische Funktion des Punktes, in welchem u die Mittellinie trifft zur Bestimmung der Lage des Punktes $\mathfrak{m}_1$, also auch der Geraden m dienen; diese Coordinatenbestimmung wird als ein Analogon der Polarcoordinaten für Punkte eingeführt. Die weitere Untersuchung zeigt nun, dass die Formeln mit Hinzuziehung der longimetrischen Relationen den Formeln bei rechtwinkligen Punktcoordinaten analog werden. Es werden zunächst lineare Gleichungen, welche Punkte darstellen, mit ihren Consequenzen behandelt; daran schliesst sich die Transformation der Coordinaten und die Behandlung der Curven zweiter Classe; die Coordinaten werden endlich homogen gemacht, und die Beziehung dieser homogenen Coordinaten zu den Plücker'schen wird zum Schluss, mit einer Hinweisung auf die Uebertragung der Betrachtungsweise auf räumliche Gebilde, besprochen.

Recension von Cantor siehe Schlömilch Z. XVI. Litz. 57.

A.

G. de Bernardinis e T. Fuortes. Relazione di corsi di geometria superiore e d'analisi superiore nella università di Napoli, negli anni 1870 e 1871. Battaglini G. IX. 233-258.

Der Aufsatz enthält in seinem ersten Theile eine detaillirte Uebersicht über die geometrischen Vorlesungen, die Herr Prof. Battaglini an der Universität zu Neapel während der Jahre 1870 und 1871 gehalten. Sie enthalten die modernen analytischen und rein geometrischen Methoden zum Studium der Curven und Flächen, und schliessen sich an die Werke von P. Serret, Salmon und Cremona an. Ueber den zweiten Theil s. p. 182. M.

Capitel 2.

Analytische Geometrie der Ebene.

A. Allgemeine Theorie der ebenen Curven.

J. FRISCHAUF. Einleitung in die analytische Geometrie. Graz. Leuschner u. Lubensky.

Als Einleitung in die analytische Geometrie behandelt der Verf. in gedrängter Kürze die Bestimmung eines Punktes, die gerade Linie, endlich die Linien und Flächen zweiten Grades. In einem Anhange finden sich Aufgaben zur Anwendung und Einübung der vorgetragenen Theorien. T.

H. SCHUMANN. Lehrbuch der analytischen Geometrie der Ebene. Berlin, Weidmann.

Ein Lehrbuch für Schüler, das sich auf die einfachsten Elemente der analytischen Geometrie beschränkt. Den Schluss bildet die Discussion der allgemeinen Gleichung zweiten Grades.

O.

F. JOACHIMSTHAL. Elemente der analytischen Geometrie der Ebene. 2. Aufl. Berlin. G. Reimer.

Die vorliegende zweite Auflage der von Herrn Hermes besorgten Ausgabe ist unverändert geblieben. O.

M. Pasch. Ueber eine Eigenschaft der reciproken Curven. Borchardt J. LXXIV. 92-96.

Es sei $f(x_1, x_2, x_3) = 0$ die Gleichung einer Curve in Punkt-Coordinaten, und man gehe durch die Substitution:

$$\varrho y_i = \frac{df}{dx_i}$$

zur Gleichung der sogenannten reciproken Curve, oder, was dasselbe ist, zur Gleichung der gegebenen Curve in Linien-Coordinaten über, die heissen mag

$$\varphi(y_1, y_2, y_3) = 0.$$

Setzt man nun in diese statt der y die $\frac{df}{dx}$ ein, so muss man, bis auf einen Factor, die ursprüngliche Gleichung $f = 0$ wiedererhalten; es ist also

$$\varphi\left(\frac{df}{dx_1}, \frac{df}{dx_2}, \frac{df}{dx_3}\right) = M \cdot f.$$

Ein solcher Factor M tritt bei jeder rationalen Substitution auf. Der Verf. zeigt, dass im vorliegenden Falle das Schnittpunktsystem der Curven $M = o$, $f = 0$ aus den dreimal zu rechnenden Wendepunkten der Curve f und den Berührungspunkten ihrer Doppeltangenten besteht. Kln.

A. Grunert. Allgemeine Theorie der Berührenden, der Normalen und des Krümmungskreises der Curven mit Zugrundelegung des trimetrischen oder Dreilinien-Coordinatensystems. Die Theoreme von Brianchon und Chasles von den Berührenden der Kegelschnitte mittelst desselben Coordinatensystems entwickelt. Grunert Arch. LIII. 443-481.

Mz.

L. Painvin. Étude de la courbure en un point multiple d'une courbe plane. Brioschi Ann. (2.) IV. 216.

K.

ABONNÉ. Note relative à la courbure en un point de rebroussement. Nouv. Ann. (2) X. 318-321.

Es wird bewiesen, dass der Krümmungsradius in einem Rückkehrpunkt (Spitze) der ersten Art = 0 ist, in einem solchen der zweiten Art aber einen beliebigen Werth haben kann.

T.

J. SOMOFF. Ueber die annähernde Rectification beliebiger Curven. Clebsch Ann. IV. 505-509.

Deutsche Uebersetzung der Arbeit, über die bereits Fortschr. d. M. II., 461 berichtet ist. Pr.

B. Theorie der algebraischen Curven.

EM. WEYR. Zur Theorie der Involutionen höherer Grade. Schlömilch Z. XVI. 353-356.

Es wird ein algebraischer Beweis des Satzes gegeben: „Befindet sich auf einem Kegelschnitte eine Punktinvolution n^{ten} Grades, so umhüllen die Verbindungslinien entsprechender Punkte eine Curve $(n-1)^{\text{ter}}$ Classe.“ Schn.

EM. WEYR. Ueber algebraische Curven, deren Punkte sich mit einer Variabeln in eindeutige Beziehung setzen lassen. Schlömilch Z. XVI. 80-83.

Die Curve C_n habe den Character, dass jeder ihrer Punkte sich durch den Werth x eines veränderlichen Parameters eindeutig bestimmen lasse, während auch umgekehrt jedem Punkte der Curve nur ein einziger Parameterwerth entspricht. Zwei Punkte x_1 und x_2 der Curve bestimmen eine Gerade und mithin noch $n-2$ weitere Curvenpunkte. Es wird daher zwischen den Parametern dreier Punkte x_1, x_2, x_3, welche in gerader Linie liegen, eine Gleichung bestehen $f(x_1\ x_2\ x_3) = 0$, welche dem

Charakter der Curve zu Folge symmetrisch und vom $(n-2)^{\text{ten}}$ Grade in Bezug auf $x_1\ x_2\ x_3$ ist. Aus diesem Umstand schliesst der Verfasser auf Classe, Zahl der Inflexions- und Doppeltangenten, und gelangt mit Leichtigkeit zu dem Resultat, dass die Curve C_n die grösste Zahl von Doppelpunkten besitze, welche bei einer Curve n^{ter} Ordnung auftreten können, ohne dass diese in Curven niederer Ordnung zerfalle. Schn.

A. Brill. Zur Theorie der Elimination und der algebraischen Curven. Clebsch Ann. IV. 510-526, Gött. Nachr. 1871. 507.

Dieser Aufsatz bildet die Einleitung zu dem nachfolgenden „Ueber zwei Berührungsprobleme." Man wird dort auf die Aufgabe geführt, die Bedingung dafür anzugeben, dass 3 Curven, welche eine gewisse Anzahl von gegebenen Punkten gemeinsam haben, sich in einem weiteren Punkte schneiden. Je nachdem die Gleichungen der Curven alle oder nur theilweise durch die Coordinaten der gemeinsamen Punkte identisch erfüllt werden, ist diese Aufgabe eine durchaus verschiedene. Der Herr Verfasser hat hier die beiden Fälle in Betracht gezogen, dass alle 3 Curven-Gleichungen durch diese Coordinaten identisch erfüllt werden, und dass eine von ihnen die Coordinaten eines den 3 Curven gemeinsamen Punktes nicht explicite enthalte.

I. Fall. Zunächst wird angenommen, dass die gegebenen Curven

$$(1)\qquad f(x,y)=0,\qquad \varphi(x,y)=0,\qquad \psi(x,y)=0,$$

bez. von der Ordnung n, p, q, nur einen, für alle einfachen Punkt α, β, der kurz als Punkt α bezeichnet werden soll, gemein haben. Die nothwendige und hinreichende Bedingung dafür, dass dieselben sich noch in einem von α verschiedenen Punkte schneiden, ist das Verschwinden einer ganzen Funktion der Coordinaten α, β, welche im Anschlusse an eine ähnliche Bezeichnung von Cayley (Crelle J. XXXIV, Rech. s. l'elimination etc.), die reducirte Resultante der 3 Gleichungen (1) genannt wird. Dieselbe stellt sich dar als Quotient der Variation der Resultante R dieser Gleichungen in

Beziehung auf ein Coefficienten-System z. B. φ und der Funktional-Determinante von f, φ, $d\psi$, darin $x_1 = \alpha$, $x_2 = \beta$, $x_3 = 1$ gesetzt. Sie ist demnach in den Coefficienten von f, φ, ψ bez. vom Grade $pq - 1$, $qn - 1$, $np - 1$. Wenn allgemeiner der Punkt α bez. ν—, π—, $\varkappa$—facher Schnittpunkt von φ, ψ; ψ, f; f, φ, so ändern sich diese Zahlen bez. in $pq - \nu$, $qn - \pi$, $np - \varkappa$. Im §. 3 wird dies an einzelnen Beispielen ausgeführt und die Bildung der reducirten Resultante gezeigt. Sind endlich den Curven f, φ, ψ ausser dem Punkte α, welcher für dieselben bez. b-, c-, d-fach sein mag, noch andere davon verschiedene Punkte λ_1, λ_2, $\cdots$ gemeinsam, die unter sich auch zusammenfallen können, so wird die reducirte Resultante aus den Variationen von R so hergestellt, als wenn jeder der gemeinsamen Punkte allein vorhanden wäre. Der Grad derselben in α, β lässt sich angeben, wenn man als bekannt voraussetzt den Grad ν in α, β desjenigen Ausdruckes, dessen Verschwinden die nothwendige und hinreichende Bedingung dafür ausdrückt, dass von den u Schnittpunkten von φ, ψ, welche von den Punkten λ verschieden sind, ausser den bereits in α befindlichen einer, und nur einer nach α falle. Man findet dann dafür den Ausdruck

$$u \cdot n' + v \cdot p' + w \cdot q' - cd(n + n') - b \cdot \nu,$$

wo v, w eine ähnliche Bedeutung haben, wie u; n', p', q' bez. den Grad f, φ, ψ in α, β bezeichnen.

II. Fall. (§. 5). Die Aufgabe kann jetzt auch so ausgesprochen werden: „Die Anzahl der freien Punkte-Paare x, α auf einer Curve $f(x) = 0$ von beliebigem Geschlechte zu ermitteln, welche zugleich 2 gegebenen Bedingungsgleichungen

$$(2) \qquad p(x, \alpha) = 0 \qquad q(x, \alpha) = 0$$

genügen.“ Die Bestimmung „frei“ deutet an, dass unter die Punkte x, α weder etwaige feste Durchschnittspunkte der 3 Curven f, p, q noch singuläre Punkte von f aufgenommen werden dürfen. Zusammenfallende Punkte x, α liefern uneigentliche Lösungen, die sich — wenn auch nicht immer vollständig — durch Zurückführung der Aufgabe auf die vorhergehende ausscheiden lassen. — Die verlangte Zahl — vom Herrn Verfasser bereits in den Gött. Nachr. (Oct. 1871) mitgetheilt und auf geometrischem Wege abgeleitet — lässt sich auf folgende Daten zurückführen. Es sei p_1 die Anzahl freier Punkte α von f, welche einem Punkte x von f vermöge der Gleichung $p = o$ entsprechen; ebenso p_2 die Zahl freier Punkte x, entsprechend einem Punkt α. Davon fallen je b in die Punkte x, α zurück, wenn die Curve p in α einen $b$fachen Punkt besitzt. Die gleiche Bedeutung sollen q_1, q_2, c in Beziehung auf die 2te Gleichung $q = o$ haben. Bezeichnet dann P die Anzahl derjenigen freien Punkte α auf f, welchen der vermöge der Gleichung $p = o$ entsprechende Punkt x unendlich nahe liegt, so ergiebt sich für die Zahl der freien Punktepaare, welche beiden Bedingungen genügen, der Ausdruck:

$$(3) \qquad q_1 (p_2 - b) + q_2 (p_1 - b) - cP$$

Lässt man $f = o$ in die Gerade $y = o$ übergehen, so dass in den Gl. (2.) $y = o$, $\beta = o$ zu setzen ist, so muss die gesuchte Anzahl offenbar den Werth $(q_1 - c)(p_2 - b) + (q_2 - c)(p_1 - b)$ erhalten. Dieser folgt auch aus (3), indem jetzt $P = p_1 - b + p_2 - b$ ist.

Den Schluss der Abhandlung bilden Anwendungen auf die Theorie der Raumcurven. Die erhaltenen Formeln sind auf geometrischem Wege von Zeuthen (Brioschi Ann. (2) III. 175-218, s. F. d. M. II. p. 444) abgeleitet worden. St.

A. Brill. Ueber zwei Berührungsprobleme. Clebsch Ann. IV. 527-549.

Jonquières hat in Borchardt J. LXVI. auf synthetischem Wege die Zahl derjenigen Curven eines Büschels („Büschel“ in weiterem Sinne genommen) bestimmt, welche eine gegebene Curve in einem Punkte n_1 —, in einem zweiten n_2 — punktig,··· berühren. Die von ihm gegebenen Formeln wurden von Cayley (Phil. Trans. V. 158) auf andere Weise abgeleitet und erweitert. In der vorliegenden Abhandlung, deren Grundzüge bereits Fortschr. II. p. 474 nach einer Mittheilung des Herrn Verfassers in den Gött. Nachr. 1870 vorgeführt sind, wurden zwei Fälle des genannten Problems algebraisch behandelt.

I. Anzahl (αr) der Curven eines Büschels

$$(1) \qquad \sum_{0}^{r} {}_i\, \alpha^{(i)} \varphi^{(i)}(x) = 0,$$

welche eine gegebene Curve $f(x) = 0$ an einer Stelle r-punktig berühren. — Aus den Werthen von α_1, α_2, α_3 schliesst man

$$(2) \qquad \alpha_r = (r+1)\,(M + pr - r) - r\beta,$$

wo $M = ms - \sigma - 2\tau$. Hier bezeichnen s die Ordnung der Curven φ; m, p, β Ordnung, Geschlecht, Anzahl der Rückkehrpunkte der Curve f, von welcher ferner angenommen ist, dass sie durch σ Basispunkte des Büschels (1) einfach, durch τ ebensolche doppelt hindurchgehe. Die α_r Berührungspunkte sind die „beweglichen" Schnittpunkte von $f = 0$ und einer Curve $\varDelta_\varphi = 0$. Von den „festen" Schnittpunkten dieser Curven fallen $(r+1)$ in jeden der σ einfachen, $(r+1)\,(r+2)$ in jeden der τ Doppel-, und $r\,(r+2)$ in jeden der β Rückkehrpunkte von f, die nicht Basispunkte des Büschels (1) sind. Daraus folgt unmittelbar der Grad g der Covariante $\varDelta\varphi$:

$$g = s\,(r+1) + {}^1\!/_2\, r\,(r+1)\,(m-3).$$

Bedeuten x (oder x_0), x_1, $x_2 \cdots\cdots x_r$ $(r+1)$ aufeinanderfolgende, unendlich nahe Punkte von f, so ist

$$\varDelta_\varphi = |\varphi^{(i)}(x_k)| \qquad (i,k = 0,1 \cdots r).$$

Die explicite Darstellung von $\varDelta\varphi$ als Function von x ist nur in den einfachsten Fällen ausführbar. Für $r = 1$ ist $\varDelta\varphi$ die Jacobi'sche Determinante von f, φ^0, φ^1; für $r = 2$ findet man ihren Ausdruck in dem Aufsatze des Herrn Verfassers Clebsch Ann. III. p. 459, s. p. 319.

Die Unterdeterminanten von $\varDelta\varphi$ nach den Elementen der letzten Zeile liefern ein System von Curven Φ^0, $\Phi^1 \ldots \Phi^{(r)}$, deren geometrische Bedeutung sofort erhellt. Z. B. $\Phi^{(\nu)} = 0$ ist der Ort der Punkte, in welchen f von Curven des aus φ^0, $\varphi^1 \cdots \varphi^{(\nu-1)}$ gebildeten Büschels $(r-1)$punktig berührt wird. Die Büschel φ und Φ stehen zu einander in reciproker Beziehung, welche dadurch ausgedrückt ist, dass „die Unterdeterminanten k^{ter} Ordnung aus den k letzten Zeilen des Schema's

$$\|\varphi^{(i)}(x_k)\| \qquad (i = 0,1 \cdots r;\; k = 0,1 \cdots r-1)$$

sich verhalten wie die complementären Unterdeterminanten

$(r+1-k)^{\text{ter}}$ Ordnung aus den $r+1-k$ ersten Zeilen des gleichgebildeten Schema in Φ." Dieser Satz giebt nur den zweifachen Ausdruck für die Coordinaten einer $k$fachen linearen Mannichfaltigkeit, die aus einer $(r+1)$fachen herausgehoben ist, (vergl. Clebsch Gött. Anzeigen 1869 p. 1575 und Abhandl. Bd. XVII.). Auf dieses Verhalten der Büschel φ und Φ stützt sich der Beweis der Formel (2).

II. Die Zahl $N_{i,k}$ der Curven des Büschels (1), welche die Curve f an einer Stelle x i—, an einer anderen y k-punktig berühren $(i+k=r)$, wird angegeben durch die Zahl der „freien" Punktepaare x, y von f, für welche sämmtliche Determinanten $(r+1)^{\text{ter}}$ Ordnung des rechteckigen Schema's

(3) $\| \varphi^{(h)}(x), \varphi^{(h)}(x_1), \cdots \varphi^{(h)}(x_i), \varphi^{(h)}(y_1) \cdots \varphi(y_k) \| \quad (h=0,1\cdots r)$

verschwinden. Nach einem Satze von Salmon findet man

$$N_{i,k} = (p,q) - M_{ik},$$

wo (p,q) die Anzahl der „freien" Lösungen irgend zweier dieser Determinanten p, q und $M_{i,k}$ eben diese Zahl für die Determinanten r^{ter} Ordnung des rechteckigen Schema's

(4) $\| \varphi^{(h)}(x), \cdots \varphi^{(h)}(x_{i-1}), \varphi^{(h)}(y) \cdots \varphi^{(h)}(y_{k-1}) \|.$

bezeichnet. Analog ist

$$M_{i,k} = (p', q') - N_{i-1,\ k-1}.$$

Mittelst der Formel (3) im vorstehenden Referate lassen sich nun die Zahlen (p,q), $(p'q')$ durch α_i und α_k ausdrücken. Nur hat man wegen der Rückkehrpunkte β von f noch Glieder von der Form $\varrho_{i,k}\cdot\beta$ aufzunehmen, welche durch Uebergang von den φ zu den Φ bestimmt werden. Dazu dient folgender Satz — ebenfalls der Theorie der linearen Mannichfaltigkeiten entnommen: — „Mit den Unterdeterminanten $(r+1)^{\text{ter}}$ Ordnung des Schema's (3) verschwinden auch die Unterdeterminanten r^{ter} Ordnung des Schema's (4), geschrieben in Φ — und umgekehrt." Bei Vertauschung von φ mit Φ geht also $M_{i,k}$ in $N_{i,k}$ über und umgekehrt. — Damit gelangt der Herr Verfasser zu der bei Cayley a. a. O. vorkommenden Formel:

$$N_{i,k} = [\alpha_i - (i+1)(k+1)]\,[\alpha_k - (i+1)(k+1)] \\ - ik(i+1)(k+1)p - ik\beta + (i+1)(k+1)(M-i-k-1).$$

Ferner hat man

$$M_{i,k} = N_{i-1,k-1} - 2ik\,[M + (p-1)(i+k-1) - \beta] - 2(i+k)\,\beta.$$

St.

A. Brill. Ueber die Doppelpunkte von Curven im Raume, deren Geschlecht Null ist. Clebsch Ann. III. 456-458.

Raumcurven vom Geschlechte $p = o$, die also rational durch einen Parameter darstellbar sind, haben im Allgemeinen keinen wirklichen Doppelpunkt. Die Bedingung für die Existenz eines solchen wird aufgestellt und die ihm entsprechenden beiden Parameterwerthe durch eine quadratische Gleichung bestimmt.

Kln.

A. Brill. Ueber diejenigen Curven eines Büschels, welche eine gegebene Curve 2punktig berühren. Clebsch Ann. III. 459-468.

Die Punkte, in welchen eine gegebene Curve n^{ter} Ordnung

$$f(x_1, x_2, x_3) \equiv f(x) = 0$$

von Curven des Büschels s^{ter} Ordnung

$$(B) \qquad \alpha\varphi(x) + \beta\psi(x) + \gamma\chi(x) = 0$$

2punktig berührt wird, liegen auf einer Curve $(3n + 3s - 9)^{\text{ter}}$ Ordnung: $L = 0$, welche eine simultane Covariante der Formen f, φ, ψ, χ sein muss. — Von den Basispunkten des Büschels (B) seien σ einfache, τ Doppelpunkte von $f = 0$. In jedem der ersteren hat $L = 0$ mit $f = 0$ eine Berührung 2ter Ordnung; in jedem der letzteren einen 4fachen Punkt, von dessen Zweigen zwei je einen Zweig von $f = 0$ einfach osculiren, so dass in einen solchen Punkt $4 \cdot 2 + 2 \cdot 2 = 12$ Durchschnittspunkte der beiden Curven fallen. Bemerkt man noch, dass in den $d - \tau$ Doppel- und den β Rückkehr-Punkten von $f = 0$, welche nicht Basispunkte des Büschels (B) sind, die Curve $L = 0$ dasselbe Verhalten zeigt wie die Hesse'sche Curve von $f = 0$, dass also in jeden derselben 6, bezüglich 8 Durchschnittspunkte von $f = 0$ und $L = 0$ fallen, so ergiebt sich als Anzahl der die Curve $f = 0$ 2punktig berührenden Curven des Büschels (B) — wie auch aus geometrischen Untersuchungen bekannt ist —

$$n(3n+3s-9)-3\sigma-12\tau-6(d-\tau)-8\beta$$
$$=3[ns-\sigma-2\tau-2(p-1)]-2\beta=3(M+2p-2)-2\beta.$$

Hier bezeichnet p das Geschlecht von $f=0$, M die Ordnung der durch die Transformation

$$\varrho y_1=\varphi(x),\qquad \varrho y_2=\psi(x),\qquad \varrho y_3=\chi(x)$$

aus $f=0$ hervorgehenden Curve (Clebsch u. Gordan, Abel'sche Funktionen p. 55.). Vorstehende Zahl stellt offenbar auch die Zahl der Wendepunkte dieser Curve dar. St.

S. Gundelfinger. Bemerkungen zu dem Aufsatze des Herrn Bischoff über die Tangenten algebraischer Curven im 56. Bande d. J. Borchardt J. LXXIII. 171-174.

Was der Verfasser zu der Arbeit Bischoff's, deren Inhalt sich nicht wohl in der Kürze angeben lässt, hinzufügt, besteht in der Ausführung einiger Operationen, welche daselbst als Bedingungen gefordert werden. Gleich im Anfang sollen die Bedingungen gefunden werden, unter denen 1) eine gegebene Gleichung $g(x)=0$ zwei gleiche und entgegengesetzte Wurzeln hat, 2) eine Wurzel die Hälfte der andern, 3) das arithmetische Mittel aus zwei andern ist. Man bilde in allen 3 Fällen die Gleichung, deren sämmtliche Wurzeln in der geforderten Beziehung zu denen der gegebenen Gleichung stehen, und eliminire die Unbekannte.

Ferner soll der Grad der Gleichung einer Curve, welche eine Curve n^{ten} Grades $v(x_1,x_2,x_3)=0$ in den Punkten schneidet, in welchen diese von den Curven eines beliebigen Netzes n^{ter} Ordnung

$$\varphi(x_1,x_2,x_3)+\lambda\varphi'(x_1,x_2,x_3)+\mu\varphi''(x_1,x_2,x_3)=0$$

osculirt wird, um 2 erniedrigt werden. Die reducirte Gleichung, über deren Herleitung nur eine kurze Andeutung gegeben ist, lautet:

$$\begin{vmatrix} \varphi_1 & \varphi_1' & \varphi_1'' & v_1 \\ \varphi_2 & \varphi_2' & \varphi_2'' & v_2 \\ \varphi_3 & \varphi_3' & \varphi_3'' & v_3 \\ \Sigma\Sigma V_{ik}\varphi_{ik} & \Sigma\Sigma V_{ik}\varphi'_{ik} & \Sigma\Sigma V_{ik}\varphi''_{ik} & \frac{2m+n-3}{n-1}w \end{vmatrix}=0.$$

Hier bezeichnet w die Hesse'sche Determinante $\Sigma \pm v_{11}\, v_{22}\, v_{33}$, V_{ik} den Coefficienten von v_{ik} in w, und ist zur Abkürzung

$$\frac{df}{dx_i} = f_i; \quad \frac{d^2 f}{dx_i\, dx_k} = f_{ik}$$

gesetzt. H.

S. Gundelfinger. Verallgemeinerung einiger Theoreme des Herrn Aronhold. Borchardt J. LXXIII. 175-179.

Es handelt sich um die durch Aronhold in seiner berühmten Abhandlung (Borchardt's J. LV.) begründete Theorie der ternären cubischen Formen. Die Verallgemeinerungen beziehen sich besonders auf die Formenbildung betreffs des Büschels von Curven dritter Klasse, welcher zu einer gegebenen Curve dritter Ordnung zugehört. Vergl. hierzu des Verfassers Aufsatz: Zur Theorie der ternären cubischen Formen, Clebsch Ann. IV. p. 144, so wie das auf denselben bezügliche Referat p. 38. Kln.

S. Roberts. Solution of a question. 3233. Educ. Times. XV. 74.

Die Zahl der Bedingungen, welche zu erfüllen sind, damit eine Curve n^{ter} Ordnung in Bezug auf eine Axe symmetrisch sei, ist $= \frac{1}{4}(n^2 + 2n - 8)$, wenn n grade, und $= \frac{1}{4}(n^2 + 2n - 7)$, wenn n ungrade. Hi.

C. Gerade Linie und Kegelschnitte.

W. Brennecke. Einführung in das Studium der analytischen Geometrie. I. Th.: Punkt, gerade Linie, Kreis, Ellipse. Berlin.

Das Buch ist für die Prima höherer Lehranstalten geschrieben. Der Verfasser bezweckt, dem Anfänger eine Einsicht in den Reichthum der Methoden zu geben, durch welche die Probleme der analytischen Geometrie gelöst werden können. Auch ist vielfach die Wechselwirkung zwischen analytischer und synthetischer Geometrie hervorgehoben. Dadurch, dass häufige Abkürzungen, zumal für technische Ausdrücke angewendet sind, ist es möglich gewesen, in einem verhältnissmässig kleinen Raum eine grosse Fülle von Stoff zusammenzustellen, der vorzugsweise den Werken von Salmon, Joachimsthal und Fort und Schlömilch entlehnt ist. M.

P. Doucet. Problème de géométrie. Nouv. Ann. (2.) X. 503-506.

Bleibt das eine von zwei gegebenen ähnlichen Dreiecken *ABC* und *A'B'C'* fest, und verändert man die Lage des zweiten so, dass die entsprechenden Seiten parallel bleiben, und bezeichnet man die Schnittpunkte von

B'C' mit *CA* und *AB* resp. mit 2 und 5,
die von *C'A'* „ *AB* „ *BC* „ „ 6 „ 3,
die von *A'B'* „ *BC* „ *CA* „ „ 4 „ 1,

so sind stets die Flächen der Dreiecke 135 und 246 einander gleich; sie bilden ein Maximum, wenn die Schwerpunkte der beiden gegebenen Dreiecke zusammenfallen. Der Beweis ist mit den Hülfsmitteln der analytischen Geometrie geführt.

Schz.

Abonné. Solution de la question 1044. Nouv. Ann. (2) X. 555.

Eine Gerade und eine bestimmte Strecke *AB* liegen in einer Ebene. Wenn man einen beliebigen Punkt *P* der Ebene mit den Endpunkten *A* und *B* der Strecke *AB* verbindet, so bestimmen die Linien *PA* und *PB* auf der Geraden die Perspective *A'B'* der Strecke *AB*. Die Curven, welche der Punkt *P* beschreiben muss, damit diese Perspective immer dieselbe Länge behält, ist eine Hyperbel. Pr.

P. Cassani. Soluzione della quistione 1ª. Vol. VIII. p. 326. Battaglini G. IX. 108.

Beweis des Satzes: „Alle Vierseite, welche dasselbe Diagonalendreieck haben, umschliessen einen und denselben Kegelschnitt." M.

A. Cayley. On a theorem relating to eight points on a conic. Quart. J. XI. 344-346.

Der Satz ist der folgende bekannte: „In einem in einen Kegelschnitt eingeschriebenen Achteck schneiden sich die abwechselnden Seiten in den acht Punkten des Achtecks und in acht anderen Punkten, die auf einem Kegelschnitt liegen." Als Gleichung des gegebenen Kegelschnittes wird angenommen

$$xz = y^2 = 0,$$

so dass die Coordinaten der Punkte des Achteckes sind $(\alpha_1^2, \alpha_1, 1)$, $(\alpha_2^2, \alpha_2, 1)$ u. s. f., damit gewisse cyklische Ausdrücke erscheinen, welche sich in dem Resultate zeigen. Cly. (O.)

E. Beltrami. Alcune formole per la teoria elementare delle coniche. Battaglini G. IX. 341-344.

Auf analytischem Wege werden bekannte Sätze über ein- und umgeschriebene Dreiecke an Kegelschnitten hergeleitet, und die dahin gehörigen Formeln angegeben. Mz.

R. W. Genese. Note on analytical conics. Messenger (2) I. 104.

Untersuchung der Gleichung für die Tangente eines Kegelschnitts nebst Folgerung. Glr. (O.)

E. C. Constable. Note on curvature. Messenger (2) I. 50.

Bestimmung der centralen Krümmungssehne in einem Punkte eines Kegelschnitts. Glr. (O.)

P. Cassani. Studio della quistione 2. (Educ. Times, Gennajo 1871). Battaglini G. IX. 170-172.

Sind n Punkte in der Ebene eines Kegelschnittes gegeben, und fällt man von diesen die n Lothe $\Delta_1 \cdots \Delta_n$ auf eine bewegliche Tangente des Kegelschnittes, so lassen sich n Constante $\alpha_1 \cdots \alpha_n$ so bestimmen, dass $\Sigma \alpha_\lambda \Delta_\lambda^2$ constant ist. No.

G. Hellmann. Ein Beitrag zur Behandlung der Lehre von den Kegelschnitten. Hoffmann Z. II. 574-575.

Falscher Schluss aus dem Besondern auf das Allgemeinere. H.

F. Unferdinger. Ueber die Bestimmung einer Curve aus ihrer Tangenteneigenschaft. Grunert Arch. LII. 361-363.

Ist in Beziehung auf ein rechtwinkliges Coordinatensystem YOX M ein Punkt der noch unbekannten Curve, beschreibt man um O einen Kreis, benennt den Punkt, in dem der Radius Vector OM den Kreis schneidet, N, und den Punkt, in dem die in N construirte Kreistangente die Ordinatenaxe schneidet, P, dann wird die Curve, deren Tangente PM ist, ein Kegelschnitt, der die Abscissenaxe zur Symmetrieaxe hat. T.

C. G. J. Jacobi. Geometrische Theoreme. Borchardt J. LXXIII. 179-206.

Siehe Abschn. IX. Cap. 3. C.

Em. Weyr. Ueber Normalen an Curven zweiter Ordnung. Schlömilch Z. XVI. 440-444.

Ausgehend von dem Theorem: „Die Fusspunkte der aus den einzelnen Punkten einer Geraden auf einen Kegelschnitt gefällten Normalenquadrupel bilden eine biquadratische Involution" gelangt der Verfasser zu einigen Relationen zwischen Kegelschnittsnormalen. Zur Charakterisirung derselben mag hervorgehoben werden: „Fällt man von den einzelnen Punkten einer Kegelschnittsnormale auf den Kegelschnitt die drei weiteren Normalen, so bestimmen deren Fusspunkte Dreiecke, welche alle einem und demselben Kegelschnitt umschrieben sind."

Schn.

J. Versluys. Discussion de quelques théorèmes et problèmes de géométrie analytique. Grunert Arch. LII. 377-424.

Die behandelten Gegenstände sind folgende: Es wird die Bedingung erörtert, welche erfüllt sein muss, damit eine Gerade durch den Pol einer andern in Bezug auf einen Kegelschnitt gehe. Die Untersuchung wird durch Anwendung von Dreiliniencoordinaten geführt. Daran schliesst sich dann die Untersuchung der analogen Aufgabe für Flächen zweiten Grades unter Anwendung der tetraedrischen Coordinaten. Von den gewonnenen Resultaten werden dann Anwendungen gemacht.

Zweitens werden die beiden Geraden discutirt, welche durch die Durchschnittspunkte eines Kegelschnittes und zweier anderen Geraden gehen, unter Anwendung von Dreiliniencoordinaten, daran schliessen sich die analogen Probleme für andere Coordinatensysteme, und die Anwendung der gewonnenen Resultate auf die Discussion der Durchschnittspunkte und gemeinschaftlichen Tangenten zweier Kegelschnitte. Salmon hat in seinen „Sections coniques“ den Fall besonders behandelt, in dem ein Kegelschnitt auf Dreiliniencoordinaten so bezogen wird, dass zwei der Seiten Tangenten des Kegelschnittes sind und die dritte die Berührungssehne ist. Diese besondere Art der Beziehung wird dann im Folgenden in analoger Weise auf tangentiale und tetraedrische Coordinaten ausgedehnt. Die Resultate sind in der Form von Determinanten gegeben und zum grossen Theile auch durch Eigenschaften der Determinanten erhalten. T.

J. Versluys. Application des déterminants à l'algèbre et à la géométrie analytique. Grunert Arch. LIII. 137-187.

Siehe Abschn. II. Cap. 3 p. 58.

J. A. Grunert. Die allgemeinen Theoreme von Pascal, Désargues, Pappus, Carnot und Chasles von den Kegelschnitten, mit Zugrundelegung des trimetrischen oder Dreilinien-Coordinatensystems entwickelt. Grunert Arch. LIII. 395-442.

T.

J. Petersen. Om Ligninger der löses ved Kvadratrod, med Anvendelse paa Problemers Lösning ved Passer og Lineal. Kjövenhavn.

Siehe Abschn. II., Cap. 1. p. 23.

G. Dostor. Propriété des coniques relative aux tangentes issues d'un même point. Grunert Arch. LIII. 90-93. 98-100.

Legt man von einem Punkte an einen Kegelschnitt die beiden Tangenten, dann verhalten sich diese zu einander wie die entsprechenden Normalen, gerechnet bis zu einer der Axen der Curve. An den Beweis dieses Satzes schliesst sich die Berechnung des Winkels, den die beiden Tangenten mit einander bilden.

T.

V. Eugenio. Dimostrazione di un teorema di geometria. Battaglini G. IX. 51.

Lehrsatz von A. F. Torry: Ist $l\sqrt{\alpha}+m\sqrt{\beta}+n\sqrt{\gamma}=0$ die Gleichung eines Kegelschnitts in Dreiliniencoordinaten, und nimmt man auf dieser Curve 2 Punkte P_1 und P_2, deren Coordinaten resp. $(\alpha_1, \beta_1, \gamma_1)$ und $(\alpha_2, \beta_2, \gamma_2)$ sind, so wird die Gerade $P_1 P_2$ derjenigen parallel sein, deren Gleichung ist:

$$\frac{l\alpha}{\sqrt{\alpha_1}+\sqrt{\alpha_2}}+\frac{m\beta}{\sqrt{\beta_1}+\sqrt{\beta_2}}+\frac{n\gamma}{\sqrt{\gamma_1}+\sqrt{\gamma_2}}=0.$$

Mz.

V. N. Bitonti. Dimostrazione del teorema 3. Battaglini G. IX. 52-54.

Beweis desselben Satzes. Mz.

A. Cayley. On the reciprocal of a certain equation of a conic. Messenger (2) I. 120-121.

Die reciproke Gleichung des Kegelschnitts

$$\lambda\,(ax+by+cz)\,(a'x+b'y+c'z)$$
$$-\,\mu\,(a''x+b''y+c''z)\cdot(a'''x+b'''y+c'''z)=0$$

wird in 2 Formen aufgestellt. Glr. (O.)

A. Cayley. A. „Smith's Prize" paper. 1871. Question 6. Messenger (2) I. 46-47.

Wenn $X=0$, $Y=0$, $Z=0$, $W=0$ 4 gegebene Kegelschnitte in derselben Ebene sind, die einen gemeinsamen Punkt haben, dann giebt es in dem System von Kegelschnitten

$$aX+bY+cZ+dW=0$$

im Allgemeinen 4 (uneigentliche) Kegelschnitte, als deren Gleichungen man nehmen kann:

$$x^2=0,\quad y^2=0,\quad xz=0,\quad yz=0.$$

Glr. (O.)

J. A. Grunert. Ueber die Gleichung des um ein Dreieck beschriebenen Kreises und über die Gleichungen der vier Berührungskreise des Dreiecks in Dreilinien-Coordinaten. Grunert Arch. LII. 331-358.

T.

A. Enneper. Ueber die Bedingung, dass sich 3 Kreise in einem Punkte schneiden. Schlömilch Z. XVI. 257.

Sind r, r', r'' die Radien dreier Kreise, p, p', p'' die Distanzen ihrer Mittelpunkte, so ist die gesuchte Bedingungsgleichung:

$$\begin{vmatrix} 2r^2, & r^2+r'^2-p''^2, & r^2+r''^2-p'^2 \\ r^2+r'^2-p''^2, & 2r'^2, & r'^2+r''^2-p^2 \\ r^2+r''^2-p'^2, & r'^2+r''^2-p^2, & 2r''^2 \end{vmatrix}=0.$$

Hr.

C. Valentino. Soluzione di alcune quistioni proposte nei „Nouvelles Annales." Battaglini G. IX. 173-178.

Beweis folgender Sätze:

1. Seien A und B zwei Punkte einer Ellipse, deren Brennpunkte F und G; die Geraden FA und GB mögen sich in D treffen, die Geraden FB und GA in E. — Es seien ferner $\varphi, \gamma, \eta, \delta$ die Winkel resp. AFB, AGB, AEB, und ADB. Dann ist:

$$FA.\ FB.\ \sin^2\varphi/_2 = GA.\ GB.\ \sin^2\gamma/_2$$

$$FA.\ GB.\ \cos^2\delta/_2 = GA.\ FB.\ \cos^2\eta/_2.$$ (Laguerre.)

2. Nimmt man auf der Normale eines Punktes *P* einer Ellipse ausserhalb der Curve einen Punkt *Q*, so dass *PQ* dem Krümmungsradius in *P* gleich ist, so schneidet der über *PQ* als Durchmesser beschriebene Kreis denjenigen Kreis rechtwinklig, der der Ort der Scheitel aller der Ellipse umgeschriebenen rechten Winkel ist. (Steiner.)

3. Es sei eine unendliche Schaar von Kreisen gegeben, die sich alle in demselben Punkte berühren; durch diesen Punkt gehen 2 Gerade, welche mit der Centrale sämmtlicher Kreise Winkel bilden, deren Summe constant bleibt; beschreibt man nun über den Sehnen dieser Kreise als Durchmesser neue Kreise, so haben diese, paarweise genommen, dieselbe Radicalaxe. (Chadu.) Dieses Theorem wird auch auf die Kugel ausgedehnt.

4. In der Ellipse und in der Hyperbel ist das Produkt der beiden Entfernungen einer Normale von ihrem Pol und vom Centrum der Curve gleich dem Produkte der beiden Radien Vectoren, welche von den beiden Brennpunkten nach dem Curvenpunkte hingehen, in welchem die Normale construirt ist. (Dostor.)

5. In der Ellipse und in der Hyperbel theilen die beiden Geraden, welche einen Punkt der Curve mit den Endpunkten eines Durchmessers verbinden, den conjugirten Durchmesser in harmonische Theile. (Dostor.)

Mz.

P. Pein. Solution de la question 964. Nouv. Ann. (2) X. 458-460.

Durch einen Punkt *M* einer Ellipse kann man drei Normalen dieser Curve ziehen (mit Ausnahme derjenigen, die ihren Fusspunkt in *M* hat). Auf jeder dieser Normalen trage man von *M* aus eine Länge ab, gleich dem Stück der Normale zwischen der grossen Axe und der Ellipse: so liegen die so erhaltenen drei Punkte auf einem Kreise, der die Ellipse in *M* berührt.

Wn.

H. Lez. Solution de la question 1002. Nouv. Ann. (2) X. 460-462.

Schneidet man von einem Punkte einer Ellipse aus auf der nach aussenhin verlängerten Normale ein Stück ab, gleich dem Krümmungsradius in diesem Punkte, so schneidet der über dieser Linie als Durchmesser beschriebene Kreis rechtwinklig den Ort der Scheitel der um die Ellipse beschriebenen rechten Winkel. 2 Lösungen (siehe p. 328 No. 2). Pr.

O. Callandreau. Solution des questions 1036 u. 1037. Nouv. Ann. (2.) X. 457.

1, Gegeben der Mittelpunkt einer Ellipse, ein Punkt der Curve und der Mittelpunkt des Krümmungskreises in diesem Punkte; die Axen der Ellipse zu bestimmen.

2. Gegeben der Lage nach die Brennpunktaxe einer Ellipse, ein Punkt der Curve und der Mittelpunkt des Krümmungskreises in diesem Punkte, die Axen der Ellipse zu bestimmen.

Pr.

S. Morel. Solution de la question 983. Nouv. Ann. (2) X. 46.

Angabe der Beziehungen zwischen den Halbaxen zweier concentrischer Ellipsen, wenn die reciproke Polare der einen von ihnen in Bezug auf die andere ein Kreis mit gegebenem Radius ist. Pr.

H. G. Day. Démonstration géométrique d'un théorème sur l'ellipse. Nouv. Ann. (2) X. 136-137.

Uebersetzung eines Theils der Notes on geometrical conics, Quart J. X., 125. (s. F. d. M. II. 489). M.

G. Delabar. Construktion der Axen irgend einer Ellipse, von der zwei conjugirte Durchmesser gegeben sind. Grunert Arch. LII. 310-312.

Die angegebene Construction ist eine geometrische Construktion, die bequem mit Hülfe des Zirkels und Lineals ausführbar ist. Der Beweis ihrer Richtigkeit stützt sich auf den Satz: „Die Summe der Quadrate der beiden Halbaxen einer Ellipse ist gleich der Summe der Quadrate der halben conjugirten Durchmesser.“ T.

J. A. Grunert. Der Flächeninhalt der Ellipse durch die Coefficienten in ihrer allgemeinen Gleichung für cartesische und trimetrische Coordinaten ausgedrückt. Grunert Arch. LIII. 390-394.

Die bezeichnete Aufgabe wird mit Bezugnahme der Abhandlung des Verfassers: Allgemeine Discussion der Gleichung der Linien des zweiten Grades (Grunert Arch. LI., siehe F. d. M. II. p. 479) durchgeführt. Hr.

L. Lindelöf. Quelques problèmes relatifs à l'ellipse et à l'ellipsoïde. Nouv. Ann. (2) X. 212-221.

Die eine Gruppe der mitgetheilten Sätze behandelt grösste oder kleinste Polygone, welche einer gegebenen Ellipse ein- resp. umgeschrieben werden können; eine andere behandelt das grösste Tetraeder, das einem gegebenen Ellipsoid ein-, und das kleinste Polyeder, das ihm umgeschrieben werden kann; eine andere betrifft die grösste und kleinste Ellipse, welche einem gegebenen Dreieck ein- resp. umgeschrieben werden kann, und die letzte giebt dann die analogen Beziehungen für das Ellipsoid.

T.

F. Tano. Un teorema di geometria. Battaglini G. IX. 151.

Begrenzt man die in den Scheiteln einer Ellipse gezogenen Tangenten durch eine ähnliche concentrische Ellipse, so ist eine Ellipse mit diesen beiden als Durchmessern gleich der zwischen jenen Ellipsen liegenden Fläche. No.

C. Mittelacker. Theorie des vollständigen elliptischen Vierseits und deren Anwendung. Grunert Arch. LII. 206-239.

Ein vollständiges elliptisches Vierseit wird gebildet durch

vier Gerade, welche paarweise durch einen und denselben Punkt gehen und so gelegen sind, dass die Richtung der einen derselben derjenigen der andern in Bezug auf eine gegebene Ellipse conjugirt ist. Ereignet es sich, dass drei der 4 Geraden durch denselben Punkt gehen, dass z. B. die conjugirte Richtung der dritten Geraden durch den Schnittpunkt der ersten und zweiten geht, dann bilden die 4 Geraden ein elliptisches Dreieck. Unter reducirter Strecke wird der Quotient verstanden, den man erhält, wenn man die Strecke durch den ihr parallelen Halbmesser der Ellipse dividirt.

Die entwickelten Sätze betreffen die reducirten Abschnitte der Seiten, die reducirten Seiten des vollständigen elliptischen Vierseits. Eine andere Gruppe von Sätzen enthält die Relationen für das elliptische Dreieck. Dabei ergiebt sich eine Analogie zwischen diesen Sätzen des elliptischen Dreiecks mit den bekannten Sätzen über das rechtwinklige Dreieck, ferner erscheinen die angegebenen Sätze über das elliptische Vierseit, als die nach einer bestimmten Richtung höchst mögliche Verallgemeinerung des pythagoräischen Lehrsatzes, so z. B.: In jedem vollständigen elliptischen Vierseit sind die Produkte der von einer Ecke aus genommenen und reducirten Abschnitte je zweier Seiten einander gleich, etc.

Die dann folgenden Sätze über die reducirten Diagonalen treten als Verallgemeinerungen des Ptolemäischen Lehrsatzes auf.

Einige Beispiele erläutern die Anwendbarkeit der entwickelten Sätze für die Untersuchung complicirter Liniensysteme an der Ellipse. T.

G. Dostor. Surface du quadrilatère compris entre les deux tangentes menées du point (x, y) à une conique à centre, et les deux droites qui joignent le centre aux points de contact. Grunert Arch. LIII. 94-98.

G. Dostor. Surface du triangle compris entre les deux droites qui joignent un point quelconque du plan à deux points arbitraires de la parabole. Grunert Arch. LIII. 100-103.

T.

V. Eugenio. Dimostrazione di due teoremi del Sign. Dostor. Battaglini G. IX. 112-114.

1) Zieht man 2 Tangenten an eine Parabel, so ist die Abscisse ihres Schnittpunktes das geometrische Mittel aus den Abscissen der Berührungspunkte; die Ordinate aber das arithmetische Mittel aus den Ordinaten der Berührungspunkte. 2) Verbindet man das Centrum O einer Ellipse, deren Gleichung $a^2y^2+b^2x^2 = a^2b^2$, mit dem Berührungspunkt M einer Tangente und mit einem anderen beliebigen Punkt P (x',y') auf dieser Tangente, so ist der doppelte Inhalt des Dreiecks $MOP = \sqrt{a^2y'^2+b^2x'^2-a^2b^2}$. Mz.

C. Valentino. Dimostrazione di un teorema del Sign. V. N. Bitonti. Battaglini G. IX. 46-48.

Schlägt man um irgend einen Punkt A einer Parabel einen Kreis, welcher die Axe in D und E schneidet; zieht man von A aus die beiden Sehnen durch D und E, sowie diejenige, welche auf der Axe senkrecht steht, und durch den anderen Endpunkt dieser letzteren eine Parallele zur Axe, so sind die Abschnitte, welche auf den ersten beiden Secanten durch diese Parallele und den anderen Parabel-Schnittpunkt gebildet werden, einander gleich. Schz.

E. Leclert. Tracé des arcs paraboliques ou circulaires à grande portée. Mondes (2) XXV. 18-20.

Construction eines Parabelbogens für praktische Zwecke, die auf folgendem Satze beruht: Man ziehe eine beliebige Linie parallel dem Durchmesser OX eines Kreises, vom Endpunkte O des Durchmessers eine Sehne OS, fälle das Loth SM auf die Linie, welches Loth den Durchmesser in H schneidet; verrückt man die Parallele zum Durchmesser sich selbst parallel und gleichzeitig den Punkt S auf dem Kreise so, dass das Verhältniss OS zu HM constant bleibt, so ist der Ort für M eine Parabel, die in O ihren Scheitel hat. Wn.

Anonymus. Tracé pratique des arcs de parabole sur les chantiers. Mondes (2) XXV. 575-578.

Beruht auf folgendem Satze: Soll eine Parabel zwei gegebene Linien BA, BC in zwei gegebenen Punkten A,C berühren, so berührt sie auch die Verbindungslinie der Mitten von BA und BC in ihrem Mittelpunkte. Wn.

D. André. Deux théorèmes sur la parabole. Nouv. Ann. (2) X. 411-414.

Wenn ein Dreieck einer Parabel eingeschrieben ist und so liegt, dass sein Schwerpunkt auf der Parabelaxe gelegen ist, dann schneiden sich die Normalen der Parabel für die Eckpunkte des Dreiecks in einem Punkte, und umgekehrt. Wenn ein Dreieck einer Parabel eingeschrieben ist, und die Verbindungsgeraden der Eckpunkte des Dreiecks mit dem Scheitel der Parabel so gelegen sind, dass die Summe der trigonometrischen Tangenten ihrer Neigungswinkel mit der Abscissenaxe gleich 0 ist, dann liegen die den Parabelpunkten entsprechenden Krümmungsmittelpunkte in einer geraden Linie, und umgekehrt. T.

N. M. Ferrers. Note on Mr. Clifford's proof of Miquel's theorem. Messenger V. 204-206.

Herrn Clifford's Arbeit über den Miquel'schen Satz findet sich Messenger V. p. 124—141 (s. F. d. M. II. p. 394). Der Satz sagt aus, dass die Brennpunkte von 5 Parabeln, die 5 gegebene Gerade berühren, auf einem Kreis liegen. Dies sowohl wie der Satz, dass der Ort der Brennpunkte aller Parabeln, die 5 feste Linien berühren, ein Kreis ist, leitet der Verfasser her aus dem anderen Satz, dass wenn ein System von Kegelschnitten im Ursprung einen Doppelpunkt hat, und durch 5 gegebene Punkte geht, die Enveloppe derjenigen Sehnen, welche Punkte verbinden, in denen eine Curve des Systems wieder von den Coordinatenaxen geschnitten wird, ein Kegelschnitt ist, für welchen die Axen Tangenten sind. Glr. (O.)

Ch. Brisse. Solution de la question 207. Nouv. Ann. (2) X. 36.

Wenn in ein ebenes Dreieck drei Parabeln so gelegt sind, dass sie denselben Brennpunkt haben und dass ein jeder von ihnen von zwei Seiten des Dreiecks berührt ist, und man zieht an jede dieser Parabeln die Tangente, welche die nicht berührte Seite des Dreiecks rechtwinklig schneidet, so sind diese so entstandenen 3 Geraden Tangenten an eine und dieselbe Parabel, welche mit den drei andern gleichen Brennpunkt hat. Pr.

J. J. Walker and J. Wolstenholme. Solution of question 3096. Educ. Times XIV. 38.

In der Ellipse $\frac{x^2}{a^2}+\frac{y^2}{b^2}=1$ ist das Produkt der vier Normalen von (x,y) dividirt durch das Produkt der beiden Tangenten von $(x,y)=\frac{b^2x^2+a^2y^2}{a^2-b^2}$.

Hieraus folgt Wolstenholme's Theorem: „Das Produkt der drei Normalen zu einer Parabel getheilt durch das Produkt der beiden Tangenten ist constant und gleich dem vierten Theil des Latus rectum." Hi.

R. W. Genese. Solution of question 3049. Educ. Times XIV. 105.

Eine Gerade OX berührt einen Kegelschnitt in O; von vier Punkten P, Q, R, S auf diesen Geraden sind Tangenten gezogen, welche Winkel $\alpha, \beta, \gamma, \delta$ mit der Geraden OX bilden. Dann ist

$$\frac{OP\cot\alpha}{PQ.PR.PS}+\frac{OQ\cot\beta}{QP.QR.QS}+\frac{OR\cot\gamma}{RP.RQ.RS}+\frac{OS\cot\delta}{SP.SQ.SR}=0.$$

Hi.

J. J. Walker. Solution of question 2833. Educ. Times. XV. 29.

1. Durch jeden Punkt A eines Kegelschnittes mit Mittelpunkt gehen drei Kreise, welche den Kegelschnitt anderweitig oscu-

liren (in B, C, D resp.); zu beweisen, dass der Durchmesser des Kreises durch $ABCD$ ist $= \frac{a^2 + 3b^2}{2b}$, wenn am grössten, und $= \frac{b^2 + 3a^2}{2a}$, wenn am kleinsten, und die Länge des Kreises zu bestimmen, wenn seine Grösse gegeben.

2. Die Entfernung des Mittelpunktes des Kreises $ABCD$ von dem Mittelpunkt eines der drei osculirenden Kreise ist $= \frac{3}{4}\,\frac{a^2 - b^2}{b}$, wenn am grössten, und $= \frac{3}{4}\,\frac{a^2 - b^2}{a}$, wenn am kleinsten.

Hi.

Weitere Aufgaben über Kegelschnitte sind behandelt von R. W. Genese, G. O. Hanlon, J. Wolstenholme, W. J. Miller, A. F. Torry, R. Tucker, S. Roberts, R. Townsend, J. J. Walker, W. Roberts jun., Merrifield. Educ. Times XIV. XV.

D. Andere specielle Curven.

H. Durège. Die ebenen Curven dritter Ordnung. Leipzig. Teubner.

Siehe Abschn. VIII. Cap. 5. A. p. 270.

Em. Weyr. Sulle curve piane razionali del terz' ordine. Battaglini G. IX. 145-147.

Der Verfasser zeigt zuerst, dass, wenn eine ebene Curve dritter Ordnung rational (d. i. jeder Punkt eindeutig durch einen trewissen Parameter ξ bestimmt ist), die Curve nothwendig einen linie pelpunkt hat. Weiterhin werden auf sehr einfache Weise kannten Sätze über fortgesetztes Tangentenziehen (s. F. d. M. ist; die) entwickelt.

Mz.

P. Gordan. Ueber Curven dritter Ordnung mit zwei Doppelpunkten. Clebsch Ann. III. 631-632.

Aufstellung der Relation zwischen den Coefficienten der Gleichung einer Curve dritter Ordnung, welche zwei Doppelpunkte enthält, sowie der Gleichungen des Kegelschnitts und der Geraden, in welche dieselbe zerfällt, im Anschlusse an die Untersuchungen des Herrn Aronhold (Borchardt J. LV. 93).

A.

H. Durège. Ueber die Kegelschnitte, welche eine Curve dritter Ordnung osculiren. Prag. Ber. 1871. 47-63.

Siehe Abschn. VIII. Cap. 5. A. p. 272.

S. Gundelfinger. Ueber die Ausartungen einer Curve dritter Ordnung. Clebsch Ann. IV. 561-572.

Siehe Abschn. II. Cap. 3. p. 61.

J. J. Walker. On systems of tangents to plane cubic and quartic curves. Proc. of L. M. S. III. 202-209.

Cly.

Th. Erdmann. Das Descartes'sche Folium in seiner Verallgemeinerung. Pr. Münster.

S. Roberts. On the ovals of Descartes. Proc. of L. M. S. III. 106-126.

Ein Beitrag zur Theorie der Cartesischen Ovale. Dieselbe enthält 1) eine Interpretation der Polargleichung, 2) Erläuterung einer Constructionsmethode durch Punkte, welche nicht die Existenz von mehr als einem reellen und endlichen einzelnen Axen-Brennpunkt (single axial focus) erfordert und daher allgemein auf die cartesischen Ovale anwendbar ist, wo die einzelnen Axen Brennpunkte alle reell sind oder ein imaginäres Paar haben, und 3) Feststellung einiger Resultate durch Zeichnung, welche analytisch unvollständig erläutert oder in Folge der Zweideutigkeit der Polargleichung übersehen waren. Cly. (O.)

A. Burtaire. Solution de la question 962. Nouv. Ann. (2) X. 427.

Durch einen Punkt P in der Ebene eines Kegelschnitts zieht man eine Secante, welche die Curve in A und einen gegebenen Durchmesser in B schneidet. Zu diesem und seinem conjugirten Durchmesser zieht man durch A und B Parallelen. Der Ort dieser Durchschnittspunkte ist für die Ellipse und Hyperbel eine Gleichung vierten, für die Parabel eine Gleichung zweiten Grades.

Pr.

S. Roberts. Note sur les podaires centrales des coniques. Nouv. Ann. (2) X. 208-211.

Die mitgetheilte Note erörtert Relationen zwischen dem Inhalte der Fusspunktcurven, für welche der Mittelpunkt Pol ist, und den Inhalten der Kreise, welche mit der kleinen Axe als Radius um den Mittelpunkt und über der linearen Excentricität als Durchmesser beschrieben werden. T.

C. Albrich. Ueber Fusspunktcurven. Grunert Arch. LII. 56-61.

Versteht man unter $\left(\frac{\pi}{2}\right)$-Fusspunktlinie die sonst einfach Fusspunktlinie genannte Curve, dagegen unter (α)-Fusspunktlinie diejenige Curve, welche der geometrische Ort der Durchschnittspunkte ist, in welchen die vom Pole aus gezogenen geraden Linien die Tangenten der Basis unter dem constanten Winkel α schneiden, dann ergiebt sich: Die (α)-Fusspunktlinie eines centralen Kegelschnittes ist für denselben Pol die $\left(\frac{\pi}{2}\right)$-Fusspunktlinie eines andern Kegelschnittes, der dem gegebenen ähnlich ist; die Axen desselben sind in dem Verhältniss $\frac{1}{\sin\alpha}$ grösser als die des gegebenen, und bilden mit diesen einen Winkel von $90^\circ - \alpha$. Auch für die $\left(\frac{\pi}{2}\right)$ — und (α) — Fusspunktlinie der Parabel und der logarithmischen Spirale gelten analoge Sätze. Specielle Anwendungen bilden den Schluss. T.

B. Tortolini. Sulla teoria di alcune curve pedali. Att. d. Acc. d. N. Lincei. XXIV. 63-82.

Wenn man von einem festen Punkte, z. B. dem Anfangspunkte der Coordinaten, Lothe auf die Tangenten einer Curve fällt, so entsteht eine neue Curve (Fusspunktcurve), die von H. W. Roberts positiv derivirte Curve der gegebenen genannt worden ist. Aus dieser Curve kann man auf dieselbe Weise weitere derivirte Curven erhalten. Wenn man in ähnlicher Weise von einem festen Punkte, z. B. dem Anfangspunkte der Coordinaten, Radiusvectoren nach allen Punkten einer Curve zieht, und im Endpunkte jedes Radiusvectors Lothe errichtet, so umhüllen diese eine Curve, welche von Herrn W. Roberts negativ derivirte der gegebenen genannt wird. Auch von dieser können nach demselben Gesetze andere derivirte Curven erhalten werden. Der Verfasser untersucht in der vorliegenden Note einige Derivirte der Ellipse sowohl im positiven, wie im negativen System. Jg. (O.)

S. Morel. Problème de géométrie analytique. Nouv. Ann. (2) X. 107-110.

Lösung folgender Aufgabe: Der Scheitel A eines Winkels liege auf einem Kegelschnitt, und die Schenkel AB und AC dieses Winkels mögen gleiche Neigung gegen die Tangente des Kegelschnitts in A haben. Die Gerade BC, welche die Durchschnitte der Schenkel dieses Winkels mit dem Kegelschnitt verbindet, trifft die Tangente an A in einem gewissen Punkte M, der von der Grösse des Winkels unabhängig ist. Man soll nun den Ort dieses Punktes M finden, wenn der Punkt A den Kegelschnitt beschreibt.

Der Herr Verfasser findet nach Beweis der im ersten Theil der Aufgabe enthaltenen Behauptung für den fraglichen Ort eine Curve vierten Grades, deren Gleichung:

$$(1) \qquad \frac{a^6}{c^4\alpha^2}+\frac{b^6}{c^4\beta^2}-1=0,$$

wo α, β die laufenden Coordinaten, während die Gleichung des Kegelschnitts:

$$\frac{x^2}{a^2}+\frac{y^2}{b^2}-1=0, \text{ und } a^2=b^2+c^2.$$

Die durch Gleichung (1) ausgedrückte Curve ist in Bezug auf den gegebenen Kegelschnitt die reciproke Polare der Evolute dieses Kegelschnitts. Mz.

F. W. NEWMAN. On doubly diametral quartic curves. Rep. of Brit. Ass. 1871.

Die hier betrachteten Curven entstehen aus der allgemeinen Kegelschnittsgleichung:

$$ax^2+2hxy+by^2+2gx+2fy+c=0,$$

wenn man x^2 für x und y^2 für y setzt. Diese Substitution hat zuerst Herr Salmon in seinen Higher plane curves, p. 239 etc., angewendet. Hier werden die verschiedenen Arten von Figuren gezeichnet, welche eine solche Curve 4ter Ordnung annehmen kann, und eine Reihe von Namen für dieselben vorgeschlagen, die meist ihnen ähnlichen Natur- und Kunstgegenständen entnommen sind. Csy. (M.)

FR. BRIOSCHI. Les tangentes doubles à une courbe du quatrième ordre avec un point double. Clebsch Ann. IV. 95-98.

L. CREMONA. Observations géométriques à propos de la Note de Mr. Brioschi „Sur les tangentes doubles d'une courbe du 4e ordre avec un point double." Clebsch Ann. IV. 99-102.

Es handelt sich um die Doppeltangenten derjenigen Curven vierter Ordnung mit Doppelpunkt, für welche der letztere im projectivischen Sinne ein Mittelpunkt ist, d. h. derjenigen Curven, die sich auf folgende Gleichungsform bringen lassen

$$0 = z^2 \varphi(x,y) + f(x,y),$$

wo x, y, z die homogenen Coordinaten, φ und f homogene Funktionen von x, y resp. vom zweiten und vierten Grade sind. Brioschi zeigt, wie man die 16 Doppeltangenten einer solchen Curve mit Hülfe der biquadratischen Gleichung $f = 0$ und mehrerer quadratischer bestimmen kann, womit zugleich das Problem der Zweitheilung der hyperelliptischen Funktionen erster Gattung gelöst ist, da jede hyperelliptische Curve in eine Curve 4ter Ordnung der vorliegenden Art übergeführt werden kann. Cremona knüpft an diese Entwickelungen einige geometrische Folgerungen, die sich einmal auf die Berührungskegelschnitte der C_n beziehen, andererseits an den Zusammenhang anknüpfen, der, nach einer Bemerkung von Geiser (Clebsch Ann. I. 129, s. F. d. M. II. p. 417), zwischen den Doppeltangenten einer Curve vierter Ordnung und den 27 Geraden einer Fläche dritter Ordnung besteht.

Kln.

A. Cayley. A „Smith's Prize" paper. 1870. Question 14. Messenger V. 202-203.

Die Enveloppe eines variabeln Kreises, der seinen Mittelpunkt auf einem gegebenen Kegelschnitt hat und einen gegebenen Kreis rechtwinklig schneidet, ist eine bicirculare Curve 4ten Grades, welche in ein Paar von Kreisen übergeht, wenn der gegebene Kegelschnitt und Kreis doppelte Berührung haben. Hierdurch werden folgende zwei Probleme miteinander in Zusammenhang gebracht. 1) Gegeben 2 Kegelschnitte; zu finden ein Polygon von n Seiten, dem einen eingeschrieben, dem andern umschrieben. 2) Gegeben 2 Kreise; zu finden eine geschlossene Reihe von n Kreisen, deren jeder die beiden gegebenen und die beiden anliegenden Kreise der Reihe berührt.

Glr. (O.)

S. Roberts. On the pedals of conic sections. Proc. of L. M. S. III. 88-99.

Entwickelungen im Anschluss an einen Satz, der sich in den

Proc. of L. M. S. II. p. 135 (siehe F. d. M. II. p. 511) findet, nämlich: Wenn 2 Kreise gegeben sind, von denen der eine durch den Mittelpunkt des andern geht, und eine Linie, so lang wie der Radius des letzteren, sich so bewegt, dass ihre Enden auf den Kreisen bleiben, so ist der Ort eines fest mit der Linie verbundenen Punktes aus einem Kreise und einer bicircularen Curve 4ten Grades mit einem endlichen Doppelpunkt zusammengesetzt. Die Curve 4ten Grades ist die Fusspunktcurve eines Kegelschnittes. Cly. (O.)

A. Cayley. On the mechanical description of a nodal bicircular quartic. Proc. of L. M. S. III. 100-106.

Enthält weitere Untersuchungen über Herrn Robert's Satz: Die Coordinaten des Punktes, der mit der bewegten Linie fest verbunden ist, werden als rationale Funktionen eines Parameters u dargestellt, woraus es klar wird, dass die Curve eine bicirculare Curve 4ten Grades mit Knoten ist. Cly. (O.)

J. F. Moulton and F. D. Thomson. Solution of question 3343. Educ. Times XV. 51.

Wenn Curven beschrieben werden, die ähnlich und ähnlich gelegen sind zu einer gegebenen Curve U und in einem Punkte P Berührung der zweiten Ordnung haben mit einer Curve V, so wird der Ort eines Punktes S, der ähnlich gelegen ist zu einem festen Punkte O auf U, die Gerade PS in S berühren. Hi.

J. F. Moulton. Solution of question 3382. Educ. Times XV. 81.

Wenn eine Curve ähnlich zu $r^m = a^m \cos m\theta$, oder einer gleichwinkeligen Spirale, beschrieben wird, welche Berührung dritter Ordnung hat mit einer gegebenen Curve V, wenn ferner S der Pol dieser ist, so machen die Tangenten in S an den Ort von S und in P an die Curve V, gleiche Winkel mit der Geraden PS. Hi.

J. J. Sylvester. Solution of question 3355. Educ. Times XV. 57.

Der Schnittpunkt zweier Geraden und ein Punkt auf jeder sind gegeben als Wendepunkte einer Curve dritter Ordnung, so liegen die übrigen 4 Wendepunkte zu zweien auf zwei Geraden. Hi.

L. Bédorez. Solution de la question 923. Nouv. Ann. (2) X. 379.

Zwei ähnliche und ähnlich gelegene Kegelschnitte berühren sich im Punkte A. Durch diesen Punkt A zieht man eine Sehne AB in den einen, und eine Sehne $AC \perp AB$ in den andern Kegelschnitt, verbindet B mit C und fällt von A eine Senkrechte AJ auf BC. Dann ist der Ort des Punktes J, wenn AB sich um den Punkt A dreht, im Allgemeinen eine Curve 6ter Ordnung.

Pr.

Meutzner. Solution de la question 949. Nouv. Ann. (2) X. 42.

Entwickelung der Gleichung derjenigen ebenen Curven, für welche die Projektion der Normale auf den Radiusvector constant ist. Pr.

C. F. E. Björling. Theori for algebraiska eqvationers rötter. Handl. Stockholm. 1871.

Siehe Abschn. II. Cap. 1. p. 22.

S. Roberts. Solution of question 3151. Educ. Times XIV. 21.

In einem Cartesischen Oval mit Doppelpunkt im Endlichen (Nodal Limaçon) ist der Unterschied in der Länge der beiden Schleifen gleich der vierfachen Entfernung der beiden Vertices.

Hi.

S. Roberts. Solution of question 2111. Educ. Times XIV. 21.

In einem Cartesischen Oval, dessen innere Brennpunkte zusammenfallen, ist der Unterschied der beiden Bögen, welche durch eine Transversale durch den äusseren Brennpunkt abgeschnitten werden, einer bestimmbaren geraden Strecke gleich.

Hi.

A. Girard. Solution de la question 862. Nouv. Ann. (2) X. 327-330.

Rollt eine Kettenlinie auf einer Geraden, so hüllt eine beliebige Gerade ihrer Ebene eine Parabel-Evolvente ein.

Wn.

A. Cayley. On evolutes and parallel curves. Quart J. XI. 183-200.

Die zu Grunde liegende Curve wird entweder als ein eigentlicher Kegelschnitt oder als ein Punktepaar angenommen, und die Theorie hinsichtlich folgender zwei Punkte untersucht. Es werden nämlich die Werthe für die charakteristischen Zahlen (Ordnung, Classe, Singularitäten) der Evoluten und parallelen Curven in Ausdrücken derselben charakteristischen Zahlen wie bei denen der ursprünglichen Curve, bestimmt, wenn diese entweder specielle Beziehungen zur gegebenen hat oder nicht.

Cly. (O.)

Ph. Breton. Problème de géométrie résolu par une considération de mécanique. Mondes (2) XXIV. 339-340.

In einer geneigten Ebene ist eine Cycloide gezogen, deren Basis horizontal ist. Diese sei die Leitcurve eines Cylinders mit verticaler Kante. Wird der verticale Cylinder in einer verticalen Ebene aufgerollt, so wird die gegebene Cycloide in einen Cycloidenbogen mit horizontaler Basis transformirt.

Der Beweis beruht auf Folgendem: Irgend ein Punkt, der sich auf der gegebenen Cycloide bewegt, vollführt isochrone Schwingungen, deren Dauer nur von der Componente der Schwerkraft in der geneigten Ebene abhängt. Die Dauer der Schwingung eines auf einem verticalen Cylinder sich bewegenden

Punktes bleibt aber ungeändert, wenn man den Cylinder auf einem andern verticalen Cylinder aufrollt. Demnach muss auch die gesuchte Curve eine Isochrone, also eine Cycloide mit horizontaler Basis sein. Die Dimensionen der gesuchten Cycloide stehen zu den Dimensionen der gegebenen Cycloide in folgender Beziehung: der Krümmungsradius im tiefsten Punkte der gesuchten Cycloide, projicirt auf die geneigte Ebene, giebt die homologe Dimension der gegebenen Cycloide. Wn.

H. Brocard et Grassat. Solution de la question 860. Nouv. Ann. (2) X. 234.

Ein Kreis rollt auf einer geraden Linie. Macht man den Radius dieses Kreises zum Durchmesser eines zweiten Kreises, so beschreibt jeder Punkt dieses zweiten Kreises eine gedehnte Cycloide. Der Ort der Inflexionspunkte dieser sämmtlichen gedehnten Cycloiden ist eine gewöhnliche Cycloide. Pr.

A. Cayley. On a problem of envelopes. Messenger (2) I. 3-4.

Der Verfasser führt eine Weise, das Problem der Enveloppen zu behandeln, aus, welche er früher nicht ausführlich genug bezeichnet zu haben glaubt. Glr. (O.)

W. Walton. On the spoke asymptotes of rhizic curves. Quart. J. XI. 200-202.

Es werden folgende Sätze bewiesen: 1) Die Asymptoten jeder von zwei conjugirten Rhizic-Curven gehen durch einen einzigen Punkt und theilen den ebenen Raum gleichwinklig, ähnlich den Speichen eines Rades. 2) Der gemeinsame Punkt der Asymptoten einer von zwei conjugirten Rhizic-Curven fällt zusammen mit dem der Asymptoten der anderen Curve. 3) Das gesammte System der Asymptoten beider Curven theilt den Raum gleichwinklig, ähnlich den Speichen eines Rades.

Cly. (O.)

W. Walton. On the curvature of rhizic curves at multiple points. Quart. J. XI. 274-284.

Beweis zweier Sätze in Beziehung auf die Krümmungsmittelpunkte der verschiedenen Zweige mit einem vielfachen Punkte der Rhizic-Curven. Cly. (O.)

Em. Weyr. Alcuni teoremi intorno alla „focale à noeud.“ Battaglini G. IX. 259-261.

Siehe Abschn. VIII. Cap. 5. A. p. 274.

W. Walton. On the transformation of two simultaneous equations. Quart. J. XI. 262-267.

Siehe Abschn. IX. Cap. 3. C.

A. Cayley. A „Smith's Prize“ paper. 1871. Question 2. Messenger (2) I. 38-42.

Das System von Curven, das der Differentialgleichung

$$dx\,\{\sqrt{1+x^2}+ny\}+dy\,\{\sqrt{1+y^2}+nx\}=0$$

genügt, wird bestimmt. Es wird ferner bewiesen, dass die Curve, welche durch den Punkt $x=0$, $y=n$ geht, als Theil von sich den Kegelschnitt

$$x^2+y^2+2xy\,\sqrt{1+n^2}-n^2=0$$

enthält. Glr. (O.)

H. Mylord. Elliptiske Koordinaters. Anvendelse til Bestemmelse af Systemet af skaevvinklede Trajectorier for nogle Systemer af Curver og Flader. Zeuthen Tidsskr. (3) I. 33.

Der Verfasser bedient sich elliptischer Coordinaten und hat folgende Resultate erhalten: Die Gleichung des Trajectoriensystemes eines Systemes confocaler Ellipsen, welches durch die Gleichung

$$\frac{x_1^2}{a_1+\lambda_1}+\frac{x_2^2}{a_2+\lambda_1}=1,\ \lambda_1>-a_2$$

gegeben ist, heisst

$$\varrho = \cos\mu . l(\sqrt{a_1+\lambda_1} + \sqrt{a_2+\lambda_2})$$
$$\pm \sin\mu . \operatorname{arc}\left(\operatorname{tg} = \sqrt{-\frac{a_2+\lambda_2}{a_1+\lambda_2}}\right),$$

wo x_1 und x_2 rechtwinklige Coordinaten, λ_1 und λ_2 die beiden Wurzeln der Gleichung

$$\frac{x_1^2}{a_1+\lambda} + \frac{x_2^2}{a_2+\lambda} = 1,\ \lambda_1 > -a_2,\ -a_2 > \lambda_2 > -a_1,$$

μ endlich der unveränderliche Winkel, unter dem sich die Curven der beiden Systeme schneiden. Für ein System von Hyperbeln ergiebt sich ein analoges Resultat.

Das System der Trajectorien eines Systemes confocaler Parabeln mit derselben Axe siud zwei Systeme von confocalen Parabeln, die dieselbe Axe haben. Die Axen der beiden Systeme schneiden sich unter einem Winkel 2μ (μ ist der Winkel, unter dem sich die Curven schneiden). Die Brennpunkte beider Systeme fallen zusammen.

Der Verfasser sucht ferner die Trajectorien der Krümmungslinien der Oberflächen zweiter Ordnung. Die Gleichungen der Trajectorien der Linien erster Krümmung des Ellipsoides

$$\frac{x_1^2}{a_1+\lambda_1} + \frac{x_2^2}{a_2+\lambda_1} + \frac{x_3^2}{a_3+\lambda_1} = 1.$$

(x_1, x_2, x_3 sind rechtwinklige Coordinaten) sind die Gleichung des Ellipsoids und die folgende:

$$\cos\mu \int\sqrt{\frac{\lambda_2-\lambda_1}{\varpi(\lambda_2)}}\,d\lambda_2 \mp \sin\mu \int\sqrt{\frac{\lambda_1-\lambda_3}{\varpi(\lambda_3)}}\,d\lambda_3 = \varrho,$$

wo

$$\varpi(\lambda) = (a_1+\lambda)\,(a_2+\lambda)\,(a_3+\lambda);$$

λ_2 und λ_3 ($\lambda_2 > \lambda_3$) die beiden kleinsten Wurzeln der folgenden Gleichung sind:

$$\frac{x_1^2}{a_1+\lambda} + \frac{x_2^2}{a_2+\lambda} + \frac{x_3^2}{a_3+\lambda} = 1.$$

Für die Trajectorien der Linien zweiter Krümmung hat man analoge Gleichungen.

Die Hyperboloide und Paraboloide geben ähnliche Resultate.

Endlich sucht der Verfasser die Trajectorien eines Systemes

confocaler Oberflächen zweiter Ordnung. Er beweist hier den Satz:

$$\cos\mu \int \sqrt{\frac{\varrho_1+\varrho_2\lambda_1}{\varpi(\lambda_1)}}\,d\lambda_1 \pm \sin\mu \int \sqrt{\frac{\varrho_1+\varrho_2\lambda_2}{-\varpi(\lambda_2)}}\,d\lambda_2$$
$$\pm \sin\mu \int \sqrt{\frac{\varrho_1+\varrho_2\lambda_3}{-\varpi(\lambda_3)}}\,d\lambda_3 + \varrho_3 = 0,$$

(wo $\varrho_1, \varrho_2, \varrho_3$ willkürliche Constante, und

$\varpi(\lambda) = (a_1+\lambda)(a_2+\lambda)(a_3+\lambda)$; $\lambda_1\ \lambda_2\ \lambda_3$ $(\lambda_1>\lambda_2>\lambda_3)$

ferner die drei Wurzeln der Gleichung

$$\frac{x_1^2}{a_1+\lambda}+\frac{a_2^2}{a_2+\lambda}+\frac{a_3^2}{x_3+\lambda}=1$$

sind), ist die Gleichung eines Systemes der Trajectorien des Systemes confocaler Ellipsoide, welches durch die Gleichung

$$\frac{x_1^2}{a_1+\lambda_1}+\frac{x_2^2}{a_2+\lambda_1}+\frac{x_3^2}{a_3+\lambda_1}=1,\ (\lambda_1>-a_3,\ a_1>a_2>a_3)$$

gegeben ist. Man erhält ein allgemeineres System, wenn man ϱ unter den Gleichungen

$$\cos\mu \int \frac{d\lambda_1}{\sqrt{\varpi(\lambda_1)(\varrho+\lambda_1)}} \pm \sin\mu \int \frac{d\lambda_2}{\sqrt{-\varpi(\lambda_2)(\varrho+\lambda_2)}}$$
$$\pm \sin\mu \int \frac{d\lambda_3}{\sqrt{-\varpi(\lambda_3)(\varrho+\lambda_3)}} + 2\chi'(\varrho) = 0$$

und

$$\cos\mu \int \frac{\lambda_1\,d\lambda_1}{\sqrt{\varpi(\lambda_1)(\varrho+\lambda_1)}} \pm \sin\mu \int \frac{\lambda_2\,d\lambda_2}{\sqrt{-\varpi(\lambda_2)(\varrho+\lambda_2)}}$$
$$\pm \sin\mu \int \frac{\lambda_3\,d\lambda_3}{\sqrt{-\varpi(\lambda_3)(\varrho+\lambda_3)}} + \chi(\varrho) - 2\varrho\chi'(\varrho) = 0,$$

eliminirt, wo $\varpi, \lambda_1, \lambda_2, \lambda_3$, dieselbe Bedeutung, wie oben, haben, χ eine willkürliche Funktion ist. Hn. (O.)

H. Mylord. Bestemmelse af skaevvinklede Trajectorier til nogle Systemer af Curver og Flader. Zeuthen Tidsskr. (3) I. 65.

Der Verfasser beschäftigt sich mit ähnlichen Problemen, wie in der vorhergehenden Arbeit, z. B. „die Trajectorien der Curven

$$(x_1^2+x_2^2)^2+\frac{a_1\lambda-4h^2}{\lambda+a_1}x_1^2+\frac{a_2\lambda-4h^2}{\lambda+a_2}x_2^2-h^2=0$$

zu finden, wo x_1 und x_2 rechtwinklige Coordinaten sind, λ der veränderliche Parameter, $a_1 > a_2$." „Die Trajectorien der Krümmungslinien der Oberflächen

$$(x_1^2+x_2^2+x_3^2)^2+\frac{a_1\lambda-4h^2}{\lambda+a_1}x_1^2+\frac{a_2\lambda-4h^2}{\lambda+a_2}x_2^2$$
$$+\frac{a_3\lambda-4h^2}{\lambda+a_3}x_3^2-h^2=0$$

zu finden." „Die Trajectorien der oben genannten Oberflächen zu finden, wenn λ der veränderliche Parameter ist."

Hn. (O.)

F. Klein und S. Lie. Ueber diejenigen Curven, welche durch ein geschlossenes System von einfach unendlich vielen vertauschbaren linearen Transformationen in sich übergehen. Clebsch Ann. IV. 50-84.

Bezeichnet, wie es hier stets geschieht, Transformation die Substitution einer Funktion von Coordinaten für die Coordinaten, so ist die Folge einer Transformation eine Verrückung des durch die letztern bestimmten Punktes oder Raumgebildes. Der Aufsatz handelt nun von denjenigen ebenen Curven, welche durch lineare Transformationen unverändert bleiben, und welche daselbst den Namen *W*-Curven führen. Man gelangt zu ihnen, indem man die lineare Transformation, welche eine unendlich kleine Verrückung bewirkt, unendlich oft wiederholt. Die durch die erhaltene Punktreihe gehende Curve wird dann durch eine endliche Transformation gleicher Art nicht verändert. Alle möglichen linearen Transformationen lassen sich nun aus folgenden 5 einfachen zusammensetzen:

I. $\begin{aligned} x' &= ax \\ y' &= by, \end{aligned}$ II. $\begin{aligned} x' &= ax \\ y' &= y+b, \end{aligned}$ III. $\begin{aligned} x' &= x+a \\ y' &= y+ax+b, \end{aligned}$

IV. $\begin{aligned} x' &= ax \\ y' &= ay, \end{aligned}$ V. $\begin{aligned} x' &= x+a \\ y' &= y+b, \end{aligned}$

sämmtlich von der Beschaffenheit, dass die Wiederholung einer jeden nur eine Transformation derselben Classe für neue Constantenwerthe ergiebt. Bildet man das Resultat einer λ maligen Wiederholung, setzt

$$x' = x + dx; \qquad y' = y + dy$$

und $d\lambda$ für λ, und eliminirt $d\lambda$ durch Division, so erhält man die Differentialgleichung der W-Curve für jede der 5 Transformationsklassen. Die W-Curven sind dann die folgenden:

$$\text{I. } \left(\frac{x}{x_0}\right)^b = \left(\frac{y}{y_0}\right)^a, \qquad \text{II. } a(y-y_0) = b \log \frac{x}{x_0},$$

$$\text{III. } a(x^2-2y) - bx = a(x_0^2-2y_0) - bx_0,$$

$$\text{IV. } \frac{x}{x_0} = \frac{y}{y_0}, \qquad \text{V. } a(y-y_0) = b(x-x_0).$$

Aus der genannten Eigenschaft der Curven folgt dann weiter, dass auch alle Gebilde, die zu ihnen in fester Beziehung stehen, z. B. die Tangenten und deren Schnittpunkte, diese Beziehung bei jeder Transformation gleicher Classe für gleiche Constantenwerthe unverändert behalten. Es sind dies alle im Sinne der neuern Algebra covarianten Beziehungen zu dem von der W-Curve und dem Fundamentaldreieck (Coordinatensystem) gebildeten Systeme. Unter den Eigenschaften der W-Curven, die hieraus folgen, sind insbesondere genannt:

Curven eines Systems können sich nur in Eckpunkten des Fundamentaldreiecks schneiden.

Curven W besitzen in keinem ihrer Punkte, ausser etwa in den Eckpunkten des Fundamentaldreiecks, Singularitäten.

Jede covariante Curve einer W-Curve ist eine Curve desselben Systems.

Die Umhüllungslinie der aus den linearen Transformationen eines W-Curvensystems, auf eine andere Curve angewandt, hervorgehenden Curven besteht aus W-Curven desselben Systems.

Es werden dann weiter die verschiedenen Transformationsklassen combinirt, und die Bedingungen der Vertauschbarkeit ihrer Reihenfolge untersucht. Hierzu gehört, dass die Elemente der Ebene, welche bei der einen fest bleiben, auch bei der andern fest bleiben, oder durch dieselbe unter sich vertauscht werden. Ferner sollen die Systeme von Transformationen, die man erhält, indem man die Constanten alle Werthe durchlaufen lässt, derart geschlossen sein, dass sie in keinem umfassenderen enthalten sind. Es sind dies wiederum fünf, deren erste drei mit den einfachen gleichlauten. An Stelle der beiden andern treten:

$$x' = x + a \qquad x' = x$$
$$y' = y + b \qquad y' = y + ax + b.$$

Anwendungen werden hiervon gemacht auf beliebige andere Curven als Elemente der Ebene, indem sie den genannten Transformationen unterworfen werden. Unter den specielleren sind folgende Sätze zu erwähnen:

Die reciproke Polare einer W-Curve hinsichtlich eines Kegelschnitts, der das Fundamentaldreieck zum Polardreieck hat, ist eine Curve desselben Systems. Die W-Curve ist dann ihre eigene reciproke Polare, wenn sie vom Kegelschnitt berührt wird.

Das Doppelverhältniss der Tangente einer W-Curve zu den 3 Geraden, welche ihren Berührungspunkt mit den Ecken des Fundamentaldreiecks verbinden, ist constant.

Die Betrachtung der Differentialgleichung der W-Curve führt zu einer Methode der Separation der Variabeln, von welcher die auf homogene Gleichungen gewöhnlich angewandte nur ein specieller Fall ist. Sie lässt sich auf jede Gleichung

$$\frac{dy}{dx} = f(y,x)$$

anwenden, die durch einfach unendlich viele Transformationen in sich übergeht. Sei nämlich $y = \varkappa$ die Gleichung aller solcher Curven, die durch diese Transformationen in sich übergehen, und $\xi = \lambda$ die Gleichung des Curvensystems, das aus einer beliebigen Curve $\xi = \lambda_1$ durch Anwendung derselben Transformation hervorgeht, dann geht durch Einführung von ξ,η für x,y die gegebene Gleichung in eine solche über, in welcher die Variabeln separirt sind.

Den Schluss bildet eine Anwendung auf Raumcurven.

H.

Augier. Solution de la question proposée au concours général de 1870. Nouv. Ann. (2) X. 138–142.

Der Verfasser löst folgende Aufgabe: „In einer Ebene sind

zwei Ellipsen gegeben, deren Axen längs derselben Geraden gerichtet sind; man denke sich 2 gleiche Kegel mit gemeinsamen Scheitel, welche die beiden Ellipsen zu Directricen haben; welches ist der geometrische Ort der Scheitel dieser Kegel?"

M.

Capitel 3.

Analytische Geometrie des Raumes.

A. Allgemeine Theorie der Flächen und Raumcurven.

Ph. Gilbert. Rapport sur: L. Saltel. Mémoire sur l'application de la transformation desarguesienne à la génération des courbes et des surfaces géométriques et sur l'étude de certains systèmes de courbes géométriques. Bull. de Belg. (2) XXXII. 335-344.

Das Referat erfolgt im nächsten Bande, da die Originalarbeit sich in den Mém. de Belg. 1872 befindet. Mn.

N. Nicolaides. Analectes ou Série de mémoires sur les diverses parties des mathématiques. 1re et 2me livr. Athènes, Paris, Gauthier-Villars.

2) Sur la théorie des surfaces.

L. Painvin. Note sur un système variable de trois directions rectangulaires. Nouv. Ann. (2.) X. 414-423.

Die Cosinus der neun Winkel, welche drei auf einander senkrechte im Uebrigen veränderliche Richtungen mit den Coordinatenaxen bilden, seien gegebene Funktionen eines beliebigen Parameters. Ist eine von diesen drei Richtungen fortwährend der Tangente einer Curve parallel, so hängen die Coordinaten eines beliebigen Punktes der Curve von einer ganz willkürlichen Funktion des Parameters ab. — Die beiden andern Richtungen fallen im Allgemeinen nicht mit der Haupt- und der Bi-Normale der Curve zusammen. Damit jedoch diese Coincidenz stattfindet, ist die nothwendige und hinreichende Bedingung:

$$\cos l \cdot d\cos\alpha + \cos m \cdot d\cos\beta + \cos n \cdot d\cos\gamma = 0,$$

wenn α, β, γ die Richtungswinkel der ersten (der Tangente parallelen) Richtung sind, l, m, n die Richtungswinkel der Richtung, die mit der Binormalen zusammenfällt. In diesem Falle und nur in diesem lassen sich aus der erwähnten Relation zwischen den 9 Richtungscosinus und ihren Differentialen neun Gleichungen ableiten, die mit gewissen für Curven doppelter Krümmung von Serret abgeleiteten Relationen identisch sind. Wn.

U. Dini. Sopra alcune formole generali della teoria delle superficie e loro applicazioni. Brioschi Ann. (2.) IV. 175-206.

Asymptotische Curven auf Flächen entgegengesetzter Krümmung heissen diejenigen Curven, welche beständig der Nullkrümmung der Normalschnitte folgen, deren Tangenten also die Asymptoten der Hyperbel sind, welche die Variation der Krümmung der Normalschnitte in einem Punkte der Fläche darstellt. Der vorliegende Aufsatz behandelt die Flächentheorie und einzelne Aufgaben unter Annahme von Parametern, welche Systemen asymptotischer Curven entsprechen.

Als Bestimmungsstücke der Fläche werden die 7 Coefficienten der folgenden Gleichungen eingeführt, in welchen u, v beliebige Parameter, und X, Y, Z die Richtungscosinus der Normale im Punkte (xyz) bezeichnen:

$$\frac{dx}{du} = M\frac{dX}{du} + N\frac{dX}{dv}; \quad \frac{dx}{dv} = P\frac{dX}{du} + Q\frac{dX}{dv},$$

$$dX^2 + dY^2 + dZ^2 = E'du^2 + 2F'dudv + G'dv^2.$$

Zwischen ihnen existiren schon im allgemeinen die primitive Relation

$$(M-Q)F' + NG' - PE' = 0$$

und 2 Differentialgleichungen, die man durch Elimination von x, y, z findet.

Die asymptotische Richtung bestimmt sich durch die Bemerkung, dass sie normal zu ihrer Abbildung auf der Kugel $X^2+Y^2+Z^2=1$ ist.

Sind nun erstlich u, v die Parameter der asymptotischen Curven, so erhält man:

$$\frac{N}{E'}=-\frac{M}{F'}=-\frac{Q}{F'}=\frac{P}{G'}=\frac{1}{\mu\Delta'},$$

wo $-\mu^2$ das Produkt der Hauptkrümmungen, und $\Delta'^2=E'G'-F'^2$ ist. Das Quadrat des Linienelements auf der gegebenen Fläche enthält dann den Factor $dudv$. Die zwei Differential-Gleichungen geben hier:

$$\frac{d\frac{E'}{\mu}}{dv}=F'\frac{d\frac{1}{\mu}}{du};\qquad \frac{d\frac{G'}{\mu}}{du}=F'\frac{d\frac{1}{\mu}}{dv}.$$

Mittelst dieser Gleichungen kann man, ausgehend von einem beliebigen sphärischen Curvensystem, zuerst μ bestimmen, wofern sie der Bedingung eines Differentials $d\log\mu$ genügen. Ist dies geschehen, so ergeben sich x, y, z durch Quadraturen, und man erhält die Fläche nebst den asymptotischen Curven auf ihr.

Umgekehrt dienen die Gleichungen zur Bestimmung von E', F', G', wenn μ gegeben ist. Sei μ constant; dann wird E' Funktion von u, G' von v, und beide lassen sich $=1$ setzen. Sucht man also die Flächen von constantem Krümmungsmaass, so hat man im voraus als Quadrat des Linienelements auf der Kugel:

$$du^2+2F'dudv+dv^2.$$

Bedingung ist demnach:

$$X^2+Y^2+Z^2=1;\quad \left(\frac{dX}{du}\right)^2+\cdots=1;\quad \left(\frac{dX}{dv}\right)^2+\cdots=1.$$

Hat man ihr gemäss die Parameter bestimmt, so erhält man die Fläche durch Quadraturen.

Bemerkenswerth ist ferner der Fall, wo für orthogonale Asymptotische $F'=0$ wird, d. i. auf Minimalflächen. Man kann dann $E' = G' = \mu^2$ annehmen. Die Asymptotischen sind hier isothermisch. Die Gleichungen der Fläche lauten:

$$x = \int \frac{1}{\mu}\left(\frac{dX}{dv}du + \frac{dX}{du}dv\right),$$

die Gleichungen der Krümmungslinie auf ihr:

$$u + v = \text{const.}; \qquad u - v = \text{const.}$$

Sollen die Asymptotischen geodätische Ellipsen und Hyperbeln sein, so braucht man nur auf der Kugel

$$E' = G' = \frac{1}{U+V}$$

zu setzen, wo U Function von u, V von v ist, und erhält auf der Fläche:

$$ds^2 = (U+V)(du^2 + dv^2).$$

Nach einem Theorem von Bonnet sind die Minimalflächen derart paarweise conjugirt, dass die Krümmungslinien der einen den Asymptotischen der andern entsprechen, und die entsprechenden Normalen parallel sind. Ebenen Krümmungslinien entsprechen dann cylindrische Spiralen als Asymptotische. Für letztere ist

$$E' = G' = \left\{\frac{4A}{4A^2(u^2+v^2)+1}\right\}^2; \quad F' = 0.$$

Setzt man $u + v = u_1\sqrt{2}$; $u - v = v_1\sqrt{2}$, so erhält man die gleichen Ausdrücke in u_1, v_1.

Im folgenden Abschnitt werden statt beider Asymptotischen zur Bestimmung des Punkts auf der Fläche eine Asymptotische (v) und diejenige Curve (u) eingeführt, deren Tangente der orthogonalen Trajectorie conjugirt ist. Hier hat man:

$$M = 0; \quad F' = 0; \quad \frac{P}{N} = \frac{G'}{E'}.$$

Die Gleichung der zweiten Asymptotischen ist:

$$2N\,du + Q\,dv = 0,$$

die der genannten Trajectorie der Asymptotischen (v):

$$N\,du + Q\,dv = 0,$$

das Quadrat des Linienelements auf der Fläche:

$$= G'\{(N du + Q dv)^2 + NP dv^2\}.$$

Ist $P\sqrt{E'}$ Function von v allein, so wird das eine System von Asymptotischen geodätisch parallel.

Zur Anwendung wird der Fall betrachtet, wo die Asymptotischen (v) durch Parallelbewegung einer cylindrischen Spirale erhalten werden. Nimmt man:

$$X = \cos v;\quad Y = \cos u \sin v;\quad Z = \sin u \cos v,$$

so ergiebt sich:

$$N = \frac{1}{\sin v}\frac{d\vartheta}{du};\quad Q = \frac{1}{\sin v}\frac{d\vartheta}{dv};\quad P = \frac{1}{\sin^3 v}\frac{d\vartheta}{du},$$

wo ϑ eine Lösung der Gleichung

$$\frac{d^2\vartheta}{du^2} = \frac{d\vartheta}{dt}\quad (t = \log\cot v)$$

ist, einer Gleichung, welche bei der Wärmeleitung eintritt, wenn die Temperatur ϑ zur Zeit t nur von einer Coordinate u abhängt. Die Werthe von ϑ sind für verschiedene Grenzbedingungen angegeben von Riemann (Differentialgleichungen §. 49—69), und von Betti (Sopra la determinazione delle temperature nelli corpi solidi e omogenei. Atti della Società Italiana (3) I.). Hieran schliessen sich viele Specialbetrachtungen.

Als zweite Anwendung wird schliesslich untersucht, welche windschiefe Regelflächen ein ebenes Krümmungsliniensystem haben. H.

G. Darboux. Les courbes tracées sur une surface, et dont la sphère osculatrice est tangente en chaque point à la surface. C. R. LXXIII. 732-736.

Analog dem Problem der asymptotischen Linien (Curven einer Fläche, deren Schmiegungsebene in jedem Punkte die Fläche berührt) werden Curven auf einer Fläche bestimmt, deren Krümmungskugel (Kugel durch 4 unendlich nahe Punkte der Curve) für jeden Punkt Berührungskugeln der Fläche sind. Es wird gezeigt, dass diese Curven durch eine Differentialgleichung zweiter Ordnung bestimmt werden. Ferner wird diese Gleichung in zwei Fällen integrirt: 1) für Flächen 2ten Grades und 2) für Flächen 4ten Grades, die den unendlich entfernten Kugelkreis zur Doppellinie haben. Mz.

A. Enneper. Bemerkungen über die Differentialgleichung einer Art von Curven auf Flächen. Gött. Nachr. 1871. 577-583.

In den C. R. LXXIII. 732 hat Hr. Darboux für eine gegebene Fläche die Curven gesucht, deren osculatorische Kugeln zugleich die Fläche berühren. Die Differentialgleichung dieser Curven wird hier in einfacher, leicht deutbarer Form reproducirt. Auf Flächen 2ten Grades mit positivem Krümmungsmaass zeigt die Curve die characteristische Eigenschaft, dass der Krümmungshalbmesser des Normalschnitts, welcher die Tangente der Curve enthält, proportional ist der vierten Wurzel aus dem Product der Hauptkrümmungshalbmesser. K.

A. Enneper. Weitere Bemerkungen über asymptotische Linien. Gött. Nachr. 1871. 2-23.

Der Verfasser bezieht sich auf ein (in einem früheren Bande angegebenes, s. F. d. M. II. p. 554) System von Gleichungen, durch welches die windschiefen Flächen bestimmt sind, für welche die asymptotischen Linien eines Systems die Eigenschaft haben, dass die Entfernung zweier Curven, gemessen in der Richtung der Generatricen, constant ist. Er giebt eine Reduction dieses Systems von Gleichungen auf die einfachste Form, bei welcher die Integration verwickelter Differentialgleichungen nicht erfordert wird. Mz.

O. Tognoli. Dimostrazione d'un teorema di geometria. Battaglini G. IX. 366-370.

Der Verfasser beweist das Theorem: „In einer Schaar von Flächen p^{ter} Ordnung giebt es $n\cdot m$ $(9p+10n+10m-28)$ Oberflächen, welche eine dreipunktige Berührung mit der Durchschnittscurve zweier gegebener Flächen von der Ordnung n und m haben; die Punkte, in denen eine solche Berührung statt findet, liegen auf einer Oberfläche von der Ordnung $9p+10n+10m-28$.“ Dieser Satz verliert seine Gültigkeit, wenn $p=1$ und n und m irgend welche ganze positive Zahlen, oder wenn $n=m=1$ und p irgend eine ganze positive Zahl. M.

B. Williamson. On Gauss' theorem of the measure of curvature at any point of a surface. Quart. J. XI. 362-366

Elementare Untersuchung über Gauss' Ausdruck für das Krümmungsmaass in *E, F, G.* Cly. (O.)

Em. Weyr. Ueber die Krümmung windschiefer Flächen. Prag. Ber. 1870. 2te Abth. 29-33.

Siehe Abschn. VIII. Cap. 5. B. p. 285.

J. Boussinesq. Sur une propriété remarquable des points où les lignes de plus grande pente d'une surface ont leurs plans osculateurs verticaux, et sur la différence qui existe généralement, à la surface de la terre, entre les lignes de faîte ou de thalweg et celles le long desquelles la pente du sol est un minimum. C. R. LXXIII. 1368-1371.

Ist $z = f(x,y)$ die Gleichung einer Fläche, wobei z vertical, sind p,q die partiellen Differentialquotienten von z nach x und y, so ist bekanntlich $pdx + qdy = 0$ die Differentialgleichung der Niveaulinien und $pdy = qdx$ die Differentialgleichung der Linien grösster Neigung oder Falllinien, welche die Niveaulinien senkrecht durchschneiden. Herr Boussinesq stellt nun die Bedingung dafür auf, dass bei einer Falllinie in irgend einem Punkte die Osculationsebene vertical ist. Die Bedingung dafür ist:

$$\frac{d\left(\frac{q}{p}\right)}{dx} + \frac{q}{p}\frac{d\left(\frac{q}{p}\right)}{dy} = 0.$$

Jeder Punkt, in dem diese Bedingung erfüllt ist, hat zugleich die Eigenschaft, dass in ihm die grösste oder kleinste Neigung stattfindet im Vergleich zu den benachbarten Punkten derselben Niveaulinie. Herr Boussinesq verbindet nun alle Punkte der Fläche, in denen diese Bedingung erfüllt ist, und nennt die so erhaltene Linie Linie der Maximal- resp. Minimalneigung [ligne des pentes maxima, resp. minima", während die Falllinien „lignes de plus grande pente" heissen].

Indem er diese Begriffe auf die Erdoberfläche anwendet, stellt Herr Boussinesq weiter folgende Sätze auf: Die Linie der Maximalneigung besteht für Bodenerhebungen im Allgemeinen aus einem Zweige, der zwischen der Kammlinie und der Thallinie in grösserer Entfernung von beiden hinläuft; die horizontale Projection dieser Linie der Maximalneigung trifft die Inflexionspunkte der Projectionen der Falllinien. Die Linie der Minimal-Neigung besteht in der Regel aus mehreren Zweigen, deren einer, und nur einer, nahe der Kammlinie oder nahe der Thallinie liegt, und zwar auf der Seite, wo die letztere Linie convex ist.

Wn.

D. Regis. Sulle superficie di ugual pendenza. Att. d. Torino. VI. 500-520.

Der Verfasser betrachtet die Oberflächen gleicher Neigung, die durch eine Linie gehen, deren horizontale Projection willkürlich ist, aber deren Neigung immer constant ist (im Allgemeinen verschieden von der der Oberfläche). Solche Bedingungen bieten sich bei Böschungen von Strassen mit constanter Neigung. Die vom Verfasser entwickelten Eigenschaften über die Krümmungsradien der Nivellirungslinien der Directricen und der Rückkehrkante sind unmittelbare Corollare der bekannten Sätze über die abwickelbaren Flächen. Ferner betrachtet der Verfasser den Körper, der zwischen der horizontalen Ebene, den beiden Stücken der Oberfläche gleicher Neigung, die von der gegebenen Directrix begrenzt wurden, und den verticalen Ebenen, die die vier äussersten Generatricen projiciren, liegt. Er findet, dass das Volumen dieses Körpers, abgesehen von jedem anderen Umstand (im Allgemeinen) unabhängig ist von der Form der horizontalen Projection der Directrix, so dass man ihn berechnen kann, indem man die Directrix auf eine Gerade (von gegebener Neigung und gegebener Länge) reducirt, und indem man ihn in die Summe zweier Stümpfe von dreieckigen Pyramiden transformirt.

Jg. (O.)

L. Painvin. Détermination des rayons de courbure en un point quelconque d'une surface. C. R. LXXIII. 902-903.

Wird eine Oberfläche durch ihre Tangentialgleichung $f(u, v, w, r) = 0$ definirt, wo u, v, w die Coordinaten einer Tangentialebene sind, so ist das Produkt der Hauptkrümmungsradien

$$-\frac{H(u^2+v^2+w^2)}{(m-1)^2 f_4},$$

wo

$$f_{11} = \frac{d^2f}{du^2}, \quad f_{12} = \frac{d^2f}{dudv} \quad \dots \quad f_1 = \frac{df}{dv}$$

$$f_{22} = \frac{d^2f}{dv^2} \quad \dots\dots\dots$$

$$\dots\dots\dots$$

$$f_4 = \frac{df}{dr},$$

ferner

$$H = \begin{vmatrix} f_{11} & f_{12} & f_{13} & f_{14} \\ f_{21} & \dots & \dots & \dots \\ \dots & \dots & \dots & \dots \\ \dots & \dots & \dots & f_{44} \end{vmatrix},$$

m endlich die Dimension der homogenen Funktion f bezeichnet. Im zweiten Theil wird der Ausdruck für das Produkt der Hauptkrümmungsradien hergeleitet, indem nicht die Derivirten von f benutzt werden, sondern eine der Variabeln u, v, w als Funktion der beiden andern betrachtet wird. O.

L. Painvin. Détermination des plans osculateurs et des rayons de courbure en un point multiple d'une courbe gauche. Brioschi Ann. (1.) IV. 281-327.

Die Resultate dieser Abhandlung sind in den C. R. 1869 veröffentlicht und F. d. M. II., 543 besprochen worden. K.

E. Kretschmer. Beiträge zur Theorie der Flächen mit ebenen Krümmungslinien, welche gegebenen Bedingungen genügen. Pr. Frankfurt a. O.

Wenn eine Schaar der Krümmungslinien einer Fläche von

ebenen Curven gebildet ist, so sind die Ebenen derselben N im Allgemeinen Osculationsebenen einer Raumcurve A. Nennt man den Bogen derselben σ, den Krümmungswinkel ω, den Torsionswinkel t, so kann von diesen drei Grössen eine als unabhängig variable angesehen werden, die beiden andern als allein von dieser abhängig. Der Verfasser zeigt nun zunächst durch eine vom Polygon ausgehende Grenzbetrachtung, dass, wenn in der zum Torsionswinkel t gehörigen Osculationsebene N_t eine ebene Krümmungslinie einer Fläche gegeben ist, und ausserdem in einem Punkte derselben die Normale der Fläche, die Krümmungslinie in der Nachbarebene $N_{(t+dt)}$ bestimmt ist. Giebt man nun wieder in irgend einem Punkte der Nachbarebene die Tangentialebene der Fläche (oder ihre Normale) und so fort, so kann die Fläche selbst elementweise construirt gedacht werden. Durch dieselbe einfache Grenzbetrachtung wird nun zunächst der Joachimsthal'sche Satz über ebene Krümmungslinien, dass nämlich die Ebene derselben von der Fläche unter constantem Winkel θ geschnitten wird, gewonnen und ausserdem einige andere Formeln, welche zur Aufstellung der Differentialgleichungen gebraucht werden. Es wird alsdann jede Krümmungslinie auf ein in ihrer Ebene liegendes Coordinatensystem bezogen, dessen x und y Axe bezüglich die in der Ebene liegende Tangente und Hauptnormale der Curve A sind. Ist nun ϑ der Winkel, welchen die Tangente der Krümmungslinie im Punkte xy mit der augenblicklichen x-Axe bildet, und bezeichnet man mit dx, dy, $d\vartheta$ die Incremente von x, y und ϑ beim Uebergange von einem Punkte der Krümmungslinie in N_t zu demjenigen in N_{t+dt}, der mit dem ersten in derselben Krümmungslinie des zweiten Systems liegt, so erhält man die Differentialgleichungen:

$$\frac{d\vartheta}{dt} = -\sin\vartheta \operatorname{ctg}\theta - \frac{d\omega}{dt}; \quad \frac{dy}{dt} = -y\cos\vartheta \operatorname{ctg}\theta - x\frac{d\omega}{dt};$$

$$\frac{dx}{dt} = y\sin\vartheta \operatorname{ctg}\theta + y\frac{d\omega}{dt} - \frac{d\sigma}{dt}.$$

(In dem besondern Fall, dass die Ebenen N einen Cylinder einhüllen, sind diese Gleichungen unbrauchbar; können aber leicht durch passende ersetzt werden.) Sind nun, wie vorausgesetzt wird, θ, $\frac{d\omega}{dt}$ und $\frac{d\sigma}{dt}$ als Functionen von t gegeben, so sind durch jene Differentialgleichungen und die Anfangswerthe $x_0\, y_0\, \vartheta_0$ für $t=0$, x, y, ϑ als Functionen von t bestimmt.

$$\vartheta = f(t,\vartheta_0),\ x = f_1\,(t,\, x_0\, y_0\, \vartheta_0);\ y = f_2\,(t,\, x_0\, y_0\, \vartheta_0).$$

Es ist leicht zu erkennen, dass hierdurch und durch gewisse Anfangsbedingungen das Problem vollständig bestimmt ist. Die Ableitung der Differentialgleichung giebt dem Verfasser noch zu einer interessanten analytischen Bemerkung Veranlassung, die hier übergangen werden muss. Der Verfasser zeigt nun, dass, wenn von den drei Differentialgleichungen die erste integrirt ist, was ihm im Allgemeinen nicht durchführbar scheint, die beiden andern sich integriren lassen. Interessant ist die Abbildung der Flächen mit ebenen Krümmungslinien in eine Ebene, welche der Verfasser dadurch bewirkt, dass die Curve A durch successive Zurückdrehung ihrer Osculationsebenen um den Winkel dt in eine ebene Curve abgebildet wird, bei welcher die Bogenlänge und die erste Krümmung ω der Curve A unverändert bleibt. Die Gestalt der Krümmungslinie bleibt bei dieser Abbildung ungeändert, die zweite Schaar der Krümmungslinien bildet sich als das System der rechtwinkligen Trajectorien der ersten ab, und es zeigt sich, dass aus einer Curvenschaar und dem System ihrer orthogonalen Curven der Ebene, welche gewissen Bedingungen genügen, sich unzählige Flächen mit ebenen Krümmungslinien ableiten lassen. Nachdem die allgemeine Untersuchung durch Ableitung einer Reihe von Formeln vervollständigt ist, wendet sich der Verfasser zu Specialisirungen, und betrachtet zunächst Flächen mit einem System ebener Krümmungslinien und constantem Krümmungsmaass, welche früher von Herrn Enneper (Analyt. geom. Untersuchungen — Gött. Nachr. 1868 p. 258 ff., siehe F. d. M. I. 227) untersucht sind. Herr Enneper war zu dem Resultat gelangt, dass die Ebenen der Krümmungslinien in diesem Falle stets durch dieselbe Gerade hindurchgehn. Herr Kretschmer zeigt, dass hierbei ein Fall übersehen ist. Es giebt nämlich zu jeder beliebigen Grundcurve A stets eine Gattung von Flächen mit constantem positiven Krümmungsmaass, deren Krümmungslinien Kreise sind. Die zweite Gattung von Flächen mit ebenen Krümmungslinien und constantem Krümmungsmaass hat dagegen die von Herrn Enneper angegebene Eigenschaft, und das Krümmungsmaass einer Fläche muss, wenn sie nicht Rotationsfläche ist, und demnach auch zur ersten Gattung gerechnet werden kann, stets negativ sein, wie dies auch Herr Enneper gefunden hat.

Zum Schluss deutet der Verfasser an, dass, wenn beide Schaaren von Krümmungslinien eben sind, die Ebenen beider Schaaren Cylinder umhüllen, deren Generatrices sich senkrecht kreuzen. Dies findet im Besondern auch bei den Rotationsflächen statt. A.

K. Exner. Ueber die Maxima und Minima der Winkel, unter welchen krumme Flächen von Radien-Vectoren geschnitten werden. Wien. Ber. LXIII. 149-158.

Im Anschluss an die Arbeit, die F. d. M. I. 160 besprochen ist, leitet der Verfasser 4 weitere Sätze her, von denen wir den letzten hier anführen: „Wenn eine doppelt gekrümmte Curve in einem ihrer Punkte von einem Radiusvector unter einem grössten oder kleinsten Winkel durchschnitten wird, so liegt der Ursprung der Radienvectoren in einer der beiden Hauptnormalebenen des Durchschnittspunktes, und zwar auf einem Kreise, welcher über dem entsprechenden Hauptkrümmungsradius als Durchmesser construirt wird.“ O.

S. Roberts. On the order of the discriminant of a ternary form. Proc. of L. M. S. III. 14-16.

Siehe Abschn. II. Cap. 2. p. 38.

C. W. Merrifield. On certain families of surfaces. Rep. of Brit. Ass. 1871.

Es werden diejenigen Flächen betrachtet, welche der Differentialgleichung

$$rt = s^2$$

genügen. Der Verfasser hat in den Proc. of London XIX., 514 nachgewiesen, dass Kegel- und Cylinderflächen nicht allein dieser Gleichung genügen, sondern dass man, bei der Betrachtung von Differentialen höherer Ordnung, in dem Fall der Kegelflächen zwei, in dem der Cylinderflächen drei gleiche Wurzeln erhält. Untersucht man im zweiten Falle diejenigen Flächen, welche erzeugt werden durch Bewegung einer ebenen Parabel irgend einer Ordnung, deren Durchmesser stets parallel zu einer festen geraden Linie sind, so zeigt sich, dass die Bedingung eines Paares gleicher Wurzeln in der Gleichung dritter Ordnung

$$\left(\frac{d}{dx}+\lambda\frac{d}{dy}\right)^3 z = 0,$$

als Gleichung für λ angesehen, von allen Flächen erfüllt wird, die von einer ebenen Parabel beschrieben werden, welche sich parallel zu einer festen Geraden bewegt, und irgend eine Curve im Raume umhüllt. Als besondere Fälle mögen hervorgehoben werden: 1) die Flächen, welche entstehen durch Rotation einer Parabel, von bestimmter oder veränderlicher Dimension, um einen Durchmesser; 2) die Rollfläche mit einer Diametralebene; 3) abwickelbare Flächen. Der Verfasser zeigt also, dass wenn drei Wurzeln gleich sind, die Fläche nothwendig in eine ebene oder Cylinderfläche degenerirt. Diese Resultate sind jedoch eingeschränkt durch die Methode der Flächen-Erzeugung. Herr Prof. Cayley hat nämlich für den Fall von drei gleichen Wurzeln, wenn die partiellen Differentiale der dritten Ordnung in fortlaufender Proportion stehen, gezeigt, dass die resultirende Gleichung integrirt werden kann, und dass die Integration ein allgemeines Resultat liefert. Csy. (M.)

C. W. Merrifield. On certain families of surfaces.

Messenger (2) I. 81-88.

Ist $z = F(x,y)$ die Gleichung einer Oberfläche, so ist bekanntlich die Bedingung dafür, dass sie eine Rotationsfläche ist, die, dass $\left(\lambda\frac{d}{dx}+\mu\frac{d}{dy}\right)^2 z$ und $\left(\lambda\frac{d}{dx}+\mu\frac{d}{dy}\right)^3 z$ einen gemeinsamen Factor von der Form $A\lambda+B\mu$ haben, und dafür dass sie eine abwickelbare, die, dass der zweite Ausdruck 2 gleiche Factoren von dieser Form hat. Der Verfasser findet nun, dass der zuletzt geschriebene Ausdruck für eine Kegelfläche 2 gleiche Factoren, und für eine Cylinderfläche 3 hat; d. h. schreibt man α für $\frac{d^3z}{dx^3}$, β für $\frac{d^3z}{dx^2dy}$, $\cdots$, so ist für eine conische Oberfläche $(\alpha\delta-\beta\gamma)^2 = 4(\alpha\gamma-\beta^2)(\beta\delta-\gamma^2)$ und für eine cylindrische: $\alpha\delta-\beta\gamma = 0$, $\alpha\gamma-\beta^2 = 0$, $\beta\delta-\gamma^2 = 0$, so dass diese Gleichungen Kegel und Cylinder unterscheiden. Beigefügt ist ein Auszug aus einem Briefe von Prof. Cayley, in dem gezeigt wird, wie das allgemeine Integral der Gleichung

$$\frac{\alpha}{\beta} = \frac{\beta}{\gamma} = \frac{\gamma}{\delta}$$

gefunden wird. Glr. (O.)

C. W. Merrifield. On conical and cylindrical surfaces. Proc. of L. M. S. III. 222-223.

Die in der vorhergehenden Arbeit gegebenen Bedingungen für eine Kegel- resp. Cylinderfläche. Cly. (O.)

C. W. Merrifield. Mémoires sur un système particulier des surfaces. Mondes (2) XXV. 635-645.

Uebersetzung der vorherbesprochenen Arbeit. Hervorzuheben ist noch, dass die Existenz von drei gleichen Wurzeln der oben angeführten Gleichung die nothwendige und hinreichende Bedingung für eine Cylinderfläche ist, während zwei gleiche Wurzeln nicht nothwendig eine Kegelfläche geben. Wn.

B. Theorie der algebraischen Flächen und Raumcurven.

Em. Weyr. Die Erzeugung algebraischer Curven durch mehrdeutige Elementargebilde. Prag. Abh. (6.) IV.

Die von dem Verfasser bis in's Einzelnste durchgeführte

Theorie der Erzeugung algebraischer Curven gründet sich auf den einfachen Gedanken, zwei Gebilde erster Stufe (Punktreihe, Strahlenbüschel, Ebenenbüschel) dadurch in verwandtschaftliche Beziehung zu setzen, dass die sie erzeugenden Parameter ξ und ξ' durch eine algebraische Gleichung verknüpft gedacht werden. Als Parameter gilt, wie gewöhnlich, das Theilverhältniss, welches ein veränderliches Element in Bezug auf zwei als fest angenommene Elemente bestimmt. Schn.

Em. Weyr. Intorno alle curve gobbe razionali.

Battaglini G. IX. 217-222.

Eine rationale Raumcurve C vom n^{ten} Grade wird durch folgende Gleichungen definirt:

$$x_i = a_{i_0}\,\xi^n + a_{i_1}\,\xi^{n-1} + \cdots + a_{i_n} = f_i(\xi),$$

was 4 Gleichungen bedeutet ($i = 1, 2, 3, 4$). $x_1\, x_2\, x_3, x_4$ sind die homogenen Coordinaten eines Punktes x von C, ξ ein variabler Parameter. Die Beziehung zwischen einem Punkt der Curve und einem Werthe von ξ ist nun eine solche, dass jedem Punkt ein einziges ξ entspricht und umgekehrt. D. h. die Curvenpunkte und die Werthe von ξ sind in einer Correspondenz ersten Grades.

Den Doppelpunkten der Curve (wenn es deren giebt) entsprechen ebenso viele Paare von Werthen des Parameters ξ, so dass ein solches Paar die beiden unendlich benachbarten Punkte des Doppelpunktes charakterisirt. Fallen die beiden Werthe des Parameters, die einem Doppelpunkt entsprechen, zusammen, so wird dies ein Rückkehrpunkt. Aehnliches für $m$fache Punkte.

Die Eigenschaft der Curve C, dass die Coordinaten ihrer Punkte sich rational durch einen einzigen Parameter ausdrücken lassen, ist der Grund, dass man sie punktweise auf einer Geraden darstellen kann. Man braucht hierzu nur ξ als Parameter eines Punktes auf einer festen Geraden zu betrachten, ferner kann man die Curve C punktweise auf jeder andern rationalen Curve darstellen. Man wird also auf der Curve C dieselben Punktsysteme betrachten können, wie auf einer Geraden: Projectivische Punktreihen und Involutionen irgend eines Grades.

Jedes Theorem von Punktsystemen einer Geraden wird sich hiernach auf die Curve C übertragen lassen.

Ferner kann man die Curve C als die Enveloppe ihrer Schmiegungsebenen ansehen, und dieselbe eindeutige Beziehung zwischen einer solchen Ebene und einem gewissen Parameter aufstellen.

Betrachtet man nun im Raum irgend eine Gerade R als Axe eines Ebenenbüschels, so schneidet jede solche Ebene die Curve in einer Gruppe von n Punkten; da nun eine solche Gruppe durch einen ihrer Punkte individualisirt ist, so bilden alle solchermassen erhaltenen Gruppen eine Involution n^{ten} Grades. Diese hat nun $2(n-1)$ Doppelelemente, und folglich berühren ebenso viele Ebenen des Büschels R die Curve C. Jede dieser Ebenen enthält eine Tangente von C, und diese Tangente trifft R in einem Punkte, der der abwickelbaren Fläche, die C osculirt, angehört. Also: Die abwickelbare osculirende Fläche einer rationalen Curve C n^{ten} Grades ist vom Grade $2(n-1)$.

Hat R einen Punkt mit C gemein, so ist die Involution, welche die Ebenen durch R auf C bestimmen, nur noch vom Grade $n-1$ und hat also $2(n-2)$ Doppelelemente, welchen ebenso viele Schnittpunkte von R mit der abwickelbaren osculirenden Fläche entsprechen; da diese aber von der Ordnung $2(n-1)$ ist, so zählt der Durchschnitt von C mit R für zwei einfache Punkte. In dieser Weise gehen die Betrachtungen weiter. Jeder Rückkehrpunkt von der r^{ten} Ordnung vermindert die Ordnung der abwickelbaren osculirenden Fläche um r Einheiten.

Irgend zwei Gerade R und R' erzeugen auf C zwei Involutionen n^{ten} Grades, welche $(n-1)^2$ Punktenpaare haben, die gleichzeitig einer Gruppe der einen und einer Gruppe der andern Involution angehören. Also: Es giebt $(n-1)^2$ Gerade, die sich auf zwei willkürliche Gerade stützen und C zwei Mal treffen. Ferner: Eine bewegliche Gerade, die sich auf eine feste Gerade R stützt und die Curve C zweimal trifft, erzeugt eine windschiefe Fläche von der Ordnung: $(n-1)^2$. Es folgen nun zahlreiche Resultate über Treffgeraden, Tangenten, Berührungsebenen etc. der Curve C, die nicht weiter hier angegeben werden können. Mz.

Em. Weyr. Nota sopra alcune singularità di second' ordine de curve gobbe razionali. Brioschi Ann. (2) IV. 328-330.

Der Verfasser behandelt ähnlich, wie in der Arbeit: Intorno alle curve gobbe razionali (Battaglini G. IX. 217 siehe p. 365) eine rationale Raumcurve, die durch dieselben Gleichungen wie dort definirt ist, setzt sie aber mit einem Flächenbüschel zweiten Grades in Beziehung und gewinnt zahlreiche Sätze, wie: Unter den Flächen des Büschels berühren $2(2n-1)$ die Curve. Allgemeiner: Durch die 8 Basispunkte des Büschels, von denen c auf der Curve liegen, gehen $2(2n-c-1)$ Flächen, welche die Curve berühren, u. s. w. Mz.

Em. Weyr. Ueber rationale Raumcurven. Schlömilch Z. XVI. 354-356.

Vier Punkte $x_1\ x_2\ x_3\ x_4$ einer rationalen Raumcurve n^{ter} Ordnung, welche in einer und derselben Ebene liegen, müssen einer gewissen Bedingung Genüge leisten. Die jene vier Parameterwerthe verknüpfende Gleichung $F(x_1\ x_2\ x_3\ x_4) = 0$ ist symmetrisch und in Bezug auf jeden vom $(n-3)^{\text{ten}}$ Grade. Aus diesem Charakter der die Werthe $x_1\ x_2\ x_3\ x_4$ verbindenden Gleichung schliesst der Verfasser auf die Singularitäten der Curven. Schn.

Em. Weyr. Ueber rationale Raumcurven vierter Ordnung. Wien. Ber. LXIII. 493-505.

Eine rationale Raumcurve vierter Ordnung ist eine solche, für welche die homogenen Coordinaten $x_1\ x_2\ x_3\ x_4$ eines Punktes M sich in folgender Form durch den dem Punkte M entsprechenden Parameterwerth ξ darstellen lassen:

$$\left.\begin{aligned} x_1 &= a_1\,\xi^4 + b_1\,\xi^3 + c_1\,\xi^2 + d_1\,\xi + e_1 \\ x_2 &= a_2\,\xi^4 + b_2\,\xi^3 + c_2\,\xi^2 + d_2\,\xi + e_2 \\ x_3 &= a_3\,\xi^4 + b_3\,\xi^3 + c_3\,\xi^2 + d_3\,\xi + e_3 \\ x_4 &= a_4\,\xi^4 + b_4\,\xi^3 + c_4\,\xi^2 + d_4\,\xi + e_4 \end{aligned}\right\}.$$

Indem der Verfasser aus dieser Darstellungsform die Relation ableitet, welche zwischen vier Parametern $\xi_1\ \xi_2\ \xi_3\ \xi_4$ stattfinden muss, damit die ihnen entsprechenden Punkte $M_1\ M_2\ M_3\ M_4$ in einer und derselben Ebene liegen, gewinnt er die Grundlage für die Entwickelungen einer Reihe von charakteristischen Eigenschaften der Curve. Dieselbe ist, wie noch bemerkt werden mag, eine Raumcurve vierter Ordnung zweiter Art, also eine solche, durch welche sich nur eine einzige Fläche zweiter Ordnung legen lässt. Schn.

Em. Weyr. Ueber rationale Curven vierter Ordnung. Clebsch Ann. IV. 243-244.

Die Note enthält die kurze Mittheilung der Grundgleichungen, welche zur Untersuchung der Raumcurven vierter Ordnung und zweiter Species in der vorhergehenden Arbeit angewandt worden sind. T.

G. Korndörfer. Ueber diejenigen Raumcurven, deren Coordinaten sich als rationale Functionen eines Parameters darstellen. Clebsch Ann. III. 415-423.

Die Methode, welche Clebsch (Borchardt J. LXIV., 43.) mit Hinzuziehung des Abel'schen Theorems angewandt hat, um Sätze von solchen ebenen Curven zu entdecken, deren Coordinaten sich als rationale Functionen eines Parameters ausdrücken lassen, wird auf diejenigen Raumcurven ausgedehnt, die den vollständigen Durchschnitt zweier algebraischen Flächen bilden.

Mittelst derselben Betrachtungen, die Clebsch angestellt hat, wird zunächst nachgewiesen, dass sich die Coordinaten eines Punktes einer solchen Raumcurve als rationale Functionen eines Parameters darstellen lassen. Sind x, y, z die Coordinaten eines variablen Punktes der Curve, $f_1(\lambda)$, $f_2(\lambda)$, $f_3(\lambda)$ Functionen n^{ten}

Grades in Bezug auf λ mit gemeinschaftlichem Nenner, so sind die Gleichungen einer solchen Curve:

$$x = f_1(\lambda)$$
$$y = f_2(\lambda)$$
$$z = f_3(\lambda).$$

Sind u, v, w Ebenencoordinaten, so lässt sich die Gleichung der Curve in die Form

$$ux + vy + wz + 1 = 0,$$

also auch in die Form

$$uf_1(\lambda) + vf_2(\lambda) + wf_3(\lambda) + 1 = 0,$$

oder endlich, wenn man nach den Potenzen von λ ordnet und mit $u_0 = 0$, $u_1 = 0$, $\cdots$ $u_n = 0$ Punktgleichungen bezeichnet, auf die Form

$$u_0 + \lambda u_1 + \lambda^2 u_2 + \cdots + \lambda^n u_n = 0$$

bringen.

Es lassen sich nun gewisse Summen von Integralen dritter Gattung aufstellen, mit denen die auf jene Raumcurven bezüglichen Probleme zusammenhängen.

Sind $u = 0$ und $v = 0$ die Gleichungen zweier Flächen von den Ordnungen s und t, deren Durchschnittscurve untersucht wird, bedeutet θ eine noch näher zu bestimmende Function von der $s+t-3^{\text{ten}}$ Ordnung, bezeichnen endlich u_i und v_i die Differentialquotienten von u und v nach den Variablen x_i, $\xi\ \eta\ \zeta$ die Coordinaten beliebiger Punkte und $a_1, a_2, a_3, a_4, b_1, b_2, b_3, b_4$ beliebige Grössen, so sind jene Integralsummen:

$$\int \frac{\theta \Sigma(\pm a_1 b_2 x_3 dx_4)}{\Sigma(\pm x_1 \xi_2 \eta_3 \zeta_4) \begin{vmatrix} \Sigma a_i u_i, & \Sigma b_i u_i \\ \Sigma a_i v_i, & \Sigma b_i v_i \end{vmatrix}}.$$

Hierin ist der Differentialausdruck

$$du = \frac{\Sigma(\pm a_1 b_2 x_3 du_4)}{\begin{vmatrix} \Sigma a_i u_i, & \Sigma b_i u_i \\ \Sigma a_i v_i, & \Sigma b_i v_i \end{vmatrix}}$$ von den Grössen

$a_1, \cdots a_4$, $b_1 \cdots b_4$ ganz unabhängig. Daher sind die Integrale allein von den Verhältnissen der x_i abhängig, und lassen sich also mit Hülfe der beiden Flächengleichungen $u = 0$ und $v = 0$ als Integrale einer einzigen Variablen darstellen.

Vermittelst der Eigenschaft der Coordinaten der Raumcurve, sich rational durch einen Parameter ausdrücken zu lassen, können jene Integralsummen durch andere ersetzt werden.

Sind $a_1\, b_1,\ a_2\, b_2, \cdots a_p\, b_p$ die Parameter der Doppelpunkte der Curve, bezeichnet k die Ordnung einer Fläche $w = 0$, deren Durchschnittspunkte mit der Raumcurve untersucht werden sollen, so sind jene Integralsummen durch die folgenden zu ersetzen:

$$\int_{\varrho_i}^{\lambda_1} \frac{a_i - b_i}{(a_i - \lambda)\,(b_i - \lambda)}\, d\lambda + \int_{\varrho_i}^{\lambda_2} \frac{a_i - b_i}{(a_i - \lambda)\,(b_i - \lambda)}\, d\lambda + \cdots$$

$$\cdots + \int_{\varrho_i}^{\lambda_{stk}} \frac{a_i - b_i}{(a_i - \lambda)\,(b_i - \lambda)}\, d\lambda$$

und

$$\int_{\varrho_i}^{\lambda_1} \frac{d\lambda}{(a_i - \lambda)^2} + \int_{\varrho_i}^{\lambda_2} \frac{d\lambda}{(a_i - \lambda)^2} + \cdots + \int_{\varrho_i}^{\lambda_{stk}} \frac{d\lambda}{(a_i - \lambda)^2}.$$

Erstere sind Integrale dritter Gattung, letztere Integrale zweiter Gattung; sie entstehen durch Differentiation der ersteren nach a_i. Die unteren Grenzen sind bestimmt durch die Gleichungen:

$$\frac{a_i - \varrho_i}{b_i - \varrho_i} = C_i^{\frac{1}{st}}, \qquad \frac{1}{a_i - \sigma_i} = \frac{u_i}{st},$$

falls

$$C_i^k = \frac{(a_i - \lambda_1)\,(a_i - \lambda_2) \cdots (a_i - \lambda_{stk})}{(b_i - \lambda_1)\,(b_i - \lambda_2) \cdots (b_i - \lambda_{stk})} \text{ ist.}$$

Nach diesen allgemeinen Betrachtungen wendet sich Verfasser zur Lösung der speciellen Aufgabe. Es sind von den $s{\cdot}t{\cdot}k$ Schnittpunkten $stk - pr$ gegeben; man soll durch sie eine Fläche k^{ter} Ordnung legen, welche die Raumcurve in p Punkten r-punktig berührt. Den Schluss der Abhandlung bildet die Entwickelung einer Reihe von Sätzen über Raumcurven 4ter, 6ter und 9ter Ordnung, welche denjenigen Sätzen analog sind, die Clebsch in der citirten Abhandlung aufgestellt hat. Ht.

C. Arzela. Sopra alcune applicazioni di una formula data da Jacobi. Battaglini G. IX 32-37.

Jacobi hat zuerst den in der Theorie der Schnittpunktsysteme vielfach benutzten Satz aufgestellt, dass für die Schnittpunkte dreier algebraischer Flächen (bei beliebig vielen Variabeln gilt der entsprechende Satz) die Summe

$$\sum \frac{f(x, y, z)}{s}$$

verschwindet, wo s die Functionaldeterminante der drei Flächen und f eine beliebige algebraische Function von niederem Grade als s bedeutet. Der Verfasser entwickelt eine Reihe geometrischer Sätze, welche aus diesem Theoreme bei Annahme besonderer Flächen sich ergeben. So beispielsweise den folgenden: Gegeben seien drei Orthogonalflächen; in ihren Schnittpunkten lasse man senkrecht zu der einen Kräfte wirken, welche proportional sind den Abständen der bez. Tangentialebenen vom Coordinatenanfangspunkte: so ist die Resultante dieser Kräfte ein Kräftepaar. Kln.

O. Tognoli. Osservazioni geometriche. Battaglini G. IX. 68-75.

Herr Reye hat Clebsch Ann. I. 455 (s. F. d. M. II. p. 438) eine Anzahl Sätze über die Schnittcurve einer f_2 und einer f_4, sowie über die Schnittpunkte zweier f_2 und einer f_4 gegeben, welche der Verfasser im vorliegenden Aufsatze verallgemeinert. Uebrigens hat Reye selbst in einem späteren Aufsatze (Clebsch Ann. II. 475, s. F. d. M. II. p. 425), allgemeinere Sätze über Schnittcurven und Schnittpunktsysteme aufgestellt. Kln.

E. Padova. Della generazione delle superficie mediante reti projettive. Battaglini G. IX. 148-150.

Es wird analytisch bewiesen, dass zwei projectivische Netze algebraischer Flächen n^{ten} und p^{ten} Grades durch den Durchschnitt entsprechender Elemente eine Fläche vom Grade $n+p$ erzeugen, welche die n^3 Basispunkte des einen und die p^3 Basispunkte des andern Netzes enthält. Ferner wird noch dieses Theorem hergeleitet: Die Tangentenebene an die Fläche $(n+p)^{ten}$ Grades in einem der n^3 Basispunkte coincidirt mit der Tangentenebene desselben Punkts an diejenige Fläche des ersten Netzes, welche die entsprechende Curve des 2ten Netzes in diesem Punkte geschnitten hat. Mz.

L. Painvin. Théorème sur les surfaces. Nouv. Ann. (2) X. 481-487.

Sind A, B, C drei feste Punkte, Σ eine gegebene feste Oberfläche m^{ter} Ordnung, M ein auf ihr sich bewegender Punkt, und construirt man sich über drei anderen beliebig im Raum gegebenen Punkten A', B', C' eine Pyramide $A'B'C'S$, welche sich so ändert, dass stets

$$SA' = MA, \ SB' = MB, \ SC' = MC$$

ist, so beschreibt S eine Oberfläche (S) $4m^{ter}$ Ordnung, welche sich auf eine solche $2m^{ter}$ Ordnung reducirt, wenn Σ in Bezug auf die Ebene ABC symmetrisch ist.

Trägt man nun auf MA, MB, MC solche Strecken MA_1, MB_1, MC_1 ab, dass ihre Resultante mit der Normale im Punkte M auf der Oberfläche Σ zusammenfällt, und trägt man diesen gleiche Strecken auf resp. SA', SB', SC' von S aus ab, so ist die Resultante dieser drei Linien die Normale in S auf der Oberfläche (S).

Der erste Theil wird durch eine geeignete Substitution, der zweite durch Differentiation einer identischen Gleichung bewiesen. Für den besonderen Fall, dass Σ die durch ABC bestimmte Ebene ist, sind diese Sätze schon behandelt von Jacobi und Joachimsthal (Borchardt J. LXXIII. p. 180 und 207, s. Abschn. IX. Cap. 3. C. p. 376). Schz.

C. F. Geiser. Notiz über die algebraischen Minimumsflächen. Clebsch Ann. IV. 530-534.

Mittelst der Hesse'schen Determinante lässt sich die quadratische Gleichung darstellen, deren Wurzeln die Hauptkrümmungen einer Fläche sind. Die Bedingung einer Minimalfläche ist alsdann, dass der Coefficient des Mittelglieds $= 0$ ist. In Anwendung auf eine algebraische Fläche n^{ten} Grades $(u = 0)$ ist derselbe eine Function $(3n-4)^{ten}$ Grades, und für die Minimalfläche ein Product von u und einer Function $(2n-4)^{ten}$ Grades. Von da geht die Betrachtung auf den Kegel über, den man durch Weglassung aller Terme niedern Grades aus der Gleichung $u = 0$ erhält. Mittelst bekannter Eigenschaft der homogenen Functionen wird die Determinante in folgende transformirt:

$$\frac{1}{(n-1)^2}\begin{vmatrix} u_{11}-\lambda & u_{12} & u_{13} & \lambda x \\ u_{21} & u_{22}-\lambda & u_{23} & \lambda y \\ u_{31} & u_{32} & u_{33}-\lambda & \lambda z \\ \lambda x & \lambda y & \lambda z & n(n-1)\,u-\lambda(x^2+y^2+z^2) \end{vmatrix}.$$

Da höhere Potenzen von λ als die zweite nicht vorkommen können, und niedere nur mit dem letzten Element des vorstehenden Systems als Factor erscheinen, so verschwinden beide Hauptkrümmungen in den Schnitten des Kegels $u = 0$ und des imaginären Rotationskegels $x^2 + y^2 + z^2 = 0$.

Bei der geometrischen Interpretation nennt der Verfasser den Kegel für den Fall, wo die ursprüngliche Fläche Minimalfläche ist, selbst eine Minimalfläche. Ueber den Sinn dieser an sich widerspruchsvollen Behauptung giebt er keine Auskunft.

H.

A. Cayley. On the deficiency of certain surfaces. Clebsch Ann. III. 526-529.

Siehe Abschn. VIII. Cap. 5. C. p. 291.

R. Sturm. Ueber die Flächen mit einer endlichen Zahl von (einfachen) Geraden, vorzugsweise die der vierten und fünften Ordnung. Clebsch Ann. III. 249-283.

Siehe Abschn. VIII. Cap. 5. B. p. 284.

H. Stahl. Zur Theorie der Krümmungslinien und der dreifachen Orthogonalsysteme. Clebsch Ann. III. 488-495.

Bezeichne λ einen der Hauptkrümmungsradien (λ_1, λ_2) der algebraischen Fläche $u = 0$, dividirt durch die Grösse $\sqrt{u_1^2 + u_2^2 + u_3^2}$, wo die Indices bei u die Differentialquotienten nach x, y, z ausdrücken; ferner $\lambda^{-2}\Delta(u,\lambda)$ die Hesse'sche Determinante. Die

die Werthe von λ_1, λ_2 bestimmende Gleichung $\Delta(u,\lambda) = 0$ sei mittelst der Flächengleichung reducirt auf $D(u,\lambda) = 0$. Einen Punkt der Fläche kann man dann in zwei Parametern λ_1, λ_2 darstellen durch

$$u = 0;\quad \Delta_1 = \Delta(u,\lambda_1) = 0;\quad \Delta_2(u,\lambda_2) = 0.$$

Die Differentialgleichung der Krümmungslinien ist

$$\begin{vmatrix} \frac{d\Delta_1}{du_1}du_1 + \frac{d\Delta_1}{du_2}du_2 + \frac{d\Delta_1}{du_3}du_3, & \frac{d\Delta_1}{du_1}dx + \frac{d\Delta_1}{du_2}dy + \frac{d\Delta_1}{du_3}dz \\ \frac{d\Delta_2}{du_1}du_1 + \frac{d\Delta_2}{du_2}du_2 + \frac{d\Delta_2}{du_3}du_3, & \frac{d\Delta_2}{du_1}dx + \frac{d\Delta_2}{du_2}dy + \frac{d\Delta_2}{du_3}dz \end{vmatrix} = 0.$$

Bei Flächen zweiten Grades sind λ_1 und λ_2 die Parameter der Krümmungslinien, und $D(u,\lambda) = 0$ stellt unmittelbar die Gleichung der confocalen Flächen dar.

Nach beiläufiger Andeutung einer analogen Transformation der Differentialgleichungen der kürzesten Linien auf Flächen zweiten Grades wird dann das orthogonale System der drei Flächenschaaren zweiten Grades, sowie das der Fläche $xyz = a$ nebst seinen zwei transversalen Flächen hergeleitet. H.

L. Cremona. Sulle linee di curvatura delle superficie di 2° grado. Mem. di Bologna (3) I. 49-67.

Der Verfasser entwickelt einige Formeln (in homogenen Ebenencoordinaten) bezüglich der Haupttangentenlinien der Krümmungslinien einer algebraischen Oberfläche, die Punkt für Punkt auf einer Ebene abbildbar ist. Zum Schluss werden dieselben auf Oberflächen zweiten Grades angewandt. Jg. (O.)

C. Raumgebilde ersten, zweiten und dritten Grades.

R. Baltzer. Ueber den Ausdruck des Tetraeders durch die Coordinaten der Eckpunkte. Borchardt J. LXXIII. 94-95.

Die Note enthält, nach Aufzählung der bereits bekannten Herleitungsmethoden des Tetraeder-Volumens aus den Coordinaten der Eckpunkte, eine neue einfache Ableitung dieses Ausdrucks, welche sich nur auf die Elemente der Raumgeometric stützt. T.

E. d'Ovidio. Alcune relazioni fra le mutue distanze de più punti. Battaglini G. IX. 211-216.

Fortsetzung der Arbeit, die F. d. M. II. 452. besprochen worden ist. Sie enthält Relationen zwischen dem Volumen eines von vier Punkten gebildeten Tetraeders und ihren wechselseitigen Entfernungen, und Aehnliches, indem sie von der Relation ausgeht, die Cayley für die Entfernungen von 5 Punkten gefunden hatte (siehe Cambr. and Dubl. Math. J. II., 268). O.

J. A. Grunert. Der Flächeninhalt eines beliebigen ebenen Dreiecks im Raume und der körperliche Inhalt eines beliebigen Tetraeders im Raume durch die cartesischen Coordinaten und durch die tetraedrischen oder quadriplanaren Coordinaten der Ecken ausgedrückt. Grunert Arch. LII. 317-343.

Der Flächeninhalt eines Dreiecks kann aus seinen Seiten, und der Rauminhalt eines Tetraeders aus seinen Kanten bestimmt werden. Es lassen sich aber die Kanten eines Tetraeders aus den tetraedrischen Coordinaten seiner Ecken finden, daher kann man den Flächeninhalt eines Dreiecks im Raume, und den körperlichen Inhalt eines Tetraeders durch die tetraedrischen Coordinaten der Ecken ausdrücken. Diese Bestimmungen sind in der oben genannten Arbeit durchgeführt. T.

J. Versluys. Discussion de l'équation du second degré en coordonnées planaires. Grunert Arch. LII. 278-293.

Es werden Kriterien angegeben, durch welche sich, wenn die Gleichung der Flächen zweiten Grades in Plancoordinaten gegeben ist, die verschiedenen Flächen charakteristisch unterscheiden. T.

C. G. J. Jacobi. Geometrische Theoreme. Bruchstücke aus den hinterlassenen Papieren von C. G. J. Jacobi, mitgetheilt durch Herrn O. Hermes. Borchardt J. LXXIII. 179-206.

Die hier mitgetheilten Bruchstücke schliessen sich ihrem Inhalte nach an diejenigen Mittheilungen an, welche Jacobi Crelle J. XII. in einem Briefe an Steiner über die nach ihm benannte Erzeugungsweise der Curven und der Flächen zweiten Grades gemacht hat. Herr Hermes hat diese Bruchstücke, so weit dies zum Verständnisse des Zusammenhanges wünschenswerth schien, mit erläuternden Bemerkungen versehen. Der Hauptinhalt der ganzen Arbeit ist etwa folgender:

Ist

$$\frac{x^2}{m^2}+\frac{y^2}{n^2}=1$$

die Gleichung einer Ellipse, und

$$\frac{x^2}{m^2+\varrho}+\frac{y^2}{n^2+\varrho}=1$$

diejenige einer confocalen Ellipse, so heissen zwei Punkte P und Q dieser beiden Curven, deren Coordinaten bezüglich $x=m\alpha$, $y=n\beta$ und $x=\sqrt{m^2+\varrho}\,\alpha$, $y=\sqrt{n^2+\varrho}\,\beta$ sind, wo $\alpha^2+\beta^2=1$ ist, conjugirt. Hat man nun auf der ersten Ellipse zwei beliebige Punkte P und P', auf der zweiten die ihr conjugirten Punkte Q und Q', so sind die Entfernungen PQ' und $P'Q$ einander gleich, wie die einfache Ausrechnung zeigt. Analoge Sätze existiren für confocale Parabeln und Hyperbeln. Hierin ist der Ivory'sche Satz ausgesprochen. (Man erkennt nämlich leicht, dass, wenn P unverändert bleibt, aber ϱ variirt, der geometrische Ort von Q ein dem ersten Kegelschnitte confocaler ist, der ihn rechtwinklig durchschneidet). Lässt man im Falle der Ellipse ϱ bis zum Werthe $-n^2$ abnehmen, so reducirt sich der Kegelschnitt auf die Grenzellipse, d. h. auf die doppelt gedachte Strecke zwischen den Brennpunkten F und F' der ersten Ellipse. Irgend zwei Punkten g und g' der ersten Ellipse sind dann zwei bestimmte Punkte f und f' der Strecke FF' conjugirt. Construirt man nun noch einen beliebigen Punkt P auf der ersten Ellipse und den ihm conjugirten Q auf der Strecke FF', so ist $Qg = Pf$, $Qg' = Pf'$. Construirt man nun in beliebiger Lage eine der Strecke gg' gleiche Strecke $g_1 g_1'$ und über derselben das Dreieck $Q_1 g_1 g_1'$ congruent dem Dreieck Qgg', so ist auch $Q_1 g_1 = Pf$ und $Q_1 g_1' = Pf'$, und während P den gegebenen Kegelschnitt durchläuft, durchläuft Q_1 eine bestimmte Gerade. Analoge Sätze existiren für die Parabel und für die Hyperbel, welche letztere auf zwei Weisen in eine Doppelgerade degenerirt, nämlich entweder in die vollständige imaginäre Axe oder in die Strecken der reellen Axe, welche ausserhalb der Brennpunkte liegen. Es lassen sich nun diese Sätze umkehren und führen so zu folgendem Satze:

„Wenn man über zwei festen Basen gg' und ff' mit denselben Strecken $Qg = Pf$ und $Qg' = Pf'$ Dreiecke beschreibt, und die Spitze Q des einen Dreiecks eine beliebig gegebene gerade Linie durchläuft, so beschreibt die Spitze P einen Kegelschnitt."

Wenn insbesondere die gegebene gerade Linie durch den einen Punkt g geht; so wird der Punkt f ein Brennpunkt des Kegelschnitts; wenn sie durch beide Punkte g und g' geht, so sind f und f' die beiden Brennpunkte, und man wird auf die bekannte Fundamentaleigenschaft der Brennstrahlen geführt. (Es ist zu bemerken, dass in diesem Falle, so wie in vielen andern nur ein Theil der gegebenen Geraden reelle Punkte liefert). Die Discussion des Kegelschnitts, welcher durch die im allgemeinen Lehrsatze ausgesprochene Art erzeugt wird, schliesst das erste Bruchstück.

Der Ivory'sche Satz und die daraus gezogenen Folgerungen lassen sich nun auch auf Flächen zweiten Grades übertragen, und die Umkehrung dieser Sätze führt, wie in der Erläuterung des Herrn Hermes angedeutet ist, auf folgende allgemeine Erzeugungsweise der Flächen zweiten Grades, die Jacobi im 12. Bande des Crelle'schen Journals p. 139 angiebt:

„Werden im Raum irgend drei feste Punkte A', B', C' und irgend drei andere, jenen bez. entsprechende feste Punkte A, B, C angenommen und werden in Rücksicht auf diese Fundamentalpunkte andere entsprechende Punkte P, Q so bestimmt, dass ihre Abstände von jenen respective gleich sind, d. h. $PA' = QA$,

$PB' = QB$, $PC' = QC$, so hat man ein Correlativsystem, worin der Punkt P irgend eine Fläche zweiten Grades beschreibt, wenn der Punkt Q sich in einer Ebene bewegt.“ (Die Fläche hat natürlich einen Hauptschnitt in der Ebene $A'B'C'$; diese selbst aber kann Anfangs willkürlich gewählt werden.). Wenn im Besondern der Punkt Q die Ebene ABC beschreibt, so liegen die Punkte $A'B'C'$ in einem Focalkegelschnitt der erzeugten Fläche. (Vgl. Salmon-Fiedler Anal. Geom. d. R. I. Cap. 8.). Wenn man nun von dieser speciellen Eigenschaft ausgehend eine Fläche zweiten Grades erzeugt, so genügt es zur Discussion derselben, den Focalkegelschnitt und den in derselben Ebene liegenden Hauptschnitt zu kennen, und man wird so auf die Untersuchung geführt, mit welcher das zweite Bruchstück beginnt: „Um zwei beliebige Dreiecke ABC und $A'B'C'$ Kegelschnitte zu beschreiben, welche gleiche Excentricität haben, und in welcher A und A', B und B', C und C' conjugirte Punkte, (im oben definirten Sinne) sind.“

Diese Untersuchung ergiebt folgendes Resultat: Man erhält die Mittelpunkte der verlangten Kegelschnitte als Schwerpunkte der drei Punkte A, B, C und A', B', C'; wenn man A und A' belastet mit demselben Gewichte, nämlich mit $u(v+w-u)$, B und B' mit $v(w+u-v)$, und C und C' mit $w(u+v-w)$, wo $u = BC^2 - B'C'^2$, $v = CA^2 - C'A'^2$, $w = AB^2 - A'B'^2$, und es wird die Differenz der Quadrate der halben grossen oder der halben kleinen Axen gleich:

$$\frac{uvw}{2(vw+wu+uv)-u^2-v^2-w^2}.$$

Die fernere Untersuchung zeigt noch, dass die gesuchten Kegelschnitte entweder beides Ellipsen oder beides Hyperbeln oder beides Parabeln sind. Dies wird zunächst durch Rechnung, dann geometrisch mit Hülfe eines Satzes von Steiner über die Mittelpunkte der einem Dreieck umschriebenen Kegelschnitte bewiesen, und hiernach die Discussion der erzeugten Fläche vollständig durchgeführt.

Zum Schluss der Arbeit wird dieselbe Discussion für die allgemeinere Erzeugungsweise vorgenommen, bei welcher der Punkt Q eine beliebige Ebene beschreibt, doch ist diese Discussion in dem Bruchstücke nur kurz und nicht erschöpfend behandelt. Vgl. die beiden folgenden Referate. A.

F. JOACHIMSTHAL. Notiz über die Normalen einer Fläche zweiten Grades. (Aus den hinterlassenen Papieren von F. Joachimsthal, mitgetheilt durch Herrn O. Hermes.) Borchardt J. LXXIII. 207-209.

Die Notiz geht von einer mechanischen Betrachtung aus, die sich im Wesentlichen folgendermassen aussprechen lässt: Ist $\varphi(r_1 r_2 r_3 r_4) = 0$ eine Gleichung zwischen den Entfernungen eines Punktes O von den festen Punkten $a_1 a_2 a_3 a_4$, so stellen $\varphi'(r_1)$ $\varphi'(r_2)$ $\varphi'(r_3)$ und $\varphi'(r_4)$ Kräfte dar, welche in den Richtungen Oa_1, Oa_2, Oa_3, Oa_4 wirkend, eine Resultante haben, die senkrecht steht zu jeder unter der Bedingung $\varphi = 0$ möglichen Bewegungsrichtung des Punktes O. Ist insbesondere $\varphi = 0$ identisch befriedigt, so ist jene Resultante gleich 0. Ein analoger Satz gilt für die Ebene. Dieser Satz gestattet folgende Anwendungen auf die Jacobi'sche Erzeugung der Flächen zweiten Grades, die der Bequemlichkeit wegen nnr für das Ellipsoid ausgesprochen sind.

Es seien ABC drei Punkte des grössten Hauptschnittes des Ellipsoids, und abc die drei conjugirten Punkte (im Jacobi'schen Sinne) des in derselben Ebene befindlichen Focalkegelschnitts. Es sei ferner D ein Punkt im Innern des Focalkegelschnitts, und d einer der beiden ihm conjugirten Punkte des Ellipsoides. Trägt man nun von d aus auf da, db, dc drei solche Strecken ab, die, von D aus auf DA, DB, DC abgetragen, drei in Gleichgewicht stehende Kräfte darstellen; so ist ihre Resultante die Normale des Ellipsoids in d.

Hieraus folgt dann leicht, dass die Normale in d die Axe des Kegels mit dem Scheitel d ist, welcher durch den Focalkegelschnitt abc geht. In diesen Sätzen liegt die Analogie zu dem Satze, dass jede Normale des Kegelschnitts in der Ebene den Winkel der durch ihren Fusspunkt gehenden Brennstrahlen halbirt. A.

O. HERMES. Die Jacobi'sche Erzeugungsweise der Flächen zweiten Grades. Borchardt J. LXXIII. 209-273.

Der Herr Verfasser hat in dieser Arbeit die Flächen zweiten Grades in der von Jacobi in den „Geometrischen Theoremen" (siehe die beiden vorigen Referate) angegebenen Art genauer untersucht, jene Erzeugungsweise selbst entwickelt, und daraus eine Fülle von Resultaten erhalten, welche vorzugsweise Focaleigenschaften betreffen. Die verschiedenen Gattungen der Flächen und die Modificationen, welche die einzelnen Eigenschaften bei ihnen erleiden, werden der Reihe nach besprochen. Es zeigt sich unter Anderem, dass den Nabelpunkten einer Fläche zweiten Grades die Brennpunkte des Grenzkegelschnitts und jeder Krümmungslinie ein mit dem Grenzkegelschnitte confocaler Kegelschnitt im Jacobi'schen Sinne conjugirt ist, nämlich derjenige, in welchem die durch die Krümmungslinie noch hindurchgehende confocale Fläche die Ebene des Grenzkegelschnitts durchschneidet. Betrachtet man nun zwei gleichartige (d. h. sich nicht schneidende, Krümmungslinien des Ellipsoids, so liegen dieselben auf zwei confocalen Hyperboloiden derselben Schaar und ihre Punkte sind auch paarweise conjugirt im Jacobi'schen Sinne. Im Besondern kann aber die eine der Krümmungslinien degeneriren in das Stück des Hauptschnitts zwischen beiden Nabelpunkten (Grenzkrümmungslinien): Den Nabelpunkten F und F' als Scheiteln einer Grenzkrümmungslinie entsprechen als conjugirte Punkte die Scheitel $\mathfrak{A}$ und $\mathfrak{A}'$ einer Krümmungslinie, und jedem Punkt Q auf der Grenzkrümmungslinie FF', oder deren Supplement, ein Punkt P der Krümmungslinie K, und es sind nach dem Ivory'schen Satze die Sehnen: $\mathfrak{A}Q = FP$ und $\mathfrak{A}'Q = F'P$, und der Punkt P durchläuft eine Krümmungslinie der ersten oder der zweiten Art, je nach der Wahl der Punkte $\mathfrak{A}$ und $\mathfrak{A}'$. Hierdurch ist eine Erzeugungsweise der Krümmungslinien, ganz analog derjenigen der Kegelschnitte in der Ebene durch die Brennstrahlen, gewonnen. Offenbar liesse diese Erzeugung eine ähnliche Verallgemeinerung zu, wie sie von Jacobi für die Kegelschnitte in dem oben besprochenen Bruchstücke durchgeführt ist.

Eine andere bemerkenswerthe Eigenschaft ist die Affinität, in welcher die Projectionen conjugirter Punkte zweier confocaler Flächen zweiten Grades auf die Ebene des Hauptschnittes stehen, woraus unter andern folgt, dass, wenn der Punkt P einen ebenen Schnitt der Fläche durchläuft, der conjugirte Punkt Q der Grenzfläche einen Kegelschnitt durchläuft, welcher mit dem Focalkegelschnitt einen doppelten Contact hat. Diese Eigenschaft gewinnt besonderes Interesse bei den geradlinigen Flächen zweiten Grades, weil gewisse bekannte projectivische Eigenschaften damit in einfachem Zusammenhange stehn.

Endlich erhält man, wenn man die beiden reellen Focalkegelschnitte als Grenzflächen betrachtet, (was in der Abhandlung im Anschluss an die Betrachtung des einfachen Hyperboloids geschieht) einen von Jacobi im 12. Bande des Crelle'schen Journals pag. 138 ausgesprochenen Satz: „Wenn von zwei Kegelschnitten (einer Ellipse und einer Hyperbel) jeder die Brennpunkte des andern zu Scheiteln hat und ihre Ebenen zu einander senkrecht stehen, so sind jede zwei Punkte des einen räumliche Brennpunkte des andern; d. h. nimmt man in der Hyperbel irgend zwei Punkte an, so ist die Summe oder Differenz ihrer Entfernungen von jedem Punkte der Ellipse constant, je nachdem sie in verschiedenen oder in demselben Zweige der Hyperbel liegen, und umgekehrt sind je zwei Punkte der Ellipse so beschaffen, dass die Differenz ihrer Abstände von jedem Punkte der Hyperbel constant ist.“ Die weiteren Details der Untersuchung können hier nicht besprochen werden. Der zweite Theil der Arbeit (§. 12—14) behandelt die allgemeine Discussion der Jacobi'schen Erzeugungsweise der Flächen zweiten Grades, also die Aufgabe, wenn der Punkt Q (siehe oben das Referat über Jacobi, geometrische Theoreme) eine beliebige Ebene durchläuft, den geometrischen Ort der Fläche zu discutiren, welche der Punkt P durchläuft. In Bezug auf diese in allen Einzelnheiten genau durchgeführte Discussion muss auf die Arbeit selbst verwiesen werden. A.

A. Cayley. Solution of question 3120. Educ. Times XIV. 67.

Die Gleichung der Jacobiana der Flächen 2ter Ordnung, welche durch die sechs Punkte

(1,0,0,0), (0,1,0,0), (0,0,1,0), (0,0,0,1) (1,1,1,1), $(\alpha,\beta,\gamma,\delta)$

gehen, ist

$$\begin{aligned} & ayz\,(\alpha\omega^2-\delta x^2)+fx\omega\,(\beta z^2-\gamma y^2) \\ & +bzx\,(\beta\omega^2-\delta y^2)+gy\omega\,(\gamma x^2-\alpha z^2) \\ & +cxy\,(\gamma\omega^2-\delta z^2)+hz\omega\,(\alpha y^2-\beta x^2)=0, \end{aligned}$$

wenn

$$a=\beta-\gamma,\ b=\gamma-\alpha,\ c=\alpha-\beta,\ f=\alpha-\delta,\ g=\beta-\delta,\ h=\gamma-\delta.$$

Hi.

Aufgaben über Flächen zweiter Ordnung von S. Roberts, R. Townsend, B. Williamson. Educ. Times XV.

W. H. L. Russell. On Mac Cullagh's theorem. Rep. of Brit. Ass. 1871.

Die Note bezweckt eine Vereinfachung der Methode Salmon's, um Mac Cullagh's Theorem über die Focal-Eigenschaften der Flächen zweiter Ordnung zu beweisen. Csy. (M.)

W. Walton. On the transformation of two simultaneous equations. Quart. J. XI. 262-267.

Die Arbeit untersucht die Lösungen zweier simultaner Gleichungen, die einen Beweis des folgenden geometrischen Satzes erlauben: „Wenn zwei concentrisch und ähnlich gelegene Flächen zweiter Ordnung sich auf einer gemeinsamen Krümmungscurve schneiden, so sind sie confocal.“ Cly. (O.)

L. Painvin. Lieu des sommets des trièdres trirectangles dont les côtés sont normaux à une surface du second ordre. Nouv. Ann. (2) X. 337-359.

Der Verfasser betrachtet ein Ellipsoid, das auf seine Hauptebenen bezogen ist; x, y, z seien die Coordinaten eines Punktes des fraglichen Ortes; $x_1\ y_1\ z_1$ diejenigen des Fusspunktes einer der Normalen, so ist:

$$\frac{x_1^2}{a^2}+\frac{y_1^2}{b^2}+\frac{z_1^2}{c^2}-1=0$$

und

$$\frac{x-x_1}{\frac{x_1}{a^2}}=\frac{y-y_1}{\frac{y_1}{b^2}}=\frac{z-z_1}{\frac{z_1}{c^2}}=\lambda,$$

woraus durch Elimination von $x_1\ y_1\ z_1$ folgt:

$$(1)\qquad \frac{a^2x^2}{(\lambda+a^2)^2}+\frac{b^2y^2}{(\lambda+b^2)^2}+\frac{c^2z^2}{(\lambda+c^2)^2}-1=0.$$

Diese Gleichung des 6ten Grades für λ bestimmt 6 Werthe von λ, die 6 vom Punkte (xyz) ausgehenden Normalen entsprechen; die zugehörigen $x_1 y_1 z_1$ ergeben die vorhergehenden Gleichungen. Die Cosinus der Winkel, welche eine solche Normale in $(x_1 y_1 z_1)$ mit den Coordinatenaxen bildet, sind proportional:

$$\frac{x_1}{a^2},\ \frac{y_1}{b^2},\ \frac{z_1}{c^2},$$

und mithin auch:

$$\frac{x}{\lambda+a^2},\ \frac{y}{\lambda+b^2},\ \frac{z}{\lambda+c^2}.$$

Sind also $\lambda_1, \lambda_2, \lambda_3$ drei von den Wurzeln der Gleichung (1), so hat man als Bedingungen für die Perpendicularität:

$$(2)\qquad \begin{cases}\dfrac{x^2}{(\lambda_2+a^2)(\lambda_3+a^2)}+\dfrac{y^2}{(\lambda_2+b^2)(\lambda_3+b^2)}+\dfrac{z^2}{(\lambda_2+c^2)(\lambda_3+c^2)}=0\\ \text{und zwei analoge Gleichungen.}\end{cases}$$

Wären diese 3 Gleichungen verschieden, so würden sie $\lambda_1\ \lambda_2\ \lambda_3$ bestimmen; und schreibt man dann die Bedingung, dass die von Nennern befreite Gleichung (1) durch $(\lambda-\lambda_1)(\lambda-\lambda_2)(\lambda-\lambda_3)$ theilbar ist, so erhielte man 3 Gleichungen zwischen x, y, z; mithin gäbe es nur eine begrenzte Zahl von Punkten der verlangten Art.

Aber die Gleichungen (2) bestimmen nicht $\lambda_1\ \lambda_2\ \lambda_3$; sie sind nur zwei verschiedenen Relationen unter den symmetrischen Functionen

$$\lambda_1+\lambda_2+\lambda_3,\quad \lambda_1\lambda_2+\lambda_2\lambda_3+\lambda_3\lambda_1,\quad \lambda_1\lambda_2\lambda_3$$

äquivalent, wie durch Rechnung nachgewiesen wird. Der gesuchte Ort wird folglich eine Raumcurve sein. Die Rechnung ergiebt eine Raumcurve vom 16ten Grade. Der Mittelpunkt des Ellipsoides ist 8-facher Punkt der Curve; die 8 Tangenten der Curve in diesem Punkt bilden vier Paare coincidirender Geraden. Es werden die asymptotischen Richtungen, die Asymptoten und die 32 Durchschnittspunkte der Curve mit dem Ellipsoid angegeben.

Hierauf behandelt der Verfasser die Frage: Welches ist der Ort der Fusspunkte auf dem Ellipsoid von unter einander rechtwinkligen Normalen? Er findet hierfür eine Curve vom 24ten Grade. Mz.

H. Picquet. Solutions de quelques problèmes relatifs aux surfaces du second degré. Borchardt J. LXXIII. 365-370.

Behandelt sind folgende Probleme: Construction der Oberfläche zweiten Grades, welche durch acht Punkte geht; Construction des achten Punktes, welcher allen Oberflächen zweiten Grades gemeinsam ist, die durch sieben gegebene Punkte hindurchgehen, (cfr. die Arbeiten von Hesse Crelle J. XXIV. und XXVI). T.

E. Vazeille. Cordes principales et plans principaux d'une surface du second ordre. Nouv. Ann. (2) X. 5-17.

Unter Hauptsehnen werden diejenigen verstanden, deren Richtung senkrecht zu ihrer Durchmesserebene ist. Die Hauptsehnen einer Fläche zweiter Ordnung haben wesentlich drei von einander verschiedene und auf einander senkrechte Richtungen. Der Beweis dieses Satzes ist Gegenstand der gegenwärtigen Arbeit. Es wird gezeigt, dass die Richtungen der Hauptsehnen abhängig sind von einer Hülfsveränderlichen, die selbst durch eine Gleichung dritten Grades bestimmt ist. Sollen nun drei der Richtung nach verschiedene Hauptsehnen existiren, dann muss diese Gleichung dritten Grades drei von einander verschiedene reelle Wurzeln haben. Die Erörterung der Bedingungen, unter denen diese Verschiedenheit der Wurzeln stattfindet, wird durch drei Methoden geführt, welche nach Chasles, Jacobi, Cauchy als ihren Urhebern, benannt werden. Hiermit schliesst die Arbeit.

In einem demnächst zu veröffentlichenden Theile soll gezeigt werden, unter welchen Bedingungen die Wurzeln aufhören können, verschieden zu sein. T.

R. Townsend. On the analogues in the theory of quadrics to some known properties in the theory of conics. Quart. J. XI. 347-362.

Bei zwei Dimensionen lassen sich irgend zwei Kegelschnitte durch eine homographische Transformation reduciren auf zwei Kegelschnitte mit gemeinschaftlichen Axen und Mittelpunkt. Dies ist bei drei Dimensionen nicht mehr der Fall, aber es giebt analoge Eigenschaften für drei Flächen zweiter Ordnung, nicht für beliebige, sondern solche, die sich durch eine homographische Transformation auf Flächen zweiter Ordnung reduciren lassen, die Centrum und Axen gemeinsam haben. In der That, wenn die drei Flächen zweiter Ordnung S_1, S_2, S_3 Centrum und Axen gemeinsam haben, so beweist die Symmetrie der Figur auf ein Mal, dass die 24 Tangentialebenen in ihren acht gemeinsamen Punkten eine gemeinsame Fläche zweiter Ordnung E berühren, und dass die 24 Berührungspunkte ihrer acht gemeinsamen Tangentialebenen auf einer gemeinsamen Fläche zweiter Ordnung F liegen; die beiden neuen Flächen E und F haben Centrum und Axen mit den ursprünglichen S_1, S_2, S_3 gemeinsam. Diese Eigenschaften lassen sich dann auf irgend welche drei Flächen zweiter Ordnung S_1, S_2, S_3 anwenden, die ein gemeinschaftliches, sich selbst reciprokes Tetraeder haben. Die Arbeit enthält eine Entwickelung der analytischen Theorie. Cly. (O.)

O. Hesse. Note über die acht Schnittpunkte dreier Oberflächen zweiter Ordnung. Borchardt J. LXXIII. 371.

Die Note enthält eine andere Fassung des Theorems 14 in den Untersuchungen über die acht Schnittpunkte dreier Oberflächen zweiter Ordnung (Crelle J. XX. 307). In der gegebenen neueren Form erscheint dieser Satz als Ausdehnung des Satzes vom Pascal'schen Sechseck. T.

L. Saltel. Application d'un théorème sur les surfaces du second ordre à la solution de la question 926. Nouv. Ann. (2) X. 278-282.

Es sind zwei Gleichungen zweiten Grades mit 3 Variabeln gegeben. Es sollen die nothwendigen und hinreichenden Bedingungen angegeben werden, damit diese Gleichungen einen Kreis repräsentiren. Ferner sollen die Lage der Ebene, der Mittelpunkt und der Radius des Kreises bestimmt werden. Wn.

A. Moret-Blanc. Solution des questions 981 et 1017. Nouv. Ann. (2) X. 331-334.

Man schneide eine Fläche zweiten Grades durch eine Ebene; in allen Punkten des Umfangs dieses Schnitts construire man die Normalen zu der Fläche; dann ziehe man durch irgend einen Punkt des Raumes Gerade, die gleich und parallel sind mit den Stücken der Normalen zwischen dem Fusspunkt und der Symmetrie-Ebene; so liegen die Endpunkte aller dieser Geraden auf einem Kegelschnitte. Wn.

Bermann. Beweis zweier Steiner'schen Lehrsätze. Grunert Arch. LIII. 129-137.

Der erstere der beiden Sätze (Crelle's J. XXXI. 90) spricht aus, dass, wenn eine Fläche zweiter Ordnung und ein rechtwinkliges Axensystem mit beliebigem Anfangspunkt P gegeben ist, und letzteres um diesen Punkt P herumgedreht wird, der Ausdruck:

$$\frac{\alpha^2}{x'^2 \cdot x''^2} + \frac{\beta^2}{y'^2 \cdot y''^2} + \frac{\gamma^2}{z'^2 \cdot z''^2}$$

constant bleibt, worin resp. α, β, γ die in den Axen liegenden Sehnen und x', x'' etc. die durch den Anfangspunkt P gebildeten

Abschnitte dieser Sehnen bedeuten. Der Beweis wird durch Benutzung der bekannten Transformationsformeln geführt; die Invariante wird zunächst durch die Coefficienten der allgemeinen Gleichung, darnach als Function der Hauptaxen und die auf diese bezogenen Coordinaten des Punktes P dargestellt.

Der zweite Satz: „Schneiden sich die drei Diagonalen eines Polyeders von octaëdrischer Form in einem Punkt P und unter rechten Winkeln, so liegen die Fusspunkte der aus P auf die Seitenflächen gefällten Perpendikel alle acht auf irgend einer Kugelfläche" wird bewiesen durch zwei Hülfssätze, von denen der eine der entsprechende Satz für ein ebenes Viereck ist; der zweite lautet: Ein Kegel, dessen Scheitel in einer Kugelfläche liegt, schneidet letztere in einem Kreise; die auf dem durch diesen Scheitel gehenden Durchmesser normalen Ebenen bestimmen Wechselschnittkreise des ersteren. Schz.

E. Benter. Untersuchungen über Tangentialkegel und die Curven zweiten Grades. Leipzig. Teubner.

An eine Kugel wird von einem ausserhalb derselben gelegenen Punkte ein Tangentialkegel gelegt, welcher eine als horizontal angenommene, durch den Kugelmittelpunkt gehende Ebene in einem Kegelschnitt schneidet. Dieser Kegelschnitt wird discutirt, seine Veränderungen, die er durch Veränderung der Lage der Spitze des Kegels erleidet, werden erörtert, der körperliche Inhalt des Raumes, welcher von dem Kegel, der Kugel und der horizontalen Ebene begrenzt wird, wird ermittelt.

T.

A. de Grossouvre u. E. Bonnet. Solution de la question proposée au concours d'aggrégation (1871). Nouv. Ann. (2) X. 372.

Bestimmung des Ortes der Mittelpunkte derjenigen Revolutionsellipsoide, für welche 3 gegebene feste Punkte die Endpunkte dreier conjugirter Durchmesser sind. Pr.

B. Tortolini. Ricerche analitiche sull' intersezione di un ellissoide con un cilindro ellittico. Att. d. Acc. d. N. Linc. XXIV. 181-189.

Die Note ist die Fortsetzung einer früheren: Sopra la curvatura di alcune linee prodotte dall' intersezione di due superficie del 2^0 ordine. (Ann. di Mat. (1) V. Roma 1863). Der Verfasser bestimmt die Coordinaten irgend eines Punktes der Durchschnittscurve des Ellipsoides mit einem elliptischen Cylinder, sucht den Ausdruck für einen Bogen s der Curve, und bemerkt, dass derselbe sich nur in speciellen Fällen durch elliptische Functionen ausdrücken lässt. Die Bestimmung der Quadratur der Curve, d. h. des zwischen dem Ende der grösseren Halbaxe und dieser Curve eingeschlossenen Theils der Ellipsoidfläche nimmt dann den grösseren Theil der Note in Anspruch.

Jg. (O.)

M. Roberts. Sur la rectification des lignes de courbure d'un ellipsoide. Brioschi Ann. (2) V. 17.

Fortsetzung der Arbeit Brioschi Ann. (2) II. (cfr. F. d. M. I. 139) betreffend die algebraischen Relationen, welche zwischen den Krümmungsbogen eines Ellipsoids bestehen; die erste Abhandlung betrachtete die auf den confocalen einfächerigen Hyperboloiden gelegenen Krümmungslinien, in der vorliegenden sind die entsprechenden Relationen für die zweite Schaar der Krümmungslinien gegeben.

K.

Laguerre. Sur une propriété de l'hyperboloide de révolution. Darboux Bull. II. 279-282.

Herr Bertrand hat bewiesen, dass die Hauptnormalen einer Curve doppelter Krümmung nur dann die Hauptnormalen einer anderen Curve doppelter Krümmung sein können, wenn zwischen den Krümmungen der gegebenen Curve eine lineare Relation existirt. Davon ausgehend gelangt der Verfasser zu folgendem Satze: „Bewahrt man nur die Geradheit der Generatricen, so wird, wie man auch ein Rotationshyperboloid deformiren mag, die Curve, in welche sich der Scheitelkreis (cercle de gorge) desselben transformirt, die Eigenschaft haben, dass in jedem ihrer Punkte eine lineare Relation zwischen den beiden Krümmungen existirt.“ O.

J. Versluys. Discussion de quelques théorèmes et problèmes de géométrie analytique. Grunert Arch. LII. 377-424.

Siehe Abschn. IX. Cap. 2. C. p. 325.

L. Lindelöf. Quelques problèmes relatifs à l'ellipse et à l'ellipsoide. Nouv. Ann. (2) X. 212-221.

Siehe Abschn. IX. Cap. 2. C. p. 330.

Hermann. Sur une propriété du cône de révolution. Nouv. Ann. (2.) X. 29-30.

Schneidet man einen Umdrehungskegel durch eine Ebene, dann ist die Summe der erzeugenden Geraden, welche von der Spitze des Kegels nach den Endpunkten eines Durchmessers der Schnittcurve gehen, constant. Diese Eigenschaft wird eine charakteristische Eigenschaft des Umdrehungskegels, sobald diejenige Ebene, welche durch die Spitze des Kegels und eine der Axen des Schnittes gelegt wird, senkrecht zur Ebene der Basis des Kegels ist. T.

A. Hochheim. Ueber die windschiefe Fläche $z = \frac{Ay^2}{x^2}$. Grunert Arch. LIII. 350-363.

Eine etwas umständlich durchgeführte Studie über jene oben verzeichnete Fläche. Schn.

V. Schlegel. Untersuchungen über eine Fläche dritter Ordnung mittelst der Grassmann'schen Ausdehnungslehre. Pr. Waren.

Siehe Abschn. IX. Cap. 1. p. 306.

D. Andere specielle Flächen und Raumcurven.

A. Cayley. Memoir on quartic surfaces. Proc. of L. M. S. III. 19-69.

Die Arbeit soll eine Einleitung in die Theorie der Flächen 4ten Grades sein, welche Knotenpunkte (conische Punkte) haben. Die Flächen 4ten Grades besitzen entweder gar keine Knoten oder können deren bis zu 16 haben. Die Zahl der gegebenen Punkte, welche Knoten sein können, ist höchstens 7, d. h. man kann für 7 gegebene Punkte als Knoten (nicht aber im eigentlichen Sinn für 8 oder mehr) eine Fläche 4ten Grades finden. Die Gleichung einer solchen Fläche enthält 6 Constante, die so beschaffen sein können, dass sie noch einen oder mehrere Knoten hinzubekommt. Angenommen, sie habe noch einen 8ten Knoten, dann giebt es 2 verschiedene Fälle: 1) Die 8 Knoten sind die Schnittpunkte dreier Flächen zweiten Grades (sie sind ein „Octad"): die Fläche wird dann „octadisch" genannt; 2) Der 8te Knoten ist irgend ein Punkt auf einer gewissen Fläche 6ten Grades, welche durch die 7 gegebenen Knoten bestimmt ist, der „dianodalen" Fläche dieser 7 Punkte. Die Fläche 4ten Grades wird dann „Dianome" genannt. Nimmt man an, die Fläche sei eine Dianome, so mögen die Constanten weiter so bestimmt sein, dass es noch einen 9ten oder 9ten und 10ten Knoten giebt. Dann ist die Fläche aber vollkommen bestimmt, d. h. geht man von 7 gegebenen Punkten als Knoten aus, so giebt es eine Dianome mit 8, 9 und 10 Knoten, aber nicht mit einer grösseren Zahl. Diese treten nur auf, wenn von den 7 Punkten besondere Bedingungen erfüllt werden. Die Betrachtung der Flächen 4ten Grades mit mehr als 10 Knoten bildet daher einen besonderen Theil dieser Untersuchung.

Der Fall der Dekadianome oder der Fläche 4ten Grades mit 10 Knoten ist speciell interessant. Sie wird identificirt mit einer Oberfläche, welche „Symmetroid" genannt wird, d. h. sie wird durch die Gleichung $\Delta = 0$ dargestellt, wo Δ eine symmetrische Determinante 4ter Ordnung zwischen Ausdrücken ist, die lineare

Functionen der Coordinaten (x, y, z, w) sind. Die Arbeit steht in Zusammenhang mit der von Herrn Kummer: „Ueber algebraische Strahlensysteme“ Berl. Abh. 1866, in der Oberflächen 4ten Grades mit 16, 15, 14, 13, 12 oder 11 Knoten betrachtet werden. Die letztere ist ein specieller Fall des Symmetroids.

Cly. (O.)

A. Cayley. A second memoir on quartic surfaces.
Proc. of L. M. S. III. 198-202.

Fortsetzung der obigen Arbeit. Sie enthält weitere Untersuchungen über das Symmetroid, wobei der Verfasser zu einem bemerkenswerthen System von 10 Punkten im Raume gelangt. Giebt man nämlich irgend welchen 9 Linien in der Ebene, welche die Schnitte zweier cubischen Curven sind, oder irgend 9 Linien durch einen Punkt, welche die Schnitte zweier cubischen Kegel sind, den Namen „Enneade“, so sind es die 10 im Raume, welche so liegen, dass, wenn man einen von ihnen als Scheitel nimmt, und mit den übrigen 9 verbindet, die 9 Linien eine Enneade bilden. Cly. (O.)

A. Cayley. A third memoir on quartic surfaces.
Proc. of L. M. S. III. 234-266.

Fortsetzung der obigen beiden Arbeiten. Der leitende Gedanke ist folgender: Wenn für eine Fläche 4ten Grades mit k Knoten die Natur des umschriebenen $(k-1)$ knotigen Kegels 6ten Grades, der zu irgend einem Knoten der Fläche gehört, (z. B. $k=10$, dass es ein Kegel (3,3) ist, zusammengesetzt aus 2 cubischen Kegeln) gegeben ist, kann man daraus die Natur der Fläche 4ten Grades bestimmen und folglich auch die Natur der anderen $k-1$ Knoten. Mit Hülfe hiervon wird die Theorie des Symmetroides in einem wesentlichen Punkte vervollständigt. Es wird nämlich bewiesen, dass eine Fläche 4ten Grades mit 10 Knoten, die einen einzelnen Punkt (3,3) hat, ein Symmetroid ist, wonach jeder der anderen Knoten ein Knoten (3,3) ist. Man hat also das System von 10 Punkten, das in der zweiten Arbeit behandelt ist. Ein grosser Theil der Arbeit ist den Flächen mit 16, 15, 14 und 13 Knoten gewidmet. Dies ist wesentlich eine Reproduction der Kummer'schen Resultate. Diese sind also mit der Theorie in Verbindung und durch eine Veränderung der Constanten in eine mehr symmetrische Form gebracht. Der Verfasser legt auch Gewicht auf die Diagramme, die in Kürze die Relation zwischen Knoten und den umschriebenen Kegeln 6ten Grades erläutern. Cly. (O.)

A. Cayley. On an analytical theorem from a new point of view. Proc. of L. M. S. III. 220-221.

Der Satz ist der wohlbekannte, dass die Gleichung

$$u = (az^2+2bz+c)\cdot w^2 + (2a'z^2+2b'z+c')\cdot w + 2(a''z^2+2b''z+c'') = 0,$$

geschrieben unter den 2 Formen

$$A\cdot w^2+2B\cdot w+C=0 \quad \text{und} \quad A'z^2+2B'z+C'=0,$$

zu der Differentialgleichung

$$\frac{dw}{\sqrt{B'^2-A'C'}}+\frac{dz}{\sqrt{B^2-AC}}=0$$

führt, wo die Functionen 4ten Grades B^2-AC und $B'^2-A'C$ linear ineinander transformirt werden können. Der neue Gesichtspunkt ist nun der, dass die Coefficienten $a, b, \cdots$ zu homogenen Functionen von (x, y) gemacht werden, und zwar von einem Grade, dass $u=0$ die Gleichung einer Oberfläche 4ten Grades wird. Diese hat einen Knoten im Punkte ($x=0$, $y=0$, $z=0$) und ebenso in ($x=0$, $y=0$, $w=0$). Der Satz stellt eine Verbindung zwischen den umschriebenen Kegeln 6ten Grades $B^2-AC=0$, $B'^2-A'C'=0$ her, die diese Knoten zu ihren Scheiteln haben. Cly. (O.)

A. Cayley. On Plücker's models of certain quartic surfaces. Proc. of L. M. S. III. 281-285.

Es werden gewisse Modelle, die unter Leitung des verstorbenen Plücker construirt und im Besitz der Londoner mathemat.

Gesellschaft sind, mit Arten von äquatorialen Flächen identificirt, die sich in Plücker's Werke „Neue Geometrie des Raumes" finden. Cly. (O.)

A. Cayley. Note sur la surface du quatrième ordre douée de seize points singuliers et de seize plans singuliers. Borchardt J. LXXIII. 292-294.

Die Bemerkung bezieht sich auf eine sehr einfache Darstellungsform der Gleichung jener Fläche, aus welcher sich die Gleichungen der singulären Ebenen unmittelbar ergeben.

Schn.

A. Cayley. On the quartic surfaces $(*)(U, V, W)^2 = 0$. Quart. J. XI. 111-113.

Enthält ein kurzes Résumé der Theorie des allgemeinen Torus, d. h. der Oberfläche, die durch Rotation eines Kegelschnittes um eine irgend wie gelegene Axe, entstanden ist — eine Oberfläche, die Herr de la Gournerie im J. de l'Ec. polyt. XXIII. (1863) p. 1--74 bereits untersucht hat (s. F. d. M. II., 582).

Cly. (O.)

A. Cayley. A „Smith's Prize" paper. 1870. Question 13. Messenger V. 200-202.

Der Ort der Scheitel der Kegel zweiten Grades, welche durch 6 gegebene Punkte gehen, ist eine Oberfläche vierten Grades mit 25 Geraden. Ferner wird auch bewiesen, dass für Kegel zweiten Grades, welche durch 7 gegebene Punkte gehen, der Ort der Scheitel eine Curve sechsten Grades ist.

Glr. (O.)

A. Cayley. Sketch of recent researches on quartic and quintic surfaces. Proc. of L. M. S. III. 187-195.

Enthält zum Schluss ein Verzeichniss der Arbeiten von Cayley, Clebsch, Cremona, de la Gournerie, Korndörfer, Kummer, Maxwell und Schwarz. Cly. (O.)

A. Cayley. On the inversion of a quadric surface. Quart. J. XI. 283-288.

Die Inversion geschieht durch reciproke Radiusvectoren, d. h., wenn x, y, z rechtwinklige Coordinaten sind, und $r^2 = x^2 + y^2 + z^2$, so werden x, y, z verändert in $\frac{x}{r^2}, \frac{y}{r^2}, \frac{z}{r^2}$. Der Homogenität halber ist es jedoch angezeigt, eine vierte Coordinate $w = 1$ einzuführen. Dann wird x, y, z in $\frac{xw^2}{r^2}, \frac{yw^2}{r^2}, \frac{zw^2}{r^2}$ verändert. Die inverse Fläche ist, wie bekannt, eine bicirculare Knotenfläche vierten Grades oder anallagmatische Knotenfläche. Die Arbeit enthält einige Transformationen der Gleichung dieser Fläche.

Cly. (O.)

L. Cremona. Sulla superficie di 4° ordine dotata di una conica doppia. Rend. d. Ist. Lomb. 1871. 140-144. 159-162.

Hauptzweck der beiden kurzen Noten ist, einen neuen Fall der Transformation zweiten Grades zu zeigen. In der allgemeinen quadratischen Transformation (projectivisch äquivalent der durch reciproke Radiusvectoren) entsprechen die Ebenen eines Raumes Oberflächen zweiter Ordnung, die einen Kegelschnitt und einen ausserhalb desselben gelegenen Punkt gemeinsam haben, während in dem hier betrachteten Fall die Oberflächen zweiter Ordnung durch einen festen Kegelschnitt gehen, und in einem Punkte desselben von einer festen Ebene berührt werden. Der Verfasser wendet diese Transformation auf eine allgemeine Oberfläche dritter Ordnung, die durch den festen Kegelschnitt geht, an, und erhält dabei die Oberfläche vierter Ordnung mit einem doppelten Kegelschnitt, die schon von Clebsch und Geiser untersucht ist. Bei Anwendung dieser Transformation auf eine Oberfläche zweiten Grades erhält er einen speciellen Fall dieser Oberflächen vierter Ordnung.

Jg. (O.)

C. Hierholzer. Ueber eine Fläche der vierten Ordnung. Clebsch Ann. IV. 172-180.

Die betrachtete Fläche ist der geometrische Ort der Spitzen

aller Kegel zweiten Grades, die durch 6 gegebene Punkte des Raumes hindurchgehen. Diese Fläche enthält die 6 Punkte als Doppelpunkte, und noch dazu die 15 Verbindungslinien der 6 Punkte. Es wird nun durch Rechnung gezeigt, dass eine Fläche vierten Grades, welche 5 Doppelpunkte, deren Verbindungslinien, und einen sechsten Doppelpunkt enthält (und also hierdurch bestimmt ist) nothwendigerweise die 5 Verbindungslinien des sechsten Doppelpunktes mit den fünf ersten enthält. Die Gleichung der Fläche in tetraedrischen Coordinaten ergiebt sich hiernach

$$0 = x_1\, x_2\, x_3\, x_4 \begin{vmatrix} \frac{a_1 b_1}{x_1} & \frac{a_2 b_2}{x_2} & \frac{a_3 b_3}{x_3} & \frac{a_4 b_4}{x_4} \\ x_1 & x_2 & x_3 & x_4 \\ a_1 & a_2 & a_3 & a_4 \\ b_1 & b_2 & b_3 & b_4 \end{vmatrix},$$

wo 4 der Doppelpunkte zu Ecken des Coordinatentetraeders gemacht, $a_1\, a_2\, a_3\, a_4$ die Coordinaten des fünften, $b_1\, b_2\, b_3\, b_4$ diejenigen des sechsten Doppelpunktes, und $x_1\, x_2\, x_3\, x_4$ die laufenden Coordinaten sind.

Es folgen dann noch einige Bemerkungen über Curven auf der Fläche. Ausser den 15 genannten Verbindungslinien der Doppelpunkte enthält die Fläche noch 10 Gerade. Einer jeden der 25 Geraden entspricht eine Schaar von ebenen Curven dritter Ordnung, welche durch einen Ebenenbüschel ausgeschnitten wird, der die Gerade zur Axe hat. Die Tangentenkegel der Fläche in den 6 Doppelpunkten stehen alle auf derselben Raumcurve der dritten Ordnung, welche durch diese 6 Punkte bestimmt wird. Diese Curve liegt auf der Fläche. Die Fläche enthält ferner 15 Schaaren von Raumcurven vierter Ordnung, erster Art. Nämlich ein Kegel der zweiten Ordnung, welcher einen der Doppelpunkte der Fläche zum Scheitel hat und durch 4 andere Doppelpunkte hindurchgeht, schneidet die Fläche in 4 geraden Linien und in einer solchen durch die 4 letzten Doppelpunkte gehenden Curve vierter Ordnung. Projicirt man ferner die durch die 6 Doppelpunkte bestimmte Raumcurve dritter Ordnung von einem beliebigen ihrer Punkte aus auf die Fläche, so ist der Projectionskegel vom zweiten Grade und trifft die Fläche in einer Curve der achten Ordnung, die in die genannte Raumcurve dritter Ordnung und eine Curve fünfter Ordnung zerfällt. Einem jeden Punkte der Curve dritter Ordnung entspricht also eine solche Curve fünfter Ordnung.

Liegen von den 6 gegebenen Punkten 4 in einer Ebene, so zerfällt die betrachtete Fläche in diese Ebene und eine Fläche dritten Grades, welche diejenigen beiden der gegebenen Punkte zu Doppelpunkten hat, die nicht auf jener Ebene liegen. Liegen endlich 5 der gegebenen Punkte in einer Ebene, so zerfällt die betrachtete Fläche in diese zweimal zu rechnende Ebene und einen Kegel zweiten Grades. Mz.

J. Casey. On cyclides and sphero-quartics. Trans. of London. CLXI. 585-781. Proc. of London XIX. 496-497.

Der Ausdruck „Cyclide“ wird nicht in dem Sinne von Dupin gebraucht, sondern nach Darboux (C. R. LXVIII. 1311. siehe F. d. M. II. 571.) Er bezeichnet die allgemeine Oberfläche vierten Grades, welche den imaginären Kreis im Unendlichen zur Doppellinie hat. Moutard hat dieselben „anallagmatische“ Flächen genannt. Jeder ebene Schnitt ist eine bicirculare Curve vierten Grades, die 2 Kreispunkte im Unendlichen als Doppelpunkte hat. Sie ist also unter den Oberflächen das Analogon zu dieser unter den ebenen Curven. Dupin's Cyclide ist ein specieller Fall mit 4 conischen Punkten.

Die Oberfläche wird dargestellt durch die Gleichung

$$W = (a,b,c,d,l,m,n,p,q,r \widehat{)} (\alpha,\beta,\gamma,\delta)^2 = 0,$$

wo $\alpha = 0$, $\beta = 0$, $\gamma = 0$, $\delta = 0$ 4 Kugeln sind, die genannt werden „circles of reference“. Die Form der Gleichung zeigt, dass sie eine Cyclide in der oben gegebenen Definition ist. Sie ist die Enveloppe einer Kugel $x\alpha + y\beta + z\gamma + \delta w = 0$, wo x, y, z, w variable Parameter sind, die durch eine Gleichung zweiten Grades verbunden sind. Die Coefficienten darin sind reciprok zu denen von W. Diese Kugel schneidet die Jacobiana von $\alpha, \beta, \gamma, \delta$ orthogonal, und die quadratische Gleichung zwischen x, y, z, w zeigt, dass ihre Mittelpunkte auf einer Fläche zweiten Grades liegen. Daher der Satz: Eine Cyclide vierten Grades ist die Enveloppe einer variabeln Kugel, deren Mittelpunkt sich auf einer gegebenen Fläche zweiten Grades bewegt, und welche eine gegebene feste Kugel orthogonal schneidet. Die feste Kugel heisst die erzeugende, und die Fläche zweiten Grades die focale Fläche zweiten Grades.

In dem speciellen Fall $(a, b, c, f, g, h \between \alpha, \beta, \gamma)^2 = 0$ ist die Fläche die Enveloppe einer variabeln Kugel, deren Mittelpunkt sich längs eines ebenen Kegelschnitts bewegt, und welche eine gegebene Kugel orthogonal schneidet. Dies ist eine Cyclide mit zwei conischen Punkten, die binodale Cyclide.

Kehrt man zum allgemeinen Fall zurück und verfolgt die Kugeln, welche ihre Mittelpunkte auf einer erzeugenden Linie der focalen Fläche haben, so schneidet sich diese in einem Kreise, welcher ganz auf der Cyclide liegt. Man erhält also die Cyclide als den Ort eines variabeln Kreises, der von einem einzigen Parameter abhängt. In dem Falle, wo die focale Fläche ein Kegel wird, entspricht jeder erzeugenden Linie des Kegels ein Kreis. Man hat also eine Reihe von Kreisen, deren jeder ganz auf einer gegebenen Kugel liegt, und welche zur Enveloppe eine sphärische Curve haben, den Schnitt dieser Kugel mit einem Kegel zweiten Grades. Nicht die Kugel selbst, sondern diese sphärische Curve, vom Verfasser „sphero-quartic" genannt, entspricht der Cyclide im allgemeinen Fall. Diese Curve stellt sich also dar als eine Grenzform der Cyclide, und hat Eigenschaften, die denen der Fläche analog sind. Eine solche Curve ist also eine sphärische Curve und zwar die Enveloppe eines variabeln Kreises, deren Mittelpunkt auf einem gegebenen Kreise der Kugel liegt, und welcher einen gegebenen sphärischen Kegelschnitt auf derselben Kugel orthogonal schneidet.

Die Arbeit enthält eine reiche Fülle von Resultaten, die in einem kurzen Auszuge zu geben unmöglich ist. Sie schliesst mit der Theorie der Cyclide im Zusammenhang mit der allgemeinen Theorie der Flächen zweiten Grades, die einen ~~conischen Knoten~~ haben. Diese ist behandelt von Clebsch, Korndörfer und Anderen, deren Cyclide im verallgemeinerten Sinne ein specieller Fall ist.

Cly. (O.)

E. Catalan. Mémoire sur une transformation géométrique et sur la surface des ondes. Mém. de Belg. XXXVIII. 1-64.

Ph. Gilbert. Rapport sur le mémoire de Mr. Catalan. Bull. de Belg. (2) XXVII. 129-142.

Im ersten Theile dieser Abhandlung studirt der Verfasser die conjugirten Oberflächen, die Salmon apsidale Oberflächen genannt hat. Ihre Fundamentaleigenschaft ist folgende: Zwei correspondirende Punkte befinden sich in gleicher Entfernung von einem festen Punkte, nämlich dem Pole; die Ebene dieser beiden Punkte und des Poles enthält die Normalen zu beiden Oberflächen, und diese Normalen sind unter einander senkrecht. (Betreffs des Beweises siehe § 1 der Abhandl.; Bertrand, Calc. diff. p. 18 und 102; Mac Cullagh, Trans. of Irish. Acad. XVI. pars II. p. 65; Salmon, An. Geom. of 3 dimensions. 2. ed. p. 390). Die Conjugirte einer Ebene ist ein Umdrehungscylinder und umgekehrt. Die Conjugirte einer Rotationsfläche ist eine zweite Rotationsfläche, welche dieselbe Axe hat, wie die erste; der Meridianschnitt der ersten ist derjenige der zweiten, der eine Viertel-Rotation um den Pol gemacht hat. Speciell hat die Kugel als apsidale Conjugirte einen Torus; der Punkt einen Kreis, und folglich ist die Conjugirte einer Linie eine Oberfläche, die durch einen Kreis erzeugt ist, eine cyklische Oberfläche. Liegt die Linie in einer Ebene, die den Pol enthält, so findet man als Conjugirte eine cyklotomische Oberfläche, die erzeugt ist von einem variabeln Kreise mit festem Mittelpunkte, der sich um eine feste Gerade dreht und sich auf eine Leitlinie stützt; in dem actuellen Fall ist die Directrix die ursprüngliche Linie, die sich um die feste Gerade um ein Viertel der Drehung gedreht hat. — Eine Linie, Schnitt zweier Flächen, hat zwei Transformirte, wenn man sie als zur einen oder anderen gehörend betrachtet; dies sind die Schnitte der apsidalen conjugirten Oberfläche der betrachteten Linie allein mit den conjugirten Oberflächen, auf welchen sie sich befindet; es folgt daraus, dass eine cyklische Oberfläche (z. B. eine cyklotomische Oberfläche mit kreisförmiger Basis), conjugirt von einer gegebenen Linie, der Ort der Linie ist, die der ersten auf der Conjugirten irgend einer Oberfläche, die durch diese gegebene Linie geht, entspricht. Wenn sich zwei Oberflächen berühren, so berühren sich ihre Conjugirten in entsprechenden Punkten. Daraus folgt: Die Conjugirte der Enveloppe einer Oberfläche ist die Enveloppe der Conjugirten dieser Oberfläche. Die Folgen dieses Satzes sind unzählbar, in Bezug auf devoloppable Oberflächen, auf Rotationsflächen und auf Enveloppen von Toren etc. Herr Catalan behandelt mehrere specielle Fälle dem analog. Der folgende Paragraph ist den singulären Punkten und Linien von Flächen gewidmet. Wir citiren mit Herrn Gilbert folgende Eigenschaften. Wenn die Oberfläche s eine Reihe von Normalen zulässt, die eine durch den Pol gehende Gerade orthogonal schneiden, so haben entsprechende Punkte in der conjugirten Oberfläche ihre Tangentialebenen normal zu dieser Geraden, und der Ort dieser Punkte ist eine ebene Curve. Wenn die Berührungscurve eines Umdrehungscylinders und der Oberfläche s eine Ellipse ist, deren Mittelpunkt im Pol liegt, so wird die conjugirte Oberfläche durch zwei symmetrische Ebenen in zwei Kreisen berührt. — Im letzten Paragraphen des ersten Theiles werden sehr allgemeine, interessante Sätze bewiesen: Die Conjugirten paralleler Oberflächen sind parallele Oberflächen; die Fusspunktflächen zweier conjugirter Oberflächen sind conjugirte; zwei reciproke Oberflächen haben als Conjugirte zwei andere reciproke Oberflächen.

Das Studium der Wellenfläche bildet den zweiten Theil der Abhandlung des Herrn Catalan. Er findet auf einfache Weise eine grosse Zahl bekannter Eigenschaften wieder und giebt viel neue, indem er von der Bemerkung ausgeht, dass die Wellenfläche die apsidale Conjugirte eines Ellipsoides ist. Wir bezeichnen es mit Herrn Gilbert (der ausserdem einen historischen Ueberblick über die Untersuchungen der Wellenfläche giebt) als einen glücklichen Gedanken, die Wellenfläche durch zwei Gleichungen, z. B.

$$\frac{x^2}{u^2-a^2}+\frac{y^2}{u^2-b^2}+\frac{z^2}{u^2-c^2}=1,\quad x^2+y^2+z^2=u^2,$$

und noch andere darzustellen, welche es möglich machen, sie als einen Ort verschiedener sphärischer Kegelschnitte zu betrachten. Er untersucht die Fusspunktflächen der Ellipsoide von Plücker, oder Elasticitätsflächen; ihre Conjugirten, welche Wellenflächen sind, und die Fusspunktflächen derselben. Die Discussion der Singularität der Wellenflächen ist wesentlich vereinfacht durch die allgemeinen Betrachtungen über Singularitäten, über die wir bei Gelegenheit des ersten Theils gesprochen, und deren Anwendung hier ohne Schwierigkeit ist. Der Verfasser endet mit dem Beweise verschiedener Eigenschaften bezüglich der correspondirenden Punkte der Oberfläche, wenn man sie als ihre eigene polare Reciproke betrachtet, in Bezug auf ein Ellipsoid, dessen Axen die geometrischen Mittel zwischen den Axen der Ellipsoide von Plücker sind.

Die Abhandlung des Herrn Catalan unterscheidet sich von der Mehrzahl der Untersuchungen über die Wellenfläche durch die Einfachheit ihrer Beweise, von denen eine grosse Zahl neu ist, oder früher auf Umwegen bewiesen werden musste.

Mn. (O.)

A. Cayley. Corrections and additions to the memoir: „On the theory of reciprocal surfaces.“ Proc. of London XIX. 22-26.

Enthält zu der Arbeit in den Trans. of London CLIX. (siehe F. d. M. I. 208) Verbesserungen von Ungenauigkeiten, auf die der Verfasser von Herrn Zeuthen aufmerksam gemacht war. Ferner Einführung der Singularitäten θ, θ' und Zusätze. Cly. (O.)

A. Cayley. Example of a special discriminant. Quart J. XI. 211-213.

Siehe Abschn. II. Cap. 3. p. 61.

A. Cayley. On a surface of the eighth order. Clebsch Ann. IV. 558-560.

Ableitung der von Herrn Hierholzer gegebenen Gleichung der Fläche 8ter Ordnung, welche ist der geometrische Ort für die Spitze eines Kegels 2ter Ordnung, der durch sechs gegebene Gerade geht. St.

A. Cayley. On the envelope of a certain quadric surface. Quart. J. XI. 245-246.

Die Oberfläche ist

$$ax^2+by^2+cz^2+dw^2=0,$$

wo a, b, c, d den Bedingungen

$$a\alpha^2+b\beta^2+c\gamma^3+d\delta^2=0,$$

$$\frac{p^2}{a}+\frac{q^2}{b}+\frac{r^2}{c}+\frac{s^2}{d}=0,$$

(α, β, γ, δ und p, q, r, s constant) unterworfen sind. Die Enveloppe ergiebt sich dann als eine Oberfläche von der Ordnung 24. Der Verfasser glaubt jedoch, dass die Ordnung nur 12 sein sollte. Cly. (O.)

A. Cayley. Note on the centro-surface of an ellipsoid. Proc. of L. M. S. III. 16-18.

Kurzer Bericht über die Arbeit, die in den Cambr. Philos. Trans. veröffentlicht ist. Cly. (O.)

F. Tisserand. Sur les surfaces orthogonales. C. R. LXXII. 734–738.

Um von dem System dreier orthogonalen Flächenscharen 2ten Grades aus ein allgemeineres orthogonales System zu gewinnen, stellt der Verfasser für das gesuchte die Form auf,

$$\frac{X}{\varrho-a}+\frac{Y}{\varrho-b}+\frac{Z}{\varrho-c}=U,$$

für 3 Werthe von ϱ. Hier sollen X, Y, Z einzeln Functionen von x, von y, von z sein und gemeinsames, unveränderliches Vorzeichen haben. Die Orthogonalitätsbedingungen enthalten nur die eine Grösse

$$\left(\frac{dU}{dx}\right)^2+\left(\frac{dU}{dy}\right)^2+\left(\frac{dU}{dz}\right)^2,$$

welche in Bezug auf U nicht linear ist. Die zwei Gleichungen, welche man nach deren Elimination erhält, sind unmittelbar integrabel, und ergeben zur Bestimmung von X, Y, Z allgemein:

$$dx = \sqrt{b-c}\,\frac{dX}{\sqrt{X^2(2KX+H)}}$$

nebst 2 analogen Gleichungen, in denen die 3 Werthe der Constanten K die Summe 0 haben, die Constanten H hingegen willkürlich sind. Das gemeinsame Vorzeichen von X, Y, Z verlangt indess, dass auch das der K gemeinsam, dass also jedes $K = 0$ ist, und es bleibt nur möglich:

$$X = Ax^2,\ Y = By^2,\ Z = Cz^2,$$

woraus hervorgeht:

$$U = -L(ax^2+by^2+cz^2)+\psi(x^2+y^2+z^2).$$

Nach Einführung in die anfänglichen Gleichungen kommt für die bis dahin willkürliche Function ψ die Bedingung hinzu:

$$w(\psi'w)^2-2\psi w\psi'w+M\psi w = LNw,$$

wo L, M, N resultirende Constanten sind, und ergiebt als orthogonales System:

$$\frac{Ax^2}{\varrho-a}+\frac{By^2}{\varrho-b}+\frac{Cz^2}{\varrho-c} = \left(x^2+y^2+z^2+\frac{M}{2}\right)^2$$
$$-L(ax^2+by^2+cz^2)-\frac{1}{4}LN.$$

H.

R. Hoppe. Systèmes de lignes et de surfaces égales, terminées par des rayons communs. Nov. Act. Ups. 1871.

Von einem Centrum in der Ebene aus geht ein System von Linien (Strahlen); es werde ein System von Curven untersucht, welche so beschaffen sind, dass die zwischen je 2 Strahlen gelegenen Bogen einer und derselben Curve gleich lang sind. Obwohl man die Gleichung dieses Curvensystems nicht allgemein aufstellen kann, so hat dasselbe doch, wie der Herr Verfasser zeigt, verschiedene merkwürdige Eigenschaften. Es existirt eine die Strahlen durchschneidende und das ganze System umhüllende Linie, welche der Verfasser Enveloppe nennt, obwohl sie die Curven nicht berührt. Es werden nun zwei specielle Fälle untersucht: 1) wo die Enveloppe ein Kreis ist, und 2) wo zu dem Curvensystem eine gerade Linie gehört, in welchem Falle die Enveloppe eine Curve vierten Grades ist. — Auf gleiche Weise wird das Problem für den Raum behandelt. Man denkt sich nämlich eine continuirliche Folge von Oberflächen, die durch einen Strahl geschnitten werden, der bei seiner Bewegung auf jeder der Flächen entsprechende Umrisse beschreibt; nun soll ein solches Flächensystem gesucht werden, dass bei beliebiger Bewegung des Strahles, die ihn in seine Anfangsrichtung zurückführt, stets gleiche Flächen beschrieben werden. Auch hier giebt es eine Enveloppe, wie der Verfasser zeigt. Es werden die Rückkehrkanten untersucht, und die beiden speciellen Fälle behandelt, wo 1) die Enveloppe eine Kugel, 2) zum System der Flächen eine Ebene gehört, in welchem Falle die Enveloppe eine Rotationsfläche ist. Schliesslich werden die verschiedenen Formen der Spitzen untersucht, mit denen gewisse solche Flächen versehen sind. M.

W. Roberts. Sur les courbes équidistantes sphériques.
Brioschi Ann. (2) IV. 207-211.

Aequidistante Curven auf einer Kugel erhält man als Umhüllende eines Kreises von constantem Radius, dessen Pol auf einer sphärischen Curve fortrückt. Sind R, Ω die sphärischen Polarcoordinaten des Poles, so sind die Gleichungen einer solchen Curve:

$$x \sin R \cos\Omega + y \sin R \sin\Omega + z \cos\Omega = a;\quad F(R, \Omega) = 0.$$

Die Umhüllende der durch erstere ausgedrückten Ebene habe die Gleichung $F(x, y, z) = 0$, und berühre die Kugel längs einer Curve C; dann ist $F\left(\frac{x}{a}, \frac{y}{a}, \frac{z}{a}\right) = 0$ die Gleichung einer äquidistanten Curve für C. Die Umhüllungslinie der grössten Kreise, welche durch den laufenden Punkt der Curve $F(R, \Omega) = 0$ gehen, und den sphärischen Radiusvector rechtwinklig schneiden,

$$\operatorname{tg}\varrho \cos(\Omega - \omega) = \operatorname{tg} R$$

ist analog der ersten negativen Podäre in der Ebene. Nun geht die erste der obigen Gleichungen für $a = \cos\varrho$ über in

$$\operatorname{tg}\varrho \ \cos(\Omega - \omega) = \operatorname{tg}\tfrac{1}{2}R.$$

Demnach gelangt man durch die genannte Vertauschung von der Aequidistanten zu der ersten negativen Podäre, d. i. zum Orte der Mitten des Radiusvectors von C.

Ist $\Pi(\varrho, \omega, k) = 0$ die Gleichung der Aequidistanten zu einer gegebenen Curve, wo $a = \cos k$, so ist $\Pi(\varrho, \omega, \varrho + k) = 0$ die der negativen Podäre. Dieser Satz ist analog einem andern desselben Autors in Tortolini Ann. (1) IV. 153.

Alle sphärischen Aequidistanten haben dieselbe sphärische Evolute, sowie dieselbe abwickelbare Polarfläche, d. i. Umhüllungsfläche der Normalebenen. Letztere ist der Kegel, dessen Spitze das Kugelcentrum, und dessen Leitlinie die Evolute ist. Auf diesem Kegel befindet sich die Gratlinie der der Kugel längs einer Curve umschriebenen abwickelbaren Polare der Curve, und ist auf ihm eine geodätische Linie. Der Kegel ist der Ort der Gratlinie der längs allen Aequidistanten der Kugel umschriebenen Abwickelbaren.

Die Gratlinie der einer Kugel längs C umschriebenen Abwickelbaren ist Evolute von C. Durch Verlängerung eines gespannten, an die abwickelbare Polare längs der Gratlinie angelegten Fadens kann man auf der umschriebenen Abwickelbaren nebst C deren Aequidistante beschreiben.

Diese Aequidistanten sind Krümmungslinien der um die Kugel beschriebenen Abwickelbaren. Sie sind zugleich Schnitte derselben mit einem concentrischen Kugelsystem. Die Gratlinie der einer beliebigen Fläche längs einer Krümmungslinie umschriebenen Abwickelbaren liegt auf der abwickelbaren Polare der Krümmungslinie. Sie ist eine geodätische Linie auf der Polare und Evolute der Krümmungslinie, sowie ihrer Aequidistanten auf der umschriebenen Abwickelbaren, auf der dieselben eine Reihe von Krümmungslinien bilden.

Die Gratlinie der Abwickelbaren, welche einer centralen Fläche längs ihrem Durchschnitt mit einer andern, concentrischen und gleich gerichteten umschrieben ist, projicirt sich auf die Hauptnormalebenen in Evoluten von Kegelschnitten. H.

A. Steen. Note om Omdrejningsfladerne. Zeuthen Tidsskr. (3) I. 50.

Wenn eine Rotationsfläche durch die Bewegung einer Kugel entstanden ist, deren Centrum auf der Axe gleitet und die als Radius die Coordinate der Axe bis zu einer gegebenen Directrix hat, so ist es nicht nothwendig, dass alle Kugeln durch die Rotationsfläche umhüllt sind. (Leroy. Anal. appl. à la géom. à trois dim. 3ᵐᵉ éd. Paris 1843, Art. 339). Die cylindrische Rotationsfläche ist die einzige, welche als Meridiancurve die Directrix der Enden des Kugeldurchmessers hat. Es sei die Rotationsaxe die Axe der z. Setzt man dann voraus, dass die Directrix durch die Gleichung $\varrho^2 = \varphi(\gamma)$ bestimmt ist, wo ϱ der Kugelradius, γ das z des Centrums ist, so werden alle einzelnen Punkte der Directrix, für welche man

$$\frac{d\varrho^2}{d\gamma} = \varphi'(\gamma) = 0$$

hat, auf der Meridiancurve liegen. Hn. (O.)

H. M. Jeffery. On concyclic conicoids. Quart. J. XI. 225.

Die Arbeit kann als Uebung in der Dualität betrachtet werden, die sich auf Cap. VIII. von Salmon's geometry of three dimensions gründet, welches confocale Conicoide behandelt (confocale Oberflächen 4ᵗᵉⁿ Grades). Cly. (O.)

Ch. Ruchonnet. De l'hélice osculatrice. Nouv. Ann. (2.) X. 444-450.

Eine Schraubenlinie auf einem geraden Kreiscylinder ist bestimmt durch den Radius r des Cylinders und die Neigung α der Curvenelemente gegen die Cylinderaxe. Die Radien der ersten und zweiten Krümmung für jeden Punkt der Schraubenlinie sind Functionen jener Werthe r und α. Für jeden Punkt einer Raumcurve lassen sich r und α eindeutig so bestimmen, dass die Radien der ersten und zweiten Krümmung mit denen einer Schraubenlinie übereinstimmen. Diese so bestimmte Schraubenlinie nennt der Verfasser eine die Curve in jenem Punkt osculirende und empfiehlt, sie in analoger Weise mit den Raumcurven in Verbindung zu setzen, wie man die Elemente von Curven und Flächen mit den Elementen von Kreisen und Kugeln zu vergleichen pflegt. Schn.

A. Cayley. A „Smith's Prize" paper. 1871. Question 7. Messenger (2) I. 71-72.

Wenn die Coordinaten x, y, z, w eines Punktes P im Raum mit den Coordinaten x' y' z' eines Punktes P' in einer Ebene durch die Gleichungen

$$x:y:z:w = X':Y':Z':W'$$

verbunden werden, wo X', Y', Z', W' quadratische Functionen von x', y', z' sind, so dass

$$X' = 0, \quad Y' = 0, \quad Z' = 0, \quad W' = 0$$

Kegelschnitte mit einem gemeinsamen Punkte darstellen, so ist der Ort von P eine cubische Schraubenfläche (krumme Fläche dritter Ordnung). Die Curven in der Ebene, welche den erzeugenden Linien der Fläche entsprechen, werden ebenfalls bestimmt. Glr. (O.)

A. de Saint-Germain. Etude géométrique sur une question de licence. Nouv. Ann. (2) X. 30-36.

Geometrisch wird bewiesen, dass unter allen Regelflächen, sie mögen eine Richtebene haben oder nicht, die Helicoide, welche schief zur Richtebene steht, die einzige Fläche ist, deren Hauptkrümmungsradien in jedem Punkte zwar gleich, aber entgegengesetzt gerichtet sind (Nouv. Ann. (2) VIII.) Die Länge der Krümmungsradien und der Ort der Krümmungsmittelpunkte für alle Punkte einer Erzeugenden wird bestimmt. Diese Curve ist rectificabel. T.

G. Halphen. Sur les droites qui satisfont à des conditions données. C. R. LXXIII. 1441-1444.

Da eine Gerade durch 4 Bedingungen bestimmt ist, so kann sie einfachen, doppelten, drei- und vierfachen Bedingungen unterworfen werden. Genügen Gerade einer einfachen Bedingung, so giebt es deren eine endliche Zahl, die durch einen gegebenen Punkt gehen und in einer (diesen Punkt enthaltenden) Ebene liegen. Diese Zahl heisst der Grad der einfachen Bedingung. Genügen Gerade einer doppelten Bedingung, so giebt es deren eine endliche Zahl in einer gegebenen Ebene. Diese Zahl ist die Ordnung der doppelten Bedingung. Von denselben Geraden geht eine endliche Zahl durch einen gegebenen Punkt. Dies ist die Classe der Bedingung. Setzt sich die doppelte Bedingung aus 2 getrennten einfachen Bedingungen zusammen, so sind beide Zahlen, Ordnungs- und Classenzahl, eine jede gleich dem Producte der Gradzahlen der einfachen Bedingungen. Genügen Gerade einer dreifachen Bedingung, so bilden sie eine windschiefe Fläche. Der Grad dieser Fläche bezeichnet die Anzahl dieser Geraden, die irgend eine gegebene Gerade treffen. Sind Gerade durch Bedingungen bestimmt, welche wenigstens aus 2 gesonderten Gruppen zusammengesetzt sind, so ist die Anzahl dieser Geraden eine Function der charakteristischen Elemente dieser Bedingungen. Die Untersuchung dieser Anzahl kann man au 2 Fälle zurückführen:

1) Die Geraden genügen einer dreifachen und einer einfachen Bedingung;
2) Die Geraden genügen zwei doppelten Bedingungen.

Zur Lösung des ersten Problems beweist nun der Verfasser folgenden Lehrsatz:

Die Anzahl der geradlinigen Generatricen einer Regelfläche, die einer einfachen Bedingung genügen, ist das Product des Grades der Fläche in den Grad der Bedingung. Hieran schliessen sich einige Bemerkungen. Mz.

S. Roberts. Solution of question 3176. Educ. Times XV. 52.

Eine Gerade von gegebener Länge bewegt sich mit einem

Ende auf einer Kugelfläche, mit dem anderen auf einer Geraden. Dann ist der Ort irgend eines Punktes auf der bewegten Geraden eine Fläche vierter Ordnung. Hi.

E. Pellet. Solution des questions 1014 et 1016.

Nouv. Ann. (2) X. 520-526.

1) Lässt man die Erzeugenden einer windschiefen Fläche um ihren Centralpunkt und in ihrer Centralebene rotiren, und zwar alle um denselben Winkel und in demselben Sinne, so erhält man eine neue windschiefe Fläche, die dieselbe Strictionslinie hat, wie die erste.

2) Es sollen die Spitzen und Kanten einer windschiefen Fläche bestimmt werden, die zur Strictionslinie eine gegebene Curve und als Director-Kegel einen gleichfalls gegebenen Rotationskegel hat. Wn.

A. Cayley. Note on the geodesic lines on an ellipsoid.

Phil. Mag. XLI. 534-535.

Das Theorem, dass jede geodätische Linie auf einem Ellipsoid eine Krümmungscurve berührt, ergiebt sofort die Form dieser Linien. Eine solche berührt abwechselnd die beiden Ovale, welche zusammen eine Krümmungscurve ausmachen, und zwar im Allgemeinen unendlich oft. Nach Art der berührten Krümmungscurve giebt es zwei Arten geodätischer Linien, denen sich als Grenzfall eine dritte Art anschliesst. Geht nämlich eine Linie durch einen Umbilicus, so geht sie auch durch den gegenüberliegenden, und zwar im Allgemeinen unendlich oft. In speciellen Fällen kann sie jedoch in sich selbst zurückkehren. Hi.

G. Darboux. Sur une nouvelle méthode pour l'étude des courbes tracées sur les surfaces algébriques.

Darboux Bull. II. 314-319.

Es ist ein Bericht über zwei Abhandlungen von Clebsch, erstens: „Ueber die Abbildung einer Klasse von Flächen 5ter Ordnung“, welche im 15. Bande der Abhandlungen der Göttinger

Societät veröffentlicht ist, und zweitens: „Ueber den Zusammenhang einer Klasse von Flächenabbildungen mit der Zweitheilung der Abel'schen Functionen" im 3. Bande der Mathematischen Annalen, siehe F. d. M. II. p. 637. Schz.

G. DARBOUX. Sur une classe particulière de surfaces réglées. Darboux Bull. II. 301-314.

Siehe Abschn. VIII. Cap. 5. B. p. 282.

D. TESSARI. Determinazione geometrica delle linee di uguale illuminazione delle superficie. Ann. de R. M. Ind. Torino 1871. 46-56.

Das Referat erfolgt nach vollständigem Erscheinen der Arbeit.

H. MYLORD. Elliptiske Koordinaters. Anvendelse til Bestemmelse af Systemet af skaevvinklede Trajectorier for nogle Systemer af Curver og Flader. Zeuthen Tidsskr. (3) I. 33.

Siehe Abschn. IX. Cap. 2. D. p. 345.

H. MYLORD. Bestemmelse af skaevvinklede Trajectorier til nogle Systemer af Curver og Flader. Zeuthen Tidsskr. (3) I. 65.

Siehe Abschn. IX. Cap. 2. D. p. 347.

H. A. SCHWARZ. Bestimmung einer speciellen Minimalfläche. Gekrönte Preisschrift. Berlin. Dümmler.

Angeregt durch die von der Berliner Akademie für das Jahr 1867 gestellte Preisfrage: „Es soll irgend ein bedeutendes Problem, dessen Gegenstand der Algebra, der Zahlentheorie, Integral-Rechnung, Geometrie, Mechanik und mathematischen Physik angehören kann, mit Hülfe der elliptischen oder der Abel'schen Transcendenten vollständig gelöst werden", hat der Verfasser sich mit dem Problem beschäftigt: durch ein von vier geraden Strecken gebildetes Vierseit die kleinste Fläche zu legen. Dieses Problem lässt sich in gewissem Sinne vollständig lösen, wenn ein solches von vier geraden Strecken gebildetes räumliches Vierseit *ABCD* eine durch zwei gegenüberliegende Ecken (*A* und *C*) gehende Symmetrie-Ebene besitzt. Der erste Theil der vorliegenden Arbeit untersucht eine durch *ABCD* gelegte Minimalfläche, die innerhalb des Vierseits einfach zusammenhängend und frei von singulären Stellen ist. Hierbei geht der Verfasser von den für die Theorie der Minimalflächen fundamentalen Entwickelungen aus, welche Herr Weierstrass in den Berl. Monatsber. 1866, p. 612 seq. veröffentlicht hat. Die sich ergebende allgemeine Differentialgleichung wird für den besonderen Fall integrirt, dass die vier Seiten des Vierseits gleich lang sind und jeder der vier Winkel $= \frac{\pi}{3}$ ist. Für diesen speciellen Fall haben die Coordinaten eines Punktes der zu betrachtenden Minimalfläche folgenden Ausdruck:

$$x = \int_0^s (1-s^2)\, F(s)\, ds - \int_0^{s_1} (1-s_1^2)\, F(s_1)\, ds_1$$

$$y = \int_0^s i\,(1+s^2)\, F(s)\, ds + \int_0^{s_1} -i\,(1+s_1^2)\, F(s_1)\, ds_1$$

$$z = \int_0^s 2s\, F(s)\, ds + \int_0^{s_1} 2s_1\, F(s_1)\, ds_1\,,$$

$$F(s) = \frac{1}{\sqrt{1-14s^4+s^8}},\quad F(0) = +1,$$

also elliptische Integrale, deren obere Grenzen einfache algebraische Functionen zweier unabhängigen Variabeln sind. Nur wenn die Variable s auf das Innere und die Begrenzung eines Kreisbogenvierecks, welches von vier Kreisbogen gebildet wird, deren Tangenten in den Ecken den Winkel $\frac{2}{3}\pi$ einschliessen, beschränkt wird, und den Variabeln s und s_1 conjugirte Werthe beigelegt werden, stellen diese Gleichungen ein reelles, einfach zusammenhängendes von vier geradlinigen Strecken begrenztes Flächenstück *M* dar, welches in jedem seiner Punkte die charakteristische Eigenschaft der Minimalflächen besitzt. Die Coordinaten eines beliebigen Punktes dieser Fläche werden durch ultraelliptische Integrale erster Art ausgedrückt. Die nähere Untersuchung dieser Fläche, welche den Inhalt des zweiten Theils der Arbeit bildet, zeigt, dass auch die analytische Gleichung der Fläche selbst sich durch elliptische Functionen der Coordinaten rational ausdrücken lässt. Es giebt eine in Bezug auf elliptische Functionen der drei Coordinaten rationale und ganze Function, welche für alle Punkte der betrachteten Fläche den Werth Null hat. Daraus ergiebt sich die analytische Natur der vorgelegten Fläche. In ihrer einfachsten Gestalt ist die Gleichung derselben folgende:

$$\mu\nu + \nu\lambda + \lambda\mu + 1 = 0,$$

wo λ, μ, ν dieselben elliptischen Functionen der drei rechtwinkligen Coordinaten x, y, z bedeuten, mit denen sie durch die Gleichungen

$$x = \int_{\lambda}^{\infty} \frac{dt}{\sqrt{\frac{3}{4}t^4 + \frac{5}{2}t^2 + \frac{3}{4}}}, \quad y = \int_{\mu}^{\infty} \frac{dt}{\sqrt{\frac{3}{4}t^4 + \frac{5}{2}t^2 + \frac{3}{4}}},$$

$$z = \int_{\nu}^{\infty} \frac{dt}{\sqrt{\frac{3}{4}t^4 + \frac{5}{2}t^2 + \frac{3}{4}}}$$

verbunden sind. Die Integrationen sind hierbei so auszuführen, dass der Endwerth von $\frac{1}{t^2}\sqrt{\frac{3}{4}t^4 + \frac{5}{2}t^2 + \frac{3}{4}}$ positiv wird, im Uebrigen eine jede auf beliebigem Wege.

Im „Nachtrage“ beschäftigt sich der Verfasser mit einigen verwandten allgemeinen Problemen, z. B. durch ein räumliches Sechsseit eine Minimalfläche zu legen, welche innerhalb der Begrenzung des Sechsseits einfach zusammenhängend und frei von singulären Stellen ist. Es werden Hülfsmittel angegeben, zur Herstellung der betreffenden Seifenblasenflächen nach dem Vorgange von Plateau. M.

Capitel 4.

Liniengeometrie (Complexe, Strahlensysteme).

D. CHELINI. Sulla nuova geometria dei complessi. Mem. di Bologna (3) I. 125-154.

Der Verfasser will die Deduction der wesenflichen Principien der neuen Geometrie der Complexe auf die geometrischen Sätze der schon von ihm in anderen Arbeiten entwickelten Zusammensetzung der Systeme von Geraden, Flächen und Punkten gründen. Die Arbeit ist in 5 Abschnitte getheilt. In dem ersten resümirt der Verfasser die wesentlichsten Fundamentalsätze aus der gewöhnlichen Projectionslehre. In dem zweiten giebt er die Definition der linearen Complexe, und entwickelt die Haupteigenschaften, indem er die Zusammensetzung von Geraden oder Kräften und besonders eine von ihm schon bei einer anderen Gelegenheit bewiesene Formel zu Hülfe nimmt. Der dritte Abschnitt handelt von den Congruenzen. Der Verfasser löst das folgende Problem: Die analytische Darstellung aller Complexe zu finden, welche zwei gegebene Directricen gemeinsam haben; und das reciproke: Die Directricen einer gegebenen Congruenz zu finden. Im vierten Abschnitt wird von der Bestimmung des Hyperboloids, das aus drei Complexen entsteht, gehandelt. Im letzten Abschnitt endlich, stellt der Verfasser mittels einer sehr einfachen Betrachtung von Projectionen den doppelten Ausdruck, localen und tangentialen der Elemente auf, welche eine Gerade im Raume definiren. Jg. (O.)

D. CHELINI. Sulla composizione geometrica dei sistemi di rette, di aree e di punti. Memoria da Domenico Chelini. Bologna 1870. Boncompagni Bull. IV. 135-136.

Kurze Bemerkung, dass die in der citirten Arbeit entwickelten Principien sich bereits in einer Arbeit des Verfassers vom Jahre 1837 finden, zur Wahrung seiner Priorität gegen Herrn Saint-Venant. O.

D. Chelini. Composizione geometrica dei sistemi di rette, di aree, di punti. Mem. di Bologna (3) I. 343-392.

Siehe Fortschr. d. M. II. p. 599.

F. Klein. Notiz, betreffend den Zusammenhang der Liniengeometrie mit der Mechanik starrer Körper. Clebsch Ann. IV. 403-415.

Siehe Abschn. X. Cap. 4. A.

O. Tognoli. Intorno ad alcune questioni generali sulla teorica dei complessi, risolute col metodo geometrico puro. Battaglini G. IX. 19-31.

Siehe Abschn. VIII. Cap. 5. C. p. 291.

F. Klein. Ueber einen Satz aus der Theorie der Liniencomplexe, welcher dem Dupin'schen Theorem analog ist. Gött. Nachr. 1871. 73-85.

Referent behält sich vor, über diese Note im Zusammenhang mit anderen neueren Arbeiten im nächsten Bande zu referiren.

Kln.

L. A. Painvin. Étude d'un complexe du second ordre. Darboux Bull. II. 368-382.

Alle diejenigen Geraden, durch welche man an ein gegebenes Ellipsoid

$$\frac{x^2}{a^2}+\frac{y^2}{b^2}+\frac{z^2}{c^2}-1=0$$

zwei auf einander senkrechte Tangentialebenen legen kann, bilden einen Strahlencomplex zweiter Ordnung, dessen analytischer Ausdruck ist:

$$p^2+q^2+r^2=(b^2+c^2)\,m^2+(c^2+a^2)n^2+(a^2+b^2),$$

wenn die einzelnen Geraden durch Gleichungen von der Form:

$$x = mz + p$$
$$y = nz + q$$
$$nx - my = r$$

dargestellt werden. Alle reellen Geraden dieses Complexes durchschneiden die Kugel S, in deren Punkten sich je drei auf einander senkrechte Tangentialebenen schneiden, deren Radius ist $\sqrt{a^2 + b^2 + c^2}$. Diejenigen Geraden des Complexes, welche durch einen Punkt P gehen, bilden einen Kegel (C), dessen Hauptebenen im Punkt P die drei durch P gehenden mit dem gegebenen Ellipsoid confocalen Flächen berühren. Die Geraden des Complexes, welche in einer Ebene Π liegen, umhüllen einen Kegelschnitt Γ, dessen Centrum der Fusspunkt der vom Centrum des Ellipsoides auf die Ebene Π gefällten Senkrechten ist.

Die Gleichung der Fläche 4ter Ordnung und 4ter Klasse, welche die sämmtlichen Punkte enthält, deren Complexkegel in zwei Ebenen sich auflöst, und welche von allen Ebenen berührt wird, deren Complex-Curve in zwei Punkte zerfällt, wird für diesen besonderen Complex entwickelt. Daraus geht hervor, dass diese Fläche Δ die Fresnel'sche Wellenfläche ist in Bezug auf das Constructions-Ellipsoid

$$\frac{x^2}{b^2 + c^2} + \frac{y^2}{c^2 + a^2} + \frac{z^2}{a^2 + b^2} - 1 = 0,$$

und aus diesem auf die bekannte Weise erhalten werden kann. Die äussere Schale dieser Fläche ist der Ort derjenigen Punkte, deren Complexkegel sich in zwei reelle, die innere Schale berührende Ebenen auflösen, und der Ort derjenigen Ebenen, deren Complexcurve in zwei imaginäre Punkte zerfällt. Die innere Schale ist der Ort derjenigen Punkte, deren Complexkegel in zwei imaginären Ebenen besteht, und der Ort derjenigen Ebenen, deren Complexcurve sich auf zwei reelle Punkte reducirt, welche der äusseren Schale angehören. Die reellen Geraden des Complexes gehen zwischen den beiden Schalen der Fläche Δ hindurch, ohne je in das Innere der inneren Schale einzudringen; die von Plücker als singuläre Gerade bezeichneten Tangenten an die beiden Schalen bilden die Grenzgeraden. Der einer Ebene Π zugehörige Complexkegelschnitt Γ ist eine imaginäre Ellipse, wenn Π ganz ausserhalb der Fläche Δ liegt, eine Hyperbel, wenn Π zwischen den beiden Schalen von Δ hindurchgeht, und eine reelle Ellipse, wenn Π das Innere der inneren Schale durchschneidet. Ausserdem werden noch die Fälle besonders besprochen, in denen der Complexkegel ein Cylinder oder ein Rotationskegel wird, oder in zwei zusammenfallende Ebenen degenerirt, in welchen der Complexkegelschnitt ein Kreis wird, oder aus zwei zusammenfallenden Punkten besteht. Schz.

F. Klein. Zur Theorie der Kummer'schen Fläche und der zugehörigen Liniencomplexe zweiten Grades. Gött. Nachr. 1871. 44-49.

Anknüpfend an eine frühere Arbeit: „Zur Theorie der Complexe des ersten und zweiten Grades" (Clebsch Ann. II. 198. siehe F. d. M. II. p. 605) gelangt der Verfasser dazu, die Coordinaten der geraden Linie im Raume durch vier Parameter darzustellen, welche zur Behandlung der Kummer'schen Fläche und der zugehörigen Liniencomplexe zweiten Grades besonders geeignet sind. Mit Hülfe derselben gelingt es ihm, einige auf diese Complexe und jene Fläche bezügliche Differentialgleichungen zu integriren. Schn.

J. Frischauf. Theorie der räumlichen Strahlbüschel. Schlömilch Z. XVI. 159-162.

Der Verfasser definirt den Strahlbüschel als den Inbegriff der Verbindungslinien entsprechender Punkte von zwei in parallelen Ebenen befindlichen affinen Figuren (Systemen). (Die Affinität ist diejenige Verwandtschaft, bei welcher den Punkten einer Geraden der einen Figur Punkte einer Geraden der zweiten Figur so entsprechen, dass die Geraden durch entsprechende Punkte nach einerlei Verhältniss getheilt werden.). Es ergeben sich aus dieser Definition folgende Sätze:

1) Der Schnitt eines Strahlbüschels mit einer den Grundebenen parallelen Ebene ist eine mit den Figuren der Grundebenen affine Figur.

2) Eine Gerade, welche alle Strahlen eines Strahlbüschels schneidet, heisst eine Brennlinie desselben. Für jeden Strahlbüschel existiren zwei Brennlinien, welche den Grundebenen parallel sind.

3) Ist die Dichte, d. h. die Menge der durch die Flächeneinheit gehenden Strahlen in der Grundebene constant, so ist sie es auch für jede ihr parallele Ebene. Sie wird ein Minimum für die Mittelebene, d. h. die Ebene, von welcher die Brennlinien gleich weit abstehn.

Der erste der genannten Sätze hätte wohl einfacher, als es geschehen ist, durch Betrachtung projectivisch ähnlicher Punktreihen und ihrer Erzeugnisse entwickelt werden können. A.

Capitel 5.

Verwandtschaft, eindeutige Transformation, Abbildungen.

A. Clebsch. Zur Theorie der Cremona'schen Transformationen. Clebsch Ann. III. 490-497.

Durch diese Arbeit wird eine Lücke in der Cremona'schen Theorie ausgefüllt, die sich auf Folgendes bezieht. Werden zwei Ebenen durch eine Cremona'sche Transformation auf einander bezogen, so befinden sich in jeder eine Anzahl Fundamentalpunkte, welche einfache oder mehrfache Punkte derjenigen Curven sind, die den Geraden der anderen Ebene entsprechen. Dass die Anzahl solcher Punkte in beiden Ebenen gleich ist, hat schon Cremona bewiesen; zugleich fand er durch Induction, dass auch diejenigen Zahlen bis auf ihre Reihenfolge übereinstimmen, die angeben, wie viele einfache, doppelte ... Fundamentalpunkte in jeder Ebene vorhanden sind. Dieser Satz nun wird im vorliegenden Aufsatze bewiesen. Kln.

J. Rosanes. Ueber diejenigen rationalen Substitutionen, welche eine rationale Umkehrung zulassen. Borchardt J. LXXIII. 97-111.

Siehe Abschn. II. Cap. 3. p. 47.

Th. Reye. Collineare Grundgebilde und ihre Erzeugnisse. Borchardt J. LXXIV. 1-14.

Der Verfasser giebt eine Begründung der wichtigsten Eigenschaften der von collinearen Grundgebilden erzeugten Strahlensysteme und Complexe, von denen er bereits in seinem Werke „Geometrie der Lage“ (siehe F. d. M. I. p. 269) gehandelt hat.

Zwei collineare Strahlenbündel erzeugen als Durchschnittslinien homologer Ebenen ein Strahlensystem erster Ordnung. Haben die Strahlenbündel gar kein Element entsprechend gemein, so ist das Strahlensystem von der dritten Klasse, nämlich das Sekantensystem einer Raumcurve dritter Ordnung; haben sie eine Ebene, aber keinen Strahl gemeinsam, so gehört es zur zweiten, haben sie endlich einen Strahl gemeinsam, so gehört es zur ersten Klasse. Nachdem aus dieser Erzeugungsweise wichtige Eigenschaften jener Gebilde entwickelt sind, wendet sich der Verfasser zur Betrachtung collinearer Räume. Die Durchschnittslinien homologer Ebenen beider Räume erzeugen im Allgemeinen einen Strahlencomplex zweiten Grades; derselbe lässt sich gleichzeitig als Totalität der Verbindungslinien homologer Punkte jener Räume auffassen, so dass der erzeugte Strahlencomplex sich selbst reciprok ist. Aus dieser Erzeugungsweise folgt eine Reihe charakteristischer Eigenschaften jenes Complexes; durch sie gelangt der Verfasser schliesslich zum Beweise folgenden Satzes:

„Zu zwei collinearen Räumen Σ_1 und Σ_2 kann auf unendlich viele Arten ein dritter Raum Σ_3 construirt werden, so dass von je drei homologen Ebenen dieser Räume jede durch alle gemeinschaftlichen Punkte der anderen beiden hindurchgeht. Es kann nämlich die Ebene α_3 von Σ_3, welche zwei nicht zusammenfallenden homologen Ebenen α_1 und α_2 von Σ_1 und Σ_2 entsprechen soll, willkürlich durch die Schnittlinie $\alpha_1 \alpha_2$ der letzteren gelegt werden; dadurch ist aber zu jedem anderen Ebenenpaar $\beta_1 \beta_2$ von Σ_1 und Σ_2 die entsprechende Ebene β_3 von Σ_3 völlig bestimmt. Lässt man α_3 um $\alpha_1 \alpha_2$ einen Ebenenbüschel beschreiben, so beschreibt β_3 um $\beta_1 \beta_2$ einen projectivischen Ebenenbüschel."

Schn.

Ed. Weyr. Ueber einige Sätze von Steiner und ihren Zusammenhang mit der zwei und zweigliedrigen Verwandtschaft der Grundgebilde ersten Grades. Borchardt J. LXXIII. 87-94.

Nach Berichtigung eines Irrthums, welcher sich in einer früheren Arbeit (s. F. d. M. II. p. 378) befindet, giebt Verfasser einen Beweis des Steiner'schen Satzes über $2n$-Ecke bei Curven 3ter Ordnung. Es seien P und Q zwei Punkte einer Curve C_3 und A ein weiterer Punkt derselben; die Gerade PA treffe die Curve noch in einem Punkt B, die Gerade QB in einem Punkt C, und so fort gelange man durch successives Linienziehen zum Punkte A zurück. Auf diese Weise entsteht bekanntlich ein Steiner'sches $2n$-Eck, dessen Seiten abwechselnd durch P und Q gehen. Gesetzt, es gäbe für P und Q zwei solche $2n$-Ecke, so entstünden in P zwei Strahlengruppen von n Elementen, desgleichen in Q. Die beiden Gruppen in P bestimmen eine Strahleninvolution n^{ten} Grades, eine eben solche ist in Q bestimmt. Beide Involutionen lassen sich auf einander projectivisch beziehen in der Weise, dass man der ersten Gruppe in P die erste Gruppe in Q, der zweiten Gruppe in P die zweite Gruppe in Q zuordnet, und, wenn p ein willkürlicher Punkt auf C_3 ist, dem Strahle Pp noch den Strahl Qp als entsprechend zuweist. Die so bezogenen Involutionen erzeugen eine Curve C_{2n}; von dieser ist C_3 ein Bestandtheil. Die Folge ist, dass, wenn für P und Q zwei Steiner'sche $2n$-Ecke existiren, ihrer unendlich viele vorhanden sind. Aus dem Umstande, dass zwei Büschel P und Q, deren entsprechende Elemente auf C_3 sich treffen, vermöge der zwei- und zweigliedrigen Verwandtschaft projectivisch sind, schliesst der Verfasser, dass, wenn für P und Q ein Steiner'sches $2n$-Eck $ABC\cdots$ besteht, ein dem Punkte A unendlich naher Punkt A' gleichfalls zu einem solchen $2n$-Eck Veranlassung giebt. Damit ist der Satz bewiesen: Wenn für zwei Punkte P und Q einer Curve dritten Grades ein $2n$-Eck existirt, so giebt es deren unendlich viele, und die Seiten dieser Polygone bilden in den in P und Q entstehenden Büscheln Strahleninvolutionen n^{ten} Grades. Schn.

J. C. Becker. Kleine Beiträge zur Geometrie.
Schlömilch Z. XVI. 530-535.

Werden dieselben Gleichungen mit 2 Variabeln einmal auf ein Linearcoordinatensystem, das andere Mal auf ein Büschelcoordinatensystem bezogen, so stehen die auf die letztere Art erhaltenen Gebilde zu den auf die erstere Art erhaltenen in einer Verwandtschaft zweiten Grades. K.

G. Darboux. Sur une méthode nouvelle pour l'étude des courbes tracées sur les surfaces algébriques.
Darboux Bull. II. 23-32.

Die Note ist ein noch nicht beendigtes Referat über die nach Chasles' Vorgang von Clebsch, Cremona, Nöther, Zeuthen u. A. angewandte Methode zur Abbildung von krummen Flächen auf Ebenen. Die dahin gehörenden Arbeiten haben bereits, sofern sie nicht einer früheren Zeit angehören, ihre Besprechung in den Fortschr. d. Math. gefunden. (F. d. M. I. 258, 259.) T.

G. Darboux. Sur une méthode nouvelle pour l'étude des courbes tracées sur les surfaces algébriques.
Darboux Bull. II. 184-192.

Dieser Aufsatz, der selbst nur ein Referat ist, bezieht sich auf eine Abhandlung von Clebsch, über welche in den F. d. M. II. 633 von Herrn Klein referirt ist. Mz.

V. Mollame. Sulla trasformazione continua d'una figura piana. Battaglini G. IX. 269-279.

Ein längerer Aufsatz, in welchem die stetige Transformation

einer ebenen Figur, die stets zu sich selbst homographisch bleibt, betrachtet wird — unter der Voraussetzung, dass irgend 4 Punkte dieser Figur, von denen keine drei in einer Geraden liegen, vier gegebene homographische Linien beschreiben. Mz.

A. Mannheim. Démonstration géométrique d'une propriété de la transformation par rayons vecteurs réciproques. Liouville J. (2) XVI. 317-320.

Bezeichnet man mit r die radii vectores eines Gebildes in Beziehung auf einen Punkt o, so erhält man, wenn r_1 einen auf r von o aus abgetragenen Radiusvector bedeutet, welcher mit r durch die Relation $rr_1 = p^2$ verbunden ist, ein transformirtes Gebilde; o heisst der Pol und p^2 die Potenz der Transformation. Diese Transformation hat Liouville eingehend untersucht und unter Anderem in analytischer Form das Theorem hergeleitet, dass das Erzeugniss von einer Reihe successiver Transformationen durch eine directe Transformation erhalten werden kann. Herr Mannheim giebt dafür einen rein geometrischen Nachweis. Schn.

S. Lie. Over en Classe geometriske Transformationer. I. Christiania Videnskabs-Selskab. 1871. 57-109.

S. Lie. Ueber eine Classe geometrischer Transformationen. II. Christiania Videnskabs-Selskab. 1871. 182-245.

I. Ausser den Punkt-Transformationen giebt es bekanntlich eine ausgedehnte Klasse räumlicher Umformungen, bei denen Flächen, die sich berühren, in eben solche übergehen. Jede solche Transformation, die eine Berührungs-Transformation heissen soll, drückt sich durch fünf Gleichungen zwischen x, y, z, p, q und X, Y, Z, P, Q aus. Eliminirt man hier p, q, P und Q, so erhält man entweder eine oder zwei oder drei Gleichungen zwischen den Punkt-Coordinaten der beiden Räume. Umgekehrt weiss man, dass jede Gleichung $F(xyzXYZ) = 0$, die Plücker als eine äquatio directrix bezeichnet, eine Berührungs-Transformation definirt. Es bestimmen ferner jedesmal drei solche Gleichungen eine Punkt-

Transformation. Dagegen scheint man früher nicht bemerkt zu haben, dass zwei Gleichungen:

$$F_1(xyzXYZ) = 0, \qquad F_2(xyzXYZ) = 0$$

immer eine Berührungs-Transformation bestimmen, welche geometrisch darauf hinauskommt, dass den Punkten des einen Raumes im zweiten die Curven einer dreifach unendlichen Schaar entsprechen. Beschreibt ein Punkt eine Fläche, so umhüllt die dem Punkte zugeordnete Curve die Bildfläche. Man findet also, dass jede Berührungs-Transformation entweder auf der Anwendung eines neuen Coordinatensystems oder auf der Einführung (im Plücker'schen Sinne) von einem neuen Raumelemente beruht. Hieran schliessen sich einige allgemeine Entwickelungen, die sich auf partielle Differential-Gleichungen beziehen.

Sind die Gleichungen (1) sowohl hinsichtlich x, y, z, wie hinsichtlich X, Y, Z linear, so sind die in beiden Räumen auftretenden Curvensysteme Plücker'sche Linien-Complexe. Wichtig ist insbesondere das System

$$-Zz = 2x - (X + iY)$$
$$(X - iY)z = 2y - Z.$$

Fasst man hier die Geraden des Raumes (xyz) als unendlich dünne Cylinder auf, so transformiren sich dieselben in die Kugeln des zweiten Raumes, und zwar so, dass sich schneidende Gerade in sich berührende Kugeln übergehen. Hieraus folgt, dass die Haupt-Tangentencurven einer Fläche im ersten Raume sich als die Krümmungslinien der entsprechenden Fläche abbilden. Dieser Satz giebt beispielsweise eine Bestimmung der Haupt-Tangentencurven auf der Kummer'schen Fläche vierter Ordnung mit 16 Knotenpunkten, während die Herren Darboux und Moutard die Krümmungslinien der Kummer'schen Fläche vierter Ordnung mit zweifachem imaginären Kugelkreise gefunden haben. Unterwirft man den Raum (x, y, z) einer linearen Transformation, so ist die entsprechende Umformung des zweiten Raumes die allgemeinste Berührungs-Transformation, bei welcher Krümmungslinien covariante Curven sind. Ferner geben die linearen Transformationen, welche einen gewissen linearen Complex in sich überführen, alle conforme Punkttransformationen u. s. w. Auf diese Entwickelungen gründet sich ein fundamentaler Zusammenhang zwischen Linien-Geometrie und Kugel-Geometrie, und demzufolge zwischen projectivischen und metrischen Problemen.

II. Der zweite Theil sucht einerseits die erweiterten Begriffe der neueren Geometrie, andererseits die früher gegebenen Theorien für partielle Gleichungen zu verwerthen. Gleichungen, deren Charakteristiken Haupt-Tangentencurven oder Krümmungslinien sind, und eine Classe, deren Charakteristiken geodätische Curven sind, können paarweise in einander transformirt werden. Hierher gehörige Gleichungen erster Ordnung lassen sich in übersichtlicher Weise als Linien- oder Kugelprobleme auffassen. Alle Gleichungen zweiter Ordnung, deren Charakteristiken Haupt-Tangentencurven oder Krümmungslinien sind, und welche intermediäre Integrale besitzen, werden bestimmt. Auch diese Probleme beziehen sich in einfacher Weise auf Linien- und Kugelsysteme. Man trifft hier beispielsweise die bekannten Untersuchungen über Flächen mit ebenen oder sphärischen Krümmungslinien, über Flächen mit einem gegebenen sphärischen Bilde, andererseits Theorien, die sich auf lineare Linien-Complexe beziehen. Der letzte Abschnitt endlich giebt mehrere Beiträge zur Theorie der Complexe zweiten Grades, und verfolgt ferner den schon früher besprochenen Zusammenhang zwischen zwei bekannten Kummer'schen Flächen vierter Ordnung.

L.

H. Amstein. Ueber die conforme Abbildung der Oberfläche eines regulären Octaëders auf die Oberfläche einer Kugel. Wolf J. XVI. 297-341.

In dem ersten Theile der vorliegenden Arbeit giebt der Herr Verfasser einen geschichtlichen Ueberblick über die Probleme der mathematischen Abbildung und zeigt, welche Stellung die oben genannte Abbildungsaufgabe unter den die conforme Abbildung überhaupt betreffenden Aufgaben einnimmt. Hier sind es besonders die Arbeiten des Herrn Schwarz, an welche sich die vorliegende Arbeit eng anschliesst. (Vgl. Berl Monatsber.

1865 p. 150, und 1870 p. 767; Borchardt J. LXX., 105 u. 121; Wolf Z. XV., 272; siehe F. d. M. II., 214 u. 626).

Der zweite Theil enthält die vollständige Lösung des gestellten Problems mit Hülfe der elliptischen Functionen. Der Weg ist derselbe, den H. Schwarz in seiner Abhandlung: Ueber einige Abbildungsaufgaben, Borchardt J. LXX., 119, eingeschlagen hat. Die die Abbildung vermittelnde Function wird analytisch dargestellt mit Hülfe der von H. Weierstrass in seinen Vorlesungen eingeführten elliptischen Functionen. Die allgemeine Aufgabe, die Oberfläche eines regulären Octaeders auf die Oberfläche einer Kugel abzubilden, lässt zwar unendlich viele Lösungen zu; doch ergeben sich aus einer speciellen Abbildungsart alle Abbildungen mit denselben wesentlichen Eigenschaften dadurch, dass man die Oberfläche derjenigen Kugel, auf welche die Octaeder-Oberfläche abgebildet worden ist, conform auf die Oberfläche einer zweiten Kugel von gleichem Radius abbildet, was bekanntlich mit Hülfe reciproker Radien geschieht. M.

O. Hentschel. Ueber einige conforme Abbildungen. Jena, 1871.

Der Verfasser behandelt u. a. die Abbildung der Fläche einer Ellipse, der Fläche eines Rechtecks, der Fläche einer von einer Lemniscate begrenzten Figur auf die Fläche des Kreises und die Abbildung einer speciellen von Kreisbogen begrenzten Figur auf den Kreis. M.

G. Korndörfer. Die Abbildung einer Fläche 4ter Ordnung mit zwei sich schneidenden Doppelgeraden. Clebsch Ann. III. 496.

G. Korndörfer. Die Abbildung einer Fläche 4ter Ordnung mit einer Doppelcurve zweiten Grades, welche aus zwei sich schneidenden unendlich nahen Geraden besteht. Clebsch Ann. IV. 117-134.

Siehe F. d. M. II. p. 637. Kln.

J. Diekmann. Ueber die Modificationen, welche die ebene Abbildung einer Fläche dritter Ordnung durch Auftreten von Singularitäten erhält. Clebsch Ann. IV. 442-475.

Man besitzt bekanntlich eine von Schläfli herrührende Eintheilung der Flächen dritten Grades nach der Zahl ihrer Knotenpunkte (cfr. Phil. Trans. 1863). Die gegenwärtige Abhandlung beschäftigt sich nun damit, zu untersuchen, wie sich die Abbildung der allgemeinen Fläche dritter Ordnung auf die Ebene (bei der sechs beliebig gelegene Fundamentalpunkte auftreten) für die besonderen Fälle modificirt. Die Untersuchung ist für diejenigen 8 Schläfli'schen Arten durchgeführt, welche nur einen Knotenpunkt besitzen, und stützt sich auf die folgenden beiden Sätze:

1) Die gewöhnliche Abbildung der F_3 kann man ansehen als vermittelt durch eine auf der Fläche gelegene Raumcurve dritter Ordnung; es giebt also so viele gleichberechtigte Arten von Abbildungen der Fläche, als es Arten von Curven dritter Ordnung auf derselben giebt.

2) Hat man eine Abbildung der Fläche, so erhält man eine andere, und durch Wiederholung dieses Processes alle anderen Abbildungen, wenn man auf die Bildebene eine quadratische Transformation anwendet, welche sich auf ein von den Fundamentalpunkten gebildetes Dreieck bezieht.

Es ist der Arbeit eine Tafel beigegeben, auf welcher die Lage der Fundamentalpunkte für die verschiedenen in Betracht gezogenen Fälle schematisch angegeben ist. Bei dem letzten Falle (Schläfli No. 20) sind z. B. alle Fundamentalpunkte unendlich nahe zusammengerückt, und drei von ihnen befinden sich auf einer Geraden. Kln.

A. Cayley. On the transformation of unicursal surfaces. Clebsch Ann. III. 469-481.

Wenn die Fundamentalpunkte der ebenen Abbildung einer Fläche und der Grad der Abbildungscurven ebener Schnitte gegeben sind, so werden in der vorliegenden Note einige auf die Doppelcurve der Fläche bezügliche Singularitäten unter gewissen Voraussetzungen bestimmt, wobei ausdrücklich hervorgehoben werden mag, dass diese Voraussetzungen nach Analogie bekannter Fälle willkürlich eingeführt werden und in der Uebereinstimmung der Resultate in ihrer Anwendung auf die bisher abgebildeten Flächen eine Bestätigung finden.

Kln.

G. Darboux. Sur une surface du 5ième ordre et sa représentation sur le plan. Darboux Bull. II. 40-64.

Es giebt eine Klasse von auf der Ebene abbildbaren Flächen fünfter Ordnung, welche nicht geradlinig sind und eine Doppelcurve fünften Grades besitzen. Diese Doppelcurve hat nothwendig einen wirklichen dreifachen Punkt. Auf diese Flächen macht Clebsch gelegentlich aufmerksam (Clebsch Ann. Bd. III. p. 45 unter der Seite), auch finden sie ihre Stelle in den gleich zu nennenden Arbeiten von Nöther und Cremona (cfr. Clebsch Ann. III. p. 574, IV. p. 223, siehe das folgende Referat). In dem vorliegenden Aufsatze wird eine solche Fläche auf einfache Weise durch Betrachtung des Systemes confocaler Flächen zweiten Grades erzeugt und abgebildet. Die Fläche ist der Ort der Berührungspunkte der von einem beliebigen Raumpunkte an die confocalen Flächen gelegten Tangentialebenen, und ist vermöge dieser Erzeugung ohne Weiteres auf das Ebenenbündel, welches durch den Punkt geht, also durch reciproke Uebertragung auf eine Ebene abgebildet. Die Dimension der Abbildung und die an sie anknüpfende Erörterung der auf der Fläche herrschenden Geometrie wird ausführlich und sehr klar gegeben, so dass der Aufsatz geeignet scheint, in das Studium der Flächenabbildungen einzuführen.
Kln.

M. Noether. Ueber die eindeutigen Raumtransformationen insbesondere in ihrer Anwendung auf die Abbildung algebraischer Flächen. Clebsch Ann. IV. 547-570.

L. Cremona. Ueber die Abbildung algebraischer Flächen.
Gött. Nachr. 1871. 129-148, Clebsch Ann. IV. 213-230.

Die vorstehend genannten, unabhängig von einander und fast gleichzeitig erschienenen Arbeiten von Cayley, Nöther, Cremona (siehe auch die beiden folgenden Referate) beziehen sich so sehr auf den nämlichen Gegenstand, dass sie hier im Zusammenhange besprochen werden mögen. Andererseits wird die Wichtigkeit des Gegenstandes eine ausführlichere Erörterung ihrer Principien und Resultate rechtfertigen.

Als eindeutige oder rationale Transformationen zweier Gebilde in einander versteht man solche, bei denen jedem Elemente des einen Gebildes durch einen algebraischen Process ein und nur ein Element des anderen zugeordnet wird. Als Object für solche Transformationen kann man sich sowohl beliebige Gebilde denken, die aus höheren Mannigfaltigkeiten durch algebraische Gleichungen ausgeschieden werden, oder auch unabhängige Mannigfaltigkeiten selbst. Transformationen der ersten Art sind es, welche man wesentlich mit Riemann in der Theorie der Abel'schen Functionen in Betracht zieht, indem man, geometrisch gesprochen, nach den Eigenschaften ebener Curven fragt, die bei eindeutigen Transformationen erhalten bleiben (vergl. Clebsch und Gordan Abel'sche Functionen Cap. III.). Transformationen zweiter Art sind es, welche in den hier vorliegenden Arbeiten auftreten.

Für Gebilde erster Dimension (also die gerade Linie, als Punktreihe gedacht) fallen diese Transformationen mit der Projectivität zusammen. Bei Gebilden zweiter Dimension (die Ebene) sind die eindeutigen Transformationen unter allgemeinen Gesichtspunkten zuerst von Cremona betrachtet worden, wie bereits in einem früheren Referate (siehe F. d. M. II. p. 633) auseinandergesetzt wurde. Hervorgehoben sei namentlich der von Nöther und später unabhängig von Clifford und Rosanes gefundene Satz, dass jede Cremona-Transformation auf eine Reihenfolge sogenannter quadratischer zurückkommt. Für drei Dimensionen, also für den Raum, wird das Problem der eindeutigen Transformationen in den hier vorliegenden Arbeiten zum ersten Male in Angriff genommen. Den Ebenen des einen Raumes entsprechen dabei dreifach unendlich viele Flächen eines Flächengebüsches

$$\lambda\varphi + \mu\psi + \nu\chi + \varrho\omega = 0,$$

und je drei Flächen des letzteren dürfen sich nur in einem beweglichen Punkte schneiden. Die Flächen haben daher eine Anzahl fester Durchschnittspunkte oder Durchschnittscurven gemein (die sogenannten Fundamentalpunkte und -Curven), die selbst Ausnahmegebilde in Bezug auf die Eindeutigkeit der Transformation sind, insofern ihnen im anderen Raume nicht einzelne Punkte oder Curven, sondern ganze Flächen entsprechen. Es kommt nun wesentlich darauf an, solche Flächensysteme wie die hier geschilderten zu finden, was nicht mehr, wie in der Ebene bei den analogen Curvensystemen, eine allgemein charakterisirbare Lösung zu gestatten scheint, und auch nicht eine dem erwähnten Nöther'schen Satze entsprechende Reduction zulässt. In den hier zu besprechenden Aufsätzen wird daher auch wesentlich das allgemeine Problem nur als solches hingestellt, sodann werden specielle Probleme, die sich auf Transformations-Functionen zweiten und dritten Grades beziehen, in Angriff genommen.

In der Cayley'schen Arbeit, die von ihrem Verfasser dazu bestimmt scheint, eine Uebersicht über das ganze Gebiet zu geben, sind gerade diejenigen Betrachtungen, welche wir hier vorstehend angedeutet haben, ausführlich dargelegt und namentlich finden die Cremona'schen Transformationen eine vollständige Darstellung, wobei denn der von Clifford wiedergefundene Nöther'sche Satz angeführt, und ein auf ihn begründeter Process zur Herleitung Cremona'scher Transformationen dargelegt wird. Von den Raumtransformationen, deren allgemeine Behandlung er in Angriff nimmt, sind namentlich eine quadratisch-quadratische, die mit der gewöhnlichen Transformation durch reciproke Radien zusammenfällt, eine quadratisch-cubische und eine cubisch-cubische besprochen. Die letztere wird durch die allgemeine bilineare Gleichung zwischen den beiden Räumen dargestellt; in ihr entsprechen den Ebenen des einen Raumes Flächen dritter Ordnung des anderen Raumes, die eine Fundamentalcurve der sechsten Ordnung gemein haben. Die letztere kann sich specialisiren;

insbesondere hebt Cayley einen Fall hervor, wo sie in vier Gerade und deren beide Transversalen zerfällt.

In den Arbeiten von Nöther und Cremona tritt neben den bisher erwähnten ein anderer Gesichtspunkt in den Vordergrund: es ist die Benutzung der eindeutigen Raumtransformationen zur eindeutigen Transformation von Flächen in einander, insbesondere zur Abbildung von Flächen auf einer Ebene. Nöther geht von der Darlegung der allgemeinen analytischen Principien der eindeutigen Raumtransformationen aus und wendet sich sodann denselben eben bei Cayley genannten besonderen Fällen, insbesondere der Betrachtung der cubisch-cubischen Transformation zu. Die Erörterung einiger in der letzteren enthaltener Specialfälle, nämlich derjenigen, bei denen die Curve 6ter Ordnung in nur zwei Curven zerfällt, liefert eine reiche Ausbeute an Abbildungen von Flächen auf die Ebene. — Bei Cremona ist es nahezu derselbe Kreis von Transformationen, dem nur noch einige weitere Ausartungen der Curve sechster Ordnung hinzugetreten sind. Die Resultate werden, ohne Eingehen auf die allgemeinen Principien, die als bekannt vorausgesetzt sind, in rein geometrischer Weise dargelegt. Insbesondere macht Cremona zum Schluss darauf aufmerksam, dass man auch umgekehrt, wenn die ebene Abbildung einer Fläche gegeben ist, diejenigen eindeutigen Raumtransformationen — falls es solche giebt — bestimmen kann, welche dieselbe vermitteln. Die von Nöther und Cremona auf die Ebene abgebildeten Flächen, welche unter sich alle bis jetzt bekannt gewesenen abbildbaren Flächen, ausserdem aber eine Reihe neuer begreifen, sind die folgenden:

F_3; F_4 mit C_1^2, F_4 mit C_2^2; F_5 mit C_1^3, F_5 mit C_3^2 und einem dreifachen Punkte, F_5 mit C_4^2, F_5 mit C_5^2 und einem dreifachen Punkte; F_6 mit C_2^3 und einem dreifachen Punkte, F_6 mit C_5^2 (die C_5 hat $p = 1$), F_6 mit C_6^2 (die C_6 hat $p = 1$ und besitzt einen dreifachen Punkt, der zugleich dreifacher Punkt der Fläche ist.)

Ausserdem finden sich bei Cremona:

F_4 mit dreifachem Punkte, F_5 mit zwei Doppelgeraden, F_5 mit zwei Doppelgeraden und einer beide schneidenden dreifachen, F_6 mit C_1^2 und C_3^2, F_6 mit C_1^2 und C_4^2, F_6 mit C_4^2 und dreifachem

Punkte; F_7 mit $3C_1^2$ und $3C_1^3$, F_7 mit C_1^3 und C_5^2, F_7 mit C_2^3 und C_4^2; F_8 mit C_2^2 und C_4^2;

und bei Nöther:

die Flächen n^{ten} Grades, welche eine $(n-1)$fache oder $(n-2)$fache Gerade besitzen (vergl. hierzu die frühere Arbeit von Nöther, Clebsch Ann. III. p. 175, siehe F. d. M. II. p. 616) und die Flächen vom Grade $2n-1$ mit einer $n$fachen Raumcurve vierter Ordnung erster Species. Auch ist bei Nöther eine von Kummer angegebene Fläche vierter Ordnung mit zwei uniplanaren Knotenpunkten auf den allgemeinen Kegel dritter Ordnung (der nicht auf die Ebene abbildbar ist) abgebildet. Kln.

L. Cremona. Sulle trasformazioni razionali nello spazio. Rend. d. Ist. Lomb. 1871. 269-279. 315-324.

Die Arbeit kann als Ausdehnung der Theorie der Transformation ebener Figuren auf den Raum betrachtet werden, die der Verfasser schon in zwei Abhandlungen in den Bänden der Academie von Bologna (1863 und 1865) veröffentlicht hatte, und die im ersten und dritten Bande des Math. Journ. von Neapel abgedruckt worden sind. Die in Rede stehenden Transformationen, die zur selben Zeit auch von H. Nöther untersucht worden waren, sind folgende:

$$x_1\, x_2\, x_3\, x_4, \quad y_1\, y_2\, y_3\, y_4$$

sind die homogenen Coordinaten zweier entsprechenden Punkte zweier Räume. Existiren zwischen ihnen die Relationen

$$x_1 : x_2 : x_3 : x_4 = \varphi_1 : \varphi_2 : \varphi_3 : \varphi_4,$$

wo die φ ganze homogene Functionen von gegebenem Grade n der y sind, so dass man aus ihnen auch

$$y_1 : y_2 : y_3 : y_4 = \Psi_1 : \Psi_2 : \Psi_3 : \Psi_4$$

ableiten kann, wo die resultirenden Ψ auch ganze homogene Functionen n^{ten} Grades von x sind.

Die φ und Ψ, gleich 0 gesetzt, stellen „homaloïdische" Oberflächen dar, d. h. Oberflächen, die Punkt für Punkt auf eine Ebene abbildbar sind. Der Verfasser zeigt, wie, indem man die ebene Abbildung einer Oberfläche φ als bekannt voraussetzt, man durch Zurückgehen auf die bekannte Theorie der ebenen Transformationen alle Transformationen im Raume (y) bestimmen kann, in denen die gegebene Oberfläche φ verwandt werden kann. Andrerseits, wenn auf eine bekannte Oberfläche eine Transformation angewendet wird, so wird die Abbildung einer neuen Oberfläche auf der gegebenen, also auch auf einer Ebene erhalten, wenn die gegebene homaloïdisch ist. Auf diesem einfachen und ganz zusammenhängenden Wege erhält man daher eine unbegrenzte Reihe von Transformationen des Raumes und Abbildungen von Oberflächen. Der Verfasser giebt viele Beispiele hierzu. Die Arbeit ist auch theilweise abgedruckt in den Annalen d. Math. (siehe das vorhergehende Referat.) Jg. (O.)

A. Cayley. On the rational transformation between two spaces. Proc. of L. M. S. III. 127-180.

Die Arbeit handelt 1) von der rationalen Transformation zwischen zwei Linien der homographischen Transformation, 2) von der rationalen Transformation zwischen 2 Ebenen, der wohlbekannten Cremona'schen Transformation, 3) von der rationalen Transformation zwischen 2 Räumen. Hierbei hat man 2 Systeme von Gleichungen $x':y':z':w' = X:Y:Z:W$ und $x:y:z:w = X':Y':Z':W'$, das eine ableitbar aus dem andern. Beginnt man mit dem ersten System, so wird dies der Fall sein, wenn die Oberflächen $X=0$, $Y=0$, $Z=0$, $W=0$ einen gemeinsamen Schnitt haben, der nur n^3-1, aber nicht n^3 Schnitten äquivalent ist. Der hier hauptsächlich betrachtete Fall ist die sogenannte „lineo-lineare" Transformation, d. h. es wird angenommen, dass die Coordinaten eines Punktes in dem einen Raume mit denen des entsprechenden Punktes im anderen Raume durch 3 lineo-lineare Gleichungen verbunden, (d. h. jede Gleichung ist linear in den 2 Systemen der Coordinaten resp.). Cly. (O.)

F. Campanella. Delle trasformazioni geometriche. Genova. Sardo-Muti.

L. PAINVIN. Théorème sur les surfaces. Nouv. Ann. (2) X. 481-487.

Siehe Abschn. IX. Cap. 3. B. p. 372.

E. KRETSCHMER. Beiträge zur Theorie der Flächen mit ebenen Krümmungslinien, welche gegebenen Bedingungen genügen. Pr. Frankfurt a. O.

Siehe Abschn. IX. Cap. 3. A. p. 359.

G. HOLZMÜLLER. Ueber logarithmische Abbildung und die aus ihr entspringenden orthogonalen Curvensysteme. Schlömilch Z. XVI. 269-289.

Vermittelt man die conforme Abbildung zweier Ebenen durch die Gleichung $Z = \log z$, so entspricht jedem unendlich langen Flächenstreifen der Z-Ebene, welcher parallel der reellen Axe und von der Breite 2π ist, die ganze z-Ebene; den Parallelen zur imaginären (Y)-Axe entsprechen concentrische Kreise um den Nullpunkt, den Parallelen zur X-Axe, die durch den Nullpunkt gelegten Geraden der Z-Ebene; das Bild einer beliebigen Geraden der Z-Ebene ist eine logarithmische Spirale. Denkt man einen der oben genannten unendlich langen Flächenstreifen durch Parallelen zur X- und Y-Axe in congruente Rechtecke zerlegt, so ist das Bild dieses Netzes ein System ähnlicher und rechtwinkliger Flächenstücke, die von Radien und concentrischen Kreisen begrenzt werden; eine beliebige Gerade der Z-Ebene verbindet die Ecken der entsprechenden rechtwinkligen Flächenstücke in der Z-Ebene, Aus dieser Entstehungsart der Spirale lassen sich viele ihrer Grundeigenschaften schnell und übersichtlich ableiten, zu jeder Eigenschaft der Geraden in der Z-Ebene ergiebt sich eine analoge für die Spirale. Aus dem Satze z. B.: „Die Curven, welche eine Schaar paralleler Geraden unter constantem Winkel schneiden, sind parallele Gerade“ folgt: „Die Curven, welche eine Schaar gleichwinkliger logarithmischer Spiralen unter constantem Winkel schneiden, sind ebenfalls logarithmische Spiralen.“ Von praktischem Interesse erweist sich die logarithmische Abbildung, insofern sie den analytischen Zusammenhang zwischen der stereographischen und zwischen Mercators Projection giebt. Ist für erstere der Nordpol der abzubildenden Kugel Centrum, tangirt die Projectionsebene also den Südpol, so ist der Punkt Z der Mercator-Projection, welcher einem Punkte z des stereographischen Bildes entspricht, bestimmt durch die Gleichung $Z = \log\left(\gamma + \frac{1}{z}\right)$, wo γ eine passend zu wählende Constante ist. Am Schluss der Arbeit befinden sich Bemerkungen über die durch doppelt periodische Functionen vermittelte Abbildung des Ellipsoids, resp. der Kugel auf das Innere eines Rechtecks; der Verfasser gelangt zu folgenden Sätzen: Bei der Abbildung des Ellipsoids auf die ganze Ebene entspricht dem System der Krümmungslinien eine Curvenschaar, welche durch stereographische Projection eines bestimmten Systems confocaler sphärischer Kegelschnitte entsteht. Bei der Abbildung der Ellipse auf das Innere oder das Aeussere eines Kreises entsprechen den confocalen Ellipsen und Hyperbeln stereographische Projectionen sphärischer Kegelschnitte; dieselben sind mit den von Siebeck (Borchardt J. LVII. u. LIX,) behandelten Curven 4ten Grades identisch, wenn der Mittelpunkt der Ellipse dem des Kreises entspricht. K.

Zehnter Abschnitt.

Mechanik.

Capitel 1.

Allgemeines. (Lehrbücher etc.)

A. Wernicke. Lehrbuch der Mechanik in elementarer Darstellung. 1. Bd. 2. Aufl. Braunschweig. Vieweg.

Die neue Auflage des Buches unterscheidet sich, abgesehen von der Durchführung des Metersystemes, von der ersten dadurch, dass die Lehre von der Bewegung und deren Anwendung auf den materiellen Punkt vorweg genommen sind. O.

H. Buff. Lehrbuch der physikalischen Mechanik. I. Th. Braunschweig. Vieweg.

Das vorliegende Lehrbuch weicht von der herkömmlichen Darstellungsweise in sofern wesentlich ab, als das Hauptgewicht nicht auf abstracte mathematische Entwickelungen gelegt wird, sondern auf eine ausführliche Erörterung solcher mechanischer Grundbegriffe, die der Erfahrung entlehnt sind, wie die von Ruhe und Bewegung, von Masse und Kraft, von Druck und Gegendruck, von Trägheit, Arbeit etc. In dieser Beziehung füllt das Buch eine in vielen Lehrbüchern der Physik und Mechanik befindliche Lücke aus.

Die Hauptsätze der Mechanik sind fast sämmtlich in elementarer Weise entwickelt. Zur weitern Erläuterung derselben ist eine grosse Zahl von Beispielen und Anwendungen auf praktisch vorkommende Fälle gegeben. In diesen Beispielen ist zum Theil durch Anwendung der Infinitesimalrechnung die Darstellung vereinfacht.

Die im ersten Theile behandelten Abschnitte sind folgende: Die Zustände von Ruhe und Bewegung, Bewegung im Raume und der Zeit, Zusammensetzung und Zerlegung der Bewegungen, bewegende Kräfte und Körpermasse, mechanische Arbeit und Maass derselben, Gleichgewicht, Schwerpunkt, Einfluss der Reibung auf die Bewegung, Nutzeffect einfacher Maschinen, Fortpflanzungsmittel der Bewegung, Trägheitsmoment rotirender Massen, Schwungkraft, Pendelbewegung.

Wn.

J. Somof. Mécanique rationnelle. Partie I. Cinématique. St. Pétersbourg. (Russisch.)

Das Buch enthält die Vorlesungen, die der Verfasser seit langer Zeit an der Petersburger Universität gehalten hat. Da die Behandlung sich jedoch in der Methode wesentlich von der anderer bekannter Werke unterscheidet, kann Referent es sich nicht versagen, auf Einzelnes näher einzugehen. Die angewandte Methode nennt der Verfasser selbst „geometrische Differentiation“. Die Betrachtung der geometrischen Derivirten und Producte ist bekanntlich in der Mechanik zuerst von Herrn Résal eingeführt worden. Ebenso hat derselbe einige algebraische Operationen auf diese geometrischen Grössen angewandt. Herr Somoff hat seinerseits 1864 in einer Abhandlung: „Sur les accélérations de divers ordres“ (Mém. de St. Pétersbourg (7) VIII.) eine Formel zur Differentiation geometrischer Producte, analog der von Leibniz für algebraische Producte, auf die Bestimmung der Beschleunigung von verschiedener Ordnung angewandt. In seinem Lehrbuch bedient sich der Verfasser dieser Formel und einiger anderer Sätze über geometrische Variationen, und gelangt auf diese Weise dazu, die Untersuchungen über Geschwindigkeit und Beschleunigungen verschiedener Ordnung erheblich zu vereinfachen. Als Beispiele für diese Vereinfachungen weisen wir auf die hin, die sich in der Lösung des Problems der Brachystochrone und in der Bestimmung der osculirenden Kugel finden. Noch wichtiger ist, dass der Verfasser überall gleichmässig die synthetischen Beweise anderer Autoren durch die algebraische Methode ersetzt. Indem er ferner von der Definition des Differentialparameters erster Ordnung, unabhängig von den Coordinatenaxen, ausgeht, setzt er die Mittel auseinander, um Normalen an Oberflächen und krumme Linien zu ziehen und Formeln für die erste und zweite Krümmung mit neuen Entwickelungen zu gewinnen, und behandelt die entsprechenden Fragen der Kinematik. Er untersucht alle diese Fragen, indem er die Punkte des Raumes auf ein System irgend welcher krummlinigen Coordinaten bezieht. In dem Capitel, das von den geometrischen Bewegungen unveränderlicher Systeme handelt, zeigt der Verfasser ferner die Beziehung, die zwischen den virtuellen Geschwindigkeiten der Punkte und dem Systeme der zu den Geschwindigkeiten der Punkte senkrechten Geraden besteht. Dies System von Geraden wird nach Plücker „linearer Complex" genannt. Die Bewegungen unveränderlicher und unfreier Systeme betrachtet der Verfasser unter dem allgemeinsten Gesichtspunkte. Das eingehendere Studium dieser Systeme verdankt man Herrn Mannheim, der sich jedoch auf Bedingungen beschränkt hat, die sich auf eine einzige reduciren lassen, nämlich, dass sich der Körper mit einem Punkte auf eine unbewegliche Oberfläche stützt. Es giebt aber allgemeinere Bedingungen, wie zuerst die Herren Thomson und Tait (treatise on natural philosophy) bemerkt haben. Im letzten Capitel endlich, das den relativen Bewegungen eines Punktes gewidmet ist, erhält der Verfasser auf einmal die Relationen zwischen der Geschwindigkeit und den Beschleunigungen in der absoluten und der relativen Bewegung. Um das zu erreichen, bedient er sich einer Formel von Möbius, die der von Taylor analog ist (siehe Crelle J. XXXVI. p. 91.) Z. (O.)

N. Bougaieff. Mécanique analytique. Partie I. La mécanique d'un point matériel. St. Pétersbourg. (Russisch.)

Die Einleitung dieses Buches ist der Theorie der krummlinigen Coordinaten und der Differentialparameter gewidmet, während die sechs folgenden Bücher das Studium der Dynamik umfassen, indem die Statik als ein specieller Fall der Dynamik betrachtet wird. Wir enthalten uns, jedes Buch im Detail zu besprechen und erwähnen hier nur einige Punkte, in welchen sich dasselbe von der Mehrzahl der bekannten unterscheidet. In dem Buche, das sich mit der Bewegung eines nicht freien Punktes beschäftigt, betrachtet der Verfasser auch die Verbindungen, die nicht durch Gleichungen ausgedrückt werden. Diese Neuerung verdankt man nach dem Verfasser Herrn Ostrogradsky. Doch würden wir diesem nicht die Priorität zuerkennen, da Gauss bereits in der bekannten Abhandlung: „Ueber das neue Princip der Mechanik" im Jahre 1829 weitläufig davon spricht. Das sechste Buch enthält ferner die Methode, durch welche Herr Bour die Bewegungsgleichungen auf die canonische Form reducirt hat. Bei Bearbeitung der geodätischen Bewegung giebt der Verfasser unseres Wissens zum ersten Male die Integrale der Gleichungen der geodätischen Linien auf Paraboloiden, indem er sich parabolischer Coordinaten bedient. (Das Coordinatensystem ist bekannt, siehe G. Salmon, Anal. Geom. des Raumes, übers. von Fiedler. II. p. 620). Z. (O.)

W. Thomson und P. G. Tait. Handbuch der theoretischen Physik. Deutsche Uebersetzung von H. Helmholtz und G. Wertheim. Erster Band. Theil 1. Braunschweig. Vieweg.

Das Werk von Thomson und Tait ist in Deutschland bereits hinreichend bekannt und gewürdigt. Es ist daher mit Dank die Mühe anzuerkennen, der sich die Uebersetzer mit ihrer deutschen Bearbeitung unterzogen haben. In dem vorliegenden Theile des Werkes finden sich Capitel, die die Verfasser als einleitende für die folgenden bezeichnen. Sie behandeln rein theoretische und mathematische Aufgaben, die zum Verständniss der späteren physikalischen Abschnitte dienen sollen. Im ersten Capitel wird die Kinematik behandelt, dem als Anhang einige rein analytische Gegenstände, wie über den Green'schen Satz und die Entwickelung nach harmonischen Kugelfunctionen angefügt sind. Das zweite Capitel giebt die Hauptsachen der Dynamik. Das dritte Capitel handelt von der Erfahrung und gehört nur insofern in den Bereich unseres Jahrbuches, als es kurz die Methode der kleinsten Quadrate, wie auch Einiges über Fehlerbestimmung und Interpolation bringt. Das vierte Capitel endlich handelt von Maassen und Messinstrumenten und ist ohne mathematisches Interesse. O.

Capitel 2.

Kinematik.

J. Somof. Mécanique rationnelle. Partie I. Cinématique. St. Pétersbourg.

Siehe Abschn. X. Cap. 1. p. 434.

L. Lipkin. Ueber eine genaue Gelenk-Geradführung. Bull. de St. Pétersbourg. XVI. 57-60.

Das Watt'sche Parallelogramm enthält keine genaue, sondern nur eine für die Praxis hinreichend genäherte Lösung des Problems der Geradführung. In vorliegender Arbeit wird nun eine theoretisch genaue Lösung dieses Problems gegeben. Man nehme drei beliebig in gerader Linie liegende Punkte A, B, C und verbinde dieselben durch Gelenke mit irgend zwei von A und B gleich weit entfernten Punkten D und d. Dann bleibt C bei beliebiger Entfernung von A und B immer in gerader Linie mit ihnen. Dies wird bewiesen und zugleich gezeigt, dass das Produkt der Abstände der Punkte A und B von C constant sei. O.

D. Tessari. Sulla descrizione geometrica degli ingranaggi ad assi non concorrenti. Atti di Torino. VI. 413-438.

Nachdem die bekannten allgemeinen Principien über Verzahnung mit sich nicht schneidenden Axen vorausgeschickt sind, sucht der Verfasser mit Hülfe der descriptiven Geometrie die diesem Probleme analoge Frage zu lösen, welche sich in der Theorie der cylindrischen und conischen Verzahnung darbietet, d. h.: Die Oberfläche der Zähne des einen Rades ist beliebig gegeben; man soll die Oberfläche der Zähne des andern so bestimmen, dass sie den gewöhnlichen Bedingungen genügt. In dem speciellen, vom Verfasser behandelten Falle haben die Winkelgeschwindigkeiten ein constantes Verhältniss; daher sind die ursprünglichen Oberflächen Rotationshyperboloide. Als Oberfläche der Zähne des einen Rades wird ein Paraboloid angenommen, das zu Directricen die Axe und eine der Generatricen des ursprünglichen Hyperboloides und zur Richtungsebene den Kehlkreis desselben Hyperboloids hat. Die conjugirte Oberfläche wird mit Hülfe ihrer Schnitte mit den zur zweiten Axe senkrechten Ebenen bestimmt; die geometrische Natur derselben, die wahrscheinlich ziemlich verwickelt ist, wird jedoch nicht untersucht. Von dieser Verzahnung hat der Verfasser ein Holzmodell anfertigen lassen. Jg. (O.)

D. Tessari. Sulla costruzione degli ingranaggi ad assi non concorrenti. Ann. d. R. Mus. Ind. d. Torino. II. 567-575. 648-674.

Die Arbeit ist ihrem Inhalt nach identisch mit der vorhergehenden, bis auf einige Details der Lösung, die weiter ausgeführt sind. Jg. (O.)

D. Turazza. Dei sistemi di due forze equipollenti ad un sistema qualunque di forze agenti sopra un solido. Mem. di Venez. XV. 461-481.

Zweck dieser Arbeit ist, mit Hülfe elementarer geometrischer Betrachtungen einige Sätze über conjugirte Gerade zu beweisen, welche von Chasles in Form kinematischer Sätze gegeben, zu der äusserst interessanten Verwandtschaft von Figuren im Raum gehören, die schon von Giorgini und Möbius im Verlauf ihrer Untersuchungen über die Statik von Systemen mit unveränderlicher Form aufgestellt war.

Die Beweise des Verfassers sind einfach und leicht zu verfolgen. Sie umfassen nicht allein elementare Gegenstände, sondern auch andere weniger einfache, die aus der Untersuchung der geometrischen Oerter gewisser Punkte und Geraden resultiren, welche gegebenen Bedingungen genügen müssen. Z. B.: Die Mittelpunkte der Ebenen, welche zu Charakteristiken die den verschiedenen Punkten einer Geraden entsprechenden Drehungslinien haben, liegen auf einer windschiefen cubischen Curve, welche von dem Verfasser bestimmt wird. Der Verfasser nennt Mittelpunkt einer Ebene das, was Möbius Nullpunkt und Chasles Brennpunkt nennt; Drehungslinie (Giratore) ist nach ihm das, was gewöhnlich Axe (eines Punktpaares oder einer Rotation) heisst. Diese letzte Bezeichnung ist vielleicht nicht gleich gut gewählt. Jg. (O.)

S. Roberts. On the motion of a plane under certain conditions. Proc. of L. M. S. III. 286-318.

Man hat eine variable Ebene, die sich in einer festen Ebene so bewegt, dass zwei von ihren Punkten auf der festen Ebene gegebene Curven oder auch ein und dieselbe Curve beschreiben. Man soll die Natur der Curve bestimmen, die durch irgend einen Punkt der variabeln Ebene beschrieben wird. Wenn z. B. von den gegebenen Curven die eine von der Ordnung m, der Classe n ist und δ Knoten und k Spitzen hat, und m', n', δ', k' die entsprechende Bedeutung für die andere haben, so beschreibt ein Punkt der Ebene eine Curve von der

$$\text{Ordnung } 2mm', \quad \text{Classe } 2\,(mn' + m'n + mm')$$

mit $mm'(2mm' - m - m') + 2(m\delta' - m'\delta)$ Knoten und $2(mk' + m'k)$ Spitzen. Diese Formeln modificiren sich, wenn beide Curven eine und dieselbe sind, und für specielle Lagen des erzeugenden

Punktes. Für einen dieser speciellen Fälle gelten die Curven, die zu den parallelen Curven gehören.

Cly. (O.)

H. Durrande. Extrait d'une théorie du déplacement d'une figure qui se déforme. C. R. LXXIII. 736-738.

Durch Betrachtungen der Homographie findet man, dass die Formeln, welche die Projectionen der unendlich kleinen Verrückung eines Punktes einer Figur darstellen, sind:

$$(1)\qquad \begin{cases} dx = dx_0 + xda + ydb + zdc \\ dy = dy_0 + xda' + ydb' + zdc' \\ dz = dz_0 + xda'' + ydb'' + zdc'', \end{cases}$$

wo die Parameter $da, db, \cdots$ constant sind, wenn man von einem Punkte zu einem andern der nach Voraussetzung zu sich selbst homographisch bleibenden Figur übergeht, und nur mit der Zeit variiren. Diese Parameter kann man so bestimmen, dass die Bewegung der Figur und die Deformation ihrer verschiedenen Theile in Evidenz treten. Zu diesem Zweck werden die Gleichungen (1) umgeformt durch Einführung des Abstandes l, den der Punkt (xyz) von diesem $(x_0y_0z_0)$ hat, der Winkel α, β, γ, welche l mit den Coordinatenaxen bildet, und der Winkelabweichung des Radiusvector l, die mit $d\sigma$ bezeichnet ist. Man hat dann:

$$d(\cos\alpha) = d\sigma\cdot\cos\xi, \quad d(\cos\beta) = d\sigma\cdot\cos\eta, \quad d(\cos\gamma) = d\sigma\cdot\cos\zeta$$

$$\text{und:}\quad \frac{dl}{l} = \varepsilon dt,$$

wodurch die Grössen ξ, η, ζ und ε eingeführt werden. Es werden nun die Gesetze angegeben, nach denen ε mit der Richtung des Radiusvector l variirt, und ferner: wie die Winkelabweichung $d\sigma$ mit der linearen Deformation ε und der Winkelgeschwindigkeit ω zusammenhängt. Dies geschieht aber nur sehr andeutungsweise, indem der Verfasser hierüber erst später eine Theorie zu veröffentlichen verspricht.

Mz.

A. Mannheim. Propriétés relatives aux déplacements infiniment petits d'un corps lorsque ces déplacements ne sont définis que par quatre conditions. C. R. LXXII. 1096-1098.

Wenn die Verrückung eines festen Körpers nur vier Bedingungen genügt — fünf sind bekanntlich nothwendig, um die Verrückung zu bestimmen —, so sind für jeden Punkt des Körpers unendlich viele Trajectorien möglich; alle diese liegen auf einer Fläche. Es giebt aber (vergl. A. Mannheim, Étude sur le déplacement d'une figure de forme invariable, siehe F. d. M. II. p. 654) eine unendliche Reihe von Punkten in dem System, denen bei allen möglichen Verrückungen nur eine Trajectorie zukommt; diese liegen auf zwei bestimmten Geraden. Analoge Besonderheiten zeigen eine Reihe von Ebenen und Geraden in dem bewegten Körper. Während z. B. eine Gerade im Allgemeinen bei den möglichen Lageveränderungen des Systems Elemente einer Regelfläche beschreibt, welche unter sich alle verschieden sind, giebt es eine Schaar von solchen, bei welchen jene Elemente, wie auch der Körper aus der Lage gebracht wird, sich berühren. Die Bestimmung jener Ebenen und Geraden ist der Gegenstand der vorliegenden Arbeit. Schn.

A. Enneper. Bemerkungen über einige geometrische Theoreme. Schlömilch Z. XVI. 342-353.

Die von dem Verfasser durch Rechnung behandelten Theoreme finden eine ihrer Natur mehr entsprechende Erledigung durch die Theorie unendlich kleiner Verrückungen fester Körper. (Vergl. die darauf bezüglichen Arbeiten von Chasles, und besonders die Schrift von Mannheim „Étude sur le déplacement d'une figure de forme invariable, siehe F. d. M. II. p. 654.)

Schn.

Capitel 3.

Statik.

A. Statik fester Körper.

J. Bauschinger. Elemente der graphischen Statik. München. Oldenburg.

Wenn sich die noch etwas neue Wissenschaft der graphischen Statik, trotzdem sie schon vor einigen Jahren durch das bahnbrechende Werk von Culmann zur gehörigen Würdigung ihrer Wichtigkeit gelangte, dennoch bis jetzt nur geringer Verbreitung unter den Praktikern zu erfreuen hatte, so findet dies seinen Grund theils in dem Mangel an einem systematisch geordneten Lehrbuche derselben, theils in dem Umstande, dass bisher die Kenntniss der Lehren der neueren synthetischen Geometrie bei dem Studium ersterer Disciplin vorausgesetzt wurde, somit also der Zugang zu ihr dem ausübenden Ingenieur, dem sich früher keine Gelegenheit geboten, diese neueren Methoden in der Geometrie zu erlernen, bedeutend erschwert war.

Diesem, aus dem Angeführten entstandenen, doppelten Bedürfnisse hat Herr Bauschinger in der anerkennenswerthesten Weise abgeholfen, indem er in seinem Werke nicht nur ein solches Lehrgebäude aufstellt, sondern auch damit dem mit neuerer Geometrie nicht vertrauten Leser ein Mittel an die Hand giebt, das Studium der graphischen Statik unmittelbar ohne besondere Vorkenntnisse der neueren Geometrie beginnen zu können.

War es auch der Hauptzweck des Herrn Verfassers, ein Handbuch der genannten Wissenschaft als solcher, abgesehen von ihren Anwendungen, dem des Ingenieurfaches Beflissenen zu liefern, so hat er doch nicht unterlassen, durch eine Reihe von Beispielen, die der Praxis entnommen sind, sowohl das Vertrauen zu der vorgetragenen Methode zu erhöhen, als auch in diesem Uebungsmaterial eine zweckmässige Erläuterung derselben niederzulegen.

Die Darstellung ist durchweg klar und besonders dazu geeignet, den Praktiker ohne Ueberwindung grosser Schwierigkeiten in diesen Zweig der Mechanik einzuführen.

Der Inhalt des Werkes, kurz angegeben, zerfällt in folgende Abschnitte.

1) Einleitung. 2) Zusammensetzung von Kräften, welche in der nämlichen geraden Linie wirken. 3) Zusammensetzung von Kräften, die nach beliebigen Richtungen hin an einem und demselben Angriffspunkte wirken. 4) Zusammensetzung von Kräften, welche in der nämlichen Ebene an beliebigen Angriffspunkten wirken. 5) Von den Drehungsmomenten der Kräfte. 6) Kräfte im Raum. 7) Parallele Kräfte; ihr Mittelpunkt, ihre Momente in Bezug auf eine Ebene. 8) Vom Schwerpunkt. 9) Parallele Kräfte in einer Ebene. 10) Höhere Momente und Trägheitsmoment paralleler Kräfte. 11) System paralleler Kräfte, deren Intensitäten den Entfernungen ihrer Angriffspunkte von einer Ebene proportional sind. Centralellipsoid, Centralellipse und Kern von Körpern und ebenen Figuren (Querschnitten).

Wtn.

W. Ritter. Die elastische Linie und ihre Anwendung auf den continuirlichen Balken. Zürich. Meyer und Zeller. Z. deutsch. Ing. XV. 645.

In Culmann's „Graphischer Statik“ werden die Pfeilermomente für den continuirlichen Balken noch gerechnet, nicht gezeichnet, während neuere, ursprünglich von Herrn Mohr herrührende Methoden es möglich machen, diese langwierigen Rechnungen durch Zeichnung zu ersetzen.

Die vorliegende kleine Schrift fasst die Aufgabe in's Auge, zur Verbreitung jener neueren graphischen Lösungen unter Denjenigen beizutragen, die mit den älteren, rechnenden bereits vertraut sind, und behandelt nach einer kurzen Besprechung der Eigenschaften und Construction der elastischen Linie die Anwendung derselben auf die Bestimmung der Pfeilermomente des continuirlichen Balkens.

Die elastische Linie selbst, sowie der continuirliche Balken werden hier nicht vollständig erörtert; erstere nur, soweit es nöthig schien, letzterer, mit Hinweglassung des Bekannten, nur in Bezug auf die Bestimmung der Pfeilermomente, also in seinen wesentlich neuen Theilen. Der Balken wird als von constantem Querschnitte betrachtet, und dabei mit einer gleichförmig vertheilten Belastung versehen gedacht, was für praktische Zwecke ausreichend sein dürfte. Wtn.

F. Lippich. Theorie der continuirlichen Träger mit constantem Querschnitte. Wien. Waldheim.

O.

J. A. Grunert. Ueber das Gleichgewicht zwischen 3 Kräften. Grunert Arch. LIII. 30-42.

Das Gleichgewicht zwischen 3 Kräften, die auf 3 Punkte wirken, verlangt, dass ihre Richtungslinien in einer Ebene liegen und durch einen Punkt gehen. Ist nun dieser Punkt der Schwerpunkt des Dreiecks zwischen den Angriffspunkten, so ist nothwendige und ausreichende Bedingung des Gleichgewichts, dass sich die Kräfte verhalten wie die Abstände ihrer Angriffspunkte vom Schwerpunkt. H.

J. A. Grunert. Ueber das Gleichgewicht zwischen 4 in einer Ebene wirkenden Kräften. Grunert Arch. LIII. 42-60.

Werden 4 Punkte in der Ebene in beliebiger cyklischer Reihenfolge, jeder nach dem nächst folgenden hingetrieben, so verhalten sich im Falle des Gleichgewichts die Producte der Gegenseiten des verbindenden Vierecks wie die Producte der längs derselben wirkenden Kräfte.

Für den Fall, wo das Viereck ein Parallelogramm oder Kreisviereck ist, ergeben sich Relationen, mit denen sich der Aufsatz von da an beschäftigt. H.

J. PETERSEN. Dell' uso del principio delle velocità virtuali con riguardo all' attrito. Brioschi Ann. (2) IV. 86-94.

Das Princip der virtuellen Geschwindigkeiten wird vom Verfasser folgendermaassen ausgesprochen: „Damit ein Punkt im Gleichgewicht sei, muss die Summe der virtuellen Momente der activen Kräfte für alle Verrückungen Null sein." Der Verfasser untersucht nun, ob dies Princip auch noch bei Berücksichtigung der Reibung Geltung hat, und gelangt zu dem Resultate, dass man es auch noch anwenden darf, wenn die Verrückungen des Punktes so beschaffen sind, dass sie mit der Tangente einen Winkel bilden, dessen trigonometrische Tangente gleich dem Reibungscoefficienten ist. Dies zunächst nur für zwei Dimensionen nachgewiesene Theorem wird dann auf drei Dimensionen erweitert und zum Schluss durch zwei Beispiele erläutert. O.

A. CAYLEY. A „Smith's Prize" paper. 1871. Question 10. Messenger (2) I. 89-90.

Wenn eine schwere Kette ohne Ende von gegebener Länge in 2 festen Punkten in derselben Horizontal-Ebene aufgehängt ist, so kann (unter gewissen Bedingungen hinsichtlich der Länge) die Gleichgewichtsfigur aus Theilen von 2 verschiedenen Kettenlinien bestehen. Glr. (O.)

V. MOLLAME. Soluzione di una questione. Battaglini G. IX. 109-111.

Handelt von der Beziehung der Trägheitsmomente eines Ellipsoides und des umgeschriebenen Parallelepipedons zu einander. Mz.

V. MOLLAME. Soluzione della questione 3^{0}. Battaglini G. IX. 117-121.

Behandelt die Beziehung der Trägheitsmomente eines Tetraeders und des eingeschriebenen Ellipsoides, das die Flächen in ihren Schwerpunkten berührt. Mz.

G. Battaglini. Nota sugli assi principali. Battaglini G. IX 38-45.

Ist

$$\alpha x + \beta y + \gamma z = 1$$

die Gleichung einer Ebene, in Bezug auf welche das Trägheitsmoment einer Masse M gleich n^2 ist, so findet die Gleichung

$$\alpha^2(n^2-a^2)+\beta^2(n^2-b^2)+\gamma^2(n^2-c^2)=1$$

statt, wo

$$\int x_0^2 dM = a^2,\quad \int y_0^2 dM = b^2,\quad \int z_0^2 dM = c^2,\quad M=1$$

gesetzt ist und das System auf die drei Hauptaxen, die durch den Schwerpunkt der Masse gehen, bezogen ist. Lässt man in dieser Gleichung α, β, γ unbestimmt, so erhält man als Gleichung für die Enveloppe der Ebenen, für welche das Trägheitsmoment gleich n^2 ist:

$$\frac{x^2}{n^2-a^2}+\frac{y^2}{n^2-b^2}+\frac{z^2}{n^2-c^2}=1.$$

Es wird nun des Weiteren untersucht, wann für einen gegebenen Punkt x_0, y_0, z_0 das Trägheitsmoment ein Maximum oder Minimum wird. Dies hängt von einer Gleichung dritten Grades ab. Die Wurzeln dieser Gleichung werden für verschiedene Lagen des Punktes untersucht, und daraus Folgerungen für die geometrische Lage der Axen gleicher Momente gezogen. O.

F. Klein. Notiz betreffend den Zusammenhang der Liniengeometrie mit der Mechanik starrer Körper. Clebsch Ann. IV. 403-415.

Siehe Abschn. X. Cap. 4. A.

D. Piani. Sul centro di gravità. Mem. di Bologna (3) I. 393-434.

Siehe F. d. M. I. p. 15, II. p. 664.

Fassbender. Les angles que les lignes de gravité du triangle forment entre elles. Grunert Arch. LII. 62-64.

Es werden weitere Relationen über die Winkel der Schwerpunktslinien eines Dreiecks, als Fortsetzung der Arbeiten entwickelt, die F. d. M. I. p. 264, II. p. 669 besprochen sind.

O.

J. A. Grunert. Ueber die Entfernung des Schwerpunktes eines Dreieckes und des Mittelpunktes des in das Dreieck beschriebenen Kreises von einander. Grunert Arch. LII. 247-250.

Herr M. Collins hatte in seiner Schrift: „Geometrical Miscellanies" eine Formel für die Entfernung des Schwerpunktes eines Dreieckes von dem Mittelpunkte des dem Dreiecke einbeschriebenen Kreises gegeben, in der nur die Seiten des Dreieckes vorkommen. Herr Grunert weist in dem vorliegenden Aufsatze nach, dass sich diese Formel aus seiner im Bande XXXVI. p. 349 des Archivs gegebenen Formel ableiten lässt, in der, ausser den Winkeln nur noch die Radien des ein- und umschriebenen Kreises vorkommen. O.

G. Bardelli. Sul centro di gravità di una specie particolare di linee e di superficie. Rend. d. Ist. Lomb. (3) IV. 44-48.

Der Verfasser untersucht in dieser Note die Linien und die Oberflächen, für welche die Eigenschaft statt hat: dass die Projection des Schwerpunktes irgend eines Theiles von ihnen auf eine Ebene mit dem Schwerpunkt der Projection des betrachteten Theils auf die Ebene zusammenfällt. Die allgemeine Gleichung, die er findet, ist die einer abwickelbaren Oberfläche als Enveloppe einer Ebene, die einen constanten Winkel mit der Projectionsebene macht, und alle Linien, welche die Generatricen von ihnen unter demselben Winkel schneiden, genügen der mechanischen ausgesprochenen Eigenschaft. Das abwickelbare Helicoid ist im allgemeinen Falle einbegriffen, nicht das schiefe Heliçoid, wie es irrthümlich im ersten Theile der „Problèmes de Mécanique" von Jullien behauptet ist. Jg. (O.)

G. Bardelli. Alcuni teoremi di statica razionale. Brioschi Ann. (2) IV. 210-271.

Der Verfasser betrachtet ein System von unveränderlicher Form, das auf drei orthogonale Axen bezogen wird. Der Inhalt der Arbeit bezieht sich vorzugsweise auf die Momente der Kräftepaare und deren geometrische Repräsentation. Nachdem die Ausdrücke derselben für einen gegebenen Punkt bestimmt sind, lässt der Verfasser die Coordinaten desselben variiren, und erhält den geometrischen Ort der Reductionscentren. Es werden dann eine Anzahl Sätze bewiesen, von denen wir den folgenden zur Charakteristik derselben anführen. „Trägt man auf einer der durch die Reductionscentren gezogenen Axen der resultirenden Paare von gleichem Moment eine constante Länge ab, (welche das resultirende Moment repräsentiren kann), und construirt über ihr und über jeder der gegebenen Kräfte als entgegengesetzten Kanten Tetraeder, so wird die Summe der Volumina derselben constant sein.“ O.

D. André. Théorèmes de statique. Nouv. Ann. (2) X. 497-503.

Der Verfasser beweist folgende Sätze: „Sind n Punkte im Raume gegeben, so ist die Summe der Quadrate aller Verbindungslinien von ihnen gleich dem einfachen Werthe der Summe der Quadrate ihrer Verbindungslinien mit dem Schwerpunkt des Systems.“ Dasselbe gilt auch für die Flächen der aus diesen n Punkten gebildeten Dreiecke und für die Volumina der Tetraeder. Der Beweis der 3 Sätze, deren ersterer nach dem Verfasser schon von Carnot gegeben ist, lässt sich ohne Schwierigkeit mit Hülfe von Determinanten durchführen. O.

G. Stokes. Explanation of a dynamical paradox. Messenger (2) I. 1-3.

Es wird der Trugschluss aufgedeckt, der zu einem Widerspruch in dem folgenden Problem führt: In zusammengesetzten Pendeln, die aus der Masse m und m' bestehen, die an Fäden von den Längen l, l' befestigt sind, in welchen demnach die allgemeine kleine Bewegung in einer Ebene aus zwei harmonischen Vibrationen übereinander besteht, muss offenbar, wenn die obere Masse m im Vergleich zur unteren m' sehr gross ist, die eine der zwei Zeitperioden (die nämlich der Vibrationsweise entspricht, in der m nahezu in Ruhe ist) sehr nahe dieselbe sein, wie im einfachen Pendel von der Länge l. Wird nun durch continuirliche Variation von l' das erstere allmählich statt kleiner grösser, als das letztere, so werden für Werthe von l' nahe gleich l, beide gleich sein. Wenn aber ein System sich in stabilem Gleichgewicht befindet (wie hier offenbar der Fall), so können die Gleichungen, welche die Vibrationszeiten geben, nicht gleiche Wurzeln haben, die den Uebergangsbedingungen zwischen stabilem und unstabilem Gleichgewicht genügen. Glr. (O.)

N. M. Ferrers. Note on a dynamical paradox. Messenger (2) I. 21.

Geometrische Erläuterung des Paradoxons, das in der Arbeit des Herrn Stokes besprochen ist. Glr. (O.)

G. Hagen. Ueber den Seitendruck der Erde. Berl. Abh. 1871.

Die vorzugsweise experimentelle Arbeit sucht durch Versuche die Unhaltbarkeit der Coulomb'schen Theorie über das Gleichgewicht aufgeschütteter Erdmassen nachzuweisen. Von mathematischem Interesse ist Folgendes: Ist H der gegen die feste Wand geübte Horizontaldruck, P der Druck, mit welchem das von der Erdmasse sich loslösende Prisma herabzugleiten strebt, φ der Winkel, welchen die Bruchebene mit der lothrechten Wand bildet, so soll nach der Coulomb'schen Theorie $H = \frac{P}{\sin\varphi}$ sein, während Herr Hagen H einfach als horizontale Componente von P betrachtet, also $H = P \sin\varphi$ setzt. φ bestimmt sich dann, wie bei Coulomb, aus der Bedingung, dass H ein Maximum sein muss. Die Bedingungsgleichung für φ wird jedoch nicht so einfach, wie bei Coulomb, sondern eine Gleichung dritten Grades. —

Die neuere Theorie von Lévy, die von St. Venant und Boussinesq weiter ausgearbeitet ist, (siehe F. d. M. II. p. 678 u. ff.) berücksichtigt Herr Hagen nicht. Wn.

B. Hydrostatik.

L. Matthiessen. Ueber die Gesetze der Bewegung und Abplattung im Gleichgewichte befindlicher homogener Ellipsoide und die Veränderung derselben durch Expansion und Condensation. Schlömilch Z. XVI. 290-323.

In den drei ersten Abschnitten der Abhandlung werden die bekannten Beziehungen entwickelt, welche zwischen der Umdrehungsgeschwindigkeit und den Axenverhältnissen eines frei rotirenden, homogenen Ellipsoids stattfinden, dessen Oberfläche eine Gleichgewichtsfigur bildet. Ausgegangen wird dabei von dem Satze, dass, wenn bei einem im Gleichgewicht befindlichen Körper die Niveauflächen ähnlich und homothetisch sind, die Grösse Rr, d. h. das Produkt aus der Anziehung in der Richtung des Radiusvector und diesem letzteren längs einer Niveaufläche constant ist. Als Coordinatenanfang für den Radiusvector ist hierbei der den Niveauflächen gemeinschaftliche Aehnlichkeitspunkt zu nehmen. Im vierten Abschnitte werden die Relationen abgeleitet, welche stattfinden zwischen der Winkelgeschwindigkeit und der Energie, wie es der Verfasser nennt, d. h. der halben Summe der in Bezug auf die Rotationsaxe genommenen Momente der den einzelnen Massenelementen entsprechenden Bewegungsgrössen. Der fünfte Abschnitt endlich bespricht in eingehender Weise die Veränderungen, welche die Abplattung und die Winkelgeschwindigkeit erfahren, wenn bei gleichbleibender Masse und Energie eines Ellipsoids sich seine Dichtigkeit durch Ausdehnung und Zusammenziehung ändert. Von besonderem Interesse sind hierbei die beiden Grenzfälle, wenn nämlich die Dichtigkeit sich den Werthen 0 oder ∞ unbegrenzt nähert. B.

L. Boltzmann. Ueber die Druckkräfte, welche auf Ringe wirksam sind, die in bewegte Flüssigkeit tauchen. Borchardt J. LXXIII. 111-134.

Im vorigen Jahresbericht (p. 681) ist über eine Arbeit von Kirchhoff referirt, in der bewiesen ist, dass, wenn zwei unendlich dünne Ringe sich in einer bewegten Flüssigkeit befinden, von der Flüssigkeit auf dieselben Druckkräfte ausgeübt werden, deren Moment gleich dem Moment der Kräfte ist, mit welchen die Ringe auf einander wirken würden, wenn gewisse elektrische Ströme in ihnen flössen. Herr Kirchhoff knüpft daran die Bemerkung, dass die Ringe scheinbar dieselben Kräfte auf einander ausüben, wie diese elektrischen Ströme. Herr B. zeigt nun in der vorliegenden Arbeit, dass diese Bemerkung nicht allgemein gültig ist, sondern dass, wenn die Ringe in Bewegung sind, die verglichenen Kräfte sich noch durch Kräfte unterscheiden können, die von der Bewegung der Ringe abhängen, und deren Moment für jede Verrückung gleich Null ist. Um dies zu beweisen, berechnet Herr B. (etwas allgemeiner als Kirchhoff, der die Ringquerschnitte als kreisförmig angenommen hatte) die in der Flüssigkeit enthaltene lebendige Kraft für nicht kreisförmige Ringquerschnitte unter der Voraussetzung, dass für die Bewegung der Flüssigkeit ein Geschwindigkeitspotential existirt; dabei wird zunächst der Fall betrachtet, dass die in Flüssigkeit getauchten Körper ruhen, dann der Fall, dass sie sich bewegen und zugleich ihre Gestalt, aber nicht ihr Volumen ändern. Die Rechnung, die zu diesem Ziele führt, ist ganz ähnlich der von Helmholtz in der Theorie der Wirbelbewegungen ausgeführten Rechnung. Mittelst des Hamilton'schen Princips werden sodann aus der lebendigen Kraft der Flüssigkeit, die auf die Ringflächen wirkenden Druckkräfte berechnet. Dabei ergiebt sich, dass die Art und Weise, wie zuerst Thomson und Tait das Hamilton'sche Princip auf Probleme der Hydrodynamik angewandt haben, im Allgemeinen eine unrichtige ist. Bei jener Anwendung darf nämlich das Verschwinden der von der Variation an den Grenzen herstammenden Glieder nicht als selbstverständlich vorausgesetzt werden, sondern bedarf erst eines Beweises. In den von jenen

Herren-betrachteten Fällen findet dies Verschwinden nun wirklich statt, und deshalb sind dieselben zu keinen fehlerhaften Resultaten gelangt. Würde aber kein Geschwindigkeitspotential existiren, oder wäre dasselbe mehrdeutig, so hätte sich ein fehlerhaftes Resultat ergeben.

Zum Schluss bestimmt Herr B. die auf jedes Oberflächenelement der Ringe wirkenden Druckkräfte direct, und gelangt so, ohne Benutzung des Ausdrucks der lebendigen Kraft, zu den auf unendlich dünne Ringe wirkenden Druckkräften. Wn.

A. MOLL. Ueber Centrifugalpumpen, Ventilatoren und Turbinen. Z. dtsch. Ing. XV. 227—237. 299—301.

Für eine rein technische Anwendung wird die Gleichgewichtsfigur einer in einem cylindrischen Gefäss enthaltenen Wassermasse abgeleitet, wenn das Gefäss um die Axe des Cylinders mit gleichförmiger Geschwindigkeit rotirt. Die Ableitung sowohl, als die abgeleiteten Sätze enthalten in mathematischer Hinsicht nur längst Bekanntes. Wn.

Capitel 4.

Dynamik.

A. Dynamik fester Körper.

A. FUHRMANN. Aufgaben aus der analytischen Mechanik. 2. Theil. Leipzig. Teubner.

Der vorliegende zweite Theil dieser Aufgabensammlung, deren erster Theil bereits 1867 erschienen ist, beschäftigt sich mit der Dynamik fester Körper. (Der erste Theil enthielt Aufgaben aus der Geostatik). Die Aufgaben beziehen sich auf die geradlinige und krummlinige Bewegung eines freien Punktes, auf die Bewegung eines Punktes auf vorgeschriebener Bahn. Das vierte Capitel enthält Aufgaben zur Bestimmung von Trägheitsmomenten, während das fünfte sich mit der Drehung um eine feste Axe beschäftigt, und das sechste endlich einige Aufgaben über Bewegungen von Punktsystemen auf früher gelöste Aufgaben zurückführt. Die Lösungen sind überall angedeutet. Jedem Capitel gehen kurze Erläuterungen voran, die allerdings, um wirkliches Verständniss zu erwecken, etwas zu kurz gerathen sind. O.

S. Autenheimer. Aufgaben über mechanische Arbeit. Stuttgart. Cotta.

Unter mechanischer Arbeit wird das Produkt des Weges in die wirkende Kraft verstanden. Der Verf. giebt eine Reihe von Aufgaben mit elementaren Lösungen, die Fälle enthalten, wie sie am häufigsten in der Praxis vorkommen. Den Schluss bilden Aufgaben über Arbeitsverluste und einige wenige über Wärmemenge. O.

F. Klein. Notiz, betreffend den Zusammenhang der Liniengeometrie mit der Mechanik starrer Körper. Clebsch Ann. IV. 403-415.

Einige kurze und schwer verständliche Stellen in Plücker's Schriften beziehen sich auf einen engen Zusammenhang seiner Liniengeometrie mit gewissen Problemen der Mechanik starrer Körper, namentlich mit der Aufgabe der Zusammensetzung beliebiger auf einen starren Körper wirkender Kräfte und mit der Untersuchung der von einem starren Körper ausgeführten unendlich kleinen Bewegung. Dieser Zusammenhang wird in der vorliegenden Abhandlung von einem Schüler Plücker's besprochen, und einige in der Plücker'schen Darstellung nicht ganz deutlich erscheinende Punkte werden einer näheren Erörterung unterworfen. Geometrisch gefasst sind die beiden erwähnten Probleme als identisch zu betrachten, insofern die Betrachtung unendlich kleiner Bewegungen eines starren Körpers auf die Zusammensetzung unendlich kleiner Rotationen eines solchen zurückkommt, und diese sich wie Kräfte nach der Regel vom Parallelogramm zusammensetzen. Bekanntlich hat nun jedes System von Kräften, die auf einen starren Körper wirken, zwei Kräfte zu Resultanten, deren eine nach einer willkürlich anzunehmenden Geraden wirkend gedacht werden kann. Analog lässt sich jede unendlich kleine Bewegung eines starren Körpers, oder, was dasselbe ist, jedes System unendlich kleiner Rotationen aus zwei unendlich kleinen Rotationen zusammensetzen, deren eine eine willkürlich anzunehmende Rotationsaxe besitzt. Demgemäss gehört zu jeder beliebigen Geraden des Raums eine ihr durch das gegebene Kräftesystem resp. durch die unendlich kleine Bewegung zugeordnete Gerade. Die sämmtlichen Geraden, in welchen eine Gerade mit der ihr in der eben angegebenen Weise conjugirten zusammenfällt, d. h. die sämmtlichen Geraden, in Bezug auf welche das Kräftesystem kein Drehmoment hat, resp. welche bei einer unendlich kleinen Bewegung senkrecht gegen sich selbst versetzt werden, sind nach Staudt's Terminologie die sämmtlichen Nullgeraden eines Nullsystems, oder nach Plücker's die sämmtlichen Geraden eines linearen Liniencomplexes, und je zwei in Bezug auf diesen Complex conjugirte Gerade haben eine derartige Lage, dass nach ihnen zwei dem gegebenen Kräftesystem äquivalente Kräfte wirken können, resp. dass um sie zwei die gegebene unendlich kleine Bewegung ersetzende, unendlich kleine Rotationen geschehen können.

Nachdem in der folgenden analytischen Darstellung dieser Sätze erklärt ist, was einerseits unter Coordinaten eines Kräftesystems resp. einer unendlich kleinen Bewegung und andererseits unter Coordinaten eines linearen Complexes verstanden werden muss, wird der Satz bewiesen, dass das geometrische Bild für ein Kräftesystem resp. eine unendlich kleine Bewegung ein linearer Complex ist, der dieselben Coordinaten besitzt, wie dieses resp. diese. Im nächsten Abschnitt wird auf folgendes aufmerksam gemacht, erstens, dass das Kräftesystem nicht etwa die Ursache der unendlich kleinen Bewegung sei, wie es Plücker aufzufassen scheine, zweitens, dass eine Drehkraft, d. h. ein

Kräftepaar nicht etwa eine Axe, sondern doppelt unendlich viele in der Richtung übereinstimmende habe, und dass entsprechend, eine Translation nicht nur einen Strahl, sondern gleichzeitig alle parallelen Strahlen verschiebe, und drittens, dass man nur unendlich kleine Rotationen, überhaupt, unendlich kleine Bewegungen in Betracht ziehen dürfe. Der letzte Abschnitt, welcher der Besprechung der Art des physikalischen Zusammenhangs zwischen Kräftesystemen und unendlich kleinen Bewegungen gewidmet ist, hebt hervor, dass dieser Zusammenhang derartig ist, dass durch eine homogene lineare Gleichung zwischen den Coordinaten eines Kräftesystems (einer unendlich kleinen Bewegung) eine unendlich kleine Bewegung (ein Kräftesystem) dargestellt wird, ganz in demselben Sinne, wie in der analytischen Geometrie durch eine homogene lineare Gleichung zwischen Punktcoordinaten (Ebenencoordinaten) eine gewisse Ebene (ein gewisser Punkt) dargestellt wird. Bezugnehmend auf seine Definition der involutorischen Lage zweier linearer Complexe, kommt der Verfasser schliesslich zu dem Satze, dass, wenn man an den linearen Complex die mechanische Vorstellung einer unendlich kleinen Bewegung (eines Kräftesystems) knüpft, die vierfach unendlich vielen mit ihm in Involution liegenden Complexe diejenigen Kräftesysteme (unendlich kleinen Bewegungen) repräsentiren, welche bei Eintritt der unendlich kleinen Bewegung keine Arbeit leisten (bei denen das Kräftesystem keine Arbeit leistet). Scht.

A. Korkine. Sur le théorème de Poisson et son réciproque. Bull. de St. Pét. XVI. 429-433.

Der Satz der analytischen Mechanik, um den es sich hier handelt, heisst: „Sind φ und Ψ zwei irgend welche Integrale eines kanonischen Systemes, so ist auch die Function (φ, Ψ) ein solches.“ Der Verfasser giebt für diesen und den reciproken Satz einen Beweis. O.

J. Somoff. Sur un moyen algébrique de démontrer le principe de Hamilton relatif à l'intégration des équations de la dynamique. Bull. de St. Pét. XVI. 87-97.

„Diese Note bezweckt“ nach des Verfassers Worten, „zu beweisen, dass man den Ausdruck unter der Form einer Summe von Quadraten, den Herr Liouville (Liouv. J. (2) I.) nur angegeben hat, ohne den definitiven Werth jedes Gliedes zu bestimmen, leicht erhalten und vollständig bestimmen kann, mit Hülfe einer Formel, die Jacobi für eine gewisse Transformation linearer Functionen gegeben hat, und dass die Bedingungsgleichungen, durch welche die Formel des Herrn Liouville sich auf ihr erstes Glied reducirt, einfach auf intermediäre Hamilton'sche Integrale, unabhängig von dem Principe der kleinsten Wirkung, zurückgeführt werden können. Ich zeige ferner, dass die Summe von Quadraten, die kraft dieser Integrale verschwinden müssen, vortheilhaft durch eine andere quadratische Function ersetzt werden kann, aus deren Form man unmittelbar sieht, dass die Integrale, um die es sich handelt, die nothwendigen und genügenden Bedingungen sind, um den Ausdruck des Herrn Liouville auf das erste Glied zu reduciren. Endlich gebe ich eine neue Formel, die einfacher zu dem algebraischen Beweise des Hamilton'schen Principes führt und die, wie die Formel des Herrn Liouville einen bemerkenswerthen Minimumssatz liefert.“ Dieser Satz ist der folgende: Man betrachte ein System materieller Punkte, die Verbindungen unterworfen sind, welche für die Coordinaten der Punkte solche Bedingungsgleichungen geben, dass sich die Zeit darin nicht explicite findet, und man setze voraus, dass, mit Hülfe dieser Gleichungen alle Coordinaten ausgedrückt sind als Function von n unabhängigen Variabeln $q_1, q_2 \cdots q_n$. Es sei ferner T die lebendige Kraft, ausgedrückt durch die quadratische Form

$$\tfrac{1}{2}\Sigma a_{r,s}\, q'_r\, q'_s, \text{ wo } q'_r = \frac{dq_r}{dt};$$

$a_{r,s}$ sind bekannte Functionen der Variabeln. Ist ferner

$$p_r = \frac{dT}{dq'_r},$$

so wird man die Form

$$T = \tfrac{1}{2}\Sigma h_{r,s}\, p_r\, p_s$$

haben. Dann folgt: „In der Bewegung, die durch Kräfte hervorgerufen, deren Potential U ist, ist die Differenz zwischen der activen Energie (T) und der potentiellen Energie (der Differenz $U_1 - U$ zwischen dem grössten Werthe des Potentiales U_1 und U) in jedem Augenblicke kleiner, als in jeder anderen mit der Verbindung vereinbaren Bewegung, in welcher die Geschwindigkeiten der Bedingung genügen, dass

$$\Sigma \varphi_r q_r \quad \left(\varphi_r = \frac{d\varphi}{dq_r}\right)$$

gleich ist dem Doppelten der activen Energie der ersten Bewegung, wo die Function φ bestimmt ist durch die Gleichung:

$$\Sigma h_{r,s}\, \varphi_r\, \varphi_s = U + h.\text{“}$$

Z. (O.)

GRAINDORGE. Mémoire sur l'intégration des équations de la mécanique. Bruxelles.

Siehe Abschn. VI. Cap. 6. p. 168.

J. A. SERRET. Mémoire sur le principe de la moindre action. C. R. LXXII. 697-709. LXXIII. 145-146. 293-298. Darboux Bull. II. 97-124.

Siehe Abschn. VI. Cap. 7. p. 174.

A. NICOLAIDES. Analectes ou série de mémoires sur les diverses parties des mathématiques. Mondes (2) XXV. 533-534., Athènes, Paris. G. V., Darboux Bull. II. 71-72.

Inhaltsangabe eines zu Athen erschienenen Buches. In derselben werden einige Sätze aus der Mechanik ohne Beweis angeführt, z. B.: Liegt die beschleunigende Kraft in einer Ebene senkrecht zu der Ebene, die durch die Richtung des Mobils und des Radiusvector geht, so sind die vom Radiusvector beschriebenen Flächenräume der Zeit proportional. Wn.

R. CLAUSIUS. Ueber die Anwendung einer von mir aufgestellten mechanischen Gleichung auf die Bewegung eines materiellen Punktes um ein festes Anziehungscentrum und zweier materiellen Punkte um einander. Clebsch Ann. IV. 231-242, Gött. Nachr. 1871. 245-266.

Die Gleichung in der Form, wie sie der Verfasser hier benutzt, ist folgende: Es bewege sich ein materieller Punkt von der Masse m mit den rechtwinkligen Coordinaten x, y, z stationär in geschlossener Bahn unter dem Einflusse einer Kraft mit den Componenten X, Y, Z. Bezeichnet dann v seine Geschwindigkeit, i seine Umlaufszeit, so sind alle diese Grössen mit Ausnahme von m veränderlich; ihr Mittelwerth werde durch einen horizontalen Strich, wie bei $\bar{x}$ bezeichnet. Denkt man sich dann diese Bewegung durch eine unendlich wenig verschieden stationäre Bewegung ersetzt, welche in veränderter geschlossener Bahn mit veränderter Geschwindigkeit und veränderter Kraft erfolgt und bezeichnet man die Variation in der betreffenden Grösse durch ein vorgesetztes δ, so heisst die Gleichung

$$-\overline{(X\delta x+Y\delta y+Z\delta z)} = \frac{m}{2}\delta\overline{v^2} + m\overline{v^2}\,\delta lgi.$$

Unter entsprechenden Stellen der Grössen versteht man dabei Folgendes: Wenn die Bewegungszeit bis zu irgend einer Stelle $t = i\varphi$, bei der veränderten Bewegung $t+\delta t = (i+\delta i)\varphi$ ist, wo φ eine von 0 bis 1 veränderliche Grösse (die Phase) ist, so sind die Grössen für dasselbe φ einander entsprechend. Für die weiteren Untersuchungen wird dann vorausgesetzt, dass die Kräfte ein Ergal haben, d. h. dass ihre Componenten gleich den negativen partiellen Differentialquotienten einer Function der Coordinaten des Punktes sind. Es werden sodann eine Anzahl Relationen zwischen den obigen Grössen entwickelt, besonders die Energie, eine im Verlaufe der Bewegung constante Kraft, bestimmt. Diese Resultate werden dann an den im Titel hervorgehobenen Fällen speciell durchgeführt. O.

P. van Geer. Sur le mouvement rectiligne d'un point matériel. Arch. Néerl. VI. 449-472.

Im ersten Abschnitte der vorliegenden Arbeit wird die geradlinige Bewegung eines Punktes betrachtet, der einer attractiven oder repulsiven Kraft unterworfen ist, die nur allein einer algebraischen Function der Entfernung des beweglichen Punktes von dem Sitze der Kraft proportional ist. Die Fälle, in denen der bewegliche Punkt eine der wirkenden Kraft gleich oder entgegengesetzt gerichtete Bewegung hat, werden einzeln untersucht. Im zweiten Abschnitt wird ein widerstehendes Mittel, in dem sich die Bewegung vollzieht, angenommen, jedoch nur die Translation berücksichtigt. Der Widerstand wird einer algebraischen Function der Geschwindigkeit, d. h. $w = a + bv + cv^2 + dv^3 + \cdots$ proportional angenommen, wo die Coefficienten von der Form und Dichtigkeit des beweglichen Körpers, sowie der Dichtigkeit des Mittels abhängen. Zunächst wird dann der Fall in Betracht gezogen, wo der Körper nur in Folge einer Anfangsgeschwindigkeit, ohne weitere Einwirkung einer äusseren Kraft in Bewegung ist. Ist dann der Coefficient a in der Widerstandsfunction nicht 0, so endigt die Bewegung stets nach einer bestimmten Zeit und in einer bestimmten Entfernung, wie bekannt; ist dagegen $a = 0$, so wird ein endlicher Raum in unbegrenzter Zeit durchlaufen. Vollzieht sich die Bewegung (Abschn. III.) in einem widerstehenden Mittel unter dem Einflusse einer constant wirkenden Kraft in der Richtung der Anfangsgeschwindigkeit, so ergeben sich Resultate, von denen wir folgende herausheben: „Wenn die Formel für den Widerstand ein Glied hat, das von einem höheren Grade der Geschwindigkeit, als vom zweiten abhängt, so wird der Körper in seiner Bewegung stets umkehren, selbst dann, wenn seine Anfangsgeschwindigkeit unendlich gross ist.“ Anwendungen dieser gewonnenen Resultate auf die Bewegung schwerer Körper in der Luft, speciell der Geschosse, finden sich angedeutet. Im vierten Abschnitt der Arbeit wird endlich die geradlinige Bewegung eines Punktes betrachtet, wenn derselbe von dem umgebenden Mittel Widerstand erleidet und der Wirkung einer centralen Kraft unterworfen ist, die nur von der Entfernung abhängt. Es werden darin namentlich die Bedingungen untersucht, damit ein Umkehren des Körpers, also eine oscillirende Bewegung stattfinde. O.

C. ZEIDLER. Einige Probleme aus der Dynamik des Punktes. Pr. Königsberg i. N.

Der erste Theil der vorliegenden Arbeit ist bereits im Jahre 1870 erschienen (siehe F. d. M. II. p. 695). Wir fassen hier das Referat über beide Theile zusammen.

Nach Vorausschickung einiger Bemerkungen über das Potential wird zunächst das Potential einer unendlich langen geraden Linie, deren Masse nach dem Newton'schen Gesetze wirkt, bestimmt. Im zweiten Theile werden dann eine Anzahl specieller Probleme behandelt. Erstens wird die Bahn bestimmt, die ein Punkt beschreibt, der einen unter dem Winkel α gegen die anziehende Gerade gerichtete Anfangsgeschwindigkeit c hat, nebst der Zeit, in der er eine bestimmte Strecke zurücklegt. Als Gleichung der Curve ergiebt sich

$$\pm \frac{x}{c\cos\alpha} + k_1 = \int \frac{dy}{\sqrt{c^2\sin^2\alpha - 4\, ln\, y}},$$

wo k eine Constante ist, deren Bestimmung sich aus den Anfangszuständen ergiebt. Alsdann wird die Form der Curve discutirt; die Bestimmung der Zeit führt auf Euler'sche Integrale zweiter Gattung. 2) Zwei parallele unendlich lange Gerade wirken nach dem Newton'schen Gesetze auf einen zwischen ihnen liegenden Punkt von der Masse 1, der eine unter dem Winkel α gegen die Parallelen gerichtete Anfangsgeschwindigkeit c hat. Welche Bahn beschreibt der Punkt? Als Gleichung der Curve ergiebt sich hier

$$\frac{dy}{dx} = \pm \frac{2}{c\cos\alpha}\sqrt{ln \frac{k}{y(a-y)}}.$$

Auch hier werden die geometrischen Eigenschaften der Curve beleuchtet. 3) Die Punkte einer unendlich langen geraden Linie stossen einen Punkt umgekehrt proportional dem Quadrate der Entfernung ab. Welche Bahn und in welcher Zeit beschreibt der Punkt, wenn er eine unter dem Winkel α gegen die Gerade gerichtete Anfangsgeschwindigkeit c hat. Die Gleichung der Curve wird

$$\frac{dy}{dx} = \pm \frac{1}{c\cos\alpha}\sqrt{c^2\sin^2\alpha + 4\, ln y}.$$

Nach Untersuchung der Curve wird die Zeit abgeleitet und dann die speciellen Fälle $\alpha = 0$ und $\alpha = \frac{\pi}{2}$ betrachtet. 4) Endlich stossen zwei parallele unendlich lange Linien einen zwischen ihnen gelegenen Punkt nach demselben Gesetze wie in 3) ab. Die Fragen sind dieselben. Es ergiebt sich hier

$$\frac{dy}{dx} = \pm \frac{2}{c \cos \alpha} \sqrt{ln\, ky\, (a-y)}.$$

Auch hier lässt sich, wie in den anderen Problemen die Symmetrie der Curve leicht erkennen. Zum Schluss werden auch hier die Fälle $\alpha = 0$, $\alpha = \frac{\pi}{2}$ besonders betrachtet. O.

R. Hoppe. Quelques cas de mouvement d'un point sur un corps en mouvement. Brioschi Ann. (2) V. 1-13.

Ein fester Körper bewegt sich dergestalt, dass alle Grössen, die zur Bestimmung seiner Lage dienen, gegebene Functionen eines Parameters sind, der eine Function der Zeit ist. Ein materieller Punkt kann sich längs einer mit diesem Körper fest verbundenen Linie bewegen, und wird von einer äusseren Kraft angegriffen. Der Verfasser behandelt nun zwei der hierher gehörigen Fragen, nämlich den Fall, wo die Bewegung des Körpers festgestellt ist, und den, wo dieselbe nur dem Einfluss der Bewegung des Punktes überlassen ist. Nach allgemeiner Aufstellung der Differentialgleichungen des materiellen Systems werden sodann die drei Gleichungen abgeleitet, welche die Bewegung des Systemes bestimmen, wenn dasselbe frei ist. Bewegt sich der Körper nach einem gegebenen Gesetze, so genügt eine derselben, um die Bewegung des Punktes zu bestimmen. Diese Gleichungen werden dann für den Fall, dass die Bewegung des Körpers in einer Rotation besteht, specialisirt, und die Fälle der constanten und freien Rotation getrennt behandelt. Es werden ferner die Bedingungen entwickelt, damit man für $dV = 0$ ein erstes lineares Integral von der Form $\lambda\vartheta' + \mu s' = h$ habe, in welchem Falle es immer möglich ist, die nöthigen Relationen zwischen der Zeit t, dem Parameter ϑ und dem Bogen s' der festen Linie herzustellen. O.

A. Cayley. A „Smith's Prize" paper. 1870. Question 8.
Messenger V. 194.

Es wird die Differentialgleichung zwischen der Zeit und der excentrischen Anomalie aufgestellt für einen Punkt, welcher unter der gleichzeitigen Wirkung von Kräften, die umgekehrt proportional dem Quadrate der Entfernung von den Brennpunkten aus wirken, eine Ellipse beschreibt. Glr. (O.)

A. Cayley. A „Smith's Prize" paper. 1871. Question 11.
Messenger (2) I. 91-92.

Problem über die Bewegung eines Theilchens unter der Wirkung von 2 Kräftecentren. Glr. (O.)

A. Cayley. A „Smith's Prize" paper. 1871. Question 1.
Messenger (2) I. 37-38.

Wenn sich ein Punkt in einer Ebene mit einer gegebenen Geschwindigkeit bewegt, und zugleich mit einer gegebenen Geschwindigkeit um einen festen Punkt in der Ebene, so ist der Ort entweder ein Kreis, der durch den festen Pnnkt geht oder ein Kreis, der den festen Punkt zum Mittelpunkt hat. Die Beziehung zwischen beiden Lösungen wird erörtert. Glr. (O.)

A. Cayley. A „Smith's Prize" paper. 1870. Question 11.
Messenger V. 198-199.

Die 6 Bewegungsgleichungen eines Theilchens, das sich unter der Wirkung einer centralen Kraft bewegt, werden in der Hamiltonschen Form aufgestellt:

$$\frac{dy}{dt} = \frac{dH}{dw}, \quad \frac{dw}{dt} = -\frac{dH}{dy}, \dots$$

Glr. (O.)

ABONNÉ. Solution de la question 1020. Nouv. Ann. (2) X. 527-528.

Ein materieller Punkt beschreibt eine Ellipse unter Einwirkung einer Kraft, die nach einem festen Punkte O hin gerichtet ist. Das Gesetz der Kraft ist dann durch die Formel bestimmt:

$$F = \frac{DD'^6}{OP^2 \cdot PP'^3}$$

Darin bezeichnet P die Lage des Moleküls, PP' die durch O gehende Sehne, DD' den dieser Sehne parallelen Durchmesser.

Wn.

J. SIACCI. Intorno ad alcune trasformazioni delle equazioni differenziali del problema dei 3 corpi. Atti di Torino VI. 450-454.

H. RÉSAL. Du mouvement d'un corps solide qui supporte un système matériel d'un mouvement relatif par rapport à ce corps. C. R. LXXIII. 164-165.

Der vorliegende kurze Auszug ist nicht geeignet, ein Bild der eigentlichen Arbeit zu geben. Wn.

J. REGNANI. Dimostrazione razionale dell' isocronismo del pendolo. Att. d. Acc. d. N. Linc. XXIV. 197-199.

Elementarer Beweis der bekannten Eigenschaft kleiner Oscillationen. Jg. (O.)

E. ZETZSCHE. Aufsuchung der parallelen Drehaxen, für welche ein materieller Punkt die nämliche Schwingungszeit besitzt. Schlömilch Z. XVI. 445-447.

Damit zwei parallele Drehaxen D_1, D_2 eines materiellen Pendels dieselbe Schwingungszeit haben, muss die Bedingung

$$\frac{\lambda_1}{\varrho_1^2} = \frac{\lambda_2}{\varrho_2^2}$$

erfüllt sein, wo ϱ_1, ϱ_2 die Trägheitshalbmesser, λ_1, λ_2 die Entfernungen von der durch den Schwerpunkt gelegten parallelen Drehaxe D bezeichnen. Diese Bedingung kann auch dargestellt werden in der Form:

$$(\varrho^2 - \lambda_1 \lambda_2)(\lambda_2 - \lambda_1) = 0,$$

wo ϱ die entsprechende Bedeutung für D hat, wie ϱ_1 und ϱ_2 für D_1 und D_2. Dazu ist nun nöthig entweder $\lambda_1 = \lambda_2$ oder $\varrho^2 = \lambda_1 \lambda_2$. Die Lage der Axen für beide Fälle wird näher untersucht. O.

Ph. Breton. Problème de géométrie résolu par une considération de mécanique. Mondes (2) XXIV. 339-340.

Siehe Abschn. IX. Cap. 2. D. p. 343.

E. J. Routh. Oscillation of an heavy string. Messenger (2) I. 51-63.

Die Arbeit besteht aus 5 Theilen. 1) Discussion der Geschwindigkeit eines einzelnen Schlages entlang einer schweren, homogenen oder heterogenen Kette, die an einem Ende aufgehängt ist. 2) Dasselbe für den Fall, dass die Kette an beiden Enden aufgehängt ist. 3) Die Oscillationen einer schweren heterogenen Kette werden von der Bestimmung einer Function durch Lösung einer Differentialgleichung abhängig gemacht. 4) Bestimmung der Oscillationszeiten einer schweren Kette, die in der Form einer Cycloide hängt und entweder auf und ab oder von Seite zu Seite vibrirt. 5) Discussion der Oscillation unter einem anderen Dichtigkeitsgesetz. Glr. (O.)

W. H. Besant. The deduction of Euler's equations (for the motion of a solid body about a fixed point) from the Lagrange equations. Quart. J. XI. 203-205.

Cly.

W. Walton. On axes of lug and axes of kick. Quart. J. XI. 114-122.

Die oben genannten Axen sind Lagen der augenblicklichen Axe eines um einen festen Punkt rotirenden Körpers. Mit ersterem Namen wird sie belegt, wenn die Richtung des Druckes mit der Axe zusammenfällt; mit dem zweiten, wenn die Druckrichtung rechtwinklig zur Axe liegt. Cly. (O.)

R. S. Ball. The small oscillations of a particle and of a rigid body. Quart. J. XI. 206-209.

Cly.

H. Resal. Du mouvement d'un système matériel rapporté à 3 axes rectangulaires mobiles autour de leur origine. C. R. LXXIII. 1160-1161.

Der Verfasser leitet die Bewegungsgleichungen eines Punktes eines materiellen Systems ab in Beziehung auf ein um einen Punkt bewegliches Axensystem, dessen Bewegung bekannt ist.

O.

E. Rolland. Isochrone Regulatoren mit gekoppelten Kugeln. Carl Repert. VII. 12-16.

Herr Radau hat diese Arbeit des Herrn Rolland aus dem J. d. l'Ec. Pol. deutsch bearbeitet. Wir verweisen auf das Referat Fortschr. d. M. II. p. 728. O.

H. Résal. Théorie du régulateur Larivière. C. R. LXXIII. 724-725.

Enthält einige Formeln über die Bewegung dieses Apparates, jedoch ohne Ableitung. Wir verzichten auf die Wiedergabe derselben, da sie ohne genaue Beschreibung des Apparates doch ohne Interesse sein würden. O.

Tchébycheff Sur le régulateur centrifuge. Mém. d. l. S. techn. d. Moscou 1871.

Man kennt mehrere Centrifugalregulatoren, deren Rotationsgeschwindigkeit dieselbe bleibt, wie auch die Lage der beweglichen Dille sei. Aber man erhält den Isochronismus dieser für die Praxis wichtigen Art nur, indem man dem Watt'schen Centrifugalregulator neue Theile hinzufügt und ihn folglich complicirter macht. Das einfachste Mittel, um dem Regulator Isochronismus zu geben, liegt in der Feder, wie sie Foucault in seinem Regulator angewandt hat. Aber damit der Isochronismus vollkommen sei, ist es nöthig, dass die Feder sich nach einem einzigen und bestimmten Gesetze bewegt, was in der Praxis nicht realisirt werden kann. Was die isochronen Regulatoren betrifft, die keine Feder haben, so sind sie zu complicirt, um bei Maschinen angewendet zu werden. Wenn es also möglich ist, absoluten Isochronismus mit dem Watt'schen Regulator zu erhalten, indem man ihn in seiner ursprünglichen Zusammensetzung lässt, so sieht man leicht, dass der Grad seiner Abweichung vom Isochronismus von den Dimensionen und der Anordnung seiner Theile abhängt. Bevor man sich also für seine Complication entscheidet, um ihn isochron zu machen (d. h. so weit es in der Praxis überhaupt möglich ist) muss man die grösstmögliche Annäherung bei der einfachsten Zusammensetzung für centrifugale Regulatoren bestimmen. Die hierher gehörenden Untersuchungen reduciren sich auf eine Frage der mathematischen Analysis, ähnlich der, die sich in der Untersuchung über die beste Construction des Watt'scheu Parallelogramms darbietet. Die Lösung der Frage lässt sehen, dass der Watt'sche Centrifugal-Regulator bei passenden Dimensionen und passender Anordnung seiner Theile sich so weit dem Isochronismus nähert, dass es nicht nöthig ist, den Mechanismus zu compliciren, um den erforderlichen Isochronismus zu erhalten.

Der Grad dieser Annäherung würde vielleicht grösser sein als der, zu dem man durch die Construction von Regulatoren gelangen kann, die in der Theorie vollkommen isochron sind. Der Verfasser giebt in seiner Abhandlung die Dimensionen und die Anordnung des Watt'schen Regulators für diesen Grad der Annäherung, und zwar für die grösste, die überhaupt möglich ist, wenn man die Bedingungen des Verfassers beibehält.

Die analytische Frage, auf welche sich die Untersuchungen des Verfassers reduciren, besteht in der Bestimmung von Polynomen, die sich beim Wachsen oder Abnehmen der Variabeln zwischen gegebenen Grenzen möglichst wenig von 0 entfernen. Diese Polynomen lassen sich durch Functionen ausdrücken, die den Gegenstand einer Note des Verfassers (Sur les fonctions semblables à celles de Legendre. Bull. de St. Pét. 1869, siehe F. d. M. II. 157) ausmachen. Die Ausdrücke führen zu folgendem Satze: „Wenn ein Polynom von der Form

$$x^m + Ax^{m-1} + Bx^{m-2} + \cdots + Lx + M$$

zwischen den Grenzen $x = h_0$ und $x = h_1$ immer zunimmt oder immer abnimmt, so überschreitet die Differenz der äussersten Werthe dieses Polynoms die Grösse

$$2(m-1)\,\pi\left(\frac{h_1 - h_0}{4}\right)^m.“$$

Man erhält daraus einen algebraischen Satz, der für die Trennung der Wurzeln algebraischer Gleichungen nützlich sein kann. Ke. (O.)

Yvon Villarceau. Études sur le mouvement des meules horizontales de moulins à blé et méthodes pour les équilibrer. C. R. LXXII. 17-21.

Theoretische Betrachtungen über die Frage, deren ausführliche Besprechung bereits Fortschr. d. M. II. p. 721 erfolgt ist.

O.

M. de Tilly. Note sur le roulement des rouleaux et des roues sur un plan d'appui. Bull. de Belg. (2) XXXII. 262-299.

Steichen et Folie. Rapports sur: De Tilly, Note sur le roulement des rouleaux et des roues sur un plan d'appui. Bull. de Belg. (2) XXXII. 242-247.

Diese Abhandlung enthält mehrere interessante Resultate. Der Verfasser hat besonders die Beziehung auseinandergesetzt, die zwischen der Gleitungs- und der Rollreibung herrscht. Der erste Paragraph behandelt die Bewegung von Rollen oder Umdrehungscylindern auf einer harten horizontalen Ebene. Die Bewegungsgleichungen sind für die symmetrische Ebene des festen Körpers, in dem Fall eines Anfangsstosses, der eine Translation ohne Rotation hervorbringt:

$$M\frac{dv}{dt} = -X, \quad Mg = Y$$

$$Mk^2\frac{dw}{dt} = XR - Yz.$$

M ist die Masse, X die horizontale Reaction, geschätzt im entgegengesetzten Sinne zur Anfangsbewegung, Y die verticale Reaction im entgegengesetzten Sinne der Schwere, z die Entfernung vom Mittelpunkte der Rolle positiv angenommen, wenn Y der Anfangsgeschwindigkeit entgegenstrebte, v und w die Anfangsgeschwindigkeit der Translation und Rotation, positiv im Anfang der Bewegung, Mk^2 das Trägheitsmoment, R Radius der Rolle. In der ersten Periode, bevor Translation und Rotation einander gleich sind, oder mit anderen Worten, ehe das Gleiten aufhört, findet man leicht die Werthe von w und v, wenn man X gleich der Reibung fg voraussetzt und $\int_0^t z dt$ vernachlässigt werden kann. In der zweiten Periode existirt die Gleichung $dv = R dw$, und indem man X als constant voraussetzt, wird man auch v und w ohne Mühe bestimmen können.

Wenn der Anfangsstoss der Rolle zuerst zugleich Translation und Rotation ertheilt, findet man alle Umstände der Bewegung mit Hülfe folgender Bemerkungen: 1) Der Sinn der Gleitungsreibung ist immer dem Sinne der augenblicklichen Bewegung des Berührungspunktes entgegengesetzt. 2) Die Gleitungsreibung verschwindet, wenn die Gleichheit sich herstellt. 3) Die Gleitungsreibung bewahrt ihr Zeichen, denn wenn sie durch 0 geht, stellt sich die Gleichheit her. Der Verfasser widmet ferner einige Worte der Frage der Rollen, wenn man sie als Maschinen betrachtet, die dazu dienen, um Lasten vorwärts zu bringen.

Der zweite Paragraph beschäftigt sich mit der Bewegung zweirädriger Wagen auf einer horizontalen oder geneigten Ebene, und vierrädriger Wagen auf horizontaler Ebene, bei denen der hintere Theil mit einem oder zwei Punkten auf dem vordern ruht. Der erste Fall führt zu den interessantesten Resultaten. Man kann einen zweirädrigen Wagen (die Stützebene horizontal) als aus zwei Systemen gebildet, betrachten: das erste aus der Belastung, dem Wagen und der Axe, das zweite aus den zwei Rädern gebildet. Die Reaction des ersten Systems auf das zweite macht mit der gemeinsamen Normalen auf die Axe und die Pfanne (cylindrisch und umdrehungsmässig vorausgesetzt) einen Winkel gleich dem Reibungswinkel des Gleitens der Axe auf der Pfanne; ferner ist ersichtlich, dass sie die Stützebene vor dem Orte trifft, wo die Normale diese Ebene trifft. Unter den verschiedenen vom Verfasser gefundenen Resultaten ist folgendes das interessanteste: Die Räder können, im Fall der gleichförmigen Bewegung, als ein einziger Hebel betrachtet werden, der drei Kräften im Gleichgewicht unterworfen ist: 1) der Zugkraft in der Stützebene, zum Rade tangential angebracht, als Kraft; 2) der Reibung der Gleitung der Axe in der Pfanne, tangential zu ihr angebracht, als Widerstand; 3) der Componente Y der Reaction der Stützebene in einer immer ziemlich schwachen Entfernung z des Mittelpunktes angebracht, als Widerstand. Was man durch den ziemlich vagen Ausdruck, Reibung des Rollens, ausgedrückt hat, ist vom Verfasser genau definirt, für ihn ist es $\frac{Yz}{R}$. Er leitet aus dem, was der Explication dieser Thatsache vorhergeht, ab, dass die Uebertragung durch Rollen der Uebertragung durch Gleitung vorzuziehen sei, nämlich: 1) Die Reibung des Rollens $\frac{Yz}{R}$ ist schwach; 2) die Reibung des Gleitens ist in die Pfanne übertragen, was sie im Verhältniss des Radius der Pfanne zu dem des Rades verringert; ferner kann man die Axe und Pfanne befeuchten. Der Verfasser wendet das Prinzip der virtuellen Geschwindigkeiten nicht an, und bemerkt, dass es unnütz sei, die Centrifugalkräfte in Rechnung zu ziehen. Diese beiden Punkte haben zu einigen Bemerkungen der Referenten Anlass gegeben. Mn. (O.)

Steichen. Essai sur quelques questions élémentaires de mécanique physique. Mém. de Belg. XXXVIII. 1-32.

Die Abhandlung beschäftigt sich fast mit denselben Fragen, wie die des Herrn Tilly. Nur hat Herr Steichen bemerkt, dass Herr Tilly eine Schwierigkeit glücklich vermieden hat, indem er von dem evidenten Princip ausging, dass die Reibung immer dem Sinne der grössten Geschwindigkeit des Berührungspunktes der Rolle mit der Rollebene entgegengesetzt ist. Der Verfasser bemerkt zuerst, dass der Widerstand gegen das Rollen keine einfache Kraft ist, sondern ein widerstehendes Paar; oder er betrachtet vielmehr einfach den Widerstand gegen die Bewegung als aus der Reaction der Rollebene entspringend. Er beschäftigt sich 1) mit der Bewegung einer Kugel oder Rolle auf einer horizontalen Ebene in dem Fall eines gegen den Mittelpunkt gerichteten Stosses; 2) mit der Bewegung einer elastischen Kugel, die in einem grössten, verticalen Kreise gestossen wird. Er zeigt, wie man der Kugel eine sehr kleine Translationsgeschwindigkeit und eine in Beziehung auf dieselbe sehr grosse Winkelgeschwindigkeit geben kann; ferner, wie man den festen Körper dergestalt stossen kann, dass das Rollen im Augenblick des Stosses selbst statt hat. Eine Note schliesst die Abhandlung. Sie bezieht sich auf die Auswerthung der Centrifugalkraft eines rollenden Körpers. Der Verfasser knüpft auch einige sehr richtige Betrachtungen über die passiven Widerstände an, deren wesentlicher Charakter, wie er sagt, es ist, keine Bewegung entstehen zu lassen, entgegengesetzt der, welcher sie selbst Widerstand leisten. Mn. (O.)

H. Résal. Des conditions de résistance d'un volant. C. R. LXXIII. 1434-1435.

Aufstellung einer Formel ohne Ableitung. O.

K. Culmann. Der Minentrichter. Wolf J. XVI. 28-41.

Bisher hat man geglaubt, dass der beim Sprengen entstehende Minentrichter ein Rotationsparaboloid sei. Der Verfasser giebt in der vorliegenden Arbeit eine theoretische Ableitung der Form desselben, da er die Richtigkeit der allgemeinen Ansicht bezweifelt. Von der Annahme ausgehend, dass der Minentrichter jedenfalls ein Rotationskörper sei, leitet er die Rotationscurve her, indem er sie als diejenige annimmt, welche ein Minimum von Kraft zur Ablösung erfordert. Er findet als Gleichung

$$y = c \log n \frac{x}{a}.$$

Er berechnet dann die Kraft, die nöthig ist, um einen gegebenen Trichter herauszusprengen. Den Schluss bilden Betrachtungen über die praktischste Form des Bohrloches. O.

P. Cavalli. Supplément à la théorie du choc des projectiles d'artillerie donnée dans le mémoire du 1866. XXIV. de la 2me série. Att. di Torino XXV. 124-140.

Die Arbeit hat nur technisch-militairisches Interesse.
Jg. (O.)

St. Venant. Mémoire sur l'établissement des équations différentielles des mouvements intérieurs opérés dans les corps solides ductiles au delà des limites où l'élasticité pourrait les ramener à leur premier état. Liouville J. (2) XVI. 308-316.

M. Lévy. Extrait du mémoire sur les équations générales des mouvements intérieurs des corps solides ductiles au delà des limites où l'élasticité pourrait les ramener à leur premier état. Liouville J. (2) XVI. 369-372.

St. Venant. Complément aux mémoires sur les équations différentielles du mouvement intérieur des solides ductiles: équations définies ou relatives aux limites de ces corps. Liouville J. (2) XVI. 373-382.

St. Venant. Rapport sur un mémoire de M. M. Lévy relatif aux équations générales des mouvements intérieurs des corps solides ductiles etc. C. R. LXXIII. 86-91.

Die beiden ersten der angeführten Arbeiten sind Abdrücke aus den Comptes rendus vom Jahre 1870, die vierte Arbeit ist ein Bericht über die zweite. Ueber diese Arbeiten ist bereits im vorigen Jahrgang p. 722 und 723 kurz berichtet. Die Arbeiten beschäftigten sich mit der Aufstellung der allgemeinen Bewegungsgleichungen für fliessend-feste Körper. Ausser diesen allgemeinen Gleichungen ist zur Lösung der hierher gehörigen Probleme noch die Kenntniss der Gleichungen an der Oberfläche nöthig; und mit deren Ableitung beschäftigt sich die dritte der obigen Arbeiten. Es sind neun solcher Gleichungen aufzustellen, drei für den Theil der Oberfläche, dessen Bewegung noch innerhalb der Elasticitätsgrenze liegt, drei für den Theil, dessen Bewegung die Elasticitätsgrenze überschritten hat, drei für die Trennungsfläche zwischen den genannten Theilen.

Die im allgemeinen Falle ziemlich complicirten Gleichungen werden dann auf zwei specielle Fälle angewandt, die bedeutende Vereinfachungen zulassen. Es sind folgende: 1) Ein Cylinder wird an seiner kreisförmigen Basis langsam tordirt, während auf die Seitenflächen kein Druck ausgeübt wird. 2) Ein rechtwinkliges Parallelepipedon, dessen Grundflächen horizontal sind, wird durch Zug- und Druckkräfte, die auf diese Grundflächen normal wirken, so deformirt, dass alle longitudinalen Fasern sich zu Kreisbogen krümmen, deren Mittelpunkte sämmtlich auf einer horizontalen Geraden liegen. Wn.

M. Lévy. Sur l'intégration des équations aux différences partielles, relatives aux mouvements intérieurs des corps solides ductiles, lorsque ces mouvements ont lieu par plans parallèles. C. R. LXXIII. 1098-1103.

Ueber die Aufstellung der allgemeinen Gleichung für die hier betrachtete Bewegung ist im vorigen Jahresbericht p. 722 referirt: dort sind die allgemeinen Gleichungen für den Fall, dass die Bewegung nur von zwei Coordinaten abhängt, angegeben. Man braucht in diesem Falle, ohne auf die Componenten der Geschwindigkeit einzugehen, nur die Druckkräfte zu bestimmen und erhält dann drei Gleichungen von folgender Form:

$$\frac{dN_1}{dx}+\frac{dT}{dy}=0,\quad \frac{dT}{dx}+\frac{dN_2}{dy}=0,$$
$$(N_2-N_1)^2+4T^2=4K^2=\text{Const.}$$

Die dritte dieser Gleichungen wird erfüllt durch die Substitution:

$$N_1=K(\xi-\cos\eta),\quad N_2=K(\xi+\cos\eta),\quad T=K\sin\eta.$$

Die beiden noch übrig bleibenden Gleichungen werden so transformirt, dass die abhängigen Variabeln ξ, η zu unabhängigen und die unabhängigen x, y zu abhängigen werden, dann durch die weitere Substitution

$$x+iy=2x',\quad x-iy=2y'$$

in zwei andere umgeformt, bei denen sich x' und y' separiren lassen. Für x' ergiebt sich dann folgende lineare Differentialgleichung mit constanten Coefficienten:

$$\frac{d^2x'}{d\xi^2}-\frac{d^2x'}{d\eta^2}-i\frac{dx'}{d\eta}=0.$$

Die Lösung dieser Differentialgleichung lässt sich nach der gewöhnlichen Methode in eine Reihe entwickeln, so dass N_1, T, N_2, x, y durch zwei Hülfsvariable ausgedrückt sind, deren geometrisch-mechanische Bedeutung leicht ersichtlich ist. Wn.

B. Hydrodynamik.

J. Cockle. On the motion of fluids. Quart. J. XI. 156-176.

Fortsetzung der Arbeit Quart. J. X. 311. siehe Fortschr. d. M. II. p. 729. Cly. (O.

J. C. Maxwell. On the displacement in a case of fluid motion. Proc. of L. M. S. III. 82-87.

Cly.

M. Azzarelli. Sul movimento dei fluidi. Att. d. Acc. d. N. Linc. XXIV. 262-270.

Der Verfasser will in Nr. 2 beweisen, dass wenn die continuirlichen Kräfte, die auf eine incompressible Flüssigkeit wirken, ein Potential besitzen, auch die Geschwindigkeiten nothwendig ein Potential zulassen. Dieses Theorem existirt offenbar nicht. Es ist wunderbar, dass der Verfasser die berühmten Arbeiten von Lagrange, Cauchy und Helmholtz über diesen Gegenstand nicht erwähnt, Arbeiten, die übrigens jedes Fundaments entbehren würden, wenn seine Behauptungen richtig wären. In der That, die Deduction des Verfassers beruht schliesslich auf der Gleichung

$$\frac{d\zeta}{dt} = \xi\frac{\partial w}{\partial x} + \eta\frac{\partial w}{\partial y} + \zeta\frac{\partial w}{\partial z} \quad (2\,\xi = \frac{dv}{dz} - \frac{dw}{dy},\ \text{etc.})$$

welche mit der 3ten der Gleichungen (3) in der Arbeit von Helmholtz zusammenfällt, (Ueb. Integrale der hydrodynamischen Gleichungen, Borchardt J. LV. 33.) und die auf dieselbe Weise erhalten worden ist. Aber man begreift nicht, wie der Verfasser es nothwendig findet, beide Seiten dieser Gleichung gleich Null zu setzen, um derselben zu genügen. Es sind übrigens sehr einfache Fälle möglicher Bedingungen bekannt, die schon von Euler aufgestellt sind, in denen die angeführte Behauptung nicht verificirt werden kann.

Das richtige Theorem wäre gerade das Umgekehrte; d. h. wenn die Geschwindigkeiten während der ganzen Dauer der Bewegung ein Potential zulassen, lassen auch die continuirlichen Kräfte nothwendig ein Potential zu. Dies resultirt unmittelbar aus der Anwendung des Weges, der von Helmholtz bei der Hypothese der völlig willkürlichen Kräfte benutzt wurde. Dies ist aber genau der Satz, den der Verfasser etwas später (No. 3) ausspricht, wo er von der Bewegung in 2 Coordinaten handelt. Er hat aber bezweckt, ihn als äquivalent mit dem ersten zu betrachten. Ausserdem schweigt er von der wesentlichen, eben bezeichneten Bedingung.

Die Lösung des einfachsten Problems der ebenen Bewegung (behandelt in No. 6) hätte auf dem Anschauungswege behandelt werden können, ohne die langen Rechnungen des Verfassers, welchen auch noch ein Fehler untergelaufen ist, p. 269-70, wo er als Potential der Geschwindigkeit k statt $\frac{1}{2}k$ nimmt.

Jg. (O.)

O. E. Meyer. Ueber die pendelnde Bewegung einer Kugel unter dem Einflusse der inneren Reibung des umgebenden Mediums. Borchardt J. LXXXIII. 31-68.

O. E. Meyer. Pendelbeobachtungen. Pogg. Ann. CXLII. 481-524.

Zur Reduction der in Luft stattfindenden Pendelschwingungen auf den leeren Raum ist bekanntlich eine doppelte Correction nöthig, die aërostatische (der scheinbare Gewichtsverlust in der Luft), und die aërodynamische, herrührend von der Einwirkung der bewegten Luft auf das Pendel. Der von Poisson für die letztere Correction theoretisch berechnete Werth stimmt mit den Bessel'schen Beobachtungen nicht überein, da Poisson die innere Reibung der Luft vernachlässigt hat. Eine vollständige Theorie, die die innere Reibung berücksichtigt, ist von Stokes entwickelt. Diese findet jedoch Herr Meyer in mathematischer Hinsicht nicht allseitig befriedigend, da die von Stokes entwickelten Formeln nicht die vollständige Auflösung der für dies Problem geltenden Differentialgleichungen bilden, wodurch es zweifelhaft wird, ob die Stokes'sche Lösung die einzig mögliche ist. Um diese Frage zu entscheiden, behandelt Herr Meyer in der ersten der oben citirten Arbeiten das Problem von Neuem. Um die Bewegung der das Pendel umgebenden Luft zu bestimmen, geht Herr Meyer von den hydrodynamischen Gleichungen aus, wie sie mit Berücksichtigung der innern Reibung von Navier und Anderen aufgestellt sind; dabei abstrahirt er von vorneherein von den Dichtigkeitsänderungen, nimmt also die das Pendel umgebende Luft als incompressibel an. Er setzt ferner voraus, die Bewegungen der Pendelkugel und in Folge dessen auch die durch die Schwingungen der Kugel erregten Bewegungen der Flüssigkeit seien unendlich klein. Dann können die Glieder zweiter Ordnung der Geschwindigkeitscomponenten vernachlässigt werden, und es kann daher der totale Differentialquotient der Geschwindigkeit nach der Zeit in den Differentialgleichungen ersetzt werden durch den partiellen Differentialquotienten nach der Zeit. Von äusseren Kräften endlich wird die Schwere berücksichtigt. Nach diesen vereinfachenden Voraussetzungen werden statt der rechtwinkligen Coordinaten räumliche Polarcoordinaten eingeführt, deren Axe die gerade Linie ist, auf der sich der Mittelpunkt der Pendelkugel bewegt [denn bei unendlich kleinen Bewegungen kann statt des Bogens eine gerade Linie substituirt werden]; endlich wird vorausgesetzt, dass die Bewegungen unabhängig seien von dem Winkel, den eine Meridianebene des Coordinatensystems mit einer festen Meridianebene bildet. Die Geschwindigkeitscomponenten lassen sich dann als partielle Differentialquotienten einer Function ψ nach den Coordinaten r, ϑ darstellen, und für ψ selbst ergiebt sich die lineare partielle Differentialgleichung vierter Ordnung:

$$0 = \Delta\left(\Delta\psi - \frac{1}{\gamma^2}\frac{d\psi}{dt}\right).$$

Unter γ ist dabei eine Constante (der Reibungscoefficient, dividirt durch die Dichtigkeit) verstanden, unter Δa der Ausdruck

$$\frac{\partial^2 a}{\partial r^2} + \frac{\sin\vartheta}{r^2} \quad \frac{\partial}{\partial\vartheta}\left(\frac{1}{\sin\vartheta}\frac{\partial a}{\partial\vartheta}\right).$$

Die Auflösung dieser Gleichung vierter Ordnung setzt sich zusammen aus denen der beiden Gleichungen zweiter Ordnung:

$$0 = \Delta\psi_1, \quad 0 = \Delta\psi_2 - \frac{1}{\gamma^2}\frac{d\psi_2}{dt},$$

wie schon Stokes gefunden.

Beide Theile unterscheiden sich hinsichtlich ihrer physikalischen Bedeutung, indem ψ_1 den Theil der Bewegung darstellt, der ohne Rotation der Theilchen erfolgt, während ψ_2 eine mit Rotation der Theilchen verknüpfte Bewegung darstellt. Die beiden Integrale für ψ_1 und ψ_2 lassen sich in unendliche Reihen von der Form

$$\Sigma (B\theta_n + CZ_n) R e^{\lambda^2 \gamma^2 t}$$

entwickeln, worin θ_n, Z_n Function von ϑ sind, R eine Function von r ist, B, C, λ^2 Constante. Die Summe ist eine Doppelsumme; sie ist auszudehnen über alle positiven, ganzen Zahlen und über alle näher zu bestimmenden Werthe von λ. θ_n, Z_n, R werden durch gewöhnliche Differentialgleichungen bestimmt, die sich leicht integriren lassen. Die Bestimmung der Constanten, mit denen die particulären Lösungen multiplicirt sind, geschieht nach einem Verfahren, das von dem gewöhnlichen etwas abweicht. Ein Theil der Constanten B, C verschwindet, wenn man berücksichtigt, dass die Geschwindigkeitscomponenten nie unendlich gross werden; zugleich werden in diesem Falle θ_n, Z_n ganze rationale Functionen von cos ϑ. Die Grenzbedingungen ferner sind folgende: An der Oberfläche der Pendelkugel ist die Geschwindigkeit der Luft gleich der der Kugel für jeden Werth von t; dabei kann (wieder mit Vernachlässigung unendlich kleiner Grössen zweiter Ordnung) die Kugel als fest angenommen werden. An der äussern Grenzfläche der Luftmasse, die als eine mit der Pendelkugel concentrische Kugelfläche angesehen wird, muss die Geschwindigkeit gleich Null sein. Aus diesen Bedingungen ergeben sich sämmtliche Constanten für $n = 1$ und ein Theil der Constanten für $n > 1$. Es folgt ferner, dass die Grösse λ^2 in ψ_1 und ψ_2 dieselbe ist für alle $n > 1$ ergiebt sich sodann eine transcendente Gleichung für λ. Endlich ergiebt sich, dass die unendlich kleine Ablenkung der Kugel aus der Gleichgewichtslage (ξ) sich durch eine Reihe von der Form

$$\Sigma \frac{D}{\lambda^2 \gamma^2} e^{\lambda^2 \gamma^2 t}$$

darstellen lassen muss.

Nunmehr geht Herr Meyer zur Bildung der Differentialgleichung für die Bewegung der Pendelkugel selbst über, indem er aus ψ die Componenten des auf die Kugel ausgeübten Druckes und das Moment dieser Druckkraft berechnet. Die Bedingung, dass die Lösung dieser Gleichung die vorher angegebene Form hat, liefert eine neue transcendente Gleichung für λ für den Fall $n = 1$. Die noch übrig bleibenden Constanten bestimmen sich durch den Anfangszustand der Bewegung der Pendelkugel. Dabei (und schon bei der vorhergehenden Constantenbestimmung) werden einige Theoreme in Bezug auf die Functionen R, θ, Z entwickelt, die gewissen Sätzen der Kugelfunctionen analog sind; auf dieselben hier näher einzugehen, würde zu weit führen. Es folgt nun die Untersuchung der transcendenten Gleichungen für λ. Ohne auf das Einzelne einzugehen, geben wir hier nur das Resultat. Die transcendente Gleichung für λ in dem Falle, wo $n > 1$, stellt die Bewegung der Flüssigkeit ohne Einwirkung des Pendels dar. Diese transcendente Gleichung kann weder reelle, noch complexe Wurzeln besitzen, sondern uur unendlich viele, rein imaginäre, so dass λ^2 negativ ist. Dieser Theil stellt somit eine nicht periodische Bewegung dar. Anders verhält es sich mit der Bewegung, welche die Pendelkugel und die Flüssigkeit gemeinsam ausführen. Diese wird durch die particulären Lösungen bestimmt, welche den Wurzeln der transcendenten Gleichung für den Fall $n = 1$ entsprechen. Dieser transcendenten Gleichung genügt ebenfalls kein reelles λ; dagegen kann sie neben unendlich vielen rein imaginären Wurzeln auch complexe Wurzeln haben, deren Anzahl vier oder eine durch vier theilbare Zahl ist. Im ersteren Falle haben die vier Wurzeln die Form

$$\pm (a \pm bi).$$

Die complexen Wurzeln für λ ergeben eine periodische Bewegung von der Beschaffenheit, dass die Amplituden des Pendels und der mitschwingenden Luft nach dem Gesetz einer geometrischen Reihe abnehmen. Die Dauer der Pendelschwingung wird dabei durch das Mitschwingen des umgebenden Mediums vergrössert. Würden mehr als vier complexe Wurzeln λ existiren, so würde die Schwingungsdauer mehrdeutig sein, sie würde daher von dem Anfangszustande abhängen. Es wird aber bewiesen, dass wenn jene Gleichung überhaupt complexe Wurzeln hat, deren Anzahl höchstens vier beträgt, die Schwingungsdauer und das logarithmische Decrement der Amplituden sind daher von der anfänglichen Ursache der Bewegung unabhängig. Zum Schluss werden die

Formeln auf den Fall angewandt, dass der Radius der äussern Grenzfläche unendlich gross ist, und dass die Bewegung durch eine anfängliche Ablenkung des Pendels aus seiner Gleichgewichtslage, nicht aber aus einer mitgetheilten ursprünglichen Geschwindigkeit entstanden sei. Dann verschwinden die Glieder, in denen $n > 1$. Die Glieder für $n = 1$ geben theils eine periodische [für complexe λ], theils eine nicht periodische Bewegung des Pendels. Von letzterer wird gezeigt, dass sie, wenn seit dem Beginn der Schwingung eine erheblich lange Zeit verflossen ist, gegen den periodischen Theil der Bewegung zu vernachlässigen ist. Mit einigen weiteren zulässigen Vernachlässigungen ergeben sich für die Schwingungsdauer T und das logarithmische Decrement E der Amplituden folgende Formeln:

$$\frac{T^2}{\pi^2} = \frac{(M + kM^1)l}{(M - M^1)g}, \quad E = \frac{\frac{1}{2}\pi\, k_1 M^1}{M + \frac{1}{2}(k + \frac{1}{2})M^1},$$

$$k = \tfrac{1}{2} + \frac{9}{4\nu a}, \quad k_1 = \frac{9}{4\nu a}\left(1 + \frac{1}{\nu a} - \frac{1}{2}\frac{E}{\pi}\right).$$

Darin ist a der Radius der Pendelkugel, M ihre Masse, M^1 die Masse der von der Kugel verdrängten Flüssigkeit, l die Pendellänge, g die Constante der Schwerkraft; ν hängt mit dem Reibungsindex γ durch die Gleichung zusammen:

$$\nu^2 = \frac{\pi}{2\gamma^2 T}.$$

Stokes hat für T^2 dieselbe Formel gefunden, dagegen eine andere für E, die aber mit derselben Genauigkeit den Beobachtungen entspricht. Die Formel für T^2 stimmt ferner mit der von Bessel experimentell ermittelten überein, nur dass bei Bessel k constant ist.

Die zweite Arbeit in Poggendorf's Annalen enthält auf denselben Gegenstand bezügliche experimentelle Untersuchungen.

Wn.

C. A. Bjerknes. Sur le mouvement simultané de corps sphériques variables dans un fluide indéfini et incompressible. Premier mémoire. Forh. Christ. 1871. 327-405.

In einer unbegrenzten, incompressiblen Flüssigkeit wird ein

System von m kugelförmigen Körpern bewegt, deren Radien veränderlich sind, und übrigens sehr klein im Verhältnisse zu den Centraldistanzen. Es soll ein Geschwindigkeitspotential existiren, und es wirken in der Flüssigkeit keine äusseren Kräfte; in unendlicher Ferne nähert sich der Druck einer Grenze, die constant oder wenigstens nur von der Zeit abhängig ist; die Geschwindigkeiten sollen hier verschwinden. Die durch die Bewegungen und die Volumänderungen der Körper hervorgebrachten Zustände der Flüssigkeit sollen dann untersucht werden, und namentlich die Gesetze der Geschwindigkeiten und des Totaldrucks, den die genannten Körper erleiden.

Das Problem theilt sich unmittelbar in zwei: das der Bewegungen von unveränderlichen Kugeln ($\varphi^{(1)}$), und der Variationen von veränderlichen, deren Mittelpunkte in Ruhe verbleiben, ($\varphi^{(0)}$). Das Potential φ besteht folglich aus einer Summe von zwei: $\varphi^{(0)}$ und $\varphi^{(1)}$. Irgend eine derselben soll mit φ^i bezeichnet werden, so dass $i = (0)$ oder (1). Näherungsweise wird nun gesetzt:

$$\varphi^i = \Sigma\varphi^i_g + \Sigma\varphi^i_{gh}\Sigma\varphi^i_{ghj} + \cdots + \Sigma\varphi^i_{ghj-r},$$

wo die Indices $g, h, j, \cdots k, l, p, \cdots$ die Zahlenwerthe $1, 2, 3, \cdots m$ durchlaufen, doch mit der Beschränkung, dass

$$h \gtrless g,\ j \gtrless h, \cdots\quad l \gtrless k,\ p \gtrless l \cdots$$

Die Werthe von φ^i_g sind:

$$\varphi^{(0)}_g = -d'_g \cdot \frac{d^{(2)}_g}{r_g},$$

$$\varphi^{(1)}_g = -\tfrac{1}{2}s'_g \cdot \frac{d^3_g}{r^2_g} \cos(s'_g, r_g).$$

d_g bezeichnet hier den Radius der Kugel s_g, d'_g die Geschwindigkeit, mit welcher der Radius wächst, r_g der Radiusvector vom Mittelpunkte g nach einem äusseren Punkt x, y, z, s'_g die Geschwindigkeit desselben Mittelpunktes, (s'_g, r_g) endlich den Winkel, den die Geschwindigkeitsrichtung mit dem Radiusvector bildet. Die übrigen partiellen Potentiale werden nun auf folgende Weise bestimmt. Es sei

$$\varphi^i_{ghj\ldots l} = \psi^i_{ghj\ldots l}(x, y, z),$$

indem man von Polarcoordinaten zu rechtwinkligen übergeht; weiter wird, der Kürze wegen, gesetzt:

$$x^{(\pi)} = a_p + \varrho \cdot \frac{x - a_p}{r_p},$$

$$y^{(\pi)} = b_p + \varrho \cdot \frac{y - b_p}{r_p},$$

$$z^{(\pi)} = c_p + \varrho \cdot \frac{z - c_p}{r_p},$$

wo a_p, b_p, c_p die Coordinaten des Mittelpunktes p der Kugel S_p sind. Dieses vorausgesetzt, wird man dann erhalten:

$$\varphi^i_{ghj\dots lp} = \frac{1}{\partial_p} \int_0^{\frac{\partial_p^2}{r_p}} \varrho \frac{\partial}{\partial \varrho} \psi^i_{ghj\dots,l} (x^{(\pi)}, y^{(\pi)}, z^{(\pi)}) \, \partial \varrho.$$

Wenn nun auf diese Weise die Functionen gebildet werden, so zeigt sich, dass der Ausdruck für φ^i genau ist, bis auf einen Fehler von der Ordnung $3n + 2 + i$; $n + 1$ bezeichnet dann die Anzahl der Indices in der letzten Partialsumme, das heisst die Anzahl Buchstaben $g, h, j \cdots l$; das Verhältniss zwischen den Radien und den Centraldistancen wird hierbei als eine unendlich kleine Grösse erster Ordnung angesehen.

Die nähere Bestimmung der ersten partiellen Potentialfunctionen und die weiteren Entwicklungen und Discussionen werden für die folgenden Abhandlungen vorbehalten, ebensowie die Behandlung des Falles, dass nur zwei Kugeln vorhanden sind, die sich längs den gemeinschaftlichen Centrallinien bewegen. In diesem letzten Falle lässt sich das Problem exakt lösen, und die Beschränkung, dass die Radien klein gegen die Centraldistancen sein müssen, kann somit weggelassen werden.

In der vorliegenden Abhandlung werden endlich einige Eigenschaften der partiellen Flüssigkeitsbewegungen erläutert, welche mit den allgemeinen Eigenschaften der partiellen Potentiale in Verbindung stehen. Uebrigens wird hier auf eine frühere Abhandlung hingewiesen (Forhandlinger ved de skandinaviske Naturforskeres 10. Móde, 1868), in deren zweiten Abtheilung noch einige Resultate mitgetheilt worden sind, welche späterhin zu beweisen und zu vervollständigen sein sollen. L.

G. Cavalli. Della resistenza dei tubi all urto dell' acqua entroscorrente d'un tratto arrestata. Mem. di Torino. XXV. 241—256.

Der Verfasser will, wie es schon von H. Menabrea T. XXI. 1864 geschehen, die Zusammendrückbarkeit des Wassers, durch deren Wirkung die Gewalt des Stosses verringert wird, einer Rechnung unterziehen. Er bestimmt speciell die Grenzen der Geschwindigkeit des in einer Röhre laufenden Wassers so, dass die in derselben hervorgebrachte Ausdehnung ihre Elasticität nicht überschreite. Der Verfasser glaubt die Elemente seiner Rechnung besser aus der Betrachtung der Bewegungsmenge, als aus der lebendigen Kraft (wie man gewöhnlich pflegt) schöpfen zu können, und setzt diese seine Betrachtungsart weitläufig auseinander, indem er sie auf Citate von Poncelet und Poisson stützt. Es ist dies ein Punkt, der eine ernste Discussion erfordert und den man überhaupt nicht ohne Vorbehalt annehmen kann.

Jg. (O.)

G. O. Hanlon. The vena contracta. Proc. of L. M. S. III. 4-8.

Cly.

Partiot. Mémoire sur les marées fluviales. C. R. LXXIII. 91-95.

Saint-Venant. Théorie du mouvement non permanent des eaux, avec application aux crues des rivières et à l'introduction des marées dans leur lit. C. R. LXXIII. 147-154. 237-240.

Die Arbeit des Herrn Partiot, von der hier nur ein kurzer Auszug vorliegt, sucht die Erscheinungen der Fluth an Strommündungen, namentlich die Springfluthen zu erklären. Der Verfasser denkt zu diesem Zwecke das Flussbett ersetzt durch einen horizontalen Kanal von constanter Tiefe, dessen Wasser zur Zeit der Ebbe stagnirt. Die Anschwellungen des Meeres an der Mündung pflanzen sich nun in den Kanal fort. Die Fortpflanzungsgeschwindigkeit v ist durch die bekannte Formel von Lagrange gegeben $v = \sqrt{gh}$. Diese Fortpflanzungsgeschwindigkeit wächst für die folgenden Anschwellungen, da die Tiefe h des Meeres allmählich grösser wird. Es wird daher für v die Formel genommen:

$$v = m\sqrt{g \cdot y} + u,$$

worin y die variable Tiefe des Meeres bedeutet, m einen constanten Coefficienten, der < 1 ist, und der den Einfluss der Reibung enthält. u ist die Geschwindigkeit, die dem gesammten Kanalwasser durch das Einfliessen des Meerwassers ertheilt wird, und zwar ist u viel kleiner als v. Für die in Folge der Fluth variable Meerestiefe y wird die Laplace'sche Näherungsformel genommen, und daraus wird die Gleichung der Curve abgeleitet, die zu einer gegebenen Zeit ein Längsschnitt des Kanals bildet. Der Verfasser hat diese Curven unter der Annahme $u = 0$ und m nahe $= 1$ von Stunde zu Stunde construirt und gefunden, dass sie alle Erscheinungen mit hinlänglicher Genauigkeit darstellen.

Aehnliche Formeln lassen sich auch auf das Anschwellen der Flüsse in Folge von Regen anwenden, nur dass für y eine andere Function zu nehmen ist, als bei der Fluth.

Herr St.-Venant fügt der Arbeit des Herrn Partiot Folgendes hinzu. Er leitet für u den Werth ab $2\sqrt{g \cdot y} - 2\sqrt{gh}$, so dass für $m = 1$

$$v = 3\sqrt{g \cdot y} - 2\sqrt{gh}$$

wird, und führt mit dem veränderten Werthe von v dieselben Rechnungen durch. Dann zeigt er, wie man, auch ohne die Lagrange'sche Formel für die Fortpflanzungsgeschwindigkeit einer Welle zu benutzen, für den Fall der nicht stationairen Bewegung des Wassers in einem nahezu horizontalen Kanal zwei Differentialgleichungen direct aufstellen kann, die sich für den Fall eines constanten Gefälles leicht integriren lassen. Diese Rechnung führt zu demselben Resultat, wie die vorhergehende. Den Schluss bildet eine Vergleichung der hier abgeleiteten Formeln mit der von Bazin aufgestellten empirischen. Wn.

J. Boussinesq. Mémoire relatif à la théorie des ondes liquides périodiques. Liouville J. (2) XVI. 21-30.

Abdruck einer Arbeit aus den Comptes rendus, über die im vorigen Jahrgange pag. 737 berichtet ist. Wn.

Saint-Venant. Sur la houle et le clapotis. C. R. LXXIII. 521-528. 589-593.

Im vorigen Jahresbericht pag. 737 und 738 ist über zwei Arbeiten von Boussinesq und Reech referirt, die die Verbreitung von Wasserwellen bei endlicher, resp. unendlicher Wassertiefe behandeln. In den citirten Arbeiten waren nur die Resultate ohne Beweis mitgetheilt, Herr St.-Venant leitet die hauptsächlichsten derselben auf folgendem Wege ab. Er nimmt an, irgend ein Wassertheilchen mit den Coordinaten x, z vollführe in der verticalen Ebene (xz) eine pendelartige Schwingung um den Punkt $x_0\, z_0$. Er setzt demgemäss

$$1)\quad x = x_0 + r \sin\pi\left(\frac{t-t_0}{T} - \frac{x_0}{L}\right),$$

$$z = z_0 - r' \cdot \cos\pi\left(\frac{t-t_0}{T} - \frac{x_0}{L}\right)$$

für stärkere Wogen (la houle), und

$$2)\quad x = x_0 + r \sin\pi\frac{x_0}{L} \cdot \cos\pi\frac{t-t_0}{T},$$

$$z = z_0 + r' \cos\pi\frac{x_0}{L} \cos\pi\frac{t-t_0}{T}$$

für den gewöhnlichen Wellenschlag (clapotis), und stellt sich die Frage: Unter welchen Bedingungen sind die durch die Gleichungen 1) oder 2) dargestellten Bewegungen mit denjenigen Eigenschaften der Flüssigkeiten, von denen man bei der Aufstellung der hydrodynamischen Gleichungen ausgeht, vereinbar? Welche Gesetze müssen die Amplituden r, r', die Schwingungsdauer $2T$ und die Wellenlänge $2L$ befolgen, damit auch den Grenzbedingungen genügt wird, wonach an der freien Oberfläche ein constanter Druck stattfindet und im Grunde keine verticale

Bewegung vorhanden ist? Die Flüssigkeit wird dabei als incompressibel und ohne Reibung angenommen.

Was zunächst die durch die Gleichungen 1) dargestellte Bewegung betrifft, so liefert die Forderung, dass das Volumen eines Elementarparallelogramms von der Zeit unabhängig ist, die Bedingung

$$\frac{r}{r'} = q, \quad r' = he^{-\frac{\pi z_0}{qL}}$$

wo q eine Constante, h die verticale Amplitude an der Oberfläche ist. Eine solche Bewegung ist aber nur bei unendlich grosser Tiefe möglich, da bei endlicher Tiefe auch am Grunde eine verticale Bewegung stattfinden würde. Weiter werden die Ausdrücke 1) für x und z in die hydrodynamischen Gleichungen eingesetzt, in welche als äussere Kraft nur die Schwerkraft eintritt. Die Elimination des Druckes aus den beiden hydrodynamischen Gleichungen liefert eine Gleichung, zu deren Erfüllung nothwendig ist, dass die Constante $q = 1$ sei. Die Bahn der einzelnen Molecüle ist daher kreisförmig, und zwar bewegen sich die Molecüle in den obersten Punkten ihrer Bahn in derselben Richtung, nach der sich die Welle fortpflanzt. Die Bedingung endlich, dass der Druck an der Oberfläche constant sei, giebt

$$T = \sqrt{\frac{\pi L}{g}}.$$

Damit die Ausdrücke 2) den gestellten Bedingungen [bei unendlicher Tiefe] genügen, muss T denselben Werth haben, wie vorher, und ebenfalls $r = r'$ sein. Diese Ausdrücke stellen stehende Schwingungen mit veränderlichen Knoten dar. Die einzelnen Molecüle bewegen sich auf geraden Linien, die alle möglichen Neigungen gegen den Horizont haben.

Ist die Tiefe der Flüssigkeit endlich $= H$, so erhält man:

$$r = h\frac{e^{\pi\frac{H-z_0}{L}} + e^{-\pi\frac{H-z_0}{L}}}{e^{\pi\frac{H}{L}} - e^{-\pi\frac{H}{L}}}, \quad r' = h\frac{e^{\pi\frac{H-z_0}{L}} - e^{-\pi\frac{H-z_0}{L}}}{e^{\pi\frac{H}{L}} - e^{-\pi\frac{H}{L}}}$$

$$T = \sqrt{\frac{\pi \cdot L}{g}\,\frac{e^{\pi\frac{H}{L}} + e^{-\pi\frac{H}{L}}}{e^{\pi\frac{H}{L}} - e^{-\pi\frac{H}{L}}}}.$$

Die oben aufgestellten Bedingungen werden jedoch in diesem Falle nicht vollständig erfüllt, sondern nur, wenn man die Grösse $\sqrt{r^2 - r'^2}$, die von z_0 unabhängig ist, und die kleinste horizontale Excursion (die am Grunde) darstellt, gegen die Wellenlänge L vernachlässigen kann. Die Bahnen der einzelnen Molecüle sind dann für die Bewegung 1) Ellipsen mit variablem Axenverhältniss, für die Bewegung 2) wieder gerade Linien. Ist hierbei H klein, so ergiebt sich durch Entwickelung der Exponentialfunction annähernd:

$$T = \sqrt{\frac{L^2}{gH}}.$$

Daher wird die Fortpflanzungsgeschwindigkeit:

$$\frac{L}{T} = \sqrt{gH},$$

was die bekannte Formel von Lagrange ist. Die Bewegung der ersten Art kann endlich, wie leicht zu erkennen, angesehen werden als entstanden durch Superposition von zwei Bewegungen der zweiten Art. Wn.

J. Boussinesq. Théorie de l'intumescence liquide appelée onde solitaire ou de translation, se propageant dans un canal rectangulaire. C. R. LXXII. 755-759.

J. Boussinesq. Théorie générale des mouvements qui sont propagés dans un canal rectangulaire horizontal. C. R. LXXIII. 256-260.

In beiden Arbeiten handelt es sich um die Fortpflanzung von Wellen in einem horizontalen Kanal; es werden für diesen Fall unter gewissen vereinfachenden Annahmen Integrale der hydrodynamischen Gleichungen abgeleitet, die mit empirischen Formeln übereinstimmen. Diese vereinfachenden Annahmen sind: 1) die Bewegungen des Wassers sind in der ganzen Breite des horizontalen Kanals dieselben, so dass es genügt, die Bewegung in einer Verticalebene xy zu betrachten. 2) Von den Geschwindigkeitscomponenten u, v ist die erstere auf irgend einer Verticalen $x =$ const. nahezu constant. 3) Es findet keine Reibung statt, man kann daher u, v als die partiellen Differentialquotienten einer Function φ, des Geschwindigkeitpotentials, betrachten. In der ersten Arbeit wird noch die speciellere Annahme hinzugefügt, u sei eine Function von y und $x-wt$, d. h. die im Kanal sich fortpflanzende Welle soll sich mit constanter Fortpflanzungsgeschwindigkeit w ausbreiten und ihre Form dabei nicht ändern. Die erste Arbeit behandelt somit nur einen speciellen Fall der zweiten. In dieser wird das Geschwindigkeitspotential φ nach Potenzen von y nach dem Taylor'schen Satze entwickelt. Die dadurch gewonnenen Ausdrücke für φ, u, v werden in die für die freie Oberfläche geltenden Gleichungen eingesetzt, welche aussagen, 1) dass der Druck an der freien Oberfläche $= 0$ ist, 2) dass stets dieselben Molecüle an der Oberfläche bleiben. So ergeben sich zwei partielle Differentialgleichungen zur Bestimmung der horizontalen Geschwindigkeit am Grunde und der Höhe eines Oberflächenmolecüls über dem Niveau im Ruhezustande. Diese Differentialgleichungen werden näherungsweise integrirt, indem zuerst nur ein Glied der Reihe für φ berücksichtigt, dann das nächste hinzugenommen, aber als klein gegen das erste behandelt wird, etc. Den Schluss bilden Vergleichungen mit Beobachtungen. Wn.

J. Boussinesq. Sur le mouvement varié de l'eau dans les tuyaux de conduite et dans les canaux découverts. C. R. LXXIII. 34-38, 101-105.

Aufstellung von Formeln zur näherungsweisen Berechnung des Wasserprofils bei grader constanter Breite und geringer Variation der Tiefe. Wn.

W. J. M. Rankine. On the mathematical theory of stream-lines especially with four foci and upwards. Trans. of London CLXI. 267-303.

Eine Stromlinie ist eine Linie, welche in einem regelmässigen Strom von einem Theilchen der Flüssigkeit beschrieben wird. Jede einzelne von ihnen bewahrt ihre Figur und Lage unverändert und zeichnet den Verlauf eines Fadens oder einer continuirlichen Reihe von Theilchen. Die Bewegungen in den verschiedenen Theilen eines Stromes können daher durch eine Gruppe von Stromlinien verdeutlicht werden.

Der Verfasser verweist auf seine Arbeit: „On plane waterlines in two dimensions“ gelesen in der Royal Society 1863, die von einer Classe von Stromlinien handelt, welchen er wegen ihrer Form den Namen „Neoids“ oder schiffartige Linien gegeben hat, und weiter auf eine Arbeit im Philosophical Magazine October 1864. Diese Neoiden haben entweder einen oder zwei Brennpunkte. Man kann sie nämlich als entstanden betrachten aus der Combination einer gleichförmigen progressiven Bewegung mit einer andern, die aus einer Divergenz der Theilchen von einem gewissen Punkte (dem Brennpunkt) und einer folgenden Convergenz entweder nach demselben Punkte oder nach einem zweiten besteht. Die Untersuchungen der vorliegenden Arbeit sind durch Experimente des Herrn William Froude über den Widerstand von 3 bis 12 Fuss langen Schiffsmodellen hervorgerufen. Der Verfasser untersucht die mathematischen Eigenschaften von Stromlinien, die den Wasserlinien von Herrn Froude's vogelähnlichen Modellen gleichen, und findet, dass man unendlich viele Varietäten solcher Formen, die alle geschlossene Curven und frei von Discontinuität in Form und Bewegung sind, erhalten kann, wenn man 4 statt 2 Brennpunkte benutzt. Er nennt dieselben deshalb quadrifocale Stromlinien oder nach der Idee, welche die Figuren bei Herrn Froude hervorrief, „Cycnoids“, während die Stromlinien, in denen die Theilchen der Flüssigkeit durch sie gehen, „cycnogeneous“ genannt werden. Cly. (O.)

Witte. Zur Theorie der Meeresströmungen. Pogg. Ann. CXLII. 281-293.

A. Colding. Bemerkung zu Dr. Witte's Theorie der Meeresströmungen. Pogg. Ann. CXLII. 621-622.

Herr Witte unterwirft zunächst die von Mühry und Colding gegebenen Hypothesen zur Erklärung der Meeresströmungen einer Kritik. Während er die von Mühry ganz verwirft, stimmt er mit der von Colding bis zu einem gewissen Punkte überein, kann aber die weiteren Consequenzen derselben nicht als richtig anerkennen. Er giebt dann eine neue Hypothese an, die im Wesentlichen darauf beruht, dass nur eine einzelne Schicht des Meeres eine Niveaufläche bilden kann. In Folge dessen erleiden die Schichten, die in gleicher Tiefe mit anderen am Aequator unter dem Niveau liegen, einen grösseren Druck, und in Folge dessen entsteht die Strömung vom Pole nach dem Aequator. Die hierdurch erzielte Niveauerhöhung am Aequator bringt dann ein Abfliessen nach den Polen hervor. Herr Colding sucht in der Bemerkung seine aufgestellte Theorie hinsichtlich der zwischen ihm und Herrn Witte eingetretenen Meinungsverschiedenheit näher zu erläutern. O.

W. R. Kutter. Die neuen Formeln für die Bewegung des Wassers in Canälen und regelmässigen Flussstrecken. Wien. Waldheim. (Abdruck aus der allgem. Bauzeitung.)

Die Arbeit, die wesentlich empirisch ist, hat den Zweck, die verschiedenen Formeln für die Bewegung des Wassers in Flüssen und Canälen mit den Resultaten der Messung zu vergleichen. Dabei werden die theoretischen Grundlagen für jene Formeln kurz angegeben. Besprochen werden die Formeln von Hymphreys und Abbot, von Bazin, von Gauckler und von Ganguillet und Kutter. Wn.

H. Heinemann. Die Hydraulik als exakte Wissenschaft. Z. dtsch. Ing. XV. 619-631.

Der Verfasser will zeigen, dass die Hydraulik nichts als „ein unentwirrbares Gewebe von Unklarheiten und Inconsequenzen" ist und will das „morsche und baufällige Gebäude in seinen Fundamenten untergraben." Seine Kritik erstreckt sich, Bezug nehmend auf die Lehrbücher von Weisbach und Rühlmann, auf fast sämmtliche Sätze der Hydraulik. Welcher Art diese Kritik ist, möge das eine Beispiel zeigen. Die Formel für den Ausfluss des Wassers aus einer Oeffnung in dünner Wand bei der Druckhöhe h [$v = \sqrt{2gh}$] will Herr Heinemann ersetzen durch $v = \sqrt{gh}$. An dieser Formel hält derselbe auch fest, trotzdem ihm die Unrichtigkeit seiner Schlüsse schon 1869 von verschiedenen Seiten, namentlich von Herrn Weingarten in der deutschen Bauzeitung nachgewiesen ist. Wn.

Capitel 5.

Potentialtheorie.

Th. Wand. Die Principien der mathematischen Physik und die Potentialtheorie. Leipzig. Teubner.

Das vorliegende Buch ist für diejenigen bestimmt, welche die Potentialtheorie und ihre Anwendungen auf bequeme Weise kennen lernen wollen. Die wesentlichsten Sätze über die Potentialfunction und einige über Kugelfunctionen sind zusammenhängend dargestellt. Daran schliesst sich die Behandlung der hauptsächlichsten physikalischen Probleme, welche sich auf die Theorie des Potentials stützen; nämlich der Electricitätsvertheilung, der Gestalt einer rotirenden homogenen Flüssigkeit, der Präcession und Nutation der Erdaxe, der Ebbe und Fluth, der Theorie des inducirten Magnetismus und anderer. Den beiden erwähnten Abschnitten geht ein dritter vorauf, welcher unter der Ueberschrift „die Principien der mathematischen Physik" einige Grundbegriffe der Mechanik erläutert, Geschwindigkeit, beschleunigende Kraft, Drehungsmoment, Hauptebene, Schwerpunkt, Trägheitsmoment etc., und einige einfache sich daran schliessende Probleme behandelt.

An der Behandlung des Herrn Wand ist vor Allem auszusetzen, dass er auf keins der behandelten Probleme tiefer eingeht; überall werden nur einige einfache Resultate abgeleitet und dann abgebrochen. Der mit dem Gegenstand nicht bekannte

Leser erhält dadurch von dem betreffenden Problem nur ein höchst unvollständiges Bild. Von den wesentlichen Lücken, die das Buch in dieser Beziehung enthält, mögen nur die folgenden erwähnt werden. Das Potential des homogenen Ellipsoids für einen innern Punkt ist nicht auf die gebräuchliche Form reducirt, für das Potential des Ellipsoids in Bezug auf einen äussern Punkt ist der geschlossene Ausdruck gar nicht abgeleitet. Bei der Behandlung der Gleichgewichtsfigur einer homogenen rotirenden Flüssigkeit hätte wenigstens darauf hingewiesen werden müssen, dass auch das dreiaxige Ellipsoid eine mögliche Gleichgewichtsfigur ist. Sehr unvollständig ist ferner die Theorie des Erdmagnetismus behandelt. Endlich ist nur an sehr wenigen Stellen darauf hingewiesen, wo der Leser über die behandelten Gegenstände Näheres erfahren kann. Wn.

C. Neumann. Revision einiger allgemeiner Sätze aus der Theorie des logarithmischen Potentials.
Clebsch Ann. III. 325-349.

C. Neumann. Revision einiger allgemeiner Sätze aus der Theorie des Newton'schen Potentials.
Clebsch Ann. III. 424-434.

Es erscheint angemessen über die vorstehenden Abhandlungen, von denen die eine auf die Ebene, die andere auf den Raum sich bezieht, gleichzeitig zu referiren.

Die Untersuchung bezieht sich auf Functionen Φ der rechtwinkligen Coordinaten x, y (resp. x, y, z), welche gegeben sind für irgend eine Fläche $\mathfrak{T}$ (resp. Raum $\mathfrak{T}$), und mit Bezug auf dieses Gebiet characterisirt sind durch folgende Anforderungen:

(*Π*.) Es wird verlangt, die Function Φ solle in Erstreckung des Gebietes $\mathfrak{T}$ eindeutig und gleichmässig stetig sein. Ueberdies wird, falls $\mathfrak{T}$ unendlich ist, gleichzeitig noch verlangt, der Werth von Φ solle für sämmtliche Punkte x, y (oder x, y, z), die in's Unendliche sich entfernen, convergiren gegen eine endliche (jedoch nicht vorgeschriebene) Constante Γ.

(*Π.*) Sodann wird verlangt, dass die Ableitungen von Φ eindeutig und gleichmässig stetig sind in Erstreckung eines jeden Gebietes, das vollständig innerhalb $\mathfrak{T}$ liegt, und dass ferner $\Delta\Phi$ in Erstreckung eines jeden solchen Gebietes $= 0$ ist.

Dabei soll übrigens unter $\mathfrak{T}$ ein von beliebig vielen Curven (resp. Flächen) begrenztes Gebiet verstanden werden, einerlei, ob dasselbe endlich oder unendlich ist; nur soll vorausgesetzt sein, dass sämmtliche Grenzpunkte des Gebietes im Endlichen liegen. Selbstverständlich bezeichnet ausserdem $\Delta\Phi$ den Ausdruck:

$$\frac{\partial^2\Phi}{\partial x^2} + \frac{\partial^2\Phi}{\partial y^2} \left(\text{resp. den Ausdruck } \frac{\partial^2\Phi}{\partial x^2} + \frac{\partial^2\Phi}{\partial y^2} + \frac{\partial^2\Phi}{\partial z^2}\right).$$

Für die durch die Bedingungen (*Π.*) charakterisirten Functionen Φ wird nun vom Verfasser ein (wie es scheint) absolut strenger Beweis geführt für gewisse Sätze, von denen hier nur einzelne näher mitgetheilt werden sollen. Einer derselben lautet:

„Ist das Gebiet $\mathfrak{T}$ endlich, so kann immer nur eine einzige Function Φ existiren, welche mit Bezug auf $\mathfrak{T}$ die Bedingungen (*Π.*) erfüllt, und an der Grenze von $\mathfrak{T}$ vorgeschriebene Werthe besitzt." Oder kürzer ausgedrückt: „Eine Function Φ, welche für ein gegebenes Gebiet $\mathfrak{T}$ die Bedingungen (*Π.*) erfüllen soll, wird, falls $\mathfrak{T}$ endlich ist, vollständig bestimmt sein durch Angabe ihrer Werthe an der Grenze von $\mathfrak{T}$."

Für ein unendliches Gebiet $\mathfrak{T}$ gilt der analoge Satz für die Betrachtung in der Ebene in unbedingter Weise, für die Betrachtung im Raume hingegen nur dann, wenn man zu den Bedingungen (*Π.*) noch hinzufügt die fernere Bedingung:

$$\iint \frac{\partial\Phi}{\partial\nu}\, d\sigma = C,$$

wo die Integration sich hinerstreckt über alle Elemente $d\sigma$ einer unendlich fernen Kugelfläche, ν die Normale dieser Fläche repräsentirt, und C eine beliebig gegebene Zahl bezeichnet. Diese noch hinzuzufügende Bedingung kann übrigens auch durch andere ersetzt werden, z. B. durch $\Gamma = C$, wo Γ die bei (*Π.*) angegebene Convergenzconstante bedeutet. Nn.

C. NEUMANN. Zur Theorie des logarithmischen und Newton'schen Potentials. Leipz. Ber. 1870. 49-56, 264-321.

Diese Untersuchungen beziehen sich ebenfalls auf die vorhin angegebenen Bedingungen (*II.*), und zwar auf folgende Aufgabe:

(*I.*) Es soll eine Function Φ ermittelt werden, welche auf einer gegebenen ebenen Fläche $\mathfrak{T}$ die Bedingungen (*II.*) erfüllt und am Rande derselben vorgeschriebene Werthe besitzt.

In der ersten Mittheilung wird ein successives Verfahren zur Lösung dieser Aufgabe für den Fall angegeben, dass die Fläche $\mathfrak{T}$ nur eine einzige, und zwar überall convexe, stetig gebogene Randcurve besitzt. Ist $\mathfrak{T}$ irgend eine solche Fläche, so wird der von der unendlichen Ebene nach Absonderung dieser Fläche $\mathfrak{T}$ noch übrig bleibende Flächentheil $\mathfrak{T}'$ den genannten Anforderungen ebenfalls entsprechen; und in der That ist jenes successive Verfahren mit nur unbedeutenden Modificationen gültig für $\mathfrak{T}$ sowohl, wie für $\mathfrak{T}'$. Um die Vorstellung zu fixiren, beschränken wir uns indessen hier auf die erstere, nämlich auf die endliche Fläche $\mathfrak{T}$.

Bezeichnet man die einzelnen Elemente der Randcurve von $\mathfrak{T}$ mit $d\sigma$, und die am Rande vorgeschriebenen Werthe mit f, so wird bekanntlich unter dem arithmetischen Mittel M aller dieser Randwerthe f folgender Ausdruck zu verstehen sein:

$$M = \frac{\int f d\sigma}{\int d\sigma}.$$

Im Anschlusse hieran definirt der Verfasser das arithmetische Mittel u_p jener Werthe f in Bezug auf einen gegebenen innern Punkt p, und ferner das arithmetische Mittel v_s jener f in Bezug auf einen gegebenen Randpunkt s durch folgende Ausdrücke:

$$u_p = \frac{\int f(d\sigma)_p}{\int (d\sigma)_p} = \frac{\int f(d\sigma)_p}{2\pi},$$

$$v_s = \frac{\int f(d\sigma)_s}{\int (d\sigma)_s} = \frac{\int f(d\sigma)_s}{\pi}.$$

Dabei sind unter $(d\sigma)_p$ und $(d\sigma)_s$ die Projectionen von $d\sigma$ auf zwei mit dem Radius 1 resp. um p und um s beschriebene Kreislinien zu verstehen, diese Projectionen bewerkstelligt gedacht, durch die Radien der genannten Kreise. Demgemäss wird (was zum Verständniss der hingestellten Formeln erforderlich) offenbar $\int(d\sigma)_p = 2\pi$, und $\int(d\sigma)_s = \pi$ sein. Ebenso wie aus den Werthen f die Functionen u_p, v_s abgeleitet wurden, in genau derselben Weise mögen aus den Werthen v die Functionen u'_p, v'_s entspringen, [so dass also unter u'_p, v'_s die arithmetischen Mittel sämmtlicher v in Bezug auf die Punkte p, s zu verstehen sind]; in genau derselben Weise mögen ferner aus den Werthen v' die Functionen u''_p, v''_s entspringen; u. s. w. u. s. w. Alsdann findet die gestellte Aufgabe ihre Lösung durch folgende Formel:

$$\Phi_p = C + 2u_p - 2u'_p + 2u''_p - 2u'''_p + - \cdots,$$

wo C eine gewisse Constante vorstellt, deren Werth ebenfalls noch näher angegeben werden kann. Denn es repräsentirt C diejenige Constante, gegen welche die Function $v_s^{(n)}$ convergirt für $n = \infty$.

In der zweiten Mittheilung erwähnt der Verfasser zunächst, dass das eben angegebene successive Verfahren für den Fall einer überall convexen Randcurve im Wesentlichen auch dann noch anwendbar ist, wenn dieselbe nicht stetig gebogen, sondern mit irgend welchen Eckpunkten behaftet ist. Es sind hier folgende Möglichkeiten zu unterscheiden:

A) Die Randcurve ist zusammengesetzt aus Linien, von denen wenigstens eine gekrümmt ist.

B) Die Randcurve besteht aus lauter geraden Linien.

Bα) Die Anzahl dieser Linien ist grösser als 4.

Bβ) Die Anzahl derselben ist = 4, oder = 3.

In den Fällen A) und Bα) führt jenes successive Verfahren, wie der Verfasser erwähnt, mit geringen und leicht sich ergebenden Modificationen ebenfalls zum gewünschten Ziele. Im Falle Bβ) hingegen treten Bedenken ein, weil in diesem Falle die Convergenz des Verfahrens dem Verfasser nachzuweisen nicht gelungen und vorläufig also zweifelhaft ist.

In der zweiten Mittheilung sind nun ferner noch eine Anzahl anderer Aufgaben behandelt, so z. B. folgende: Es ist gegeben irgend eine endliche oder unendliche Fläche $\mathfrak{T}$, begrenzt von beliebig vielen einander nicht berührenden Curven. Irgend eine

Anzahl dieser Curven mag mit α, die noch übrig bleibende Anzahl mit β bezeichnet sein. Denkt man sich die Fläche 𝔗 über die Randcurven β hinaus mehr und mehr anwachsend, so entsteht schliesslich eine Fläche, welche nur noch von den Curven α begrenzt ist; diese Fläche mag 𝔄 heissen; so dass also 𝔄 charakterisirt werden kann als diejenige nur von den Curven α begrenzte Fläche, von welcher 𝔗 ein Theil ist. Desgleichen mag andererseits unter 𝔅 eine nur von den Curven β begrenzte Fläche verstanden werden, und zwar wiederum diejenige, von welcher 𝔗 ein Theil ist.

(II.) „Es soll nun das vorhin genannte Problem (I.) für die Fläche 𝔗 gelöset werden, vorausgesetzt, dass irgend welche Methoden bekannt zur Lösung ebendesselben Problems für die Fläche 𝔄 und für die Fläche 𝔅."

Der Verfasser zeigt, dass diese Aufgabe in der That lösbar ist, und zwar wiederum durch Anwendung eines gewissen successiven Verfahrens. — Uebrigens sind alle diese Mittheilungen nur provisorischer Natur, insofern als die wirklichen Begründungen und Deductionen vom Verfasser meistentheils nicht angegeben sind. Nn.

C. Neumann. Notiz über die elliptischen und hyperelliptischen Integrale. Clebsch Ann. III. 611-630.

Mit Bezug auf ein fingirtes Fluidum, bei dem die Anziehung oder Abstossung zwischen zwei Theilchen umgekehrt proportional ist mit der Entfernung selber, gelangt der Verfasser zu folgenden Sätzen: Denkt man sich die Masse 1 dieses Fluidums beweglich längs einer begrenzten geraden Linie α, so wird nach Eintritt des Gleichgewichtszustandes in jedem Punkt der Linie eine Dichtigkeit vorhanden sein, deren Quadrat umgekehrt proportional ist mit dem Product derjenigen beiden Segmente, welche durch den Punkt auf der Linie markirt werden. Erstarrt dieses Fluidum in seiner Gleichgewichtslage, so wird das von ihm auf einen beliebigen Punkt z ausgeübte Potential, abgesehen von einer additiven Constanten, identisch sein mit dem reellen Theil des Integrals:

$$\int_{z_0}^{z} \frac{dz}{\sqrt{(z-p)(z-q)}},$$

vorausgesetzt, dass man unter p und q die beiden Endpunkte der Linie α versteht. Gleichzeitig werden die Niveaucurven dieses Potentiales confocale Ellipsen sein mit den Brennpunkten p und q.

Zu analogen Ergebnissen gelangt der Verfasser mit Bezug auf den allgemeineren Fall der hyperelliptischen Integrale.

Nn.

L. Matthiessen. Ueber das Integral der Gleichung $\frac{\partial^2 V}{\partial x^2} + \frac{\partial^2 V}{\partial y^2} = 0$. Schlömilch Z. XVI. 228-239.

Anknüpfend an die Entwicklungen von Laplace (Méc. cél. II.) über die Anziehung eines unendlichen Cylinders giebt der Verfasser zunächst eine auf Potentialbetrachtungen beruhende directe Herleitung der allgemeinen Lösung $f(y+xi)+\varphi(y-xi)$ für die genannte Differentialgleichung und bestimmt dann das Potential eines homogenen unendlichen Cylinders von elliptischem Querschnitt, indem er denselben als ein dreiaxiges Ellipsoid betrachtet, dessen eine Axe unendlich gross geworden ist. B.

H. la Goupillière. Sur la transformation du potentiel par rayons vecteurs réciproques. C. R. LXXIII. 1438-1440.

Der Verfasser behandelt die Veränderungen, welche ein Potential durch die Transformation mittels reciproker Radiusvectoren erfährt. Das logarithmische Potential geht dadurch in ein anderes von derselben Gattung über; das Potential dagegen, welches einer Anziehung proportional der n^{ten} Potenz der Entfernung entspricht, erhält nur dann diese Eigenschaft, wenn man es vorher durch die $(n+1)^{\text{te}}$ Potenz des Radiusvector dividirt. Die Massen des neuen Systemes sind dabei gleich den Massen des ursprünglichen, dividirt durch dieselbe Potenz des Radiusvectors.

B.

H. Bruns. De proprietate quadam functionis potentialis corporum homogeneorum. Diss. Berlin.

Das Potential eines endlichen beliebig gestalteten Körpers, der von dem übrigen unendlichen Raume durch eine continuirliche Oberfläche getrennt, und mit einer Masse von der constanten Dichtigkeit 1 erfüllt ist, wird bekanntlich ausgedrückt durch das dreifache Integral

$$V=\int dx'\,dy'\,dz'\,\{(x-x')^2+(y-y')^2+(z-z')^2\}^{-\frac{1}{2}},$$

ausgedehnt über den ganzen Körperinhalt. Die beiden Functionen V_a und V_i, welche durch dieses Integral bestimmt werden, je nachdem der angezogene Punkt ausserhalb oder innerhalb liegt, haben u. a. folgende Eigenschaften:

$$1)\quad \Delta V_a=0,\ \Delta V_i=-4\pi,\ \text{wo}\ \Delta=\frac{\partial^2}{\partial x^2}+\frac{\partial^2}{\partial y^2}+\frac{\partial^2}{\partial z^2},$$

2) sind sie innerhalb des Raumes, in dem sie durch das obige Integral definirt werden, regulär, d. h., sie lassen sich in eine convergente nach Potenzen von $x-x_0$, $y-y_0$, $z-z_0$ fortschreitende Reihe entwickeln für jeden nicht in der Oberfläche des Körpers liegenden Punkt x_0, y_0, z_0; 3) ist auf der Oberfläche

$$V_a=V_i,\quad \frac{\partial V_a}{\partial x}=\frac{\partial V_i}{\partial x},\quad \frac{\partial V_a}{\partial y}=\frac{\partial V_i}{\partial y},\quad \frac{\partial V_a}{\partial z}=\frac{\partial V_i}{\partial z}.$$

Nun ist aus der Functionentheorie bekannt, dass V_a auch durch eine jener Potenzreihen ($x-x_0$ etc.) vollständig definirt ist; ferner dass das Functionen-Element über den ganzen Raum fortgesetzt werden kann, innerhalb dessen V_a durch das dreifache Integral bestimmt wird: da die Werthe, welche aus den Reihen und aus dem Integral hervorgehen, überall einander gleich sind. Es fragt sich jedoch, ob beide Darstellungen in denselben Grenzen eingeschlossen sind, oder ob es erlaubt ist, die durch das Integral gegebenen Grenzen durch die Reihenentwickelungen zu überschreiten. Einzelne Thatsachen lassen den letzteren Fall vermuthen. Denn einmal lehren die Sätze von Gauss, Green, Jvory, Dirichlet und Chasles, dass man die Anziehung des gegebenen Körpers mit der Anziehung irgend einer Oberfläche vertauschen kann, woraus man schliessen muss, dass die Vertheilung der Massen, welche ein bestimmtes Potential geben, gewissermaassen willkürlich sei. Ferner erkennt man aber auch leicht, dass in den Fällen, in denen V_a durch explicite Formeln ausgedrückt werden kann, V_a auch innerhalb des Körpers regulär sei.

Dies erläutert der Verfasser zunächst an 2 Beispielen. Aus der bekannten Formel für das Potential eines Ellipsoids folgt, wie bereits Herr Mertens gezeigt hat, dass alle confocalen Ellipsoide dasselbe Potential auf einen äusseren Punkt ausüben, wenn sie nur mit gleicher Masse angefüllt sind. Hier kann aber das confocale Ellipsoid in eine focale Ellipse übergeführt werden. Das zweite Beispiel ist eine Ringfläche, welche dadurch erzeugt wird, dass der Mittelpunkt eines Kreises mit dem Radius b die Peripherie eines Kreises mit dem Radius a durchläuft, oder durch Rotation eines Kreises mit dem Radius b um eine in seiner Ebene gelegene Gerade (die z-Axe). Die hier auftretenden drei Potentialfunctionen V_1, V_2, V_3 (je nachdem $a>b$, $a<b$) haben nicht nur ausserhalb des Ringkörpers den Charakter einer ganzen rationalen Function, sondern können auch in den Körper hinein fortgesetzt werden, resp. bis zu den Punkten eines ebenen dem Kreise a concentrischen Kreisringes, oder bis zu der Ebene des Kreises a und den in der z-Axe gelegenen Punkten, oder bis zu den Punkten der Rotationsaxe. Nun wird die Frage erledigt, ob nicht, jene aus dem Potential der drei homogenen Körper hervorgehenden Functionen in die Form eines Potentials gebracht werden können, das durch Massen ausgeübt wird, welche in jenen singulären Stellen vertheilt sind. Nach diesen Beispielen ist es wahrscheinlich, dass das Problem, die Vertheilung von Massen zu finden, welche ein gegebenes Potential hervorbringen, in gewisser Weise unbestimmt ist, wenn nicht besondere Bedingungen hinzugefügt werden.

Nun zeigt der Verfasser, dass die Functionen V_a und V_i für jeden Punkt der Oberfläche des betrachteten Körpers fortgesetzt werden können, wenn nur die Oberfläche in der Umgebung jenes Punkts regulär ist. Zunächst muss es eine Function $U = V_a - V_i$

geben, welche regulär ist, in jener Oberfläche zugleich mit ihren ersten Ableitungen verschwindet, und der Bedingung $\Delta U = 4\pi$ genügt. Von dieser Function U lässt sich leicht der Uebergang zu den Functionen V_a und V_i machen. Die Bedingung der regulären Krümmung genügt zwar zur Fortsetzung der Functionen V_a und V_i, aber es fragt sich, ob sie nothwendig ist. Diese Frage kann nur für die eine Art der Singularitäten entschieden beantwortet werden, wo in dem singulären Punkte $x_0 y_0 z_0$ zwei oder mehrere Theile der Oberfläche zusammentreffen, deren jeder in der Umgebung des Punktes $x_0 y_0 z_0$ eine reguläre Krümmung hat, und deshalb über jenen Punkt hinaus nach seinem analytischen Gesetz fortgesetzt werden kann. In dem Falle verlieren sowohl U, wie V_a und V_i den Character der ganzen rationalen Function. Zum Schlusse zeigt der Verfasser an dem bekannten Beispiele eines homogenen Polyeders, welches durch eine einfache Oberfläche begrenzt ist und keine Concavität hat, dass die von ihm benutzte Hülfsfunction U oft die Betrachtung der Potentialfunction wesentlich vereinfacht. M.

A. Cayley. A „Smith's Prize“ paper. 1870. Question 9.
Messenger V. 194-196.

Es wird bewiesen, dass die Anziehung einer unendlich dünnen doppelt convexen Linse auf einen Punkt im Centrum einer ihrer Flächen gleich ist der Anziehung der unendlichen Platte zwischen den Tangentialebenen in den Flächen der Linse.

Glr. (O.)

Elfter Abschnitt.

Mathematische Physik.

Capitel 1.

Molecularphysik, Elasticität und Capillarität.

J. C. Maxwell. Remarks on the mathematical classification of physical quantities. Proc. of L. M. S. III. 224-232.

Cly.

W. C. Wittwer. Die Moleculargesetze. Leipzig. Teubner.

Die vorliegende Schrift enthält im Wesentlichen dasselbe, wie einige frühere Arbeiten desselben Verfassers, die im ersten und zweiten Bande dieses Jahrbuchs besprochen sind [Bd. I. p. 349—350, Bd. II. p. 762]. Herr Wittwer sucht zu zeigen, dass fast alle bekannten Naturerscheinungen mit seiner Hypothese über die Constitution der Materie [S. F. d. M. II. p. 762] in Uebereinstimmung sind. Trotzdem erscheint jene Hypothese dem Referenten noch nicht genügend begründet; doch würde es hier zu weit führen, auf Einzelnheiten einzugehen. Von rein mathematischem Gesichtspunkte enthalten die Entwickelungen des Verfassers nichts Neues.

Wn.

De St.-Venant. Formules des augmentations que de petites déformations d'un solide apportent aux pressions ou forces élastiques, supposées considérables, qui déjà étaient en jeu dans son intérieur. — Complément et modification du préambule du mémoire: Distribution des élasticités autour de chaque point etc., qui a été inséré en 1863 au Journal de mathématiques. Liouville J. (2) XVI. 275-307. C. R. LXXII. 355-361, 391-394.

Die Formeln für den innern molecularen Druck in einem elastischen Medium sind 1829 von Cauchy abgeleitet durch directe Berechnung der Aenderung, welche die Resultante der Molecularwirkung durch Verschiebung der Molecüle erleidet. Der Verfasser der vorliegenden Arbeit zeigt nun, wie man diese Formeln auf zwei verschiedene Arten aus dem Ausdruck für das innere Potential oder die innere latente Energie ableiten kann. Aber zur Aufstellung des Ausdrucks für jenes Potential muss man die Molecularwirkung in Rechnung ziehen. Herr St.-Venant zieht damit eine früher ausgesprochene Ansicht zurück, dass man die Elasticitätsgleichungen ohne Hypothese über die Molecularwirkung durch reine Betrachtung der Symmetrie-Verhältnisse ableiten könne. Bei der Ableitung des Ausdrucks für das Potential muss man, wie gezeigt wird, auch sehr kleine Grössen zweiter Ordnung in Rechnung ziehen.

Der zweite Theil der Arbeit beschäftigt sich mit der Abhängigkeit der Elasticitäts-Constanten von dem Druck. War der elastische Körper vor seiner Deformation in seinem natürlichen Zustande, in dem keinerlei äussere Kräfte auf ihn wirkten, so sind die Elasticitätscoefficienten Constante. Hatte der elastische Körper aber zuerst durch äussere Kräfte Deformationen u_0, v_0, w_0 erfahren, wirken nun neue Kräfte auf ihn ein, und soll man die von diesen herrührenden relativen Deformationen u, v, w finden, so sind jetzt die Coefficienten der Elasticitätsgleichungen nicht mehr Constante, sondern Functionen jener ersten Druckkräfte. Die für diese variabeln Werthe der Elasticitätscoefficienten geltenden Formeln werden abgeleitet; jene Coefficienten sind Functionen der ursprünglichen Constanten und der neuen partiellen Differentialquotienten von u_0, v_0, w_0 nach den ursprünglichen Coordinaten x_0 y_0 z_0 des betreffenden Molecüls, und diese Differentialquotienten sind Functionen der Druckkräfte, welche die erste Deformation veranlassten. Die erwähnten Formeln gelten noch, wenn jene ersten Verrückungen u_0, v_0, w_0 in einer dauernden Deformation des ganzen Körpers ihren Grund haben, vorausgesetzt nur, dass sie sehr klein sind. Zum Schluss wird für ein Prisma, auf welches nur eine longitudinale Zug- oder Druckkraft wirkt, gezeigt, welche Aenderung für den Elasticitäts-Modul eine vorhergehende Deformation hat. Wn.

L. J. Menabrea. Étude de statique physique. — Principe général pour déterminer les pressions et les tensions dans un système élastique. Mem. di Torino. XXV. 141-180.

Siehe F. d. M. II. p. 765.

H. Résal. De l'équilibre, de l'élasticité, et de la résistance du ressort à boudin. Ann. des Mines. XIX. 265-277.

Die Arbeit ist bereits im 2. Bande des Jahrbuches p. 770 erwähnt. Jetzt liegt dieselbe in extenso vor. Der Verfasser entwickelt zunächst die hierher gehörigen allgemeinen Grundformeln, indem er von der Voraussetzung ausgeht, dass die Schraubenlinie auch nach ihrer Deformation noch eine Schraubenlinie bleibe, und gelangt dabei zu folgenden Formeln:

$$E\frac{\pi r^4}{4}\left(\frac{1}{\varrho'}-\frac{1}{\varrho}\right) = LR' \sin\alpha',$$

$$\mu\frac{r^4}{4}\left(\frac{1}{\tau'}-\frac{1}{\tau}\right) = LR' \cos\alpha',$$

wo ϱ, τ, R, α der Krümmungsradius, der Radius der Windung, der Radius des mittleren Cylinders und die Neigung der Schraubenlinie gegen den senkrechten Cylinderschnitt vor der Deformation bezeichnen. ϱ', τ', R', α' haben dieselbe Bedeutung nach der Deformation. E und μ sind der Elasticitäts- und Gleitungscoefficient des Stoffes, r der Radius des geraden Schnittes der Feder,

L endlich die Belastung. Die Rechnung wird dann beispielsweise für eine kleine Belastung durchgeführt. O.

A. Steen. Om Grundloven for Legemers Straekning og Sammentrykning. Zeuthen Tidsskr. (3) I. 114.

Der Verfasser hat in strenger Weise die Formel entwickelt, die die dehnende oder zusammenpressende Kraft ausdrückt im Verhältniss zwischen der Länge des Körpers und dem Zunehmen (positiv oder negativ) dieser Länge. Er bedient sich der Hypothese, dass die dehnende Kraft eine Function des erwähnten Verhältnisses sei. Hn. (O.)

R. Hoppe. Deformation of an elastic sphere pressed between two parallel planes. Quart. J. XI. 318-325.

Der betrachtete Fall ist der einer festen Kugel, die zwischen zwei parallele Ebenen gepresst wird in einer Entfernung, die ein wenig kleiner als der Durchmesser ist. Cly. (O.)

E. Hill. Bourdon's metallic barometer. Messenger (2) I. 15-17.

Eine genauere Auseinandersetzung der bei dem Instrumente befolgten Principien, als sie sonst gegeben wird.

Glr. (O.)

J. Boussinesq. Étude nouvelle sur l'équilibre et le mouvement des corps solides élastiques dont certaines dimensions sont très-petites par rapport à d'autres. Liouville J. (2) XVI. 125-274., C. R. LXXII. 407-410, 449-452.

In dem ersten Theile der umfangreichen Arbeit wird die Theorie der Biegung und Torsion dünner elastischer Stäbe behandelt, ein Problem, mit dem sich namentlich Poisson, Cauchy, Kirchhoff, Saint-Venant schon beschäftigt haben. Die Arbeiten von Poisson und Cauchy gehen von der Voraussetzung aus, dass die elastischen Kräfte im Innern eines solchen Stabes sich in sehr convergente, nach den Potenzen der transversalen Dimensionen fortschreitende Reihen entwickeln lassen, und dass man nur die ersten Potenzen zu berücksichtigen brauche. Da diese Voraussetzung nicht a priori sicher ist, und da die von Poisson abgeleiteten Formeln in einigen Fällen mit der Erfahrung in Widerspruch stehen, so ist diese Theorie zu verlassen. Kirchhoff (Crelle J. 46) macht eine andere Vernachlässigung, die darauf hinauskommt, dass vorausgesetzt wird, diejenigen Querschnitte, welche vor der Deformation normal zur Axe waren, seien es auch nachher. Diese Theorie führt zwar, wenn die Textur der Stäbe in Bezug auf die Normalschnitte symmetrisch ist, auf die wirklich angenäherten Formeln; aber Herr Boussinesq hält die Voraussetzung doch a priori für unzulässig. Saint-Venant endlich hat das Problem unter der Annahme behandelt, dass auf die beiden Enden äussere Kräfte von solcher Beschaffenheit wirken, dass die einzelnen Fasern auf einander Kräfte in der Richtung ihrer Tangenten ausüben, und dass die Verlängerung für verschiedene Punkte eines Querschnitts eine lineare Function der transversalen Coordinaten ist. Er hat sodann gezeigt, dass jede andere Vertheilung der auf die Enden wirkenden Kräfte, wenn sie nur zu derselben Resultante und zu demselben Kräftepaar führt, in einiger Entfernung von den Enden stets dieselbe Deformation hervorbringt. An diese Arbeit schliesst sich nun die vorliegende an, indem ohne vorhergehende Voraussetzung über die Vertheilung der äussern Kräfte an den Enden aus den allgemeinen Elasticitätsgleichungen, verbunden mit der Bedingung der Kleinheit der transversalen Dimensionen, bewiesen wird, dass die Fasern in hinreichender Entfernung von den Enden nahezu parallel ihren Tangenten auf einander wirken müssen, und dass die Dilatation eine einfache lineare Function der transversalen Coordinaten ist. Dieser Beweis beschränkt sich nicht auf den Fall, wo blos auf die Enden äussere Kräfte wirken, sondern auch auf die ganze Masse im Innern. Endlich wird auch die Voraussetzung von Saint-Venant, dass der Körper homogen ist, fallen gelassen. Der dünne Stab wird demnach als heterogen angenommen und als nur in Bezug auf die Normalschnitte symmetrisch. Er besteht aus isolirten Fasern, von denen angenommen wird, dass sie dieselben seitlichen Deformationen erleiden würden, wenn man sie statt sie zu biegen, einfach so dehnen würde, dass die longitudinale Dilatation dieselbe wie bei der Biegung würde. Die Formeln stimmen mit denen von Kirchhoff, deren Ableitung ebenfalls kurz angegeben wird, wesentlich überein. Unter den von Kirchhoff vernachlässigten Grössen befindet sich die tangentiale Kraft, welche für den Fall der ungleichen Biegung zwischen den verschiedenen ebenen Elementen eines Querschnitts wirkt. Die Resultante dieser Kräfte ist gleich und entgegengesetzt der Wirkung der äussern Kräfte, welche die Biegung hervorbringen. Für die Bestimmung dieser tangentialen Kräfte bei gebogenen oder tordirten Stäben, die in der ganzen Ausdehnung eines Querschnitts homogen sind, enthält die Arbeit eine neue Methode, nach der man dieselben erhalten kann, ohne die longitudinale Verrückung der einzelnen Punkte zu berechnen. Diese Methode zeigt eine Analogie zwischen den Gesetzen der Torsion und denen des permanenten Ausflusses einer Flüssigkeit durch eine gerade Röhre, die von der Flüssigkeit benetzt wird.

Die Gesetze der Dehnung, Biegung und Torsion werden dann auf verschiedene Probleme des Gleichgewichts und der Bewegung eines geraden Stabes, dessen Deformationen sehr klein sind, angewandt und dann ausgedehnt auf die Bewegung der Saiten mit Rücksicht auf ihre Steifigkeit. Die Vibrationen erfolgen fast ebenso, als wäre die Saite biegsam, falls nur die Spannung um eine gewisse, von dieser Spannung unabhängige Grösse vermehrt wird; dies stimmt mit der Erfahrung überein.

Der zweite Theil der Arbeit behandelt die Theorie der elastischen Platte, und zwar für den allgemeinen Fall, dass die Platte aus übereinander liegenden Schichten von verschiedener Natur besteht, deren jede wieder von beliebiger Textur sein kann. Aus den allgemeinen Elasticitätsgleichungen werden unter der Voraussetzung, dass nur auf die eine Seite der Platte äussere Druckkräfte ausgeübt werden, die Ausdrücke für die Componenten der auf die ebenen, der Grundfläche parallelen Elemente der Platte wirkenden elastischen Kräfte unter der Form bestimmter Integrale abgeleitet. Die beiden tangentialen Componenten sind sehr klein im Vergleich zu den andern elastischen Kräften, die dritte ist von noch höherer Ordnung. Dieser Umstand ermöglicht es, jene Kräfte so zu transformiren, dass nur die Verrückungen der mittleren Schicht darin erscheinen. Die unbestimmten Gleichungen für den Fall des Gleichgewichts ergeben sich aus der Bedingung, dass an der einen Grundfläche die elastischen Kräfte gleich den äussern Kräften werden. Gegen die Arbeiten von Poisson und Kirchhoff über denselben Gegenstand macht der Verfasser den Einwand, dass die von jenen eingeführten vereinfachenden Annahmen allerdings für den Fall der isotropen Körper richtig seien, im Allgemeinen aber nicht, und dass jene Arbeiten somit mindestens auf einer a priori zweifelhaften Voraussetzung beruhten.

Die Randbedingungen der Platte, die bei Poisson unrichtig sind, sind bei Herrn Boussinesq dieselben wie bei Kirchhoff; hier werden sie jedoch auf anderm Wege abgeleitet. Gegen Kirchhoff's Ableitung wird der Einwand erhoben, dass es zweifelhaft sei, ob die elastischen Kräfte ein Potential haben, und dass die Anwendung der Variationsrechnung die geometrische Bedeutung der Schlüsse nicht klar hervortreten lasse, Einwände, die dem Referenten nicht stichhaltig erscheinen.

Die Integration der Gleichungen für einzelne Probleme, die Ableitung der Knotenlinien etc. wird nicht durchgeführt, sondern in dieser Beziehung auf Navier, Poisson und Kirchhoff verwiesen. Den Schluss bildet eine Anwendung auf die Schwingungen der Membranen mit Rücksicht auf ihre Steifigkeit, die zu ähnlichen Resultaten führt, wie bei den Schwingungen der unvollkommen biegsamen Saiten. Wn.

F. Hopkinson. Impact on an elastic rod. Messenger (2) I. 17-20.

Unter der Annahme, dass die innere Reibung zwischen zwei Theilchen eines elastischen Körpers ihrer relativen Geschwindigkeit proportional ist, untersucht der Verfasser die Bewegung eines elastischen Stabes, der perpendiculär gegen eine völlig starre Wand stösst, und findet 1) dass der Rücklauf für denselben Stab proportional ist der Geschwindigkeit des Stosses (das Verhältniss ist nämlich der Elasticitätsmodul); 2) dass der Modulus grösser ist für einen langen Stab als für einen kurzen.

Glr. (O.)

R. Hoppe. Vibrationen eines Ringes in seiner Ebene.

Borchardt J. LXXIII. 158-170.

Die Figur eines elastischen Ringes entsteht durch Rotation eines kleinen ebenen Flächenstückes um eine entferntere Axe. Ebene Vibrationen, deren der Körper fähig ist, giebt es im Allgemeinen für eine gerade Anzahl von Knoten zwei Arten. Ausgenommen sind nur die Fälle von keinem Knoten, und zwei, für welche es nur eine periodische Bewegung giebt. Die radialen und peripherischen Verschiebungen sind nicht unabhängig von einander, aber von gleicher Ordnung der Grösse, während von den beiden unabhängigen Vibrationen bei wachsender Knotenzahl die langsamere in eine rein radiale, die andere in eine rein peripherische als Grenze übergeht.

Der Verfasser entwickelt zunächst die Bewegungsgleichungen des Problemes. Diese ergeben sich als

$$g\left\{\frac{\partial^2 u}{\partial t^2}-(a+b)\frac{\partial^2 u''}{\partial t^2}+(2a+b)\frac{\partial^2 v'}{dt^2}\right\},$$
$$+u+v'+c\,(u+2u''+u'''')=0,$$
$$g\left\{(2a+b)\frac{d^2u'}{dt^2}-(1+3a+b)\frac{d^2v}{dt^2}\right\}+u'+v''=0,$$

wo u die Deformation des Radiusvectors, v die des Winkelabstandes φ der Querschnittsebene des Ringes von der zx-Ebene bezeichnet, (die accentuirten u', v', etc. bezeichnen die Differentiation nach φ), a, b, c, g ferner Grössen sind, die von der Form des Ringes, der ursprünglichen Dichtigkeit und dem Elasticitätsmodul abhängen. Diesen Gleichungen genügen folgende Werthe

$$u=A\cos(\alpha t+\beta)\cos(k\varphi+\gamma)$$
$$v=Ap\cos(\alpha t+\beta)\sin(k\varphi+\gamma),$$

die einer einfach periodischen Vibration entsprechen, wo k eine ganze Zahl sein muss.

Für ein bestimmtes k ergeben sich als allgemeine Lösungen

$$u = U + U', \quad v = pV + p'V',$$

wo U von der Form

$$(A \cos k\varphi - B \sin k\varphi) \cos at + (C \cos k\varphi - D \sin k\varphi) \sin at,$$
$$V = (A \sin k\varphi + B \cos k\varphi) \cos at + (C \sin k\varphi + D \cos k\varphi) \sin at$$

ist.

Sie enthalten also acht unabhängige Coefficienten. Die ihnen entsprechenden acht unabhängigen Vibrationen lassen sich auf doppelte Art paarweise verbinden. Combinirt man z. B. (A, B) und (C, D), so erhält man zwei Vibrationen, die beziehungsweise zwischen den $2k$ Knoten $tg\, k\varphi = \frac{A}{B}$, $tg\, k\varphi = \frac{C}{D}$ radial, und die festen Radien $\cot k\varphi = \frac{A}{B}$, $\cot k\varphi = \frac{C}{D}$ peripherisch vor sich gehen. Combinirt man jedoch (A, C), (B, D), so ergeben sich zwei andere Vibrationen für die festen Knotenpunkte $tg\, k\varphi = 0$, $\cot k\varphi = 0$. Hier stehen also die Knoten, d. h. die rein periodisch vibrirenden Punkte vor aller Coefficientenbestimmung fest. Diese Art der Zerlegung wird weiter untersucht, indem zunächst die Fälle $k = 0$ und $k = 1$ besprochen werden. Im weiteren Verlaufe wird die Bewegung des Schwerpunktes untersucht. Sodann wendet sich der Verfasser zur Bestimmung der lebendigen Kraft, bei welcher Gelegenheit es gelingt, den von St.-Venant noch nicht allgemein bewiesenen Satz: dass die lebendige Kraft eines Systemes gleichzeitiger Vibrationen eines Körpers die Summe der lebendigen Kräfte aller einzelnen einfach periodischen Vibrationen sei, zu beweisen. Den Schluss der Arbeit bilden Bemerkungen über die aus den Vibrationen hervorgehenden Tonhöhen. O.

PHILLIPS. Théorème sur le spiral réglant des chronomètres. C. R. LXXIII. 1131-1136.

Beweis des folgenden Satzes: In allen Fällen, in denen die Form einer Spirale so beschaffen ist, dass während der Bewegung kein Druck gegen die Axe des Balanciers ausgeübt wird, bleibt während der Bewegung der Schwerpunkt dieser Spirale stets auf der Axe des Balanciers. Wn.

A. MOUSSON. Bemerkungen über die Theorie der Capillar-Erscheinungen. Pogg. Ann. CXLII. 405-417.

Der Zweck der vorliegenden Arbeit ist, einen kurzen und doch strengen Beweis zu geben für die drei Hauptsätze der Capillarität, das Gesetz des Cohäsionsdrucks, das Gesetz des Randwinkels und das Gesetz der gehobenen Flüssigkeitsmenge. Die Einfachheit des Beweises beruht auf der Definition der beiden Capillaritätsconstanten. Die Cohäsionsconstante wird definirt als die Arbeit der Molecularkräfte, die zur Bildung der Einheit Oberflächenschicht, die Adhäsionsconstanste als die Moleculararbeit, welche zur Bildung der Einheit Wandschicht aus homogener Flüssigkeit aufgewendet wird. Die erstere Constante ist nach der Definition stets negativ, da die Oberflächenschicht stets geringere Dichtigkeit hat, als die Flüssigkeit im Innern, die zweite Constante kann positiv und negativ sein. Die obigen Sätze selbst folgen nun leicht aus dem Princip der virtuellen Bewegungen, wenn man dasselbe folgendermaassen ausspricht: Wenn ein System von Punkten im Gleichgewicht steht, so heben sich bei einer beliebigen kleinen möglichen Verschiebung alle geleisteten und erlittenen Arbeiten auf. Dies Princip wird auf drei Fälle der Verschiebung einer in einer verticalen Röhre capillar gehobenen Flüssigkeit angewandt. Die Verschiebung besteht: 1) in einer kleinen Senkung der krummen Fläche, ohne Aenderung der Grenzlinie, 2) in einer Senkung mit Aenderung der Grenzlinie, 3) in einer parallelen Senkung der krummen Oberfläche, und jeder dieser Fälle ergiebt einen dieser Sätze, die jedoch auch hier nur als Näherungen erscheinen.

Wn.

E. ROGER. Théorie des phénomènes capillaires (deuxième mémoire). C. R. LXXII. 848-852.

Der Verfasser geht von folgender Vorstellung aus. Die Anziehung zwischen zwei Flüssigkeitsmolecülen ist stets nur eine Function der Entfernung (λ) beider; diese Function ist aber verschieden, je nachdem beide Molecüle an der Oberfläche der Flüssigkeit liegen, oder beide im Innern, oder eins im Innern, das andere an der Oberfläche. Die drei verschiedenen Anziehungsgesetze seien $\Pi(\lambda)$, $F(\lambda)$, $\Psi(\lambda)$. Sind dann H, H', H'' drei Constante, die durch Integration von 0 bis ∞ aus jenen drei Functionen Π, F, Ψ, jede mit gewissen Factoren multiplicirt, entstehen, so soll für die capillare Steighöhe h irgend eines Punktes der freien Oberfläche folgende Gleichung gelten, in der A und B die Hauptkrümmungsradien der Oberfläche in diesem Punkte bedeuten:

$$h = H\left(\frac{1}{A} + \frac{1}{B}\right) + H'\left(\frac{1}{A^2} + \frac{2}{3AB} + \frac{1}{B^2}\right) + H''.$$

Die Ableitung dieser Formel, die für $H' = 0$, $H'' = 0$ mit der gewöhnlichen Formel der Capillaritätstheorie übereinstimmt, ist nicht angegeben. Zum Schluss werden noch einige Folgerungen aus jener Formel ebenfalls ohne Beweis mitgetheilt.

Wn.

E. J. Mellberg. Om Ytspänningen hos Vätskor. Helsingfors.

Die Spannung der Oberflächen von Flüssigkeiten ist nach dem Verfasser eine Folge der Attraction und Repulsion zwischen den Molecülen, deren Wirkungssphären verschieden sind. Die Spannung ist in den Punkten einer Oberfläche immer dieselbe, wie auch die Krümmung ist. Sie hängt ab von der Temperatur und der Natur der Flüssigkeit.

Siehe auch Darboux Bull. II. 137. O.

Capitel 2.

Akustik und Optik.

V. CHERBULIEZ. Geschichtliche Uebersicht der Untersuchungen über die Schallfortpflanzungsgeschwindigkeit in der Luft. Bern. Mitth. 1871. 1-28.

Siehe Abschn. I. Cap. 1. p. 12.

A. TERQUEM. Mémoire sur les sons produits par les ébranlements discontinus; et en particulier à l'aide de la sirène. C. R. LXXIII. 165-168.

Kurze Zusammenstellung der Resultate einer grösseren Arbeit aus den Annales de l'école normale.

Siehe F. d. M. II. p. 775. Wn.

J. BOURGET. Influence de la résistance de l'air dans le mouvement vibratoire des corps sonores. C. R. LXXII. 560-566. Mondes (2) XXIV. 605-611.

Die wesentlichen Resultate der vorliegenden Arbeit sind bereits in einem im vorigen Bande enthaltenen Referate angegeben.

Siehe F. d. M. II. p. 776. Wn.

T. HOPKINSON. On the effect of internal friction on the vibrations of a solid. Messenger V, 208-214.

Wenn man eine Stimmgabel am Ende des einen Arms stark streicht, so wird die missstimmende falsche Harmonie in beträchtlicher Stärke hervorgebracht. Die höheren Töne nehmen jedoch in ihrer Intensität schnell ab, während der Grundton längere Zeit fortdauert. Diese schnellere Abnahme der höheren Töne in einer Stimmgabel oder Glocke kann auf zwei Weisen berechnet werden, indem man voraussetzt, entweder dass dieselben der

Luft schneller mitgetheilt werden, oder dass die innere Reibung sie schneller zerstört. Der Verfasser zeigt durch Discussion eines einfachen Falles, dass die erstere Voraussetzung nicht eintrifft. Der übrige Theil der Arbeit ist sodann der Untersuchung über die Wirkung der innern Reibung für den Fall eines Stabes gewidmet. (Da durch einen Zufall die Arbeit dem Verfasser nicht zur Correctur zugegangen ist, so sind wesentliche Fehler stehen geblieben. Der wichtigste ist $\frac{d^2\xi}{dt^0}$ für $\frac{d^2\xi}{dt^2}$, a^0 für a^2 etc.).

Glr. (O.)

Reichel. Zur theoretischen Herleitung der Gesetze der Doppelbrechung in zweiaxigen Krystallen. Prg. Charlottenburg.

Die von Fresnel gegebene Herleitung der nach ihm benannten Gesetze für die Doppelbrechung des Lichts in zweiaxigen Krystallen kann nicht als correkt angesehen werden, weil die Gesetze, die für ein allein verschobenes Theilchen maassgebend sind, ohne hinreichende Begründung auf die in Lichtschwingungen begriffenen Aethertheilchen übertragen werden, und danach erscheinen Fresnel's Entdeckungen als halb zufällige. Die strengeren Herleitungen von Cauchy und Neumann dagegen verfolgen einen Weg, der wohl ohne vorhergehende Kenntniss jener Gesetze kaum gefunden sein dürfte. Daher stellt sich der Verfasser der vorliegenden Arbeit die Aufgabe, auf einem dem Fresnel'schen näher liegenden Wege die Gesetze der Elasticitätsfläche und ihrer ebenen Schnitte direct abzuleiten. Wenn dabei auch keine wesentlich neuen Resultate erlangt werden, so bietet doch die Ableitung an sich und die Vergleichung der Resultate mit den auf anderem Wege erhaltenen ein gewisses Interesse. Der Gang der Ableitung ist folgender: Auf bekannte Weise wird der Zuwachs berechnet, den die Componenten der zwischen zwei Aethertheilchen wirkenden Kraft durch die Verschiebung eines Theilchens erfahren. Dann wird sogleich die Bedingung eingeführt, dass alle Theilchen einer Ebene, die senkrecht zur Fortpflanzungsrichtung der Wellen ist, eine gleiche Verrückung erfahren, und es werden nun die Wirkungen zusammengenommen, die die Theilchen von zwei solchen Ebenen auf ein dazwischen liegendes, von beiden gleichweit [um r] entferntes Theilchen ausüben. Durch Summation nach r von 0 bis ∞ ergiebt sich die gesammte auf jenes Theilchen ausgeübte Kraft, und damit die Bewegungsgleichungen des Theilchens. Die weitere Ableitung schliesst sich den bekannten Darstellungen nahe an. Die Ableitung der beiden Werthe der Fortpflanzungsgeschwindigkeit geschieht durch Transformation der Coordinaten derart, dass die eine Schwingungsrichtung mit einer Axe des neuen Systems zusammenfällt. Durch Rücktransformation ergeben sich dann die Werthe von v^2 für ein beliebiges Coordinatensystem. Neumann hingegen leitet durch Elimination der Richtungscosinus der Schwingungen eine cubische Gleichung für das Quadrat der Fortpflanzungsgeschwindigkeit ab, die sich unmittelbar in zwei Factoren zerlegt.

Für die Fortpflanzungsgeschwindigkeiten der beiden (nur nahezu transversalen) Wellen ergeben sich hier Ausdrücke, die weder mit denen Fresnel's, noch mit den aus der Elasticitätstheorie erhaltenen übereinstimmen, aber unter gewissen Voraussetzungen über die Constitution des krystallinischen Mediums, sowohl in die eine, als in die andre Form gebracht werden können. Die Discussion dieser Voraussetzungen ergiebt, dass sich sowohl gegen die zur Erfüllung der Fresnel'schen Form als gegen die zur Erfüllung der Neumann'schen Form nothwendigen Voraussetzungen Einwendungen erheben lassen. Zum Schluss werden die erhaltenen Resultate noch mit den von Briot in seiner Schrift: „Essai sur la théorie mathématique de la lumière" abgeleiteten verglichen.

Wn.

E. Jochmann. Ueber die Zurückwerfung und Brechung des Lichts durch dünne Metallschichten. Pogg. Ann. Suppl. V. 620-635.

In der Theorie der Interferenz-Erscheinungen an dünnen durchsichtigen Lamellen ist bisher der Fall noch nicht behandelt, dass jene Lamellen metallisch sind. Diese Lücke der Theorie sucht Herr Jochmann, angeregt durch die experimentellen Untersuchungen von Quincke über diesen Gegenstand, auszufüllen. Mit Benutzung der von Cauchy für die Metallreflexion aufgestellten Formeln leitet er für den Fall, dass zwei durchsichtige Medien durch eine dünne metallische Schicht getrennt werden, die Formeln ab für die Amplituden und die Phasenveränderungen des in das erste Medium zurückgeworfenen und des in das dritte Medium gebrochenen Strahles. Er wendet dann diese allgemeinen Formeln vorzugsweise auf die beiden Grenzfälle an, wo der von Cauchy eingeführte Ellipticitätscoefficient $\varepsilon = 0$ oder $= \frac{\pi}{2}$ ist. Im letzteren Falle können, falls die Dicke der Metallschicht vom Mittelpunkte aus wächst, weder im reflectirten, noch im durchgelassenen Lichte Maxima und Minima der Intensität auftreten; es existiren daher in diesem Falle keine Newton'schen Farbenringe. Im durchgelassenen Licht gilt dasselbe auch noch dann, wenn nur $\varepsilon + u > \frac{\pi}{4}$ ist. Für das reflectirte Licht dagegen treten in diesem allgemeinen Falle unendlich viel Maxima und Minima auf, die aber sehr schnell an Deutlichkeit abnehmen. Dies Resultat, das mit den Quincke'schen Beobachtungen in Widerspruch ist, weist darauf hin, dass die Cauchy'sche Theorie der Metallreflexion nicht ohne Weiteres auf dünne metallische Schichten anzuwenden ist, sondern dass man vielmehr auch bei undurchsichtigen Metalllamellen die Anordnung des Aethers an der Oberfläche als ganz verschieden von der im Innern des Metalls ansehen muss.

Die oben mit ε und u bezeichneten Grössen haben folgende Bedeutung. In der Cauchy'schen Theorie erscheint sowohl die Wellenlänge λ, als auch der Brechungswinkel α innerhalb des Metalls unter imaginärer Form, und zwar:

$$\lambda = le^{-\varepsilon i}, \quad \sin\alpha = se^{-\varepsilon i}, \quad \cos\alpha = c \cdot e^{ui},$$

wo l, s, c reelle Grössen sind, $i = \sqrt{-1}$. Wn.

E. Lommel. Ueber Fluorescenz. Pogg. Ann. CXLIII. 26–51., Carl Repert. VII. 65–93.

Es wird die Annahme gemacht, dass die Kraft, welche ein Aetheratom in seine Gleichgewichtslage zurückzuführen strebt, nicht blos von der ersten, sondern auch von der zweiten Potenz der Elongation abhängig ist, also durch einen Ausdruck von der Form dargestellt wird: $ax+bx^2$. Wird ein solches Theilchen von einer periodischen Wellenbewegung getroffen, so ergiebt sich für die Bewegung des Theilchens genau die Differentialgleichung, die von Helmholtz der Theorie der Combinationstöne zu Grunde gelegt ist (Pogg. Ann. XCIX. 497; Helmholtz, Lehre von den Tonempfindungen p. 618). Die mathematischen Entwickelungen der vorliegenden Arbeit stimmen nun genau mit denen von Helmholtz überein; und es wird aus diesen Entwickelungen zur Erklärung der Fluorescenz vorzugsweise folgender Satz abgeleitet, den der Verfasser als Princip der indirecten Absorption bezeichnet: Ein schwingendes Körpertheilchen absorbirt eine dasselbe treffende Wellenbewegung, wenn diese eine Octave höher oder tiefer schwingt, als eine der Eigenschwingungen des Körpers.

Wn.

E. Ketteler. Ueber den Einfluss der astronomischen Bewegungen auf die optischen Erscheinungen. Pogg. Ann. CXLIV. 109-128, 287-300, 365-375, 550-563.

I. Zum Doppler'schen Princip. Aus den Elementen der Wellentheorie beweist der Verfasser, indem er die primitive Erschütterung als einzelne, in beliebigen Intervallen folgende Stösse ansieht, dass bei einer Bewegung der Lichtquelle nach dem Beobachter zu, oder von demselben fort, Schwingungsdauer und Wellenlänge in gleichem Verhältniss geändert werden, falls die Geschwindigkeit g der Bewegung der Lichtquelle klein ist gegen die Fortpflanzungsgeschwindigkeit v des Lichts. Es ist

$$T_1 = \frac{v-g}{v} T,$$

wo T_1 die geänderte Schwingungsdauer, T die bei ruhender Lichtquelle bezeichnet. Der Verfasser wendet sich dabei vielfach gegen einige Arbeiten von Klinkerfuess, der durch unrichtige Schlüsse zu einem abweichenden Resultate gelangt war. Bemerkt mag noch werden, dass der Beweis sich noch bedeutend einfacher darstellen lässt.

II. Die Aberration der Lichtbrechung. Die Bewegungsrichtung der Erde möge mit der scheinbaren Richtung eines Sternes den beliebigen Winkel φ bilden, und die Strahlen mögen die Vorderfläche eines Prismas unter einem beliebigen Winkel treffen. Die von der Aberration herrührenden Richtungsänderungen sind dann dreifach: 1) Der Aberrationsfehler bei der Aufstellung des Prismas; um diesen ist der scheinbare Einfallswinkel zu vergrössern, um den wirklichen zu erhalten. 2) Die durch die Bewegung modificirte Brechung. Um diese zu entwickeln wird das Brechungsgesetz in folgender Weise verallgemeinert:

$$\frac{\sin\varepsilon}{\sin\varrho} = \frac{v}{v'} = n,$$

unter v resp. v' die relative Geschwindigkeit verstanden, mit der die Welle in einem bewegten Medium sich einem Punkte der Scheidewand beider Medien nähert, resp. von derselben entfernt. 3) Dazu tritt nochmals die physiologische Aberration, wenn der aus dem Prisma austretende Strahl durch ein Fernrohr beobachtet wird. Jeder dieser Umstände, die einzeln in Rechnung gezogen werden, ändert die Ablenkung, welche der Strahl durch das Prisma erfährt. Nach einem Versuch von Arago soll nun die Bewegung auf jene Ablenkung keinen Einfluss haben, die Summe der vorher entwickelten Aenderungen soll also $= 0$ sein. Daraus folgt, dass die absolute Geschwindigkeit des Lichts in einem mit der Translationsgeschwindigkeit g bewegten ponderablen Medium nach einer Richtung, die mit der Richtung der Bewegung den Winkel φ einschliesst, durch die Formel gegeben ist:

$$v'_1 = v' + g\frac{n^2-1}{n^2}\cos\varphi,$$

[v' die Fortpflanzungsgeschwindigkeit für die Ruhe, n der Brechungsexponent], d. h. der Aether im Prisma nimmt an der Bewegung, deren Geschwindigkeit g ist, mit der Geschwindigkeit $\frac{n^2-1}{n^2}g$ Theil. So ist aus dem Arago'schen Versuch die Fresnel'sche Hypothese als nothwendig abgeleitet.

Vor dem allgemeinen Fall behandelt der Verfasser die besonderen Fälle $\varphi = 90$ und $\varphi = 0$.

III. Zur Theorie der einfach brechenden Medien mit extraordinärem Strahle. Wie vorher die Ablenkung der Strahlen durch ein Prisma, so wird hier die scheinbare Ablenkung betrachtet, die die Lichtstrahlen beim Durchgang durch ein ponderables Medium erfahren, wenn im Inneren desselben zugleich Spiegelungen stattfinden. Es wird ferner die Richtung bestimmt, in der ein durch eine planparallele Platte betrachteter leuchtender Punkt dem Auge erscheint. Endlich wird die Verschiebung der Interferenzstreifen durch Bewegung behandelt, diese Verschiebung auf die Streifenbreite als Einheit bezogen. Der Umstand, dass in allen Fällen die Ablenkung von der Bewegung unabhängig ist, führt auch hier, wie bei der Brechung, auf die Fresnel'sche Hypothese. Bei der Behandlung dieser Fälle wird unterschieden zwischen Strahl und Wellennormale, da die Geschwindigkeitsfläche der bewegten Medien von der Kugelgestalt abweicht. Innerhalb der hier beibehaltenen Näherung kann man allerdings Wellenfläche und Geschwindigkeitsfläche als zusammenfallend annehmen, dasselbe gilt jedoch nicht von Strahl und Wellennormale, der Winkel zwischen beiden ist nicht eine kleine Grösse höherer Ordnung; der Strahl bildet mit der Bewegungsrichtung stets einen kleineren Winkel als die Wellennormale.

IV. Erweiterung des Doppler'schen Princips. Es wird zunächst für Brechung und Spiegelung gezeigt, dass jede durch Bewegung erfolgende Richtungsänderung der Strahlen von einer entsprechenden Aenderung der Wellenlänge begleitet ist. Diese Aenderungen werden zunächst mittelst geometrischer Betrachtungen berechnet, dann aber einfacher aus einer Erweiterung des Doppler'schen Princips abgeleitet. Jenes Princip wird nämlich nicht auf die primäre Lichtquelle angewandt, sondern auf die Punkte der Scheidewand, die für die Theilchen des bewegten Mediums als secundäre Lichtquellen zu betrachten sind. Es kommt dabei nur diejenige Bewegungscomponente zur Geltung, die in die Richtung des empfangenen, resp. abgegebenen Strahles hineinfällt. Das Princip der Erhaltung der Schwingungsdauer verliert dabei seine unmittelbare Bedeutung. Dieselben Resultate werden zum Schluss für die Beugungserscheinungen an Gittern abgeleitet. Wn.

H. Zinken-Sommer. Untersuchungen über die Dioptrik der Linsensysteme. Schlömilch Literatur-Z. XVI. 9.

Das Referat ist im vorigen Bande p. 796 enthalten.

P. A. Hansen. Untersuchung des Weges eines Lichtstrahls durch eine beliebige Anzahl von brechenden sphärischen Oberflächen. Leipz. Abh. 1871. 62-202.

Im ersten Theil der vorliegenden Arbeit werden die Veränderungen, die ein Lichtstrahl durch die Brechung an beliebig vielen centrirten Kugelflächen erleidet, streng berechnet, ohne die für centrale Strahlen eintretende Vereinfachung. Der Gang der Darstellung ist folgender: Die Kugelflächen, deren Mittelpunkte sämmtlich auf der x-Axe liegen, werden bestimmt durch die Abscissen der Mittelpunkte (p) und die Abscissen der Durchschnittspunkte mit der Axe (q), so dass $p-q$ der Radius, depositiv ist, wenn die betreffende Kugel ihre convexe Seite dem einfallenden Strahle zukehrt. Der einfallende Strahl wird durch die Gleichungen dargestellt:

$$y = (a-x)\ \mathrm{tg}\,\alpha \cdot \cos\beta + k\cos\psi,$$
$$z = (a-x)\ \mathrm{tg}\,\alpha \cdot \sin\beta + k\sin\psi.$$

a, $k\cos\psi$, $k\sin\psi$ sind darin die Coordinaten des Durchschnittspunktes von Strahl und Kugel, α ist der Winkel zwischen dem Strahl und einer Parallelen zur x-Axe, β der Winkel, den die Ebene von α mit der xy-Ebene bildet. In Folge der Gleichung der Kugelfläche ist:

$$a = p-(p-q)\cos\theta,\ \sin\theta = \frac{k}{p-q}.$$

Für den gebrochenen Strahl treten nur an Stelle der gegebenen Winkel α, β die zu bestimmenden α', β'. Zu ihrer Bestimmung aus den gegebenen Grössen α, β, ψ, k, θ, a, p, q werden zwei Methoden angegeben; wir geben hier die Endformeln, zu denen die eine Methode führt. Es wird ein Hülfswinkel χ und der Einfallswinkel λ bestimmt durch die Gleichungen:

$$\sin\lambda \cdot \sin\chi = \sin\theta \cdot \sin(\psi - \beta),$$
$$\sin\lambda \cdot \cos\chi = \sin\alpha \cdot \cos\theta - \cos\alpha \sin\theta \cos(\psi - \beta)$$
$$\cos\lambda = \cos\alpha \cos\theta + \sin\alpha \sin\theta \cos(\psi - \beta).$$

Dann ist, wenn μ den Brechungswinkel bezeichnet,

$$\sin\mu = \frac{n}{n'} \sin\lambda$$
$$\sin\alpha' \sin(\beta' - \beta) = \sin(\lambda - \mu) \sin\chi$$
$$\sin\alpha'' \cos(\beta' - \beta) = \sin\alpha \cos(\lambda - \mu) - \cos\alpha \sin(\lambda - \mu) \cos\chi$$
$$\cos\alpha' = \cos\alpha \cos(\lambda - \mu) + \sin\alpha \sin(\lambda - \mu) \cos\chi.$$

Diese Gleichungen ergeben sich aus gewissen sphärischen Dreiecken, die man erhält, wenn man um die Einfallspunkte eine Kugel beschreibt, den einfallenden und gebrochenen Strahl, den Kugelradius nach dem Einfallspunkte, eine durch den Einfallspunkt gelegte Parallele zur x- und y-Axe bis zum Durchschnitt mit dieser Kugel verlängert und die erhaltenen Punkte durch grösste Kugelkreise verbindet. Dieselben Gleichungen, die durch Einführung von Hülfsbogen auf bekannte Art vereinfacht werden können, gelten auch für die folgenden Brechungen, nur müssen die Coordinaten des Durchschnittspunktes des gebrochenen Strahls mit der zweiten, dritten etc. Kugelfläche aus der Bedingung ermittelt werden, dass der erste gebrochene und der zweite einfallende Strahl identisch sind etc. Es werden sodann die Ausnahmefälle erörtert, in denen eine oder mehrere der brechenden Oberflächen Ebenen sind. Endlich wird die Vereinfachung angegeben, die eintritt, wenn der einfallende Strahl und die Abscissenaxe in einer Ebene liegen.

Bei dem zweiten Verfahren, das zur Lösung derselben Aufgabe führt, wird eine grössere Zahl von Hülfsgrössen eingeführt. In dem einfachen Falle, dass Strahl und Axe in einer Ebene liegen, fallen beide Verfahren zusammen.

Im zweiten Theil ist die gewöhnliche Theorie für centrale Strahlen mit Berücksichtigung der Linsendicke durchgeführt, d. h. es ist die Voraussetzung gemacht, dass die Sinus der Einfalls- und Brechungswinkel durch die Bogen ersetzt werden können. Dieser Theil befolgt wesentlich den Gang der bekannten Gauss'schen Abhandlung. Wie Gauss übergeht Herr Hansen die Knotenpunkte und entwickelt nur die Eigenschaften der Haupt- und Brennpunkte. Herr Hansen fügt noch einen Zusatz hinzu, der bei Gauss nicht vorkommt, und in der Benutzung der Vereinigungsweiten besteht, durch deren Zuziehung sich mehrere neue Relationen ableiten lassen.

Der dritte Theil der Arbeit enthält numerische Beispiele zur Anwendung des Vorhergehenden. Wn.

A. Töpler. Bemerkungen über die Anzahl der Fundamentalpunkte eines beliebigen Systems von centrirten brechenden Kugelflächen. Pogg. Ann. CXLII. 232-251.

Der allgemeinste Fall der Brechung an einem System centrirter Kugelflächen ist bekanntlich von Gauss in seinen dioptrischen Untersuchungen behandelt, unter Beschränkung auf die centralen Strahlen. Die Form, welche Gauss den Gleichungen des Lichtstrahls im ersten und letzten Medium gegeben hat, legt auch Herr Töpler seinen Untersuchungen zu Grunde, wobei mit n und n' die absoluten Brechungsexponenten des ersten und letzten Mittels bezeichnet werden. Er stellt sich sodann die Aufgabe: Auf der Axe zwei conjugirte Punkte [d. h. zwei solche, die in der Beziehung von leuchtendem Object und Bild stehen] zu suchen, von der Beschaffenheit, dass das Bildgrössenverhältniss ein gegebenes Vielfaches $\left(\frac{p}{q}\right)$ des umgekehrten Verhältnisses der Brechungsquotienten $\left(\frac{n'}{n}\right)$ sei. Zur Bestimmung dieser Punkte ergeben sich Formeln, die ähnlich den Gauss'schen Ausdrücken für die Hauptpunkte sind, nur dass in ihnen der Werth $\frac{pn'}{qn}$ statt der Einheit vorkommt. Man erhält auf diese Weise, je nach den Werthen, die man der Zahl $\frac{p}{q}$ giebt, ganze Punktreihen, welche die Gauss'schen Haupt- und Brennpunkte als specielle Fälle umfassen; und je zwei Paar solcher conjugirten Punkte reichen stets zur Construction des Bildes eines beliebigen Punktes aus, wenn man noch die zugehörigen beiden Bildgrössenverhältnisse kennt. Einfache geometrische Constructionen ergeben sich für besonders einfache Werthe von $\left(\frac{p}{q}\right)$. Solche Werthe sind $\frac{p}{q} = \pm\infty$, $\frac{q}{p} = \pm\infty$, welche den beiden Brennpunkten entsprechen. Ferner $\frac{pn'}{qn} = +1$, was die Gauss'schen Hauptpunkte, und $\frac{p}{q} = 1$, was die Listing'schen Knotenpunkte ergiebt. Diesen bekannten sechs Fundamentalpunkten fügt nun Herr Töpler die hinzu, die man erhält durch $\frac{pn'}{qn} = -1$ und $\frac{p}{q} = -1$; er nennt die beiden so erhaltenen Punktepaare negative Hauptpunkte, resp. negative Knotenpunkte. Die negativen Hauptpunkte liegen symmetrisch zu den positiven Knotenpunkten, und die negativen Knotenpunkte symmetrisch zu den positiven Hauptpunkten. Herr Töpler giebt ferner die geometrischen Eigenschaften des Systems an, und zeigt die Benutzung der negativen Punkte zu Constructionen des optischen Bildes.

In Bezug auf die Verzerrung ist folgende Eigenschaft der bezeichneten Punkte hervorzuheben. Nur in den vier Knotenpunkten werden alle Dimensionen kleiner Raumfiguren in gleichem Verhältniss abgebildet, und zwar werden in den negativen Knotenpunkten die Tiefendimensionen (parallel der Centrirungsaxe) des optischen Bildes aufrecht, die Querdimensionen umgekehrt; nur in den positiven Knotenpunkten ist daher Bild und Gegenstand geometrisch ähnlich und ähnlich liegend.

Zum Schluss erwähnen wir noch, dass im ersten Theil der Arbeit, wo die Werthe von $\frac{p}{q}$ noch nicht specialisirt sind, eine Verallgemeinerung der Definition der Brennweiten gegeben wird, in der die Gauss'sche Definition mit enthalten ist. Danach ist die vordere, resp. hintere Brennweite die Liniengrösse, um die die Figur im ersten, resp. letzten Medium längs der Axe verschoben werden muss, damit das Bildgrössenverhältniss $\frac{pn'}{qn}$ um die Einheit wachse, resp. abnehme. Beide Verschiebungen sind constante Grössen.

Wn.

V. v. Lang. Zur Dioptrik eines Systems centrirter Kugelflächen. Wien. Ber. LXIII. 666-672.

In der vorliegenden Arbeit werden bekannte Eigenschaften eines Systems centrirter brechender Kugelflächen einfacher abgeleitet, als es gewöhnlich zu geschehen pflegt. Sind s, t zwei conjugirte Punkte des Systems auf der Axe, ist $\frac{s_1}{s_2}$ das in ihnen stattfindende Bildgrössenverhältniss, sind α_1 und α_2 die Winkel, welche ein von s ausgehender (und die Axe nach der Brechung in t schneidender) Strahl vor und nach der Brechung mit der Axe bildet, sind endlich n_1 und n_2 die Brechungsquotienten des ersten und letzten Mediums, so findet die Gleichung statt:

$$\beta_1 n_1 \operatorname{tg}\alpha_1 = \beta_2 n_2 \operatorname{tg}\alpha_2.$$

Diese Gleichung wird auf elementarem Wege zunächst für eine einzige brechende Kugelfläche abgeleitet; sie lässt sich unmittelbar auf ein System von Kugelflächen ausdehnen, indem man die entsprechenden Gleichungen addirt, wobei sich alle Glieder bis auf das erste und letzte fortheben. Aus diesem Satze lassen sich auf einem eben so einfachen Wege auch die übrigen Beziehungen, die zwischen conjugirten Punkten und den Brennpunkten stattfinden, ableiten; es ergeben sich dabei unmittelbar einige der von Töpler auf analytischem Wege gefundenen Sätze. (Siehe das vorige Referat.) Wn.

F. Lippich. Fundamentalpunkte eines Systems centrirter brechender Flächen. Graz.

Dem Referenten nicht zugänglich. Wn.

J. B. Listing. Ueber das Reflexionsprisma. Gött. Nachr. 455—506., Carl Rep. VII. 275-310.

Auf ein dreiseitiges Prisma mit parallelen Kanten, dessen Hauptschnitt ein gleichschenkliges Dreieck ist, fallen parallele Lichtstrahlen, die in der Ebene des Hauptschnitts liegen, so dass die Strahlen nach der Brechung an einer Seitenfläche in der

Basis reflectirt werden, und nachher an der andern Seitenfläche austreten. Diese elementare Aufgabe ist für die Construction von optischen Instrumenten wichtig, ihre Durchführung und genaue Discussion hat daher grosses physikalisches Interesse, ohne dass in mathematischer Beziehung wesentlich Neues gebracht wird. Bemerkt mag noch werden, dass die Wirkung des Prismas sich stets durch einen ebenen Spiegel, der der Basis parallel ist, ersetzen lässt, aber nur für parallele Strahlen.

Ausserdem behandelt Herr Listing den Fall der Brechung eines Bündels divergenter oder convergenter Strahlen durch eine ebene planparallele Platte, und berechnet die anacentrische Abweichung, die von dem Orte der Platte unabhängig ist. Dabei wird die Platte als Specialfall einer Linse behandelt, es werden die den Hauptpunkten analogen Punkte bestimmt etc.

Wn.

J. B. Listing. Ueber das Huyghens'sche Ocular. Gött. Nachr. 89-102, Pogg. Ann. CLXII. 591-602, Carl Rep. VII. 17-26.

Das Huyghens'sche Ocular besteht aus zwei planconvexen Linsen, deren convexe Seite dem eintretenden Lichtstrahle zugekehrt ist. Sind die Brennweiten beider Linsen, so wie die Distanzen ihrer Hauptpunkte und die Entfernung des zweiten Hauptpunktes der ersten Linse vom ersten Hauptpunkt der zweiten gegeben, so wird daraus die Wirkung der Combination, also ihre Brennweite, die Entfernung der Hauptpunkte etc. berechnet und durch Discussion dieser Ausdrücke die für jeden Fall vortheilhafteste Combination auf elementarem Wege berechnet.

Wn.

A. Cayley. A „Smith's Prize" paper. 1871. Question 4. Messenger (2) I. 43-44.

Die kaustische Linie durch Refraction eines Kreises mit dem Radius c für parallele Strahlen mit dem Refractionsindex μ ist dieselbe Curve, wie die kaustische Linie des concentrischen Kreises mit dem Radius $\frac{c}{\mu}$ für den Refractionsindex $\frac{1}{\mu}$.

Glr. (O.)

A. Hochheim. Ein Problem aus der Optik. Grunert Arch. LII. 458-493.

Das Problem ist folgendes: Zwei durchsichtige Medien von gegebenem Brechungsverhältniss sind durch eine gegebene Fläche getrennt; in dem einen Medium ist ein leuchtender Punkt gegeben; in welchem Punkte muss die Trennungsfläche von einem leuchtenden Strahle getroffen werden, damit der gebrochene Strahl durch einen gegebenen Punkt des zweiten Mediums geht? Aus den Brechungsgesetzen ergeben sich unmittelbar zwei Gleichungen, die zusammen mit der Gleichung der Fläche zur Bestimmung der Coordinaten des gesuchten Punktes dienen. Als specielle Fälle werden die behandelt, wo die Trennungsfläche eine Ebene, eine Kugel, ein dreiaxiges Ellipsoid ist; durchgeführt wird die Behandlung des Ellipsoids nur für einige besonders einfache Lagen des leuchtenden Punktes. Ebenso wird die Aufgabe behandelt, dass an Stelle der Brechung die Reflexion von einer gegebenen Fläche tritt. Endlich werden beide Aufgaben noch besonders für den Fall behandelt, dass Alles in einer Ebene vor sich geht.

Weder die mathematische Behandlung, noch die erlangten Resultate sind von besonderem Interesse. Aehnliche Aufgaben der geometrischen Optik sind eleganter behandelt in einer Arbeit von Malus in einem der ersten Bände des Journal de l'école polytechnique (1808). Wn.

R. Townsend. Solution of the question 3198. Educ. Times XIV. 70.

Ein polirter Draht von kreisförmigem Querschnitte und in Form eines Kreises gebogen, rollt sehr rasch längs der Aussenseite eines festen Kreises in derselben horizontalen Ebene, die den Sonnenstrahlen ausgesetzt ist. Ein Auge in bedeutender Entfernung an der der Sonne abgewandten Seite sieht dann eine helle Curve, welche aus zwei gleichen Kreisen besteht, die den festen Kreis berühren. Hi.

C. Albrich. Harmonische Beziehungen bei der Reflexion und Brechung des Lichts. Grunert Arch. LIII. 191-192.

Der bekannte Satz, dass bei der Reflexion an sphärischen Hohlspiegeln der leuchtende Punkt, sein Bild, der Krümmungsmittelpunkt und die Mitte des Spiegels harmonische Punkte sind, und der entsprechende Satz bei der Brechung an Linsen (Sätze, die sich in jedem Lehrbuch der Physik finden), werden auf bekannte Weise abgeleitet. Wn.

J. Kudelka. Einführung der sphärischen Trigonometrie in die Optik. Grunert Arch. LIII. 61-65.

Anwendung der sphärischen Trigonometrie auf den allgemeinen Fall der Brechung am Prisma. Enthält nichts Neues. Wn.

Z. Wesely. Analytische und geometrische Auflösung einiger photometrischer Probleme und ein neues Photometer. Schlömilch Z. XVI. 324-342.

Das erste Problem ist folgendes: Gegeben sind zwei leuchtende Punkte, die Licht von gegebener Intensität aussenden, und eine Ebene; es soll der geometrische Ort der Punkte der Ebene gefunden werden, welche von beiden Lichtquellen gleich stark erleuchtet werden (ein Kreis). Die sehr elementare Auflösung giebt mathematisch nichts Neues. Im Anschluss daran werden noch einige ähnliche Probleme behandelt, z. B. die Lichtquellen liegen in den Brennpunkten einer Ellipse; es sollen die Punkte der Ellipse bestimmt werden, die von beiden gleich stark erleuchtet werden etc. Wn.

G. F. W. Bähr. Sur le mouvement de l'oeil. Arch. Néerl. VI. 127-161.

Anknüpfend an die Untersuchungen von Helmholtz und Listing über die Bewegung des Auges, werden hier mathematische Formeln entwickelt, welche die Bewegung des Endpunktes der Blicklinie auf einer festen Ebene betrachten, wenn der Kopf in fester Lage bleibt, so dass die Bewegung nur durch Rotation des Auges erfolgen kann. Die mathematischen Entwickelungen selbst sind ohne Schwierigkeit, so dass die Arbeit mehr physikalisches als mathematisches Interesse darbietet, umsomehr, als sich die Auffassung der Bewegung wesentlich an die von Helmholtz in dem Handbuch der physiologischen Optik anschliesst und in ihren Resultaten nicht wesentlich weiter geht. O.

Capitel 3.

Elektricität und Magnetismus.

W. Weber. Elektrodynamische Maassbestimmungen. Leipzig. Abh. X. 1-61.

J. Bertrand. Note sur la théorie mathématique de l'électricité dynamique. C. R. LXXIII. 965-970.

Das Weber'sche Grundgesetz ist früher ausschliesslich untersucht und angewandt worden zur Erklärung der elektrodynamischen Erscheinungen. Da in neuerer Zeit mehrfach Zweifel an der Vereinbarkeit dieses Gesetzes mit dem Princip der Erhaltung der Energie ausgesprochen sind, die sich schon geltend machen bei den Bewegungserscheinungen zweier Elektricitätstheilchen, die sich in Wechselwirkung nach dem genannten Gesetze befinden, so hat der Verfasser der ersten citirten Abhandlung diesen Fall in sehr eingehender Weise discutirt.

Zunächst wird nachgewiesen, dass, wenn die beiden elektrischen Theilchen ein System für sich bilden, dem von Aussen Energie weder zugeführt noch genommen wird, ihre Bewegung dem Principe der Energie genügt. Auch wenn das System nicht mehr von äusserer Einwirkung frei ist, lässt sich die Gültigkeit jenes Princips nachweisen, wobei freilich die auftretenden Grössen — lebendige Kraft und potentielle Energie — anders definirt werden müssen, als gewöhnlich geschieht.

Das grösste Bedenken musste indess der folgende Ausdruck

erregen, den man erhält, wenn man die Differentialgleichung der relativen Bewegung der beiden Theilchen in ihrer Verbindungslinie integrirt:

$$\frac{1}{c^2}\left(\frac{dr}{dt}\right)^2 = \frac{r-r_0}{r-\varrho}\cdot\frac{\varrho}{r_0};$$

wo ϱ eine Constante, r_0 die anfängliche, r die variable Entfernung der beiden Theile bedeuten.

Aus dieser Gleichung folgt, dass die relative Geschwindigkeit bei einer endlichen Entfernung unendlich gross, bei andern imaginär werden kann. Da für die letzteren Werthe von r die Bewegung unmöglich wird, so unterscheidet der Verfasser zwei Arten möglicher Bewegung: Fernbewegungen und Molecularbewegungen. Theilchen, die sich in der einen dieser Bewegungsarten befinden, können nicht ohne äussere Einwirkung in die andere übergehen. Aehnliche Erscheinungen treten auch auf, wenn die Theilchen seitliche Geschwindigkeiten haben. Es kann der Fall vorkommen, dass ein Theilchen um das andere rotirt, und es wird nachgewiesen, dass ein solches System auf ein Stromelement dieselbe Wirkung ausübt, wie ein Ampère'scher Molecularstrom. Hieran knüpfen sich dann noch weitere Speculationen über Strombildung, Zusammenhang zwischen elektrischer Bewegung und Wärmebewegung und endlich über Thermoströme. Auf die in dem Schlussartikel enthaltene Entgegnung auf die Einwürfe von Helmholtz, werden wir bei Gelegenheit der inzwischen schon erfolgten Erwiderung von Helmholtz (Borchardt J. LXXV. p. 35) zurückkommen.

Dasselbe gilt von den inzwischen auch schon erledigten Einwürfen von Bertrand, welche in der zweiten, citirten Arbeit enthalten sind. Ok.

Emil Weyr. Ueber die Fernwirkung elektrischer Solenoide und materieller ebener Flächen. Prag. Ber. 1871. 25-43.

Nachdem kurz die Resultate einer früheren Arbeit des Verfassers: „Ueber magnetische Fernwirkung elektrischer Ströme und Stromringe“ (Schlömilch Z. XIII. 413-440; s. F. d. M. I. 376-378) recapitulirt sind, wendet sich der Verfasser zur Bestimmung des Potentials eines Solenoides. Unter einem Solenoid versteht derselbe ein System unendlich vieler, nach einem gegebenen Gesetze auf einander folgender, linearer Ströme, betrachtet jedoch ausschliesslich cylindrische Solenoide. Er leitet dann folgende Sätze über Fernwirkung elektrischer Solenoide ab: „Ein Solenoid wirkt auf einen nicht zwischen seinen beiden Endpunkten liegenden Punkt so, wie wenn seine beiden Endflächen innerlich oder beide äusserlich mit entgegengesetzten Magnetismen von der Dichte 1 belegt wären.“ „Auf einen zwischen seinen Endflächen, jedoch ausserhalb des von ihm umgrenzten Raumes liegenden Punkt wirkt ein Solenoid so, wie wenn die eine Endfläche innerlich mit entgegengesetztem Magnetismus belegt wäre.“ „Auf einen innerhalb seines Raumes belegenen Punkt wirkt ein Solenoid, wie wenn beide Endflächen äusserlich mit entgegengesetzten Magnetismen belegt wären.“ Die gewonnenen Resultate werden dann verwendbar gemacht, um zur Bestimmung des Potentials einer materiellen Fläche benutzt werden zu können, was an einem Beispiele klar gemacht wird. O.

P. Frost. Electrodynamics. Quart. J. XI. 134-144.

Enthält in einfacher Form die nöthigen Rechnungen um die Art der Wirkung von Strömen auf Ströme festzustellen, und die Identität der Wirkung von magnetischen Strömen, die nach Ampère's Annahme vertheilt sind, mit der Wirkung von Strömen auf dem Pol eines Solenoids oder Magneten nachzuweisen.

Cly. (O.)

P. Frost. Theorem on the action of an electric current in a helix wound on a cylinder of any form, upon the pole of a magnet. Quart. J. XI. 77-78.

Cly.

Th. Kötteritzsch. Eine Lösung des allgemeinen electrostatischen Problems. Schlömilch Z. XVI. 125-146.

Der Verfasser sucht das Problem der Electrostatik: die Anordnung der Elektricität auf der Oberfläche beliebig vieler Leiter unter der Einwirkung beliebig vertheilter elektrischer Massen bei gegenseitiger Influenz zu bestimmen, in seiner grössten Allgemeinheit zu lösen. Die Bedingung des Gleichgewichts der Elektricität innerhalb eines Leiters besteht bekanntlich darin, dass die Summe der Potentiale der äusseren elektrischen Massen und der auf der Oberfläche des Leiters befindlichen freien Elektricität für jeden Punkt des Leiters einen constanten Werth haben muss. Hiervon ausgehend, entwickelt der Verfasser die beiden hier auftretenden Potentiale in Reihen nach Kugelfunctionen, deren Coefficienten ein System von Gleichungen ergeben. Durch weitere Transformationen gelingt es ihm daher, eine Lösung des Problems herbeizuführen, die in einer Reihe von Systemen unendlich vieler Gleichungen besteht. Wir müssen indess gestehen, dass diese Lösung noch einen so complicirten Charakter besitzt, dass es schwer ist zu entscheiden, ob sich daraus Lösungen specieller Probleme ergeben werden, die bisher noch nicht in einfacherer Weise gelöst werden konnten. Da der Verfasser dieselben in Aussicht stellt, so glauben wir unsere Beurtheilung bis zu deren Erscheinen aufschieben zu müssen. Ok.

P. Godt. Notiz über die Vertheilung der Elektricität auf einem von zwei Kugelkalotten begrenzten Körper. Clebsch Ann. III. 245-248.

Die vorliegende Notiz ist ein Zusatz zu einer Arbeit von Mehler (Borchardt J. LXVIII. 134), der dasselbe Problem in allgemeinerer Form gelöst hat. Ok.

W. v. Bezold. Untersuchungen über den Elektrophor. Pogg. Ann. CXLIII. 52-87.

Nach Beschreibung zahlreicher Versuche über den Elektrophor giebt der Verfasser eine kurze Theorie dieses Apparats. Zu dem Ende betrachtet er den Verlauf des elektrischen Potentials einer Anzahl paralleler, mit Elektricität gleichmässig belegter Ebenen und wendet diese Vorstelluug auf seine Versuche über den Elektrophor an, wo im allgemeinsten Fall vier derartige Ebenen auftreten. Ok.

G. QUINCKE. Ueber Elektrolyse und Elektricitätsleitung durch Flüssigkeiten. Pogg. Ann CXLIV. 1-33, 161-191.

Der vorwiegend experimentellen Arbeit sind theoretische Betrachtungen über die Zersetzung von Flüssigkeiten durch den elektrischen Strom vorangeschickt, die von einzelnen dabei auftretenden Thatsachen, so z. B. von der Wanderung der Jonen, anschauliche Erklärungen geben. Ok.

O. FRÖLICH. Das kugelförmige Elektrodynamometer. Pogg. Ann. CXLIII. 643-654.

Das hier behandelte Instrument besteht aus zwei concentrischen Kugeln, die so mit Draht bewickelt sind, dass derselbe dicht neben einander liegende Parallelkreise bildet. Die Berechnung der Wirksamkeit einer solchen von elektrischen Strömen umkreisten Kugel ist so durchgeführt, dass man jeden Kreisstrom ersetzt durch eine magnetische Doppelfläche, für welche die Kugelcalotte genommen wird, welche der betreffende Parallelkreis begrenzt. Das Potential der doppelmagnetischen Kugelfläche für einen äusseren Punkt lässt sich nach Kugelfunctionen entwickeln und führt zu einfachen Ausdrücken. Für die zweite Kugel lässt sich eine ähnliche Rechnung durchführen und man erhält schliesslich das Potential der einen Kugelfläche auf die andere. Der Differentialquotient nach dem Winkel der beiden Axen giebt dann das Drehungsmoment, das die eine Kugel auf die andere ausübt. Man erhält verschiedene Ausdrücke, je nachdem die Ströme in den Drahtlagen der beiden Kugeln gleiche oder entgegengesetzte Richtung haben; beide zeigen indess die Möglichkeit, das Instrument zur Messung elektrischer Ströme zu verwenden. Ok.

F. KOHLRAUSCH. Das Weber'sche compensirte Magnetometer zur Bestimmung der erdmagnetischen Intensität. Pogg. Ann. CXLII. 547-560.

Wird das Potential eines Magnets auf eine Magnetnadel in eine Reihe entwickelt nach Potenzen der umgekehrten Entfernungen ihrer Mittelpunkte, so verschwinden in dieser Reihe die Coefficienten der ersten und aller graden Potenzen. Entwickelt man in derselben Art das Potential eines zweiten Magneten in Bezug auf die Nadel, so kann man bei einer gewissen Anordnung der beiden Magnete bewirken, dass sich in beiden Potentialen die Coefficienten der fünften Potenzen für jede Ablenkung der Nadel vernichten. Es bleibt dann ein sehr einfacher Ausdruck der Wirkung der beiden Magnete auf die Nadel übrig. Dies ist der Grundgedanke des Weber'schen compensirten Magnetometers, dessen Zweck vergleichende und absolute Intensitätsbestimmungen der Horizontalcomponente des Erdmagnetismus ist.

Ok.

WASZMUTH. Ueber die Arbeit, die beim Magnetisiren eines Eisenstabes durch den elektrischen Strom geleistet wird. Wien. Ber. LXIII. 6-10.

Von den Hypothesen über die Induction von Magnetismus in weichem Eisen hat wohl die Weber'sche die grösste Wahrscheinlichkeit für sich, nach welcher innerhalb der Eisenmasse fertige Molecularmagnete vorhanden sind, deren Axen in neutralem Zustande gleichmässig nach allen Richtungen liegen, und die durch eine magnetisirende Kraft eine partielle Drehung erfahren. Da Weber dieser Hypothese bereits einen mathematischen Ausdruck gegeben hat, so war es nicht schwer, die Grösse der Arbeit zu berechnen, die bei einer Drehung der Molecüle geleistet wird.

Der Verfasser findet dieselbe gleich dem Producte aus dem entstandenen, magnetischen Momente und der magnetisirenden Kraft.

Ok.

A. CAZIN. Nouvelle méthode, pour mesurer le magnétisme en unités mécaniques. C. R. LXXII. 682-685.

Der Verfasser schlägt vor, die Bestimmung des magnetischen Moments eines Magnetstabes in der Weise vorzunehmen, dass man die abstossende Wirkung eines Stromkreises auf den Magnet in zwei verschiedenen Entfernungen misst. Die hierbei vorkommenden, leicht zu berechnenden Formeln sind in der Arbeit angegeben. Wir können uns indess der Meinung des Verfassers nicht anschliessen, dass diese Methode aus irgend welchem Grunde der Gauss'schen vorzuziehen wäre. Ok.

E. Külp. Experimentelle magnetische Untersuchungen. Grunert Arch. LII. 448-457, LIII. 66-90.

Im Laufe der wesentlich experimentellen Arbeit werden die Grundgesetze der magnetischen Fernwirkung unter besonders einfachen Voraussetzungen angewandt. Die mathematische Behandlung dieser Fälle ist von keinem Interesse. Wn.

C. Menzzer. Ueber den Zusammenhang der Configuration des festen Landes und der Lage der magnetischen Pole der Erde. Pogg. Ann. Suppl. V. 592-603.

Bekanntlich kann man sich alle Wirkungen des Erdmagnetismus hervorgebracht denken durch einen Strom, der die Erde von Osten nach Westen umkreist. Der Verfasser nimmt einen solchen Strom an, der nur in den festen Theilen der Erdoberfläche auftreten soll. Daraus folgt, dass die idealen Magnetpole, die alle jene Ströme ersetzen, nicht mit den geographischen Polen zusammenfallen. Der Verfasser hat sich der mühevollen Arbeit unterzogen, aus der Gestaltung des gesammten Festlandes die Lage jener Pole zu berechnen, und findet daraus Länge und Breite des Nord- und Süd-Pols, wie man dieselben bisher beobachtet hat. Trotzdem können wir der Art der Berechnung nicht unbedingt zustimmen, da der Verfasser die eigentliche Schwierigkeit der Aufgabe übersehen zu haben scheint. Es handelt sich um die Substitution eines Magnetpols für ungeschlossene Ströme mit der Nebenbedingung, dass beide auf einer Kugeloberfläche liegen. Der Verfasser nimmt an, dass, wenn der ungeschlossene Strom einen Theil eines Parallelkreises durchläuft, der entsprechende Pol auf dem Meridian liegt, der durch die Mitte des Kreisbogens geht und zwar 90° entfernt von diesem — eine Annahme, die jedenfalls nicht ohne weiteres klar ist.

Ok.

A. KURZ. Das absolute Maass der Intensität des Erdmagnetismus von Gauss. Carl Rep. VII. 129-153.

Ein kurzer und an sich nicht zu verstehender Auszug der bekannten Abhandlung, dessen Zweck wir nicht einzusehen vermögen. Ok.

HORNSTEIN. Ueber die Abhängigkeit des Erdmagnetismus von der Rotation der Sonne. Schlömilch Z. XVI. 448.

Der Verfasser hat in einer der Wiener Akademie eingesendeten Abhandlung gezeigt, dass die Aenderungen eines jeden der drei Elemente der erdmagnetischen Kraft auf eine Periode von $26\frac{1}{3}$ Tagen deuten. Er hält diese Veränderungen für eine Wirkung der in Rotation begriffenen Sonne. Als Rotationszeit der Sonne würde hieraus 24,55 Tag folgen, ein Werth, der mit der Rotationszeit der Sonnenflecke in der Aequatorialzone (24,541 nach Spörer) nahe zusammenfällt. O.

Capitel 4.

W ä r m e.

V. CHERBULIEZ. Geschichtliche Mittheilungen aus dem Gebiete der mechanischen Wärmetheorie. Bern. Mitth. 1871. 291–325.

Siehe Abschn. I. Cap. 1. p. 11.

S. AUTENHEIMER. Aufgaben über mechanische Arbeit. Stuttgart. Cotta.

Siehe Abschn. X. Cap. 4. A. p. 453.

Fr. MANN. Einzelnes aus der Undulationstheorie der Wärme. Frauenfeld. Huber.

Elementare Bearbeitung einzelner Abschnitte der mechanischen Wärmetheorie für den Schulunterricht. Von mathematischen

Entwickelungen sind nur solche gegeben, die das Gebiet der Elementarmathematik nicht übersteigen. Wn.

Ch. Briot. Lehrbuch der mechanischen Wärmetheorie. Deutsch von H. Weber. Leipzig. Voss.

Das vorliegende Werk hat den Vorzug, der den meisten französischen Lehrbüchern eigen ist: eine klare, leicht fassliche, elegante Darstellung. Dafür geht es indess über die eigentlichen Schwierigkeiten, die z. B. der zweite Hauptsatz bietet, mit einer gewissen Oberflächlichkeit hinweg. Ausser den Principien der mechanischen Wärmetheorie und ihrer Anwendung auf Gase und Dämpfe enthält dasselbe ein Capitel über die neuere Gastheorie und eine recht eingehende Behandlung der Elektricitätslehre.

Ok.

R. Röntgen. Die Grundlehren der mechanischen Wärmetheorie. Jena. Costenoble.

Das vorliegende Werk wendet sich an einen Leserkreis, bei dem nur elementare mathematische Kenntnisse vorausgesetzt werden. Besonders ausführlich sind die Anwendungen auf die Maschinenlehre. Ok.

R. Clausius. Ueber die Zurückführung des zweiten Hauptsatzes der mechanischen Wärmetheorie auf allgemeine, mechanische Principien. Pogg. Ann. CXLII. 433-436, Carl Rep. VII. 27.

L. Boltzmann. Zur Priorität der Auffindung der Beziehung zwischen dem zweiten Hauptsatz der mechanischen Wärmetheorie und dem Principe der kleinsten Wirkung. Pogg. Ann. CXLIII. 211-231.

R. Clausius. Bemerkungen zu der Prioritätsreclamation des Herrn Boltzmann. Pogg. Ann. CXLIV. 265-274.

Die Untersuchungen über die mechanische Wärmetheorie haben eine neue Art der Behandlung mechanischer Probleme in ihrem Gefolge gehabt. Es wird nicht gefragt nach dem Zustand eines Punktsystems zu einer bestimmten Zeit und unter ganz bestimmten Umständen; sondern es werden allgemeine Beziehungen gesucht zwischen verschiedenen für die Bewegung charakteristischen Grössen, sobald nur Kräfte und Geschwindigkeiten gewissen, allgemeinen Bedingungen genügen. So wird in der vorliegenden Arbeit zunächst die Bewegung eines Punktes um ein festes, anziehendes Centrum betrachtet, der bei weiteren Umkreisungen etwas von den früheren abweichende Bahnen beschreibt. Umstände, welche solche Aenderungen hervorbringen, können sein: Stösse, Aenderungen einer Constanten in der anziehenden Kraft, oder drittens Beschränkungen in der freien Beweglichkeit durch eine vorgeschriebene Bahn.

Die allgemeine Beziehung, die sich hierbei ergiebt, lautet:

$$\delta L = \frac{m}{2} \delta \bar{v}^2 + m\bar{v}^2 \, \delta \log i.$$

Hier bedeutet $\bar{v}$ die mittlere Geschwindigkeit, i die Umlaufszeit des Punktes, das Zeichen δ die Aenderungen der betreffenden Grössen bei Vergleich der ersten und zweiten Bewegung, endlich δL die bei dem Uebergang von der einen in die andere geleistete Arbeit. In dem besonderen Fall, wo die Verschiedenheit der ersten und zweiten Bewegung darin ihren Grund hat, dass der Punkt gezwungen ist, eine von der natürlichen Bahn etwas abweichende Curve zu durchlaufen, geht die gefundene Gleichung in das Princip der kleinsten Wirkung über.

Das für einen Punkt gefundene Resultat gilt in analoger Weise für ein Punktsystem unter dem Einfluss innerer anziehender Kräfte:

$$\delta L = \Sigma \frac{m}{2} \, \delta \, (v)^2 + \Sigma m v^2 \, \delta \cdot \log i.$$

Ersetzt man hierin die lebendige Kraft durch die Temperatur T, so ergiebt sich nach einigen Transformationen eine von Clausius schon früher entwickelte Gleichung:

$$dL = \frac{T}{A} \, dZ,$$

wo Z die „Disgregation" ist.

Ist endlich die Ursache der Bewegungsvariation eine von Aussen her erfolgte Vermehrung der lebendigen Kraft des Systems, so folgt die Gleichung des zweiten Hauptsatzes:

$$\frac{dQ}{T} = dS,$$

wo S die „Entropie" genannte Function ist.

Die eben besprochene Arbeit veranlasste H. Boltzmann in dem zweiten der oben citirten Aufsätze hinzuweisen auf eine Abhandlung (Wien. Ber. LIII.), in der er eine durchaus analoge Ableitung des zweiten Hauptsatzes aus mechanischen Principien gegeben hat. Die betreffenden Stellen jener Arbeit sind wieder abgedruckt, und werden mit den Formeln von Clausius verglichen. Indem Clausius endlich im Wesentlichen die Richtigkeit jener Reclamation zugesteht, hebt er einige Differenzpunkte hervor, bei denen er für sich eine grössere Allgemeinheit in Anspruch nimmt. Ok.

L. Boltzmann. Einige allgemeine Sätze über Wärmegleichgewicht. Wien. Ber. LXIII. 679-711.

Im Anschluss an frühere Arbeiten betrachtet der Verfasser eine Anzahl von Punktsystemen — die Moleküle eines Gases, — deren Zustand durch eine gewisse Anzahl von Variabeln bestimmt ist. Dieselben sollen durch ein System simultaner, linearer Differentialgleichungen bestimmt sein, deren unabhängige Variable die Zeit ist. Die hiermit angestellte Rechnung bezweckt, einen Ausdruck zu gewinnen, welcher die Anzahl der Punktsysteme giebt, deren Variable sich gleichzeitig zwischen vorgeschriebenen Grenzen befinden. Diese Anzahl muss von der Zeit unabhängig sein und bleiben, wenn das System sich selbst überlassen ist. Daraus lässt sich der weitere Schluss ziehen, dass die erwähnte Anzahl eine Function der Integrale der Differentialgleichungen sein muss, da diese und nur diese constant bleiben, wenn sich alle Variabeln gleichzeitig in der durch die Differentialgleichungen vorgeschriebenen Weise ändern. Es können daher mehrere analytische Ausdrücke für die Anzahl der Punktsysteme aufgestellt werden. Der Uebergang von einem zum andern geschieht vermittelst einer Rechnung, die eine grosse Analogie zeigt mit der Jacobi'schen Theorie des letzten Multiplicators.

In dem zweiten Theile der Arbeit ist ein Problem behandelt, das der Verfasser „Wärmegleichgewicht einer endlichen Zahl materieller Punkte“ nennt. Wir wollen den hierbei zu Grunde liegenden Gedanken durch ein von dem Verfasser analytisch behandeltes Beispiel erläutern.

Denkt man sich einen Punkt in Bewegung um ein festes Centrum unter dem Einflusse des Potentials: $\frac{a}{r} + \frac{b}{r^2}$, so beschreibt derselbe eine Bahn, die niemals zu ihrem Anfangspunkt zurückkehrt. Die Bahncurve ist demnach eine Function der Zeit. Der Punkt wird aber innerhalb eines Kreisringes bleiben. Man kann dann die Wahrscheinlichkeit berechnen, dass der Punkt sich in einem Flächenelement dieses Kreisrings befindet. Dieselbe ist von der Zeit unabhhängig und nur Function der Coordinaten des Elements und des Bewegungszustandes des Punktes in demselben. Die erhaltene Function ist charakteristisch für die Bewegung. In dem allgemeinen Fall wird die Zeit bestimmt, während welcher die Variabeln einer endlichen Anzahl von Punkten zwischen bestimmten Grenzen liegen. Auch hier ergiebt sich ein von der Zeit unabhängiger Ausdruck, und zwar wiederum durch eine Rechnung, welche mit den Jacobi'schen Entwickelungen übereinstimmt. Die gefundenen Resultate werden schliesslich wieder angewandt auf den Zustand eines Gases. Ok.

L. Boltzmann. Analytischer Beweis des zweiten Hauptsatzes der mechanischen Wärmetheorie. Wien. Ber. LXIII. 712-732.

Als Endresultat der vorher besprochenen Abhandlung hatte sich für einen Körper, der mit einem vollkommenen Gase in Berührung steht, das Resultat ergeben:

$$dt = \frac{e^{-h\varphi}\, dx_1\, dy_1 \cdots}{\int\int \cdots e^{-h\varphi} dx_1 \cdot dy_1 \cdots},$$

wo dt die Zeit bezeichnet, während welcher durchschnittlich die den Zustand des Körpers bestimmenden Variabeln $x_1\, y_1 \cdots$ sich innerhalb vorgeschriebener Grenzen befinden, φ gleich ist der Summe der Kraftfunction und der lebendigen Kraft. Dieser Ausdruck ist besonders geeignet zur Bestimmung der Mittelwerthe einer der hier in Betracht kommenden Grössen, indem man z. B. in einen Ausdruck:

$$\overline{X} = \int X dt$$

den gefundenen Werth von dt einsetzt. Auf diese Weise können die Mittelwerthe der Kraftfunction und der lebendigen Kraft bestimmt werden. Eine Zuführung von Wärme dQ von Aussen veranlasst eine Vermehrung der gesammten Energie oder der Summe dieser Mittelwerthe. Die angestellte Rechnung zeigt nun, dass, wenn man diesen Zuwachs durch die mittlere lebendige Kraft oder die Temperatur dividirt, $\frac{dQ}{T}$ das vollständige Differential einer Function ist, und damit ist der Beweis des zweiten Hauptsatzes geliefert. Ok.

Pfaundler. Elementare Ableitung der Grundgleichungen der dynamischen Gastheorie. Wien. Ber. LXIII. 159-169, Pogg. Ann. CXLIV. 428-439.

Das Mariotte'sche Gesetz lässt sich bekanntlich allgemein herleiten aus der Wirkung der Stösse der Luftmoleküle gegen die Wände. Diesen Beweis liefert hier der Verfasser ohne Anwendung höherer Mathematik für specielle Fälle der Grenzen des Gasvolums, nämlich wenn dasselbe in einer Kugel oder einem Würfel sich befindet. Ok.

H. Mohr. Ableitung des Wärmeverhältnisses bei constantem Volumen und Druck $\left(\frac{c}{c'}\right)$ aus der mechanischen Wärmetheorie. Schlömilch Z. XVI. 535-536, Pogg. Ann. CXLII. 476-477.

Bekanntlich wird gewöhnlich das mechanische Aequivalent der Wärmeeinheit durch eine einfache Rechnung abgeleitet aus der Compression der Luft, wobei die beiden specifischen Wärmen als bekannt vorausgesetzt werden. Mohr geht, zur Veränderung, den umgekehrten Weg und leitet aus der specifischen Wärme der Luft bei constantem Druck und aus dem mechanischen Wärmeäquivalent die specifische Wärme bei constantem Volumen ab. Ok.

H. Résal. Recherches sur le calcul des volants des machines à vapeur à détente et à condensation. C. R. LXXIII. 1311-1313.

Der vorliegende Auszug ist zu kurz, um verständlich zu sein. Es handelt sich um den Einfluss des Schwungrades auf die Bewegung der Dampfmaschine. Ok.

H. Résal. Essai sur la théorie des vapeurs. C. R. LXXIII. 325-326.

Sieht man den Dampf einer Flüssigkeit als ein Gas an, das eine Quantität Flüssigkeit in Form kleiner Bläschen aufgelöst enthält und nimmt man an, dass diese Flüssigkeitsmenge mit zunehmender Temperatur sich vermindert, so erhält man für die Dichtigkeit eines Dampfes als Function der Temperatur eine Exponentialfunction. Ok.

G. Hansemann. Ueber die innere Beschaffenheit der Gase. Pogg. Ann. CXLIV. 82-106.

Ausgehend von einer Differenz in den Darstellungen der neueren Gastheorie von Krönig und Clausius, behandelt der Verfasser theoretisch die Frage, mit welchen Eigenschaften des Gases eine Abweichung vom Mariotte'schen Gesetze in dem einen oder andern Sinne in Zusammenhang steht, und gewinnt dafür einen mathematischen Ausdruck, der allerdings an gewisse specielle Voraussetzungen gebunden ist. Ok.

G. Schmidt. Theorie der Lehmann'schen calorischen Maschinen. Z. dtsch. Ing. XV. 1-12, 97-112.

J. Bourget. Théorie mathématique des machines à air chaud. Liouville J. (2) XVI. 31-124.

A. J. v. Oettingen. Ueber das bei dem umkehrbaren Kreisprocess permanenter Gase zu erreichende Arbeitsquantum. Pogg. Ann. Suppl. V. 540-563.

Da bei den calorischen oder Heissluftmaschinen die in verschiedenen Zuständen befindliche Luft die Hauptrolle spielt, für welche sowohl die Gesetze der Zustandsänderung unter verschiedenen Temperatur- und Druck-Verhältnissen, als auch die auftretenden Constanten genau festgestellt sind, so ist die Wirksamkeit dieser Maschinen ein Lieblingsgegenstand der mathematischen Forschung geworden.

In der ersten der citirten Abhandlungen findet man eine geschichtliche Uebersicht der Erfindung und Verbesserung dieser Maschinen, sowie eine Beschreibung der jetzt hauptsächlich in Gebrauch befindlichen. Hieran schliesst sich eine theoretische Auseinandersetzung des Spiels der Maschine und ein Vergleich der theoretischen Ergebnisse mit praktischen Versuchen.

Dieselbe Aufgabe wird in der zweiten Abhandlung mit ermüdender Ausführlichkeit behandelt. Der Verfasser berechnet den Nutzeffect der Maschine als Function der Temperaturen der hierbei auftretenden beiden Wärmereservoire und der Dimensionen des Apparates und führt die Rechnung für eine Anzahl specieller Beispiele durch.

Der Endzweck aller angestellten Rechnungen ist natürlich immer, das Maximum des Nutzeffects unter gewissen gegebenen Bedingungen zu finden. Dieser Betrachtung ist ausschliesslich die letzte Arbeit gewidmet. Dieselbe knüpft an die Auseinandersetzung desselben Gegenstandes in Zeuner's mechanischer Wärmetheorie an, gegen welche der Verfasser einige Einwürfe vorbringt. Der hauptsächlichste besteht darin, dass Zeuner bei der Differentiation eine Grösse als constant angesehen hat, welche der Natur der Sache nach variabel ist.

Dadurch wird der von Zeuner berechnete Werth für das Arbeitsmaximum hinfällig. Zum Vergleich werden schliesslich die Darstellungen desselben Gegenstandes von anderen Autoren herangezogen. Ok.

A. Winckler. Theorie der Dampfstrahlpumpen. Z. dtsch. Ing. XV. 609-618.

Die Arbeit enthält ein Problem der mechanischen Wärmetheorie, das in anderer Weise schon Zeuner behandelt hat und das in Anwendung bei den oben genannten Maschinen kommt. Sind zwei Gefässe mit Gas oder Dampf von verschiedener Temperatur und Druck gefüllt, und wird zwischen denselben plötzlich eine Verbindung eröffnet, so findet ein Ueberströmen statt. Die hierbei auftretenden Wärmeänderungen sind in der vorliegenden Arbeit berechnet. Ok.

G. Recknagel. Das physikalische Verhalten der Kohlensäure; ein Beitrag zur Theorie der Gase. Pogg. Ann. Suppl. V. 563-592.

Der Verfasser sucht das Mariotte-Gay-Lussac'sche Gesetz derart zu modificiren, dass dasselbe auch die Abweichungen bei höheren Druckkräften ausdrückt. Es gelingt ihm für die Kohlensäure eine Formel aufzustellen, die allen Anforderungen genügt. Ok.

J. Moutier. Sur la chaleur dégagée par la dissolution des gaz. Mondes (2) XXV. 727-736.

Ableitung folgender Sätze: Bei derselben Temperatur ist die innere (latente) Wärme der Lösung unabhängig von dem Druck, unter dem die Lösung steht, und von dem Volumen des Lösungsmittels. — Ist die innere Wärme der Lösung eines Gases positiv, so nimmt der Löslichkeitscoefficient des Gases mit wachsender Temperatur ab. — Wenn gleiche Volumina verschiedener Gase, auf denselben Druck bezogen, sich bei gleicher Temperatur lösen, so ist ihre innere Lösungswärme proportional der Ableitung nach der Temperatur von dem natürlichen Logarithmus des Löslichkeitscoefficienten. Wn.

E. Leclert. Théorie élémentaire de la machine à air. Mondes (2) XXVI. 711-715.

Enthält nichts Neues. Wn.

Perrigault. Force vive emmagasinée dans l'air comprimé. Mondes (2) XXVI. 431-433.

Numerische Rechnung nach bekannten Formeln. Wn.

Weilemann. Untersuchungen über die Beziehungen zwischen Barometerstand, Temperatur und Höhe in der Atmosphäre. Wolf J. XVI. 354-404.

Bezeichnet Q die Wärmemenge in der Gewichtseinheit, c die specifische Wärme bei constantem Druck, T die absolute Temperatur, A das Arbeitsäquivalent, p den Druck, v das Volumen einer Gasmasse, R eine dem Gase eigenthümliche Constante, so gelten für permanente Gase bekanntlich die Grundgleichungen

$$dQ = cdT - ART\frac{dp}{p},$$

$$pv = RT.$$

Diese Gleichungen wendet nun der Verfasser auf die Luft an, indem er dieselbe als ein einfaches permanentes Gas betrachtet. Dazu nimmt er folgende Gleichung, worin h die Höhe über dem Erdboden bedeutet:

$$dQ = c \cdot dT + Adh.$$

Durch die Integration dieser Gleichungen, die in mathematischer Beziehung keine Schwierigkeit darbietet, da R, A darin als Constante zu betrachten, werden die im Titel angeführten Beziehungen abgeleitet und mit vorhandenen Beobachtungen verglichen. Ferner wird eine Formel für die Aenderung von A mit der geographischen Breite und der Höhe über dem Erdboden aufgestellt. Wn.

E. Mathieu. Sur l'intégration des équations aux différences partielles de la physique mathématique. C. R. LXXIII. 986-989.

Siehe Abschn. VI. Cap. 6. p. 172.

H. Weber. Ueber ein Problem der Wärmetheorie. Wolf J. XVI. 116-124.

Das behandelte Problem ist das folgende: Bringt man zwei

Metallmassen von verschiedener Temperatur mit einer ebenen Grenzfläche in Berührung, wie werden sich in der Nähe der Grenzebene die Aenderungen der Temperatur gestalten? Das Problem ist insofern ein einfaches, als die Temperatur eines Punktes nur abhängt von der Zeit, die seit der Berührung verflossen, und von der senkrechten Entfernung von der gemeinsamen Grenzebene. Die Differentialgleichung der Wärmeleitung führt bekanntlich auf eine Reihe, deren Coefficienten durch die weiteren Angaben des Problems bestimmt werden müssen. In dem vorliegenden Fall muss zuvor durch eine specielle Annahme eine Unbestimmtheit beseitigt werden, die in der Natur der Aufgabe liegt. Es muss nämlich festgestellt werden, in welcher Weise die Wärme durch die Grenzebene fliesst. Der Verfasser macht hierüber zwei nahe liegende Annahmen; entweder bringt die Grenzebene keine Unterbrechung der Continuität der metallischen Leitung hervor, oder der Durchgang durch die Grenzebene geschieht in Form der Strahlung proportional der beiderseitigen Temperaturdifferenz.

Für beide Annahmen ist die Aufgabe vollständig gelöst.

Ok.

O. Frölich. Ueber Verbesserungen am Pouillet'schen Pyrheliometer. Carl Rep. VII. 263-274.

Der Verfasser schlägt vor an Stelle des zu genauen Angaben wenig tauglichen Pouillet'schen Apparats zur Bestimmung der Sonnenstrahlung, einen anderen zu benutzen, der mehrere mit Wasser gefüllte Gefässe hinter einander enthält, welche die von dem ersten, direkt bestrahlten Gefäss durch Leitung abgegebene Wärmemenge aufnehmen. Die Berechnung der gesammten von dem Apparat aufgenommenen Wärmemenge, sowie der anzubringenden Correctionen bildet den Inhalt der Abhandlung.

Ok.

O. Frölich. Zur Theorie der Erdtemperatur. Schlömilch Z. XVI. 89-112.

Um die Wärmemenge kennen zu lernen, die in einer gewissen Zeitperiode von einem Theile der Erdoberfläche empfangen und ausgegeben wird, ist es nothwendig, Formeln aufzustellen, für die Temperatur der Erde in verschiedenen Tiefen, wie sie sich unter dem periodisch wechselnden Einfluss der Sonnenstrahlung gestaltet. Der Zweck der vorliegenden Arbeit ist es, die complicirten Formeln für die Erdtemperatur, die von Poisson und in anderer Form von Tralles aufgestellt sind, so weit zu transformiren, dass eine Vergleichung mit Beobachtungen möglich wird. Gleichzeitig werden beide Formeln einer Kritik unterzogen. Jede derselben bietet eigenthümliche Vortheile. Die Poisson'sche Formel giebt die Erdtemperatur für das ganze Jahr in Form einer trigonometrischen Doppelreihe (tägliche und jährliche Periode); sie erfordert daher eine über ein ganzes Jahr ausgedehnte Beobachtungsreihe. Die Tralles'sche Formel erfordert dagegen nur Beobachtungen für einen Tag und eine Nacht.

Ok.

H. Wild. Ueber eine vollständige Temperatur-Compensation des Wagebarometers. Carl Rep. VII. 129-153.

Durch Rechnung sowohl als durch Versuche bestimmt der Verfasser den Einfluss der Temperatur auf die Angaben des Wagebarometers und giebt die Dimensionen an, welche die einzelnen Theile des Apparats haben müssen, wenn eine Compensation stattfinden soll. Ok.

F. Zöllner. Ueber den Einfluss der Dichtigkeit und Temperatur auf die Spectra glühender Gase. Pogg. Ann. CXLII. 88-110.

Mit Hülfe der von Kirchhoff gefundenen Sätze über das Verhältniss der Emission und Absorption des Lichtes sucht der Verfasser verschiedene in neuerer Zeit durch Versuche festgestellte Thatsachen, besonders die Aenderungen der Spectra glühender Gase unter verschiedenen Druck- und Temperatur-Verhältnissen theoretisch zu erklären. Eine eingehende mathematische Betrachtung hat der Verfasser indess nicht angestellt. Ok.

F. ROTH. Ueber die Möglichkeit einer Verschiedenheit der Erwärmung der nördlichen und südlichen Erdhälfte in Folge der Stellung der Erde im Weltenraum. Pr. Wolgast.

Nach der bekannten Theorie von Adhémar soll die periodische Verrückung der Durchschnittspunkte von Aequator und Ekliptik (Knoten) eine ungleiche Erwärmung beider Erdhälften hervorbringen, woraus eine periodische Wiederkehr von Fluthen und Eiszeiten gefolgert wird. Diese Theorie will der Verfasser der vorliegenden Arbeit widerlegen. Er sucht zu dem Zwecke zu beweisen, dass die Wärmemenge, welche eine bestimmte Fläche eines Planeten von der Sonne durch Strahlung empfängt, sich nur mit dem Winkel verändert, den der Radiusvector der Bahn während der Dauer der Erleuchtung beschreibt. Bei der Ausdehnung dieses Satzes auf die ganze Erdfläche hat der Herr Verfasser übersehen, dass jene Wärmemenge auch noch von dem Winkel abhängt, den die Strahlen mit der Fläche bilden; seine Ableitung gilt nur für senkrechte Bestrahlung. Der Beweis ist daher für verfehlt anzusehen. Bemerkt mag noch werden, dass die Ausstrahlung und die verschiedene Tageslänge zwar erwähnt, aber nicht in Rechnung gebracht wird. Es wird dann erörtert, dass, da der erleuchtete Theil der Erde etwas mehr als eine Halbkugel ist, die erleuchteten Theile der Nord- und Südhalbkugel verschiedene Grössen haben können. Das Maximum des Unterschiedes beider Flächen wird berechnet. Auf die Erwärmung ist daraus wieder kein Schluss zu ziehen, da der Winkel, unter dem die Strahlen die Fläche treffen, nicht berücksichtigt wird. Den Schluss bildet eine Erörterung über den Begriff des Schwerpunktes der Erde, da nach Adhémar durch die angehäuften Eismassen auch der Schwerpunkt der Erde nach einem Pole hin verschoben werden soll.

Wn.

Zwölfter Abschnitt.

Geodäsie und Astronomie.

Capitel 1.

Geodäsie.

F. Bauer. Lehrbuch der niederen Geodäsie. 2. Aufl. Wien. Braumüller.

J. Vorländer. Anleitung zum Feldmessen, mit besonderer Rücksicht auf die Anwendung des metrischen Maasses nebst einem Anhange über die Flächenbestimmung mit Hülfe des Amsler'schen Polarplanimeters. Berlin. Weidmann.

Das Buch enthält nur praktische Anweisungen zum Verfahren beim Feldmessen, die an Beispielen erläutert sind. Für diese sind auch die Rechnungen durchgeführt. Dagegen finden sich in demselben keine theoretischen Ableitungen. Der Anhang enthält eine Beschreibung und kurze Begründung für den Gebrauch des Amsler'schen Polarplanimeters nebst einigen Beispielen.

O.

J. H. Franke. Die Dreiecksnetze vierter Ordnung als Grundlagen geodätischer Detailaufnahmen. München. Grabert.

A. Cayley. A „Smith's Prize" paper. 1871. Question 13. Messenger (2) I. 94-95.

Enthält eine Erläuterung des Laufs der geodätischen Linie auf einem Rotationssphäroid. Es wird bewiesen, dass eine geodätische Linie, welche, als von einem gegebenen Punkte ausgehend betrachtet, zum selben Punkte ihres Laufs zurückkehrt, die Bedingung eine kürzeste Linie zu sein erfüllt. Glr. (O.)

C. M. Bauernfeind. Ueber eine mechanische Lösung der Pothenot'schen Aufgabe. Münch. Ber. 1871. 124-128.

Referat im nächsten Bande. O.

C. M. Bauernfeind. Ein Apparat zur mechanischen Lösung der nach Pothenot und Hansen benannten geodätischen Aufgaben. München. Franz. O.

L. Cornebois. Deux questions à l'arpentage. Mondes (2) XXVI. 310-312.

1) Elimination der Fehler von Winkeln, die mit der Boussole gemessen sind; 2) Anwendung einer unrichtigen Maasskette. Beide Bemerkungen enthalten nichts Neues. Wn.

E. La Saubie. Formule générale, pour passer des angles magnétiques aux angles des côtés d'un polygone. Mondes (2) XXVI. 515-516.

Um den Winkel zwischen zwei Linien zu erhalten, bilde man die Differenz der magnetischen Winkel beider Linien und ziehe diese Differenz von 180° ab, resp. 180° von der Differenz. Bekannt. Wn.

Andres. Berechnung der geodätischen Coordinaten und der geographischen Position der Dreieckspunkte, gestützt auf die Bessel'schen sphaeroidischen Umwandlungsformeln. Grunert Arch. LIII. 364-378.

Enthält Formeln, um aus den Breiten und der Längendifferenz zweier Orte die geodätischen Coordinaten des einen in

Bezug auf den andern, und umgekehrt aus der geographischen Position des einen Ortes und den Coordinaten des andern die Position des letzteren zu finden. B.

W. Jordan. Ueber das Einschalten eines trigonometrischen Punktes in ein gegebenes Dreiecksnetz nach der Methode der kleinsten Quadrate. Schlömilch Z. XVI. 164-167.

Zur Einschaltung eines neuen Punktes in ein trigonometrisches Netz, dessen Punkte auf irgend eine Weise, z. B. durch rechtwinklige Coordinaten gegeben sind, genügt im Allgemeinen die Messung zweier Winkel. Sind mehr Winkel gemessen, als nöthig, so erhält man zur Ausgleichung derselben nach der Methode der kleinsten Quadrate eine Reihe von Bedingungsgleichungen, welche die Form $\delta = ax + by + w$ besitzen. Hierbei sind x und y die gesuchten Verbesserungen der bereits näherungsweise bekannten Coordinaten x_0, y_0 des eingeschalteten Punktes, a, b und w dagegen als bekannt anzusehende numerische Coefficienten, und x und y sind so zu bestimmen, dass $\Sigma\delta^2$ ein Minimum wird. Da die Berechnung der a, b, w den lästigsten, weil am wenigsten zu controlirenden Theil der ganzen Arbeit bildet, so schlägt der Verfasser folgendes Verfahren vor. $\Sigma\delta^2$ ist eine ganze Function zweiten Grades von x und y, deren sechs Coefficienten bei der Lösung der Aufgabe allein zu kennen nöthig ist. Berechnet man daher die Summe der übrigbleibenden Fehlerquadrate unter sieben verschiedenen Annahmen über die Werthe von x und y, so erhält man zur Bestimmung der gesuchten Coefficienten aus den Werthen von $\Sigma\delta^2$ sieben lineare Gleichungen, von denen eine als Controle aller übrigen dient. Die Rechnung wird dann besonders einfach, wenn man für x und y die Werthe $0, \pm 1$ in verschiedenen Combinationen setzt. Um diesen Theil der Rechnung noch weiter abzukürzen, schlägt der Verfasser ferner vor, die δ nur für die Annahme $x = 0$, $y = 0$ wirklich zu rechnen, und die den andern Annahmen entsprechenden Richtungsdifferenzen aus einer graphischen Construction des Dreiecksnetzes zu entnehmen. B.

W. JORDAN. Ueber die Genauigkeit einfacher geodätischer Operationen. Schlömilch Z. XVI. 397-427.

Wenn bei geodätischen Operationen die Lage eines Punktes gegen feste Punkte als Durchschnitt von zwei den Winkel φ mit einander einschliessenden Geraden bestimmt wird, deren Richtungen als fehlerfrei betrachtet werden sollen, während die Mittelwerthe ihrer in Folge der Beobachtungsfehler zu befürchtenden Parallelverschiebungen resp. gleich m und n sind, so ist der mittlere Fehler des gesuchten Punktes, d. h. seine mittlere Entfernung M von seinem wahren Orte durch die Gleichung $M^2 \sin^2\varphi = m^2 + n^2$ gegeben. Hierbei wird analog der Gauss'schen Definition des mittleren Fehlers das Quadrat des Mittelwerthes einer Grösse gleich dem arithmetischen Mittel aus den Quadraten aller ihrer möglichen Werthe gesetzt. Von der obigen einfachen Gleichung ausgehend untersucht nun der Verfasser in eingehender Weise die Ausdrücke für M, welche sich bei verschiedenen einfachen geodätischen Operationen ergeben, so bei der Bestimmung durch rechtwinklige und Polar-Coordinaten, durch Vor- und Rückwärtseinschneiden, durch Anwendung der Pothenot'schen Aufgabe, sowie durch Messung von drei Winkeln oder Richtungen. Da für dieselben Fixpunkte und dieselben Messoperationen M eine bestimmte Function des gesuchten Punktes ist, so definirt die Gleichung $M =$ const. eine Schaar von Curven, für deren Punkte das zu befürchtende M denselben Werth besitzt, die sich also abgesehen von anderen Umständen mit gleicher Sicherheit festlegen lassen. Zur Veranschaulichung der in den oben erwähnten Fällen auftretenden und hier näher discutirten Curven gleicher Genauigkeit sind der Abhandlung Zeichnungen beigefügt, aus denen man den Verlauf dieser Curven und demgemäss die, je nach den Umständen verschiedenen, relativen Vorzüge und Mängel der genannten Messungsmethoden in übersichtlicher Weise entnehmen kann. B.

YVON VILLARCEAU. Nouvelle détermination de la vraie figure de la Terre ou de la surface de niveau, n'exigeant pas l'emploi des nivellements proprement dits. C. R. LXXIII. 808-824.

Die geodätischen Messungen beziehen sich auf ein bestimmtes, der wahren Erdoberfläche möglichst angenähertes Ellipsoid, welches im Allgemeinen von der wahren Gestalt der Erdoberfläche, d. h. einer bestimmten Niveaufläche ein wenig verschieden ist. Wenn nun eine an die Niveaufläche gelegte Normale dieselbe im Punkte A, das Ellipsoid in B trifft, so ist die wahre Figur der Erde bekannt, sobald man im Stande ist, Länge und Richtung der Strecke $AB = \varDelta$ als Function der geodätischen Länge L und Breite B anzugeben. Um nun $\varDelta$ zu ermitteln, schlägt Villarceau folgenden Weg ein. In der Differentialgleichung

$$d\varDelta = \frac{\partial \varDelta}{\partial B}\,dB + \frac{\partial \varDelta}{\partial L}\,dL$$

sind die Coefficienten von dB und dL Grössen, welche sich für jeden Punkt aus den daselbst beobachteten Unterschieden zwischen den geodätischen und astronomischen Längen und Breiten ermitteln lassen. Denkt man sich nun diese Grössen nach den sinus und cosinus der Vielfachen von B und L entwickelt, so lassen sich alle Coefficienten bis zu einem gewissen Gliede durch Auflösung linearer Gleichungen ermitteln, denn die Integrabilitätsbedingung und die Substitution der beobachteten B und L liefern Bedingungsgleichungen, welche die Coefficienten nur linear enthalten. Sind die Coefficienten nun so weit ermittelt, dass sämmtliche Beobachtungen hinreichend dargestellt werden, so liefert die einfache Integration den Ausdruck für $\varDelta$. Ueber die hierbei auftretende Integrationsconstante kann man so verfügen, dass die Niveaufläche entweder durch einen bestimmten Punkt geht, oder dass sie sich dem Erdsphäroid möglichst nahe anschliesst. B.

COMBES. Note sur le planimètre de Amsler. Ann. des Mines. XIX. 278-293.

Die Arbeit enthält, neben einer Beschreibung des Instrumentes, die Ableitung der zum Gebrauch desselben nöthigen Formeln. O.

Capitel 2.

Astronomie.

H. Zirndörfer. Die wichtigsten Lehren der mathematischen Geographie. Frankfurt a. M. Bechhold.

F. Brünnow. Lehrbuch der sphärischen Astronomie. 3. Aufl. Berlin. Dümmler.

Die neue Auflage des bereits allgemein bekannten und geschätzten Werkes unterscheidet sich nur wenig von den früheren. Nur in dem Abschnitte, welcher sich mit der Theorie der astronomischen Instrumente beschäftigt, ist eine wesentliche Erweiterung eingetreten, indem eine Methode auseinandergesetzt wird, um mittelst eines tragbaren Passage-Instrumentes die Zeit im Azimut eines dem Pole nahe stehenden Sternes zu bestimmen (p. 481 bis 486). Sonst hat nur noch das Capitel über Verbesserung der Mikrometerbeobachtungen wegen der Refraction (p. 555—564) eine Umarbeitung erfahren. O.

J. Frischauf. Grundriss der theoretischen Astronomie und der Geschichte der Planetentheorieen. Graz. Leuschner u. Lubensky.

Unter diesem Titel veröffentlicht Herr Frischauf eine völlig neue Bearbeitung des von ihm 1868 (v. F. d. M. I. p. 393) unter dem Titel „Theorie der Bewegung der Himmelskörper" herausgegebenen Buches. Es enthält die Bestimmung einer Ellipse und Parabel aus drei vollständigen oder vier unvollständigen Beobachtungen, die Correctionen für Aberration und Parallaxe, Präcession und Nutation, die Bildung von Normalörtern und die Berechnung specieller Coordinatenstörungen nach der Methode von Encke, alles in gedrängter elementarer Darstellung. Den Schluss bildet ein kurzer Abriss der Geschichte der Planetentheorieen, mit besonderer Berücksichtigung der Entdeckungsgeschichte der drei Kepler'schen Gesetze. B.

C. F. W. Peters. Astronomische Tafeln und Formeln. Hamburg. Mauke.

Im Wesentlichen eine neue Ausgabe der Schumacher-Warnstorff'schen Hülfstafeln, jedoch mit manchen Veränderungen und Zusätzen. Als von nicht rein astronomischem Interesse mögen hier erwähnt werden die Tafeln für Interpolation, für sin, cos, tg, cot, sec und cosec von Minute zu Minute und auf fünf Decimalen, für die Quadrate der Zahlen von 1—10000 in einer compendiösen Form, die hypsometrischen Tafeln von Rühlmann, Tafeln für die Siedepunkte des Wassers und für die Reduction der verschiedenen Barometer. Den Schluss bildet eine Zusammenstellung der am häufigsten vorkommenden trigonometrischen und Reductions-Formeln. B.

G. D. E. Weyer. Vorlesungen über nautische Astronomie. Kiel. Schwers.

Enthält in zehn Capiteln eine gedrängte Darstellung der astronomischen Formeln und Methoden, welche für die Nautik von Bedeutung sind. Da es sich hierbei in der Hauptsache um die Reproduction von Bekanntem handelt, so möge hier nur eine kurze Aufzählung des Inhaltes der einzelnen Capitel eine Stelle finden. 1) Allgemeine Erklärungen. 2) Gestalt der Erde, Loxodrome. 3) Theorie der Höhen-Instrumente, der Refraction und der Parallaxe. 4) Reduction der Monddistanzen. 5) Coordinaten-Transformationen. 6) bis 8) Bestimmung von Zeit, Breite und Länge. 9) Declination der Magnetnadel. 10) Berechnung der Zeiten von Ebbe und Fluth. B.

V. Fuss und M. Nyrèn. Bestimmung der Längendifferenz zwischen den Sternwarten Stockholm und Helsingfors im Sommer 1870. Mém. de St. Pét. XVII.

Bei der Bestimmung der Längendifferenz wurde eine neue Methode der Zeitbestimmung mit transportabeln Passage-Instrumenten angewandt. Die dahin gehörigen Formeln werden in der Einleitung mitgetheilt. O.

A. Hall. The coordinates of a celestial body. Messenger V. 250-251.

Geometrische Untersuchung über die gewöhnlichen Formeln für die rechtwinkligen Coordinaten x, y, z, ausgedrückt in den Polarcoordinaten r und v, und über die Constanten, die von der Lage der Bahnebene abhängen. Glr. (O.)

Bosauquet. On the resolution of Lambert's theorem by trial in the method of Olbers for the calculation of parabolic orbits. Astr. Nachr. LXXVIII. 123-126.

Zur Abkürzung der indirecten Auflösung der Lambert'schen Gleichung bei der Olbers'schen Methode, eine parabolische Bahn zu bestimmen, wird folgendes Mittel vorgeschlagen. Ist u (in der Bezeichnung der Encke'schen Ausgabe von Olbers' Abhandlung) die eigentliche Unbekannte in der Lambert'schen Gleichung, so berechne man mit einem angenommenen Werthe u_0 die beiden äusseren Radii vectores und die zugehörige Sehne. Letztere liefert dann einen genaueren Werth u_1 für u. Zwischen u, u_0, u_1 existirt dann die Gleichung $(u_1 - u) + (u_0 - u) F = 0$, wo F ein von dem Verfasser entwickelter Ausdruck ist, der sich aus den bereits bekannten Grössen mit grosser Annäherung berechnen lässt. B.

A. Cayley. A „Smith's Prize" paper. 1871. Question 12. Messenger (2) I. 92-93.

Problem aus der Methode der Variation der Parameter in der Planetentheorie. Glr. (O.)

A. de Gasparis. Formules pour le calcul des orbites des étoiles doubles. C. R. LXXIII. 1232, Astr. Nachr. LXXVIII. 333.

Unter der Voraussetzung, dass man die Positionsbestimmungen eines Doppelsterns nach der Herschel'schen Methode ausgeglichen und für sechs äquidistante Epochen die ausgeglichenen Distanzen und Positionswinkel ermittelt habe, giebt Herr de Gasparis einen Ausdruck für die Verhältnisse der Radii vectores als Function der Flächen der verschiedenen Dreiecke, welche der Hauptstern mit den verschiedenen Oertern des Begleiters einschliesst. Die Herleitung dieser Formel fehlt und ist einer spätern Mittheilung vorbehalten. B.

H. GYLDÉN. Studien auf dem Gebiete der Störungstheorie. I. Entwickelung einiger Verbindungen elliptischer Functionen. Mém. de St. Pét. XVI. 1-131.

Der Verfasser hatte in einer früheren Arbeit (siehe dieses Jahrb. II. p. 352) ein Verfahren skizzirt, um den von Hansen aufgestellten Reihenentwickelungen für die Berechnung von Kometenstörungen, welche bei grosser Annäherung des gestörten Körpers an den Störenden nur langsam convergiren, eine bedeutend raschere Convergenz zu ertheilen. Die vorliegende Abhandlung ist nun einer eingehenden Darstellung des wichtigsten Theiles der hierbei in Frage kommenden Rechnungsvorschriften gewidmet. Abschnitt I. enthält eine kurze Recapitulation des Inhaltes der früheren Arbeit, und führt die zu lösende Aufgabe darauf zurück, für die numerische Rechnung brauchbare Formeln zu finden, durch welche die Grössen $\left(\sin \operatorname{am} \frac{2kx}{\pi}\right)^n$, $\left(\cos \operatorname{am} \frac{2kx}{\pi}\right)^n$, $\left(\varDelta \operatorname{am} \frac{2kx}{\pi}\right)^n$, Producte aus diesen Potenzen und $\sin\left(n \operatorname{am} \frac{2kx}{\pi}\right)$, sowie $\cos\left(n \operatorname{am} \frac{2kx}{\pi}\right)$ nach sinus und cosinus der Vielfachen von x entwickelt werden. Der Darstellung solcher Formeln sind die drei andern Abschnitte gewidmet. Referent muss auf eine Wiedergabe der mannigfachen hierbei angewandten Methoden verzichten, da diese das Heranziehen des ganzen ausgedehnten Apparates von Formeln erfordern würde. Man kann wohl sagen, dass der Verfasser keinen der bekannten Kunstgriffe unbenutzt gelassen hat, um in jedem einzelnen Falle das Gesuchte auf die zweckmässigste Weise zu erreichen. Einige der in Anwendung kommenden Hülfsmittel sind ausserdem dem Verfasser eigenthümlich. Da, abgesehen von der eigentlichen Veranlassung der Arbeit, das mathematische Interesse derselben wesentlich auf der Benutzung der verschiedenartigsten Methoden beruht, so mögen die hervorragendsten derselben hier angeführt werden. Es kommen der Reihe nach zur Anwendung: Recursionsgleichungen zwischen je drei Coefficienten mit aufeinanderfolgenden Indices, Umformungen dieser Gleichungen in Kettenbrüche nach dem Vorgange von Hansen, Darstellung der gesuchten Coefficienten als ganze Functionen von $\frac{\pi}{2k}$, Anwendung der Laplace'schen Methode zur Integration linearer Differenzengleichungen, um die Coefficienten als vollständige elliptische Integrale darzustellen, Transformation dieser Integrale in andere mit kleinerem Modul, mechanische Multiplication, Darstellung der Grössen $\sin(n\,\mathrm{am})$ und $\cos(n\,\mathrm{am})$ als Producte von Thetafunctionen, Entwickelung von

$$e^{in\left(\mathrm{am}\frac{2kx}{\pi}-x\right)}$$

mit Hülfe der Bessel'schen Functionen, u. s. w. Die Entwickelung der zuletzt genannten Exponentialgrösse führt den Verfasser auf eine Function $\eta(x)$, welche bei ihm eine besondere Rolle spielt, und durch das Product

$$(1-qt^2)(1-q^3t^{-2})(1-q^5t^2)(1-q^7t^{-2})\cdots$$

definirt wird, wo $\log t = ix$. Diese Function η ist mit den Thetareihen durch verschiedene merkwürdige Relationen verbunden, von denen einige hier angeführt werden mögen. So ist z. B.

$$e^{i\left(\mathrm{am}\frac{2kx}{\pi}-x\right)}=\frac{\eta(-x)}{\eta(x)},\qquad \frac{\eta(x)\cdot\eta(-x)}{\theta(x)}=\text{const., etc.}$$

B.

S. Newcomb. Théorie des perturbations de la Lune qui sont dues à l'action des planètes. Liouville J. (2) XVI. 321-368, C. R. LXXII. 403-406.

Herr Newcomb geht in der vorliegenden Abhandlung nicht darauf aus, die Störungen der rein elliptischen Bewegung des Mondes durch einen Planeten zu ermitteln, weil man in diesem Falle die von diesen Störungen abhängigen Aenderungen in der Störungsfunction der Sonne mit berücksichtigen, also Producte der störenden Kräfte von der zweiten und höheren Dimensionen hinzunehmen müsste, sondern er formulirt, um diesen Uebelstand zu vermeiden, das Problem in folgender Weise. Angenommen, das Drei-Körperproblem sei für das System Sonne-Erde-Mond vollständig gelöst, wie es ja mit einer für den vorliegenden Zweck hinreichenden Genauigkeit der Fall ist, so sind die Coordinaten der drei Körper bekannte Functionen von achtzehn Constanten oder Elementen a_1, a_2, a_3 etc. und von der Zeit t; es werden die Variationen der Elemente gesucht, wenn noch ein vierter Körper hinzutritt. Die Methode von Lagrange liefert dann unmittelbar achtzehn lineare Differential-Gleichungen von der Form

$$\sum_k (a_i\, a_k) \frac{da_k}{dt} = \frac{\partial R}{\partial a_i},$$

wo die Coefficienten $(a_i\, a_k)$ in der bekannten Weise aus den partiellen Ableitungen der Coordinaten und Geschwindigkeiten nach den Elementen zusammengesetzt sind, und k die Störungsfunction des Planeten bedeutet. Die eigentliche Aufgabe besteht nun zunächst in der Darstellung der 153 Grössen $(a_i\, a_k)$, eine beinahe unüberwindliche Arbeit, wenn sie nicht durch besondere Kunstgriffe ganz ausserordentlich vereinfacht würde. Wählt man nämlich zu den sechs ersten Elementen die Coordinaten und Geschwindigkeiten des Schwerpunktes der drei Körper, so verschwinden alle $(a_i\, a_k)$, welche eines dieser Elemente in Verbindung mit einem der zwölf andern enthalten, und die Differentialgleichungen zerfallen in zwei Systeme, von denen das zweite nur von den zwölf Elementen der relativen Bewegung abhängt, während das erste eine sehr einfache Gestalt annimmt, und das Princip von der Erhaltung des Schwerpunktes liefert.

Hieran schliesst sich die Aufstellung der allgemeinen Ausdrücke für die rechtwinkligen Coordinaten des Mondes in Bezug auf die Erde und der Sonne in Bezug auf den Schwerpunkt von Erde und Mond als Function von zwölf Elementen und der Zeit, auf Grund der von Delaunay in seiner Théorie de la Lune gegebenen Formeln. Die Reihen für die Coordinaten haben die Form

$$x = \Sigma k \cos(i\varepsilon + i_1\pi + i_2\theta + i_3\varepsilon' + i_4\pi' + i_5\theta')$$
$$y = \Sigma k \sin(i\varepsilon + i_1\pi + i_2\theta + i_3\varepsilon' + i_4\pi' + i_5\theta')$$
$$z = \Sigma c \sin(j\varepsilon + j_1\pi + j_2\theta + j_3\varepsilon' + j_4\pi' + j_5\theta').$$

Hierbei sind die i und j ganze Zahlen, welche den Bedingungen $\Sigma i = 1$, $\Sigma j = 0$ genügen; die k und c sind Functionen der Halbaxen a,a' und der Excentricitäten e,e' der Mond- und Erdbahn, ferner der sinus γ und γ' der halben Neigungen der Mondbahn gegen die Ekliptik und der Erdbahn gegen die xy-Ebene; die Argumente des sinus und cosinus besitzen die Form $A + bt$, wo die b nur von denselben Grössen abhängen, wie die k und c, während die A lineare Functionen von sechs constanten Winkelgrössen $\varepsilon_0, \pi_0, \theta_0, \varepsilon'_0, \pi'_0$ und θ_0', d. h. von den sechs noch übrigen Elementen sind. Bei der Herleitung der $(a_i\, a_k)$ aus den angeführten Ausdrücken für $xyz \cdots$ treten nun noch weitere sehr wesentliche Vereinfachungen ein. Erstens müssen nämlich die $(a_i\, a_k)$ von der Zeit unabhängig sein, man darf also in den Reihen für x, $\frac{dx}{dt}$ etc. alle Glieder unterdrücken, welche bei der Substitution in die $(a_i\, a_k)$ von der Zeit abhängige Glieder liefern, oder mit andern Worten, man kann t einfach $= 0$ setzen. Zweitens zerfallen jene zwölf Elemente der relativen Bewegung, wie schon oben bei der Aufzählung derselben angedeutet ist, in zwei scharf von einander getrennte Klassen zu je sechs, welche die Eigenschaft besitzen, dass jedes $(a_i\, a_k)$ verschwindet, welches sich auf zwei zu derselben Klasse gehörige Elemente bezieht. Drittens lassen sich die 36 noch übrigen $(a_i\, a_k)$ sämmtlich als partielle Ableitungen von sechs Functionen $k_\varepsilon, k_\pi, \cdots k_{\Theta'}$ der Grössen $a, a', e, e', \gamma, \gamma'$ darstellen, welche Functionen sich nach einer einfachen Regel aus den k, c, b zusammensetzen. Führt man dann endlich statt der $a, a' \cdots$ die $k_\varepsilon\, k_\pi \cdots$ als Variable ein, so erhält man das kanonische System von zwölf Differential-Gleichungen

$$\frac{dk_\varepsilon}{dt} = \frac{\partial R}{\partial \varepsilon_0}, \quad \frac{d\varepsilon_0}{dt} = -\frac{\partial R}{\partial k_\varepsilon} \text{ etc.}$$

Hiermit ist also die Lösung des gestellten Problems auf die Integration dieses kanonischen Systems und auf die einfachste

Form gebracht. Der Uebelstand, dass hierbei in $\frac{\partial R}{\partial k_\varepsilon}$ etc. die Zeit ausserhalb der Zeichen sin und cos als Factor vorkommt, indem sich R in derselben Form wie oben $x\,y\,z\cdots$ darstellen lässt, ist nur scheinbar, denn alle diese Glieder müssen sich, wie nachgewiesen wird, bei der Substitution in den Theil A der Argumente $A+bt$ gegen entsprechende Glieder in bt aufheben.

Der Schluss dieser höchst interessanten Abhandlung enthält zur Erläuterung als Beispiel eine vorläufige Entwicklung der $(a_i\, a_k)$ in ihrer expliciten Form und ausserdem noch Bemerkungen über die Vereinfachungen, welche man sich bei der Entwickelung der Störungsfunction wegen der Dimensionen des betrachteten Massensystems erlauben darf. B.

N. Garbich. Analytische Methode zur Berechnung von Sonnenfinsternissen, sowie aller andern Occultationen. Triest. Schimpff.

Die Arbeit ist einmal der Berichtigung zweier analytischer Fehler, die sich in der praktischen Astronomie von Sawitsch finden, gewidmet. Zweitens will sie eine Ableitung der hierher gehörigen Formeln geben, die einfacher und allgemeiner als die von Gauss sind, so dass sie nicht nur auf die Sonnenfinsternisse, sondern auch auf alle anderen Occultationen von Gestirnen angewendet werden können. Ein näheres Eingehen auf die Schrift, um ein Bild des Inhalts geben zu können, würde eine, die hier gebotenen Grenzen überschreitende Genauigkeit erfordern. O.

Ch. André. Sur la parallaxe du soleil déduite des observations de Mars en 1862. Darboux Bull. II. 89-96.

Der Verfasser berichtet über die Methode, die im Jahre 1862 auf Vorschlag von Le Verrier und Winnecke benutzt worden ist, um mittelst der Bestimmung der Parallaxe des Mars die der Sonne zu bestimmen. Er theilt zugleich die Formeln mit, die man zum Ausgleich der Beobachtungen und zu den betreffenden Näherungen benutzt hat, auf Grund eines Aufsatzes, der 1865 in den „Washington Astronomical observations“ publicirt ist. O.

Houzeau. D'un moyen de mesurer directement la distance des centres du soleil et de Vénus, pendant les passages de cette planète. Bull. de Belg. (2) XXXII. 158-164.

Die Methode beruht auf der Beobachtung der Entfernung der Centren. Angewendet wird ein ungleiche Bilder gebender Heliometer, indem Sonne und Venus mit den Centren auf einander gebracht werden. Mn. (O.)

P. A. Hansen. Ueber die Bestimmung der Figur des Mondes, in Bezug auf Aufsätze der Herren Newcomb und Delaunay darüber. Leipz. Ber. 1871. 1-13.

Die Abhandlung giebt, im Vereine mit einer Vertheidigung der eigenen Arbeit, eine kritische Beleuchtung der Schriften Newcomb's (zuerst erschienen in Silliman's American Journal for November 1868, dann übergegangen in The London, Edinburgh and Dublin Philosophical Magazine etc. No. 266 January 1869) und Delaunay's (Comptes rendus etc. de l'Académie des sciences No. 2 vom 10. Januar 1870) über die Figur des Mondes, und ist vorzüglich gegen die erstere gerichtet.

Herr Newcomb schliesst nämlich seinen Aufsatz mit der Bemerkung, dass die von Hansen in seiner Schrift: Sur la figure de la Lune (Memoirs of the Royal Astronomical Society Vol. XXIV.) aufgestellte Hypothese, nach welcher Schwerpunkt und Mittelpunkt des Mondes nicht zusammenfallen, der logischen Begründung entbehre.

Im Gegensatze zu dieser Behauptung möchte, nach den vom Herrn Verfasser gegebenen Auseinandersetzungen, Herr Newcomb doch nicht unbedingt zu seinem Urtheile berechtigt, wenigstens zu rasch in demselben gewesen sein, da es fast das Aussehen gewinnt, als ob sein ganzer Vorwurf in der Hauptsache mehr auf eine Meinungsverschiedenheit herauskommt; denn Herr Newcomb scheint nicht wörtlich angegeben zu haben — leider war Referent die angezogene Abhandlung nicht zur Hand —, worin er eine „unlogische Begründung“ erblicke, sowie auch der Herr Verfasser selbst eine kritische Prüfung der logischen Begründung

dung seiner Doctrin aus jenem Aufsatze nicht herauszufinden vermag.

Die Gültigkeit des Hansen'schen Satzes könnte eben nur dann in Frage gestellt werden, wenn aus genaueren Beobachtungen, als denen, die dem Herrn Verfasser zu Gebote standen, andere Resultate erhalten worden wären.

Der im Punkte der Evection gegen Hansen aufgebrachte Haupteinwand fällt von selbst weg, dagegen kommt Herr Newcomb in einer späteren Schrift auf den, wie der Herr Verfasser beweist, unrichtigen Schluss: „The theoretical evection will agree with that of observation, notwithstanding a separation of the centers of gravity and figure of the moon."

Ferner heisst es bei Herrn Newcomb: „But the value of this perturbation (die Variation) has not been accurately determined from observation, because attaining its maxima and minima in the moon's octants, it is complicated with the moon's semidiameter and parallactic inequality."

Der Herr Verfasser, dem es unmöglich ist, einzusehen, dass eine solche Verbindung oder Abhängigkeit zwischen dem Mondhalbmesser und der parallactischen Gleichung in den Octanten des Mondes bestehen soll, welche die genaue Bestimmung der Variation verhindert, beweist vielmehr das Gegentheil, indem er zeigt, wie dies mit Sicherheit aus einem gewissen Systeme linearer Gleichungen geschehen könne.

Delaunay, der eine vollständige Vernichtung der Hansen'schen Theorie durch die Newcomb'sche Schrift, worüber er referirt, zu erkennen glaubt, sucht zu beweisen, dass Mittelpunkt und Schwerpunkt des Mondes zusammenfallen, indem er darauf ausgeht, darzuthun, dass der Mond aus Niveauschichten bestehen müsse, vergleicht ihn im Weitern mit dem Erdkörper, und spricht sich dahin aus, dass der Mond durch allmälige Erkaltung vom flüssigen Zustande in den festen übergegangen sei, sowie er endlich zu dem Schlusse gelangt: „la surface du globe s'éloigne fort peu de la surface de niveau que les eaux déterminent." An dieser Stelle macht Herr Hansen die Bemerkung, Delaunay habe wahrscheinlich vergessen, was Laplace und Lagrange über die Figur des Mondes ermittelt haben.

Im letzten Abschnitt spricht der Herr Verfasser noch einige Worte über die Mondtheorie im Allgemeinen. Es bestehen dreierlei Verfahrungsarten für die Berechnung der Mondstörungen, nämlich die sogenannte analytische Entwickelung, (die Herr Newcomb zu befürworten scheint), oder die Darstellung der Störungen durch Reihen, die nach Potenzen des Verhältnisses der mittleren Bewegung des Mondes und der Erde fortschreiten, die von Laplace und Damoiseau angewandte Methode der unbestimmten Coefficienten, ohne Auflösung der Nenner in Reihen, und endlich die Methode der successiven Annäherung der numerischen Werthe, die fortgesetzt werden muss, bis die Resultate zweier auf einander folgenden Annäherungen übereinstimmen, resp. nur unbedeutend von einander abweichen. Das erste Verfahren liefert Reihen, deren Convergenz nicht erwiesen ist und nicht erwiesen werden kann (der Herr Verfasser hat die Divergenz einiger derselben früher gezeigt), oder die im besten Falle äusserst schwach convergiren, und wird hier von vorne herein ausgeschlossen; bei dem zweiten, das überdies auf ineinander verflochtene Gleichungen höherer Grade führt, läuft man Gefahr, da nicht sogleich abzusehen ist, welche Wirkungen die verschiedenen Combinationen auf die Bestimmung der unbekannten Coefficienten ausüben, Wesentliches wegzulassen und Unwesentliches hinzuzufügen. Die dritte Methode ist der letztgenannten schon deshalb vorzuziehen, weil sie den Vortheil bietet, überflüssige Combinationen zu vermeiden, und sich stets durch Controlen der richtigen Ausführung der numerischen Rechnung versichern zu können.

Zum Schluss sind kurze Bemerkungen über die Bestimmung der Coefficienten derjenigen Mondstörungen gegeben, die einer langen Periode angehören, und ist in Bezug hierauf das von dem Herrn Verfasser bei Bearbeitung seiner Mondtafeln befolgte Princip in allgemeinen Umrissen erörtert.

Wtn.

Ch. Delaunay. Calcul de quelques nouveaux termes de la série qui exprime le coefficient de l'équation séculaire de la Lune. C. R. LXXII. 495-496.

Mittheilung eines expliciten, bis auf Grössen neunter und zehnter Ordnung genauen Ausdrucks für den Coefficienten der Säculargleichung des Mondes. B.

W. Ligowski. Zur Reduction der Monddistanzen. Die Bestimmung der Distanz durch die Tangente der halben Distanz. Grunert Arch. LIII. 103-106.

W. Ligowski. Verschiedene Bemerkungen zur Reduction der Monddistanzen. Grunert Arch. LIII. 498-506.

Beide Artikel enthalten weitere Umformungen und Nachträge zu den in Grunert Arch. LI. (s. F. d. M. II. p. 850) von demselben Verfasser gegebenen Gleichungen für die Reduction der Monddistanzen. B.

F. Zöllner. Ueber das Rotationsgesetz der Sonne und der grossen Planeten. Astr. Nachr. LXXVIII. 1-56.

Da diese Abhandlung ein vorwiegend physikalisches Interesse besitzt, so wird es genügen hervorzuheben, dass die mathematischen Entwickelungen in derselben sich auf die angenäherte Lösung folgender Aufgabe beziehen: Ueber die Oberfläche einer festen, homogenen, rotirenden Kugel bewegt sich von den Polen herab eine tropfbar flüssige Masse in dünner Schicht mit constanter Geschwindigkeit nach dem Aequator. Dieselbe steht unter dem Einflusse der Schwere und der Reibung. Gesucht wird die Geschwindigkeits-Componente eines Flüssigkeitstheilchens in der Ebene eines Parallelkreises als Function der Breite desselben. B.

F. Hoza. Annähernde graphische Bestimmung der Tages- und Nachtlänge für einen gegebenen Ort der Erde zur gegebenen Zeit. Grunert Arch. LIII 10-14.

Indem der Verfasser als Projectionsebenen die Ekliptik und den Kolur der Sonnenwenden benutzt, erhält er durch eine ziemlich einfache Construction die beiden Bögen, in welche der Parallelkreis eines gegebenen Ortes auf der Erde durch die einer bestimmten Länge der Sonne entsprechende Schattengrenze getheilt wird. B.

W. Ligowski. Näherungsweise Lösung der Aufgabe: Aus zwei Höhen eines Sternes und der Zwischenzeit der Beobachtungen die Breite und die Zeit zu bestimmen. Grunert Arch. LIII. 107-109.

Die aufzulösenden Gleichungen werden auf die Form $B - C \sin\varphi = \cos\varphi \cos x$ und $A = \cos\varphi \sin x$ gebracht, wo A, B, C gegeben ist, φ die Polhöhe und x das arithmetische Mittel aus den beiden Stundenwinkeln des Sternes bedeutet. Für den Fall, dass x klein ist, convergirt die aus dieser Form der Gleichungen sich ergebende indirecte Lösung bedeutend rascher als die bekannte von Douwes gegebene. B.

W. Ligowski. Berechnung von Entfernungen auf der See. Grunert Arch. LIII. 110-112.

Lösung der Aufgabe: Den Abstand des Beobachters auf dem Meere von einem nur theilweise sichtbaren Landobject, dessen Höhe über der Meeresfläche bekannt ist, durch Messung seiner Winkelhöhe über dem Meereshorizont zu bestimmen. B.

Hassenstein. Bestimmung der Entfernungen von Schiffen auf See. Kiel. Töche.

Der Verfasser stellt die verschiedenen Methoden zusammen, die zur Bestimmung der Entfernung zweier Schiffe auf See in Anwendung kommen, und bespricht die Mängel und Schwierigkeiten derselben. Einen Beweis giebt er nur für eine, die sogenannte Horizontmethode. Im Weiteren findet sich ein Beispiel für jede der besprochenen Methoden berechnet, und zum Schluss die zur Benutzung nöthigen Tabellen. O.

H. Gyldén. Ueber den Einfluss, welchen Aenderungen der Rotationsaxe innerhalb des Erdkörpers auf das Meeresniveau ausüben können. Bull. de St. Pét. XVI. 52-56.

Der Verfasser stellt theoretische Betrachtungen über den Einfluss an, den Veränderungen in der Rotationsaxe auf die Form und Höhe des Meeresniveaus haben können. Die einfachen Rechnungen führen ihn zu dem Resultat, dass die möglichen Aenderungen sich unter wahrscheinlichen Verhältnissen nur auf unbedeutende Grössen beschränken, Grössen, die jedenfalls nicht hinreichen, um die beobachteten Hebungen und Senkungen des Meeresbodens zu erklären. O.

Graf L. v. Pfeil. Strahlenbrechung in der Atmosphäre der Planeten. Grunert Arch. LII. 425-447.

Der Verfasser sucht zu zeigen, dass eine einen Planeten umgebende Atmosphäre uns den Planeten vergrössert erscheinen lassen muss, während beim Vorübergange des Planeten vor der Sonne ein Doppelbild desselben erscheinen müsste, ein verkleinertes ganz dunkles und ein vergrössertes helleres, welches das erstere umgiebt. Eine derartige Erscheinung soll bei den Venusdurchgängen von 1761 und 1769 von einigen Beobachtern wahrgenommen sein. Ferner würde eine solche Atmosphäre bei den untern Planeten die Bestimmung des Augenblicks des Durchgangs durch die Sonne unsicher machen. Wn.

E. Reymann. Die Höhenbestimmung der Sternschnuppen. Breslau. Maruschke.

G. Schubring. Immerwährender Kalender. Studien und Kritiken im Gebiete des Kalenderwesens. Giebel Z. IV. 387-441.

Die Arbeit enthält Notizen über Kalenderbestimmungen, namentlich auch eine Herleitung der Gauss'schen Regel zur Bestimmung des Osterfestes. O.

Anhang.

G. Green. Mathematical Papers. Edited by N. M. Ferrers. London. Macmillan and Co.

Das Buch enthält einen sehr sorgfältig redigirten Abdruck der mathematischen Abhandlungen Green's. Wegen der Wichtigkeit der Untersuchungen möge eine Inhaltsangabe folgen.

An Essay on the application of mathematical analysis to the theories of electricity and magnetism. 1—116. Zuerst veröffentlicht 1828. Es ist dies die Arbeit, in der zuerst das „Potential" in die Analysis eingeführt wird.

Mathematical investigations concerning the laws of the equilibrium of fluids analogous to the electric fluid, with other similar researches. 117--183. Cambr. Phil. Soc. 1832.

On the determination of the exterior and interior attractions of ellipsoids of variable densities. 185—222. Cambridge Phil. Soc. 1835.

On the motion of waves in a variable canal of small depth and width. 223—230. Cambridge Phil. Soc. 1837.

On the reflexion and refraction of sound. 231—242. Cambr. Phil. Soc. 1837.

On the laws of the reflexion and refraction of light at the common surface of two non-crystallized media. 243—269. Cambr. Phil. Soc. 1837.

Note on the motion of waves in canals. 271—280. Cambr. Phil. Soc. 1839.

Supplemement to a memoir on the reflexion and refraction of light. 281—290. Cambr. Phil. Soc. 1839.

On the propagation of light in crystallized media. 291—311. Cambr. Phil. Soc. 1839.

Researches on the vibrations of pendulums in fluid media. 313—324. Edinb. Trans. 1833.

Appendix 325—336. Hi.

C. Neumann. Repetitorium der Elementar-Mathematik. I. Theil. Arithmetik. Dresden.

Für die Schüler der Militair-Vorbereitungsanstalt des Verfassers. M.

K. H. Liersemann. Lehrbuch der Arithmetik und Algebra. Leipzig. Teubner.

Das vorliegende Lehrbuch soll das für Schulen nöthige Material in streng systematischer Ordnung geben. Das Material ist reichlich bemessen. Ob die Anordnung allen Anforderungen der Wissenschaft oder Pädagogik entspricht, das zu beantworten würde eine ausführlichere Kritik erfordern, als sie hier für ein derartiges Lehrbuch gestattet ist. O.

Meier Hirsch. Sammlung von Beispielen, Formeln, Aufgaben aus der Buchstabenrechnung und Algebra; umgearbeitet von H. Bertram. Berlin. Duncker.

Die vorliegende Auflage der bekannten Sammlung ist von Herrn Bertram neu bearbeitet und in der That wesentlich verbessert worden. Namentlich die Abschnitte über die Gleichungen sind in eine, den heutigen Ansprüchen mehr genügende Form gebracht worden. O.

W. Gallus. Die Zins- und Prämienberechnung. Berlin. Haude.

Das Buch führt unter Voraussetzung von nur geringen mathematischen Kenntnissen in die höheren Rechnungsarten des

Geldverkehrs ein. Die Ableitungen sind klar; die, meist dem wirklichen Leben entnommenen Beispiele belehrend. No.

EDWARD SANG. Account of the new table of logarithms to 200000. Proc. of Edinb. XXVI. 521–528.

Der Verfasser erstattet Bericht über die von ihm ausgeführte Berechnung einer neuen Logarithmentafel für alle Zahlen von 20000 bis 200000, während die bisher gebräuchlichen Tafeln nur bis 100000 gehen. Die Berechnung ist bis auf 15 Decimalen getrieben, von denen 9 beim Drucke beibehalten wurden. Hi.

C. BREMIKER. Logarithmisch-trigonometrische Tafeln mit 6 Decimalstellen. Berlin. Nikolai. O.

J. MILLS PEIRCE. Three and four place tables of logarithmic and trigonometric functions. Boston. Gim Brothers.

Die Tafeln enthalten in äusserst gedrängter Form die drei- und vierstelligen Logarithmen der Zahlen und trigonometrischen Functionen. Angefügt sind Tafeln, die für den Seemann von Interesse sind, und am Schluss eine grosse Anzahl von Constanten zusammengestellt. Der Mangel einer eingehenden Erläuterung erschwert den Gebrauch der Tafeln in hohem Masse, während sie sich sonst durch Uebersichtlichkeit und Bequemlichkeit auszeichnen. O.

J. FRISCHAUF. Zum Gebrauche der Zahlentafeln. Schlömilch Z. XVI. 178.

Enthält die Bemerkung, dass der Fehler der beim Gebrauche von Logarithmentafeln etc. durch Interpolation erhaltenen Zahlen im Mittel nicht grösser ist, als der der direct gegebenen Zahlen, wenigstens so lange man die sich aus der Interpolation ergebenden späteren Decimalen beibehält. B.

DUNHAM. Multiplication and Division Tables. London. Wilson.

F. M. Clouth. Tafeln zur Berechnung goniometrischer Coordinaten. Halle. Nebert.

Die Tafeln enthalten die zur Feldmessung nöthigen Coordinaten berechnet und zwar für metrisches Maass. Denselben ist die Centesimaltheilung des Winkels zu Grunde gelegt, doch ist auch die gebräuchliche Eintheilung in 90° berücksichtigt und der anderen beigefügt worden. O.

C. M. Stürmer. Argumenten-Tafel zu den von P. A. Hansen construirten Tafeln. Landshut. Krül.

C. Kayser. Refractionstafeln für Kreis-, Faden- und Positionsmikrometer. Danzig. Anhuth.

P. de Saint-Robert. Nouvelles tables hypsométriques. Mem. di Torino. XXV. 63-80.

Der Verfasser hatte seit 1864 gefunden, dass die hypsometrische Formel von Laplace mit der Abnahme der Temperatur, direct beim aïrostatischen Steigen beobachtet, unverträglich sei. Er hatte deshalb eine barometrische Formel aufgestellt, in der der Abnahme der Temperatur, der Gegenwart des Wasserdampfes in der Luft und der Variation der Schwere Rechnung getragen wird. Um nun die Arbeit abzukürzen, wenn viele barometrische Beobachtungen berechnet werden müssen, veröffentlicht der Verfasser jetzt 8 Tafeln und lässt eine kurze Auseinandersetzung vorhergehen über die Art, in der er seine Formel aufgestellt hat. Jg. (O.)

Namenregister.

Seite

Abonné. 1) Solution de questions 33. 322. 463
2) Sur la courbure en un point de rebroussement 313
Affolter, G. 1) Eine geometrische Aufgabe 250
2) Lehrsätze und Aufgaben über die Kugel 250. 279
A. J. Gauss' approximation to the first elliptic integral 206
Albrich, C. 1) Ueber Fusspunktcurven 337
2) Harmonische Beziehung bei der Reflexion und Brechung . . . 525
Amigues, E. 1) Sur les sommes des puissances semblables des n premiers nombres entiers 66
2) Procédé pour trouver les cubes de certaines sommes 103
Amstein, H. Conforme Abbildung eines regulären Octaeders auf der Kugel 422
André, Ch. Sur la parallaxe du soleil 558
André, D. 1) Solution d'une question 69
2) Analyse indéterminée 71
3) Théorèmes d'arithmétique 71
4) Sur les combinaisons simples 79
5) Sommation de certains développements 102
6) Sur le développement du binôme 103
7) Développements de sin $(nx+z)$ etc. 104
8) Deux théorèmes sur la parabole 333
9) Théorèmes de statique 448
Andréiewsky, A. 1) Sur la théorie des intégrales définies . . . 129
2) Propriétés de quelques quadratures 169
Andres. Berechnung geodätischer Coordinaten 547
Anonym. 1) Un discorso del Dr. Hirst sopra Euclide come libro di testo 15
2) Résolution d'une équation indéterminée 75
3) Propriétés focales des figures homographiques 260
4) Tracé pratique des arcs de parabole sur les chantiers 333
Arzela, C. Applicazioni di una formula data da Jacobi 370
Ascoli, G. Dimostrazione di un teorema di Cauchy 197
Augier. Solution d'une question 350
Autenheimer, S. Aufgaben über mechanische Arbeit 453. 533
Azzarelli, M. 1) Risoluzione delle equazione di 3° e 4° grado . . 30
2) Sul teorema di Fagnano per ognuna delle curve coniche . . . 123
3) Trattato elementare delle funzioni iperboliche 203
4) Sul movimento dei fluidi 474

Seite
Bachmann, P. Theorie der quadratischen Formen 76
Bähr, G. F. W. Sur le mouvement de l'oeil 525
Ball, R. S. The small oscillations of a particle and of a rigid body 465
Baltzer, R. 1) Ueber die Hypothesen der Parallelentheorie . . . 232
2) Ausdruck des Tetraeders durch die Coordinaten der Eckpunkte 374
Bardelli, G. 1) Sul centro di gravità 447
2) Teoremi di statica razionale 448
Barillari, G. Sulla divisibilità de' numeri periodici 69
Barniecki, M. A. v. Ueber gegen einander permutable Substitutionen 49
Battaglini, G. 1) Sulle forme binarie di grado qualunque 38
2) Sulle forme ternarie di grado qualunque 38
3) Sui determinanti 52
4) Sugli assi principali 446
Bauer, F. Lehrbuch der niederen Geodäsie 546
Bauernfeind, C. M. Lösung der Pothenot'schen Aufgabe 547
Bauschinger, J. Elemente der graphischen Statik 442
Becker, J. C. 1) Lehrbücher zur Einführung in die darstellende Geometrie 16
2) Ueber einen Fundamentalsatz der Determinanten-Theorie . . . 51
3) Ueber Incorrectheiten in der Sprache der Mathematik 227
4) Bemerkungen zu einem Aufsatze 227
5) Kleine Beiträge zur Geometrie 246. 265. 419
Bédorez, L. Solution d'une question 342
Beltrami, A. E. 1) Essai d'interprétation de la géométrie non-euclidienne 230
2) Alcune formole per la teoria elementare delle coniche 323
Benter, E. Ueber Tangentialkegel und Curven zweiten Grades . . 387
Berardinis, G. de. Corsi di geometria e d'analisi 182. 310
Bermann. Beweis zweier Steiner'scher Sätze 386
Bertrand, J. 1) Sur la théorie de la lune d'Aboul-Wéfâ 3
2) Théorie de l'électricité dynamique 526
Besant, W.H. Deduction of Euler's equations from Lagrange's equations 464
Betti, E. Sopra gli spazi di un numero qualunque di dimensioni . 301
Bezold, W. v. Der Elektrophor 529
Bignon, L. Solution de deux questions 29
Bills, S. 1) Problème d'algèbre 73
2) Solution of a question 73
Bing, F. Lösning af en Opgave 84
Bitonti, V. N. 1) Dimostrazione di due teoremi 266
2) Teorema di geometria 326
Bjerkness, C. A. Mouvement simultané de corps sphériques variables dans un fluide 479
Björling, C. F. E. Theori for algebraiska eqvationers rötter . 22. 342
Blissard, J. Solution of questions 102. 136
Bois-Reymond, P. du. 1) Ueber Stetigkeit von Summen unendlicher Reihen 99
2) Theorie der Fourier'schen Integrale 138
3) Sur la grandeur relative des infinis des fonctions 197
Boltzmann, L. 1) Druckkräfte bei Ringen in Flüssigkeit 451
2) Ueber eine Priorität 534
3) Ueber Wärmegleichgewicht 536
4) Beweis des zweiten Hauptsatzes der mechanischen Wärmetheorie 537
Bolze. Ueber Parallellinien 227
Boncompagni, B. 1) Intorno alle definizione di Erone Alessandrino 1
2) Intorno ad una traduzione latina dell' ottica di Tolomeo 2
3) Intorno ad un manoscritto dell' ottica di Vitellione 5
4) Intorno al tractatus proportionum di Alberto di Sassonia . . . 5

Seite
5) Intorno ad un opuscolo di D. M. Novara 8
6) Catalogo dei lavori di F. Chiò 11
Bonnet, E. Solution d'une question 387
Bonnet, O. Continuité des racines d'une équation algébrique . . . 19
Bonsdorff, E. V. Den geometriska theori för complexa functioner 205
Bosanquet. On Lambert's theorem 553
Bougaieff, N. 1) Sur les fonctions dérivées des fonctions numériques 75
2) Mécanique analytique 436
Bourget, J. 1) Des permutations 78
2) Influence de la résistance de l'air dans le mouvement vibratoire des corps sonores 511
3) Théorie des machines à air chaud 539
Boussinesq, J. 1) Résolution d'une classe d'équations transcendantes 34. 152
2) Sur les lignes de plus grande pente 357
3) Théorie des ondes liquides périodiques 484
4) Théorie de l'intumescence liquide 486
5) Sur les mouvements dans un canal rectangulaire horizontal . . 486
6) Sur le mouvement varié de l'eau 487
7) Étude nouvelle sur l'équilibre et le mouvement des corps solides élastiques 503
Bremiker, C. Logarithmentafel 567
Brennecke, W. Analytische Geometrie 321
Breton, Ph. Problème de géométrie 343. 464
Bretschneider, C. A. 1) Die Geometrie und die Geometer vor Euklides 1
2) Zur Berechnung des Trapezes aus seinen Seiten 241
3) Berechnung der Winkel eines ebenen oder sphärischen Dreiecks 245
Brill, A. 1) Zur Theorie der Elimination und der algebraischen Curven 50. 314
2) Ueber zwei Berührungsprobleme 316
3) Ueber die Doppelpunkte von Curven im Raum vom Geschlecht Null 319
4) Ueber die Curven eines Büschels, die eine gegebene Curve 2punktig berühren 319
Brioschi, F. 1) Sur l'équation du cinquième degré 30
2) Les tangentes doubles à une courbe du 4e ordre avec un point double 339
Briot, Ch. Lehrbuch der mechanischen Wärmetheorie 534
Brisse, Ch. Solution d'une question 334
Brocard, H. Solution d'une question 344
Brünnow, F. Lehrbuch der sphärischen Astronomie 551
Bruno, G. Sulla linea luogo dei punti di un certo iperboloide sghembo 281
Bruns, H. De proprietate quadam functionis potentialis corporum homogeneorum 497
Buff, H. Lehrbuch der physikalischen Mechanik 483
Burmester, L. Grundzüge der schiefen Parallelperspective . . . 254
Burtaire, A. Solution d'une question 337
Butz. Entgegnung an J. C. Becker 16

Caldarera, F. Su talune proprietà dei determinanti 55
Callandreau, O. Solution de questions . . . 103. 243. 244. 245 329
Campanella, F. Delle trasformazioni geometriche 430
Cantor, G. 1) Ueber trigonometrische Reihen 105
2) Notiz zu dem Aufsatz: Borchardt J. LXXII. 139 192
Cantor, M. Ueber Schriften über Galilei's Process 8

Seite
Casey, J. On cyclides and sphero-quartics 396
Cassani, P. 1) Ricerche sulla involuzione quadratica 260
2) Soluzione di una quistione 322
3) Studio di una quistione 323
Catalan, E. 1) Sur un article du Journal des Savants 9
2) Sur l'équation de Riccati 144
3) Sur une transformation géométrique et sur la surface des ondes 398
Cavalli, P. 1) Théorie du choc des projectiles 471
2) Della resistenza dei tubi 482
Cavallin. Satser 238
Cayley, A. 1) On the calculus of logic 13
2) Solution of questions 37. 238. 382
3) Example of the higher transformation of a binary form 37
4) On the number of covariants of a binary quantic 39
5) A ninth memoir on quantics 40
6) Example of a special discriminant 61. 400
7) Tables of the binary cubic forms 76
8) A „Smith's Prize" paper. 1870 . . 81. 171. 240. 340. 393 462. 499
9) On Lagrange's demonstration of Taylor's theorem 106
10) On a problem in the calculus of variations 175
11) On a supposed new integration of differential equations of the second ordre 176
12) On an analytical theorem from a new point of view 198. 392
13) A „Smith's Prize" paper. 1871 199. 236. 266. 281. 327. 345. 406. 445 462. 523. 547. 553
14) On the plane representation of a solid figure 257
15) On Gauss' pentagramma mirificum 258
16) On the rational transformation between two planes 259. 430
17) On the Cartesian with two imaginary axial foci 275
18) On the torse circumscribed about two quadric surfaces 283
19) On the deficiency of certain surfaces 291. 373
20) On the theory of the curve and torse 291
21) On the problem of the in- and circumscribed triangle 297
22) On a theorem relating to eight points on a conic 323
23) On the reciprocal of a certain equation of a conic 326
24) On the mechanical description of a nodal bicircular quartic . . 341
25) On evolutes and parallel curves 343
26) On a problem of envelope 344
27) On quartic surfaces 390
28) On Plücker's models of certain quartic surfaces 392
29) Sur la surface du quatrième ordre douée de 16 points singuliers 393
30) On the quartic surfaces (*) $(U, V, W)^2 = 0$ 393
31) Sketch of recent researches on quartic and quintic surfaces . . 393
32) On the inversion of a quadric surface 394
33) Corrections and additions to a memoir 400
34) On a surface of the eighth order 400
35) On the envelope of a certain quadric surface 401
36) On the centro-surface of an ellipsoid 401
37) On geodesic lines on an ellipsoid 408
38) On the transformation of unicursal surfaces 424
Cazin, A. Méthode pour mesurer le magnétisme 531
Challis, S. 1) On the application of a new integration of differential equations of the second ordre 176
2) On a new method of solving some problems in the calculus of variations 176
Chasles, M. 1) Sur la théorie de la lune d'Aboul-Wéfà 3
2) Rapport sur les progrès de la géométrie 12

Seite
3) Propriétés générales de courbes géométriques relatives à leurs axes harmoniques 275
4) Théorèmes relatifs aux axes harmoniques des courbes géométriques 275
5) Propriétés des diamètres des courbes géométriques 275
6) Sur les systèmes de coniques représentés par deux caractéristiques 286
7) Propriétés des courbes d'ordre et de classe quelconques démontrées par le principe de correspondance 287
8) Théorèmes concernant la détermination sur une courbe géométrique, d'une série de groupes de points en nombre déterminé . 288
9) Sur la détermination d'une série de groupes d'un certain nombre de points 289
10) Détermination de la classe de la développée et de la caustique 290
11) Propriétés des systèmes de coniques 290
Chelini, D. 1) Nuova geometria dei complessi 412
2) Composizione geometrica dei sistemi di retti, di aree e di punti 412. 413
Cherbuliez, V. 1) Geschichtliches aus der mechanischen Wärmetheorie 11. 533
2) Geschichtliches über die Schallfortpflanzungsgeschwindigkeit in der Luft 12. 511
Chiò, F. Différentiation d'une intégrale définie par rapport à une variable 127
Christoffel, E. B. Integration von zwei partiellen Differentialgleichungen 173. 185
Ciala. Zu J. Kober's Aufsatz über geometrische Grundbegriffe . . 16
Clausius, R. 1) Anwendung einer mechanischen Gleichung . . . 457
2) Zurückführung des zweiten Hauptsatzes der mechanischen Wärmetheorie auf mechanische Principien 534
Clebsch, A. 1) Zum Gedächtniss an Julius Plücker 10
2) Ueber die Anwendung der quadratischen Substitution auf die Gleichungen fünften Grades 31. 261
3) Ueber die geometrische Interpretation der höheren Transformationen binärer Formen 31. 261
4) Theorie der Gleichungen 5ten und 6ten Grades 33. 205
5) Ueber das ebene Fünfeck 261
6) Zur Theorie der Cremona'schen Transformation 416
Clifford, W. K. 1) On a case of evaporation in the ordre of a resultant 50
2) On a canonical form of spherical harmonics 224
3) On syzygetic relations among the powers of linear quantics . . 236
Clouth, F. M. Coordinatentafeln 568
Cockle, J. 1) Exercices in the integral calculus 165
2) On fractional criticoids 168
3) Solution of questions 173
4) On the motion of fluids 473
Colding, A. Zur Theorie der Meeresströmungen 488
Coll, H. Mc. 1) Probability notation 81
2) Solution of questions 83. 84. 89. 90. 95. 246
3) Formulae of reduction in the integral calculus 123
Collins, M. Beweis eines geometrischen Satzes 241
Combes. Sur le planimètre de Amsler 550
Combescure, E. Sur diverses conditions d'intégrabilité et d'intégration 119. 168
Constable, E. C. On curvature 323
Cornebois, L. Deux questions à l'arpentage 547
Cotterill, T. Solution of a question 238

Seite

Cremona, L. 1) Observations géométriques à propos d'une note de Mr. Brioschi 339
2) Sulle linee di curvatura delle superficie di 2° grado 374
3) Sulla superficie di 4° ordine dotata di una conica doppia . . . 394
4) Abbildung algebraischer Flächen 426
5) Sulle trasformazioni razionali nello spazio 429
Crofton, M. W. Solution of a question 268
Culmann, K. Der Minentrichter 471
Curtze, M. 1) Sur l'orthographie du nom et sur la patrie de Witelo 4
2) Sopra alcuni scritti di D. M. Novara da Ferrara 7

Dale, J. Solution of a question 95
Darboux, G. 1) Sur une classe particulière de surfaces réglées 282. 409
2) Sur les courbes tracées sur une surface 355
3) Sur les courbes tracées sur les surfaces algébriques . . . 408. 419
4) Sur une surface du 5ième ordre et sa représentation sur le plan 425
Day, H. G. Théorème sur l'ellipse 329
Delabar, G. 1) Anleitung zum Linearzeichnen 254
2) Construction der Axen einer Ellipse, von der zwei conjugirte Durchmesser gegeben sind 329
Delaunay, Ch. Sur l'équation séculaire de la Lune 562
Deprez, M. Instrument servant à calculer mécaniquement les valeurs de quelques grandeurs 123
D. G. 1) Anmärkningar beträffende benämningen, naturlig, hyperbolsk, och Nepersk logaritm 9
2) Solution af $x^3+px+q=0$ 29
Diekmann, J. Modificationen der ebenen Abbildung einer Fläche dritter Ordnung durch Singularitäten 424
Dienger, J. Theorie der Covarianten und Invarianten binärer Formen 42
Dillner, G. Definita integraler af synektiska funktioner 135
Dini, U. 1) Sopra le funzioni di una variabile complessa 179
2) Sulla teoria delle superficie 352
Dirichlet, P. C., Lejeune-. Vorlesungen über Zahlentheorie . . . 63
Dorn, E. Transformation zweiter Ordnung des elliptischen Integrals mit imaginärem Modul 207
Dostor, G. 1) Propriété des coniques relative aux tangentes issues d'un même point 326
2) Surface d'un certain quadrilatère 331
3) Surface d'un certain triangle 331
Doucet, P. Problème de géométrie 322
Dronke, A. 1) Julius Plücker 10
2) Einleitung in die höhere Algebra 18
Dunham. Multiplicationstafeln 567
Durège, H. 1) Die ebenen Curven dritter Ordnung 270. 335
2) Ueber die Kegelschnitte, welche eine Curve dritter Ordnung osculiren 272. 336
Durrande, H. Théorie du déplacement d'une figure 440

Ellis, L. Démonstration de deux théorèmes relatifs à une surface du second degré 279
Enneper, A. 1) Ueber einige geometrische Theoreme 278. 441
2) Ueber die Bedingung, dass sich drei Kreise in einem Punkte schneiden 327
3) Ueber die Differentialgleichung einer Art von Curven auf Flächen 356
4) Ueber asymptotische Linien 356
Erdmann, Th. Das Descartes'sche Folium 336
Ermakof. V. Caractère de convergence des séries 99

Seite

Eugenio, V. 1) Ricerche sull frazioni continue 28. 77
2) Teorema di geometria 326
3) Teoremi del Sign. Dostor 332
Evans, B. Solution of questions 73. 74. 95
Exner, K. Ueber die Maxima und Minima von Winkeln, unter denen krumme Flächen von Radiusvectoren geschnitten werden . . . 362

Falk, M. Om Konvergensen och Divergensen af Kjedebråk 77
Fasbender. 1) Le lieu du centre du cercle inscrit à un quadrilatère 242
2) Les angles des lignes de gravité dans un triangle 446
Ferrers, N. M. 1) Mr. Clifford's proof of Miquel's theorem . . . 333
2) On a dynamical paradox 449
Fiedler, W. Die darstellende Geometrie 252
Fitremann. Sur les racines carrées et cubiques 69
Folie, E. Rapport sur un mémoire de M. Tilly 467
Franke, J. H. Die Dreiecksnetze vierter Ordnung 546
Fresenius, F. C. 1) Die Lehre von der Congruenz der Dreiecke . 229
2) Die neuere Geometrie und die unendlich entfernten Gebilde . . 230
Friedlein, G. 1) De Heronis quae feruntur definitionibus 1. 2
2) Der Calculus des Victorius 5. 6
Frischauf, J. 1) Theorie der räumlichen Strahlbüschel 277. 415
2) Einleitung in die analytische Geometrie 311
3) Grundriss der theoretischen Astronomie 551
4) Zum Gebrauche von Tafeln 567
Frobenius, G. Entwickelung analytischer Functionen in Reihen . 188
Frölich, O. 1) Das Electrodynamometer 530
2) Verbesserungen am Pouillet'schen Pyrheliometer 543
3) Zur Theorie der Erdtemperatur 543
Frost, P. 1) Electrodynamics 528
2) Theorem on the action of an electric current in a helix wound on a cylinder of any form, upon the pole of a magnet 528
Fuchs, L. 1) Bemerkung zu einer Arbeit des Herrn Pochhammer 110 152. 221
2) Ueber die linearen Differentialgleichungen der Periodicitätsmoduln der Abel'schen Integrale 218
3) Ueber die Form der Argumente bei Thetafunctionen 220
Fuhrmann, A. Aufgaben aus der analytischen Mechanik 452
Fuortes, T. 1) Corsi di geometria e d'analisi 182. 310
2) Beweis des Fermat'schen Satzes 241
3) Solution of a question 260. 267
4) Dimostrazione di un teorema di geometria 262. 265
Fuss, V. Bestimmung einer Längendifferenz 552

Gallus, W. Zins- und Prämienberechnung 566
Gambardella, F. Sul numero delle soluzione 73
Garbich, N. Berechnung von Sonnenfinsternissen 558
Garnshaw, L. Partial differential equations 168
Gasparis, A. de. Calcul des orbites des étoiles doubles 553
G. D. Sur la représentation des surfaces algébriques 256
Geer, P. van. Sur le mouvement rectiligne d'un point matériel . . 458
Geiser, C. F. Ueber die algebraischen Minimumsflächen 372
Genese, R. W. 1) Solution of questions 95. 268. 334. 335
2) On maxima and minima 118
3) On the trisection of an angle 266
4) On analytical conics 323
Genocchi, A. 1) Notizie intorno alla vita ed agli scritti di F. Chiò 11
2) Formola di Leibniz 125

Seite
Germain, A. de St. 1) Sur la résolution trigonométrique de l'équation du troisième degré 29
2) Étude géométrique 406
Gherardi, S. Beiträge zur Geschichte der mathematischen Facultät in Bologna 6
Gilbert, Ph. 1) Sur les déterminants fonctionnels 56
2) Rapport sur un mémoire de Mr. Saltel 351
3) Rapport sur un mémoire de Mr. Catalan 398
Girard, A. Solution d'une question 343
Glaisher, J. W. L. 1) Review of Mr. Sang's logarithms 12
2) On a paradox in infinite series 101
3) Summation by definite integrals of the geometrical series of higher orders 107
4) On the history of Euler's constant 130
5) On the calculation of Euler's constant 131
6) On a class of definite integrals 132
7) On the geometrical series 134
8) On an integral 134
9) On two integrals 136
10) On Riccati's equation 144
11) On Lambert's proof of the irrationality of π 198
12) On sin ∞ and cos ∞ 202
Godt, P. Vertheilung der Elektricität 529
Gordan, P. 1) Bildung der Resultante zweier Gleichungen 59
2) Resultanten von Covarianten 60
3) Ueber Curven dritter Ordnung mit zwei Doppelpunkten 336
Goupillière, H. de la. Sur la transformation du potentiel par rayons vecteurs réciproques 496
Graindorg. Sur l'intégration des équations de la mécanique . 168. 457
Grassat. Solution d'une question 344
Green, G. Mathematical papers 565
Grelle, F. Zur Integration eines Integrals 122
Griffiths, J. 1) On the circle which cuts three given circles at given angles 245
2) On a problem 267
Grossouvre, A. de. Solution d'une question 387
Grunert, J. A. 1) Ueber die Entfernung des Schwerpunktes vom Mittelpunkte des dem Dreieck einbeschriebenen Kreises . 240. 447
2) Ueber einen Ausdruck für die Oberfläche eines Polyeders . . . 248
3) Das tetraedrische Coordinatensystem 308
4) Theorie der Berührenden, Normalen etc. 312
5) Die Theoreme von Pascal, Désargues, Pappus, Carnot und Chasles 325
6) Gleichung des um ein Dreieck beschriebenen Kreises 327
7) Flächeninhalt der Ellipse 330
8) Inhalt des Dreiecks und des Tetraeders 375
9) Gleichgewicht zwischen drei Kräften 444
10) Gleichgewicht zwischen vier Kräften in einer Ebene 444
Guldberg, A. S. Om Ligningen af 3die Grad 30
Gundelfinger, S. 1) Theoreme aus der neueren Algebra 36
2) Ueber binäre Formen 36
3) Theorie der ternären cubischen Formen 38
4) Ausartungen einer Curve dritter Ordnung 61. 336
5) Bemerkungen zu einem Aufsatz des Herrn Bischoff 320
6) Verallgemeinerung einiger Theoreme des H. Aronhold 321
Gyldén, H. 1) Studien auf dem Gebiete der Störungstheorie . . . 554
2) Einfluss von Aenderungen der Rotationsaxe auf das Meeresniveau 564

Seite

Haan, B. de. 1) Différentiation et intégration d'une intégrale multiple par rapport à une constante 126
2) Oversenige nieuwe herleidungsformulen by de theorie van bepaalde integralen 129
Hagen, G. Ueber den Seitendruck der Erde 449
Hall, A. The coordinates of a celestial body 553
Halphèn, G. Sur les droites qui satisfont à des conditions données 407
Hamburger, M. Entwickelung algebraischer Functionen in Reihen 194
Hanlon, G. O. 1) Solution of a question 123. 335
2) The vena contracta 482
Hansemann, G. Ueber die innere Beschaffenheit der Gase . . . 539
Hansen, P. A. 1) Weg eines Lichtstrahls durch sphärische Flächen 518
2) Bestimmung der Figur des Mondes 559
Harkema, C. Ueber einen merkwürdigen Punkt im Dreieck . . . 239
Harley, R. Solution of a question 78
Hart, D. S. Solution of questions 73. 74
Hassenstein. Bestimmung der Entfernungen von Schiffen auf See 563
Hattendorff, K. Ueber die Ermittelung des Sterblichkeitsgesetzes 84
Heger, R. Grundformeln der analytischen Geometrie des Raumes . 307
Heine, E. Ueber den Beweis des Dirichlet'schen Princips 187
Heinemann, H. Die Hydraulik als exakte Wissenschaft 489
Hellmann, G. Zur Lehre von den Kegelschnitten 324
Hemming, J. Transformation der projectivischen Coordinaten . . 308
Hentschel, O. Ueber einige conforme Abbildungen 423
Hermann. Sur une propriété du cône de révolution 389
Hermes, O. Die Jacobi'sche Erzeugungsweise der Flächen zweiten Grades 380
Hermite, Ch. Sur la construction géométrique de l'équation relative à l'addition des intégrales elliptiques de première espèce . . . 205
Hesse, O. 1) Die Determinanten 50
2) Ueber die 8 Schnittpunkte dreier Oberflächen zweiter Ordnung . 385
Hessel. Ueber gleicheckige und gleichflächige Polyeder 248
Hierholzer, C. Ueber eine Fläche der vierten Ordnung 394
Hill, E. Bourdon's metallic barometer 503
Hirsch, Meier. Aufgabensammlung 566
Hirst, T. A. Solution of a question 269
Hochheim, A. 1) Ueber den fünften merkwürdigen Punkt 239
2) Ueber eine windschiefe Fläche 389
3) Problem aus der Optik 524
Hollweck, M. Das Binomialtheorem 100
Holzmüller, G. Ueber logarithmische Abbildung 431
Hopkins. Solution of a question 56
Hopkinson, T. 1) Impact on an elastic rod 506
2) On the effect of internal friction on the vibrations of a solid . 511
Hoppe, R. 1) Om Principerne for og formentlige Vanskeligheder ved Infinitesimalregningen 115
2) Indepente Darstellung höherer Differentialquotienten 115
3) Systèmes de lignes et de surfaces égales, terminées par des rayons communs 402
4) Quelques cas de mouvement d'un point sur un corps en mouvement 461
5) Deformation of an elastic sphere pressed between two parallel planes 503
6) Vibrationen eines Ringes in seiner Ebene 507
Horner, J. On the algebra of magic squares 71
Hornstein. Abhängigkeit des Erdmagnetismus von der Rotation der Sonne 533

Seite
Hoschek, J. Die centrale Projectionsmethode 255
Hossenfelder, E. Integration einer linearen Differentialgleichung n^{ter} Ordnung 161
Hoüel, J. 1) Cours de calcul infinitésimal 113
2) Théorie élémentaire des quantités complexes 178
Houzeau. D'un moyen de mesurer la distance des centres du Soleil et de Vénus 559
Hoza, F. 1) Apparat zum Anschauungsunterricht in der descriptiven Geometrie 255
2) Graphische Bestimmung der Tages- und Nachtlänge 562
Hultmann, F. W. 1) Svenska aritmetikens historia 9
2) Om bortskaffande af rotmärken ur eqvationer 26

Jacobi, C. G. J. 1) Mathematische Werke. Bd. III. 180
2) Geometrische Theoreme 324. 376
Jacoli, F. Intorno ad un commento di Vittori al tractatus proportionum di Alberto di Sassonia 5
Janni, V. Esposizione della teorica delle sostituzioni 47
Jeffery, H. M. On concyclic conicoids 405
Jenkins, M. Solution of a question 78. 81. 102
J, G. 1) Solution d'une question 239
2) Théorèmes de géométrie 242
Imchenietsky, V. Sur les fonctions de Bernoulli 137
Joachimsthal, F. 1) Elemente der analytischen Geometrie . . . 311
2) Ueber die Normalen einer Fläche zweiten Grades 379
Jochmann, E. Zurückwerfung und Brechung durch dünne Metallschichten 513
Jordan, C. 1) Sur la résolution des équations les unes par les autres 26. 46
2) Traité des substitutions et des équations algébriques 42
3) Sur la classification des groupes primitifs 46
4) Théorèmes sur les groupes primitifs 46
5) Résolution des équations différentielles linéaires 166
6) Sur les sommes de Gauss à plusieurs variables 211
Jordan, W. 1) Ueber das Einschalten eines trigonometrischen Punktes 548
2) Ueber die Genauigkeit einfacher geodätischer Operationen . . . 549

Kanner, M. Ausgleichung der Sterblichkeitstafeln 86
Kayser., C. Refractionstafeln 568
Ketteler, E. Einfluss der astronomischen Bewegungen auf optische Erscheinungen 515
Kirkman, T. P. Solution of a question 67
Kitchin. Solution of a question 165
Klein, F. 1) Geometrische Repräsentation der Resolventen algebraischer Gleichungen 60
2) Ueber die Nicht-Euklidische Geometrie 231
3) Ueber die Curven, die durch ein geschlossenes System von linearen Transformationen in sich übergehen 348
4) Zusammenhang der Liniengeometrie mit der Mechanik starrer Körper 413. 446. 453
5) Ueber einen dem Dupin'schen analogen Satz der Liniengeometrie 413
6) Zur Theorie der Kummer'schen Fläche 415
Kober, J. Entgegnung an H. Reidt 227
Kötteritzsch, Th. Lösung des allgemeinen elektrostatischen Problems 528
Kohlrausch, F. Das Weber'sche compensirte Magnetometer . . . 530

Seite

Korkine, A. Sur le théorème de Poisson et son réciproque . . . 455
Korndörfer, G. 1) Ueber die Raumcurven, deren Coordinaten sich als rationale Functionen eines Parameters darstellen 368
2) Abbildung einer Fläche 4ter Ordnung mit zwei sich schneidenden Doppelgeraden 423
3) Abbildung einer Fläche 4ter Ordnung mit einer Doppelcurve zweiten Grades 423
Kossak, E. Das Additionstheorem der ultraelliptischen Functionen 1ter Ordnung 208
Koutny, E. Beschreibung der Parabel aus gegebenen Punkten und Tangenten 255
Kretschmer, E. Zur Theorie der Flächen mit ebenen Krümmungslinien 359. 431
Kruschwitz, E. Solution de questions 70. 242
Kudelka, J. Einführung der sphärischen Trigonometrie in die Optik 525
Külp. Magnetische Untersuchungen 532
Kurz, A. Gauss' absolutes Maass der Intensität des Erdmagnetismus 533
Kutter, W. R. Die Bewegung des Wassers in Kanälen 489

Laduron, C. Solution d'une question 240
Lagout. Le carré générateur de l'étendue 225
Laguerre. 1) Application du principe du dernier multiplicateur à l'intégration d'une équation différentielle du second ordre . . . 150
2) Sur une propriété de l'hyperboloide de révolution 388
Lang, V. v. Dioptrik eines Systems centrirter Kugelflächen . . . 522
Layritz. Solution de questions 67
Leclert, E. 1) Tracé des arcs paraboliques 332
2) Théorie de la machine à air 541
Legge, A. de. Formole relative al seno e coseno 200
Lemonnier, H. Sur cos $(a \pm b)$, sin $(a \pm b)$ 200
Lemoyne, G. Intorno ad un problema di partizione sopra alcune funzioni simmetriche 200
Lévy, M. 1) Sur l'intégration des équations aux différences partielles 172. 472
2) Équations générales des mouvements intérieurs 471
Lez, H. Solution d'une question 329
Lie, S. 1) Ueber die Theorie eines Raumes mit beliebig vielen Dimensionen 303
2) Zur Theorie eines Raumes von n Dimensionen 305
3) Ueber die Curven, die durch ein geschlossenes System von linearen Transformationen in sich übergehn 348
4) Over en Classe geometriske Transformationer 420
Liersemann, K. H. Arithmetik und Algebra 566
Ligowski, W. 1) Reduction der Monddistanzen 562
2) Bestimmung von Breite und Zeit aus zwei Sternen 563
3) Berechnung der Entfernungen auf See 563
Lindelöf, L. Problèmes relatifs à l'ellipse et à l'ellipsoide . 330. 389
Lindmann, Ch. Formulae quaedam goniometricae 200
Lipkin, L. Ueber eine genaue Gelenk-Geradführung 437
Lippich, F. 1) Theorie der continuirlichen Träger 444
2) Fundamentalpunkte eines Systems centrirter Flächen 522
Lipschitz, R. Sopra la teoria della inversione di un sistema di funzioni 187
Listing, J. B. 1) Ueber das Reflexionsprisma 522
2) Ueber das Huyghens'sche Ocular 523
Lommel, E. 1) Zur Theorie der Bessel'schen Functionen 221
2) Ueber Fluorescenz 514

Seite

Lorenz, L. 1) Bidrag til Tallenes-Theori 72. 101
2) En mathematisk Leg 84
Lüroth, J. Ueber Verzweigungspunkte und Querschnitte in einer Riemann'schen Fläche 192

Macé, A. Solution d'une question 299
Mackenzie, M. Simultaneous differential equations 167
Mann, D. Theory of arithmetic 18
Mann, F. Aus der Undulationstheorie der Wärme 533
Mannheim, A. 1) Sur une équation des surfaces du second ordre contenant six points donnés 278
2) Sur une propriété de la transformation par rayons vecteurs réciproques 420
3) Déplacements infinement petits d'un corps 441
Mansion, P. Sur le premier livre de la géométrie de Legendre 16. 235
Marie, F. St. Sur la théorie des parallèles 236
Martin, A. Solution of questions 74. 90 92. 94. 95
Martin, H. 1) Sur Ptolémée, auteur de l'optique 2
2) Sur les instruments d'optique des anciens 2
3) Quelques mots de réponse à Mr. Sédillot 3
Mathieu, E. Sur l'intégration des équations aux différences partielles 172. 542
Matteson, G. Solution of a question 74
Matthiessen, L. 1) Ueber das Integral der Gleichung $\frac{\partial^2 V}{\partial x^2} + \frac{\partial^2 V}{\partial y^2} = 0$ 172. 496
2) Bewegung und Abplattung im Gleichgewichte befindlicher homogener Ellipsoide 450
Maxwell, J. C. 1) On the displacement in a case of fluid motion . 474
2) Remarks on the mathematical classification of physical quantities 500
Mayer, A. 1) Integration simultaner partieller Differentialgleichungen 1ter Ordnung 169
2) Ueber die Jacobi-Hamilton'sche Integrationsmethode 171
Meissel, E. Die Menge der Primzahlen innerhalb der ersten Hundert Millionen 70
Mellberg, E. J. Om Utspänningen has Vötskor 510
Ménabréa, L. J. Étude de statique physique 502
Menzzer, E. Zusammenhang der Configuration des Landes mit der Lage der magnetischen Pole 532
Merrifield, C. W. 1) Solution of a particular system of simultaneous equations 19
2) Solution of questions 27. 247. 248. 335
3) On certain families of surfaces 167. 362
4) Sur un système particulier des surfaces 364
5) On conical and cylindrical surfaces 364
Meutzner. Solution d'une question 342
Meyer, G. F. Theorie der bestimmten Integrale zwischen reellen Grenzen 125
Meyer, O. E. 1) Pendelbeobachtungen 475
2) Pendelnde Bewegung einer Kugel unter dem Einfluss der innern Reibung des umgebenden Mediums 475
Miller, W. J. Solution of questions 81. 94. 95. 335
Minchin, C. M. Solution of a question 206
Minding, F. De la méthode des moindres carrés 97
Minnigerode, C. Ueber irrationale Zahlen 69
Mittelacker, C. Theorie des elliptischen Vierseits 330
Mohr, H. Wärmeverhältniss bei constantem Druck und Volumen . 538

Seite
Moll, A. Ueber Centrifugalpumpen, Ventilatoren und Turbinen . . 452
Mollame, V. 1) Soluzione di questioni 62. 445
2) Teoremi di geometria 249
3) Sulla trasformazione continua d'una figura piana 419
Montag, C. Ueber ein geometrisches Beziehungssystem 262
Morel, S. 1) Solution de questions 67. 70. 239. 329
2) Théorie des sections coniques 264. 265
3) Problème de géométrie analytique 338
Moret-Blanc, A. Solution de questions 70. 80. 267. 386
Most, R. 1) Ueber die höheren Differentialquotienten 116
2) Anwendung der Differentialquotienten mit allgemeinem Index zum Integriren von Differentialgleichungen 163
Moulton, J. F. Solution of questions 341
Mousson, A. Bemerkungen über die Theorie der Capillar-Erscheinungen 509
Moutier, J. Sur la chaleur dégagée par la dissolution des gaz . . 541
Mylord, H. 1) Elliptiske Koordinaters 345. 409
2) Bestemmelse af skaevvinklede Trajectorier 347. 409

Nagel. Ueber die Bestimmung der Vielecke durch die Halbirungspunkte ihrer Seiten 244
Narducci, E. Intorno ad una traduzione del trattato d'ottica d'Alhazèn 4
Nesbitt, H. A. Science and art of arithmetic 18
Neumann, C. 1) Ueber die elliptischen und hyperelliptischen Integrale 206. 495
2) Revision von Sätzen aus der Theorie des logarithmischen Potentials 491
3) Revision von Sätzen aus der Theorie des Newton'schen Potentials 491
4) Zur Theorie des logarithmischen und Newton'schen Potentials . 493
Neumann, O. Repetitorium der Elementar-Mathematik 566
Newcomb, S. Théorie des perturbations de la Lune 555
Newman, F. W. On doubly diametral quartic curves 389
Nicolaides, N. Analectes sur les diverses parties des mathématiques 71. 351. 457
Niemtschick, R. Construction des Durchschnitts zweier krummer Flächen 257
Nippert, R. Lösung einer Aufgabe 244
Nöther, M. 1) Ueber die algebraischen Functionen einer und zweier Variabeln 193
2) Ueber die eindeutigen Raumtransformationen 425
Nyrèn, M. Bestimmung einer Längendifferenz 552

Oettingen, A. J. v. Ueber das bei dem umkehrbaren Kreisprocess permanenter Gase zureichende Arbeitsquantum 540
Oppermann, L. 1) Augustus de Morgan 9
2) Om Qvadraturer 128
3) Sur la formule d'interpolation de Newton 198
4) Den ptolemaiske Saetning 241
Ovidio, E. d'. 1) Sul libro XII di Euclide e sul un trattato di Archimede 14
2) Alcune relazioni fra le mutue distanze di più punti 375

Padova, E. Della generazione delle superficie mediante reti projettive 371
Painvin, L. 1) Nombre des systèmes de plans que peut représenter une équation du second degré 198
2) Sur la courbure en un point multiple d'une courbe plane . . . 312

Seite
3) Sur un système variable de trois directions rectangulaires . . . 351
4) Sur les rayons de courbure en un point quelconque 359
5) Sur les plans osculateurs et sur les rayons de courbure en un point multiple 359
6) Théorème sur les surfaces 372. 431
7) Lieu des sommets de certains trièdres trirectangles 382
8) Étude d'un complexe du second ordre 413
Partiot. Sur les marées fluviales 482
Pasch, M. Ueber eine Eigenschaft der reciproken Curven 312
Paugger, F. Systematisches Lehrgebäude der mathematischen Synthesis 238
Pein, P. Solution d'une question 328
Peirce, J. M. Logarithmentafel 567
Pellet, E. Solution de questions 67. 408
Pelz, C. Die Central- und Parallel-Projection der Flächen zweiten Grades auf eine Kreisebene 256
Pendlebury, R. On some definite integrals 133
Pepin, P. Solution de questions 65
Perrigault. Force vive emmagasinée dans l'air comprimé 542
Peters. Astronomische Tafeln und Formeln 552
Petersen, J. 1) Om Ligninger der löses ved Kvadratrod . 23. 265. 326
2) Om en übestimte Ligning 73
3) En Kortopgave 84
4) Dell' uso del principio delle velocità virtuali con riguardo all' attrito 445
Pfaundler. Grundgleichungen der dynamischen Gastheorie 538
Pfeil, L. v. Strahlenbrechung in der Atmosphäre der Planeten . . 564
Phillips. Théorème sur le spiral réglant des chronomètres 508
Piani, D. Sul centro di gravità 446
Pick, A. J. Mädler's Reden und Abhandlungen über Himmelskunde 17
Picquet, H. Problèmes relatifs aux surfaces du second degré . . 384
Plagge. Konstruction mnemonischer Figuren 229
Pochhammer, L. 1) Herleitung der hypergeometrischen Differentialgleichungen 110. 154. 221
2) Ueber einfach singuläre Punkte linearer Differentialgleichungen 110. 154. 221
3) Relationen zwischen den hypergeometrischen Integralen n^{ter} Ordnung 110. 156
Prym, F. E. Zur Integration der Differentialgleichung $\frac{\partial^2 u}{\partial x^2} + \frac{\partial^2 u}{\partial y^2} = 0$ 182

Quincke, G. Elektrolyse und Elektricitätsleitung durch Flüssigkeiten 530

Raabe, A. Lösung algebraischer Gleichungen durch das Gauss'sche Schema für complexe Grössen 21
Rankine, W. J. M. On the stream-lines 487
Realis, S. 1) Sulla forma delle funzioni razionali della radice d'un equazione algebriche 26
2) Sulle radici reali contenute fra dati limiti 33
3) Sugl' integrali euleriani della prima specie 136
Recknagel, G. 1) Ebene Geometrie für Schulen 237
2) Das physikalische Verhalten der Kohlensäure 541
Regis, D. Sulle superficie di ugual pendenza 358
Regnani, J. Isocronismo del pendolo 463

Seite
Reidt, F. Bemerkungen zu anderen Aufsätzen 227
Reiss, M. Sur les combinaisons des 28 dés du jeu de Domino . . 80
Résal, H. 1) D'un certain mouvement d'un corps solide 463
2) Du mouvement d'un système matériel 465
3) Théorie du régulateur Larivière 465
4) Des conditions de résistance d'un volant 470
5) De l'équilibre, de l'élasticité et de la résistance du ressort à boudin 502
6) Sur le calcul des volants des machines à vapeur 539
7) Sur la théorie des vapeurs 539
Retali, V. Sulle serie triple 100
Reye, Th Collineare Grundgebilde und ihre Erzeugnisse 417
Reymann, E. Höhenbestimmung der Sternschnuppen 564
Riedel. Zur theoretischen Herleitung der Gesetze der Doppelbrechung in zweiaxigen Krystallen 512
Riess, C. Grundzüge der darstellenden Geometrie 254
Ritter, W. Die elastische Linie 443
Robert, P. de St. 1) De la résolution de certaines équations à trois variables 28
2) Hypsometrische Tafeln 568
Roberts, M. 1) On the addition of elliptic and hyperelliptic integrals 204
2) Sur les fonctions abéliennes à quatre périodes 210
3) Sur la rectification des lignes de courbure d'un ellipsoide . . . 388
Roberts, S. 1) On the order of the discriminant of a ternary form 38 362
2) Solution of questions 56. 197. 246. 321. 335. 342. 382. 407
3) On the order and singularities of the parallel of an algebraical curve 290
4) On the ovals of Descartes 336
5) Sur les podaires centrales des coniques 337
6) On the pedals of conic sections 340
7) On the motion of a plane under certain conditions 439
Roberts, W. 1) Solution of questions 165. 335
2) Sur les courbes équidistantes sphériques 403
Röntgen, G. Die Grundlehren der mechanischen Wärmetheorie . 534
Roger, E. Théorie des phénomènes capillaires 509
Rolland, E. Isochrone Regulatoren mit gekoppelten Kugeln . . . 465
Rosanes, J. 1) Ueber diejenigen rationalen Substitutionen, welche eine rationale Umkehrung zulassen 47. 417
2) Ueber algebraische Differentialgleichungen 1ter Ordnung 140
3) Ueber eine gewisse Gattung von Differentialgleichungen 142
4) Ueber die neuesten Untersuchungen in Betreff unserer Anschauung vom Raume 234
Roth, F. Verschiedenheit der Erwärmung der nördlichen und südlichen Erdhälfte 545
Routh, E. J. Oscillation of a heavy string 464
Ruchonnet, Ch. De l'hélice osculatrice 405
Rudel, K. Die ersten Elemente der darstellenden Geometrie . . . 254
Ruffini, F. Sul modo di definire la continuità delle funzioni . . . 193
Rump, F. H. Zwei trigonometrische Sätze 246
Russell, W. H. L. 1) On an functional elimination 118
2) On linear differential equations 146
3) On Mac Cullagh's theorem 382

Saltel, L. 1) Extrait d'une lettre à Mr. Catalan 259
2) Sur les surfaces du second ordre 386
Sancery, M. Sur le quadrilatère inscrit 242

Seite
Sang. Logarithmen-Tafeln 567
Saubie, E. la. Formule pour passer des angles magnétiques aux angles des côtés d'un polygone 547
Savage. Solution of questions 93
Schendel, L. Zur Theorie der Reihen 105
Schlegel, V. 1) Proben aus einer auf der Grassmann'schen Ausdehnungslehre fussenden Bearbeitung der Elementarmathematik 231
2) Ueber eine Fläche dritter Ordnung 306. 389
Schlömilch, O. 1) Ueber eine Kettenbruchentwickelung für unvollständige Gammafunctionen 137
2) Ueber den Kettenbruch für tg z 199
Schlotke, J. Die Hauptaufgaben der descriptiven Geometrie . . . 254
Schmidt, G. Theorie der Lehmann'schen calorischen Maschinen . 539
Schröder, E. Die Umformungsregeln für algebraische Ausdrücke . 18
Schubert, H. 1) Elementares über das Dreieck 240
2) Auszug aus einem Brief 293
Schubring, G. Immerwährender Kalender 564
Schultze, E. Ueber eine aus symmetrischen Determinanten gebildete Reihe 52
Schumann, H. Einleitung in die analytische Geometrie 311
Schwarz, H. A. Bestimmung einer speciellen Minimalfläche . . . 409
Scott. Solution of a question 74
Sédillot, L. Am. Des savants arabes et des savants modernes . . 3
Seeling, P. Auflösung einer unbestimmten Gleichung 75
Seidel, L. 1) Ueber eine eigenthümliche Form von Functionen einer complexen Variabeln 196
2) Darstellung des Kreisbogens etc. durch unendliche Producte . 201
Serret, J. A. Sur le principe de la moindre action 174. 457
Sexe, S. A. Et Par Ord om mathematiske Graendser 118
Shanks, W. 1) On the numerical value of Euler's constant . . . 131
2) On the numerical values of e, $\log e^2$ etc. 131
Siacci, J. Trasformazioni delle equazioni del problema dei 3 corpi 167. 463
Simon, Ch. Sur la formule de Gompertz 89
Somoff, J. 1) Sur le principe de Hamilton 171. 455
2) Ueber die annähernde Rectification beliebiger Curven 313
3) Mécanique rationelle 434. 437
Sonnenschein, A. Science and art of arithmetic 18
Soufflet. Combinaisons avec répétition 79
Spitz, C. Differential- und Integralrechnung 114
Spitzer, S. 1) Ueber die Function $y = x^n e^{\lambda x^3}$ 133
2) Ueber die Function $y = x^n e^{ax^3}$ 133
3) Ueber die Integration von Differentialgleichungen 143
4) Integration von linearen Differentialgleichungen 148. 149. 150
5) Integration von $y'' = x\,(xy' - ny)$ 159
Stahl, H. Zur Theorie der Krümmungslinien 373
Stammer. Zu dem Aufsatze des H. Becker 227
Staudigl, R. Lehrbuch der neueren Geometrie 258
Steen, A. 1) Lösning og Udvidelse af en Opgave 68 84
2) Elementaert Bevis for Simpsons Formel 123. 251
3) Om Omdrejningsfladerne 405
4) Om Grundloven for Legemers Straekning og Sammentrykning . 503
Steichen. 1) Rapport sur un mémoire de M. Tilly 467
2) Essai sur quelques questions de mécanique physique 470
Steinhauser, A. 1) Ueber die Winkelsumme ebener Polygone . . 243
2) Die Netze der Poinsot'schen Körper 250

Seite
Steinschneider, M. 1) Zum Speculum astronomicum des Albertus Magnus . . . 4
2) Copernicus . . . 8
Stern, M. A. Ueber eine Determinante . . . 54
Stokes, G. Explanation of a dynamical paradox . . . 448
Stolz, O. 1) Die geometrische Bedeutung der complexen Elemente in der analytischen Geometrie . . . 233
2) Analytische Entwickelung der Grundformeln der sphärischen Trigonometrie . . . 250
Stouff. Détermination des facteurs premiers d'un nombre . . . 65
Studnička, F. J. Theorie der Determinanten . . . 50
Stürmer. Argumenten-Tafeln . . . 568
Sturm, R. 1) Ueber die unendlich entfernten Gebilde . . . 225
2) Ueber die Flächen mit endlicher Zahl von einfachen Geraden 284. 373
Sylow, L. Om en Gruppe af Substitutioner . . . 48. 206
Sylvester, J. J. 1) On the partition of an even numbre into two primes . . . 71
2) Solution of a question . . . 243. 342

Tait, P. G. Discours . . . 307
Tait und Thomson. Handbuch der theoretischen Physik . . . 436
Tano, F. 1) Sopra due serie di Gauss e di Heine . . . 109
2) Teorema di geometria . . . 330
Taylor, C. 1) The principles of geometrical conics . . . 255. 270
2) The geometry of the rectangular hyperbola . . . 269
3) An angle-property of the right circular cone . . . 280
Tchébicheff. Sur le régulateur centrifuge . . . 466
Terquem, A. Mémoire sur les sons produits par les ébranlements discontinus . . . 511
Tessari, D. 1) Sopra i principii della projezione assonometrica . . . 255
2) Linee di uguale illuminazione delle superficie . . . 409
3) Sulla descrizione degli ingranaggi . . . 438
Thiele, T. N. Formel for Dödeligheden . . . 88
Thomae, J. 1) Les séries Heinéennes supérieures . . . 108
2) Integration einer Differenzengleichung . . . 157
Thomson, F. D. Solution of questions . . . 268. 341
Thompson, W. On the general canonical form of a spherical harmonic function . . . 224
Thomson und Tait. Handbuch der theoretischen Physik . . . 436
Tilly, M. de. Sur le roulement des rouleaux . . . 467
Tissérand, F. Sur les surfaces orthogonales . . . 401
Todhunter, J. 1) On a problem in the calculus of variations . . . 176
2) Researches in the calculus of variation . . . 176
Töpler, A. Fundamentalpunkte eines Systems centrirter Flächen . 520
Tognoli, O. 1) Sulla teorica dei complessi . . . 291. 413
2) Sul numero delle superficie di una rete, che hanno un contatto tripunto colla curva d'intersezione di due superficie algebriche . 299
3) Teorema di geometria . . . 356
4) Osservazioni geometriche . . . 371
Torry, A. F. Aufgaben über Kegelschnitte . . . 335
Tortolini, B. 1) Sulla teoria di alcune curve pedali . . . 338
2) Sull' intersezione di un ellissoide con un cilindro ellitticho . . 388
Toubin. Solution d'une question . . . 67
Townsend, R. 1) Solution of questions . . . 238. 246. 335. 382. 524
2) On the analogues in the theory of quadrics to some known properties in the theory of conics . . . 266. 283. 385

Seite
3) On a property in the theory of confocal quadrics 282
Transon, A. Sur l'emploi de l'infini en mathématiques 13. 234
Tucker, R. Solution of questions 246 269. 335
Turazza, D. Dei sistemi di forze equipollenti ad un sistema di forze 438
Tychsen, C. 1) Svar paa en Foresporgsel 84. 125
2) En linear Differentialligning med variable Koefficienter 160

Unferdinger, F. 1) Theorie des Maximums und Minimums . . . 118
2) Theorie der simultanen Substitutionen in zwei- und dreifachen Integralen 124
3) Ueber die Transformation eines bestimmten Integrals 135
4) Ueber ein specielles sphärisches Dreieck 251
5) Bestimmung einer Curve aus ihrer Tangenteneigenschaft 324
Unverzagt, W. Ueber ein einfaches Coordinatensystem der Geraden 308

Vallier. Solution d'une question 274
Valentino, C. 1) Soluzione di alcune quistioni 327
2) Teorema del Sign. Bitonti 332
Valeriano, V. Sistema di n equazioni lineari 27
Vazeille, E. Cordes principales et plans principaux d'une surface 384
Veltmann, W. Beiträge zur Theorie der Determinanten 51
Venant, de St. 1) Équations différentielles des mouvements intérieurs 471
2) Rapport sur un mémoire de Mr. Lévy 472
3) Mouvement non permanent des eaux 482
4) Sur la houle et le clapotis 484
5) Sur les petites déformations d'un solide 500
Versluys, J. 1) Discussion complète d'un système d'équations linéaires 27
2) Applications des déterminants à l'algèbre et à la géométrie . 58. 325
3) Discussion de quelques théorèmes et problèmes de géométrie analytique 325
4) Discussion de l'équation du second degré 375
5) Théorèmes et problèmes de géométrie analytique 389
Villarceau, Y. 1) Sur le mouvement des meules horizontales . . 467
2) Détermination de la vraie figure de la Terre 549
Vorländer, J. Anleitung zum Feldmessen 546

Wackerbarth, A. D. Logarithmes hyperboliques et logarithmes népériens 8
Walker, J. J. 1) Solution of questions . . 36. 37. 56. 62. 165. 197. 246. 268. 334. 335
2) On conditions for, and equations of corresponding points . . . 260
3) On systems of tangents to plane cubic and quartic curves . . . 336
Walton, W. 1) Demonstration that every equation has a root . . 19
2) On certain definite integrals 134
3) On a pair of definite integrals 135
4) On sin ∞ and cos ∞ 203
5) Demonstration of a property of elliptic function 206
6) Des coordonnées biangulaires 307
7) On the spoke asymptotes of rhizic curves 344
8) On the curvature of rhizic curves at multiple points 345
9) On the transformation of two simultaneous equations . . . 345. 382
10) On axes of lug and axes of kick 465
Wand, Th. Principien der mathematischen Physik und Potentialtheorie 490
Waszmuth. Arbeit des elektrischen Stroms beim Magnetisiren . . 531

Seite
Watson, S. Solution of questions . . . 83. 90. 91. 92. 93. 94. 95. 111
Weber, H. 1) Ueber die mehrfachen Gauss'schen Summen 211
2) Ueber die unendlich vielen Formen der ϑ-Functionen 216
3) Ueber ein Problem der Wärmetheorie 542
Weber, W. Elektrodynamische Maassbestimmungen 526
Weilemann. Beziehungen zwischen Barometerstand etc. 542
Wernicke, A. Lehrbuch der Mechanik 433
Wesely, Z. Photometrische Probleme 525
Weyer, G. D. E. Vorlesungen über nautische Astronomie 552
Weyr, Ed. 1) Sur les fonctions, dont les dérivées successives forment des séries arithmétiques 196
2) Ueber einige Sätze von Steiner 418
Weyr, Em. 1) Intorno alla „focale à noeud" 274. 345
2) Sopra la corrispondenza del secondo grado 276
3) Ueber die Fusspunktcurven räumlicher Curven 277
4) Sopra una certa curva gobba di 4° ordine 283
5) Ueber die Krümmung windschiefer Flächen 285. 357
6) Zur Theorie der Involutionen höherer Grade 313
7) Ueber algebraische Curven, deren Punkte sich mit einer Variabeln in eindeutige Beziehung setzen lassen 313
8) Ueber Normalen an Curven zweiter Ordnung 324
9) Sulle curve piane razionali dell terz' ordine 335
10) Erzeugung algebraischer Curven durch mehrdeutige Elementargebilde 364
11) Intorno alle curve gobbe razionali 365
12) Sopra alcune singularità di second' ordine di curve gobbe razionali 367
13) Ueber rationale Raumcurven 367
14) Ueber rationale Raumcurven vierter Ordnung 367
15) Fernwirkung elektrischer Solenoide 527
Whitworth, W. A. Solution of a question 67
Wiener, Ch. Mechanische Rectification eines Curvenbogens . . . 97
Wild, H. Ueber Temperaturcompensation des Wagebarometers . . 544
Wilkinson, M. M. U. On Taylor's theorem 106
Williamson, B. 1) Differential calculus 112
2) Solution of questions 269. 382
3) On Gauss' theorem 357
Willière, M. Solution d'une question 266
Winckler, A. 1) Integration der Differentialgleichung erster Ordnung mit rationalen Coefficienten zweiten Grades 146
2) Theorie der Dampfstrahlpumpen 541
Witte. Zur Theorie der Meeresströmungen 488
Wittstein, A. Geschichte des Malfatti'schen Problems 12
Wittwer, W. C. Die Moleculargesetze 500
Wolf, R. Zur Geschichte der Röhrenlibelle 9
Wolstenholme, J. 1) Solution of questions . . 93. 111. 165. 334. 335
2) Exercices sur le tétraèdre 247
3) On osculating curves 274

Zachariae, G. Om de mindste Qvadraters-Methode 95
Zeidler, C. Probleme aus der Dynamik des Punktes 460
Zerlang. 1) Ueber mathematische Terminologie 227
2) Berechnung der Zahl π 245
Zeuthen, H. G. 1) Om dualitetsprincipet 234
2) Sur les quadriques polaires 293
3) Recherche des singularités qui ont rapport à une droite multiple d'une surface 295

Seite
4) Études géométriques de quelques-unes des propriétés de deux surfaces 295
5) Sur la théorie des surfaces réciproques 297
Zetzsche, E. Parallele Drehaxen mit gleicher Schwingungszeit . . 463
Zimmermann, R. Ueber Kant's mathematisches Vorurtheil . . . 13
Zinken-Sommer, H. Dioptrik der Linsensysteme 518
Zirndörfer, H. Mathematische Geographie 551
Zöllner, F. 1) Einfluss der Dichtigkeit und Temperatur auf die Spectra glühender Gase 544
2) Ueber das Rotationsgesetz der Sonne und der Planeten 562
Zolotaref, G. Sur une formule de Mr. Liouville 65

FSC
www.fsc.org
MIX
Papier | Fördert
gute Waldnutzung
FSC® C083411

Kolibri 360 GmbH
Ferdinand-Jühlke-Straße 7
99095 Erfurt, Deutschland
produktsicherheit@kolibri360.de